Ensaios dos Materiais

O GEN | Grupo Editorial Nacional – maior plataforma editorial brasileira no segmento científico, técnico e profissional – publica conteúdos nas áreas de ciências exatas, humanas, jurídicas, da saúde e sociais aplicadas, além de prover serviços direcionados à educação continuada e à preparação para concursos.

As editoras que integram o GEN, das mais respeitadas no mercado editorial, construíram catálogos inigualáveis, com obras decisivas para a formação acadêmica e o aperfeiçoamento de várias gerações de profissionais e estudantes, tendo se tornado sinônimo de qualidade e seriedade.

A missão do GEN e dos núcleos de conteúdo que o compõem é prover a melhor informação científica e distribuí-la de maneira flexível e conveniente, a preços justos, gerando benefícios e servindo a autores, docentes, livreiros, funcionários, colaboradores e acionistas.

Nosso comportamento ético incondicional e nossa responsabilidade social e ambiental são reforçados pela natureza educacional de nossa atividade e dão sustentabilidade ao crescimento contínuo e à rentabilidade do grupo.

Ensaios dos Materiais

2ª Edição

Amauri Garcia

Engenheiro Mecânico
Mestre e Doutor em Engenharia Mecânica
Professor Titular da Faculdade de Engenharia Mecânica
Universidade Estadual de Campinas — Unicamp

Jaime Alvares Spim

Engenheiro de Materiais e Engenheiro Eletricista
Mestre e Doutor em Engenharia Mecânica
Professor Adjunto da Escola de Engenharia
Universidade Federal do Rio Grande do Sul — UFRGS

Carlos Alexandre dos Santos

Engenheiro Mecânico
Mestre e Doutor em Engenharia Mecânica
Professor Adjunto da Faculdade de Engenharia
Pontifícia Universidade Católica do Rio Grande do Sul — PUCRS

Os autores e a editora empenharam-se para citar adequadamente e dar o devido crédito a todos os detentores dos direitos autorais de qualquer material utilizado neste livro, dispondo-se a possíveis acertos caso, inadvertidamente, a identificação de algum deles tenha sido omitida.

Não é responsabilidade da editora nem dos autores a ocorrência de eventuais perdas ou danos a pessoas ou bens que tenham origem no uso desta publicação.

Apesar dos melhores esforços dos autores, do editor e dos revisores, é inevitável que surjam erros no texto. Assim, são bem-vindas as comunicações de usuários sobre correções ou sugestões referentes ao conteúdo ou ao nível pedagógico que auxiliem o aprimoramento de edições futuras. Os comentários dos leitores podem ser encaminhados à **LTC — Livros Técnicos e Científicos Editora** pelo e-mail ltc@grupogen.com.br.

Travessa do Ouvidor, 11
Rio de Janeiro, RJ – CEP 20040-040
Tels.: 21-3543-0770 / 11-5080-0770
Fax: 21-3543-0896
ltc@grupogen.com.br
www.grupogen.com.br

Capa: Dan Palatnik

Editoração Eletrônica: R.O. Moura

CIP-BRASIL. CATALOGAÇÃO-NA-FONTE
SINDICATO NACIONAL DOS EDITORES DE LIVROS, RJ

G198e
2.ed.

Garcia, Amauri
Ensaios dos materiais / Amauri Garcia, Jaime Alvares Spim, Carlos Alexandre dos Santos. - 2.ed. - [Reimpr.]. - Rio de Janeiro : LTC, 2017.
il. ; 24 cm

Apêndices
Inclui bibliografia e índice
ISBN 978-85-216-2067-9

1. Materiais de construção - Testes. I. Spim, Jaime Alvares. II. Santos, Carlos Alexandre dos. III. Título.

12-0726. CDD: 691
CDU: 691

Prefácio

Ao longo de vários anos, versões diferentes deste texto foram utilizadas em disciplinas de graduação e em cursos de extensão universitária da Faculdade de Engenharia Mecânica da Universidade Estadual de Campinas — Unicamp, e a vivência dessas experiências didáticas culminou com a formatação inicial da primeira edição. O texto objetiva essencialmente atender ao ensino de graduação dos cursos de Engenharia Mecânica e Engenharia Metalúrgica e de Materiais, mas a forma na qual seu conteúdo é apresentado e seu inerente caráter tecnológico o tornam também aplicável em cursos de extensão universitária dessas engenharias, bem como em cursos técnicos gerais de Mecânica, Metalurgia/Materiais e em cursos específicos de Controle da Qualidade.

O assunto é desenvolvido de modo conciso quanto possível ao longo de 12 capítulos. Na Introdução, discute-se a importância dos métodos e dos tipos de ensaios na avaliação das características mecânicas e da qualidade do produto durante e após a sequência de processos de manufatura a que é submetido (Capítulo 1). Segue-se uma abordagem das propriedades mecânicas determinadas em ensaios que procuram refletir a situação de carregamentos estáticos em componentes, o que é feito através de uma sequência de processos quase estáticos de incremento de carga até uma determinada deformação do material ou sua completa ruptura. São os ensaios de tração, compressão, dureza, flexão e torção, analisados nos Capítulos 2 a 6. Em seguida, nos Capítulos 7 a 9, são analisados os comportamentos mecânicos decorrentes de situações diversas de aplicação dinâmica de carga, por meio dos ensaios de fluência, fadiga e impacto. Finalmente, nos Capítulos 10 e 11, são avaliados, respectivamente, os comportamentos de componentes contendo trincas e/ou defeitos internos, e de componentes submetidos a determinados processos de conformação plástica (ensaio de tenacidade à fratura e ensaios de fabricação). O texto se encerra com a apresentação de métodos de ensaios que se realizam na própria peça acabada ou componente, e que não provocam nenhum tipo de alteração geométrica ou dimensional, e portanto não inviabilizam sua reutilização (ensaios não destrutivos, Capítulo 12). Como todos os ensaios devem obedecer a uma uniformização, são apresentadas no texto as principais normas técnicas responsáveis pela padronização dos métodos de ensaio.

Exercícios resolvidos e exemplos são incluídos periodicamente no texto no sentido de fixação dos métodos de ensaios e dos procedimentos de cálculo, e mesmo para permitir discussões de conceitos ligados às propriedades mecânicas dos materiais. No final do livro, inclui-se uma lista de exercícios propostos e que devem preferencialmente ser resolvidos à medida que os capítulos são percorridos, para que se obtenha um máximo aproveitamento nos assuntos analisados.

Nesta segunda edição foram realizadas substanciais modificações em oito dos 12 capítulos do livro, a saber: Tração, Compressão, Dureza, Torção, Flexão, Fluência, Fadiga e Impacto — Capítulos 2 a 9. No sentido de permitir eventuais aprofundamentos em assuntos desenvolvidos de forma sintética no texto de alguns capítulos, os Apêndices foram reformulados e passaram de três para cinco. Houve também a incorporação de 14 novos exercícios à lista de exercícios propostos, que atinge agora um total de 60 exercícios. Foi dada particular atenção à atualização das referências às normas técnicas dos ensaios abordados no livro, já que são imprescindíveis para a correta execução prática dos ensaios e confiabilidade dos resultados. Esta segunda edição incorpora ainda resultados das experiências didáticas vivenciadas no assunto por dois dos coautores nas instituições onde atuam como docentes nos cursos de graduação e pós-graduação, Universidade Federal do Rio Grande do Sul e Pontíficia Universidade Católica do Rio Grande do Sul, bem como daquelas experimentadas pelos autores durante o desenvolvimento de cursos anuais para engenheiros e técnicos organizados pela ABM — Associação Brasileira de Metalurgia, Materiais e Mineração em São Paulo.

Os Autores

Agradecimentos

Os autores agradecem à Universidade Estadual de Campinas — Unicamp, à Universidade Federal do Rio Grande do Sul — UFRGS e à Pontifícia Universidade Católica do Rio Grande do Sul — PUCRS pela oportunidade dada para o desenvolvimento deste texto.

Material Suplementar

Este livro conta com o seguinte material suplementar:

- Ilustrações da obra em formato de apresentação (restrito a docentes)

O acesso ao material suplementar é gratuito. Basta que o leitor se cadastre em nosso *site* (www.grupogen.com.br), faça seu *login* e clique em GEN-IO, no menu superior do lado direito. É rápido e fácil.
Caso haja alguma mudança no sistema ou dificuldade de acesso, entre em contato conosco (sac@grupogen.com.br).

GEN-IO (GEN | Informação Online) é o repositório de materiais suplementares e de serviços relacionados com livros publicados pelo GEN | Grupo Editorial Nacional, maior conglomerado brasileiro de editoras do ramo científico-técnico-profissional, composto por Guanabara Koogan, Santos, Roca, AC Farmacêutica, Forense, Método, Atlas, LTC, E.P.U. e Forense Universitária. Os materiais suplementares ficam disponíveis para acesso durante a vigência das edições atuais dos livros a que eles correspondem.

Sumário

1 Introdução aos Ensaios dos Materiais

Todo projeto de um componente mecânico, ou, mais amplamente, qualquer projeto de engenharia, requer, para sua viabilização, um vasto conhecimento das características, propriedades e comportamento dos materiais disponíveis. Os critérios de especificação ou escolha de materiais impõem, para a realização dos ensaios, métodos normalizados que objetivam levantar as propriedades mecânicas e seu comportamento sob determinadas condições de esforços. Essa normalização é fundamental para que se estabeleça uma linguagem comum entre fornecedores e usuários dos materiais, já que é prática comum a realização de ensaios de recebimento dos materiais encomendados, a partir de uma amostragem estatística representativa do volume recebido.

A Fig. 1.1 mostra a classificação geral dos processos de conformação dos metais, segundo seus critérios básicos, seja aplicação de tensões, seja aplicação de temperaturas.

O comportamento mecânico de qualquer material utilizado em engenharia é função de sua estrutura interna e de sua aplicação em projeto. As relações existentes entre as diferentes características que influenciam no desempenho de determinado componente e a parte da ciência que estuda tais relações podem ser vistas na Fig. 1.2.

Vê-se, na Fig. 1.3, que os processos que se encarregam de dar forma à matéria-prima dependem da estrutura interna apresentada antes de cada etapa de processamento, o que vai pro-

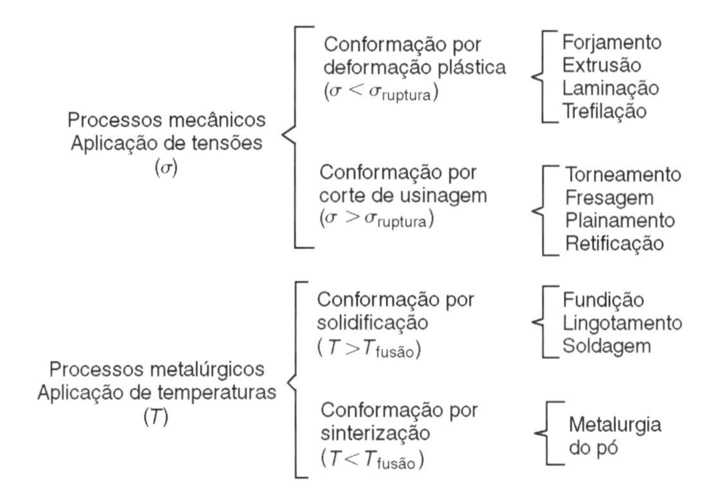

Figura 1.1 Quadro geral de classificação dos processos de conformação dos metais. (Segundo Campos, 1978.)

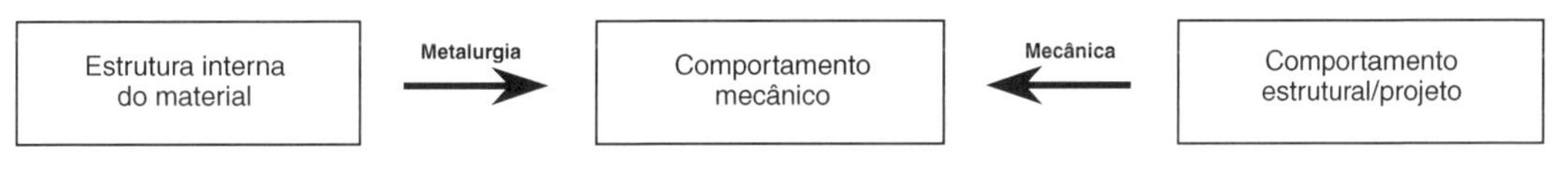

Figura 1.2 Relação entre características dos materiais e seu comportamento mecânico.

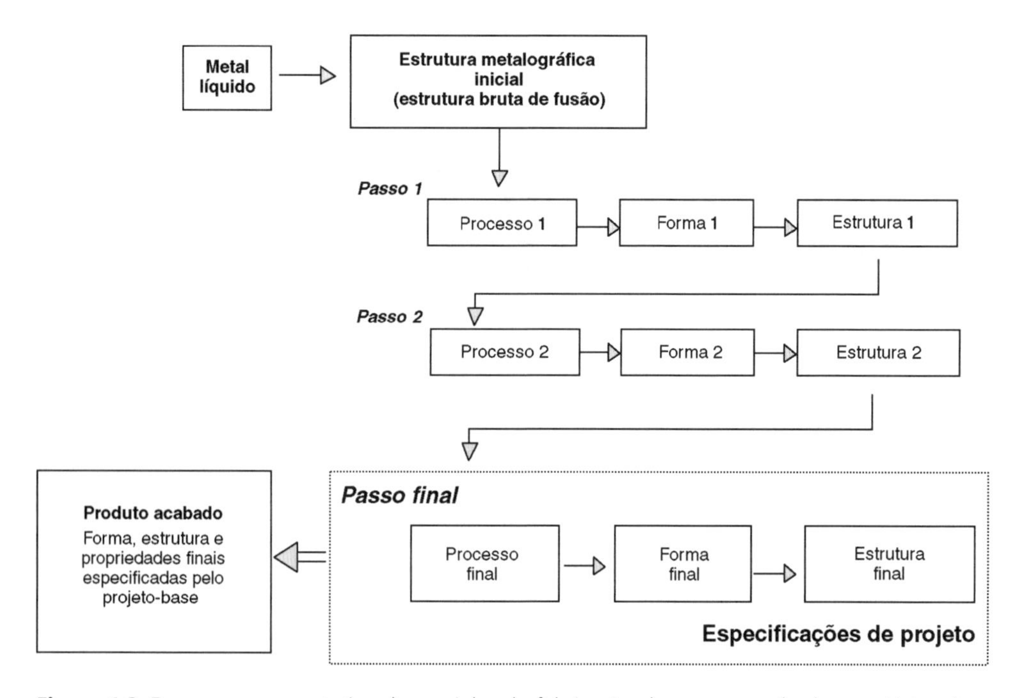

Figura 1.3 Esquema representativo do caminho de fabricação de uma peça desde a matéria-prima (metal líquido) até o produto final.

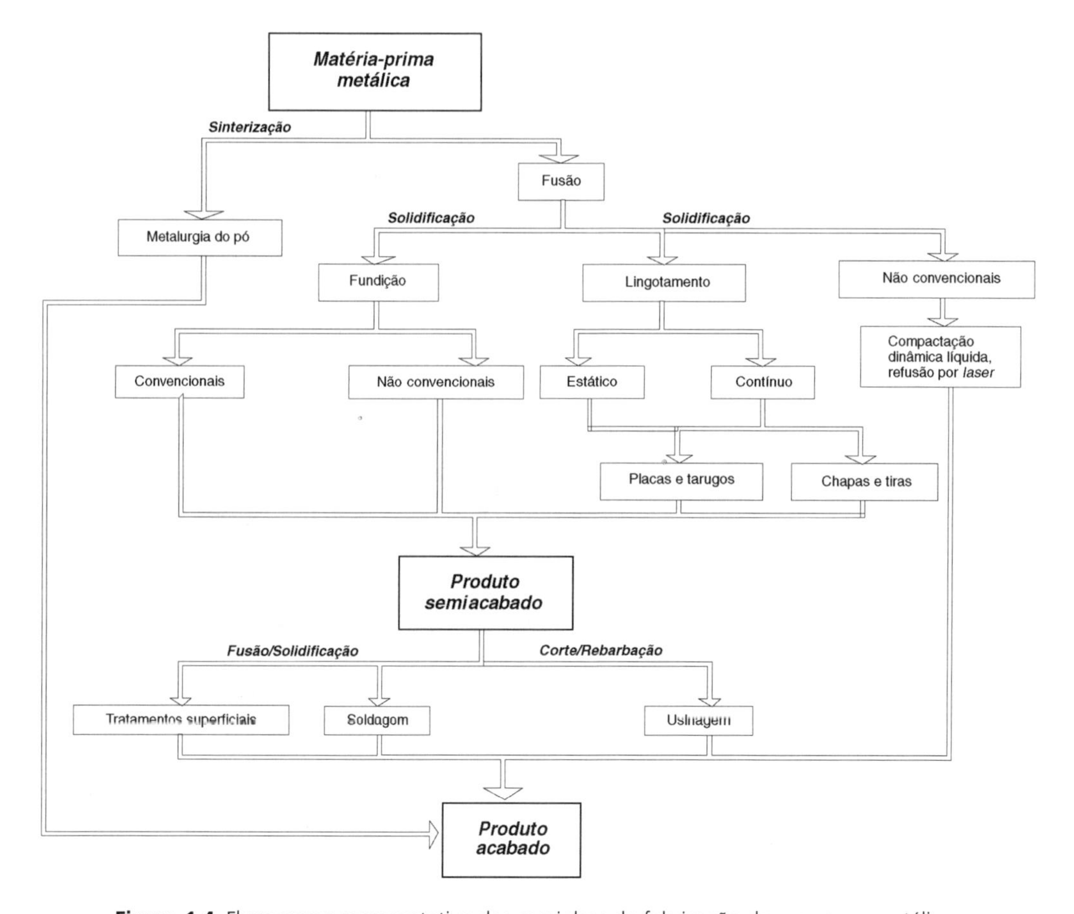

Figura 1.4 Fluxograma representativo dos caminhos de fabricação de uma peça metálica.

gressivamente alterando a forma e a estrutura do material, implicando propriedades particulares. No final do processo de fabricação, o componente terá um conjunto de propriedades decorrentes das características originais da matéria-prima devidamente modificadas durante os processos e que devem coincidir com as especificações finais de projeto.

O fluxograma apresentado na Fig. 1.4 mostra alguns processos envolvidos nos diferentes caminhos de fabricação de uma peça, desde a matéria-prima metálica até o produto acabado.

As características a que o material especificado deve atender podem ser divididas em duas categorias:

- Características de processamento — referem-se às propriedades físicas da matéria-prima como função dos processos de fabricação envolvidos na manufatura do produto final.
- Características de aplicação — referem-se às propriedades físicas desejadas no produto acabado como função direta de sua utilização e comportamento estrutural.

Exemplo 1.1

Tomando-se como referência a fabricação de um eixo de transmissão (Fig. 1.5), a sequência operacional, a partir do tarugo de aço obtido pelo vazamento do metal líquido em um molde, pode ser a seguinte:

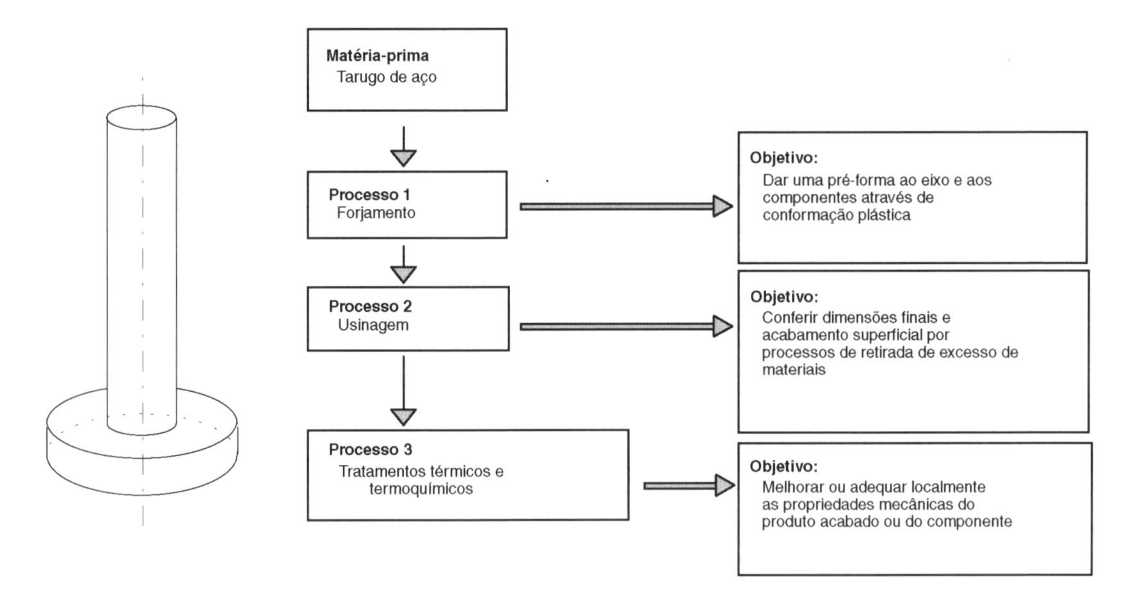

Fig. 1.5 Fluxograma representativo dos processos envolvidos na fabricação de uma peça metálica.

Para o exemplo em questão, as características a que o material especificado deve atender são:

Características de processamento

- Forjabilidade: facilidade de preenchimento da matriz.
- Usinabilidade: condições adequadas de corte.
- Suscetibilidade a tratamentos: o material deve apresentar condições de modificação estrutural por meio de tratamentos térmicos e superficiais.

Características de aplicação

- Resistência mecânica: o eixo acabado deve apresentar a resistência especificada no projeto.
- Resistência ao desgaste: as partes responsáveis pela transmissão de movimento, no caso os dentes de engrenagens, devem apresentar determinado nível de dureza para evitar desgaste prematuro.
- Ductilidade: a possibilidade de o eixo sofrer impactos durante o funcionamento exige que seu núcleo não seja frágil.

Na sequência de fabricação apresentada, os ensaios do material de referência são imprescindíveis nas seguintes etapas:

- Recebimento de material do fornecedor: análise química da composição do material encomendado, resistência mecânica e dureza.
- Peça acabada: resistência mecânica, microestrutura e dureza, que devem estar compatíveis com a faixa de aceitação exigida pelo projeto. Peças fora de especificação devem ser rejeitadas e, acima de um certo percentual, devem exigir ajustes nas etapas de fabricação para diminuir o índice de rejeição.

PROPRIEDADES MECÂNICAS

Os ensaios mecânicos permitem a determinação de propriedades mecânicas que se referem ao comportamento do material quando sob a ação de esforços e que são expressas em função de tensões e/ou deformações. Tensões representam a resposta interna aos esforços externos que atuam sobre uma determinada área em um corpo. Entre as principais propriedades dos materiais obtidas por ensaio, podem-se citar:

- Resistência: representada por tensões, definidas em condições particulares.
- Elasticidade: propriedade do material segundo a qual a deformação que ocorre em função da aplicação de tensão desaparece quando a tensão é retirada.
- Plasticidade: capacidade de o material sofrer deformação permanente sem se romper.
- Resiliência: capacidade de absorção de energia no regime elástico.
- Tenacidade: reflete a energia total necessária para provocar a fratura do material, desde sua condição de tensão nula.

FINALIDADE DOS ENSAIOS DOS MATERIAIS

As duas finalidades mais importantes da execução dos ensaios são:

- Permitir a obtenção de informações rotineiras do produto — ensaios de controle: no recebimento de materiais de fornecedores e no controle final do produto acabado.
- Desenvolver novas informações sobre os materiais — no desenvolvimento de novos materiais, de novos processos de fabricação e de novos tratamentos.

VANTAGENS DA NORMALIZAÇÃO DOS MATERIAIS E MÉTODOS DE ENSAIOS

A normalização tem por objetivo fixar os conceitos e procedimentos gerais que se aplicam aos diferentes métodos de ensaios. Suas principais vantagens são:

- tornar a qualidade do produto mais uniforme;
- reduzir os tipos similares de materiais;

- orientar o projetista na escolha do material adequado;
- permitir a comparação de resultados obtidos em diferentes laboratórios;
- reduzir desentendimentos entre produtor e consumidor.

CLASSIFICAÇÃO DOS ENSAIOS DOS MATERIAIS

1. Quanto à integridade geométrica e dimensional da peça ou componente:
   - destrutivos: provocam inutilização parcial ou total da peça; p. ex.: tração, dureza, fadiga, fluência, torção, flexão, tenacidade à fratura;
   - não destrutivos: não comprometem a integridade da peça; p. ex.: raios X, raios γ, ultrassom, partículas magnéticas, líquidos penetrantes.
2. Quanto à velocidade de aplicação da carga:
   - estáticos: carga aplicada de maneira suficientemente lenta, induzindo a uma sucessão de estados de equilíbrio (processo quase estático); p. ex.: tração, compressão, flexão, dureza e torção;
   - dinâmicos: carga aplicada rapidamente ou ciclicamente; p. ex.: fadiga e impacto;
   - carga constante: carga aplicada durante um longo período; p. ex.: fluência.

Ensaios de Fabricação

Não avaliam propriedades mecânicas, fornecendo apenas indicações do comportamento do material quando submetido a um processo de fabricação: estampabilidade, dobramento etc.

Métodos de Ensaios

Determinam que os ensaios devem ser realizados em função da geometria da peça, do processo de fabricação e de acordo com as normas técnicas vigentes, podendo ser:

- ensaios da própria peça;
- ensaios de modelos;
- ensaios em amostras;
- ensaios em corpos de prova retirados de parte da estrutura.

2 Ensaio de Tração

Ensaio de tração consiste na aplicação de carga de tração uniaxial crescente em um corpo de prova específico até a ruptura. Mede-se a variação no comprimento (L) como função da carga aplicada (P), e após o tratamento adequado dos resultados obtém-se uma curva tensão (σ) *versus* a deformação (ε) do corpo de prova. Trata-se de ensaio amplamente utilizado na indústria de componentes mecânicos, devido à vantagem de fornecer dados quantitativos das características mecânicas dos materiais. Dentre as principais destacam-se: limite de resistência à tração (σ_u), limite de escoamento (σ_e), módulo de elasticidade (E), módulo de resiliência (U_r), módulo de tenacidade (U_t), coeficiente de encruamento (n), coeficiente de resistência (k) e parâmetros relativos à ductilidade (estricção – φ e alongamento – ΔL). O ensaio de tração é bastante utilizado como teste para o controle das especificações da entrada de matéria-prima e controle de processo. Os resultados fornecidos pelo ensaio de tração são fortemente influenciados pela temperatura, velocidade de deformação, anisotropia do material, tamanho de grão, porcentagem de impurezas, bem como pelas condições ambientais.

Entre os diversos tipos de ensaio existentes para a avaliação das propriedades mecânicas dos materiais, o mais amplamente utilizado é o **Ensaio de Tração**. Essa aplicabilidade se deve ao fato de ser um tipo de ensaio relativamente simples e de realização rápida, além de fornecer informações importantes e primordiais para projeto e fabricação de peças e componentes. Esse tipo de ensaio utiliza corpos de prova preparados segundo as normas técnicas convencionais (no país, a norma técnica utilizada para materiais metálicos à temperatura ambiente é a NBR ISO 6892:2002, da Associação Brasileira de Normas Técnicas-ABNT), e consiste na aplicação gradativa de carga de tração uniaxial crescente nas extremidades de um corpo de prova padronizado. O levantamento da curva de tensão de tração pela deformação sofrida pelo corpo consiste no resultado do teste de tração. A Fig. 2.1(a) mostra um exemplo de corpo de prova com destaque aos principais parâmetros (L_0 – comprimento inicial e S_0 – área inicial), e a Fig. 2.1(b) mostra o esboço da curva típica obtida no ensaio.

As vantagens do ensaio podem ser resumidas:

- na grande facilidade de sua aplicação;
- na extensa flexibilidade do método (podendo ser utilizado desde tiras e arames até tarugos e blocos);
- na amplitude de informações fornecidas pelo ensaio quanto à caracterização dos materiais, podendo ser utilizado em praticamente todos os materiais de aplicação em engenharia (polímeros, metais, cerâmicos, compósitos, madeira, entre outros).

■ DEFINIÇÃO DO ENSAIO

Se dois corpos de prova fabricados com o mesmo material e de mesma geometria, mas com dimensões diferentes, forem testados à tração, as curvas de carga *versus* o comprimento instan-

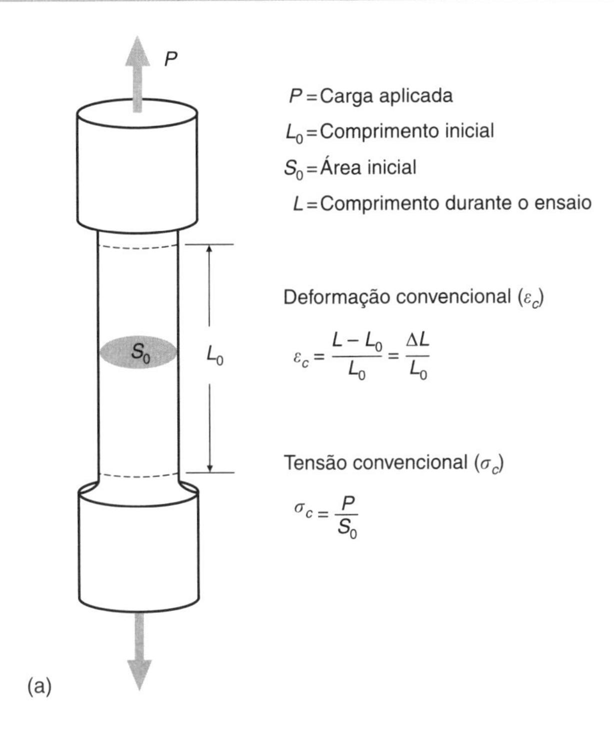

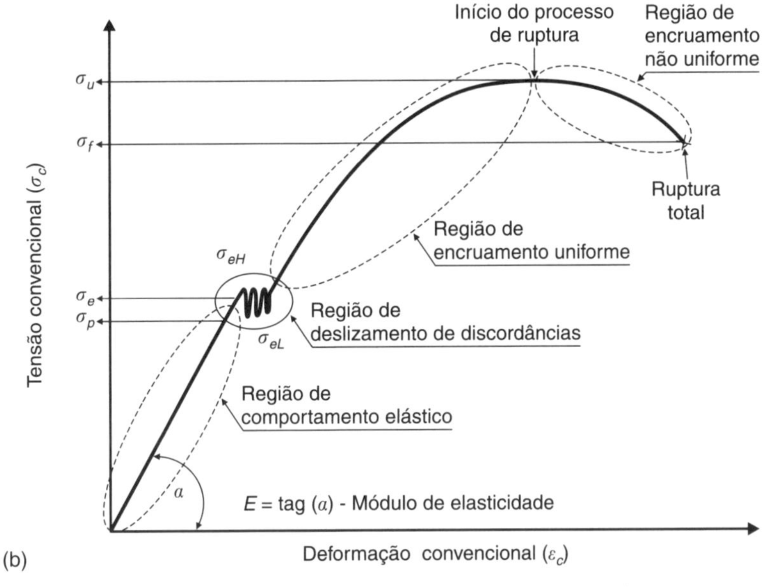

Figura 2.1 (a) Corpo de prova utilizado no ensaio de tração, com destaque ao comprimento (L_0) e área (S_0) iniciais. (b) Esboço da curva obtida no ensaio de tração (curva tensão-deformação convencional).

tâneo dos diferentes corpos de prova seriam consideravelmente diferentes, sendo função da dimensão de cada corpo de prova, conforme mostra a Fig. 2.2. Deve-se lembrar que a carga aplicada sobre a área da seção transversal do corpo de prova se reflete na tensão à qual o corpo fica exposto, e esse parâmetro deverá ser constante para o mesmo material para qualquer área de seção transversal utilizada. Entretanto, devido às maiores dificuldades operacionais em se

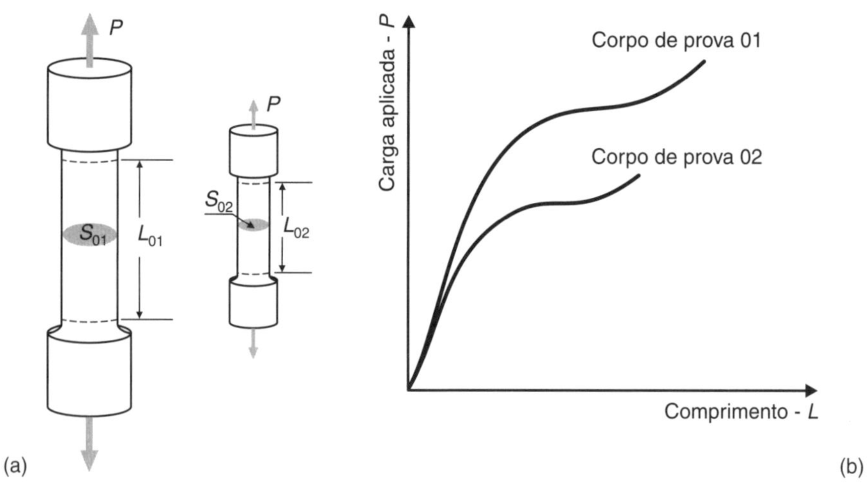

Figura 2.2 (a) Corpos de prova de mesmo material, mas geometricamente diferentes. (b) Esboço das curvas carga aplicada *versus* comprimento para a tração realizada nos diferentes corpos de prova.

determinar valores reais (instantâneos) da área da seção transversal ao longo do ensaio, convencionou-se utilizar a área inicial para a obtenção da tensão relativa em qualquer ponto do ensaio, conforme a Eq. (2.1). Para a variação do comprimento, adotou-se utilizar o alongamento, ou seja, a diferença entre o comprimento inicial e o comprimento instantâneo, dividido pelo comprimento inicial do corpo de prova, chamado de deformação relativa, conforme a Eq. (2.2).

Desse modo, se as diferentes curvas de carga aplicada *versus* o comprimento forem transformadas em curvas de tensão (com a convenção da área inicial) *versus* a deformação relativa, espera-se que corpos de prova de diferentes dimensões, mas produzidos com o mesmo material tenham curvas iguais ou pelo menos equivalentes, e no formato mostrado anteriormente na Fig. 2.1.

ENSAIO CONVENCIONAL

Para as definições da tensão e deformação convencionais, considera-se uma barra cilíndrica e uniforme que é submetida a uma carga de tração uniaxial, crescente, conforme mostra a Fig. 2.3(a). A Fig. 2.3(b) traz uma representação esquemática do ensaio de tração.

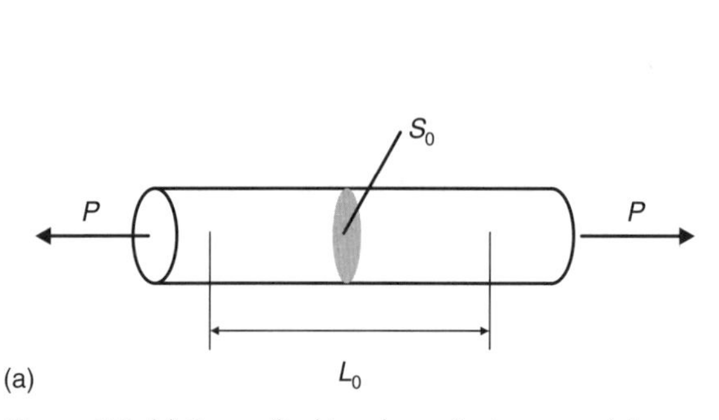

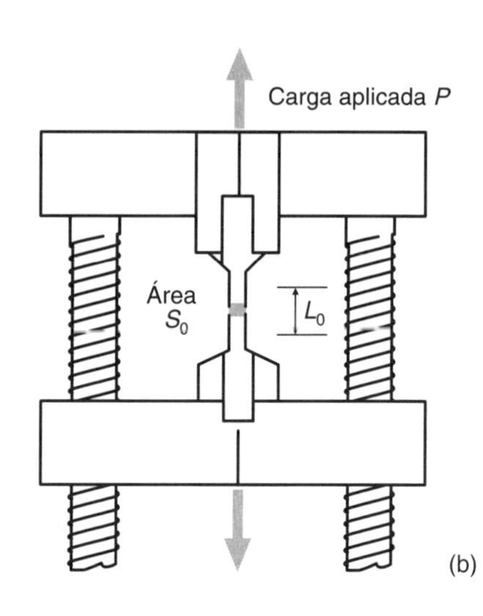

Figura 2.3 (a) Barra cilíndrica de seção transversal S_0 e comprimento L_0 utilizada no ensaio de tração. (b) Representação esquemática do ensaio. (Adaptado de Callister, 1994.)

A **tensão convencional**, nominal ou de engenharia (σ_c) é dada por:

$$\sigma_c = \frac{P}{S_0} \tag{2.1}$$

em que

σ_c – tensão convencional (Pa);
P – carga aplicada (N);
S_0 – seção transversal original (m^2).

Observar que 1 N/m² = 1 Pa e que 1N/mm² = 1 MPa = 1.000.000 Pa.

A **deformação convencional** ou nominal (ε_c) é dada por:

$$\varepsilon_c = \frac{L - L_0}{L_0} = \frac{\Delta L}{L_0} \tag{2.2}$$

em que

ε_c – deformação convencional (adimensional);
L_0 – comprimento inicial de referência (carga zero) (m);
L – comprimento para cada carga P aplicada (m);
ΔL – alongamento (m).

Na curva da Fig. 2.1 observam-se quatro regiões de comportamentos distintos, e cada região caracteriza um determinado tipo de deformação sofrida pelo corpo de prova durante a execução do ensaio, conforme se segue:

Região de comportamento elástico ($0 < \sigma_c \leq \sigma_p$) Corresponde à primeira região de deformação do corpo de prova. Nessa região observa-se o fenômeno do efeito elástico, em que, ao cessar a aplicação de carga, o corpo de prova retoma suas dimensões originais.

Região de deslizamento de discordâncias ($\sigma_c \cong \sigma_e$, na prática pode se considerar $\sigma_e \cong \sigma_p$) Corresponde ao início da deformação plástica do material; nos estágios iniciais dessa deformação, a tensão pode sofrer oscilações que dependerão da acomodação das discordâncias no interior da rede cristalina do material.

Região de encruamento uniforme ($\sigma_e < \sigma_c \leq \sigma_u$) Corresponde ao encruamento propriamente dito, e, à medida que os planos cristalinos escorregam entre si, estes são gradativamente freados ou travados pelas discordâncias que atingem os contornos de grão, exigindo cada vez mais tensão para que a deformação continue.

Região de encruamento não uniforme ($\sigma_u < \sigma_c \leq \sigma_f$) Corresponde à última região de deformação; nesta passa a existir o processo de ruptura do corpo de prova. Para um material de alta capacidade de deformação permanente, o diâmetro do corpo de prova começa a decrescer rapidamente ao se ultrapassar a tensão máxima (σ_u). Assim, a carga necessária para continuar a deformação diminui até a ruptura total.

Cada região é definida pelas seguintes tensões:

- **Tensão proporcional (limite de proporcionalidade)** – σ_p – definida como a tensão máxima até a qual vale uma relação linear entre tensão e deformação. Estabelece o limite da deformação elástica.
- **Tensão de escoamento (limite de escoamento)** – σ_e – definida como a tensão de início da deformação plástica. Na prática, pode-se assumir como igual à tensão proporcional ($\sigma_e \cong \sigma_p$). Para alguns materiais, a passagem da região elástica para a plástica ocorrerá com uma oscilação nos níveis de tensão, em que se definem as tensões máximas e mínimas da flutuação (σ_{eL} - tensão de escoamento inferior e σ_{eH} - tensão de escoamento superior).

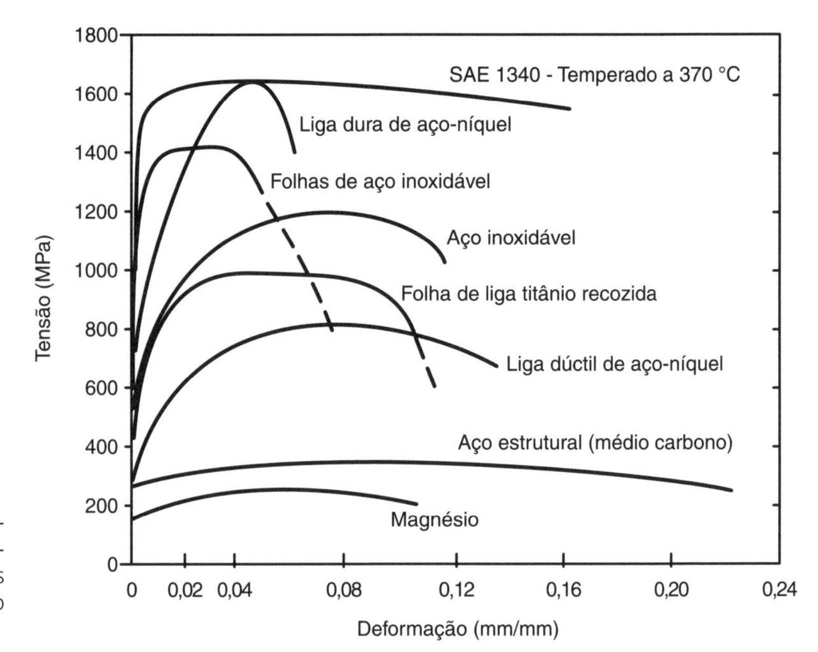

Figura 2.4 Relação do comportamento entre tensão-deformação para algumas ligas comerciais. (Adaptado de Flinn, 1990.)

- **Tensão máxima (limite de resistência à tração)** – σ_u – definida como a máxima tensão que o material suporta sem apresentar nenhum traço de fratura interna ou externa no corpo de prova. Após esse nível de tensão, o material iniciará o processo de fratura.
- **Tensão de ruptura** – σ_f – definida como a tensão na qual ocorrerá a fratura definitiva do corpo de prova.

Observa-se, na prática, uma grande variação nas características das curvas tensão-deformação para diferentes tipos de materiais. A Fig. 2.4 mostra curvas tensão-deformação para algumas ligas metálicas comerciais.

CONCEITOS DA REGIÃO DE COMPORTAMENTO ELÁSTICO ($0 < \sigma_c \leq \sigma_p$)

Quando uma amostra de um material é solicitada por uma força e sofre uma deformação e, após a retirada da força aplicada, recupera suas dimensões originais, essa deformação é definida como deformação elástica. Esse comportamento foi estudado por Robert Hooke, que em 1676 expressou: "*a tensão resultante da aplicação de uma força em um material é diretamente proporcional à sua deformação*", o que ficou conhecido como lei de Hooke. Essa lei, descrita matematicamente pela equação da elasticidade de uma mola, em que a carga aplicada é diretamente proporcional ao deslocamento, é dada por:

$$P = k \cdot x \tag{2.3}$$

em que

P = carga aplicada (N);
k = constante de proporcionalidade ou constante da mola (N/m);
x = deslocamento (m).

De modo semelhante, a deformação elástica de um corpo de prova é descrita por uma relação linear entre tensão (σ) e deformação (ε), em que a constante de proporcionalidade é dada pelo **módulo de elasticidade**, também conhecido por **módulo de Young** (***E***) (em homenagem ao pesquisador Thomas Young, que publicou uma explicação da lei de Hooke em 1807), conforme a equação:

$$\sigma = E \cdot \varepsilon \quad (2.4)$$

Para a região de comportamento elástico, tem-se que os principais parâmetros que devem ser analisados de modo detalhado são:

- Módulo de elasticidade (E).
- Coeficiente de Poisson (ν).
- Módulo de resiliência (U_r).
- Limite de proporcionalidade (σ_p) e limite de escoamento (σ_e).
- Efeito termoelástico.
- Anelasticidade.

Módulo de Elasticidade (*E*)

O módulo de elasticidade fornece uma indicação da rigidez do material e depende fundamentalmente das forças de ligação interatômicas. Em outras palavras, o módulo de elasticidade representa uma medida das forças de ligação existentes entre os átomos, íons ou moléculas de um material sólido qualquer. Dessa forma, esse módulo deverá ser proporcional à inclinação da curva de força interatômica *versus* separação interatômica na posição de espaçamento de equilíbrio (x_0), conforme mostra a Fig. 2.5(a) e (b).

O $E_{aço}$ é cerca de três vezes maior que o correspondente para ligas de alumínio, ou seja, quanto maior o módulo de elasticidade, menor a deformação elástica resultante na aplicação de uma determinada tensão, conforme mostrado esquematicamente na Fig. 2.6.

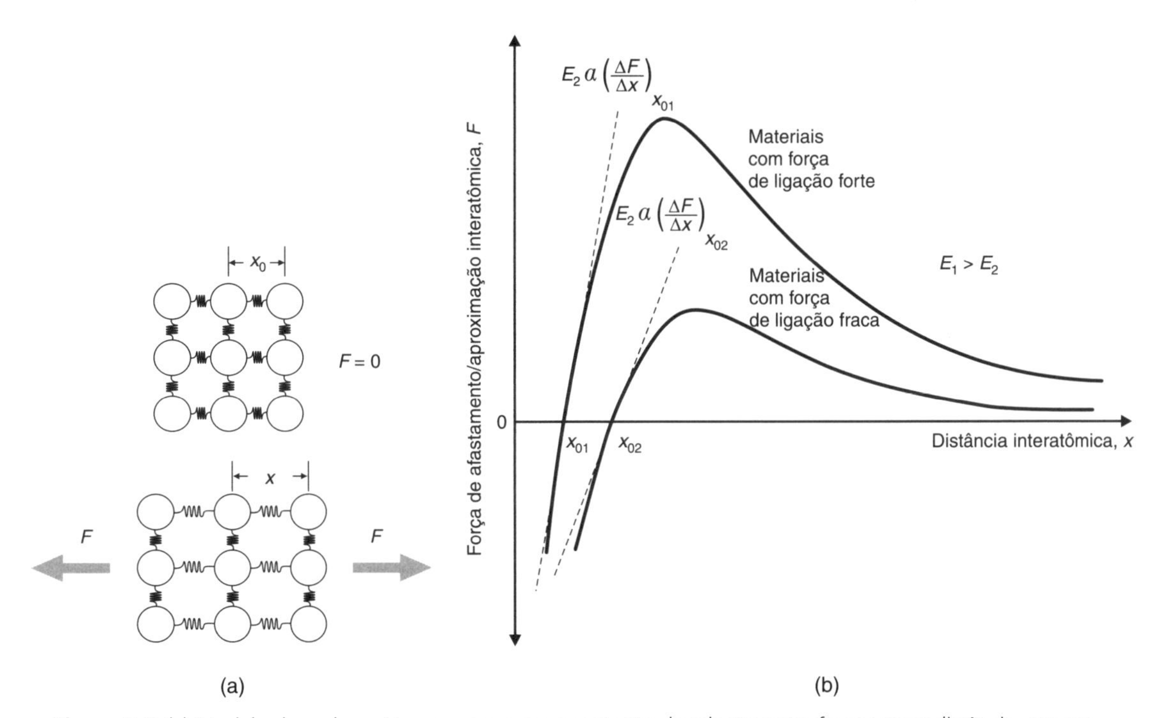

Figura 2.5 (a) Modelo de molas e átomos para a representação da relação entre força *versus* distância, em que para força nula a distância será a de equilíbrio (x_0). (b) Relação entre a força de afastamento/aproximação e distância interatômica para materiais de ligação forte e ligação fraca. O valor do módulo de elasticidade será proporcional à tangente no ponto de equilíbrio da distância interatômica, onde a força é nula.

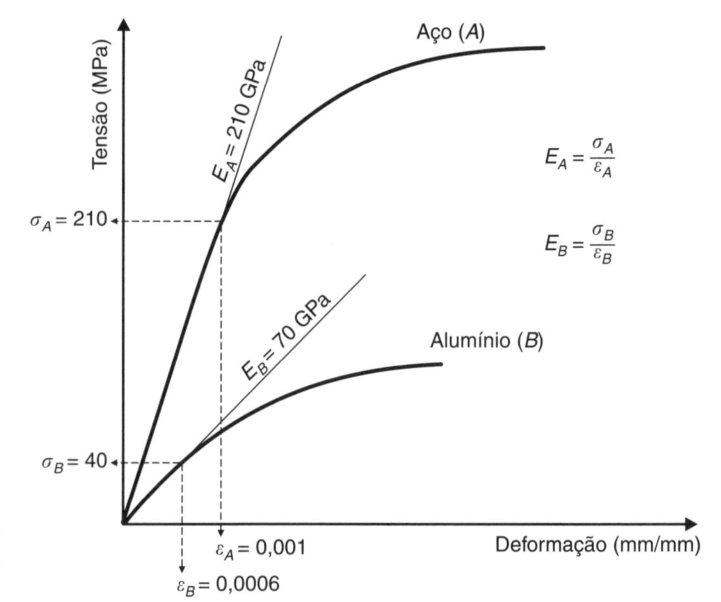

Figura 2.6 Diagrama tensão-deformação esquemático para o alumínio e o aço.

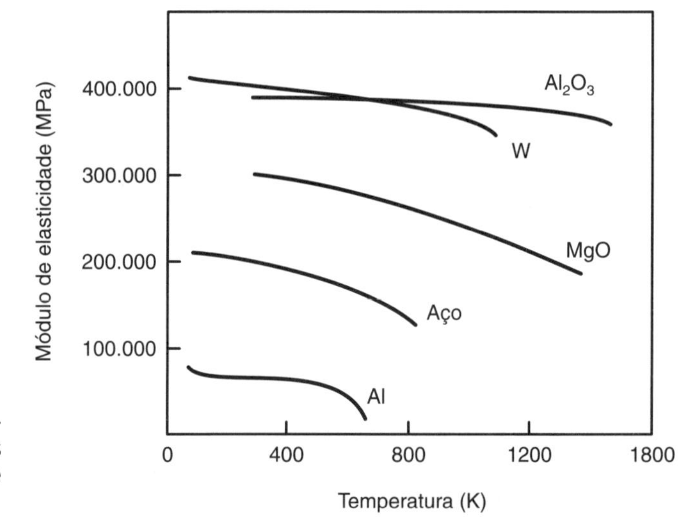

Figura 2.7 Variação do módulo de elasticidade com a temperatura para alguns materiais policristalinos. (Adaptado de Hertzberg, 1995.)

O fato de o módulo de elasticidade ser dependente das forças de ligação interatômicas explica o seu comportamento inversamente proporcional à temperatura, conforme mostra a Fig. 2.7, em que se observa que aumentos na temperatura levam a redução do módulo de elasticidade, uma vez que em temperaturas mais elevadas as forças de repulsão interatômicas crescem.

A inclinação do gráfico tensão-deformação indica que, para manter a separação elástica entre os átomos do sistema, é necessária uma força que aumenta proporcionalmente com a distância de separação. As forças de ligação entre os átomos, e consequentemente o módulo de elasticidade, são maiores para metais com temperaturas de fusão mais elevadas. A Tabela 2.1 apresenta uma relação entre o módulo de elasticidade e a temperatura de fusão para diversos metais.

Tabela 2.1 Relação entre temperatura de fusão e o módulo de elasticidade dos metais (adaptado de Askeland, 1996)

Metal	Temperatura de fusão (°C)	Módulo de elasticidade (MPa)
Chumbo (Pb)	327	14.000
Magnésio (Mg)	650	45.500
Alumínio (Al)	660	70.000
Prata (Ag)	962	72.000
Ouro (Au)	1064	79.000
Cobre (Cu)	1085	127.000
Níquel (Ni)	1453	209.000
Ferro (Fe)	1538	210.000
Molibdênio (Mo)	2610	304.000
Tungstênio (W)	3410	414.000

Determinação do módulo de elasticidade

O módulo de elasticidade pode ser diretamente obtido da curva tensão-deformação, e é determinado pelo quociente da tensão convencional pela deformação convencional na região linear do diagrama tensão-deformação, conforme a Fig. 2.6, e representado matematicamente por:

$$E = \frac{\sigma}{\varepsilon} = \frac{P \cdot L_0}{S_0 \cdot \Delta L} \qquad (2.5)$$

em que

E – Módulo de elasticidade (Pa).

Em particular para materiais muito dúcteis, como aços de baixa liga e aços esferoidizados, a região elástica da curva poderá apresentar um comportamento de elasticidade não proporcional, perdendo a linearidade nessa região e consequentemente dificultando a determinação exata do módulo de elasticidade. Outra situação seria o caso de ferros fundidos e materiais cerâmicos, em que microtrincas internas ao corpo de prova, que eventualmente podem ocorrer durante o ensaio, também podem alterar o valor correto do módulo. Para esses casos, torna-se mais aconselhável a aplicação do **ensaio de compressão**, e o valor do módulo seria calculado pela Eq. (2.5), lembrando apenas que os valores de ΔL e P serão negativos.

Uma medida mais precisa do módulo de elasticidade é obtida através da frequência natural de vibração de uma barra do material. O método consiste em fazer vibrar uma barra cilíndrica de comprimento (L) e diâmetro (D) padronizados, presa apenas nas extremidades e com uma massa de carga (m) colada no centro longitudinal, conforme mostra a Fig. 2.8. A frequência de oscilação (f) em ciclos por segundo (Hertz) será dada por:

$$f = \frac{1}{2 \cdot \pi}\left(\frac{3 \cdot \pi \cdot E \cdot D^4}{4 \cdot L^3 \cdot m}\right)^{1/2} \qquad (2.6)$$

Utilizando-se um sistema estroboscópico (sistema que faz piscar uma lâmpada em frequências determinadas) dentro de uma câmara escura na qual a barra vibra, altera-se a frequência de piscar da lâmpada até o momento em que a observação visual sobre a barra indicar que a barra parou em uma posição fixa. Nesse momento, tem-se que a frequência de oscilação da

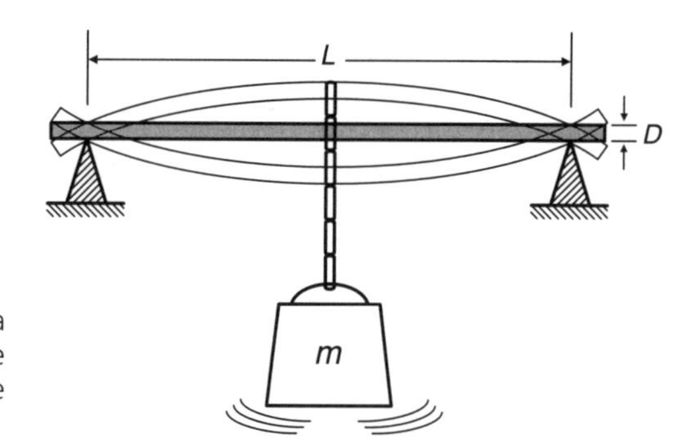

Figura 2.8 Aparato experimental para medida do módulo de elasticidade pela frequência de oscilação de uma barra cilíndrica. (Adaptado de Ashby, 1988.)

barra será igual à frequência do sistema estroboscópico, obtendo-se desse modo o valor numérico do módulo de elasticidade (E) com grande precisão por:

$$E = \frac{16 \cdot \pi \cdot m \cdot L^3 \cdot f^2}{3 \cdot D^4} \tag{2.7}$$

Um método mais simples, e que consiste em um método prático e muito utilizado industrialmente para se obter o módulo de elasticidade, consiste na medida da velocidade do som no material. Esse método é bem aplicado para materiais metálicos e alguns polímeros e é descrito na norma ASTM E494:2001. As velocidades do som para ondas longitudinais (V_L) e transversais (V_S) são determinadas em um sólido com o uso de transdutores específicos (piezoelétricos) para cada tipo de onda. O transdutor de ultrassom integra um elemento piezoelétrico que gera o pulso e recebe seu eco, onde, com o auxílio de um osciloscópio, os ecos das inúmeras viagens através da amostra são registrados. O intervalo de tempo (Δt) entre dois ecos corresponde ao pulso que viaja através da amostra e retorna ao transdutor. Desse modo, a velocidade do som no interior do sólido é calculada por: $V = 2 \cdot t / \Delta t$, em que t corresponde à espessura da amostra e Δt ao intervalo de tempo entre dois ecos.

Com o valor da massa específica do material (ρ) e as velocidades das ondas longitudinais (V_L) e transversais (V_S), pode-se determinar o coeficiente de Poisson (ν) (ver coeficiente de Poisson na sequência deste capítulo) e o módulo de elasticidade, dados por:

$$\nu = \frac{1 - 2 \cdot \left(\frac{V_S}{V_L}\right)^2}{2 - 2 \cdot \left(\frac{V_S}{V_L}\right)^2} \tag{2.8}$$

$$E = 2 \cdot \rho \cdot V_S^2 \cdot \left(1 + \nu\right) \tag{2.9}$$

Para materiais cerâmicos e em particular concretos, a norma ASTM C597:2009 descreve um método semelhante ao anterior, em que o módulo de elasticidade é calculado para uma barra de seção transversal retangular, dado por:

$$E = \frac{1}{\Delta t^2}\left(\frac{m \cdot L}{b \cdot t}\right) \cdot P \tag{2.10}$$

em que, m é a massa da barra de ensaio (kg), L corresponde ao comprimento da barra e b e t, à largura e à espessura, respectivamente (m). Δt é o intervalo de tempo de propagação da onda sônica no interior do material (s) e, P representa um fator de correção o qual depende do coeficiente de Poisson (ν), dado por:

Tabela 2.2 Análise comparativa dos métodos quase estáticos, dinâmicos e por ultrassom (adaptado de Morrel, 2006; Pereira, 2010)

Método	Constantes elásticas obtidas	Tipo de ensaio	Incerteza no resultado	Tempo de execução	Preparação de corpo de prova	Tipo de material	Aplicação em temperatura elevada
Quase estáticos	*E*, *G* e *n*	Destrutivo	$> 5\%$	Dezenas de minutos	Complicado	Qualquer material sólido com qualquer microestrutura	Difícil
Dinâmicos	*E*, *G* e *n*	Não destrutivo	$< 2\%$	Segundos	Simples	Qualquer material sólido. Preferível microestrutura refinada	Fácil
Ultrassom	*E* e *n*	Não destrutivo	$< 5\%$	Segundos	Simples	Qualquer material sólido com qualquer microestrutura	Muito difícil

$$P = \frac{(1+\nu)\cdot(1-2\cdot\nu)}{(1-\nu)} \tag{2.11}$$

Outra técnica de grande importância industrial e também muito utilizada para materiais cerâmicos consiste em medir a frequência natural de ressonância de uma barra de seção transversal definida, excitada mecanicamente por meio de uma batida (impacto) aplicada em um ponto específico da barra utilizando-se de uma ferramenta apropriada (martelo). O corpo de prova é suportado nas linhas nodais de vibração e submetido a uma leve pancada mecânica, a qual reage com a emissão de uma resposta acústica (um som). Os módulos elásticos são calculados a partir das frequências naturais de vibração presentes na resposta acústica. Esse método também permite calcular o amortecimento ou atrito interno do material a partir da taxa de atenuação da resposta acústica (Musolino, 2010). Esse método é descrito em detalhes nas normas ASTM E1875:2000 e ASTM E1876:2001 e possui a vantagem de permitir a determinação dos parâmetros elásticos em elevadas temperaturas e temperaturas criogênicas.

O Apêndice A apresenta detalhes técnicos do método para a determinação dos parâmetros elásticos utilizando-se a frequência natural de ressonância. A Tabela 2.2 mostra uma análise comparativa entre a determinação de parâmetros elásticos pelos métodos quase estáticos (tração, compressão, flexão, torção) e os métodos dinâmicos (frequência natural de vibração) e de ultrassom.

A Fig. 2.9 apresenta um gráfico de barras posicionando a ordem de grandeza do módulo de elasticidade para as diferentes classes de materiais.

Anisotropia do módulo de elasticidade

Como o espaçamento interatômico e, em alguns casos, a iteração atômica devem variar com a direção em um monocristal, o módulo de elasticidade é dependente da direção de aplicação da tensão nos eixos cristalográficos, isto é, monocristais possuem anisotropia elástica. A Fig. 2.10 apresenta a variação típica do módulo de elasticidade (E) com os eixos cristalográficos para um monocristal da liga Fe-3%Si, e a Fig. 2.11 mostra os planos representativos aos módulos de elasticidade.

Neste ponto fica a seguinte questão: Se existe a forte dependência do módulo de elasticidade com o plano cristalino que sofre o esforço de tração, então que módulo de elasticidade está sendo medido no ensaio de tração de um material policristalino?

A resposta a essa pergunta parece ser um tanto óbvia, pois o que deverá estar sendo medido será uma média global dos módulos nas diferentes direções cristalográficas na linha de apli-

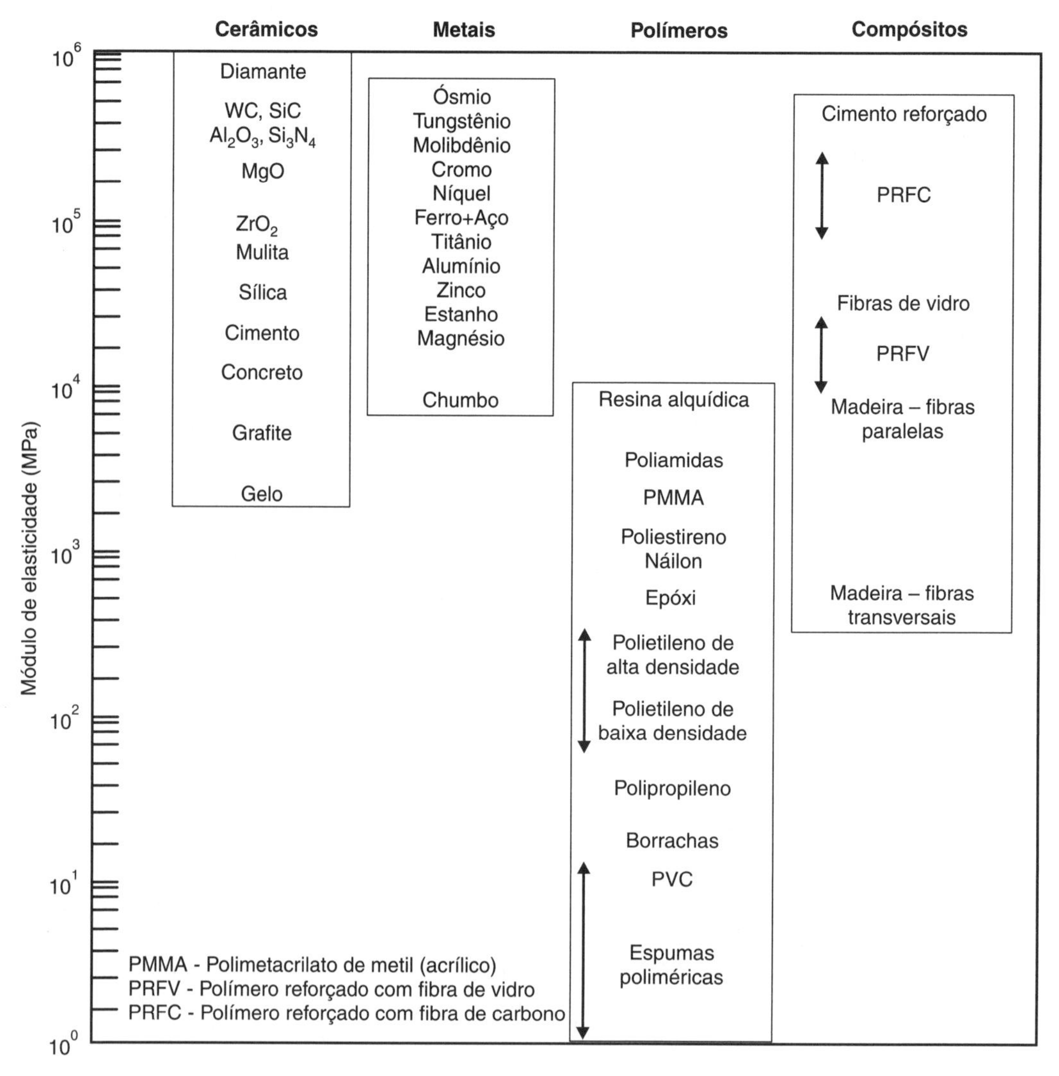

Figura 2.9 Gráfico de barras que relaciona as classes de materiais ao valor numérico do módulo de elasticidade. (Adaptado de Ashby, 1988.)

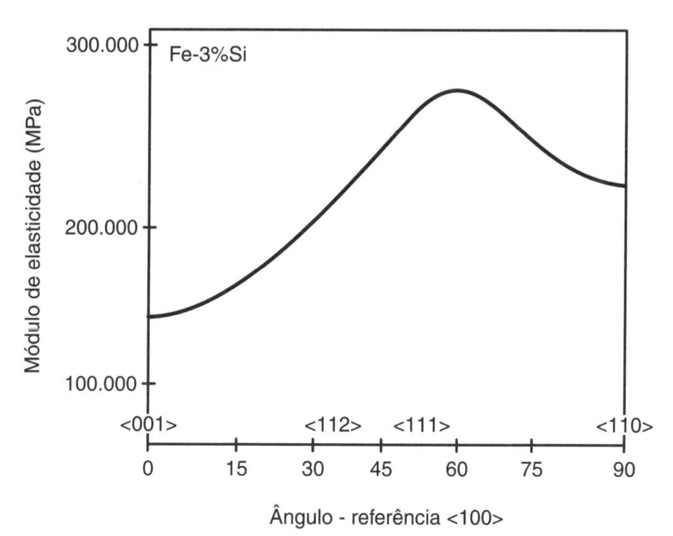

Figura 2.10 Anisotropia do módulo de elasticidade. (Adaptado de Anderson, 1991.)

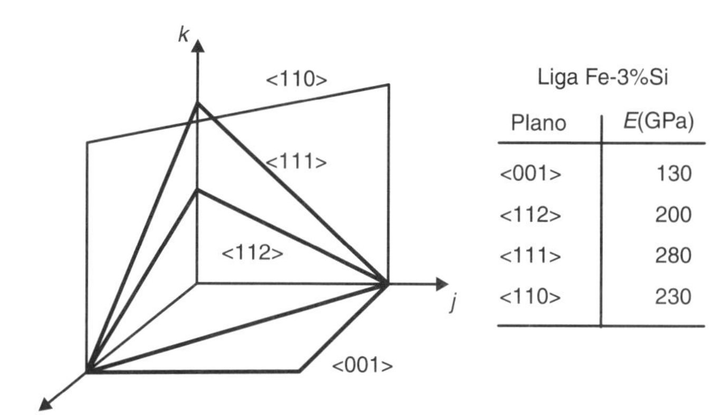

Liga Fe-3%Si

Plano	E(GPa)
<001>	130
<112>	200
<111>	280
<110>	230

Figura 2.11 Planos cristalinos e módulo de elasticidade para a liga de Fe-3%Si.

cação da carga. Contudo, esse efeito leva à observação de que a distribuição granulométrica, ou, em outras palavras, o tamanho de grão, deverá exercer influência nesse resultado.

Coeficiente de Poisson (ν)

O coeficiente de Poisson (em homenagem a Siméon Denis Poisson, matemático francês, 1781-1840) mede a rigidez do material na direção perpendicular à direção de aplicação da carga uniaxial. Na tentativa de manter o volume constante, o material, ao sofrer uma deformação direta na direção longitudinal, deve responder com uma deformação induzida na direção transversal. O valor numérico desse coeficiente é determinado conforme se segue:

$$\nu = -\frac{\varepsilon_x}{\varepsilon_z} = -\frac{\varepsilon_y}{\varepsilon_z} = -\frac{\varepsilon_d}{\varepsilon_z} \tag{2.12}$$

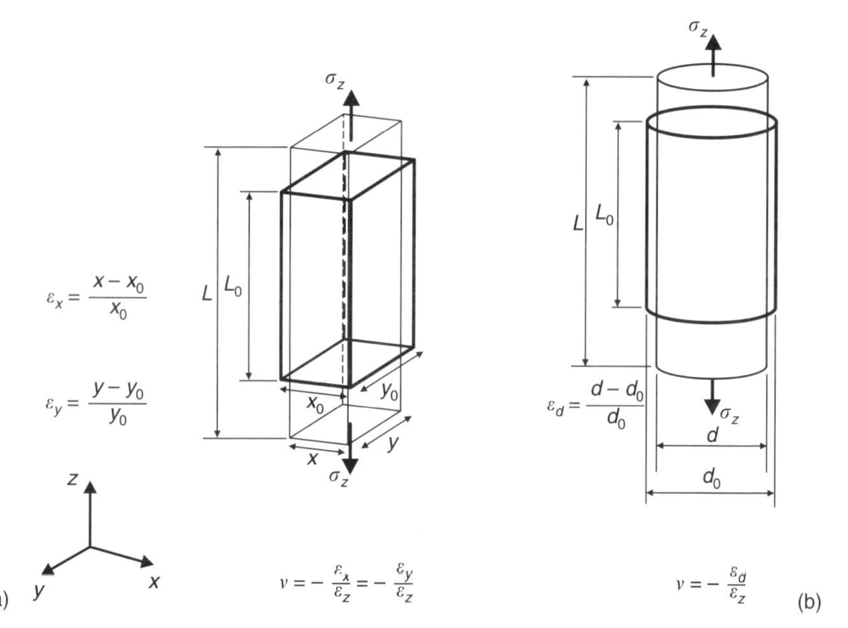

Figura 2.12 Comportamento de um corpo submetido a esforços de tração uniaxial na direção *z*: (a) seção transversal quadrada ou retangular; (b) seção transversal circular.

Tabela 2.3 Coeficiente de Poisson para diferentes materiais à temperatura ambiente (adaptado de Hertzberg, 1995)

Material	Coeficiente de Poisson (ν)
Alumínio	0,345
Aços-carbono	0,293
Cromo	0,210
Cobre	0,343
Ouro	0,440
Ferro	0,293
Manganês	0,291
Níquel	0,312
Prata	0,367
Titânio	0,321
Tungstênio	0,280
Vidro	0,270
Quartzo	0,170

O valor negativo na equação ocorre para compensar a deformação induzida que sempre será negativa, considerando que a dimensão em x, y ou d deverá diminuir na medida em que o corpo de prova alonga em z, conforme apresentado na Fig. 2.12. A Tabela 2.3 apresenta valores do coeficiente de Poisson de alguns materiais. Para materiais isotrópicos, tem-se que $\varepsilon_x = \varepsilon_y$.

Observa-se na Tabela 2.3 que o valor do coeficiente de Poisson para os metais pode ser aproximado para 0,3. Teoricamente, esse valor para materiais isotrópicos deve estar na ordem de 0,25; além disso, o valor máximo para o coeficiente de Poisson (teoricamente aquele que não produziria nenhuma alteração no volume) é de 0,5.

Curiosidade

Coeficiente de Poisson Negativo ???!!!

O artigo científico, com título "Razões negativas de Poisson para estados extremos da matéria" está publicado na edição de hoje da revista americana *Science*. É assinado por Ray Baughman, da empresa americana Honeywell, por Dantas e por mais quatro pesquisadores dos EUA e Suécia. Os "estados extremos" se referem tanto à rede cristalina como ao interior de estrelas de nêutrons e daquelas chamadas "anãs brancas" (com grande densidade e pouca luminosidade). A razão de Poisson é a maneira como os físicos medem a elasticidade de um material. Ao se esticar algo, por exemplo, o elástico de borracha ou uma esponja, o material fica mais comprido, mas também afina no centro. A razão é um número que mede a relação entre as tensões lateral e longitudinal durante o esticamento. A borracha tem razão de 0,5; a maior parte dos sólidos tem valores entre 0,25 e 0,33. "Elásticos de borracha, gelatina e tecidos biológicos moles compartilham uma importante e pouco usual propriedade com cristais ultradensos em estrelas de nêutrons e anãs brancas", escreveram os pesquisadores. "Cada um deles pode se comportar como se fosse incompressível quando esticado", isto é, é fácil mudar sua forma, mas não o seu volume. Durante muitos anos não eram conhecidos materiais com razão de Poisson negativa, e havia mesmo quem achasse que isso seria impossível, lembra o pesquisador Roderic Lakes, da Universidade de Wisconsin, comentando a nova pesquisa. (Empresa Folha da Manhã S.A. - São Paulo, sexta-feira, 16 de junho de 2000.)

Módulo de elasticidade transversal (*G*)

Como o próprio nome indica, o **módulo de elasticidade transversal** corresponde a uma situação particular do módulo de elasticidade em que a carga é aplicada em cisalhamento e não em compressão ou tração, conforme mostra a Fig. 2.13(a). Esse módulo é utilizado em ensaios de torção, e será visto com maiores detalhes em capítulo posterior. O módulo de elasticidade transversal é dado por:

$$G = \frac{\tau_{cis}}{\gamma} \Rightarrow \gamma = \text{tag}(\phi) \tag{2.13}$$

em que τ_{cis} corresponde à tensão de cisalhamento e γ, à deformação de cisalhamento, dada pela tangente do ângulo de giro do eixo. Para materiais isotrópicos, pode-se provar que:

$$G = \frac{E}{2 \cdot (1 + \nu)} \tag{2.14}$$

Para a maioria dos metais e ligas, o coeficiente de Poisson é próximo a 0,3. Assim, $G \cong 0{,}4 \cdot E$.

Módulo de elasticidade volumétrico (*K*)

Quando um corpo elástico é submetido a um estado triaxial e uniforme de tensões (tensões iguais em todas as direções), a razão da tensão aplicada para a mudança relativa do volume do corpo é chamada de **módulo de elasticidade volumétrico**. Esse estado de tensões coincide com o **estado hidrostático de tensão**, conforme mostra a Fig. 2.13(b), e, assim, o módulo de elasticidade volumétrico traduz uma medida da **compressibilidade do material**. Para materiais isotrópicos, o módulo de elasticidade volumétrico é expresso em termos do módulo de elasticidade linear e do coeficiente de Poisson:

$$K = \frac{E}{3 \cdot (1 - 2 \cdot \nu)} \tag{2.15}$$

Para a maioria dos metais e ligas, o módulo de elasticidade volumétrico é próximo a $0{,}8 \cdot E$.

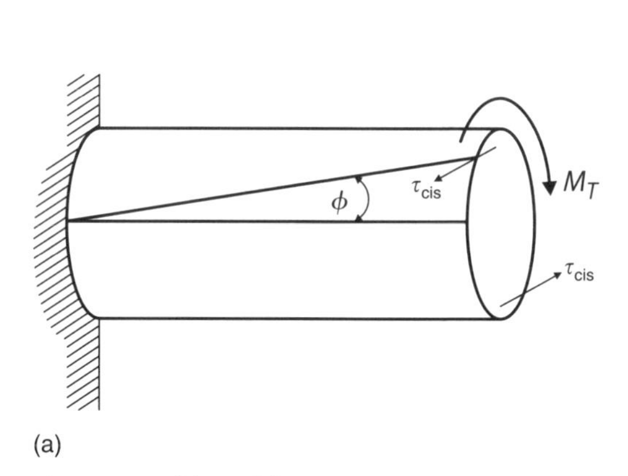

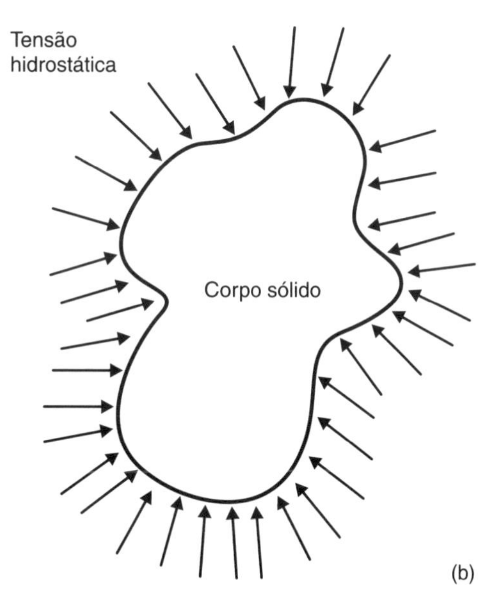

Figura 2.13 (a) Modelo representativo para o módulo de elasticidade transversal. (b) Tensão hidrostática para a compressibilidade de material.

Tabela 2.4 Módulo de elasticidade, limite de escoamento e módulo de resiliência médio para alguns materiais comerciais (adaptado de Souza, 1995)

Material	E (GPa)	σ_e (MPa)	U_r (N · mm/mm³)
Aço baixo carbono	150-220	270	0,182
Aço inoxidável	200-250	350	0,322
Aço mola SAE 5160	200-300	1000-1200	2,42
Ferro fundido	170-190	220-1030	0,184
Tungstênio	406	1000	1,231
Cobre	124	60	0,0145
Alumínio	69	40	0,0116
Magnésio e ligas	41-45	80-300	0,1163
Concreto	45-50	20-30	0,004

Módulo de Resiliência (U_r)

É a capacidade de um material absorver energia quando deformado elasticamente e liberá-la quando descarregado. A medida dessa propriedade é dada pelo módulo de resiliência (U_r), que é a energia de deformação por unidade de volume necessária para tracionar o material da origem até o limite de proporcionalidade.

A quantificação de U_r é dada pelo trabalho útil realizado, isto é, da área sob a curva tensão-deformação calculada da origem até o limite de proporcionalidade:

$$U_r = \int_0^{\varepsilon p} \sigma \cdot d\varepsilon = \int_0^{\varepsilon p} E \cdot \varepsilon \cdot d\varepsilon = E \cdot \frac{\varepsilon_p^2}{2} = \frac{\sigma_p^2}{2 \cdot E} \qquad (2.16)$$

Na prática, usualmente pode-se substituir o limite de proporcionalidade (σ_p) pelo limite de escoamento (σ_e). A Tabela 2.4 apresenta valores médios do módulo de elasticidade, limite de escoamento e módulo de resiliência para alguns materiais de engenharia.

Limite de Proporcionalidade (σ_p) e Limite de Escoamento (σ_e)

O limite de proporcionalidade, ou tensão proporcional (σ_p), representa o nível máximo de tensão até o qual a lei de Hooke pode ser aplicada, ou em outras palavras, entre a tensão aplicada e a deformação resultante existe uma relação linear cujo coeficiente é o módulo de elasticidade. Após o limite de proporcionalidade, os materiais poderão ainda apresentar uma pequena quantidade de deformação elástica, mas de caráter não linear, e logo após essa pequena deformação o material deverá iniciar o estágio de escoamento, produzindo assim uma deformação de caráter permanente, ou plástica. Pelo fato de o limite de proporcionalidade se encontrar bastante próximo do limite de escoamento, pode-se assumir, para efeitos de cálculo, valores iguais para ambos os limites ($\sigma_L = \sigma_p \cong \sigma_e$) (ver Fig. 2.14).

Na curvas tensão-deformação convencional, o ponto limite de escoamento pode ser nítido, como apresentado na curva da Fig. 2.1(b), ou imperceptível, como o exemplo da Fig. 2.14. Para os casos de escoamento imperceptível, convenciona-se adotar uma deformação padrão que corresponda ao limite de escoamento. É conhecido como limite n de escoamento (σ_{e_n}). O valor de n pode assumir, para aços e ligas em geral, n = 0,2% (ε = 0,002), para cobre e suas ligas e metais de grande ductilidade, n = 0,5% (ε = 0,005), e para ligas metálicas muito duras, como aços ferramentas, n = 0,1% (ε = 0,001).

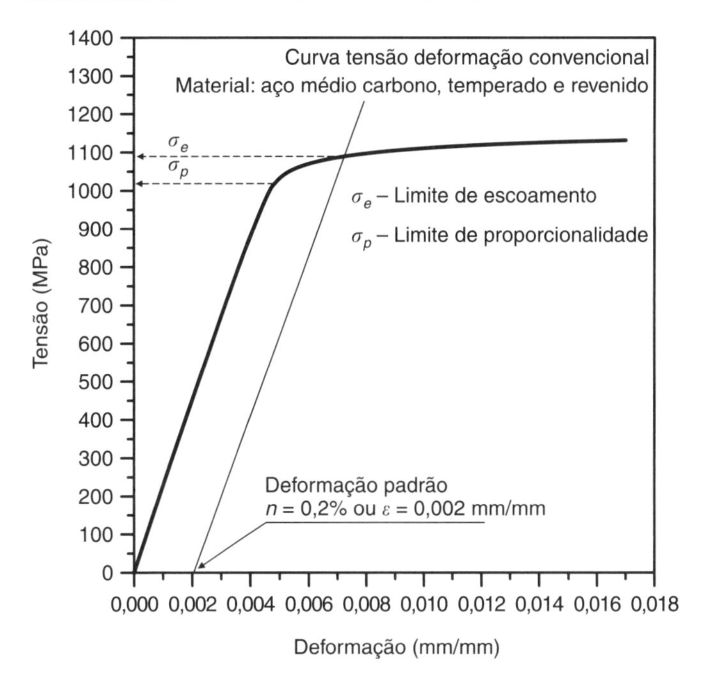

Figura 2.14 Curva tensão-deformação de engenharia com σ_e definido para uma deformação de 0,2%.

Por exemplo, o procedimento para se determinar o limite de escoamento para o caso de $n = 0{,}2\%$ (ASTM Standard E8-69) é dado como se segue:

1. Obter uma curva tensão-deformação de engenharia por meio do ensaio de tração.
2. Construir uma linha paralela à região elástica da curva, partindo de uma deformação de $\varepsilon = 0{,}002$ ou 0,2%.
3. Definir σ_e na interseção da reta paralela com a curva tensão-deformação, conforme pode ser observado na Fig. 2.14.

Existem alguns materiais, como por exemplo os ferros fundidos, o concreto e vários polímeros, para os quais a região elástica da curva tensão-deformação não apresentará um comportamento linear bem definido, tornando impreciso o traçado de uma linha paralela para a determinação do limite n. Nesses casos, pode-se utilizar o **módulo tangencial**, o **módulo secante** ou o **módulo da corda** para se determinar a inclinação da reta a ser aplicada, conforme observado na Fig. 2.15. Detalhes sobre a determinação dos módulos tangencial, secante e da corda podem ser vistos na norma ASTM E111:1997.

Na prática, a determinação dos módulos de elasticidade de metais duros, como é o caso dos aços ferramentas, e de metais frágeis, como, por exemplo, os ferros fundidos, é feita utilizando-se o **ensaio de flexão**, conforme será visto em capítulo posterior. Para materiais cerâmicos, como o concreto, prefere-se a utilização do **ensaio de compressão**.

Outra técnica que pode ser utilizada consiste em carregar o corpo de prova até a região plástica e descarregar, e, sem retirá-lo da máquina de tração, carregar novamente. O resultado será uma curva conforme apresentada no esboço da Fig. 2.16, onde se observa o fenômeno da histerese mecânica, representada pela área formada entre a curva de descarregamento e a nova curva de carga. O valor numérico da área ou a intensidade de histerese corresponde à energia dissipada no ciclo. A partir da curva da histerese, unem-se os pontos A e B por uma reta e, a partir desta, traça-se uma reta paralela a partir do ponto correspondente a $n\%$ de deformação. Entretanto, essa técnica está limitada a máquinas de tração hidráulicas; as máquinas de fuso podem inserir tensões compressivas durante o descarregamento, invalidando o resultado.

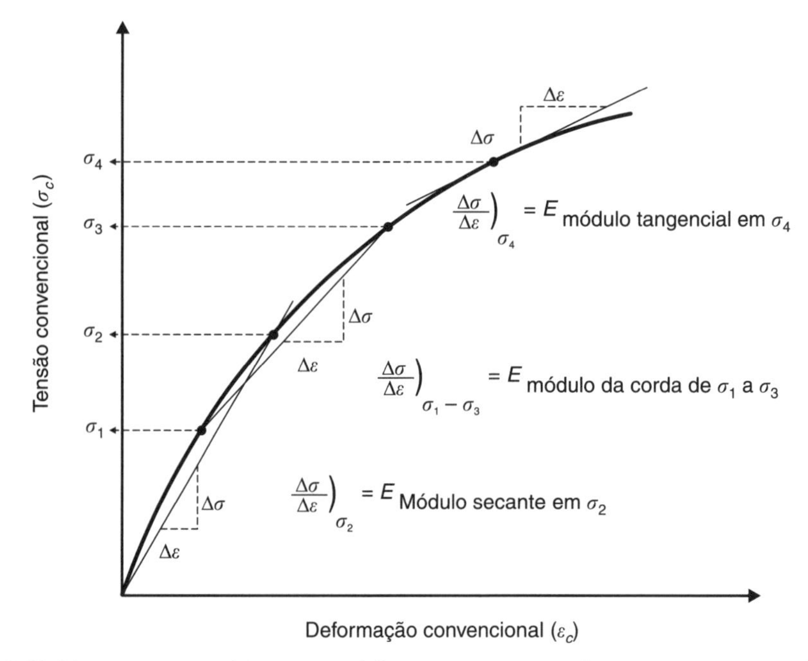

Figura 2.15 Diagrama esquemático tensão-deformação apresentando comportamento não linear da região elástica e determinação dos módulos tangencial, secante e da corda.

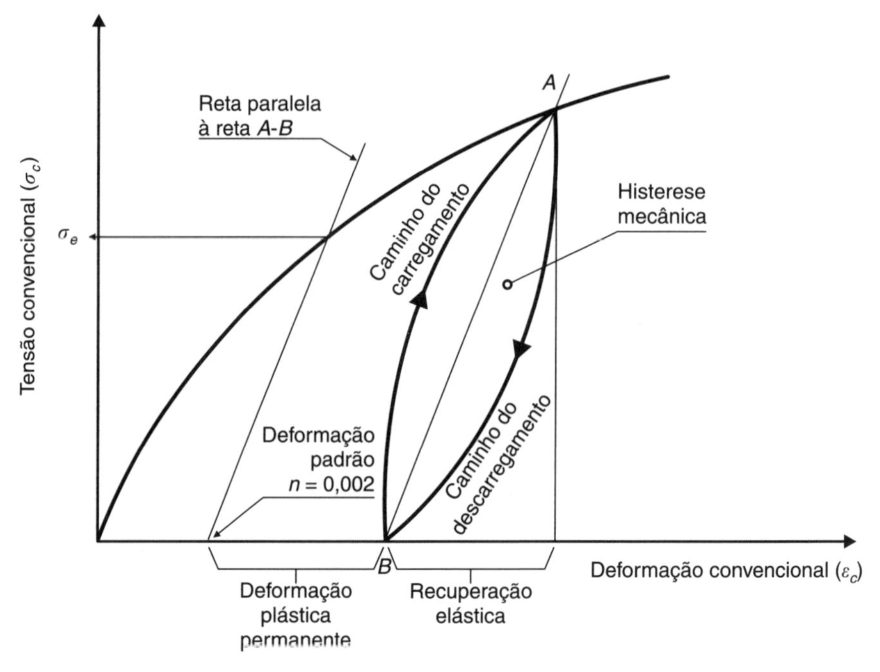

Figura 2.16 Formação da histerese mecânica na descarga e carga após o escoamento, técnica esta utilizada para a determinação da reta de elasticidade do material

A Tabela 2.5 apresenta valores do módulo de elasticidade e do limite de proporcionalidade para diversos materiais em engenharia. As Figs. 2.17 e 2.18 mostram gráficos de barras para o valor limite de proporcionalidade e da deformação das diferentes classes de materiais.

Tabela 2.5 Módulo de elasticidade e limite de proporcionalidade para diversos materiais de engenharia (adaptado de Ashby, 1988; Anderson, 1991)

Material	Módulo de elasticidade (MPa)	Limite de proporcionalidade (MPa)	Material	Módulo de elasticidade (MPa)	Limite de proporcionalidade (MPa)
Diamante	1.000.000	50000	**Paládio**	124.000	
Carbeto de tungstênio (WC)	450.000-650.000	6000	**Latões e bronzes**	103.000-124.000	70-640
Ósmio	551.000		**Ligas de nióbio**	80.000-110.000	
Boretos de Ti, Zr, Hf	500.000		**Sílica**	107.000	
Carbeto de silício (SiC)	450.000	10000	**Ligas de zircônia**	96.000	100-365
Boro	441.000		**Quartzo (SiO_2)**	94.000	7200
Tungstênio	406.000	1000	**Zinco e suas ligas**	43.000-96.000	160-421
Alumina (Al_2O_3)	390.000	5000	**Ouro**	82.000	40
Óxido de berílio (BeO)	380.000	4000	**Calcita (mármore e calcário)**	81.000	
Carbeto de titânio (TiC)	379.000	4000	**Alumínio**	69.000	40
Molibdênio e suas ligas	320.000-365.000	560-1450	**Ligas de alumínio**	69.000-79.000	100-627
Carbeto de tântalo (TaC)		4000	**Prata**	76.000	55
Carbeto de nióbio (NbC)		6000	**Alcaloides (NaCl, LiF etc.)**	15.000-68.000	
Nitreto de silício (Si_3N_4)		8000	**Granito**	62.000	
Cromo	289.000		**Estanho e suas ligas**	41.000-53.000	7-45
Berílio e suas ligas	200.000-289.000		**Concreto**	45.000-50.000	20-30
Magnésio (MgO)	250.000	3000	**Fibras de vidro**	35.000-45.000	
Cobalto e suas ligas	200.000-248.000	180-2000	**Magnésio e suas ligas**	41.000-45.000	80-300
Óxido de zircônio (ZrO)	160.000-241.000		**PRFV**	7.000-45.000	
Níquel	214.000	70	**Grafite**	27.000	
Ligas de níquel	130.000-234.000	200-1600	**Madeira comum paralelo à orientação**	9.000-16.000	
PRFC	70.000-200.000		**Chumbo e suas ligas**	14.000	11-55
Ferro	196.000	50	**Gelo (H_2O)**	9.100	85
Superligas à base de ferro	193.000-214.000		**Poliamidas**	3.000-5.000	52-90

(continua)

Tabela 2.5 Módulo de elasticidade e limite de proporcionalidade para diversos materiais de engenharia (adaptado de Ashby, 1988; Anderson, 1991) *(Continuação)*

Material	Módulo de elasticidade (MPa)	Limite de proporcionalidade (MPa)	Material	Módulo de elasticidade (MPa)	Limite de proporcionalidade (MPa)
Aços ferríticos e aços de baixo C	200.000-207.000	240-400	**Poliéster**	1.000-5.000	
Aço inoxidável austenítico	190.000-200.000	286-500	**Acrílicos**	1.600-3.400	45-48
Aços de baixo carbono	196.000	220	**Náilon**	2.000-4.000	49-87
Ferro fundido	170.000-190.000	220-1030	**PMMA**	3.400	60-110
Tânta o e suas ligas	150.000-186.000	330-1090	**Poliestireno**	3.000-3.400	34-70
Platina	172.000		**Policarbonetos**	2.600	55
Urânio	172.000		**Epóxis**	3.000	30-100
Compósitos boro/epóxi	125.000		**Madeira comum perpendicular à orientação**	600-1.000	
Cobre	124.000	60	**Polipropileno**	900	19-36
Ligas de cobre	120.000-150.000	60-960	**Polietileno de alta densidade**	700	20-30
Mulita	145.000		**Espuma de poliuretano**	10-60	1
Zircônia (ZrO_2)	145.000	4000	**Polietileno de baixa densidade**	200	
Vanádio	130.000		**Borrachas**	10-100	
Titânio	116.000		**PVC**	3-10	45-48
Ligas de titânio	80.000-130.000	180-1320	**Espumas poliméricas em geral**	1-10	0,2-10

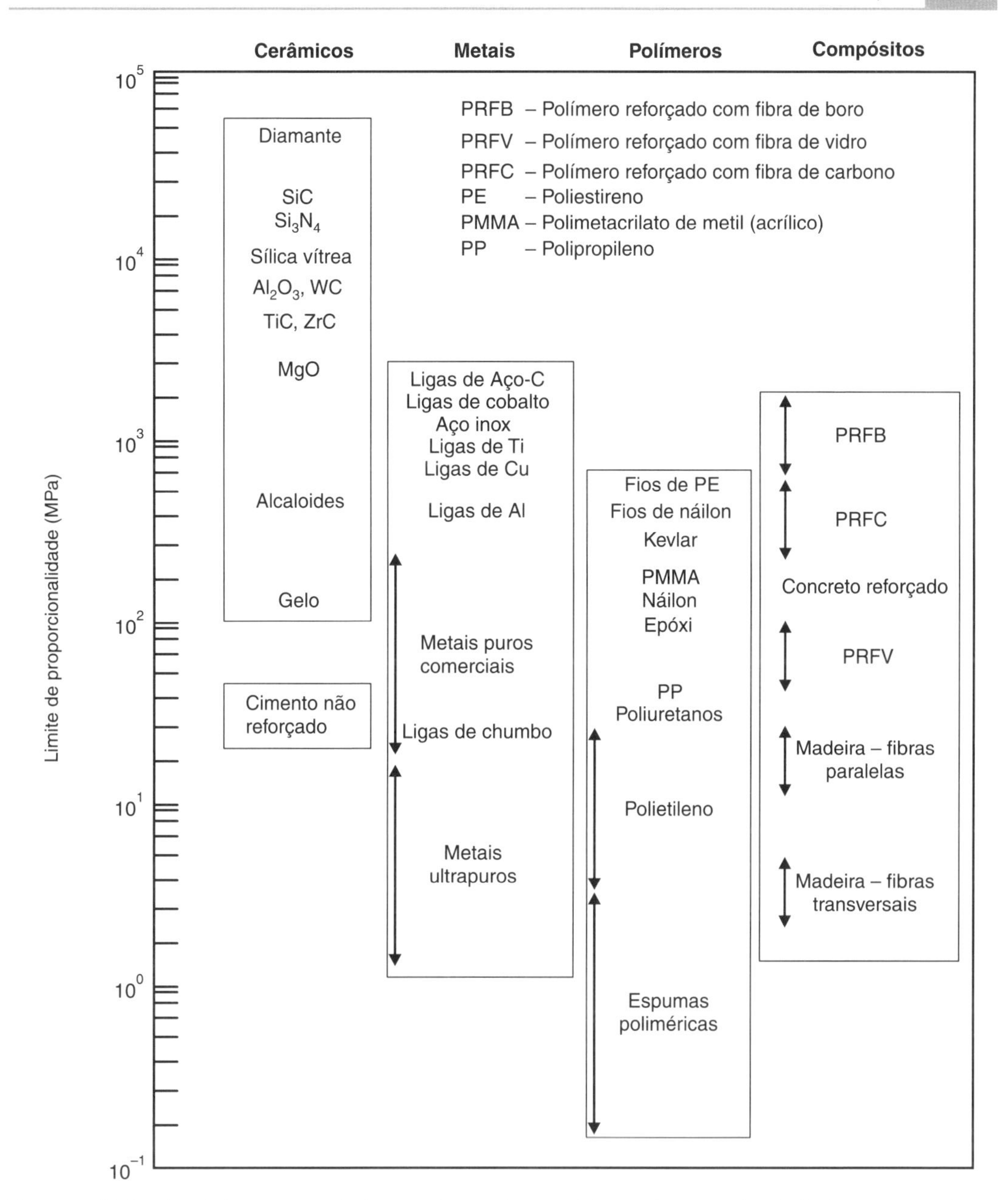

Figura 2.17 Gráfico de barras que relaciona as classes de materiais ao valor numérico do limite de proporcionalidade. (Adaptado de Ashby, 1988.)

Efeito Termoelástico

Pode-se provar, tanto teórica como experimentalmente, que existe uma correlação entre o trabalho mecânico executado durante o carregamento uniaxial no campo elástico, representado pelas tensões, e as correspondentes deformações e propriedades termodinâmicas como temperatura e entropia.

A aplicação rápida de tensão elástica em uma amostra, de tal forma que o limite do campo elástico seja alcançado antes que a amostra possa trocar calor com o meio ambiente, caracte-

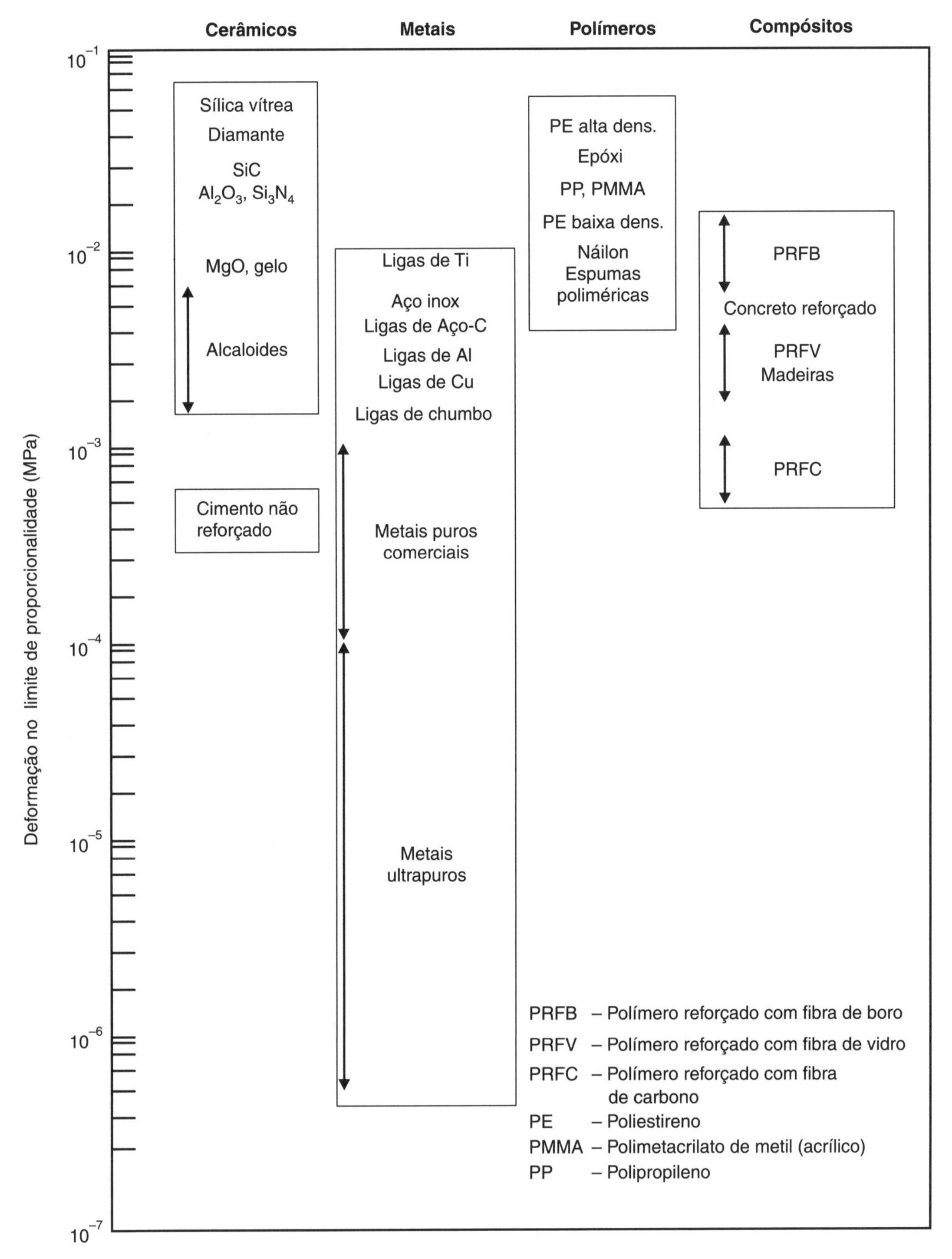

Figura 2.18 Gráfico de barras que relaciona as classes de materiais e o valor numérico da deformação no limite de proporcionalidade. (Adaptado de Ashby, 1988.)

riza um processo adiabático. Como a troca de calor da amostra com o ambiente é nula, a mudança de energia interna é dada somente pelo trabalho mecânico realizado, ou seja, o processo ocorre para uma entropia constante e reversível. Nessas condições, tem-se que:

$$\frac{\partial T}{\partial \varepsilon} = \frac{-V \cdot \alpha \cdot E \cdot T}{c} \tag{2.17}$$

em que

V – volume específico da amostra (m^3/kg);
T – temperatura (K);
α – coeficiente de expansão térmica linear (K^{-1});
c – calor específico da amostra ($J/kg \cdot K$).

Como o coeficiente de expansão térmica linear é positivo para a grande maioria dos materiais, e V, T, E e c também representam variáveis positivas, a Eq. (2.17) mostra que o carregamento uniaxial sob condições adiabáticas deverá diminuir a temperatura da amostra em condições de tração e aumentar em condições de compressão, embora se constitua de uma variação de temperatura de ordem bastante pequena.

Por exemplo, um material cristalino apresenta um decréscimo de temperatura quando tensionado nas condições mencionadas anteriormente. Entretanto, se a amostra for tracionada a uma velocidade extremamente baixa, ela absorve energia térmica do meio ambiente, mantendo sua temperatura constante.

A Fig. 2.19(a) apresenta as curvas relativas às condições de carregamento uniaxial, mostrando o carregamento adiabático e isotérmico. Se a amostra é carregada lentamente, o processo é isotérmico, e a trajetória é representada por *OI*. Por outro lado, em condições de carregamento rápido, o processo é adiabático, e a temperatura da amostra será inferior à ambiente; quando a tensão σ_1 for alcançada, nessas condições seguirá a trajetória *OA*. Essa amostra, mantida durante algum tempo ao nível de tensão σ_1, vai se aquecer, trocando energia térmica com o ambiente, e sofrerá, em consequência, uma expansão térmica representada pela trajetória *AI*. No descarregamento na mesma condição adiabática, ocorrerá uma situação inversa. A trajetória *IA'* provocará um aquecimento da amostra, que se equilibrará ao longo do tempo com a troca de energia térmica com o ambiente, ocorrendo uma recuperação elástica total da amostra representada pela trajetória *A'O*.

Situações intermediárias de velocidade de tensionamento conduzem a ciclos de carregamento e descarregamento, como representado pela trajetória $OBI \Rightarrow ICO$ mostrada na Fig. 2.19(b). A área sombreada na figura representa a energia dissipada no ciclo de carga/descarga conhecido de histerese mecânica. Os elastômeros, como a borracha, apresentam uma exceção ao comportamento da histerese mecânica. Devido ao fato de o coeficiente de expansão térmica linear ser negativo, ocorrem um aquecimento no tracionamento e um resfriamento na compressão. Esse valor negativo decorre do fato de as temperaturas mais altas ativarem tanto a vibração quanto as ligações das cadeias moleculares, a ponto de diminuir o comprimento médio das cadeias moleculares, levando a uma contração.

Destaca-se que, devido ao fenômeno termoelástico, os resultados do ensaio de tração devem ser obtidos observando-se as velocidades de deformação (ou tensionamento) limites geralmente prescritas em normas. Velocidades elevadas de deformação poderão conduzir o ensaio de tração a resultados não confiáveis.

Anelasticidade

Até o momento admitiu-se que, ao se aplicar uma carga elástica em um corpo de prova, a resposta em sua deformação será instantânea. Entretanto, devido a efeitos atômicos que fogem aos objetivos deste livro, sabe-se que, mesmo em pequena escala, a maioria dos materiais de aplicação em engenharia apresenta uma componente da deformação elástica em que, após a

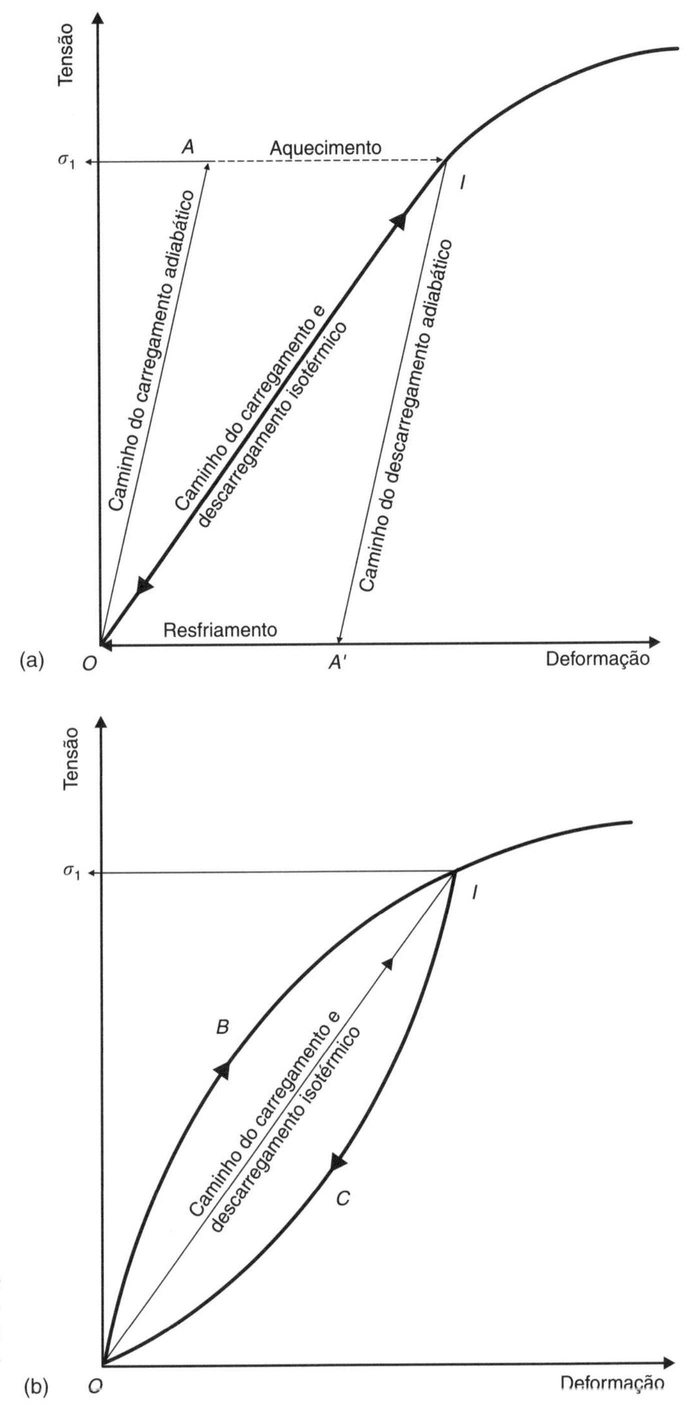

Figura 2.19 (a) Efeito do carregamento adiabático e isotérmico na curva tensão-deformação. (b) Histerese mecânica observada no descarregamento e carregamento sequencial.

estabilização da carga aplicada, a deformação continuará a ocorrer por um tempo finito. O mesmo efeito será observado na liberação da carga, em que o material levará algum tempo finito para a completa recuperação. Esse comportamento elástico dependente do tempo é conhecido como anelasticidade e pode ser mais bem visualizado na Fig. 2.20. Para os metais, a componente anelástica é muito pequena e pode ser desprezada.

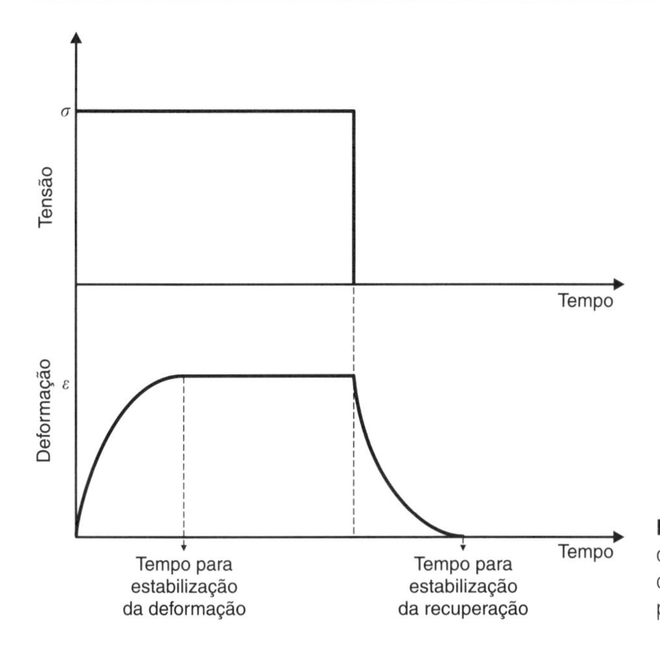

Figura 2.20 Esboço do efeito anelástico, em que, após a aplicação de um nível constante de tensão, o material necessita de um tempo para a estabilização da deformação.

Esse efeito possui a denominação genérica de **viscoelasticidade**, o qual se relaciona com os conceitos de fluência, deformação lenta, relaxação, recuperação e reversibilidade da fluência.

Conceitos da região de deslizamento de discordâncias ($\sigma_c \cong \sigma_e \cong \sigma_p$)

Ao se atingir a tensão de escoamento, o material deve passar por uma acomodação da sua estrutura interna, em que, a partir desse ponto, as deformações produzidas tomam um caráter permanente. Originalmente, pode-se imaginar a estrutura de um material metálico como constituída por uma rede cristalina que contém em sua estrutura uma série de pequenos defeitos cristalinos, chamados de **discordâncias**, os quais deverão participar de modo marcante nesse primeiro estágio da deformação permanente, conforme mostra a Fig. 2.21.

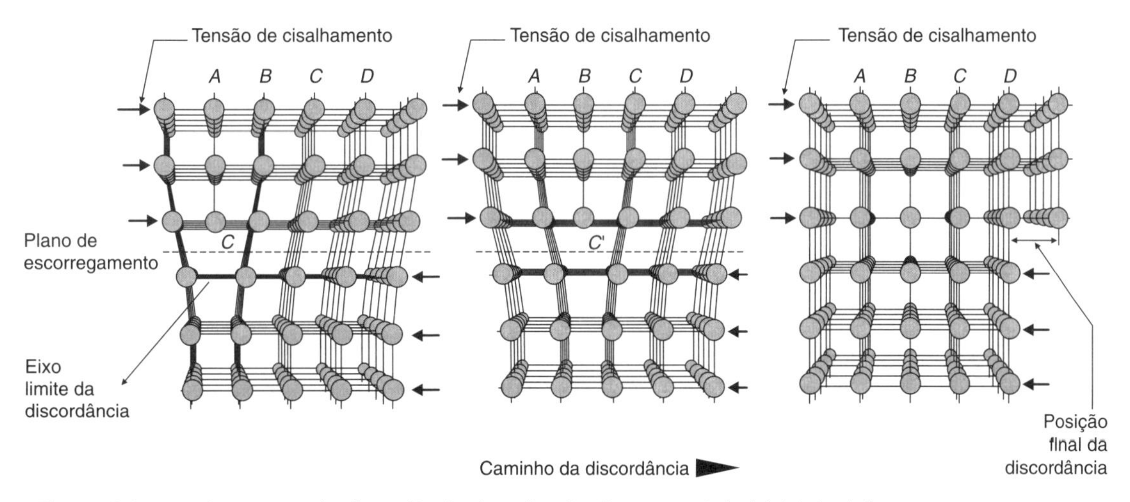

Figura 2.21 Movimentação de discordância da rede cristalina no estágio inicial de deformação permanente. (Adaptado de Callister, 1994.)

Observar na figura que uma tensão de cisalhamento na direção do plano de deslizamento faz com que a discordância caminhe para a extremidade da estrutura. De fato, admitindo que um material em condições normais de solidificação possua em sua estrutura cristalina uma incidência de defeitos da ordem de 10^5 a 10^{10} defeitos/cm^2, tem-se nesse primeiro estágio de deformação permanente uma acomodação dos defeitos em direção aos planos preferenciais de escorregamento. Isso faz com que alguns materiais, e em particular aços de baixo carbono, apresentem uma espécie de instabilidade nos níveis de tensão, a qual é diretamente associada a essa acomodação inicial dos defeitos internos, conforme mostra a Fig. 2.22.

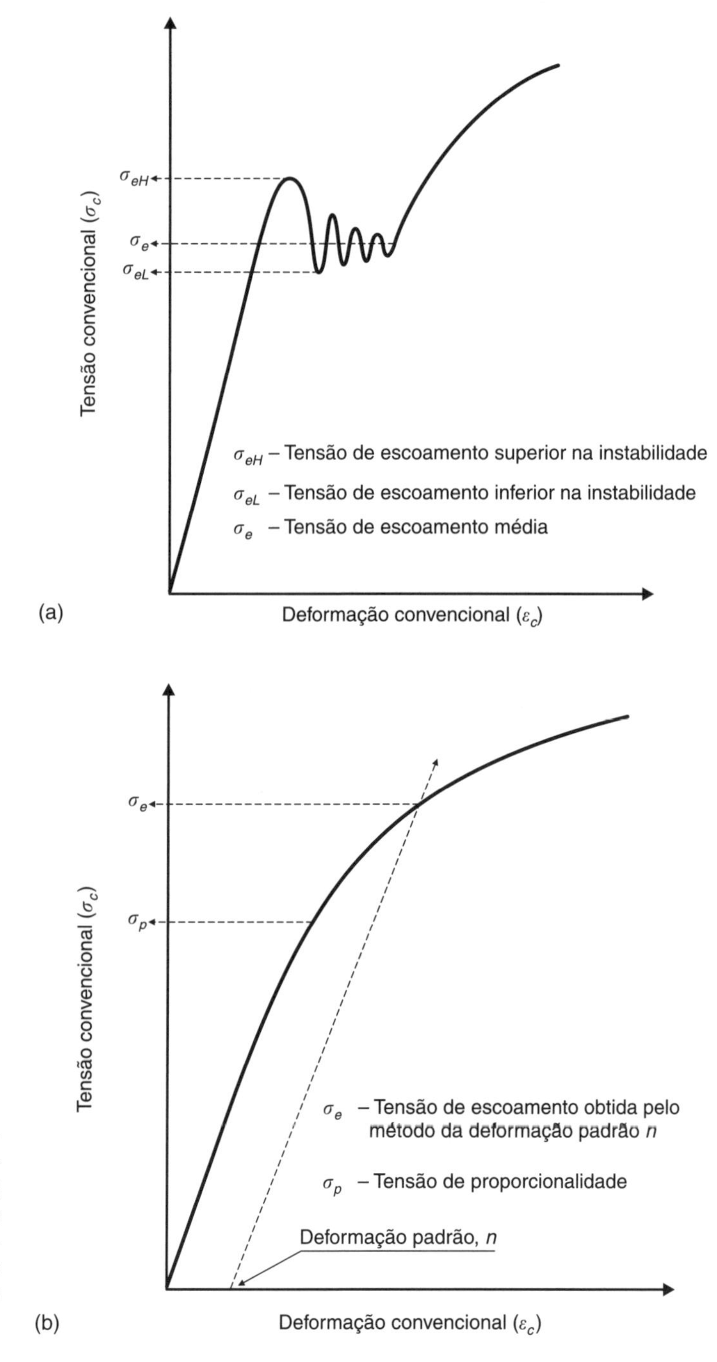

Figura 2.22 Tipos de curvas tensão-deformação convencional: (a) materiais que apresentam instabilidade na entrada do escoamento, p. ex., aço de baixo carbono, devido à acomodação das discordâncias; (b) materiais que não apresentam instabilidade na entrada do escoamento.

No caso de curvas que apresentarem a instabilidade na transição elástico-plástica, as normas técnicas indicam que sejam monitorados os valores do pico máximo (σ_{eH}) e do pico mínimo (σ_{eL}) para caracterização do escoamento na instabilidade.

Durante o escoamento, para os materiais que apresentarem instabilidade na transição elástico-plástica, tem-se uma movimentação bastante nítida nos planos de deslizamento. Esse efeito deve formar regiões que podem ser vistas por técnicas metalográficas, chamadas de **bandas de Lüders** (devido ao trabalho pioneiro de G. Piobert e W. Lüders). O esboço da Fig. 2.23(a) mostra a formação das bandas de Lüders, e a Fig. 2.23(b) apresenta uma macrografia

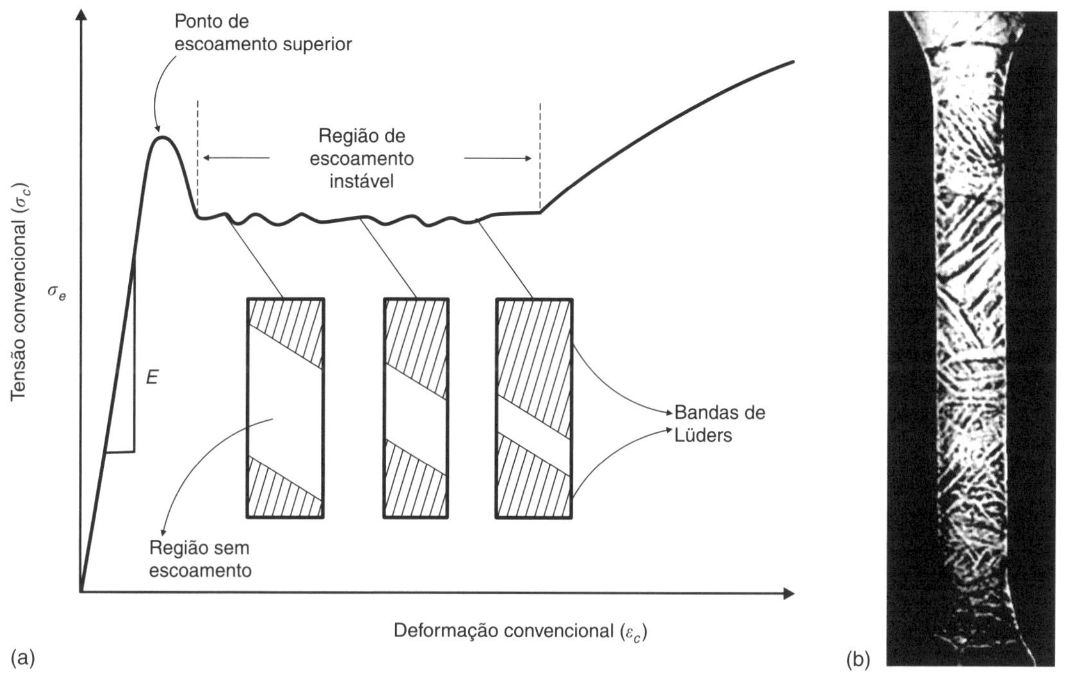

Figura 2.23 (a) Representação esquemática da formação das bandas de Lüders. (b) Metalografia mostrando a formação das bandas de Lüders após os estágios iniciais do escoamento. (Adaptado de *Metals Handbook*, v.8, 1990.)

Figura 2.24 Aço manganês austenítico com pequena deformação. O interior dos grãos apresenta claramente as linhas de escorregamento. Ataque: Nital, 75x. (Adaptado de Colpaert, 1969.)

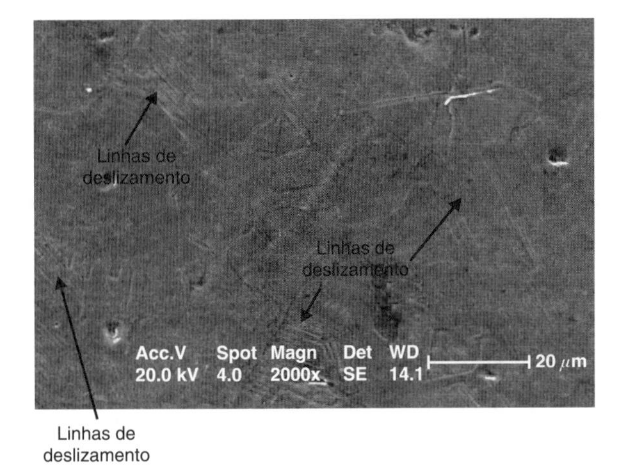

Figura 2.25 Amostra de cobre eletrolítico encruada, com destaque para as linhas de escorregamento. Aumento 2000x.

em um corpo de prova. A Fig. 2.24 mostra uma microestrutura de um aço manganês, em que se observam as linhas de deslizamento ocorrendo no interior dos grãos. A Fig. 2.25 apresenta as linhas de deformação observadas em uma amostra de cobre eletrolítico encruada.

Conceitos da região de encruamento uniforme ($\sigma_e < \sigma_c \leq \sigma_u$)

A partir do ponto da tensão limite de escoamento (σ_e), da Fig. 2.1(b), o material entra na **região plástica de encruamento uniforme**. Essa região é caracterizada pela presença de deformações permanentes no corpo de prova, e, para materiais de alta capacidade de deformação, o diagrama tensão-deformação apresenta variações relativamente pequenas na tensão, acompanhadas de grandes variações na deformação.

A necessidade de aumentar a tensão para dar continuidade à deformação plástica do material decorre de um fenômeno denominado **encruamento**. A partir da região de escoamento, o material entra no campo de deformações permanentes, onde ocorre **endurecimento por deformação a frio**.

Esse fenômeno ocorre em função da interação entre discordâncias e das suas interações com outros obstáculos, como solutos, contornos de grãos etc., que impedem a livre movimentação das discordâncias. À medida que os planos cristalinos escorregam e deslizam entre si, permitindo o escoamento, eles são continuamente travados devido à ancoragem desses planos pelas discordâncias que atingem os contornos de grão. Conforme mais e mais planos cristalinos são travados, é preciso uma energia cada vez maior para que os planos que ainda possuem liberdade de movimentação continuem a deslizar, e, consequentemente, dando continuidade à deformação plástica, até o limite em que a fratura tem início.

A Fig. 2.26 apresenta o efeito do encruamento no limite de escoamento, e, caso o ensaio seja interrompido e retomado após alguns instantes, a zona plástica vai se iniciar a uma tensão mais elevada e normalmente sem escoamento nítido. Caso o ensaio seja novamente interrompido e reiniciado algum tempo depois, novamente a região plástica se iniciará a uma tensão mais elevada, embora possa reaparecer o escoamento nítido. Esse efeito corresponde a uma espécie de memória do material em relação ao seu nível de encruamento acumulado.

Para a região de comportamento plástico, os principais parâmetros que devem ser analisados de modo detalhado são:

- Curva tensão-deformação real (σ_r *versus* ε_r).
- Coeficiente de encruamento (n) e coeficiente de resistência (K).
- Instabilidade em tração.
- Limite de resistência à tração (σ_u).

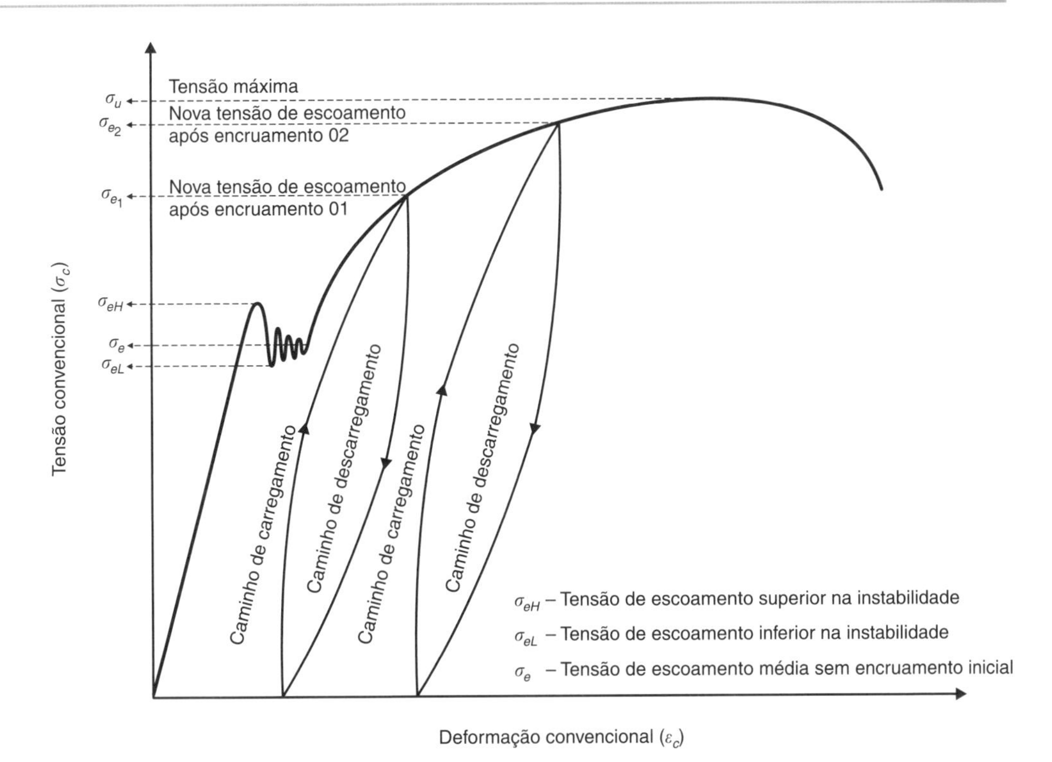

Figura 2.26 Efeito do encruamento no limite de escoamento de um material metálico.

Curva Tensão-Deformação Real (σ_r *versus* ε_r)

A curva tensão-deformação de engenharia (convencional), estudada no item anterior, não apresenta uma informação real das características de tensão e deformação do material, porque se baseia inteiramente nas dimensões originais do corpo de prova, que são continuamente alteradas durante o ensaio. Assim, são necessárias medidas de tensão e deformação que se baseiem nas dimensões instantâneas do ensaio. Um esboço comparativo das curvas tensão-deformação real e convencional é apresentado na Fig. 2.27.

Como as dificuldades tecnológicas do passado não permitem a obtenção de medidas instantâneas do corpo de prova, foram necessárias manipulações matemáticas para a determinação das tensões e deformações reais, como função dos valores de tensão e deformação obtidos na curva convencional. Atualmente existem técnicas de medida a laser que permitem a determinação instantânea do comprimento e do diâmetro do corpo de prova durante o ensaio. Contudo, essas técnicas ainda são caras. A conversão numérica das tensões e deformações convencionais (σ_c, ε_c) em valores de tensões e deformações reais (σ_r, ε_r) continua sendo uma opção mais interessante, conforme mostrado a seguir.

A deformação real (ε_r) é dada como função da variação infinitesimal da deformação e é definida por:

$$d\varepsilon_r = \frac{dL}{L} \tag{2.18}$$

que é válida para uma deformação uniaxial uniforme. A deformação real é dada pela integração da Eq. (2.18), dentro dos limites, inicial (L_0) e instantâneo (L):

$$\varepsilon_r = \int_{L_0}^{L} \frac{dL}{L} = \ln(L))_{L_0}^{L} = \ln(L) - \ln(L_0) = \ln\left(\frac{L}{L_0}\right) \tag{2.19}$$

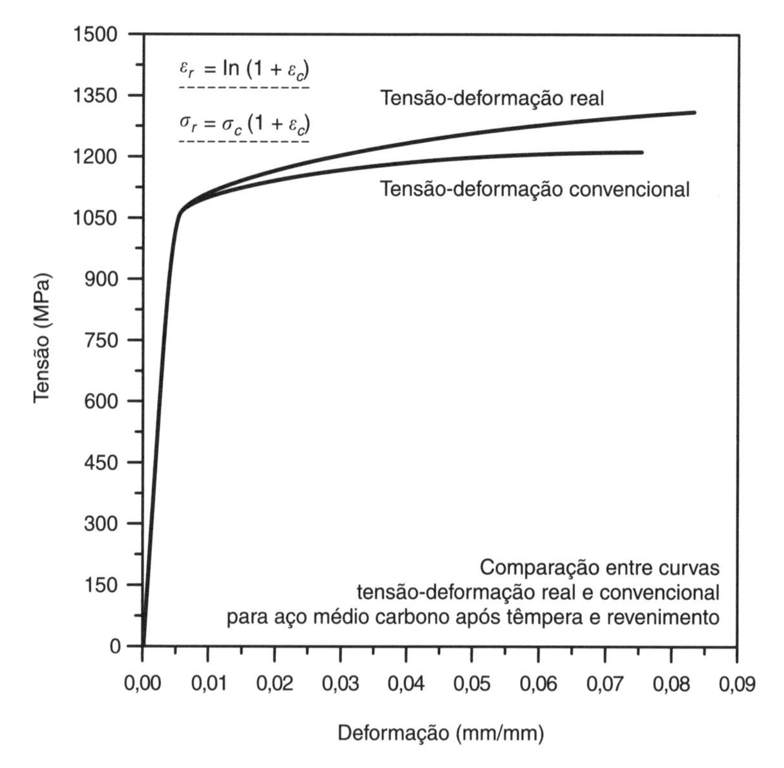

Figura 2.27 Representação das curvas tensão-deformação real e de engenharia para um aço.

Essa expressão é válida dentro da região elástica e da região de encruamento uniforme, ou seja, até a tensão real máxima (σ_{ru}) aplicada ao corpo de prova.

A deformação real pode ser determinada a partir da deformação convencional, lembrando que:

$$\varepsilon_c = \frac{L - L_0}{L_0} = \frac{L}{L_0} - 1 \qquad \text{ou} \qquad \frac{L}{L_0} = \varepsilon_c + 1 \tag{2.20}$$

Assim, substituindo o resultado da Eq. (2.20) na Eq. (2.19), chega-se a:

$$\varepsilon_r = \ln(\varepsilon_c + 1) \tag{2.21}$$

A Eq. (2.21) corresponde à **deformação real** sofrida pelo corpo de prova durante o ensaio.
A tensão real (σ_r) é dada por:

$$\sigma_r = \frac{P}{S} \tag{2.22}$$

em que

P = carga (Pa);
S = área da seção transversal instantânea (m^2).

Admitindo que o volume permaneça constante durante toda a região plástica ($V = V_0$), pode-se escrever:

$$V = S \cdot L = S_0 \cdot L_0 = \text{constante} \tag{2.23}$$

ou
$$\frac{L}{L_0}=\frac{S_0}{S} \tag{2.24}$$

Substituindo a Eq. (2.24) na Eq. (2.19), chega-se a:

$$\varepsilon_r=\ln\left(\frac{L}{L_0}\right)=\ln\left(\frac{S_0}{S}\right)=\ln\left(\varepsilon_c+1\right) \quad \text{ou} \quad \frac{S_0}{S}=\varepsilon_c+1 \tag{2.25}$$

Substituindo a Eq. (2.25) na Eq. (2.12), chega-se a:

$$\sigma_r=\frac{P}{\left(S_0/\varepsilon_c+1\right)}=\frac{P}{S_0}\left(\varepsilon_c+1\right) \tag{2.26}$$

Lembrando que a carga dividida pela área inicial representa a tensão convencional, então a Eq. (2.26) se transforma em:

$$\sigma_r=\sigma_c\cdot(\varepsilon_c+1) \tag{2.27}$$

Observar que as Eqs. (2.21) e (2.27) podem ser aplicadas tanto na região elástica ($\sigma_r \leq \sigma_p$) quanto na região plástica de encruamento uniforme ($\sigma_p < \sigma_r \leq \sigma_u$), uma vez que a dedução dessas equações partiu da Eq. (2.19), a qual é válida para todo o intervalo elástico e plástico de encruamento uniforme.

Contudo, apesar da consideração de que o volume permanece constante durante a região plástica de encruamento uniforme [Eq. (2.23)], conforme assumido para a dedução da Eq. (2.25), esta pode gerar conflitos com as observações práticas caso seja assumida válida para a região elástica, conforme demonstrado pelo coeficiente de Poisson (**ν = 0,5 para materiais que não sofrem variação de volume. Metais** $\nu \cong 0{,}3$).

Uma das considerações importantes a se observar na região de encruamento uniforme é que a curva tensão-deformação real para a maioria dos metais pode ser representada por uma simples relação de potência, dada por:

$$\sigma_r=k\cdot\varepsilon_r^n \tag{2.28}$$

em que k é chamado de coeficiente de resistência (Pa) e n é o coeficiente de encruamento (adimensional).

O coeficiente de resistência quantifica o nível de resistência que o material exerce contra a sua deformação, ou, em outras palavras, quanto maior for esse coeficiente, maiores serão os esforços necessários para a deformação permanente nesse material.

O coeficiente de encruamento representa a capacidade do material de distribuir a deformação ao longo de seu volume. Materiais de baixo coeficiente de encruamento tendem a localizar o encruamento em pequenas porções de volume, fazendo com que níveis baixos de deformação levem o material a condições críticas ou mais próximas da fratura do que aquele observado nos materiais de coeficiente de encruamento maiores. Materiais de baixo coeficiente de encruamento são caracterizados por grandes variações de deformação para variações relativamente pequenas de aplicação de tensão na zona plástica.

Ambos os coeficientes são características particulares do material, embora possam ser modificados pela ação de tratamentos térmicos e/ou químicos.

A Fig. 2.28 mostra a região plástica da curva tensão-deformação, Eq. (2.28), onde se observam os efeitos das magnitudes do coeficiente de encruamento e do coeficiente de resistência comportamento da curva tensão-deformação real do material.

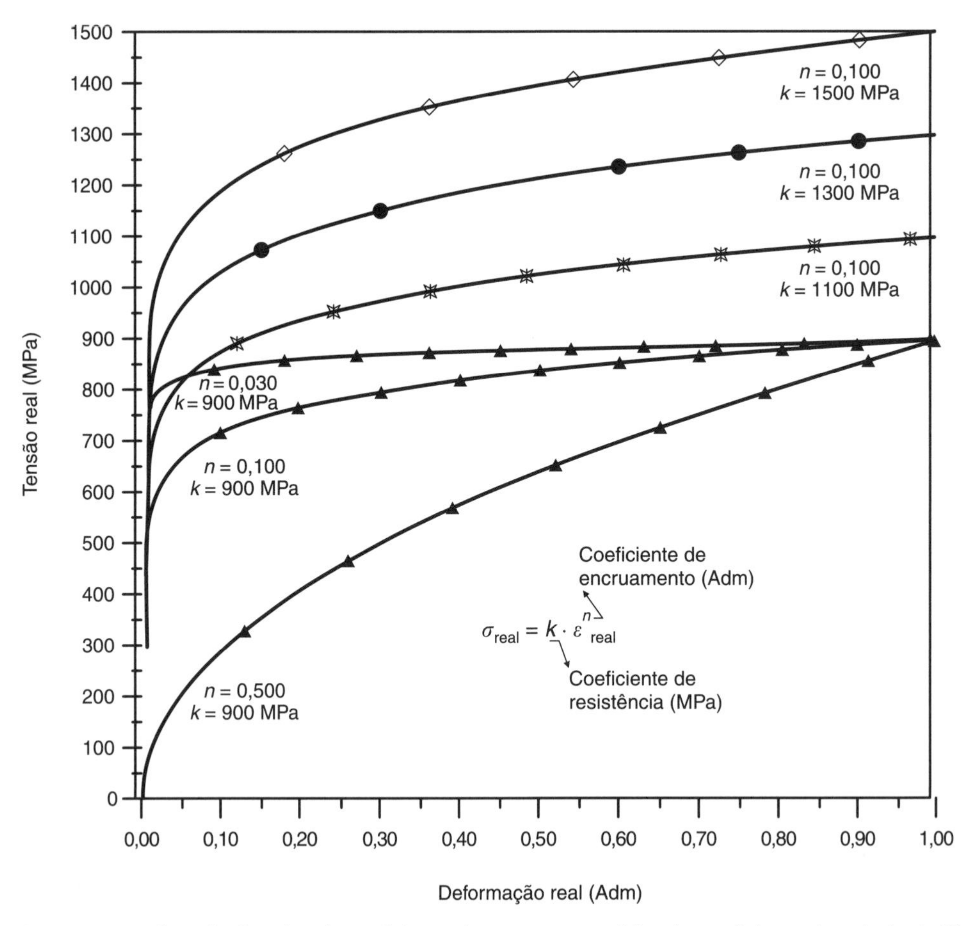

Figura 2.28 Influência do valor do coeficiente de encruamento (*n*) e do coeficiente de resistência (*k*) na região plástica da curva tensão-deformação real.

Coeficiente de Resistência (*k*) e Coeficiente de Encruamento (*n*)

Determinação analítica de *k* e *n*

A curva tensão-deformação real, na região de deformação plástica, é caracterizada por:

$$\sigma_r = \frac{P}{S} = k \cdot \varepsilon_r^n \qquad \text{ou} \qquad P = S \cdot k \cdot \varepsilon_r^n \tag{2.29}$$

Diferenciando a Eq. (2.29), obtém-se:

$$dP = k \cdot (S \cdot n \cdot \varepsilon_r^{n-1} d\varepsilon_r + \varepsilon_r^n dS) \tag{2.30}$$

Pode-se admitir que:

$$d\varepsilon_r = -\frac{dS}{S} \qquad \text{ou} \qquad dS = -S \cdot d\varepsilon_r \tag{2.31}$$

Substituindo a Eq. (2.31) na Eq. (2.30), tem-se que:

$$dP = k \cdot (S \cdot n \cdot \varepsilon_r^{n-1} d\varepsilon_r - S \cdot \varepsilon_r^n d\varepsilon_r) \tag{2.32}$$

A Eq. (2.32), pode ser simplificada na forma:

$$\frac{dP}{d\varepsilon_r} = k \cdot S \cdot (n \cdot \varepsilon_r^{n-1} - \varepsilon_r^n) \tag{2.33}$$

O ponto u refere-se ao ponto de inflexão da carga durante o ensaio de tração [Fig. 2.1(b)], ou seja:

$$\left.\frac{dP}{d\varepsilon_r}\right)_u = 0 \quad \text{ou} \quad (n \cdot \varepsilon_{ru}^{n-1} - \varepsilon_{ru}^n) = 0 \tag{2.34}$$

Assim:

$$n = \frac{\varepsilon_{ru}^n}{\varepsilon_{ru}^{n-1}} = \varepsilon_{ru} \tag{2.35}$$

Desse modo, o coeficiente de encruamento corresponde à deformação real no ponto de máxima carga.

Para a determinação do coeficiente de resistência, basta substituir as condições do ponto de máxima tensão (σ_{ru}) na Eq. (2.28), em que:

$$\sigma_{ru} = k \cdot \varepsilon_{ru}^n \quad \text{ou} \quad k = \frac{\sigma_{ru}}{n^n} \tag{2.36}$$

Determinação gráfica de *k* e *n*

A determinação do coeficiente de resistência (k) e do coeficiente de encruamento (n) pode ser determinada pela disposição dos pontos da Eq. (2.28) em um gráfico log-log. Desse modo, essa equação segue a forma de uma reta, conforme a Fig. 2.29, sendo representada pela equação:

$$\log(\sigma_r) = \log(k) + n \cdot \log(\varepsilon_r) \tag{2.37}$$

Extrapolando o gráfico para a condição em que $\varepsilon_r = 1$, tem-se $\sigma_r = k$, e a inclinação da reta no gráfico log-log representa o valor do coeficiente de encruamento.

A Tabela 2.6 apresenta valores do coeficiente de encruamento e do coeficiente de resistência para alguns materiais de engenharia.

A Eq. (2.28), apesar de representar de modo bem adequado o comportamento da região plástica de encruamento uniforme, poderá apresentar erros para níveis de deformação menores que 10^{-3} ou maiores que 1,0. Em alguns casos, os resultados podem ser mais bem ajustados para uma variante da Eq. (2.28), dada por:

$$\sigma_r = k \cdot (\varepsilon_0 + \varepsilon_r)^n \tag{2.38}$$

em que ε_0 corresponde a uma pré-deformação que o material deve receber antes do ensaio propriamente dito.

Outra equação que pode ser bem aplicada é a equação de Ludwik, dada por:

$$\sigma_r = \sigma_0 + k \cdot \varepsilon_r^n \tag{2.39}$$

em que σ_0 corresponde à tensão de escoamento do material (σ_e).

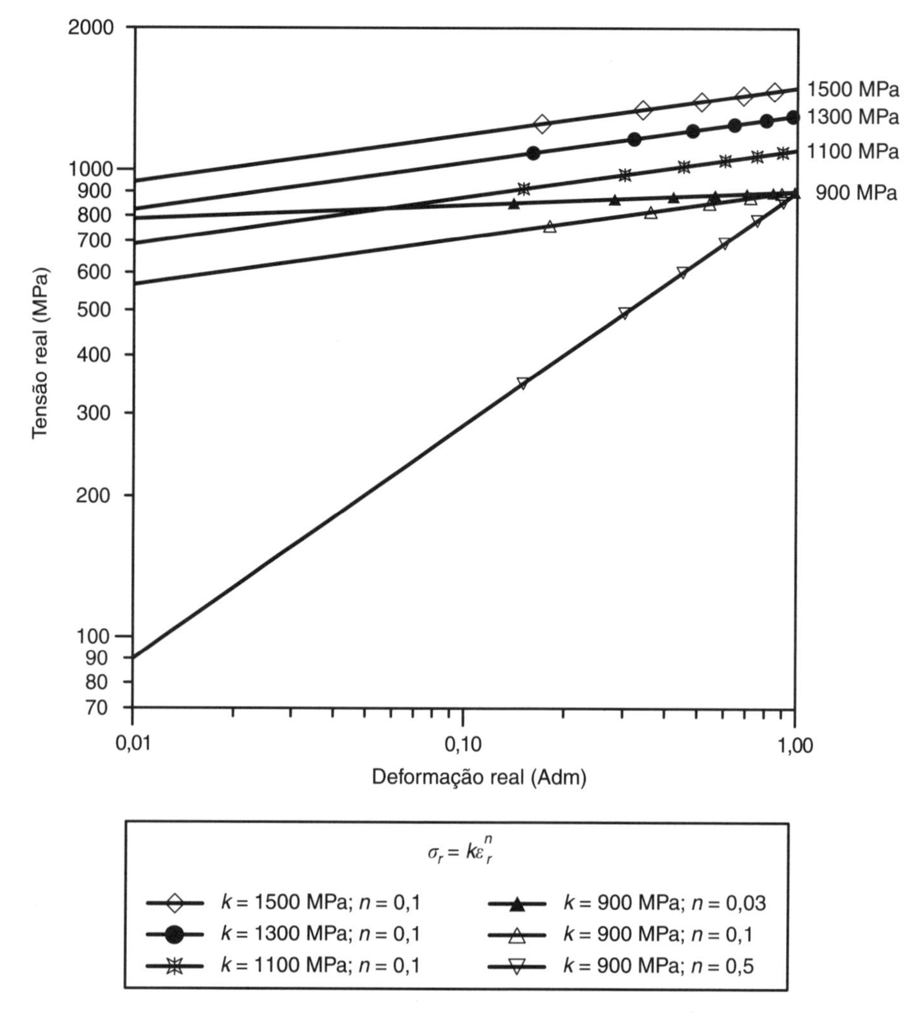

Figura 2.29 Gráfico log-log da curva tensão-deformação real.

Tabela 2.6 Valores dos coeficientes de encruamento (*n*) e coeficiente de resistência (*k*) (segundo Dieter, 1988)

Material	*n*	*k* (MPa)
Aço de baixo carbono – recozido	0,261	530
Aço 4340 – recozido	0,150	641
Aço inox – 430 – recozido	0,229	1001
SAE 1060 – temperado e revenido a 540 °C	0,100	1572
SAE 1060 – temperado e revenido a 705 °C	0,190	1227
Alumínio – recozido	0,211	391
Liga de alumínio tratada termicamente	0,160	690
Cobre – recozido	0,540	325
Latão 70/30 – recozido	0,490	910
Titânio	0,170	-

Instabilidade em Tração

A estricção, ou deformação localizada no corpo de prova do ensaio de tração, tem início no ponto de aplicação da máxima carga, a partir do qual o estado uniaxial de tensão dá lugar a um complexo estado triaxial de tensões. Essa situação de instabilidade tem início definido pela condição:

$$\left.\frac{dP}{d\varepsilon_r}\right)_u = 0 \tag{2.40}$$

mas, como $P = S \cdot \sigma_r$, pode-se escrever:

$$S\frac{d\sigma_r}{d\varepsilon_r} + \sigma_r \frac{dS}{d\varepsilon_r} = 0 \tag{2.41}$$

Como o volume do corpo de prova permanece constante durante a deformação plástica, tem-se:

$$\frac{dV}{d\varepsilon_r} = 0 \tag{2.42}$$

ou

$$\frac{d}{d\varepsilon_r}(S \cdot L) = S\frac{dL}{d\varepsilon_r} + L\frac{dS}{d\varepsilon_r} = 0 \tag{2.43}$$

Isolando-se $\frac{dS}{d\varepsilon_r}$ na Eq. (2.43), tem-se que:

$$\frac{dS}{d\varepsilon_r} = -\frac{S}{L}\left(\frac{dL}{d\varepsilon_r}\right) \tag{2.44}$$

Aplicando-se o resultado na Eq. (2.41), obtém-se:

$$S\frac{d\sigma_r}{d\varepsilon_r} - \sigma_r \cdot \frac{S}{L}\left(\frac{dL}{d\varepsilon_r}\right) = 0 \tag{2.45}$$

Introduzindo na Eq. (2.45) a definição de $d\varepsilon_r$, dada na Eq. (2.18), chega-se a:

$$\frac{d\sigma_r}{d\varepsilon_r} = \sigma_r \tag{2.46}$$

A Eq. (2.46) mostra que a instabilidade ocorre quando a tangente da curva tensão-deformação é igual à magnitude da tensão aplicada. Essa condição também é apresentada em termos da deformação convencional, em que:

$$\frac{d\sigma_r}{d\varepsilon_c} = \frac{\sigma_r}{1 + \varepsilon_c} \tag{2.47}$$

A Eq. (2.47) permite uma construção geométrica conhecida como *construção de Considère*, que é utilizada na determinação do ponto de carga máxima no ensaio real, conforme mostra a Fig. 2.30.

- Marca-se, no eixo das deformações, o ponto correspondente a uma deformação convencional negativa igual a 1,0 (ponto A).
- A partir desse ponto, traça-se uma reta que tangencie a curva tensão real-deformação convencional.

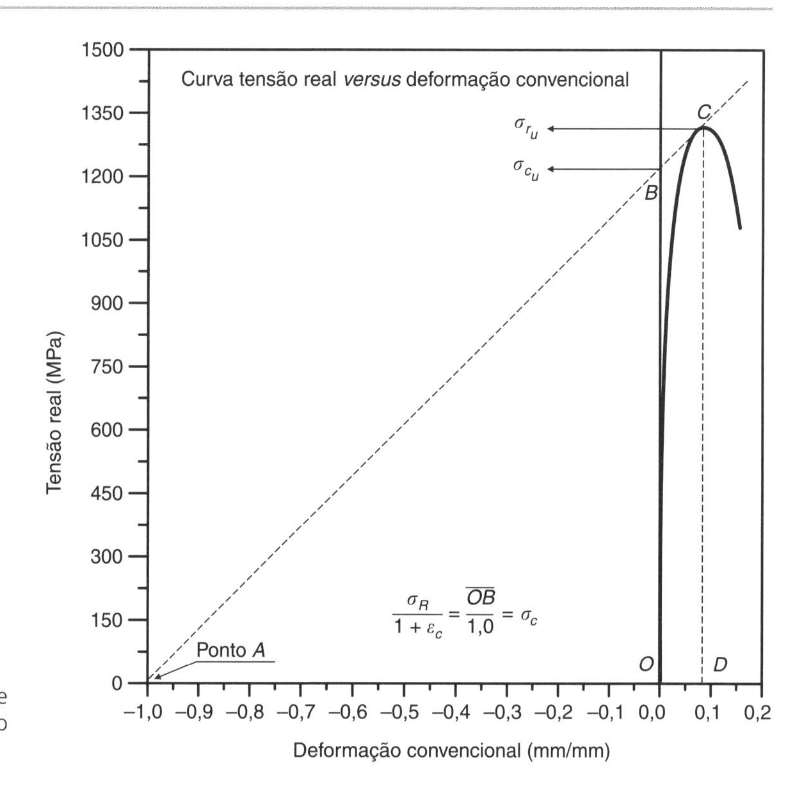

Figura 2.30 Construção de Considère para a determinação do ponto de carga máxima.

- O ponto de tangência (ponto *C*) determina a tensão correspondente ao ponto de máxima carga do ensaio real (segmento *CD*), já que, conforme a Eq. (2.44), a inclinação é dada por $\frac{\sigma_r}{1+\varepsilon_c}$.
- A tensão convencional correspondente ao ponto de máxima carga é dada pelo segmento *OB*, já que $\sigma_c = \frac{\sigma_r}{1+\varepsilon_c}$.

Superplasticidade

Para alguns materiais metálicos, em particular aqueles que apresentam microestrutura bifásica, como as ligas eutéticas e as eutetoides, é comum observar elevados níveis de alongamento ($\cong$ 1000%) antes da fratura. Esses metais correspondem a uma classe específica de materiais conhecida por materiais superplásticos. Sabe-se que o comportamento de superplasticidade pode ser explicado por diferentes fatores metalúrgicos. Contudo, reconhece-se que os principais elementos que afetam essa propriedade são: (1) condição microestrutural particular e (2) condições específicas de ensaio (Modern Physical Metallurgy and Materials Engineering, 1999).

As principais condições da microestrutura de metais superplásticos são uma granulometria bastante refinada e a existência de estruturas bifásicas (eutéticas ou eutetoides). Materiais que exibem comportamento superplástico sob condições específicas de ensaio são aqueles que apresentam acentuado movimento dos contornos de grão durante o estiramento do corpo de prova (ver Capítulo 7 – Ensaio de Fluência).

Materiais superplásticos em geral apresentam elevada sensibilidade à taxa de deformação, em que o fluxo plástico de um sólido pode ser representado pela relação:

$$\sigma = K \cdot \dot{\varepsilon}^m \tag{2.48}$$

em que σ é a tensão, $\dot{\varepsilon}$ corresponde à taxa de deformação, K é uma constante que depende do material e m é a sensibilidade a taxa de deformação, que também depende do material. Para $m = 1$, a tensão é diretamente proporcional à taxa de deformação, e o material se comporta como um fluido viscoso newtoniano, como por exemplo o vidro superaquecido. Materiais superplásticos são caracterizados por possuir elevados valores de m, desde que essa condição conduza a um aumento da estabilidade na tração, reduzindo o efeito de empescoçamento que leva a fratura.

Para um corpo de prova de comprimento L e área de seção transversal A, sob uma carga trativa P:

$$\frac{dL}{L} = -\frac{dA}{A} \quad \text{então:} \quad \dot{\varepsilon} = -\left(\frac{1}{A}\right) \cdot \frac{dA}{dt} \tag{2.49}$$

Aplicando a Eq. (2.49) em (2.48), chega-se em:

$$\frac{dA}{dt} = \left(\frac{P}{K}\right)^{\frac{1}{m}} \cdot A^{\left(1-\frac{1}{m}\right)} \tag{2.50}$$

Para muitos metais e ligas, $m \cong 0{,}1$ a $0{,}2$, e a taxa para a qual A se modifica é sensivelmente dependente de A, e, uma vez que o empescoçamento (instabilidade à tração) se inicia, este rapidamente atinge a fratura. Quando $m = 1$, a taxa de alteração de área (dA/dt) torna-se independente da área (A) e, consequentemente, nenhuma irregularidade na geometria do corpo de prova será acentuada durante a deformação. A resistência ao empescoçamento depende sensivelmente de m, e aumenta de modo marcante para valores de $m \geq 0{,}5$. Materiais metálicos superplásticos, como os eutéticos das ligas Pb-Sn e Al-Cu e o eutetoide da liga Zn-Al, possuem valores de m próximos à unidade para temperaturas elevadas.

Conceitos da região de encruamento não uniforme ($\sigma_u < \sigma_c \leq \sigma_f$)

Após o ponto de carga ou tensão máxima (σ_u), tem início a fase de ruptura, que é caracterizada por uma rápida redução local da seção de fratura, conhecida como **fenômeno da estricção,** o qual também é chamado de empescoçamento, devido à condição observada em materiais de conduta dúctil.

Para a região de comportamento plástico não uniforme, tem-se que os principais parâmetros que devem ser analisados de modo detalhado são:

- Coeficiente de estricção ou redução de área (φ).
- Alongamento total (ΔL), alongamento específico (δ) e deformação na fratura (ε_f).
- Módulo de tenacidade (U_t).
- Índice de anisotropia (r).
- Tipos de fratura.

A estricção e o alongamento são medidas da ductilidade (plasticidade) do material e são definidos como se segue.

Coeficiente de estricção ou redução de área (φ)

φ - Coeficiente de estricção diferença entre as seções inicial (S_0) e final (S_f) (após a ruptura) do corpo de prova, expressa em porcentagem da seção inicial.

$$\varphi = \left(\frac{S_0 - S_f}{S_0}\right) \cdot 100\% \tag{2.51}$$

em que

φ = coeficiente de estricção (%);
S_0 = seção transversal inicial da amostra (m^2);
S_f = seção estrita (medida após a fratura) (m^2).

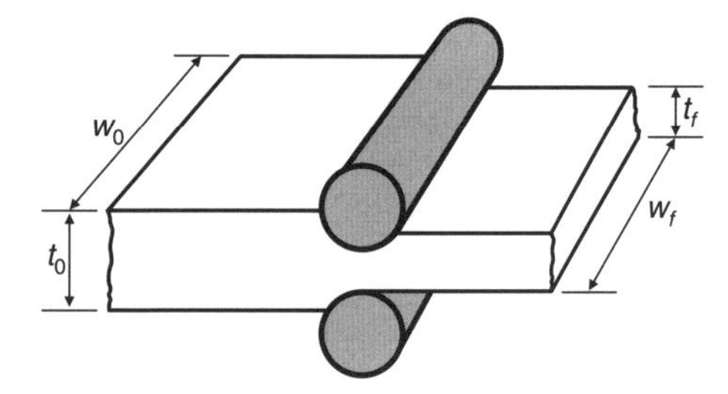

Figura 2.31 Representação de um sistema de laminação para o cálculo da redução de área.

Exemplo

Em processos de conformação plástica a frio, como por exemplo a laminação, a medida da intensidade de deformação que se pretende impor através do processo deve ser confrontada com o limite imposto pela estricção para mostrar a viabilidade do processo.

Na laminação a frio de chapas de espessura inicial, t_0 e largura w_0, conforme Fig. 2.31, tem-se que a chapa deverá passar entre um par de cilindros laminadores para reduzir sua espessura para t_f. Admitindo-se que o atrito lateral dos laminadores restringe o aumento da largura, a ponto de ser desprezada ($w_0 = w_f = w$), a seção transversal após a laminação será:

$$S_f = t_f \cdot w \tag{2.52}$$

e a deformação, ou redução de área na seção transversal será dada por:

$$\phi = \left(\frac{S_0 - S_f}{S_0} \right) \cdot 100\% = \left(1 - \frac{t_f}{t_0} \right) \cdot 100\% \tag{2.53}$$

Esse valor de ϕ deverá ser comparado com o valor medido no ensaio de tração do material na seção estrita (φ), e, desde que $\phi < \varphi$, o processo é viável, ou seja, a redução de área imposta pelo processo na condição de deformação a frio é menor do que a redução de área na ruptura determinada no ensaio de tração.

Alongamento total (ΔL), alongamento específico (δ) e deformação na fratura (ε_f)

ΔL - Alongamento Diferença entre o comprimento final (L_f) medido após a fratura e o comprimento inicial (L_0) do corpo de prova; é dado por:

$$\Delta L = L_f - L_0 \tag{2.54}$$

O alongamento específico (δ) caracteriza-se pelo quociente do alongamento pelo comprimento inicial do corpo de prova, também conhecido como deformação linear média ou deformação convencional de engenharia.

$$\delta = \frac{L_f - L_0}{L_0} = \frac{\Delta L}{L_0} \tag{2.55}$$

O alongamento específico representa a deformação na fratura (ε_f):

$$\delta = \varepsilon_f \tag{2.56}$$

Módulo de tenacidade (U_t)

A tenacidade corresponde à capacidade que o material apresenta de absorver energia até a fratura, ou, em outras palavras, quantifica a dificuldade ou facilidade de levar o material a fra-

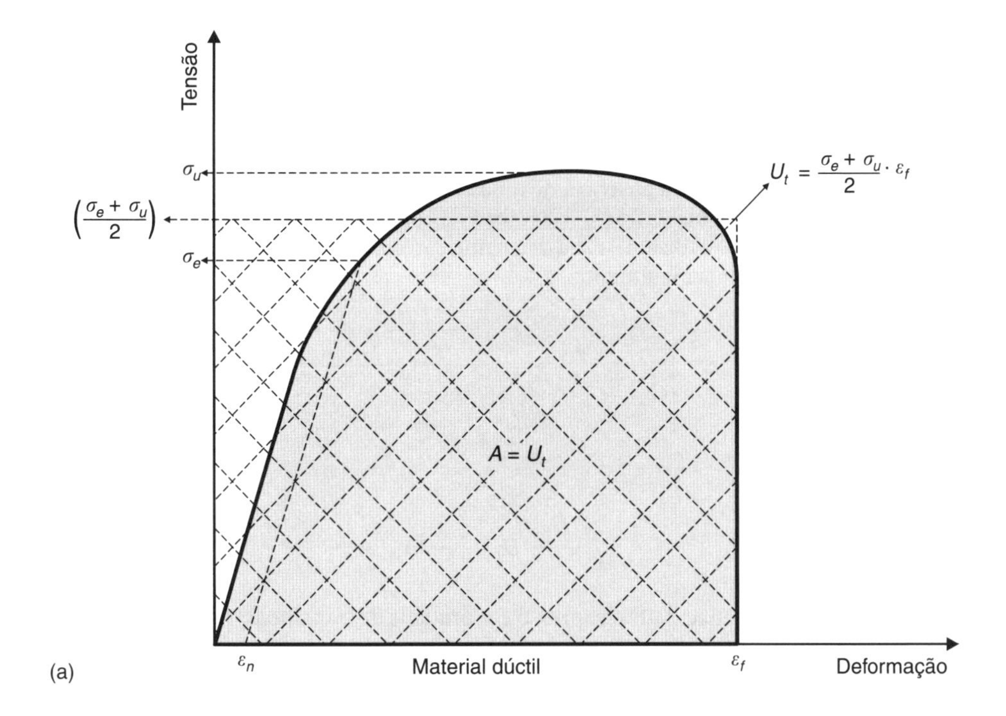

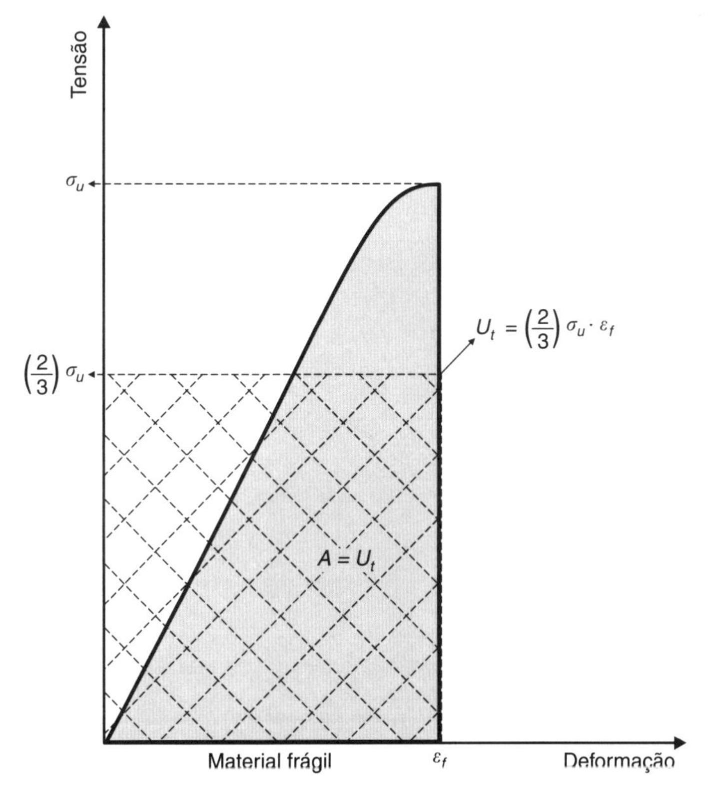

Figura 2.32 Representação de situações extremas de comportamento de materiais: (a) material dúctil e (b) material frágil. As áreas hachuradas representam os resultados aproximados dos módulos de tenacidade.

tura. É quantificada pelo módulo de tenacidade, que consiste na energia absorvida por unidade de volume, do início do ensaio de tração até a fratura. Uma maneira de se avaliar a tenacidade consiste em considerar a área total sob a curva tensão-deformação. As curvas da Figs. 2.32(a) e (b) representam esquematicamente situações extremas de comportamento no ensaio de tração: um material dúctil (curva da Fig. 2.32(a)) e um material frágil (curva da Fig. 2.32 (b)).

Em ambos os casos, a ausência de uma expressão analítica que represente a variação de σ com ε impede o cálculo da área sob as curvas e, consequentemente, a determinação do módulo de tenacidade (U_t). Utilizam-se, na determinação desses valores, as seguintes expressões, convencionadas internacionalmente:

Material dúctil:

$$U_t = \frac{\sigma_e + \sigma_u}{2} \cdot \varepsilon_f \tag{2.57}$$

Material frágil:

$$U_t = \left(\frac{2}{3}\right)\sigma_u \cdot \varepsilon_f \tag{2.58}$$

O módulo de tenacidade é expresso em unidade de trabalho por volume, ($N \cdot m/m^3$), e, de um modo geral, os materiais que apresentam módulo de resiliência alto têm a tendência de apresentar módulo de tenacidade baixo. A tenacidade é um parâmetro que compreende tanto a resistência mecânica do material quanto a ductilidade.

Técnica para o cálculo do módulo de tenacidade (U_t)

Um modo prático de se determinar o módulo de tenacidade é através do somatório de elementos de área realizados na curva tensão-deformação, conforme mostra a Fig. 2.33. Para a aplicação desse método, é necessária a utilização da tabela de valores da tensão-deformação obtida no ensaio, conforme visto no exemplo da Fig. 2.34.

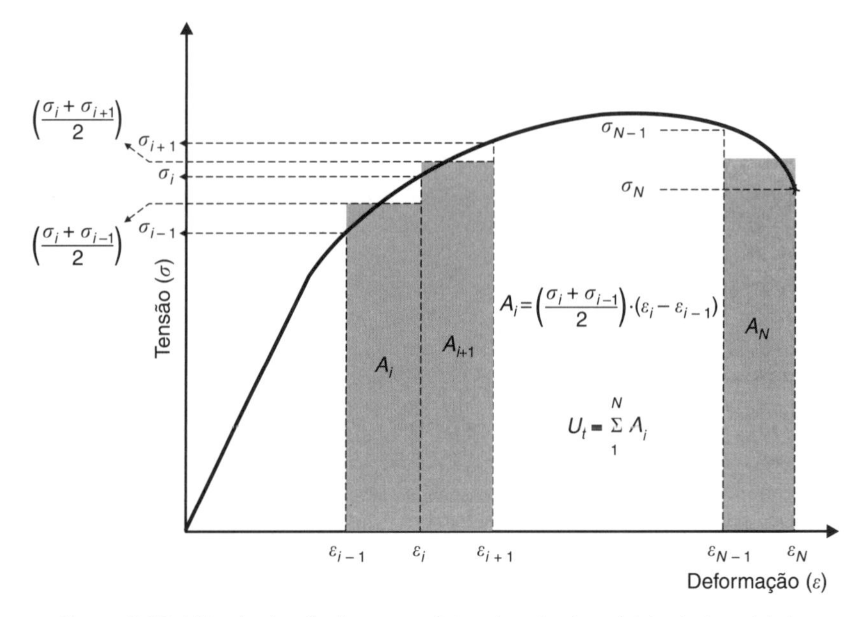

Figura 2.33 Método de cálculo para a determinação do módulo de tenacidade.

Informações geradas no ensaio

Tempo (s)	Alongamento $\Delta L = L - L_0$	Força (P) [N]	Deformação $\varepsilon_c = \left(\Delta L / L_0\right)$ (mm/mm)	Tensão $\sigma_c = \left(P / S_0\right)$ (MPa)	ΔU_t (N · mm/mm³)
0,016667	0	60,095	0	2,3141	5,16827E-05
0,083333	0,00055835	60,095	0,000022334	2,3141	5,16827E-05
0,116670	0,0011167	60,095	0,000044668	2,3141	4,30697E-05
0,133330	0,001582	60,095	0,00006328	2,3141	4,30697E-05
0,150000	0,0020473	60,095	0,000081892	2,3141	3,4452E-05
0,166670	0,0024195	60,095	0,00009678	2,3141	3,4452E-05
0,183330	0,0027917	60,095	0,000111668	2,3141	5,16873E-05
0,200000	0,0033501	60,095	0,000134004	2,3141	4,30697E-05
0,216670	0,0038154	60,095	0,000152616	2,3141	3,4452E-05
0,233330	0,0041876	60,095	0,000167504	2,3141	3,94805E-05
0,250000	0,0046529	50,079	0,000186116	1,9284	3,94805E-05
0,266670	0,0051182	60,095	0,000204728	2,3141	3,4452E-05
0,283330	0,0054904	60,095	0,000219616	2,3141	4,66589E-05
.					
.					
.					
.					
.					
.					
.					
83,917000	5,9083	28475	0,236332	1096,4883	1,827212015
84,417000	5,9501	28285	0,238004	1089,1720	1,801281751
84,917000	5,9916	28074	0,239664	1081,0470	1,787826232
85,417000	6,0331	27864	0,241324	1072,9605	1,774083065
85,917000	6,0746	27644	0,242984	1064,4890	1,763908885
86,417000	6,1162	27413	0,244648	1055,5938	1,757870671
86,917000	6,158	27193	0,24632	1047,1223	1,743384318
87,417000	6,1998	26963	0,247992	1038,2657	1,732356437
87,917000	6,2417	26722	0,249668	1028,9855	1,704542716
88,417000	6,2833	26482	0,251332	1019,7438	1,522684381
88,867000	6,3208	26242	0,252832	1010,5021	1,500458803
89,317000	6,3581	25991	0,254324	1000,8368	0,286133894
89,400000	6,3653	25611	0,254612	986,2041	FRATURA

Figura 2.34 Exemplo da manipulação de tabelas apresentadas no resultado do ensaio de tração para o cálculo do módulo de tenacidade.

Em geral as informações obtidas no ensaio são registradas em arquivos, tipo .txt, .dat, ou outros, os quais devem conter em geral três colunas, quais sejam, tempo, alongamento e força. Após a montagem conveniente das colunas referentes à deformação e à tensão de engenharia, conforme a Fig. 2.34, cria-se uma coluna iniciando na primeira linha dos dados, com o cálculo do elemento do módulo de tenacidade para cada linha, o qual representa os elementos de área, conforme visto na Fig. 2.33, e representado pela equação:

$$\Delta U_t = \left(\frac{\sigma_{i+1} + \sigma_i}{2}\right) \cdot \left(\varepsilon_{i+1} + \varepsilon_i\right) \tag{2.59}$$

A soma dos valores da coluna ΔU_t mostrada na Fig. 2.34 representa o resultado do módulo de tenacidade:

$$U_t = \sum_{1}^{N} \Delta U_{t_i} \tag{2.60}$$

Índice de anisotropia

As propriedades mecânicas de um material que tenha sofrido deformação através de um processo de conformação, como por exemplo a fabricação de folhas e chapas por laminação, variam com a direção. Essa variação é caracterizada pela anisotropia apresentada pelo material e pode ser caracterizada pelo **índice de anisotropia plástica (r)**, expresso na forma:

$$r = \frac{\varepsilon_{rb}}{\varepsilon_{rt}} \tag{2.61}$$

em que

ε_{rb} representa a deformação real na largura (adimensional) e
ε_{rt} é a deformação real na espessura (adimensional).

Para um material isotrópico, $r = 1$.

Como as medidas de espessura (t) geralmente se encontram sujeitas a um maior erro relativo, pode-se utilizar uma simplificação baseada na hipótese de volume constante durante a deformação plástica, permitindo a determinação da anisotropia plástica a partir das deformações no comprimento (L) e na largura (b) do corpo de prova, dados por:

$$r = \frac{\ln\left(\dfrac{b_0}{b_{18}}\right)}{\ln\left(\dfrac{b_{18} \cdot L_{18}}{b_0 \cdot L_0}\right)} \tag{2.62}$$

em que

b_0 = largura inicial do corpo de prova (mm);
b_{18} = largura após 18% de deformação no comprimento (mm);
L_0 = comprimento inicial do corpo de prova (mm);
L_{18} = comprimento após 18% de deformação (mm).

O valor de 18% para a deformação é escolhido como um valor arbitrário que deverá se encontrar dentro da região de deformação plástica uniforme.

Outro parâmetro que pode ser determinado é a **anisotropia normal** ($\bar{r}$), dada pela média dos valores de anisotropia plástica de determinado produto, obtidos por ensaios em corpos de prova extraídos em três direções (0°, 45° e 90°); a direção de 0° corresponde à direção de laminação. O valor do índice de anisotropia normal é dado por:

$$\bar{r} = \frac{r_{0°} + 2 \cdot r_{45°} + r_{90°}}{4} \tag{2.63}$$

em que $r_{0°}$, $r_{45°}$ e $r_{90°}$ correspondem ao índice de anisotropia plástica de corpos de prova extraídos a 0°, 45° e 90°, respectivamente, em relação à direção de laminação.

A variação da anisotropia plástica no plano principal do produto é dada pela **anisotropia planar** (**Δr**), expressa na forma:

$$\Delta r = \frac{r_{0°} + r_{90°}}{2} - r_{45°} \tag{2.64}$$

Tipos de fratura

Enquanto a deformação elástica é homogênea, envolvendo somente um pequeno e reversível deslocamento de átomos, a deformação plástica é não homogênea e envolve grandes e irreversíveis deslocamentos. A deformação elástica pode ser interpretada em termos de estruturas perfeitas, ao passo que a deformação plástica está relacionada com o movimento de discordâncias. A deformação plástica geralmente ocorre através de um mecanismo de escorregamento, no qual os planos atômicos mais densamente compactados se movem uns sobre os outros. Para um determinado conjunto de planos densamente compactados e suas respectivas direções, o escorregamento ocorrerá preferencialmente naqueles em que a tensão de cisalhamento é máxima, o que corresponde a uma direção a 45° do eixo de aplicação da tensão de tração.

Nos metais CFC (**cúbicos de face centrada**) há uma maior probabilidade de o escorregamento ocorrer nessa direção do que nos metais que apresentem estrutura hexagonal compacta. Nos metais CCC (**cúbicos de corpo centrado**) e HC (**hexagonal compacta**), não há exatamente um conjunto de planos densamente compactados, e o escorregamento normalmente ocorre na forma de linhas onduladas.

A fratura é definida como a separação ou fragmentação de um corpo sólido em duas ou mais partes, sob a ação de uma tensão, e pode ser mais bem analisada considerando dois fenômenos que deverão ocorrer do modo sequencial, quais sejam:

- Nucleação de trincas e
- Coalescimento/crescimento (propagação) das trincas.

Após a tensão máxima (σ_u), todos os planos de deslizamento se encontrarão totalmente ancorados, sem nenhuma mobilidade, e o material estará em seu estado de máximo encruamento. Com a elevação da tensão após esse ponto, a deformação só será possível de acontecer desde que os átomos literalmente iniciem um processo de separação física com a quebra de suas ligações, iniciando aí o primeiro estágio de fratura, com a formação dos primeiros núcleos de separação. Na continuidade, esses núcleos crescem e se unem, formando uma falha no material, a qual é associada ao efeito final da fratura, conforme a sequência apresentada na Fig. 2.35. Observa-se que os núcleos de fratura originados no estágio 2 recebem a denominação *dimples*, e podem ser visualizados após a fratura, conforme ilustra a Fig. 2.36. Esse mecanismo de fratura é mais comum nos materiais dúcteis; nos materiais frágeis, é mais comum a observação de planos de clivagem, cuja fratura deverá apresentar aspecto formado por pequenas regiões planas.

De modo geral, a fratura pode ser classificada em duas categorias, **fratura frágil** e **fratura dúctil**. A fratura dúctil é caracterizada pela ocorrência de uma apreciável deformação plástica antes e durante a propagação da trinca. A fratura frágil nos metais é caracterizada pela rápida propagação da trinca, com nenhuma deformação macroscópica e muito pouca deformação microscópica. Uma representação dos tipos de fratura que podem ocorrer é apresentada na Fig. 2.37.

As Figs. 2.38, 2.39 e 2.40 mostram os aspectos da região de fratura em amostras metálicas.

A Tabela 2.7 apresenta a tensão de escoamento, a tensão máxima, o alongamento e a redução de área para vários metais de aplicação em engenharia.

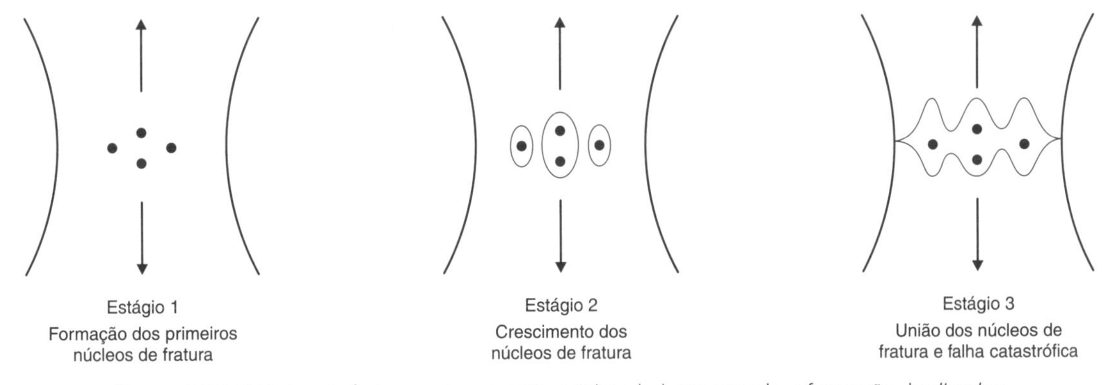

Figura 2.35 Estágios de fratura após a tensão máxima (σ_u), mostrando a formação de *dimples*.

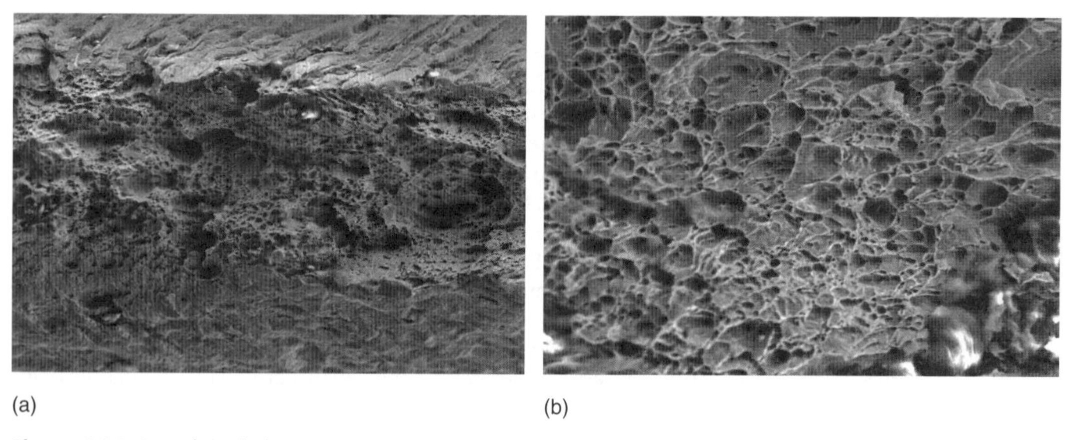

Figura 2.36 Superfície de fratura apresentando *dimples*, típicos de fratura dúctil: (a) aumento de 50× e (b) aumento de 100×.

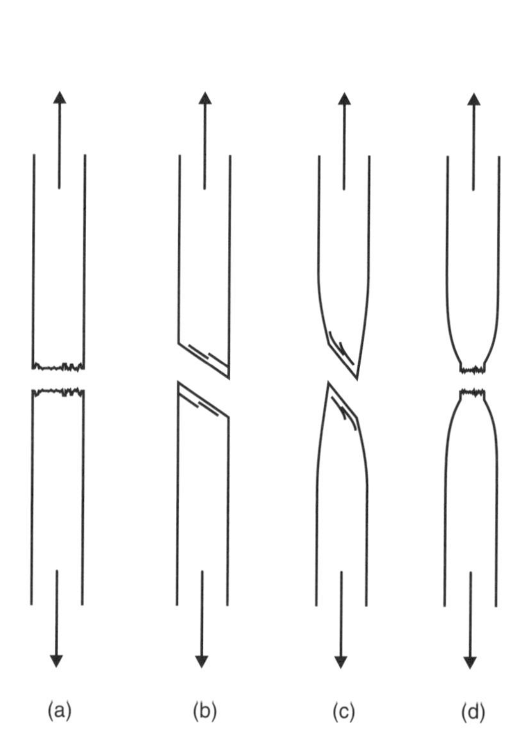

Figura 2.37 Tipos de fraturas observadas em metais submetidos a tensão uniaxial: (a) Fratura reta (material frágil); (b) fratura em 45°, sem deformação lateral (material CFC frágil); (c) fratura em 45°, com deformação lateral (material CFC dúctil); e (d) fratura taça-cone (material dúctil – CCC).

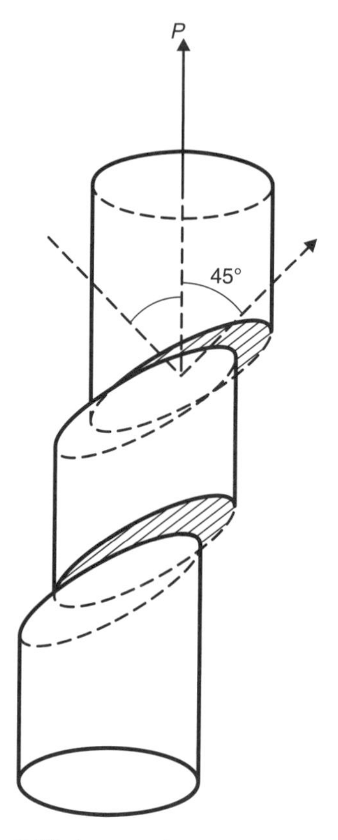

Figura 2.38 Aspecto do escorregamento que se verifica em um monocristal ensaiado em tração, comparado com a direção teórica de escorregamento.

Figura 2.39 Formação de região estrita em uma amostra de aço, evidenciando que a fratura que se seguirá será do tipo conhecido como taça-cone.

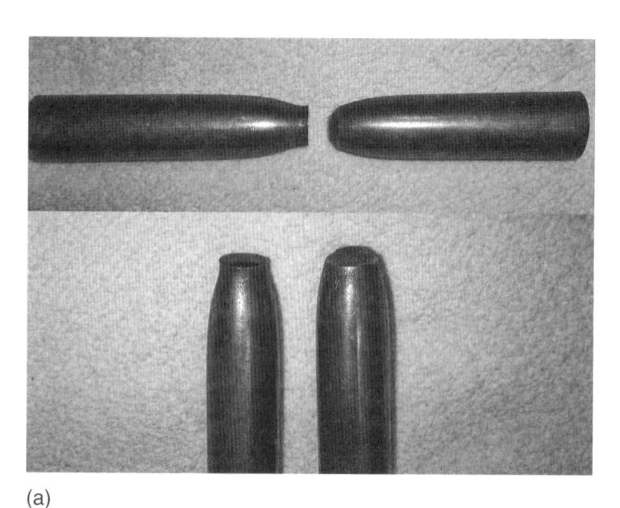

(a)

(b)

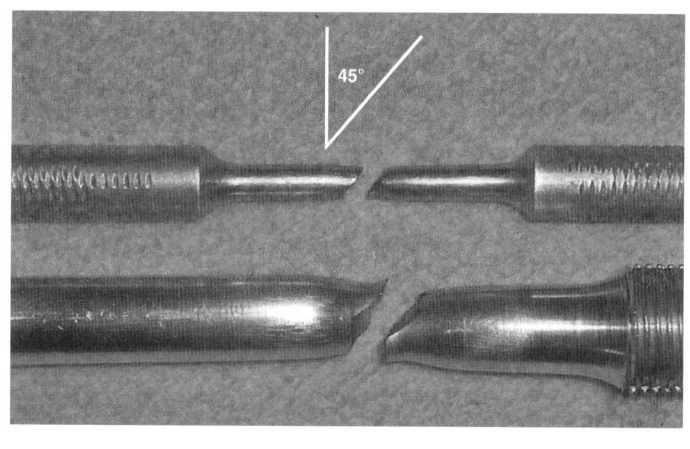

(c)

Figura 2.40 Exemplos de (a) fratura dúctil (taça-cone) em aço de baixo carbono; (b) fratura frágil em amostras de aço. As fraturas frágeis ocorreram devido a desalinhamento entre as placas do equipamento de tração, gerando um estado triaxial de tensão próximo às extremidades dos corpos de prova; e (c) fratura com forte estricção e tendência de direção em 45° em amostras de alumínio.

Tabela 2.7 Tensãc de escoamento, tensão máxima, alongamento e redução de área para vários metais de aplicação em engenharia (*Metals Handbook* v.8, NBR ISO 6892:2002, Callister, 1994)

Metal-base	Liga	Processamento	Tensão de escoamento (σ_e)	Tensão máxima convencional (σ_u)	Alongamento específico em 50 mm ou 5 × *d*	Redução de área estricção (φ)
			(MPa)	(MPa)	(%)	(%)
Ferro	Ferro fundido cinzento	fundido	55-275	125-415	0	0
Ferro	Nodular classes 60-40-18	recozido	276	414	18	
Ferro	Nodular classes 80-55-06	fundido	379	552	6	
Ferro	Comercialmente puro	recozido	130	290	48	85
Ferro	Comercialmente puro	trabalhado a quente	205	330	30	75
Ferro	Comercialmente puro	trabalhado a frio	650	690		
Aço	0,22% carbono	*	402	597	25	65
Aço	Estrutural (vergalhão)	convencional	205-275	345-450	40-30	
Aço	Estrutural (vergalhão)	baixa liga, alta resistência	275-550	450-620	30-15	70-40
Aço	SAE 4340	recozido a 815 °C	472	745	22	
Aço	SAE 4340	normalizado a 870 °C	862	1280	12	
Aço	SAE 4340	temperado em óleo e revenido a 315 °C	1620	1760	12	

(*continua*)

Tabela 2.7 Tensão de escoamento, tensão máxima, alongamento e redução de área para vários metais de aplicação em engenharia (*Metals Handbook* v.8, NBR ISO 6892:2002, Callister, 1994) *(Continuação)*

Metal-base	Liga	Processamento	Tensão de escoamento (σ_e)	Tensão máxima convencional (σ_u)	Alongamento específico em 50 mm ou 5 × *d*	Redução de área estricção (φ)
			(MPa)	(MPa)	(%)	(%)
Aço	SAE 1300 (aço manganês)	recozido	276	483	26	70
		trefilado, 700 °C	552	689	24	65
		trefilado, 530 °C	758	896	20	60
		trefilado, 370 °C	1241	1379	14	45
		trefilado, 200 °C	1448	1655	10	30
	SAE 1112	laminado a frio	524	579	18	45
	Inoxidável austenítico	*	353	623	52	78
	Inoxidável martensítico	*	968	1253	12	50
	Inox 316	acabado a quente e recozido	205	515	40	
		estirado a frio e recozido	310	620	30	
	Inox 440A	recozido	415	725	20	
		revenido a 315 °C	1650	1790	5	
	Alta resistência	*	1040	1168	17	66
	Fundido	tratado termicamente	415-860	205-620	33-14	65-20

(continua)

Tabela 2.7 Tensão de escoamento, tensão máxima, alongamento e redução de área para vários metais de aplicação em engenharia (*Metals Handbook* v.8, NBR ISO 6892:2002, Callister, 1994) (*Continuação*)

Metal-base	Liga	Processamento	Tensão de escoamento (σ_e)	Tensão máxima convencional (σ_u)	Alongamento específico em 50 mm ou 5 × d	Redução de área estricção (φ)
			(MPa)	(MPa)	(%)	(%)
Alumínio	Comercialmente puro	laminado a frio	35-145	90-165	35-5	
	Liga 1100	recozido	34	90	40	
		endurecido por deformação a frio (revenida H14)	117	124	15	
	Ligas de Al-Cu (geral)	fundido	80-110	130-160	4 - 0	
	Liga 2024	recozido	75	185	20	
		tratado termicamente e envelhecido (revenido T3)	345	485	18	
		tratado termicamente e envelhecido (revenido T351)	360	490	20	30
	Liga 7075	recozido	103	228	17	
		tratado termicamente e envelhecido (revenido T6)	505	572	11	
	Trabalháveis	tratado termicamente	70-345	205-415	33-15	
	Die Casting	injetado	138	207	2	
	Liga 356.0	fundido	124	164	6	
		tratado termicamente e envelhecido (revenido T6)	164	228	4	
	17ST		234	386	26	39
	51ST		276	331	20	35

(*continua*)

Tabela 2.7 Tensão de escoamento, tensão máxima, alongamento e redução de área para vários metais de aplicação em engenharia (*Metals Handbook* v.8, NBR ISO 6892:2002, Callister, 1994) (*Continuação*)

Metal-base	Liga	Processamento	Tensão de escoamento (σ_e)	Tensão máxima convencional (σ_u)	Alongamento específico em 50 mm ou 5 × *d*	Redução de área estricção (φ)
			(MPa)	(MPa)	(%)	(%)
Cobre	Comercialmente puro	recozido	34	221	58	73
	Eletrolítico tenaz (C11000)	laminado a quente	69	220	50	
		trabalhado a frio (revenido $H0_4$)	310	345	12	
		trefilado e endurecido	414	469	4	55
	Bronze	diversos	55-550	275-825	60-3	
		ao fósforo	480-550	275-890	55-5	
Magnésio	Ligas diversas		75-205	145-310	17-0,5	
	AZ31B	laminado	220	290	15	
		extrudado	200	262	15	
	AZ91D	fundido	97-150	165-230	3	
Monel 400	Liga de Cu-Ni		207	545	48	75
Molibdênio		laminado a frio	517	689	30	
Prata		fundida e recozida	55	124	54	
Titânio	Comercialmente puro	recozido	170	240	30	
	Ti - 6Al - 4V	recozido	830	900	14	
		tratado termicamente e envelhecido	1100	1170	10	

Considerações sobre os resultados do ensaio de tração

Os resultados apresentados pelo ensaio de tração poderão variar em função de uma série de condições, conforme se segue:

- temperatura de execução do ensaio;
- teor de soluto da liga;
- tratamentos térmicos e mecânicos;
- tamanho de grão do material.

A **temperatura de execução do ensaio** pode influenciar significativamente as propriedades mecânicas levantadas pelo ensaio de tração, conforme mostra qualitativamente o esboço da Fig. 2.41, para o caso de aços de baixo carbono. Em geral, a resistência diminui e a ductilidade aumenta conforme o aumento da temperatura do ensaio.

O **teor de soluto da liga** influencia os valores das propriedades levantadas no ensaio de tração. A Fig. 2.42 mostra a influência de alguns solutos substitucionais nos valores do limite de escoamento para ligas de ferro e cobre.

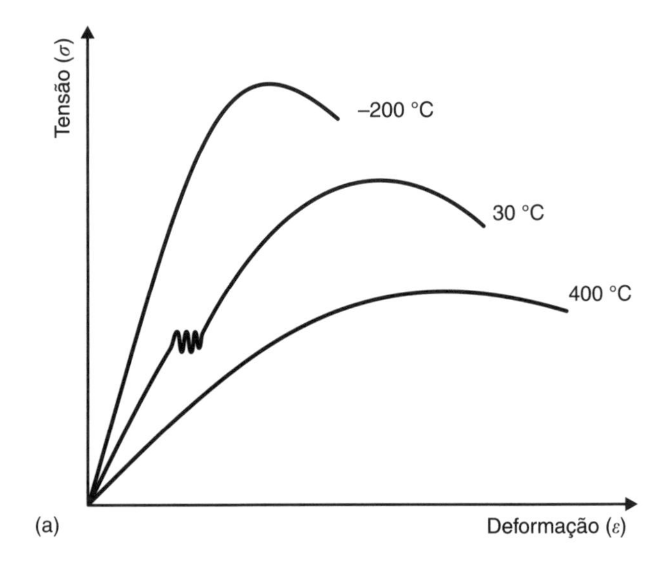

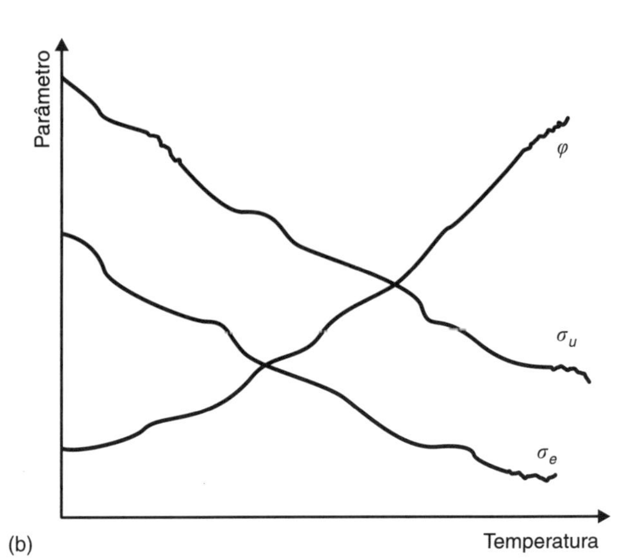

Figura 2.41 (a) Mudanças das curvas tensão-deformação de engenharia com a temperatura para aços de baixo carbono. (b) Alteração das propriedades mecânicas com a temperatura. (Adaptado de Dieter, 1988.)

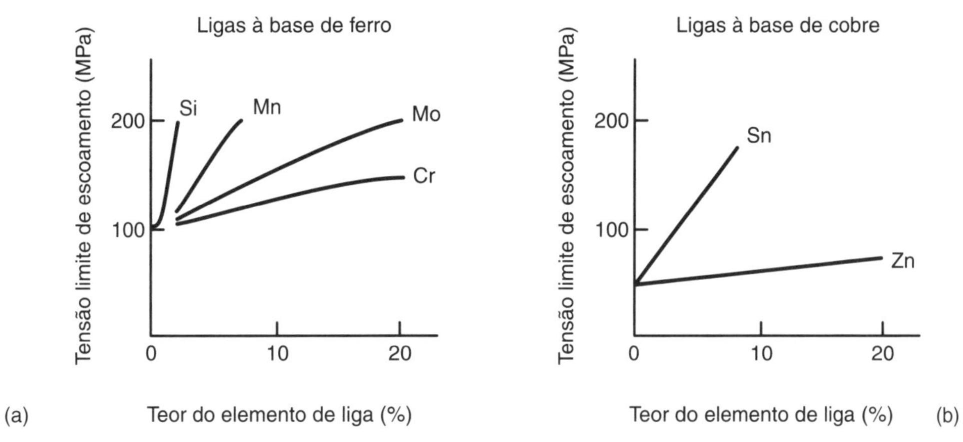

Figura 2.42 Variação das propriedades obtidas no ensaio de tração em função do teor de soluto para (a) liga à base de Fe e (b) liga à base de Cu. (Adaptado de Hudson, 1973.)

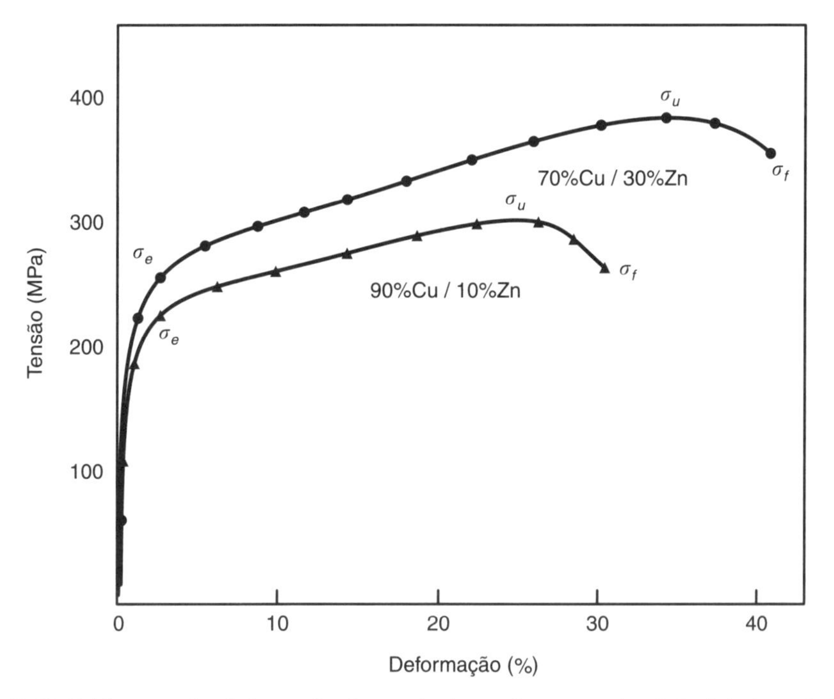

Figura 2.43 Gráficos tensão-deformação do ensaio de tração convencional de dois tipos de latões. (Adaptado de Hudson, 1973.)

A Fig. 2.43 apresenta curvas tensão-deformação do ensaio convencional de dois latões (30%Zn) e (10%Zn), onde se observa que aumentos no teor de zinco elevam a tensão máxima, e no caso particular se observa também um aumento no alongamento, porém esse último efeito é menos pronunciado. A Fig. 2.44 apresenta a influência do níquel e do cromo nas propriedades de resistência e ductilidade em um aço SAE 1020 e a influência do manganês nas tensões máximas e de escoamento de aços de baixo e médio carbonos. A Fig. 2.45 mostra a relação entre o teor de carbono e o teor de manganês na tensão máxima de aços laminados.

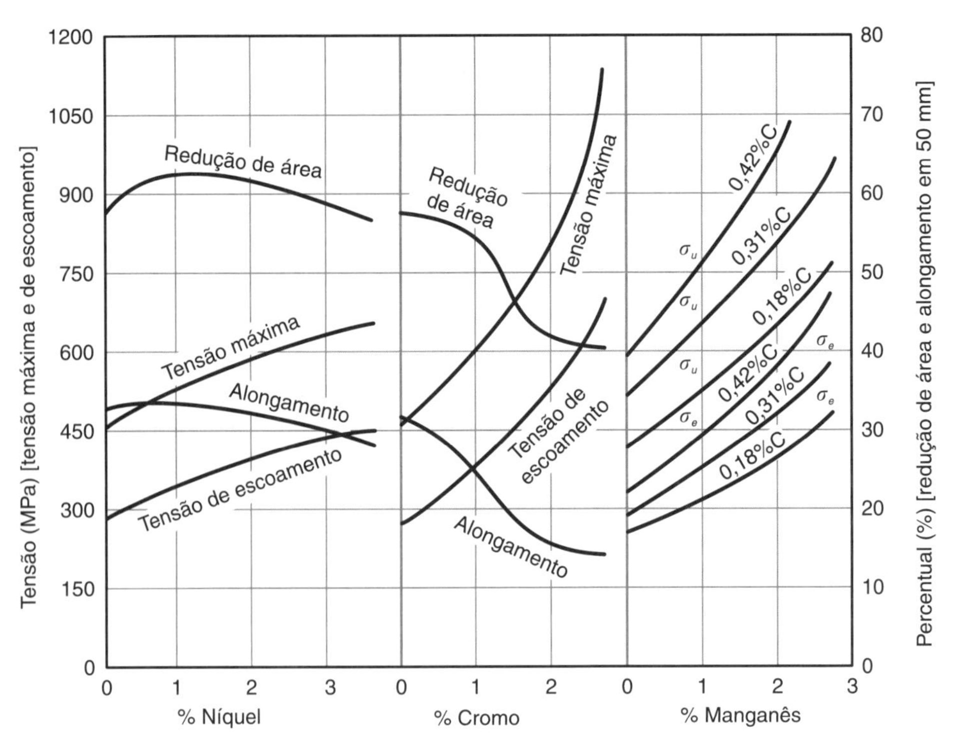

Figura 2.44 Influência do níquel, cromo e manganês nas propriedades de aços-carbono laminados. (Adaptado de Bain, 1945.)

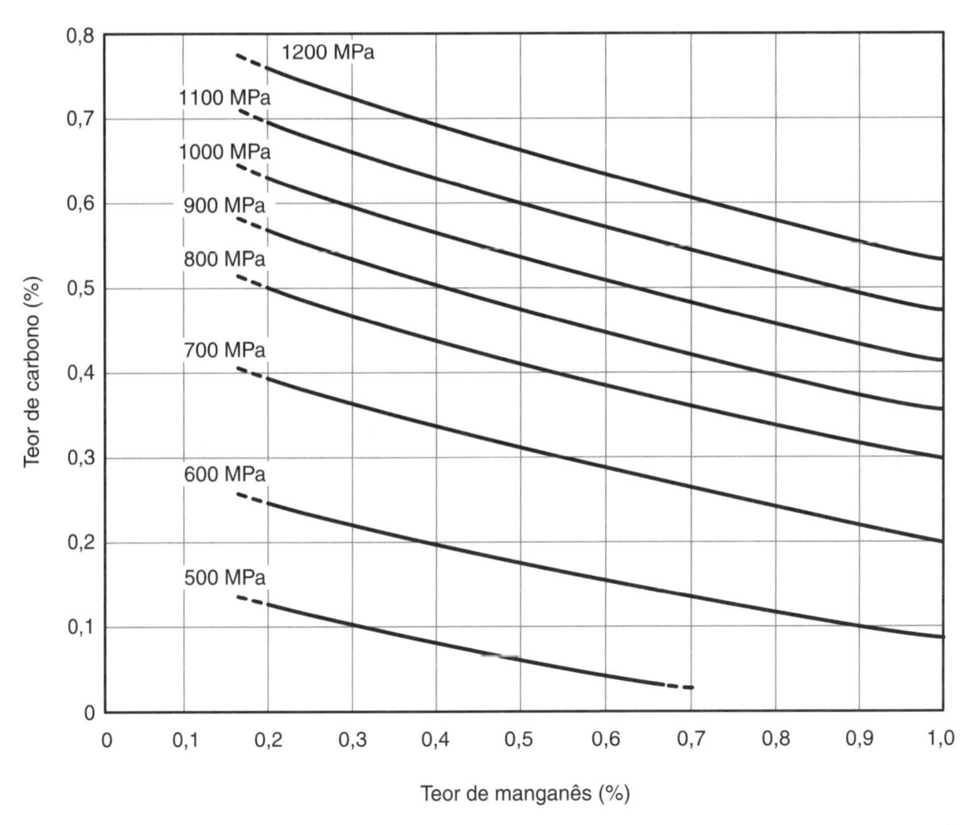

Figura 2.45 Influência da relação composicional do carbono e do manganês na tensão máxima de aços-carbono. (Adaptado de Bain, 1945.)

A porcentagem de carbono nos aços e, consequentemente, a variação de microconstituintes presentes na microestrutura têm influência significativa sobre propriedades mecânicas como a resistência à tração e o alongamento. A Fig. 2.46 mostra esse tipo de influência para aços-carbono no estado recozido.

Para todos os materiais, e, em particular, para os metais, as principais variáveis externas que afetam o comportamento durante a deformação, e consequentemente as características

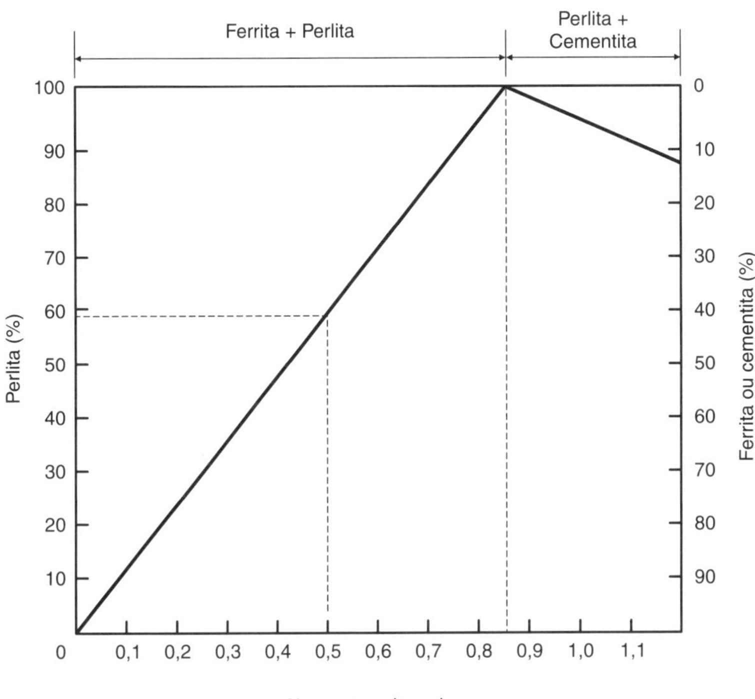

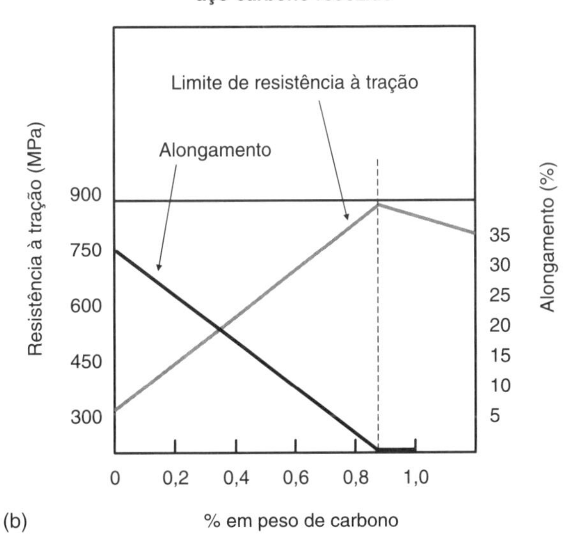

Figura 2.46 (a) Aumento do teor de perlita com o aumento do teor de carbono em aços. (b) Influência do teor de carbono nas propriedades mecânicas de aço-carbono. (Adaptado de Hudson, 1973.)

da fratura, são temperatura, presença de entalhes favorecendo a formação de uma região de concentração de tensão, a triaxialidade de tensões, altas taxas de deformação, além da agressividade do meio ambiente.

Os **tratamentos térmicos e mecânicos** devem influenciar de modo a alterar as características mecânicas, e os tratamentos térmicos que objetivam elevar a dureza do material têm como consequência direta a elevação dos níveis das tensões de escoamento e máxima. Estes também reduzem a ductilidade do material, diminuindo os valores do alongamento, da deformação e da estricção. Os tratamentos mecânicos visam ao endurecimento do material utilizando-se do encruamento gerado no trabalho a frio.

A Fig. 2.47 mostra a influência da deformação a frio na microestrutura e nas propriedades mecânicas de aços de baixo carbono. Observar nessa figura as diferenças nos níveis das tensões de escoamento e máxima para a situação de um material com e sem o trabalho a frio. O aço com 0,15% de carbono mostra que o encruamento apresentado pelos grãos deformados evidencia um ganho considerável de resistência (σ_u = 655 MPa), ao passo que parâmetros relacionados com a ductilidade caem (δ = 17%).

A Fig. 2.48(a) apresenta o resultado das curvas tensão *versus* deformação para um aço SAE 5160 (0,60%C; 0,79%Mn; 0,20%Si; 0,80%Cr; 0,01%P; 0,02%S) na condição de recozido, temperado e revenido. As Figs. 2.48(b), (c) e (d) mostram as metalografias obtidas para cada material, com destaque para as indentações de microdureza Vickers, em que se observa claramente a evolução das fases e da conduta mecânica do material.

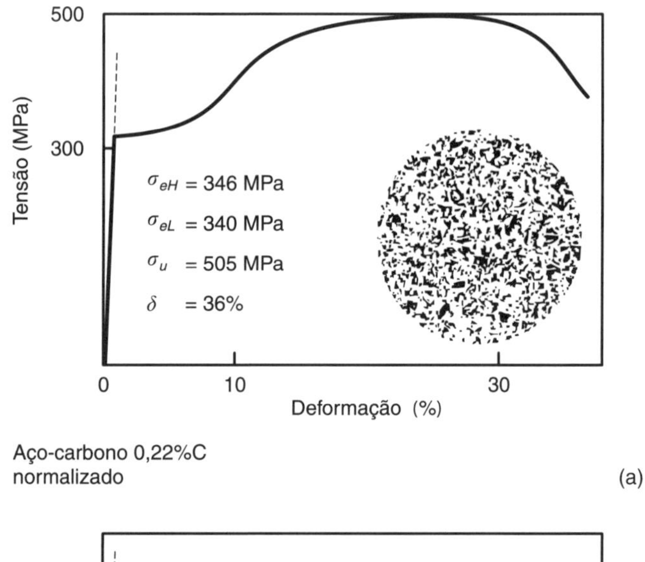

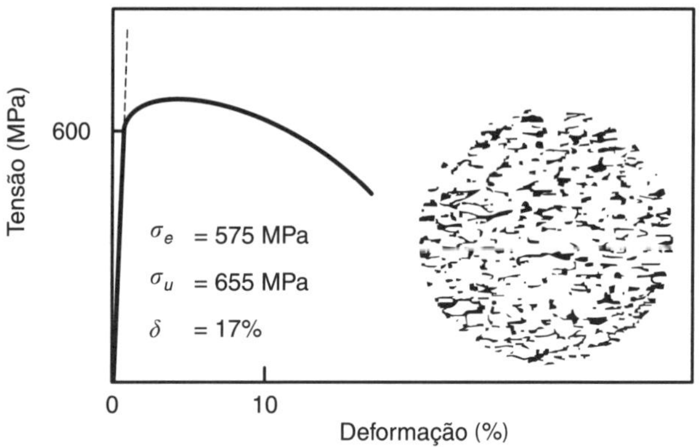

Figura 2.47 Influência do trabalho a frio sobre a microestrutura e propriedades mecânicas: (a) aço-carbono normalizado; (b) aço-carbono normalizado e conformado a frio. (Adaptado de Hudson, 1973.)

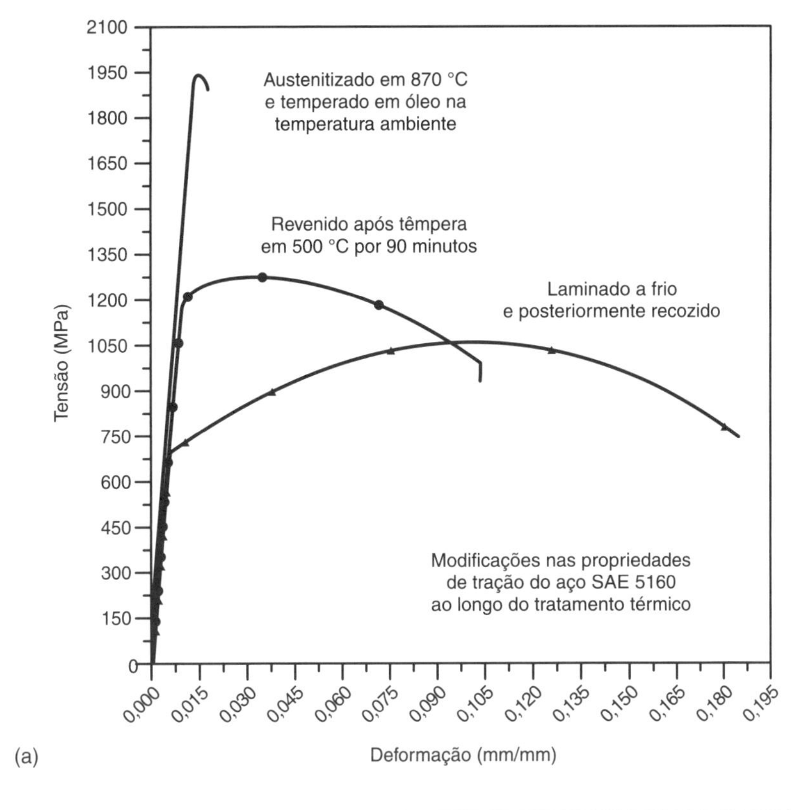

(a)

(b) (c)

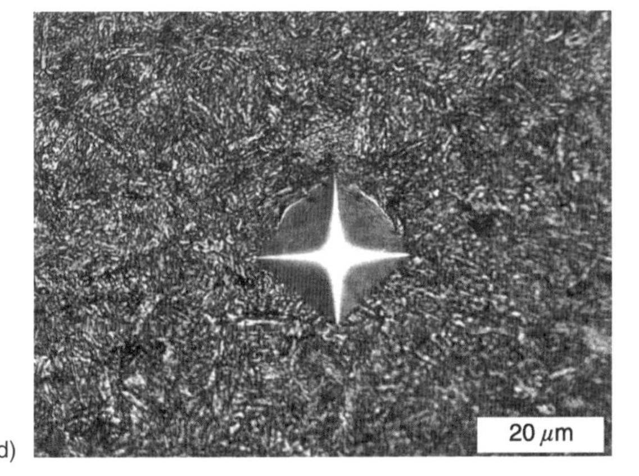

(d)

Figura 2.48 (a) Curvas tensão-deformação obtidas para um aço SAE 5160, na condição de laminado a frio e recozido, temperado e revenido. Ao lado, as microestruturas observadas em cada condição, com destaque para a identação da microdureza (b) laminado e recozido, (c) temperado, (d) temperado e revenido.

O **tamanho de grão** também deve influenciar de forma significativa os resultados gerados no ensaio de tração, uma vez que os contornos de grão devem representar um obstáculo ao escorregamento de planos. No início da década de 1950, E.O. Hall e N.J. Petch, em trabalhos independentes, mostraram que, conforme diminui o tamanho de grão, a resistência à deformação aumenta para os materiais metálicos. Essa relação é conhecida por relação de Hall-Petch e é dada por:

$$\sigma_e = \sigma_0 + \frac{k_y}{\sqrt{D}} \tag{2.65}$$

em que

σ_e é a tensão de escoamento do material;
σ_0 representa um nível de tensão intrínseca do material;
k_y corresponde a um coeficiente que depende do tipo de material;
D é o diâmetro médio de grão (mm).

A Tabela 2.8 apresenta alguns valores dos coeficientes σ_0 e k_y para a equação de Hall-Petch, e a Fig. 2.49 mostra a relação entre o diâmetro de grão e a tensão de escoamento para o Fe-α com alguns elementos de liga.

Tabela 2.8 Constantes da equação de Hall-Petch para alguns materiais

Material	σ_0 (MPa)	k_y (MPa · mm$^{1/2}$)
Cobre	25	3,48
Titânio	80	12,65
Aço de médio carbono	70	23,40
Ni_3Al	300	53,76

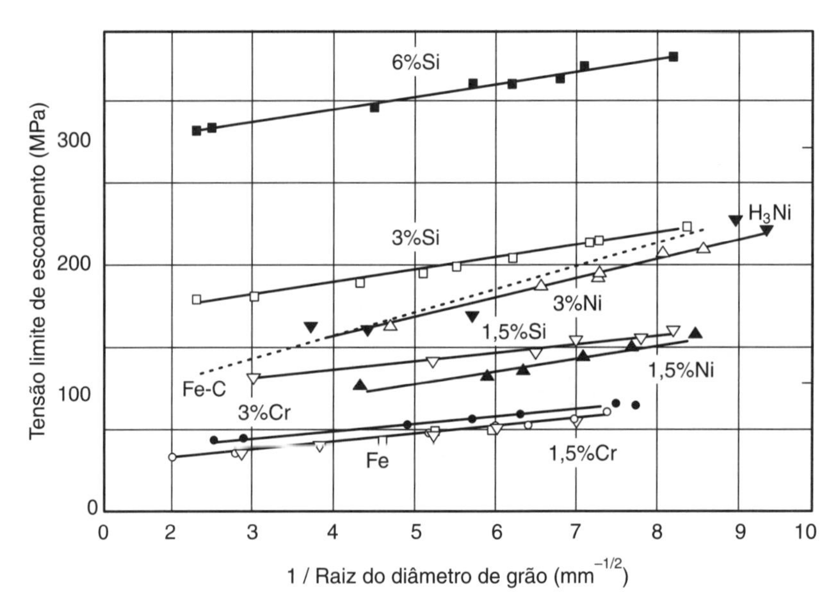

Figura 2.49 Influência do diâmetro de grão na tensão limite de escoamento para o Fe-α com alguns elementos de liga. (Adaptado de *Metals Handbook*, v.8, 1984.)

Considerações sobre as diferentes classes de materiais

A influência da natureza de diferentes materiais no comportamento da curva tensão-deformação está exemplificada na Fig. 2.50 para quatro materiais distintos: (a) aço-carbono SAE1030, (b) carboneto de tungstênio, (c) gesso e (d) borracha. Nos materiais metálicos ou cerâmicos, a máxima deformação elástica é geralmente menor que 0,5%. Na borracha e outros elastômeros, a relação entre tensão e deformação é não linear, e podem-se alcançar deformações elásticas da ordem de 100% ou mais.

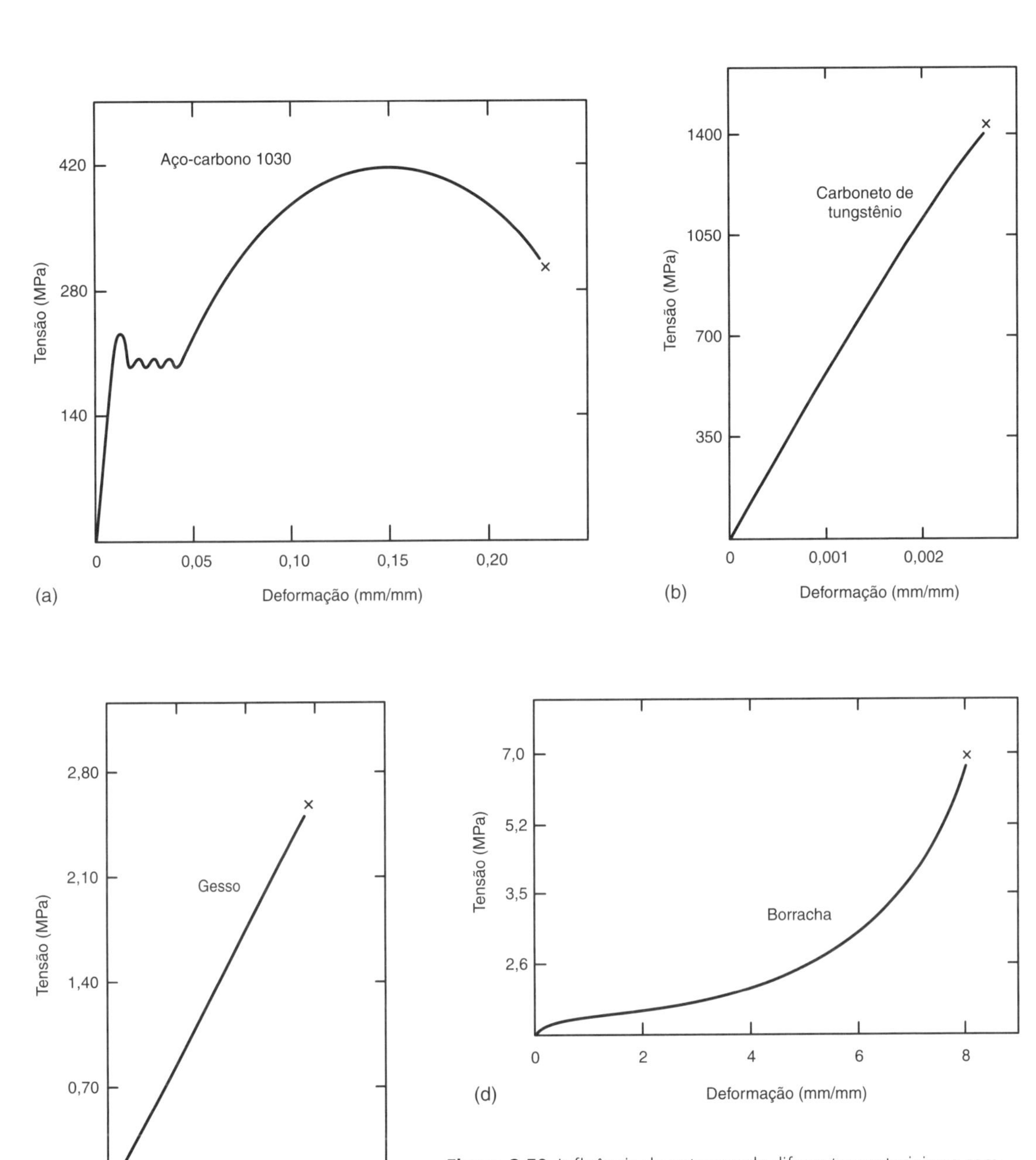

Figura 2.50 Influência da natureza de diferentes materiais no comportamento da curva tensão-deformação: (a) aço-carbono 1030; (b) carboneto de tungstênio; (c) gesso; (d) borracha. (Adaptado de Hayden, 1965.)

Para os polímeros, são típicos três comportamentos diferentes para a relação tensão-deformação: *frágil*, em que a fratura ocorre quando se deforma elasticamente o material; *plástico*, similar ao comportamento encontrado na maioria dos materiais metálicos; e *totalmente elástico*, obtendo alta deformação com baixa tensão. Os polímeros que apresentam comportamento totalmente elástico são chamados de elastômeros. Esses comportamentos podem ser visualizados na Fig. 2.51.

A Fig. 2.52 compara o comportamento da relação tensão-deformação para dois diferentes materiais cerâmicos, óxido de alumínio (alumina) e vidro. Pode-se observar que, para os dois

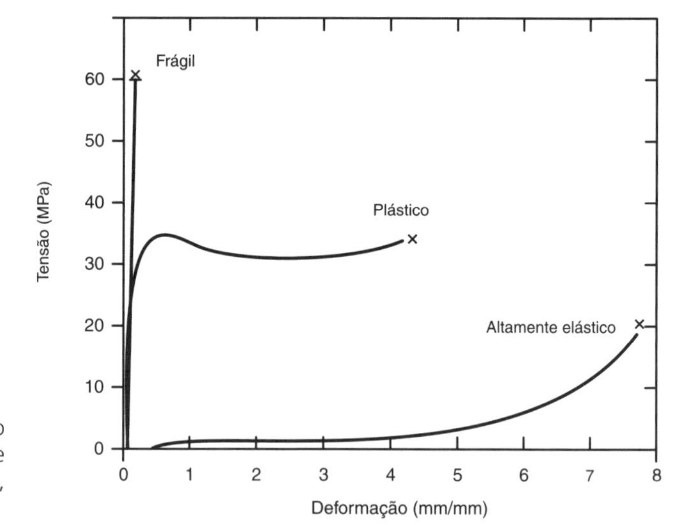

Figura 2.51 Exemplos de comportamento mecânico de polímeros em condições de tração uniaxial. (Adaptado de Callister, 1994.)

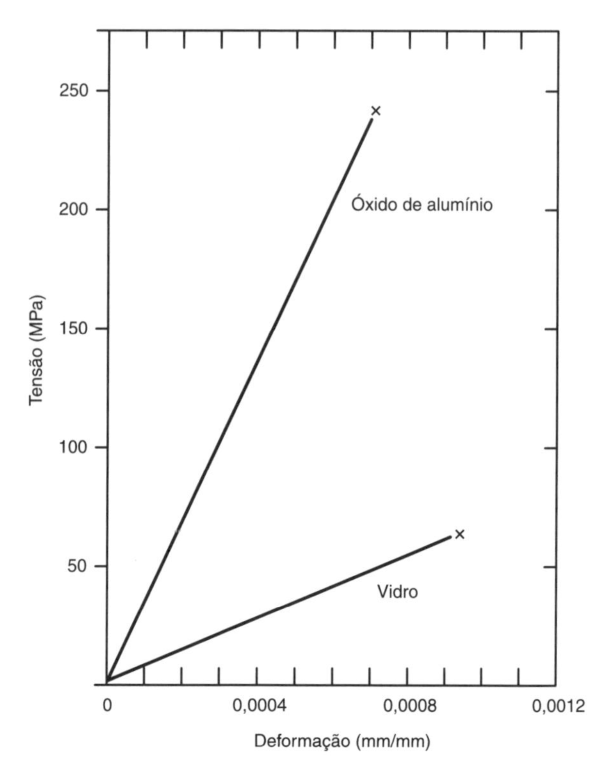

Figura 2.52 Exemplos de comportamento mecânico de cerâmicos em condições de tração uniaxial. (Adaptado de Callister, 1994.)

casos, existe uma relação tipicamente linear entre a tensão e a deformação, apresentando um comportamento essencialmente elástico.

Ensaios de tração em polímeros

Para o caso dos polímeros, a norma brasileira NBR 9622:1988 recomenda três configurações diferentes para os corpos de prova, em função do tipo de polímero a ser ensaiado, citando: Tipo I para polímeros à base de resinas termofixas com baixo alongamento, Tipo II para os polietilenos, PVC e outros poli com alongamento relativamente elevado, e Tipo III para os polímeros termofixos moldados. A Fig. 2.53 apresenta desenhos esquemáticos das configurações dos corpos de prova, e a Tabela 2.9 mostra as dimensões recomendadas.

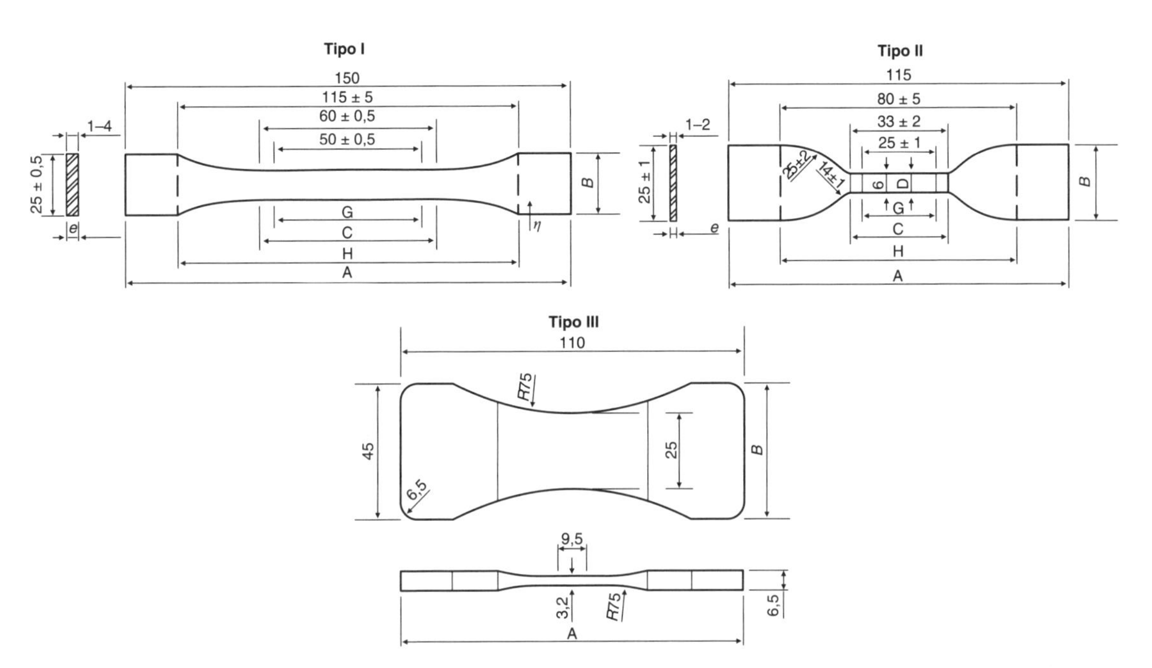

Figura 2.53 Corpos de provas utilizados em tração de plásticos – dimensões em mm (NBR 9622:1988).

Tabela 2.9 Dimensões recomendadas (mm) para os corpos de prova de plásticos (NBR 9622:1988)

Dimensão (mm)	TIPO I	TIPO II	TIPO III
Comprimento total mínimo (A)	150	115	110
Largura das extremidades (B)	20,0 ± 0,5	25 ± 1	45
Comprimento da parte calibrada (C)	60,0 ± 0,5	33 ± 2	9,5
Largura da parte calibrada (D)	10,0 ± 0,5	6,0 ± 0,4	25
Raio mínimo (E)	60	-	-
Raio menor (E)	-	14 ± 1	-
Raio menor (F)	-	25 ± 2	-
Espessura (e)	*	**	-
Distância inicial entre marcas (G)	50,0 ± 0,5	25 ± 1	-
Distância inicial entre garras (H)	115 ± 0,5	80 ± 5	-

* Para ensaios de materiais com pequeno alongamento: 3 a 4 mm (obtidos por moldagem ou usinagem).
** Para ensaios de materiais moldados e extrudados: 1 a 2 mm (obtidos por moldagem ou estampagem).

Para a confecção das marcas de referência nos corpos de prova, recomenda-se o uso de canetas de ponta porosa, tinta ou outros meios que não danifiquem a superfície do material, e nunca o emprego de pontas secas, marcadores, cunhagem ou estampagem. Recomenda-se o ensaio de pelo menos cinco corpos de prova para cada condição, empregando uma velocidade de deslocamento das garras dependente do tipo de ensaio. Para ensaios de determinação do módulo de elasticidade adota-se 1 mm/min, enquanto para ensaios de determinação das propriedades relacionadas à resistência podem-se empregar velocidades de 5 mm/min a 50 mm/min.

Como para materiais metálicos, quando o início do escoamento não for bem definido, adota-se a mesma metodologia de confecção de uma reta paralela à região linear da curva tensão-deformação, deslocada 0,2% da deformação total da origem do gráfico. A Fig. 2.54 ilustra os métodos de determinação do limite de escoamento para situações em que este é bem definido e para situações opostas.

A Fig. 2.55(a) mostra a curva da força de tração *versus* o alongamento para um corpo de prova de um compósito de matriz polimérica (poliéster) reforçada com fibra de vidro, de comprimento $L_0 = 50$ mm e área da seção transversal de $S_0 = 13{,}5$ mm^2. O valor do módulo de elasticidade determinado para esse material foi de 46,2 GPa, da média de quatro corpos de prova. A Fig. 2.55(b) apresenta o corpo de prova fraturado, do ensaio da Fig. 2.55(a).

Considerações sobre os resultados e informações de normas técnicas

Na execução do ensaio, a curva tensão-deformação convencional é obtida por carregamento uniaxial estático em um corpo de prova padronizado. O carregamento deve ser lento o bastante para que em todos os pontos do corpo de prova exista um equilíbrio de esforços em todo instante do ensaio. O controle geralmente é executado pela **taxa de aplicação de carga** ou **velocidade de tensionamento**, que, conforme a NBR ISO 6892:2002, depende do módulo de elasticidade do material, segundo a Tabela 2.10.

Um método alternativo de ensaio consiste em especificar uma **taxa de deformação** ou **velocidade de deformação** como uma variável independente, na qual a velocidade de tensionamento é continuamente ajustada para manter a taxa de deformação especificada. Normas indicam velocidade de deformação entre 0,00025 s^{-1} e 0,0025 s^{-1}, não devendo ultrapassar esses limites.

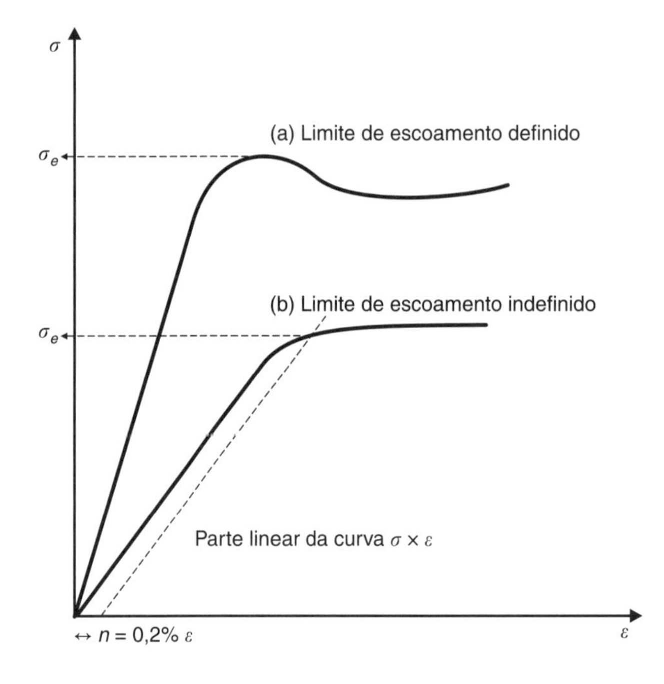

Figura 2.54 Determinação do limite de escoamento: (a) ponto bem definido, (b) sem definição nítida (NBR 9622:1988).

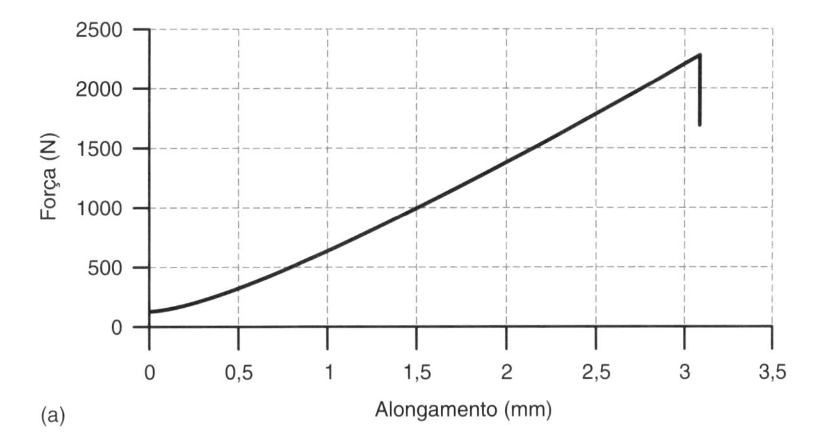

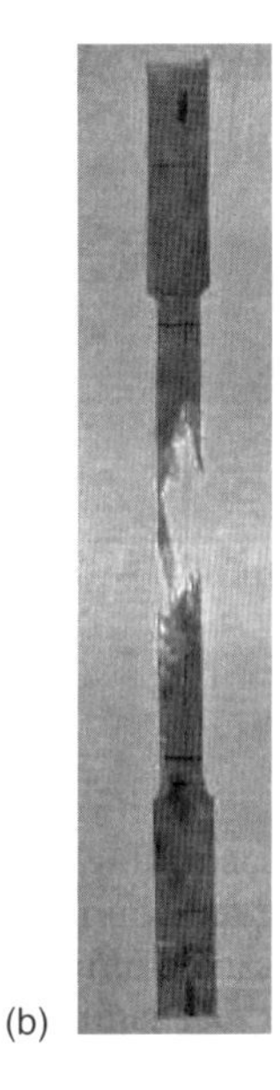

Figura 2.55 (a) Curva da força de tração *versus* o alongamento para um corpo de prova de um compósito de matriz polimérica (poliéster) reforçada com fibra de vidro. (b) Corpo de prova após a fratura.

Tabela 2.10 Velocidade de tensionamento (NBR ISO 6892:2002)

Módulo de elasticidade (E) (GPa)	Velocidade de tensionamento ($\dot{\sigma}$) (MPa/s)	
	mín.	máx.
$E < 150$	2	10
$E \geq 150$	6	30

Embora o **Sistema Internacional** de Unidades (**SI**) seja o adotado oficialmente no país desde 1978, o qual utiliza newton (**N**) como unidade de carga e pascal (**Pa**) para tensão, um grande número de máquinas de ensaio de tração convencional ainda em operação utiliza o quilograma-força (**kgf**) como unidade de carga. Nos textos de língua inglesa também é bastante comum a utilização da libra-força (**lbf**) como unidade de carga e da libra-força por polegada quadrada (**psi** - pound force per square inch) como unidade de tensão. Assim, é conveniente dispor das conversões entre essas unidades de medida para que se possam fazer comparações quantitativas, conforme apresenta a Tabela 2.11.

Tabela 2.11 Conversão entre diferentes unidades de força (carga) e tensão

Newton	Quilograma-força	Libra-força	Joule/metro	Dina
(N)	(kgf)	(lbf)	(J/m)	(dyn)
1	0,101971621	0,224808924	1	100000

Unidades de tensão

Newton por milímetro quadrado	Quilograma-força por centímetro quadrado	Libra-força por polegada quadrada (psi)	Pascal	Megapascal
(N/mm^2)	(kgf/cm^2)	(lbf/in^2)	(Pa)	(MPa)
1	10,19716213	145,0377439	1000000	1

As instituições que prescrevem as normas técnicas utilizadas pelos diversos laboratórios de ensaios são:

ABNT – Associação Brasileira de Normas Técnicas
ASTM – American Society for Testing and Materials
ACI – American Concrete Institute
ASME – American Society of Mechanical Engineers
AFNOR – Association Française de Normalisation
BSI – British Standards Institution
DIN – Deutsches Institut für Normung
COPANT – Comissão Pan-americana de Normas Técnicas
ISO – International Organization for Standardization
JIS – Japanese Industrial Standards
SAE – Society of Automotive Engineers
TMS – The Masonry Society

Além dessas instituições, internamente às empresas também é comum adoção de normas particulares.

Para melhor facilitar a conversão dos parâmetros para as diferentes nomenclaturas e simbologias utilizadas nas mais diversas normas, a Tabela 2.12 apresenta um levantamento das principais simbologias aplicadas neste livro e a correlação com as normas NBR e DIN, e a Fig. 2.56 apresenta um esboço da curva tensão deformação, com a nomenclatura aplicada neste livro.

Tabela 2.12 Relação entre a nomenclatura/simbologia aplicada neste livro e nas normas NBR e DIN

Utilizada neste livro	NBR	DIN	Unidade	Descrição
a	a	a	mm	Espessura de corpo de prova plano ou espessura de tubo
b	b	b	mm	Largura do comprimento paralelo
d	d	d	mm	Diâmetro do comprimento paralelo de corpo de prova cilíndrico
D			mm	Diâmetro médio de grão
L_t	L_t	L_t	mm	Comprimento total do corpo de prova
L_c	L_c	L_v	mm	Comprimento paralelo
L_0	L_0	L_0	mm	Comprimento de medida original
L_u	L_u	L_u	mm	Comprimento de medida final após ruptura

(continua)

Tabela 2.12 Relação entre a nomenclatura/simbologia aplicada neste livro e nas normas NBR e DIN (*Continuação*)

Utilizada neste livro	NBR	DIN	Unidade	Descrição
S_0	S_0	F_0	mm^2	Área da seção transversal original do comprimento paralelo
S_u	S_u	F_u	mm^2	Área da menor seção transversal após a ruptura
σ_c		σ_c	N/mm^2	Tensão convencional
σ_r			N/mm^2	Tensão real
σ_p	R_p	σ_p	N/mm^2	Tensão proporcional
σ_{eL}	R_{eL}	σ_{eL}	N/mm^2	Tensão de escoamento inferior
σ_{eH}	R_{eH}	σ_{eH}	N/mm^2	Tensão de escoamento superior
σ_e		σ_e	N/mm^2	Tensão de escoamento média
σ_u	R_m	σ_u	N/mm^2	Tensão máxima (*ultimate tension*)
σ_{ru}			N/mm^2	Tensão máxima real
σ_f		σ_f	N/mm^2	Tensão na fratura
σ_0			N/mm^2	Coeficiente da equação de Hall-Petch
ε_c			mm/mm	Deformação convencional
ε_r			mm/mm	Deformação real
ε_{up}	A_g (%)		mm/mm	Deformação não proporcional na tensão máxima
ε_u	A_{gt} (%)		mm/mm	Deformação na tensão máxima
ε_{ru}			mm/mm	Deformação real na tensão máxima
ε_{rp}	A (%)		mm/mm	Deformação após a fratura
ε_f	A_t (%)		mm/mm	Deformação total na fratura
K	k		adimensional	Coeficiente de proporcionalidade
k			N/mm^2	Coeficiente de resistência
k_y			$MPa \cdot mm^{1/2}$	Coeficiente da equação de Hall-Petch
n			adimensional	Coeficiente de encruamento
φ	Z		%	Estricção ou redução percentual de área
E	E	E	N/mm^2	Módulo de elasticidade
P	F	P	N	Carga

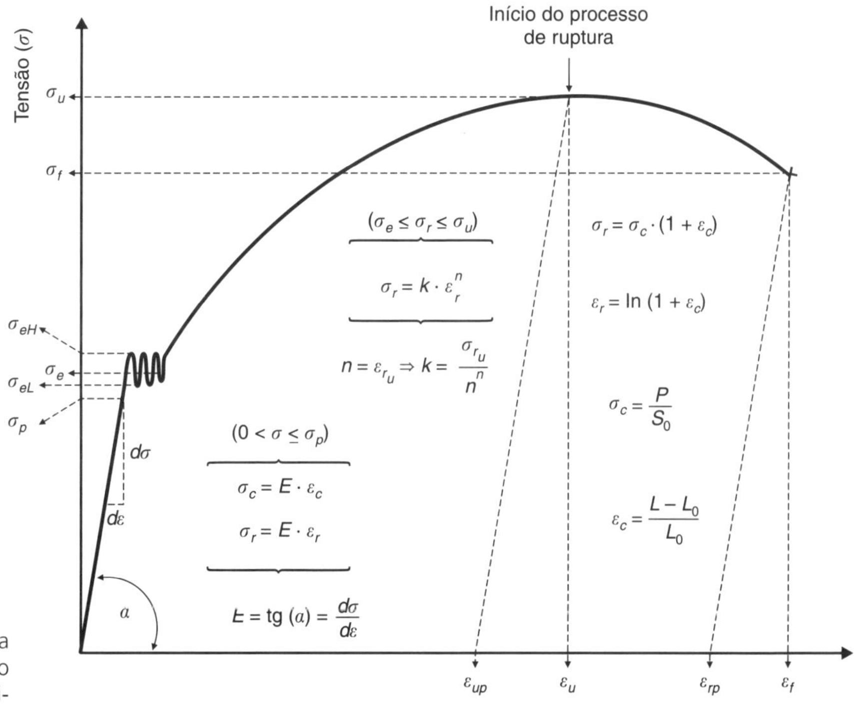

Figura 2.56 Esboço da curva tensão-deformação com a simbologia aplicada neste livro.

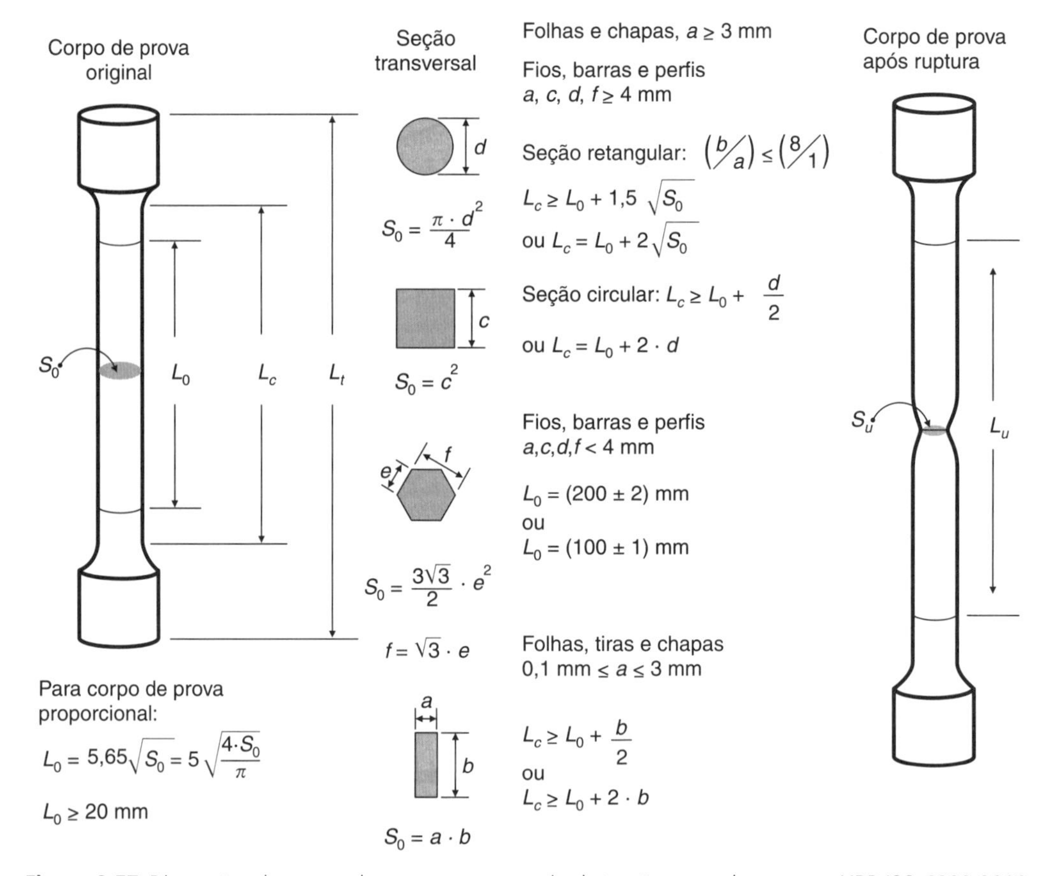

Figura 2.57 Dimensões de corpos de prova para o ensaio de tração segundo a norma NBR ISO 6892:2002.

Os corpos de prova podem ser obtidos por usinagem de uma amostra do produto ou podem ser diretamente forjados ou fundidos, quando se deseja analisar as condições do material. A seção transversal pode ser quadrada, retangular, sextavada, circular, anelar ou qualquer outra forma, desde que respeite a condição de **corpo de prova proporcional**, conforme mostra a Fig. 2.57.

São chamados **corpos de prova proporcionais** aqueles que têm o comprimento de medida original (L_0), relacionado com a área da seção transversal (S_0) pela equação:

$$L_0 = K \cdot \sqrt{S_0} \tag{2.66}$$

K é o coeficiente de proporcionalidade entre a área e o comprimento original, cujo valor internacionalmente adotado é $K = 5{,}65$. Esse valor é oriundo da seguinte relação:

$$L_0 = 5\sqrt{\frac{4}{\pi}S_0} \Rightarrow K = 5 \cdot \sqrt{\frac{4}{\pi}} = 5{,}65 \tag{2.67}$$

Observando-se a Eq. (2.67), nota-se que, para corpo de prova de seção circular, a relação entre o diâmetro (d_0) e o comprimento original (L_0) será de 5×, sendo que as normas não indicam corpos de prova com comprimento original inferior a 20 mm. Quando a área da seção transversal for muito pequena para que o comprimento de medida original seja determinado com $K = 5{,}65$, um valor maior pode ser aplicado ($K = 11{,}3$), ou, em casos extremos, corpos de prova não proporcionais podem ser utilizados, desde que se mantenha a condição de $L_0 > 20$ mm.

A dimensão do comprimento paralelo (L_c) é relacionada com a dimensão do comprimento original (L_0) a ser marcada no corpo de prova, e o raio de curvatura do comprimento paralelo com o cabeçote do corpo de prova deve ser o mais suave possível, indicando-se para corpos de prova cilíndricos um raio de curvatura igual ao dobro do diâmetro e para corpos de prova de seção retangular o dobro da largura, conforme observações da Fig. 2.57.

Após o ensaio, antes de se iniciarem os cálculos, é importante primeiro validar o resultado através da observação visual do cabeçote que ficou em contato com a garra. Os casos em que se observar escorregamento ou amassamento entre o corpo de prova e as garras, devido ao efeito de tração, conforme mostra a Fig. 2.58, devem ser ignorados, pois o resultado apresentado não terá confiabilidade. Utilizando-se de uma lupa de baixo aumento (10×), o operador deverá primeiramente observar as ranhuras, e, caso estas se apresentem sem escorregamento aparente, conforme a Fig. 2.59, o ensaio será validado. No caso da Fig. 2.58, o sistema de agarre ocorreu através de roscas, e no caso da Fig. 2.59 o sistema de agarre ocorreu através do aperto de morsa.

O corpo de prova, depois de colocado na máquina de ensaio, e de sofrer uma pequena tensão de ajuste, que serve para alinhar o corpo no sistema, deverá estar perpendicular aos cabeçotes de tração da máquina de ensaio. Para os casos em que esse alinhamento não é obtido, o corpo de prova estará sujeito, além da tensão de tração, a esforços de torção e eventualmente a condições de triaxialidade de tensões, levando em geral a fratura a ocorrer fora do centro do corpo de prova, ou com grandes deformidades laterais. Para esses casos, o resultado deverá ser invalidado, e o equipamento (garras e cabeçote de tração) deverá ser ajustado e aferido.

Por outro lado, pode acontecer de o sistema se encontrar alinhado, e, mesmo nessas condições, em alguns casos, a fratura poderá não ocorrer exatamente no centro do comprimento original do corpo de prova. Para tanto, as normas técnicas permitem determinados ajustes,

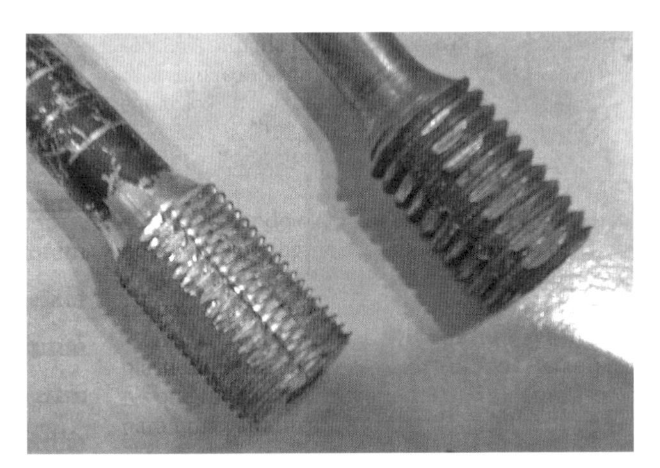

Figura 2.58 Amassamento e deformidades observadas na rosca de agarre evidenciando escorregamento do cabeçote durante o ensaio.

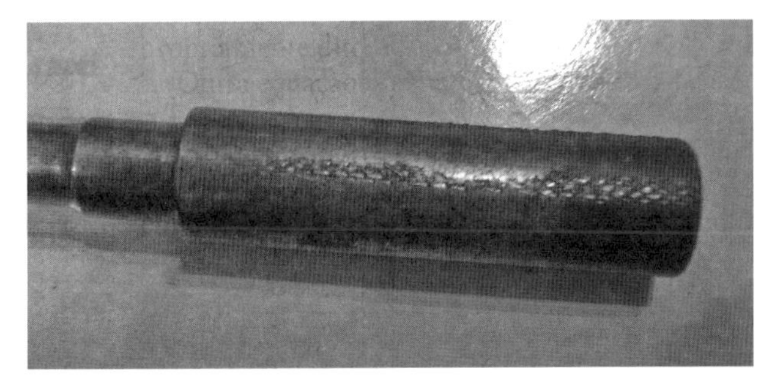

Figura 2.59 Linhas e ranhuras do aperto da garra no cabeçote do corpo de prova. Observação por meio de lupas de baixo aumento (10×) permite verificar a ausência de escorregamento entre a garra e o corpo de prova.

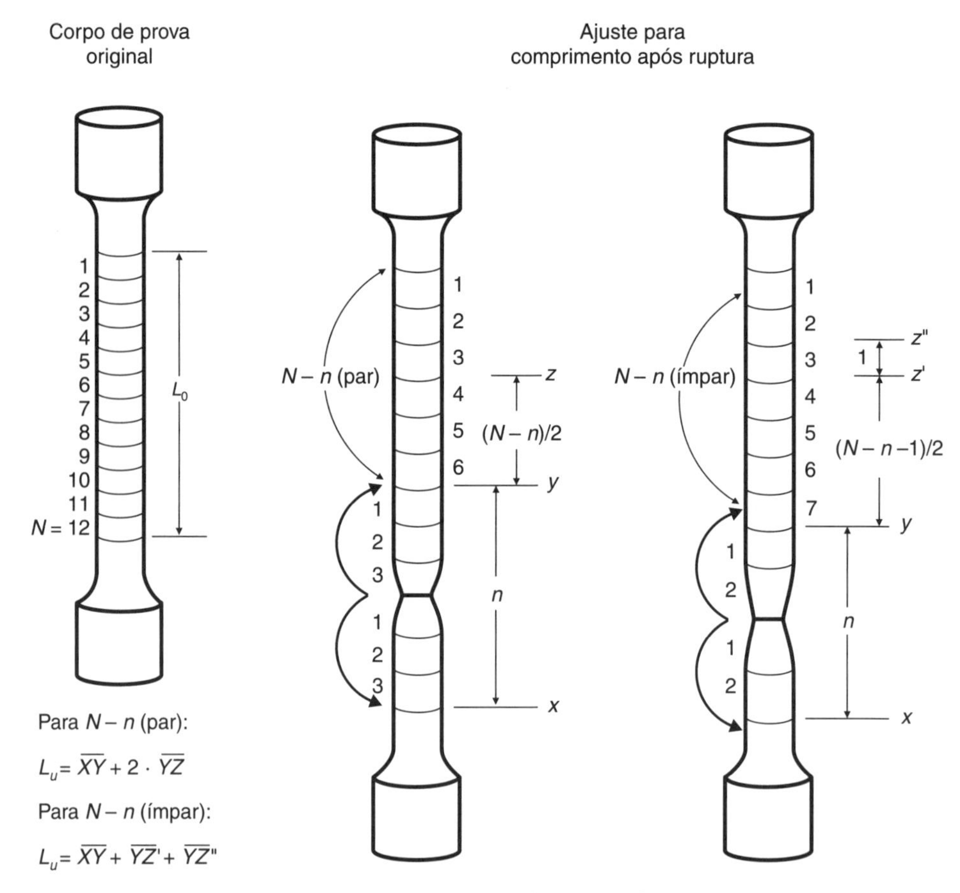

Figura 2.60 Técnica para ajuste da posição de fratura, conforme indicação de norma.

de modo a evitar a rejeição desses corpos de prova, desde que exista acordo entre as partes interessadas, conforme mostra a Fig. 2.60. A técnica consiste em "rebater" a região de deformação da parte maior do corpo de prova para a parte menor do corpo de prova, considerando assim uma deformação aparentemente uniforme ao redor da fratura. Os passos a serem executados são:

1) Dividir o comprimento original em um número N de partes. A marcação dessas partes deve ser feita por meio de canetas ou equivalente, e NUNCA devem ser utilizados riscos ou marcas profundas, que podem nuclear trincas.
2) Após a fratura, contar o número de divisões na parte menor do corpo de prova e rebater esse número para a parte maior, determinando-se então o valor de n, conforme mostra a Fig. 2.60.
3) Contar o número de divisões restantes na parte maior do corpo de prova (N-n), e, caso esse número seja par, ter-se-á o comprimento final (L_u) dado por: $L_u = \overline{XY} + 2 \cdot \overline{YZ}$; no caso de o número ser ímpar, o comprimento final (L_u) é dado por: $L_u = \overline{XY} + \overline{YZ'} + \overline{YZ''}$, conforme representado na Fig. 2.60.

A Fig. 2.61 apresenta um esboço de uma máquina de tração operada por fuso, em que se podem observar os sistemas de controle, o cabeçote de movimentação, a célula de carga e as garras de segurança do corpo de prova.

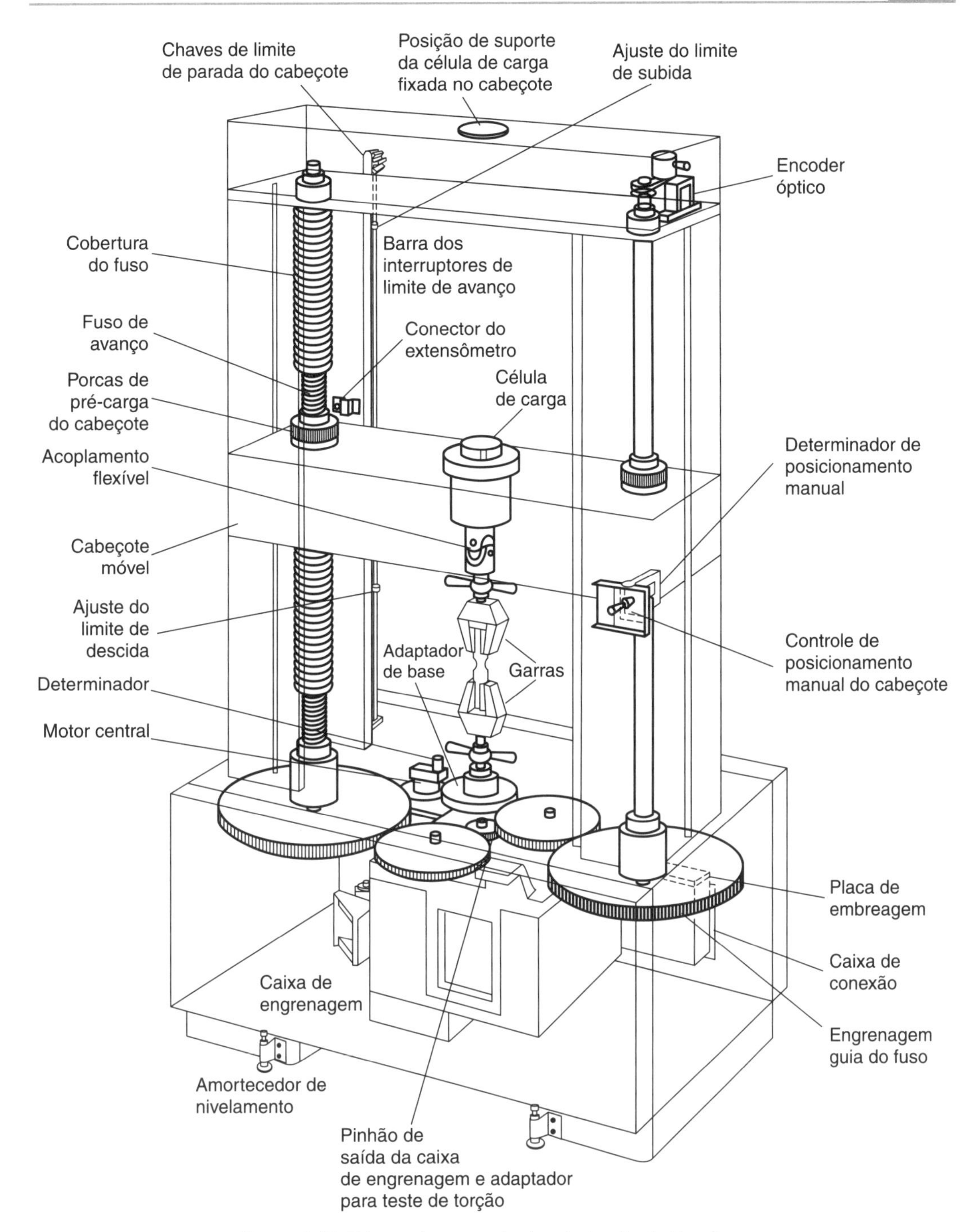

Figura 2.61 Esboço de uma máquina de tração do tipo fuso.

Ensaios de tração em tubos metálicos

Para o caso de tubos, a norma brasileira NBR ISO 6892:2002 recomenda o ensaio em pedaços do tubo (segmentos) ou em tiras transversais ou longitudinais retiradas e usinadas das paredes dos mesmos. Para o caso de ensaios em segmentos de tubos, o comprimento total do corpo

Tabela 2.13 Principais dimensões dos corpos de prova tubulares (NBR ISO 6892:2002)

Dimensão	Nomenclatura	Mínimo	Máximo
Espessura da parede do tubo	*e*	> 0,5 mm	
Comprimento total do corpo de prova	*L*	75 mm	120 mm
Comprimento das marcas de referência	*L*	50 mm	80 mm
Diâmetro externo do tubo	*D*	< 20 mm	> 20,0 mm
Distância entre garras de fixação	*(L')*	87,5 mm	140 mm

de prova deverá ser cinco vezes maior que o diâmetro externo. Como o corpo de prova geralmente não apresenta raio de concordância, o comprimento livre entre as garras de fixação deve ser sempre maior do que o comprimento entre marcas de referência. O segmento deverá ser fechado nas duas extremidades por meio de insertos posicionados a uma distância mínima de D/4 das marcas de referência. O comprimento do inserto não deve ser maior que D. As principais dimensões empregadas na confecção dos corpos de prova estão apresentadas na Tabela 2.13 e na Fig. 2.62.

A Fig. 2.63 mostra imagens de corpos de prova antes e após o ensaio, em que se observam os insertos das extremidades e a marcação realizada na superfície do corpo de prova para medidas dos alongamentos sofridos.

Em relação às velocidades dos ensaios, a norma brasileira recomenda velocidades de tensionamento entre 2 e 10 MPa · s^{-1} para materiais com módulos de elasticidade menores que 150 GPa e velocidades entre 6 e 30 MPa · s^{-1} para materiais com módulos de elasticidade maiores. Considerando a velocidade de deformação, esta não deve exceder 0,0025 s^{-1}, podendo-se empregar 0,00025 s^{-1} para determinação do limite de escoamento. A norma ASTM E8-M:1995 recomenda valores entre 5,5 mm/min e 55 mm/min para a velocidade de deslo-

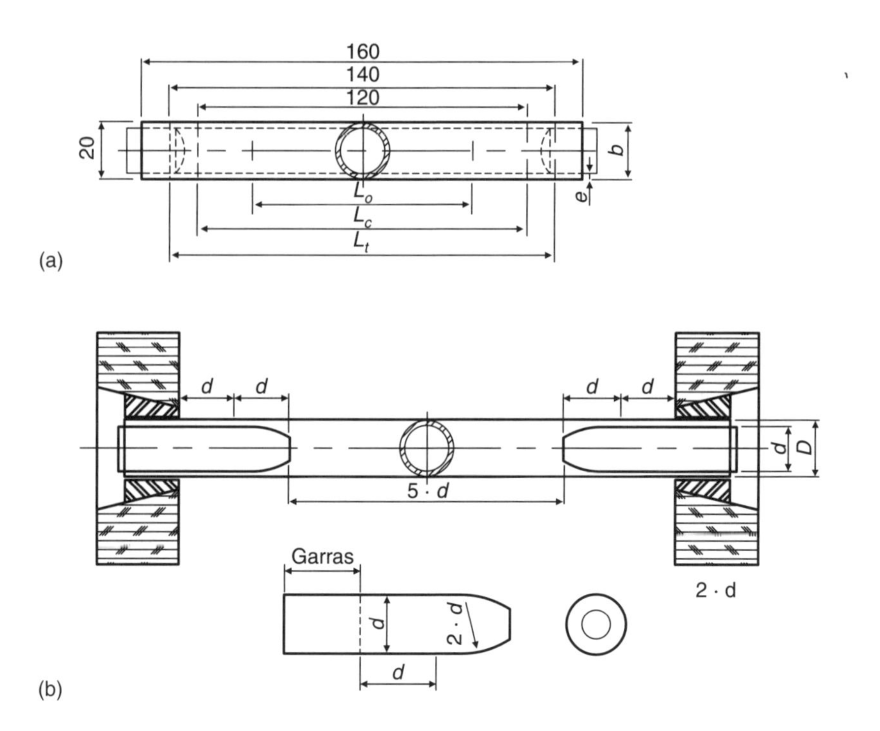

Figura 2.62 Corpos de prova tubulares: (a) NBR ISO 6892:2002, (b) ASTM E8-M:1995.

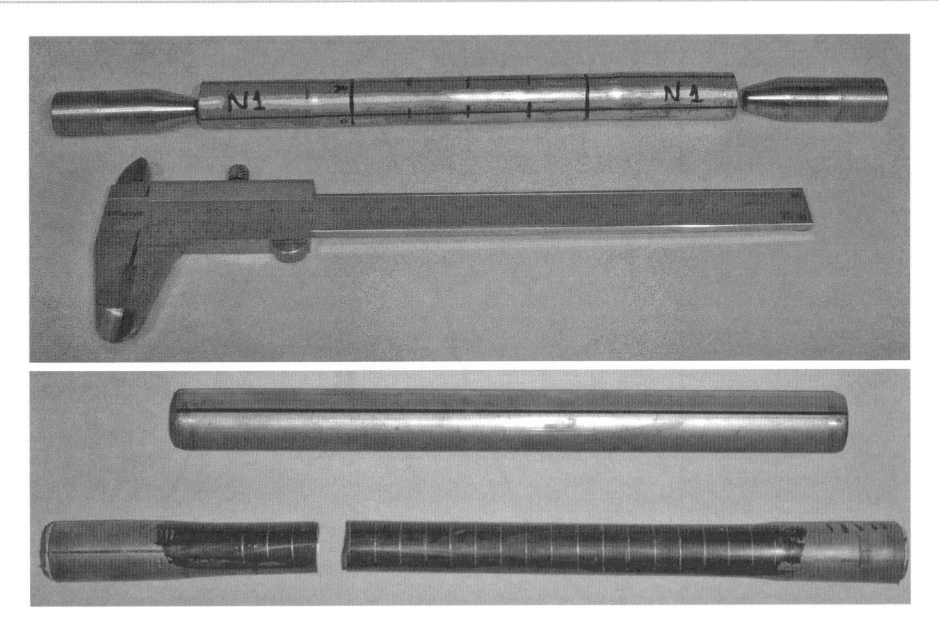

Figura 2.63 Corpos de prova antes e após ensaio de tração.

camento das garras. Para o caso de escoamento não nítido, utiliza-se a metodologia da deformação padrão para $n = 0{,}2\%$.

Tratamento estatístico dos resultados no ensaio de tração

Uma função de grande importância na estatística é aquela conhecida como densidade de probabilidade, dada por:

$$f(x_i) = \frac{1}{\sqrt{2 \cdot \pi \cdot S}} \cdot \exp\left(-\frac{\left(x_i - \overline{X}\right)^2}{2 \cdot S^2}\right) \tag{2.68}$$

em que x_i corresponde a um valor numérico da distribuição em uma determinada amostra de dados, $\overline{X}$ é a média dos diversos valores observados e S é o desvio padrão entre os valores da amostra. Esse último descreve o grau de dispersão entre todos os valores observados na amostra.

A Eq. (2.68) é conhecida como distribuição normal, ou distribuição de Gauss. Uma variável randômica (ou aleatória) que possui essa distribuição é chamada de variável normal ou normalmente distribuída. A importância prática desse tipo de variável está em que inúmeras variáveis encontradas nos diversos problemas de engenharia se distribuem, aproximadamente, segundo o modelo normal, ou podem ser transformadas em variáveis do tipo normal. Desse modo, a Eq. (2.68) é bem utilizada para descrever o comportamento físico destas. A Fig. 2.64 apresenta um esboço desse tipo de distribuição.

Em particular, os resultados obtidos nos ensaios mecânicos devem seguir uma distribuição do tipo normal, variando em torno de um valor médio que quantifica numericamente a propriedade observada. O valor médio, ou a média da Eq. (2.68), é dado por:

$$\overline{X} = \frac{\sum_{i=1}^{n} x_i}{n} \tag{2.69}$$

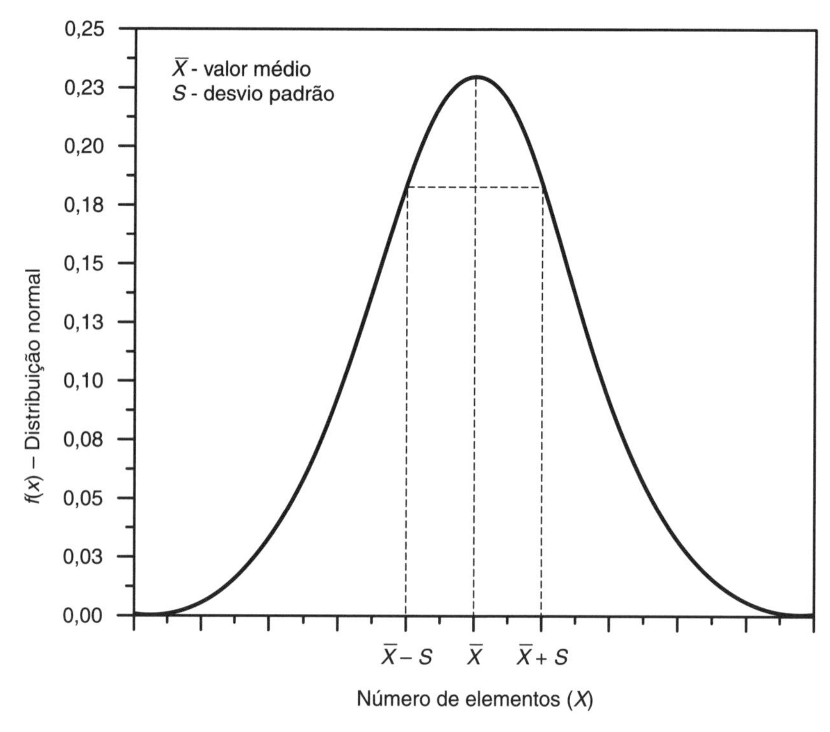

Figura 2.64 Esboço da distribuição normal, ou distribuição de Gauss.

em que n é o número total de elementos da amostra. O desvio padrão, ou o grau de dispersão, é dado por:

$$S = \sqrt{\frac{\sum_{i=1}^{n}(x_i - \overline{X})^2}{n-1}} \tag{2.70}$$

O desvio padrão é a representação do erro numérico, ou a quantificação da precisão do valor experimental obtido em um determinado ensaio. Em engenharia, o valor numérico (X) de uma propriedade obtida pela análise de uma amostra é dado por:

$$X = \overline{X} \pm S \tag{2.71}$$

Não serão discutidos com maiores detalhes os tipos de distribuições encontradas na natureza, pois fogem ao escopo deste livro. A literatura especializada oferece maiores informações.

Exemplo

Foram determinados os seguintes limites de resistência à tração, em quatro corpos de prova do mesmo aço liga:

Corpo de prova	Limite de resistência – σ_u (MPa)
1	520
2	512
3	515
4	522

a) Determinar o valor médio do limite de resistência à tração:

$$\bar{\sigma}_u = \frac{\sum_{i=1}^{4}(\bar{\sigma}_u)_i}{4} = \frac{520 + 512 + 515 + 522}{4} = \frac{2069}{4} = 517{,}3 \text{ MPa}.$$

b) Determinar o desvio padrão:

$$S = \sqrt{\frac{\sum_{i=1}^{4}\left((\bar{\sigma}_u)_i - \bar{\sigma}_u\right)^2}{4-1}} = \sqrt{\frac{(520-517)^2 + (512-517)^2 + (515-517)^2 + (522-517)^2}{3}} =$$

$$= \sqrt{21} = 4{,}6 \text{ MPa}$$

Desse modo, representa-se o resultado do ensaio por: $\sigma_u = 517{,}3 \pm 4{,}6$ MPa.

3 Ensaio de Compressão

Ensaio de compressão consiste na aplicação de carga de compressão uniaxial crescente em um corpo de prova específico. A deformação linear, obtida pela medida da distância entre as placas que comprimem o corpo *versus* a carga de compressão, consiste na resposta desse tipo de ensaio, basicamente utilizado na indústria de construção civil e na indústria de materiais cerâmicos. Fornece resultados que permitem quantificar o comportamento mecânico de concreto, madeira, compósitos e materiais de baixa ductilidade (frágeis). Na indústria de conformação, é utilizado para parametrizar condições de processos que envolvam laminação, forjamento, extrusão e semelhantes. Os resultados numéricos obtidos no ensaio de compressão são semelhantes aos obtidos no ensaio de tração. Os resultados de ensaio são influenciados pelas mesmas variáveis do ensaio de tração (*Temperatura, Velocidade de Deformação, Anisotropia do Material, Tamanho de Grão, Porcentagem de Impurezas* e *Condições Ambientais*). Na utilização na indústria de construção civil (concretos e madeira), deve-se levar em conta o teor de água contido nos corpos de prova e sua idade.

Quando um material é submetido a cargas de compressão, as relações entre tensão e deformação são similares àquelas obtidas no ensaio de tração. Até a tensão de escoamento o material comporta-se elasticamente, sendo aplicável a lei de Hooke. Ultrapassado esse valor, ocorre deformação plástica, e, com o avanço da deformação, o material endurece (encruamento), e, à medida que o corpo é comprimido na direção longitudinal, ocorre um aumento no diâmetro da seção transversal do corpo de prova.

Para muitas aplicações práticas, a exigência requerida para um projeto é a resistência à compressão. Na indústria de construção civil, que se utiliza de materiais como o concreto e a madeira, o ensaio de compressão é primordial. É um tipo de ensaio de aplicação mais usual em materiais frágeis, como cerâmicos, ferros fundidos, madeira, entre outros. Para materiais dúcteis ou na indústria de materiais metálicos, pode ser utilizado para a caracterização mecânica de molas e tubos soldados. Também é utilizado para a caracterização das forças de compressão e taxas máximas de deformação envolvidas no forjamento. Contudo, nesses casos, esse ensaio se classificará melhor como um ensaio de fabricação, não fornecendo aí características convencionais do ensaio de compressão propriamente dito.

O ensaio de compressão pode ser executado em máquina universal de ensaios, a mesma utilizada no ensaio de tração, com a adaptação de duas placas (cabeçotes) lisas e de superfície perpendicular ao eixo de aplicação de carga. Uma dessas placas deve ser engastada (fixa), e a outra, geralmente a placa superior, é móvel. O corpo de prova usualmente tem a forma cilíndrica com diâmetro inicial (D_0) e o comprimento original (L_0).

Para o caso do ensaio em materiais frágeis, como o ferro fundido ou o concreto, a fratura ocorre preferencialmente em plano a 45° do eixo de aplicação da carga, em geral com pequena deformação no diâmetro. Para o caso de materiais dúcteis (metais de modo geral), em função do efeito do atrito entre a placa de aplicação de carga e o corpo de prova, ocorre o chamado **embarrilhamento**, em que se observa deformação pronunciada no centro do comprimento do corpo de prova. A Fig. 3.1(a) apresenta um esquema do ensaio, podendo-se observar na Fig. 3.1(b) o resultado do ensaio para material frágil e na Fig. 3.1(c) o resultado para materiais dúcteis.

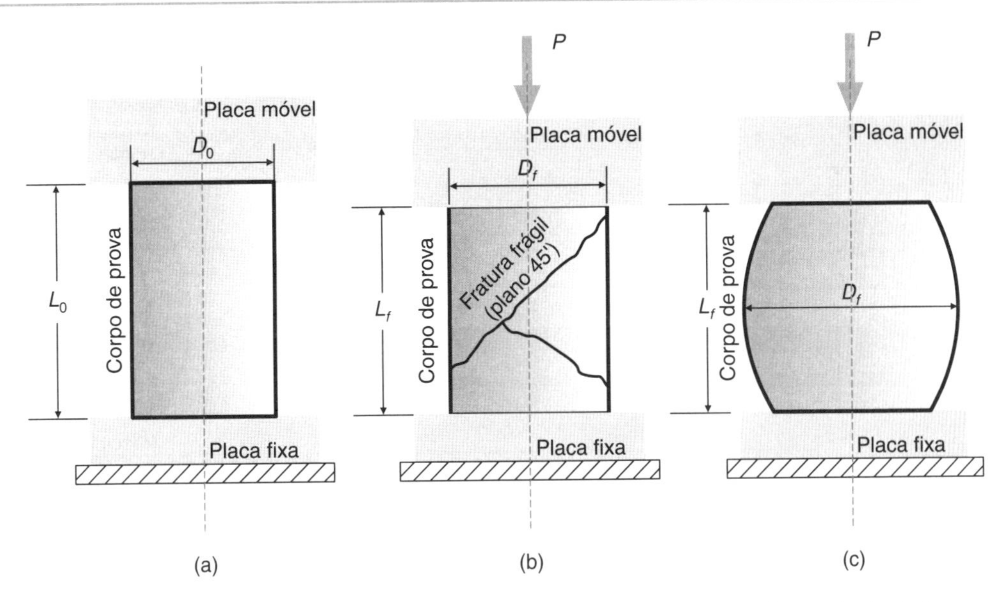

Figura 3.1 (a) Esboço do ensaio de compressão em corpo de prova cilíndrico. (b) Resultado da fratura observada em materiais frágeis. (c) Resultado do embarrilhamento observado em materiais dúcteis.

Entre as principais precauções que devem ser tomadas na realização do ensaio cita-se o dimensionamento do corpo de prova, que deve ter uma relação entre comprimento e seção transversal adequada para resistir à **flambagem**, ou seja, o encurvamento do corpo de prova devido ao efeito de flexão. Dependendo da ductilidade do material a ser testado, a razão L_0/D_0 deve ser de 3 a 8, para se evitar a flambagem. Para casos extremos essa razão pode chegar a 1, e para materiais frágeis esse valor será de 2 a 3. Outra condição que pode levar à flambagem é a falta de paralelismo entre as placas do equipamento. A Fig. 3.2(a) mostra um corpo de prova com razão L_0/D_0 inadequada, e a Fig. 3.2(b) mostra um esboço da flambagem sofrida pelo material. A Fig. 3.2(c) mostra a flambagem devido ao desalinhamento das placas do equipamento de compressão.

Outra precaução crítica do ensaio de compressão em materiais dúcteis é o atrito gerado entre o contato do corpo de prova com as placas da máquina de ensaio. Durante a compressão de um material dúctil, este se expande na direção radial, entre as placas da máquina. Contudo, as faces do corpo de prova que estão em contato direto com as placas sofrem uma resistência que se opõe ao escoamento do material do centro para as extremidades devido às forças de atrito atuantes nessas interfaces. À medida que se afasta das placas, o material pode escoar na direção radial sem constrição, atingindo o máximo escoamento no centro do comprimento do corpo de prova. Isso conduz as deformações do corpo de prova a um perfil em forma de barril, conhecido como embarrilhamento, conforme visto na Fig. 3.1(c).

A Fig. 3.3 mostra um esboço da distribuição da tensão de cisalhamento ao longo do eixo longitudinal devido ao atrito, onde se observa que a tensão tem um valor máximo na superfície de contato com a placa, reduzindo-se à medida que avança para o corpo do material. Como função desse efeito, verificam-se uma maior deformação relativa no centro do comprimento e uma mínima na superfície. Por analogia, seria um efeito semelhante ao que ocorre na dinâmica de fluidos em que um fluido escoando dentro de um tubo tem menor velocidade na superfície interna do tubo e máxima no centro, que gera o embarrilhamento no corpo de prova.

Devido ao efeito da tensão de cisalhamento, forma-se na região de contato com as placas de aplicação do esforço um estado triaxial de tensão, conforme mostra a Fig. 3.4(a). Se essas regiões não deformadas (sombreadas) se cruzarem durante a aplicação de carga e com a redução do comprimento original, haverá necessidade de um acréscimo na força para um dado

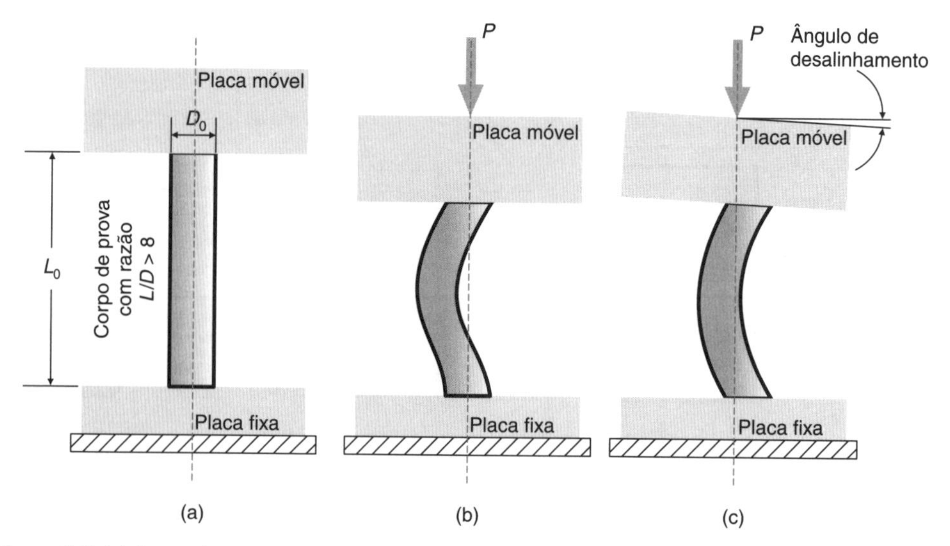

Figura 3.2 (a) Corpo de prova com razão L_0/D_0 inadequada. (b) Flambagem para corpos de prova dúcteis. (c) Flambagem devida ao desalinhamento das placas de compressão.

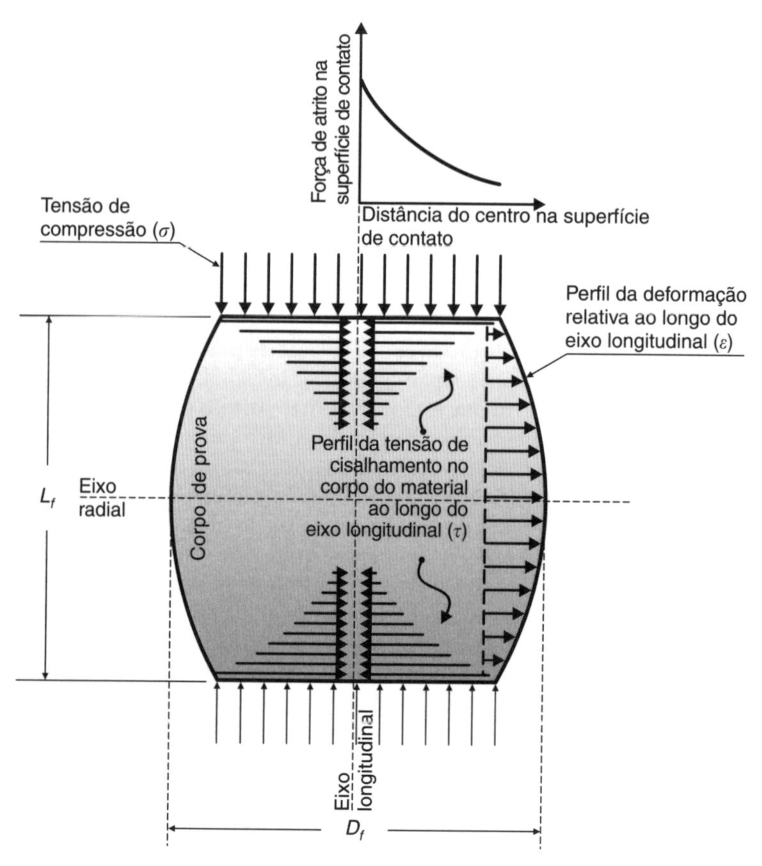

Figura 3.3 Distribuição das tensões de compressão e cisalhamento no corpo de prova de material dúctil, com destaque para o perfil de deformação e a formação do embarrilhamento.

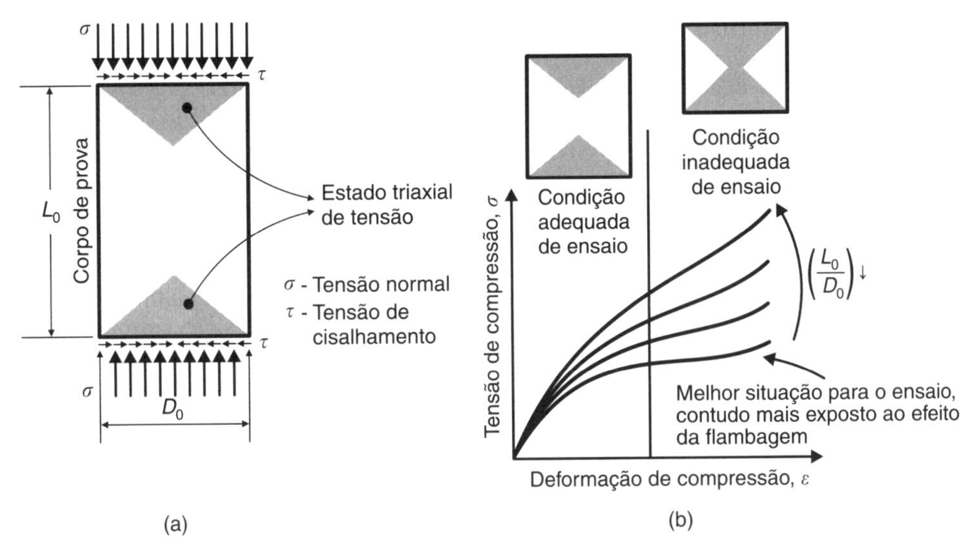

Figura 3.4 (a) Formação da região de estado triaxial de tensão devido ao efeito do atrito entre a superfície do corpo de prova e as placas de aplicação de carga. (b) Efeito do cruzamento das regiões não deformadas e da razão L_0/D_0 na curva tensão-deformação.

incremento de deformação e a curva tensão-deformação inclina-se para cima, conforme mostra a Fig. 3.4(b). Observa-se que a redução na relação L_0/D_0 exige maiores solicitações de carga para a deformação do corpo de prova. Para minimizar a deformação não uniforme e reduzir o embarrilhamento, devem-se observar valores elevados de L_0/D_0. Contudo, deve-se cuidar para manter a relação que evita a ocorrência da flambagem. É comum a colocação de placas de aço entre o contato do corpo de prova com os cabeçotes da máquina, objetivando a redução e interferência do atrito, ou, em casos práticos, utilizam-se lubrificantes entre a superfície do corpo de prova e as placas de aplicação de carga, conforme mostra a Fig. 3.5.

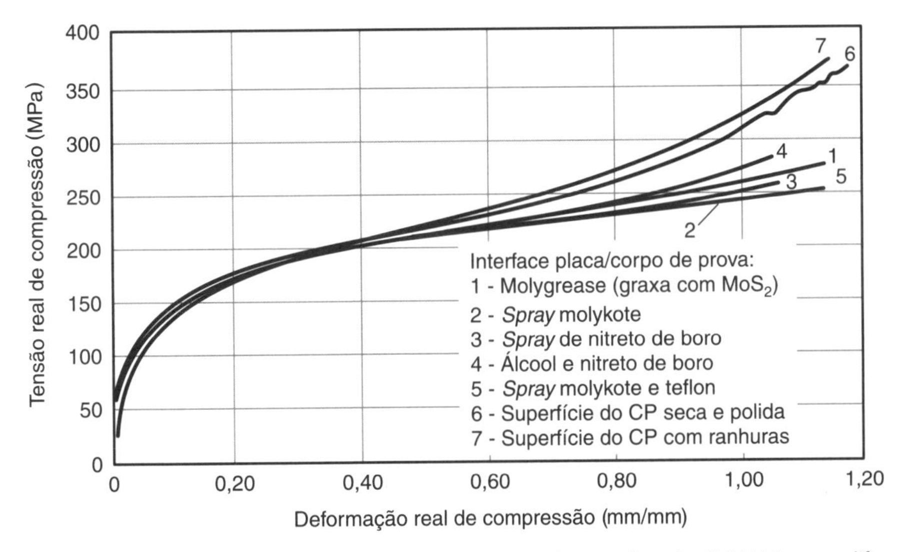

Figura 3.5 Curvas tensão-deformação real na compressão de uma liga de Al-2%Mg para diferentes tipos de lubrificantes. (Adaptado do *Metals Handbook*, v. 8, 1990.)

ENSAIOS CONVENCIONAL E REAL

No ensaio, as tensões e as deformações atuantes são determinadas da seguinte maneira:

Tensão convencional: $$\sigma_c = \frac{P}{S_0} = \frac{4 \cdot P}{\left(\pi \cdot D_0^2\right)} \tag{3.1}$$

Tensão real: $$\sigma_r = \frac{P}{S} = \frac{4 \cdot P}{\left(\pi \cdot D^2\right)} \tag{3.2}$$

Admitindo que o volume da amostra permaneça constante durante todo o ensaio, tem-se que:

$$V_0 = V \Rightarrow S_0 \cdot L_0 = S \cdot L \Rightarrow \frac{\pi \cdot D_0^2}{4} \cdot L_0 = \frac{\pi \cdot D^2}{4} \cdot L \tag{3.3}$$

Dessa forma, partindo da Eq. (3.3), pode-se correlacionar o diâmetro do corpo de prova com o seu comprimento. Devido às dificuldades de se monitorizar a variação do diâmetro, registra-se a variação do comprimento do corpo de prova pela distância entre as placas da máquina de ensaio. Assim, obtém-se o diâmetro do corpo de prova, dado apenas como função do comprimento (L):

$$D^2 = D_0^2 \cdot \left(\frac{L_0}{L}\right) \tag{3.4}$$

Substituindo a Eq. (3.4) na Eq. (3.2), obtém-se o valor da **tensão real**:

$$\sigma_r = \frac{4 \cdot P \cdot L}{\pi \cdot D_0^2 \cdot L_0} \tag{3.5}$$

A **deformação convencional** pode ser obtida por:

$$\varepsilon_c = \frac{\Delta L}{L_0} = \frac{L - L_0}{L_0} = \frac{L}{L_0} - 1 \Rightarrow \frac{L}{L_0} = \varepsilon_c + 1 \tag{3.6}$$

e a **deformação real** é obtida pela integração da diferencial da altura dada por:

$$\varepsilon_r = \int_{L_0}^{L} \frac{dL}{L} = \ln\left(\frac{L}{L_0}\right) \Rightarrow \varepsilon_r = \ln(\varepsilon_c + 1) \tag{3.7}$$

Da mesma forma que o ensaio de tração, é possível determinar características particulares dos materiais quando submetidos a esforços de compressão, tais como:

Limite de escoamento à compressão (σ_e) Para determiná-lo quando o material ensaiado não apresenta um patamar de escoamento nítido, utiliza-se a mesma metodologia empregada no ensaio de tração, em que se adota um deslocamento da origem no eixo da deformação de 0,002 ou 0,2% de deformação e a construção da uma reta paralela à região elástica do gráfico tensão-deformação.

Limite de resistência à compressão (σ_u) Máxima tensão que o material pode suportar antes da fratura. É determinada dividindo-se a carga máxima pela área inicial do corpo de prova.

Dilatação transversal (φ) Esse parâmetro equivale ao coeficiente de estricção determinado no ensaio de tração e está relacionado com a plasticidade do material. É dado por:

$$\varphi = \frac{S_f - S_0}{S_0} = \frac{S_f}{S_0} - 1 = \frac{4 \cdot \pi \cdot D_f^2}{4 \cdot \pi \cdot D_0^2} - 1 = \left(\frac{D_f}{D_0}\right)^2 - 1 \tag{3.8}$$

Figura 3.6 Resultado do ensaio de compressão aplicado em um cilindro de cobre. (Adaptado de Hudson, 1973.)

Os materiais extremamente dúcteis raramente são submetidos ao ensaio de compressão devido a seu comportamento instável de deformação. A Fig. 3.6 mostra o resultado do ensaio de compressão em um cilindro de cobre que foi fundido em condições de resfriamento lento, produzindo uma granulação grosseira e, consequentemente, extrema ductilidade. O cilindro foi comprimido em cerca de 40% do seu comprimento original com uma carga de 588 N (≅ 60 kgf). Observa-se que cada grão tem sua própria linha de escorregamento, ocorrendo interferência entre direções de escorregamento e produzindo uma deformação bastante irregular.

O Ensaio de Compressão *versus* o Ensaio de Tração

Os materiais frágeis, como o concreto e o ferro fundido, em função da presença de trincas microscópicas, são geralmente fracos em condições de tração, já que tensões de tração tendem a propagar essas trincas, que se orientam perpendicularmente ao eixo de tração. Nessas condições, a resistência à tração apresentada é baixa e varia de modo considerável com a amostra utilizada. Por outro lado, esses materiais são resistentes à compressão; para materiais frágeis,

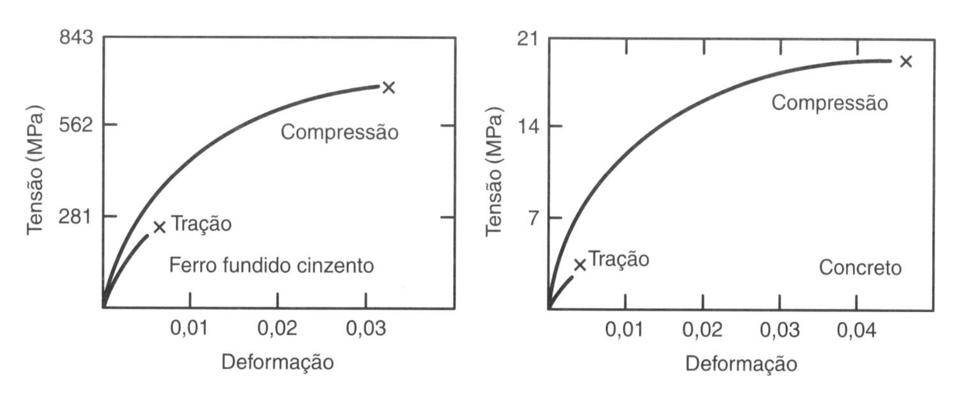

Figura 3.7 Comparação entre os comportamentos à tração e à compressão de dois materiais frágeis (ferro fundido cinzento e concreto). (Adaptado de Hayden, 1965.)

o limite de resistência à compressão (σ_{uc}) pode chegar à ordem de 8 a 10 vezes o valor correspondente no ensaio de tração. A Fig. 3.7 mostra uma comparação entre os desempenhos à tração e à compressão de dois materiais frágeis: ferro fundido cinzento e concreto.

Influências da Taxa de Deformação e da Temperatura no Ensaio de Compressão

O ensaio de compressão pode ser muito útil para análises de processos que envolvam a conformação de metais por compressão, como a laminação ou o forjamento. Nesses casos, objetiva-se conhecer o comportamento do material diante de elevadas velocidades ou taxas de deformação e altos valores de temperatura.

A **taxa de deformação** é definida por:

$$\dot{\varepsilon} = \frac{d\varepsilon}{dt}[s^{-1}] \tag{3.9}$$

Os diferentes ensaios mecânicos que envolvem a deformação de metais até a fratura podem ser agrupados conforme as taxas de deformação envolvidas, dadas por (*Metals Handbook*, v. 8, 1990):

- Ensaio de fluência: $10^{-8} \leq \dot{\varepsilon} < 10^{-5}\ s^{-1}$
- Ensaio de tração e compressão normal: $10^{-5} \leq \dot{\varepsilon} < 10^{-1}\ s^{-1}$
- Ensaio de tração e compressão dinâmicos: $10^{-1} \leq \dot{\varepsilon} < 10^{2}\ s^{-1}$
- Ensaio de impacto (Charpy ou Izod): $10^{2} \leq \dot{\varepsilon} < 10^{4}\ s^{-1}$
- Ensaio de impacto em hipervelocidade (balística): $10^{4} \leq \dot{\varepsilon} < 10^{8}\ s^{-1}$

A taxa de deformação é calculada como se segue:

Convencional: $$\varepsilon_c = \frac{L - L_0}{L_0} \Rightarrow \dot{\varepsilon}_c = \frac{d\varepsilon_c}{dt} = \frac{d\left(\frac{L - L_0}{L_0}\right)}{dt} = \frac{1}{L_0}\frac{dL}{dt} = \frac{V}{L_0} \tag{3.10}$$

Real: $$\varepsilon_r = \ln\left(\frac{L}{L_0}\right) \Rightarrow \dot{\varepsilon}_r = \frac{d\varepsilon_c}{dt} = \frac{d\left(\ln\left(\frac{L}{L_0}\right)\right)}{dt} = \frac{1}{L_0}\frac{dL}{dt} = \frac{V}{L} \tag{3.11}$$

Observa-se que tanto para a condição convencional quanto para a condição real a taxa de deformação diminui com o aumento do comprimento do corpo de prova e aumenta proporcionalmente à **velocidade de deformação** (v). Pode-se estabelecer uma relação entre as taxas de deformação convencional e real, dada da seguinte forma:

$$\dot{\varepsilon}_r = \frac{V}{L} = \frac{L_0}{L}\frac{d\varepsilon_c}{dt} = \frac{\dot{\varepsilon}_c}{1 + \varepsilon_c} \tag{3.12}$$

A relação entre a tensão de deformação (σ), para uma dada deformação (ε) a uma temperatura constante (T), e a taxa de deformação ($\dot{\varepsilon}$) é dada por:

$$\sigma = C \cdot (\dot{\varepsilon})^m \Big|_{T,\varepsilon} \tag{3.13}$$

em que o expoente m, conhecido por **sensibilidade à taxa de deformação**, e o coeficiente C, conhecido por **coeficiente de resistência à deformação**, correspondem a parâmetros intrínsecos do material. Observar que a Eq. (3.13) foi apresentada no Capítulo 2 — Ensaio de Tração, relacionada com o fenômeno da superplasticidade.

A sensibilidade à taxa de deformação pode ser obtida por meio de um ensaio de deformação a uma determinada taxa constante ($\dot{\varepsilon}_1$), em que para um determinado valor de deformação

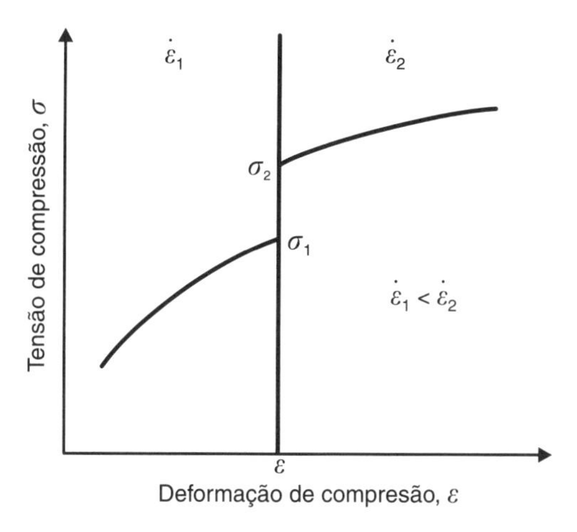

Figura 3.8 Ensaio com alteração da taxa de deformação para determinação da sensibilidade do material à taxa de deformação.

(ε) a taxa de deformação é alterada subitamente para um valor maior e constante ($\dot{\varepsilon}_2$), conforme mostra a Fig. 3.8. O valor da sensibilidade à taxa de deformação é dado como se segue:

$$m = \frac{\log(\sigma_2/\sigma_1)}{\log(\dot{\varepsilon}_2/\dot{\varepsilon}_1)} \tag{3.14}$$

A sensibilidade à taxa de deformação de materiais metálicos à temperatura ambiente é bastante baixa, com valores menores que 0,1, podendo variar de 0,1 a 0,2 para as faixas de temperaturas típicas de trabalho a quente ($T/T_{\text{sólidos}} > 0{,}5$). Materiais poliméricos em geral apresentam valores de m bastante elevados, podendo chegar a 1 à temperatura ambiente.

A dependência da tensão com a temperatura, para uma dada deformação e uma taxa de deformação específica, é dada por:

$$\sigma = C_2 \cdot e^{\left(Q/RT\right)}\Big|_{\dot{\varepsilon},\varepsilon} \tag{3.15}$$

em que Q é a energia de ativação para o fluxo plástico, dada em (cal/g · mol), R é a constante universal dos gases, e vale 1,987 cal/K · mol, e T é a temperatura absoluta (K).

O Ensaio de Compressão nos Diferentes Tipos de Materiais

Embora a deformação elástica máxima em materiais cristalinos (metais em geral) seja geralmente muito pequena, a tensão necessária para produzir essa deformação é relativamente elevada. Essa relação tensão/deformação é alta porque a tensão aplicada trabalha em oposição às forças de restauração das ligações primárias. O comportamento elástico desses materiais sob compressão é o mesmo que em condições de tração, e a curva tensão-deformação em compressão será meramente uma extensão da curva de tração, conforme mostra a Fig. 3.9(a), embora o limite de escoamento na compressão geralmente se apresente mais elevado que o equivalente na tração. Materiais que apresentam esse comportamento, ou seja, respostas equivalentes para a tração e a compressão, possuem **comportamento elástico linear**.

Alguns materiais não cristalinos, como o vidro e alguns polímeros, podem também apresentar elasticidade linear; contudo, nos materiais não cristalinos (polímeros e elastômeros em geral), é mais comum o **comportamento elástico não linear**, conforme mostra a Fig. 3.9(b). Esses materiais, na maioria dos casos, apresentam maiores níveis de resistência mecânica na compressão, como, por exemplo, a borracha. As tensões de compressão aplicadas aos elastômeros causam, inicialmente, uma maior eficiência no preenchimento do espaço interno

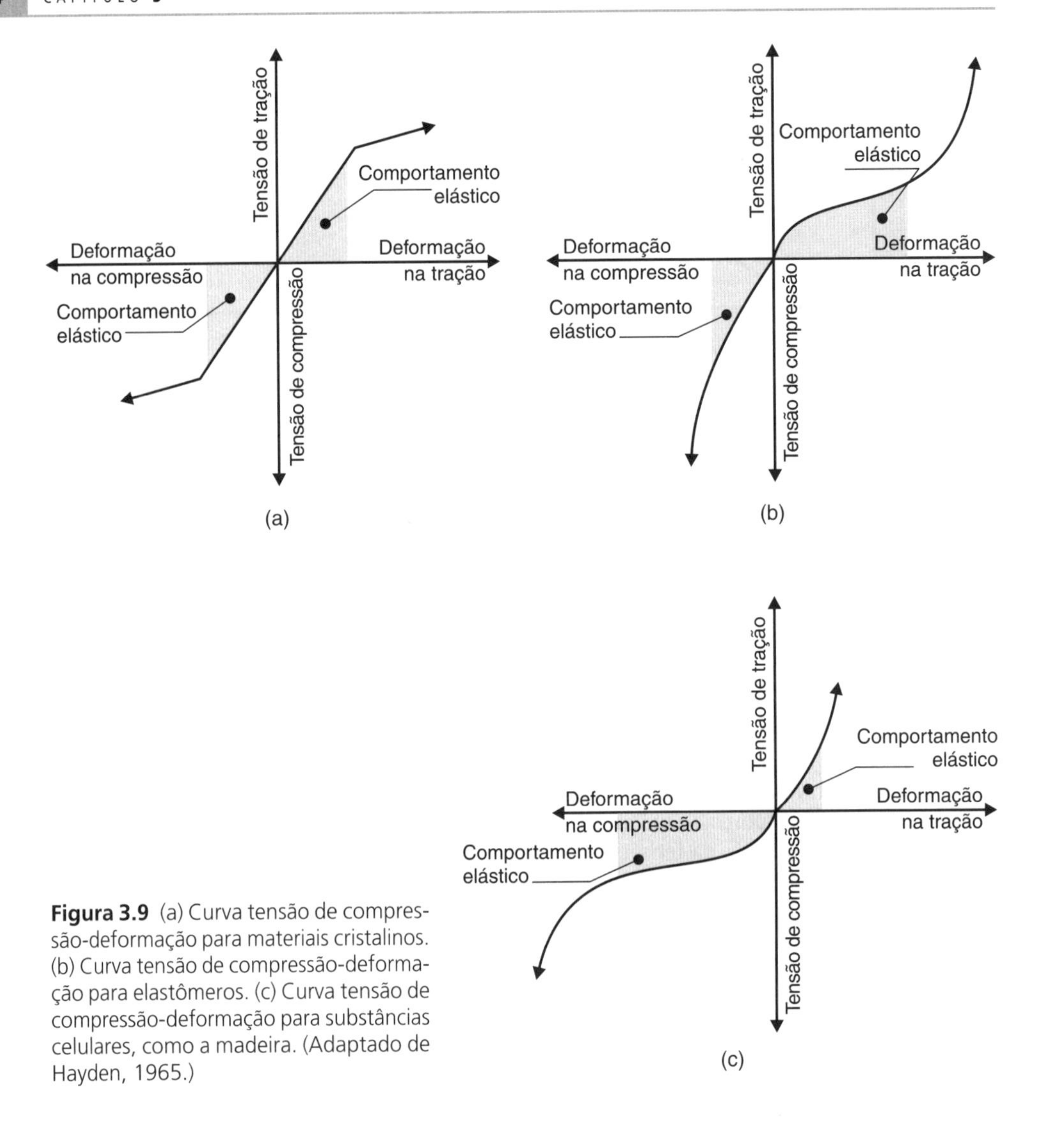

Figura 3.9 (a) Curva tensão de compressão-deformação para materiais cristalinos. (b) Curva tensão de compressão-deformação para elastômeros. (c) Curva tensão de compressão-deformação para substâncias celulares, como a madeira. (Adaptado de Hayden, 1965.)

do material. Na proporção em que esse espaço disponível diminui, aumenta a resistência a uma compressão ainda maior, até que, finalmente, as forças de ligação primária dentro das cadeias dos elastômeros começam a se opor à tensão aplicada. Dessa forma, a curva tensão-deformação em compressão aumenta mais rapidamente sua inclinação à medida que a deformação cresce.

Algumas **substâncias celulares**, como a madeira, podem apresentar razoável rigidez em condições de compressão, até que a tensão seja suficiente para causar um empilhamento elástico das paredes das células, quando então pode-se verificar uma deformação considerável sem aumento significativo da tensão, voltando a aumentar a rigidez quando as células ficarem bem compactadas. Esses efeitos são vistos na Fig. 3.9(c).

Informações Gerais sobre o Ensaio de Compressão em Materiais Metálicos

Durante o ensaio, devem ser monitorizadas continuamente tanto a aplicação da carga quanto o deslocamento das placas ou a deformação do corpo de prova. Algumas precauções devem ser tomadas para a correta determinação das propriedades durante o ensaio, sendo a principal

Tabela 3.1 Dimensões dos corpos de prova ensaiados em compressão (ASTM E 9:2000)

Corpo de prova	Diâmetro (mm)	Comprimento (mm)
Pequeno	30 ± 0,2	25 ± 1,0
	13 ± 0,2	25 ± 1,0
Médio	13 ± 0,2	38 ± 1,0
	20 ± 0,2	60 ± 3,0
	25 ± 0,2	75 ± 3,0
	30 ± 0,2	85 ± 3,0
Longo	20 ± 0,2	160 ± 3,0
	32 ± 0,2	320

com relação à flambagem do corpo de prova, conforme dito anteriormente, e que pode ocorrer devido a:

- instabilidade elástica causada pela falta de uniaxialidade na aplicação da carga;
- comprimento excessivo do corpo de prova; e
- torção do corpo de prova no momento inicial de aplicação da carga.

Os corpos de prova utilizados deverão ser preferencialmente confeccionados na forma cilíndrica, sendo divididos em três categorias para o caso de materiais metálicos: curtos, médios e longos, conforme apresentado na Tabela 3.1. No caso de chapas, podem-se utilizar corpos de prova com dimensões retangulares e/ou quadradas. Normalmente, as velocidades de ensaio ou deslocamento são da ordem de 0,005 (mm/mm)/min.

No que diz respeito ao aspecto da fratura, em materiais frágeis a ruptura ocorre nos planos de máximas tensões cortantes, normalmente a 45° do eixo de aplicação da carga, como é o caso da fratura de ferro fundido e concreto, conforme visto na Fig. 3.1(b). Os materiais dúcteis, como é o caso das ligas de cobre, aços de baixo carbono, entre outros, apresentam uma deformação excessiva no centro do comprimento devido ao embarrilhamento. Esse fato pode levar o material a fraturar internamente durante o ensaio, e a fatura deverá se apresentar no centro longitudinal do corpo de prova.

A Madeira no Ensaio de Compressão

A madeira é o mais familiar dos materiais naturais já utilizados pelo homem, acompanhando praticamente toda a sua história. Originalmente o homem primitivo utilizava a madeira para a confecção de lanças de caça, cercas e outros pequenos artefatos. Atualmente esse material se encontra entre os mais importantes na indústria da construção civil, muito utilizado como material de acabamento, revestimento e na fabricação de móveis, e é cada vez mais preferido pelos arquitetos e engenheiros por ser um material de custo relativamente baixo, de fácil aplicação e flexibilidade e, principalmente por apresentar relações resistência/peso bastante interessantes.

Quando comparada aos outros materiais utilizados na construção civil, a madeira se destaca pela maneira peculiar como é formada (Dias, 1994). A árvore tem um crescimento vertical acompanhado de um crescimento transversal ou radial, devido às novas camadas que se sobrepõem às mais antigas, conforme mostra o esboço da Fig. 3.10. A *medula*, parte central do tronco, resultante do crescimento vertical inicial, é geralmente mais fraca e defeituosa, e uma região muito suscetível ao ataque de micro-organismos. Sua função é a de armazenar substância nutritiva para a planta durante a fase inicial de crescimento. A medula é recoberta pelo

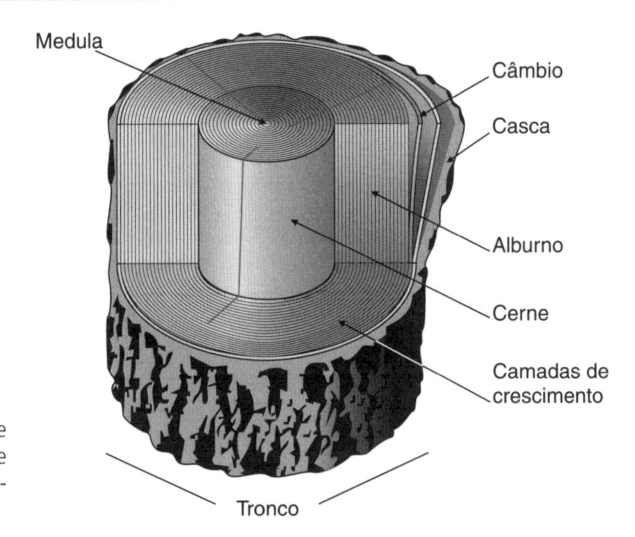

Figura 3.10 Estrutura macroscópica de um tronco de árvore. Nesta definem-se as regiões de importância para a obtenção da madeira de construção.

cerne, que nada mais é do que a camada mais interna do *alburno* (parte viva da árvore) que perdeu atividade fisiológica. Nessa região estão armazenadas as substâncias provenientes da seiva e que não foram utilizadas pelas células do desenvolvimento da árvore. Por esse motivo, a madeira do cerne é mais escura, mais densa, mais resistente a fungos e insetos e menos permeável do que a madeira do alburno. Sua função é a sustentação do tronco, já que o tronco é mais submetido a solicitações mecânicas de compressão. Como o cerne nada mais é do que o alburno consolidado pela lenta deposição de substâncias da seiva elaborada ao longo dos anos, as espécies de madeira com crescimento lento geralmente apresentam uma maior porcentagem de cerne quando comparadas com as espécies de crescimento mais acelerado, como por exemplo as mais comumente utilizadas em reflorestamentos, dos gêneros *Pinus* e *Eucaliptus*.

O *alburno* é a parte do tronco constituída por células vivas que conduzem à seiva bruta em movimento ascendente. Apesar de essa região do tronco possuir baixa resistência ao ataque de fungos e insetos, é a região da madeira que permite maior penetração de líquidos, possibilitando vantagens nos tratamentos preservativos que se utilizam de aplicações de fluidos, como impermeabilizantes poliméricos, resinas, óleos aromáticos e inseticidas. Em geral essa região possui coloração mais clara que o cerne e menores níveis de resistência mecânica.

O *câmbio* é uma região invisível a olho nu, constituída por uma faixa de células que permanecem ativas durante toda a vida da árvore; é responsável pelo crescimento radial do tronco. A *casca* corresponde à proteção externa da árvore formada por duas camadas, uma externa, de espessura variável com a idade e com a espécie, e uma mais fina, interna, de tecido vivo e macio, que conduz o alimento sintetizado nas folhas para as partes em crescimento.

As *camadas de crescimento* são formadas por anéis, os quais possuem seu desenvolvimento fortemente ligado às estações climáticas do ano. Na primavera e no início do verão, o crescimento da árvore é intenso, formando no tronco células grosseiras e claras de paredes finas, ao passo que no inverno surgem células escuras e menores de paredes espessas. Esse crescimento diferenciado permite a distinção entre as camadas de crescimento anual. Em países com clima mais frio, por apresentarem estações no ano bem caracterizadas, existe uma maior diferenciação entre os anéis de crescimento do que aquela observada nos países de clima tropical, com temperatura mais estável (ESAU, 1985, 1989).

Tecnologicamente, a estrutura da madeira pode ser vista como um compósito de fibras complexas e reforçadas, em que uma série de tubos concêntricos de material polimérico se ajusta em uma matriz também polimérica. Essa estrutura confere excelentes características mecânicas, principalmente na direção longitudinal dos tubos. A anatomia da madeira é um ramo da ciência botânica que procura conhecer o arranjo estrutural dos diversos elementos constituintes desse material.

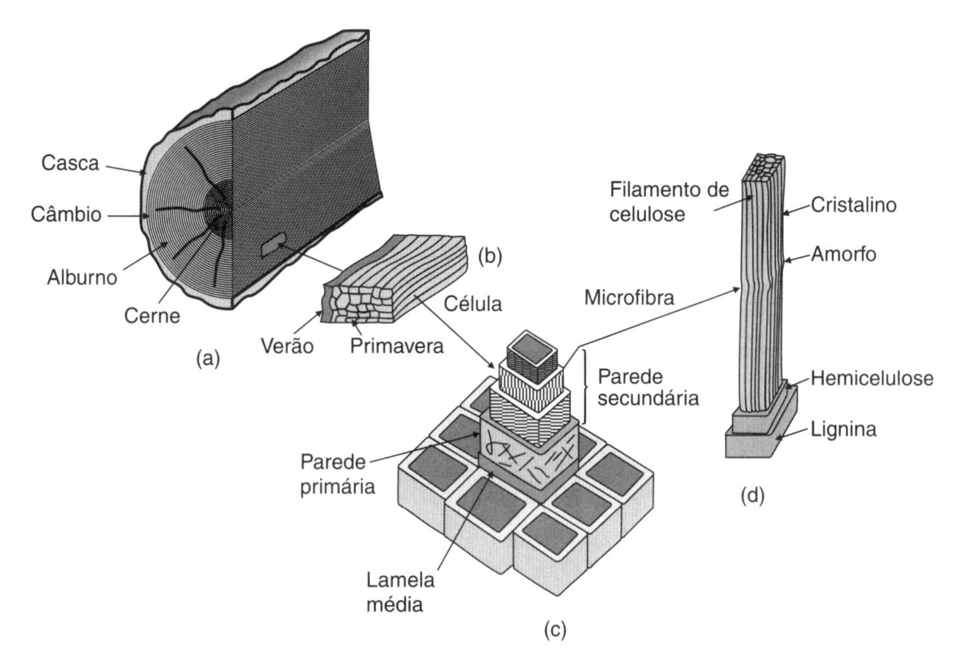

Figura 3.11 Estrutura da madeira: (a) macroestrutura, apresentando as camadas de anéis em crescimento anual; (b) detalhe interno da estrutura das células com um ano de crescimento (observar a diferença de granulometria entre a primavera e o verão); (c) a estrutura de uma célula mostrando as camadas compostas de microfibras de celulose e lignina; (d) uma microfibra alinhada, apresentando a estrutura cristalina das cadeias. (Segundo Askeland, 1996.)

Basicamente, as células da madeira são compostas de fibras de celulose e lignina. A Fig. 3.11 mostra um esboço da estrutura interna de um tronco com os elementos fundamentais.

As fibras longitudinais são os principais elementos resistentes da madeira, formadas por células ocas, alongadas, com diâmetro de 10 a 80 μm e comprimento de 1 a 8 mm. A espessura das paredes das células varia de 2 a 7 μm. Elas são distribuídas em anéis, correspondentes aos ciclos anuais de crescimento. Muitas das propriedades físicas e mecânicas do caule dependem da morfologia dessas células. As Figs. 3.12(a) e (b) apresentam a morfologia das fibras longitudinais para duas espécies diferentes de árvores, onde se observam diferenças consideráveis de estrutura.

Resistência mecânica da madeira

As propriedades mecânicas definem o comportamento da madeira quando submetida a esforços de natureza mecânica. Existem no Brasil normas padronizadas pela ABNT que regulamentam os testes a serem aplicados em amostras de madeira, realizados em laboratórios com máquinas especialmente destinadas a essa finalidade e que possibilitam aferir o grau de resistência a um determinado esforço. A **resistência à compressão axial** refere-se à carga suportável por uma peça de madeira quando esta é aplicada em direção paralela às fibras. É o caso de colunas que sustentam um telhado. Nos ensaios de **flexão estática**, uma carga é aplicada tangencialmente aos anéis de crescimento em uma amostra apoiada nos extremos. Por meio do ensaio de **resistência à tração**, é possível obter índices que facilitam a seleção de madeiras capazes de ser empregadas em treliças de telhados, cujas seções se tornam reduzidas em função de ligações e, portanto, sujeitas a esse tipo de esforço. O **cisalhamento** é a separação das fibras, resultando no deslizamento de um plano sobre outro, devido a um esforço no sentido paralelo ou oblíquo a elas (um esforço no sentido normal às fibras também pode provocar o cisalhamento, mas em geral isso não chega a ocorrer, pois a ruptura ocorre por esmagamento

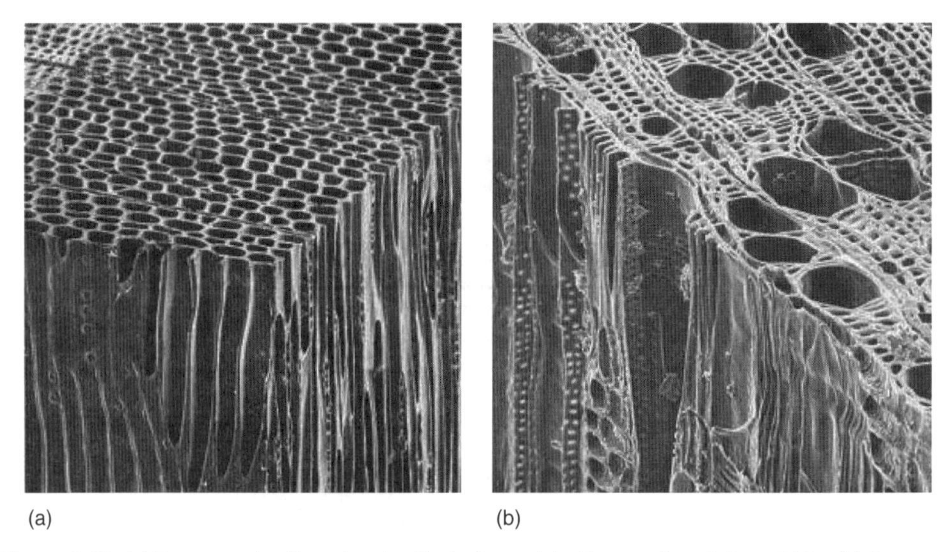

Figura 3.12 (a) Estrutura das fibras longitudinais da espécie *Pinus radiata D.Don*, 230x. (b) Estrutura das fibras longitudinais da espécie *Nothofagus fusca*, 375x. (Meylan, 1972.)

das fibras). No ensaio de **compressão perpendicular** às fibras é aplicada uma carga sobre a peça de madeira a fim de se verificar o valor máximo que a amostra suporta sem ser esmagada. A **resistência à flexão dinâmica** é a capacidade da madeira em suportar esforços mecânicos ou choques. A propriedade de resistir à penetração localizada, ao desgaste e à abrasão é conhecida por **dureza superficial**.

Características físicas da madeira que afetam as propriedades mecânicas

Diversos fatores podem influenciar as propriedades mecânicas finais da madeira. Os principais são:

ρ - Massa específica (g/cm³) É a relação entre o volume verde (amostra saturada em água até peso constante) e o peso da madeira seco em estufa. Algumas espécies naturalmente possuem massa específica maior do que outras. Geralmente, espécies de maior massa específica apresentam características mecânicas melhores. Os índices de massa específica variam de espécie para espécie e dependem de uma série de fatores estruturais, bem como dos compostos orgânicos e inorgânicos presentes no tronco. A madeira balsa (*Ochroma lagopus*), muito utilizada na fabricação de aeromodelos, é a madeira brasileira mais leve (sua massa específica varia de 0,13 a 0,2 g/cm³). À medida que a massa específica aumenta, elevam-se proporcionalmente a resistência mecânica e a durabilidade, e, em sentido contrário, diminuem a permeabilidade a soluções preservantes e a trabalhabilidade ou usinabilidade. Em geral a massa específica da grande maioria das madeiras utilizadas em construção varia entre 0,1 e 1,4 g/cm³. A Fig. 3.13 mostra a morfologia da estrutura interna de uma madeira de característica densa e uma de característica menos densa.

U% - Umidade (%) Relaciona-se ao teor de água que a madeira apresenta. Em uma árvore recém-cortada, o tronco encontra-se saturado de água. Muitos fatores irão influenciar o teor de umidade, entre eles a anatomia da árvore. O teor de água deve influenciar diretamente as propriedades de resistência, poder calorífico, capacidade de receber adesivos e secagem, entre outras. A água na madeira pode estar presente preenchendo os espaços vazios dentro das células ou entre elas (*água livre* ou *água de capilaridade*), pode estar aderida à parede das células (*água de adesão*) ou pode estar compondo a estrutura química do próprio tecido (*água de constituição*). Essa última somente pode ser eliminada por meio da combustão do material.

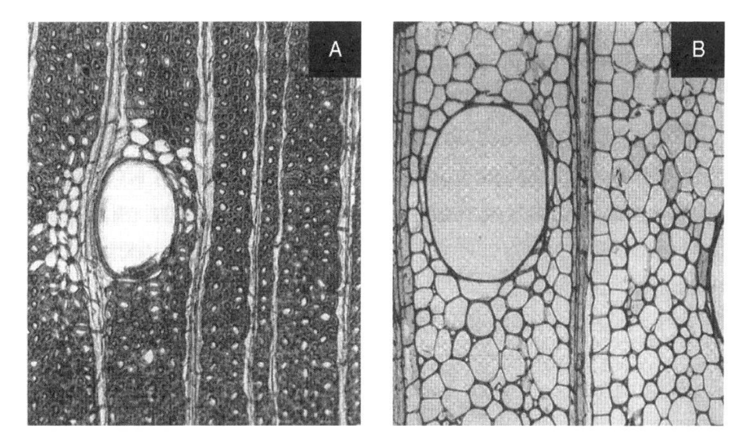

Figura 3.13 (a) Morfologia do pau-rosa (*Dalbergia latifolia*) 0,85-1 g/cm³, 100x. (b) Morfologia da madeira balsa (*Ochroma lagopus*) 0,1-0,2 g/cm³, 100x.

O teor de água é medido em termos de porcentagem da relação de massas entre a madeira úmida e a madeira seca, dado por:

$$U\% = \frac{Massa_{\text{madeira úmida}}}{Massa_{\text{madeira seca}}} \cdot 100\% \qquad (3.16)$$

Na prática observa-se que teores de água superiores a 30% estabelecem valores constantes da tensão de ruptura em compressão e que valores mais elevados são obtidos com teores de água menores. A Fig. 3.14 apresenta um esboço do efeito do teor de água na madeira sobre a tensão de compressão longitudinal, onde se observa que, após uma determinada porcentagem de umidade, o comportamento mecânico atinge uma constante. Define-se como condição de encharque (**madeira encharcada**) aquela tensão que se mantém constante com níveis mais elevados de umidade.

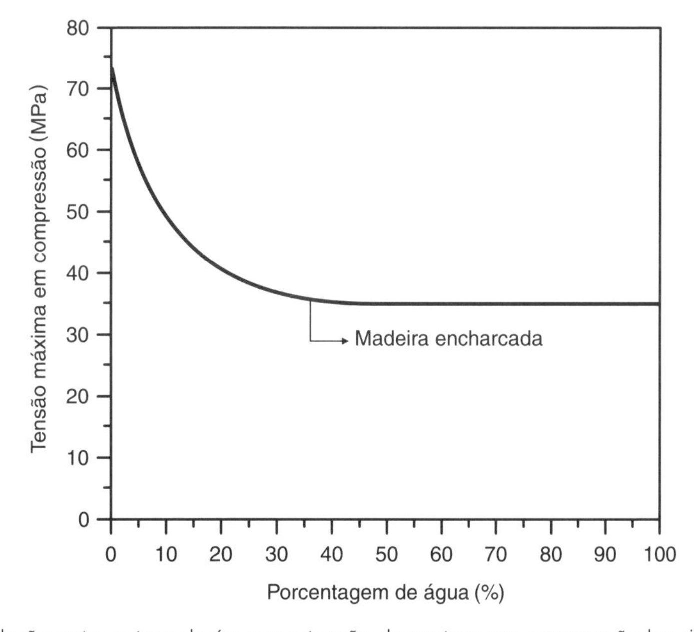

Figura 3.14 Relação entre o teor de água e a tensão de ruptura em compressão longitudinal em madeiras.

Tabela 3.2 Tensão de ruptura e o teor de água (segundo Perelygin, 1965)

Tipo de madeira	Tensão de ruptura longitudinal (MPa)	
	15% de água	30% ou mais de água
Pinho	41,5	21,0
Abeto vermelho	39,0	19,5
Cedro	36,0	18,5
Falsa-acácia	66,5	41,5
Bordo	52,0	28,0
Carvalho	51,0	31,0
Freixo	50,0	32,5
Nogueira	48,5	24,0
Faia	47,5	26,0
Vidoeiro (Bétula)	46,5	22,5
Olmo	40,5	25,0
Álamo	34,5	18,0

A Tabela 3.2 apresenta a variação da tensão de ruptura com teores de água em 15% e 30%.

Retratibilidade (%) É o fenômeno de variação volumétrica em função da perda ou ganho de umidade que provoca contração ou inchamento em uma peça de madeira. Está relacionada aos defeitos de secagem. A contração pode ocorrer e ser avaliada em três aspectos: **contração tangencial**, que representa a variação das dimensões da madeira no sentido perpendicular ao raio; **contração radial**, que representa a variação das dimensões da madeira no sentido radial; e **contração volumétrica**, que representa as variações das dimensões da madeira considerando-se como parâmetro o seu volume total.

Quantidade e tipos de defeitos Outro fator de grande importância na conduta mecânica das madeiras é a quantidade e o tipo de imperfeições contidas na estrutura. Madeiras isentas de imperfeições, como, por exemplo, ***nós***, têm tensão longitudinal que pode variar entre 69 a 138 MPa. Contudo, a madeira comum contém muitas imperfeições, e, desse modo, a tensão de ruptura pode cair para valores inferiores a 35 MPa. A Fig. 3.15 mostra um exemplo dos tipos de imperfeições encontradas na madeira comum.

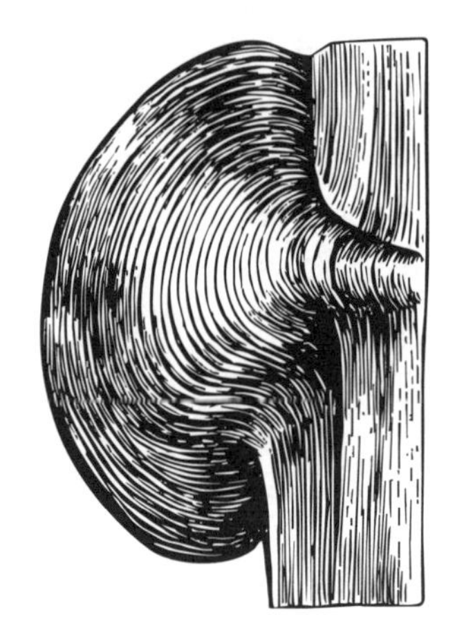
(a)

(b)

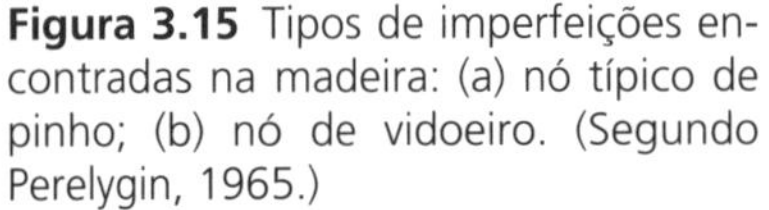
Figura 3.15 Tipos de imperfeições encontradas na madeira: (a) nó típico de pinho; (b) nó de vidoeiro. (Segundo Perelygin, 1965.)

Principais defeitos da estrutura da madeira

Os defeitos da madeira são as principais causas de desvalorização econômica desse material. Alguns dos principais tipos de defeitos que podem causar danos na conduta mecânica da madeira são:

Largura irregular dos anéis de crescimento A árvore que apresentar esse problema produzirá madeira de baixa resistência a esforços mecânicos. Esse defeito é causado por condições de operações de silvicultura que afetam as condições de crescimento.

Crescimento excêntrico Caracteriza-se pelo deslocamento da medula do centro do tronco, e pelos anéis de crescimento com largura irregular. Isso pode ser provocado pela forte ação do vento e pela ação da gravidade durante o crescimento da árvore. A Fig. 3.16 mostra a seção trans-

Figura 3.16 Seção transversal de um tronco que apresenta o defeito de crescimento excêntrico.

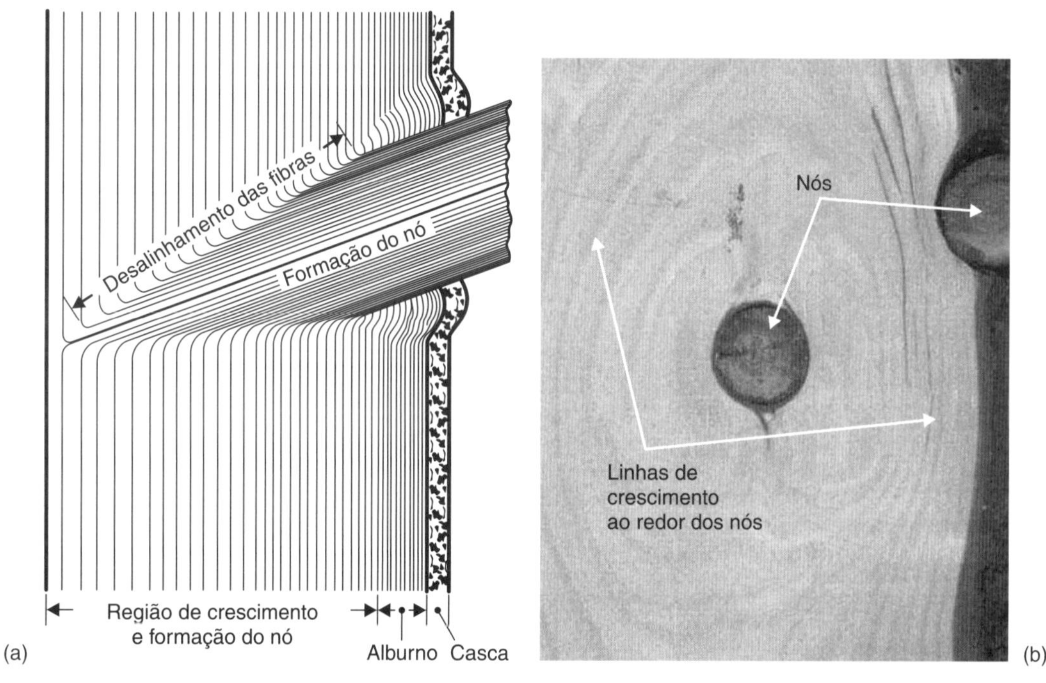

Figura 3.17 (a) Representação esquemática de formação de um nó durante o crescimento de uma árvore. (b) Superfície de madeira apresentando nós.

versal de um tronco que apresenta o problema de crescimento excêntrico. As madeiras retiradas desse tipo de tronco deverão apresentar grandes variações nas propriedades mecânicas.

Lenho de reação É a madeira que deriva de árvores que sofreram grande esforço externo durante seu crescimento, causando um estímulo assimétrico. Esse tipo de madeira é comum em árvores que apresentam troncos curvos.

Lenho de compressão Caracteriza-se por possuir paredes mais espessas que o normal, sem brilho e de cor mais forte. As células do lenho de compressão têm um contorno arredondado, espaços intercelulares e rachaduras oblíquas em suas paredes, o que afeta de forma considerável sua resistência mecânica.

Lenho de tração Esse defeito é associado ao crescimento excêntrico; a árvore apresenta uma cor mais clara que o tronco normal e fibras gelatinosas, e, como consequência, esse tipo de madeira é de difícil trabalhabilidade.

Nós É a base de um ramo inserida no lenho que desvia o crescimento dos tecidos, conforme mostra o esboço da Fig. 3.17(a). Ele pode estar vivo, morto ou isolado. Quando mortos, sofrem transformações que lhes proporcionarão elevados níveis de dureza, prejudicando assim as operações de corte e preparação de tábuas. Além desses tipos de nós, existem nós inclusos, que se encontram no interior do tronco. O crescimento irregular dos tecidos em volta do nó e até mesmo o nó desvalorizam a madeira, além de prejudicarem bastante o acabamento e as ferramentas de corte. Para os casos de decoração, os nós podem gerar valorização em determinadas peças de madeira. A Fig. 3.17(b) apresenta a superfície de uma tábua com a presença de nós.

Tecidos de cicatrização Quando ocorre um ferimento na árvore, ela se encarrega de regenerar-se, e nessa região surgirão canais resiníferos traumáticos e um desvio na camada de crescimento, o que provoca uma heterogeneidade na madeira, afetando assim suas propriedades e podendo desvalorizá-la economicamente. Além disso, no processo de cicatrização, a casca pode se misturar com a madeira e favorecer a entrada de seres nocivos à árvore.

Defeitos causados por esforços mecânicos externos (rachaduras) São rachaduras que podem ocorrer na madeira e que são causadas por fatores diversos como impactos mecânicos, condições climáticas, entre outros. Ocorrem em regiões mais fracas da árvore. Após o corte, essas rachaduras podem aparecer na superfície, e isso se deve às tensões internas durante o

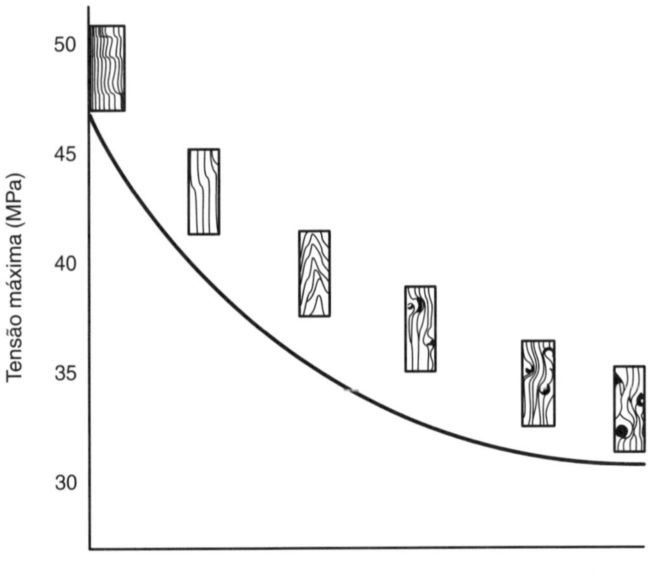

Figura 3.18 Relação entre a incidência de defeitos *versus* a tensão máxima suportada pela madeira.

crescimento. Essas rachaduras podem ser de dois tipos: rachaduras radiais em bolsas de resina e falhas de compressão. Esses problemas prejudicam o aproveitamento do tronco.

Vários outros defeitos podem degradar as características mecânicas da madeira, como, por exemplo, aqueles devido a má conservação e à incidência de parasitas, fungos e insetos, que também podem degradar o material de modo permanente. À medida que a quantidade de defeitos aumenta, tem-se uma redução na máxima tensão suportada pela madeira, conforme pode ser observado na Fig. 3.18.

Ensaios mecânicos em madeira para a especificação em projetos estruturais

As propriedades mecânicas da madeira são fortemente influenciadas pela estrutura interna do lenho obtido e pela quantidade de defeitos presentes, além do fato de que a madeira representa um material anisotrópico, com as condições de resistência mecânica devendo variar em função da direção de aplicação de esforços. Segundo D. R. Askeland (Askeland, 1996), a tensão na direção longitudinal pode ser 25 a 30 vezes maior que a tensão nas direções radial e tangencial. Assim, observa-se que as características mecânicas de um corpo de prova deverão depender de como o lenho foi cortado. A Fig. 3.19 mostra as direções da tensão e o tipo de corte realizado.

É indispensável a utilização de métodos padronizados para uma caracterização coerente das características mecânicas, e a norma utilizada no Brasil é a NBR 7190:1997. Para efeito de concordância da nomenclatura, a Tabela 3.3 apresenta a nomenclatura utilizada nas normas de ensaio de madeiras e a relação com a nomenclatura utilizada neste livro.

Por ser o teor de umidade ($U\%$) um fator de grande importância na resistência mecânica da madeira, se estabeleceu como valor padrão 12% de umidade para a realização dos ensaios mecânicos. Contudo, nem sempre se consegue a garantia de condicionamento dos corpos de prova exatamente na umidade de 12%, e dessa forma as normas permitem ajustes, conforme as equações que seguem, as quais são utilizadas para o ajuste nos valores da tensão longitudinal e do módulo de elasticidade com teores de umidade variando no intervalo de 12 a 20%:

$$\sigma_{12\%} = \sigma_{U\%}\left[1 + \frac{3\cdot(\mathrm{U\%} - 12\%)}{100}\right] \tag{3.17}$$

$$E_{12\%} = E_{U\%}\left[1 + \frac{2\cdot(\mathrm{U\%} - 12\%)}{100}\right] \tag{3.18}$$

em que

$\sigma_{12\%}$ - tensão convencional a 12% de umidade (MPa).
$\sigma_{U\%}$ - tensão convencional à porcentagem de umidade ($12\% \leq U\% \leq 20\%$) (MPa).
$E_{12\%}$ - módulo de elasticidade longitudinal a 12% de umidade (MPa).
$E_{U\%}$ - módulo de elasticidade longitudinal à porcentagem de umidade ($12\% \leq U\% \leq 20\%$) (MPa).

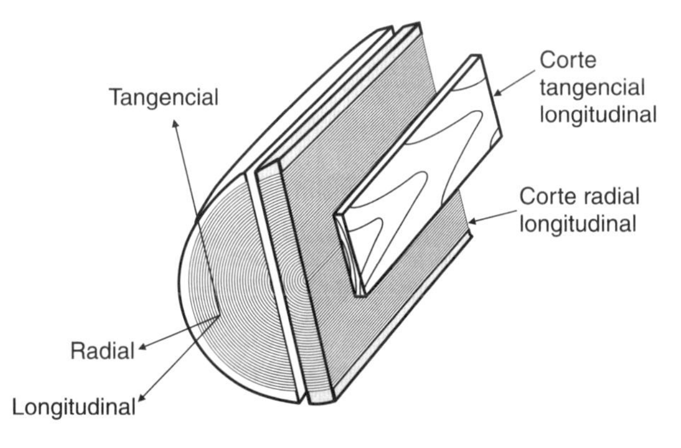

Figura 3.19 Direções de aplicação de tensão e tipos de corte realizados em um tronco. (Segundo Askeland, 1996.)

Tabela 3.3 Relação entre a nomenclatura/simbologia aplicada neste livro e a norma NBR 7190:1997

Utilizada neste livro	NBR 7190:1997	Unidade	Descrição
$E_{12\%}$	E_{12}	N/mm²	Módulo de elasticidade longitudinal a 12% de umidade
$E_{U\%}$	$\mathrm{E}_{U\%}$	N/mm²	Módulo de elasticidade longitudinal a U% de umidade
$E_{c0,m}$	$\mathrm{E}_{c0,m}$	N/mm²	Valor médio do módulo de elasticidade longitudinal obtido no ensaio de compressão paralelo às fibras
$E_{c90,m}$	$\mathrm{E}_{c90,m}$	N/mm²	Valor médio do módulo de elasticidade longitudinal obtido no ensaio de compressão normal às fibras
$k_{mod,i}$	$\mathrm{k}_{mod,i}$	adimensional	Coeficiente de modificação
R_d	R_d	N/mm²	Relativo a uma propriedade mecânica ajustada (σ, τ ou E)
R_k	R_k	N/mm²	Relativo a uma propriedade mecânica específica (σ, τ ou E)
$U\%$	U%	%	Teor de umidade na madeira
U_{amb}	U_{amb}	%	Teor de relativo de umidade do ambiente
$\sigma_{12\%}$	f_{12}	N/mm²	Tensão convencional a 12% de umidade
$\sigma_{U\%}$	$\mathrm{f}_{U\%}$	N/mm²	Tensão convencional a U% de umidade
$\sigma_{c,0}$	$\mathrm{f}_{c,0}$	N/mm²	Tensão de compressão paralela às fibras
$\sigma_{t,0}$	$\mathrm{f}_{t,0}$	N/mm²	Tensão de tração paralela às fibras
$\sigma_{c,90}$	$\mathrm{f}_{c,90}$	N/mm²	Tensão de compressão normal às fibras
$\sigma_{t,90}$	$\mathrm{f}_{t,90}$	N/mm²	Tensão de tração normal às fibras
$\tau_{v,0}$	$\mathrm{f}_{v,0}$	N/mm²	Tensão de cisalhamento paralelo às fibras
γ_w	γ_w	adimensional	Coeficiente de ponderação

Tabela 3.4 Classes de umidade de equilíbrio da madeira (NBR 7190:1997)

Classe de umidade	Umidade relativa do ambiente (U_{amb})	Umidade de equilíbrio da madeira (U_{equ})
1	$\leq 65\%$	12%
2	$65\% \leq U_{amb} \leq 75\%$	15%
3	$75\% \leq U_{amb} \leq 85\%$	18%
4	$U_{amb} > 85\%$ por longos períodos	25%

A NBR 7190:1997 especifica quatro classes de umidade de equilíbrio para madeiras em relação à umidade relativa do ambiente de operação, conforme mostra a Tabela 3.4.

A caracterização completa dos parâmetros da madeira é dada com o levantamento das seguintes propriedades mecânicas (sempre referidas à umidade de 12%):

$\sigma_{c,0}$ – tensão de compressão paralela às fibras (MPa).
$\sigma_{t,0}$ – tensão de tração paralela às fibras (MPa).
$\sigma_{c,90}$ – tensão de compressão normal às fibras (MPa).
$\sigma_{t,90}$ – tensão de tração normal às fibras (MPa).
$\tau_{v,0}$ – tensão de cisalhamento paralelo às fibras (MPa).
$E_{c0,m}$ – valor médio do módulo de elasticidade longitudinal obtido no ensaio de compressão paralelo às fibras (MPa) – Número de corpos de prova de 2 a 12.
$E_{c90,m}$ – valor médio do módulo de elasticidade obtido no ensaio de compressão normal às fibras (MPa) – Número de corpos de prova de 2 a 12.

Com o objetivo de orientar a escolha das espécies de madeira para a elaboração de um projeto estrutural, a norma estabelece classes de resistência para os tipos de madeira, conforme mostra a Tabela 3.5.

Tabela 3.5 Classes de resistência para madeiras oriundas de árvores das espécies coníferas e dicotiledôneas (folhosas)

Classe coníferas*	Valores da condição de referência U% = 12%				Madeira seca
	$\sigma_{c,0}$ (MPa)	$\tau_{v,0}$ (MPa)	$E_{c0,m}$ (MPa)	$\rho_{12\%}$ (kg/m³)	ρ (kg/m³)
C20	20	4	3.500	500	400
C25	25	5	8.500	550	450
C30	30	6	14.500	600	500

Classe dicotiledôneas ou folhosas**	Valores da condição de referência U% = 12%				Madeira seca
	$\sigma_{c,0}$ (MPa)	$\tau_{v,0}$ (MPa)	$E_{c0,m}$ (MPa)	$\rho_{12\%}$ (kg/m³)	ρ (kg/m³)
C20	20	4	9.500	650	500
C30	30	5	14.500	800	650
C40	40	6	19.500	950	750
C60	60	8	24.500	1000	800

* *Coníferas*: caracterizam-se, principalmente, por possuir folhas afiladas ou em forma de espinho e frutos que não possuem casca, estando as sementes expostas e colocadas em volta de um eixo. No Brasil, a conífera nativa mais conhecida é o pinheiro-do-paraná, cujo nome científico é *Araucaria angustifolia*. Outra conífera fornecedora de madeira é uma espécie exótica (nativa de outro país, mas cultivada no Brasil) que é o pinus. O mais comum no Brasil é o *Pinus elliottii*, mas existem outros como *Pinus caribaea*, *Pinus oocarpa*, *Pinus taeda*, *Pinus patula* etc. Podem ser encontradas ainda outras duas coníferas nativas conhecidas como pinho-bravo ou pinho-do-brejo (*Podocarpus sellowii* e *Podocarpus lambertii*) ou exóticas como o pinheiro-de-natal (*Cunninghamia lanceolata*), e os ciprestes (*Cupressus* spp.), mas geralmente utilizadas para paisagismo (*Revista da Madeira*, n.º 109, dezembro de 2007).
** *Dicotiledôneas* ou *Folhosas*: caracterizam-se, principalmente, pelas folhas alargadas (por isso chamadas latifoliadas), frutos com sementes envolvidas por uma casca e flores muitas vezes vistosas. A esse grupo pertence a grande maioria das espécies florestais brasileiras, e aí estão incluídos a sucupira (*Bowdichia nitida*), o ipê (*Tabebuia* spp.), o mogno (*Swietenia macrophylla*), a andiroba (*Carapa guianensis*), o cedro (*Cedrella* spp.), o jatobá (*Hymenaea courbaril*), o pau-brasil (*Caesalpinia echinata*), o jacarandá-da-bahia (*Dalbergia nigra*) etc. Temos no Brasil uma folhosa exótica muito conhecida que é o eucalipto (*Eucalyptus* spp.) (*Revista da Madeira*, n.º 109, dezembro de 2007).

Para o caso do cálculo de projetos estruturais, a norma admite que os valores a serem utilizados quanto à resistência mecânica a esforços de tensão sejam ajustados segundo a equação que se segue:

$$R_d = k_{\text{mod},i} \cdot \frac{R_k}{\gamma_w} \tag{3.19}$$

em que

R_d – valor da propriedade mecânica ajustada (σ, τ ou E).
R_k – valor médio específico da propriedade a ser ajustada (σ, τ ou E).
γ_w – coeficiente de ponderação das propriedades da madeira.
$k_{\text{mod},i}$ – coeficientes de modificação, considerando influência de fatores específicos da madeira.

Coeficiente de ponderação das propriedades da madeira (γ_w)

O coeficiente de ponderação corresponde a um ajuste de segurança que é representativo da direção de aplicação do esforço, dado conforme a Tabela 3.6.

Tabela 3.6 Valores do coeficiente de ponderação (NBR 7190:1997)

Condição do ensaio	Coeficiente de ponderação (γ_w) (adimensional)
Compressão paralela às fibras	1,4
Tração paralela às fibras	1,8
Cisalhamento paralelo às fibras	1,8
Condição-limite	1,0

Coeficientes de modificação das propriedades da madeira ($k_{mod,i}$)

A norma NBR 7190:1997 adota três coeficientes de modificação a serem levados em conta ($k_{mod,1}$, $k_{mod,2}$ e $k_{mod,3}$). O primeiro representa a classe de carregamento da estrutura, conforme a Tabela 3.7, o segundo, a classe de umidade admitida, conforme a Tabela 3.8, e o terceiro representa o eventual emprego de madeira não classificada como isenta de defeitos, conforme a Tabela 3.9. Assim, tem-se que:

$$k_{mod,i} = k_{mod,1} \cdot k_{mod,2} \cdot k_{mod,3} \tag{3.20}$$

Tabela 3.7 Valores do coeficiente de modificação para a classe de carregamento envolvida na estrutura (NBR 7190:1997)

Classe de carregamento	Tipos de madeira e valores de $k_{mod,1}$	
	Madeira serrada, madeira laminada colada, madeira compensada	Madeira aglomerada ou recomposta
Permanente	0,6	0,30
Longa duração	0,7	0,45
Média duração	0,8	0,65
Curta duração	0,9	0,90
Instantânea	1,1	1,10

Tabela 3.8 Valores do coeficiente de modificação para a classe de umidade envolvida na estrutura, conforme Tabela 3.4 (NBR 7190:1997)

Classe de umidade	Tipos de material e valores de $k_{mod,2}$	
	Madeira serrada, madeira laminada colada, madeira compensada	Madeira aglomerada ou recomposta
(1) e (2)	1	1
(3) e (4)	0,8	0,9

Tabela 3.9 Valores do coeficiente de modificação para a classificação da madeira envolvida na estrutura (NBR 7190:1997)

Classificação	Tipos de madeira e valores de $k_{mod,3}$	
	Dicotiledôneas ou folhosas	Coníferas
Primeira categoria*	1,0	0,8
Segunda categoria**	0,8	0,8

* Primeira categoria: Condição admitida se todas as peças estruturais de um determinado lote forem classificadas como isentas de defeitos, por intermédio de método visual normalizado e submetidas a uma classificação mecânica que garanta a homogeneidade da rigidez das peças.

** Segunda categoria: Condição para a madeira que não se classifica como primeira categoria. São aquelas que apresentam imperfeições internas, nós e outros que podem desqualificar a madeira.

Exemplo de aplicação

Determinar o valor da tensão máxima de compressão paralela às fibras a ser admitida em um projeto estrutural, para a utilização de uma madeira dicotiledônea classe 40 (ver Tabela 3.5). A estrutura será de carregamento de longa duração, e as peças estruturais de madeira serrada não classificada como isenta de defeitos, com classe de umidade 3.

Resposta:

Para o cálculo, tem-se: madeira dicotiledônea classe 40 – $\sigma_{c,0} = 40$ MPa.

Pela Tabela 3.6, tem-se que o coeficiente de ponderação vale: $\gamma_w = 1{,}4$.

Pela Tabela 3.7, tem-se que o 1°. coeficiente de modificação vale: $k_{\text{mod},1} = 0{,}7$

Pela Tabela 3.8, tem-se que o 2°. coeficiente de modificação vale: $k_{\text{mod},2} = 0{,}8$

Pela Tabela 3.9, tem-se que o 3°. coeficiente de modificação vale: $k_{\text{mod},3} = 0{,}8$

Aplicando as Eqs. (3.13) e (3.14), chega-se em:

$$\sigma_{\text{projeto}} = (0{,}7 \cdot 0{,}8 \cdot 0{,}8) \cdot \frac{40\ \text{MPa}}{1{,}4} = 12{,}8\ \text{MPa}$$

O valor de 12,8 MPa deverá ser o valor a ser considerado no cálculo estrutural do projeto. Caso o valor da tensão média tenha sido obtido com valores de umidade diferentes de 12%, deve-se antes ajustar o valor da tensão seguindo as Eqs. (3.17) e (3.18).

Correlações estimadas admitidas para as propriedades da madeira

Quando não se dispõe de valores experimentais, as normas permitem a adoção das seguintes correlações:

$$\frac{\sigma_{c,0}}{\sigma_{t,0}} = 1{,}0 \tag{3.21}$$

$$\frac{\sigma_{c,90}}{\sigma_{t,0}} = 0{,}25 \tag{3.22}$$

Para coníferas:

$$\frac{\tau_{v,0}}{\sigma_{c,0}} = 0{,}15 \tag{3.23}$$

Para dicotiledôneas:

$$\frac{\tau_{v,0}}{\sigma_{c,0}} = 0{,}12 \tag{3.24}$$

O módulo de elasticidade transversal efetivo (G_{efet}) para o caso da torção, pode ser obtido pelo módulo de elasticidade longitudinal, dado por:

$$G_{\text{efet}} = \frac{E_{c0,m}}{20} \tag{3.25}$$

A Tabela 3.10 apresenta alguns dos principais tipos de madeiras com suas principais aplicações e valores típicos da massa específica, retratibilidade e resistência mecânica à compressão e à flexão. A Tabela 3.11 mostra a classificação e dimensões da madeira processada.

Tabela 3.10 Aplicações e propriedades mecânicas típicas de algumas espécies de madeira comercial (*Wood Handbook*, 2010; Record, 1914; Dias, 1994)

MADEIRA				Massa específica básica (g/cm³)	Retratibilidade (%)			Resistência mecânica 12% umidade (MPa)	
Nome	Nome científico	Outros nomes e espécies semelhantes	Aplicações		Radial	Tangencial	Volumétrica	Compressão axial	Flexão estática
ANDIROBA	*Carapa guianensis*	Landiroba, Landirova, Carapá, Nandiroba, Jandiroba e Penaíba. No mercado externo é conhecida por Crabwood, Cedro-macho, Tangaré, Karappa e Mazabalo.	Aplicação na construção civil em geral para vigas, caibros, ripas e outras. Utilizada para fabricação de móveis. Não deve entrar em contato direto com o solo ou condições que favoreçam a deterioração biológica.	0,56	4,3	7,4	13,4	60	114
ANGELIM-PEDRA	*Hymenolobium excelsum Ducke, Leguminosae.*	As espécies de *Hymenolobium* (12 na América Latina) são extremamente parecidas entre si, destacando-se *H. petraeum Ducke*, também conhecida por Murarena e Angelim-da-terra.	Construção civil, carpintaria, marcenaria, molduras, dormentes, lambris, forros etc.	0,63	4,4	7,1	10,2	82	174
ANGICO-PRETO	*Piptadenia macrocarpa Benth., Leguminosae.*	Angico, Angico-bravo, Angico-rajado, Cambuí-ferro, Guarapiraca, Angico vermelho. Sinonímia: *Anadenanthera macrocarpa(Benth.) Brenan.*	Para postes, mourões e dormentes. Na construção rural, em caibros, esquadrias, batentes, vigas e tacos. É empregada também para fabricação de carroças, rodas de engenho, calhas de água, peças torneadas e cabos de ferramentas.	0,84	4,9	8,1	13,9	97	206
CABREÚVA VERMELHA	*Myroxylon balsamum* (L) *Harms, Fabaceae.*	Entre os vários nomes que é conhecida estão Óleo-vermelho, Cabreúva, Bálsamo. Na Amazônia é chamada Pau-vermelho, Caboreia-vermelha. Na Bahia é Bálsamo-caboriba, Pau-de-bálsamo, Sangue-de-gato e Puá.	Na construção civil e naval, para peças resistentes como pontes, mancais, estruturas externas, também para carroceria, cruzetas, cabos de ferramentas, assoalhos e peças torneadas.	0,78	4,0	6,7	11,0	79	147

(*continua*)

Tabela 3.10 Aplicações e propriedades mecânicas típicas de algumas espécies de madeira comercial (*Wood Handbook*, 2010; Record, 1914; Dias, 1994) (*Continuação*)

MADEIRA				Massa específica básica (g/cm³)	Retratibilidade (%)			Resistência mecânica 12% umidade (MPa)	
Nome	Nome científico	Outros nomes e espécies semelhantes	Aplicações		Radial	Tangencial	Volumétrica	Compressão axial	Flexão estática
CARVALHO-BRASILEIRO	*Euplassa cantareirae Sleumer, Proteaceae.*	Carvalho, Carvalho-da-serra, Cedro-bordado, Cigarreira, Pau-concha, Carvalho-nacional. Na região amazônica ocorrem outras espécies produtoras de madeiras semelhantes ao Carvalho-brasileiro e que são indistintamente denominadas Faia, Faeira e, predominantemente, Louro faia.	Mobiliário de luxo, folhas faqueadas decorativas, peças torneadas, tanoaria etc.	0,54	3,2	14,0	20,3	48	109
CEDRO	*Cedrela fissilis Vell, Meliaceae.*	Cedro-branco, Cedro-rosa, Cedro-vermelho, Cedro-batata, Cedro-roxo. O gênero *Cedrela*, no Brasil, representado por três principais espécies: *C. odorata*, *C. angustifolia* e *C. fissilis*. As suas madeiras, semelhantes quanto ao aspecto e estrutura anatômica, são indistintamente conhecidas em todo o país simplesmente por Cedro e, dependendo da intensidade da sua cor castanho, por cedro-rosa ou cedro-vermelho.	Indicada para móveis finos, folhas faqueadas decorativas, molduras para quadros, artigos de escritório, instrumentos musicais etc. Em construção interna (venezianas, rodapés, guarnições, forros, lambris etc.) e em construção naval, como acabamento interno decorativos e casco de embarcações leves.	0,44	4,0	6,2	11,6	43	90

(*continua*)

Tabela 3.10 Aplicações e propriedades mecânicas típicas de algumas espécies de madeira comercial (*Wood Handbook*, 2010; Record, 1914; Dias, 1994) (*Continuação*)

MADEIRA				Massa específica básica (g/cm^3)	Retratibilidade (%)			Resistência mecânica 12% umidade (MPa)	
Nome	Nome científico	Outros nomes e espécies semelhantes	Aplicações		Radial	Tangencial	Volumétrica	Compressão axial	Flexão estática
COPAÍBA	*Copaifera multijuga Hayne, Leguminosae.*	O gênero *Copaifera* possui várias espécies ocorrendo em quase todo o Brasil. Na região amazônica são comuns *C. multijuga*, *C. langsdorffii*, *C. martii*, *C. duckei* e *C. reticulata*, cujas madeiras são similares e recebem indistintamente as denominações de Copaíba, Óleo, Óleo-copaíba, Copaíba-preta, Copaíba-vermelha, Copaíba-angelim, Copaíba mari-mari e Copaíba-roxa.	Acabamentos internos em construção civil, forros, lambris, molduras, móveis comuns, cabos de ferramentas, folhas faqueadas decorativas, compensados, embalagens, carrocerias e similares.	0,56	3,8	7,1	13,4	56	125
FREIJÓ	*Cordia goeldiana Huber, Boraginaceae.*	Frei Jorge. Confunde-se com a madeira de *Cordia trichotoma*, de ocorrência em matas litorâneas entre Bahia e Santa Catarina, que é conhecida como Louro-pardo, Louro-amarelo e Louro-da-serra, Freijó-branco, Freijó-preto, Freijó-rajado, Freijó-verdadeiro, Cordia-preta.	Indústria moveleira (torneados, folhas faqueadas, móveis), lambris e construção civil em geral, hélice de pequenos aviões etc. Para algumas aplicações é utilizada como substituto do Mogno.	0,48	3,2	6,7	10,1	51	104

(*continua*)

Tabela 3.10 Aplicações e propriedades mecânicas típicas de algumas espécies de madeira comercial (*Wood Handbook*, 2010; Record, 1914; Dias, 1994) (*Continuação*)

MADEIRA				Massa específica básica (g/cm³)	Retratibilidade (%)			Resistência mecânica 12% umidade (MPa)	
Nome	Nome científico	Outros nomes e espécies semelhantes	Aplicações		Radial	Tangencial	Volumétrica	Compressão axial	Flexão estática
IMBUIA	*Ocotea porosa (Nees) Barroso, Lauraceae.*	É conhecida também pelos nomes de Canela-imbuia, Imbuia-amarela, Imbuia-brazina, Imbuia-clara, Imbuia-parda, Imbuia-rajada, Imbuia-preta e Umbuia. *Ocotea catharinensis* (Canela-preta) e *Cinnamomum vesiculosum*, duas espécies próprias da região Sul, apresentam características similares.	Mobiliário de luxo, folhas faqueadas decorativas, peças torneadas, painéis compensados e divisórias. Em construção civil como vigas, caibros, ripas, marcos ou batentes de portas e janelas, molduras, lambris e similares, ou em partes externas como esteios, estruturas etc.	0,54	2,7	6,3	9,8	49	102
ITAÚBA	*Mezilaurus itauba (Meissn.) Taub., Lauraceae.*	É conhecida também pelos nomes de Itaúba-amarela, Itaúba-abacate, Itaúba-preta e Louro-itaúba. *M. synandra* e *M. navalium* possuem madeiras com características similares.	Em construções externas tais como estruturas de pontes, postes, moirões, dormentes, cruzetas, defensas, estacas. Partes internas em construção civil como vigas, caibros, ripas, marcos ou batentes de portas e janelas, esquadrias, caixilhos, tacos e tábuas de assoalho, mobiliário comum, construção naval, barcos, carrocerias, tanoaria, peças torneadas, cabos de ferramentas e implementos agrícolas, etc.	0,78	2,3	6,7	12,1	76	141
JATOBÁ	*Hymenaea* sp. *Leguminosae.*	Muitas árvores do gênero *Hymenaea* são conhecidas comercialmente por Jatobá, Jataí e Jutaí, das quais as mais importantes são *H. stilbocarpa* e *H. courbaril*	Construções externas (obras hidráulicas, postes e vigas), construções pesadas, laminados, móveis, cabos de ferramentas. Implementos agrícolas, carrocerias e vagões, dormentes, cruzetas e construção civil em geral.	0,75	3,1	7,2	10,7	91	169

(*continua*)

Tabela 3.10 Aplicações e propriedades mecânicas típicas de algumas espécies de madeira comercial (*Wood Handbook*, 2010; Record, 1914; Dias, 1994) (*Continuação*)

MADEIRA				Massa específica básica (g/cm³)	Retratibilidade (%)			Resistência mecânica 12% umidade (MPa)	
Nome	Nome científico	Outros nomes e espécies semelhantes	Aplicações		Radial	Tangencial	Volumétrica	Compressão axial	Flexão estática
JEQUITIBÁ-BRANCO	*Cariniana estrellensis (Raddi) O. Ktze, Lecythidaceae.*	Na região de ocorrência recebe os nomes de Estopeiro, Cachimbeiro e Estopeira. *Cariniana legalis*, *Cariniana excelsa* e *Couratari pyramidata* são espécies cujas madeiras possuem similaridade.	Estruturas de móveis populares, molduras e guarnições internas, forros, lambris, peças torneadas, cabos de ferramentas, esquadrias, painéis compensados, embalagens, brinquedos etc.	0,65	3,9	8,4	13,8	65	143
MOGNO	*Swietenia macrophylla King., Meliaceae.*	No Brasil é registrada apenas a ocorrência de *Swietenia macrophylla*, também conhecida pelos nomes de Acaju, Aguano, Araputanga, Cedro-aguano, Cedro-i, Cedro-mogno, Mara, Mara-vermelha, Mogno-aroeira, Mogno-branco, Mogno-brasileiro, Mogno-cinza, Mogno-claro, Mogno-cinza, Mogno-claro, Mogno-escuro, Mogno-peludo, Mogno-rosa, Mogno-róseo, Mogno-vermelho e Mogno-brasileiro. Outras espécies do gênero *Swietenia* ocorrem na América Central, Antilhas Ocidentais e sul da América do Norte.	A madeira de mogno é amplamente utilizada na fabricação de móveis, lambris, painéis, folhas decorativas, revestimentos internos, caixilharia, molduras, venezianas, instrumentos musicais e artigos de decoração.	0,53	3,2	4,5	8,6	60	101

(*continua*)

Tabela 3.10 Aplicações e propriedades mecânicas típicas de algumas espécies de madeira comercial (*Wood Handbook*, 2010; Record, 1914; Dias, 1994) (*Continuação*)

MADEIRA				Massa específica básica (g/cm³)	Retratibilidade (%)			Resistência mecânica 12% umidade (MPa)	
Nome	Nome científico	Outros nomes e espécies semelhantes	Aplicações		Radial	Tangencial	Volumétrica	Compressão axial	Flexão estática
PAU-MARFIM	*Balfourodendron riedelianum, Rutaceae.*	Recebe também as denominações de Farinha-seca, Gramixinga, Guataia, Marfim, Pau-liso, Guatambu, Pequiá-mamona, Pequiá-mamão, Pau-cetim.	Móveis de luxo, lâminas faqueadas decorativas, peças torneadas, cabos de ferramentas, molduras, partes internas na construção civil (forros, lambris, rodapés, tacos e tábuas de assoalho e similares), artefatos decorativos em geral, cutelaria etc.	0,73	4,9	9,6	15,4	66	152
PINHO-DO-PARANÁ	*Araucaria angustifolia (Bert.) O. Ktze., Araucariaceae.*	No Brasil é conhecida como Pinho, Pinho-do-paraná, Pinho-brasileiro, Cori, Curiúva, Pinhão e Araucária. No mercado externo é chamada Parana-pine.	Tábuas de forro e fôrmas para concreto, molduras, guarnições, ripas, caibros e vigas em construções temporárias, cabos de vassoura, brinquedos, embalagens leves, estrutura de móveis, prateleiras, balcões, palitos de fósforo e de sorvete, móveis populares, instrumentos musicais.	0,45	4,0	7,8	13,2	51	95
TATAJUBA	*Bagassa guianensis Aubi., Moraceae.*	Nas regiões de ocorrência, é conhecida por Bagaceira, Amarelo, Amarelão, Amapá-rana e Garrote. No comércio externo é denominada Bagasse.	Partes internas em construção civil tais como vigas, caibros, ripas, marcos ou batentes de portas e janelas, esquadrias, forros, lambris, rodapés e similares, estruturas externas, como postes, moirões, estacas, dormentes, cruzetas, defensas, móveis comuns, tacos e tábuas de assoalho etc. Considerada excelente para canoas escavadas em troncos inteiros.	0,62	5,2	6,6	10,2	89	154

Tabela 3.11 Classificação das dimensões da madeira beneficiada utilizada na indústria civil

	Dimensões da madeira beneficiada	
Nome	**Espessura (cm)**	**Largura (cm)**
Pranchão	> 7,0	> 20,0
Prancha	4,0-7,0	> 20,0
Viga	> 4,0	11,0-20,0
Vigota	4,0-8,0	8,0-11,0
Caibro	4,0-8,0	5,0-8,0
Tábua	1,0-4,0	> 10,0
Sarrafo	2,0-4,0	2,0-10,0
Ripa	< 2,0	< 10,0
Soalho	2,0	10,0
Forro	1,0	10,0
Batentes	4,5	14,5
Rodapé de 15	1,5	15,0
Rodapé de 10	1,5	10,0
Tacos	2,0	2,1

O Concreto no Ensaio de Compressão

O concreto é o material mais popular utilizado pelo homem, e o componente básico da indústria de construção civil. Atualmente é considerado o material mais utilizado no planeta, só perdendo para a água. O concreto pode ser chamado, sem erro técnico, de um compósito cerâmico-cerâmico, ou, nos casos em que é feito reforço com barras de aço (concreto armado), de compósito fibroso cerâmico-metal. O concreto é composto de um agregado de brita (pedregulhos) e areia em uma matriz de cimento e água. Ocorre uma reação química entre os minerais que compõem o cimento e a água, e, em função dessa reação, a massa endurece, atingindo as propriedades mecânicas desejadas. Entretanto, como todos os materiais cerâmicos, o concreto é capaz de suportar elevadas cargas compressivas, mas é bastante fraco quando se trata de cargas de tração.

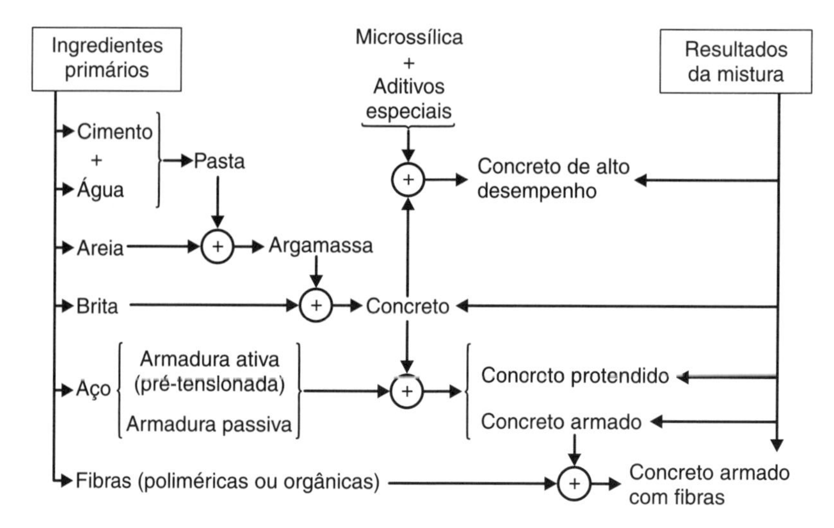

Figura 3.20 Denominações dos concretos e os ingredientes primários de sua composição. (Adaptado de Manual ABESC, 2007.)

Segundo a Associação Brasileira das Empresas de Concretagem do Brasil – ABESC (www.abesc.org.br), a relação entre os ingredientes básicos ou primários da mistura para a fabricação do concreto e suas denominações é dada segundo o fluxograma da Fig. 3.20.

O profissional da indústria de construção civil deve conhecer as propriedades principais do concreto, como trabalhabilidade, resistência à compressão, módulo de elasticidade, níveis de contração após secagem, tempos de cura, entre outras, e como essas propriedades podem sofrer variações em seus valores, como função dos teores e condições dos ingredientes primários na mistura da massa. Também é importante conhecer a influência da temperatura e da umidade relativa do ambiente para se determinar aplicações coerentes e seguras. No caso particular do concreto, sabe-se que as propriedades mecânicas, em especial a resistência à compressão, são fortemente afetadas pela relação água-cimento contida na mistura e pela idade ou o tempo de cura da estrutura, ou corpos de prova.

Para uma análise ampla das propriedades mecânicas do concreto, devem-se conhecer os ingredientes fundamentais contidos na mistura e suas influências no produto final. Basicamente o concreto é composto por cimento, água, agregados de brita (pedregulhos) e areia, e, em alguns casos, aditivos especiais que melhoram individualmente algumas propriedades.

Cimento Portland na mistura do concreto

A palavra **cimento** é derivada da palavra latina *caementum*, que os romanos usavam para denominar uma mistura de cal com terra **pozolana** (cinzas vulcânicas das ilhas gregas de Santorini e da região de Pozzuoli, próximo a Nápoles), a qual resultava em uma massa aglomerante utilizada em obras de alvenaria, pontes e aquedutos (Mazzeo, 2003).

No início do século XIX, o inglês Joseph Aspdin queimou conjuntamente uma mistura de pedras calcárias e argila, transformando-as posteriormente em um pó fino, o qual, depois de misturado com água, formava uma pasta que possuía excelentes propriedades de moldagem. Após a secagem, a pasta se tornava tão dura quanto as pedras empregadas em construção e não se dissolvia mais em água. Esse material foi patenteado em 21 de outubro de 1824 com o nome de cimento **Portland** devido à semelhança com a coloração das rochas calcárias da ilha britânica de Portland.

Tecnicamente o cimento é definido como um aglomerante hidráulico obtido pela moagem simultânea de pedras de minerais calcários e argilosos chamados de *clínquer*, o qual, com a adição de gesso e outras substâncias, determina o tipo de cimento. Os minerais presentes no cimento Portland são (segundo notação técnica $\rightarrow$ $C = CaO$; $S = SiO_2$; $A = Al_2O_3$; $F = Fe_2O_3$):

C_3S – tricálcio silicato ou alita, $3CaO \cdot SiO_2$
C_2S – dicálcio silicato ou belita, $2CaO \cdot SiO_2$
C_3A – tricálcio aluminato, $3CaO \cdot Al_2O_3$ e
C_4AF – tetracálcio aluminoferrite, $4CaO \cdot Al_2O_3 \cdot Fe_2O_3$

A ASTM (American Society for Testing and Materials) reconhece cinco categorias principais da composição do cimento Portland, conforme mostrado na Tabela 3.12.

Tabela 3.12 Categorias do cimento Portland (ASTM) (adaptado de Flinn, 1990)

Categoria ASTM	Aplicação	Composição (%)			
		C_3S	C_2S	C_3A	C_4AF
I	Uso geral	50	24	11	8
II	Proteção de sulfetos* e baixa geração de calor	42	33	5	13
III	Endurecimento rápido	60	13	9	8
IV	Baixa geração de calor	26	50	5	12
V	Alta resistência a sulfetos*	40	40	4	9

* Alguns tipos de solos contêm sulfetos que reagem com o concreto, causando sua deterioração.

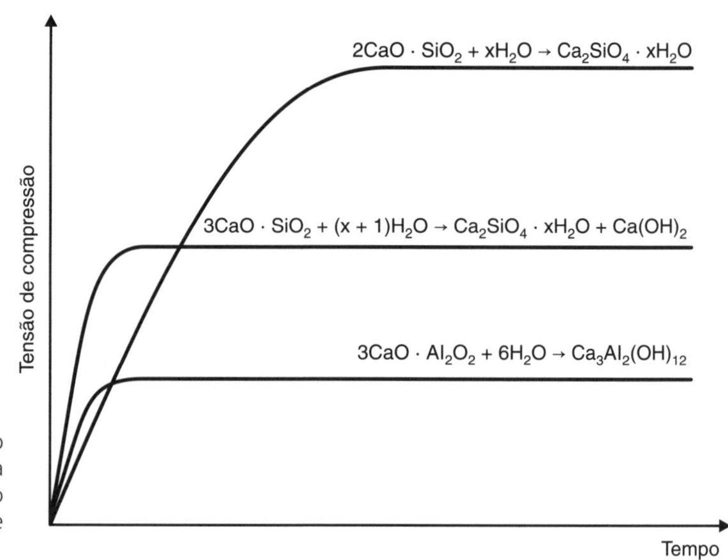

Figura 3.21 Endurecimento como função do tempo de reação para diferentes minerais da composição do cimento Portland. (Adaptado de Ashby, 1988.)

O cimento Portland adquire propriedade adesiva quando misturado à água. Isso acontece porque a reação química do cimento com a água, comumente chamada de hidratação do cimento, gera produtos que possuem características de pega (aderência) e endurecimento (Metha, 2008). Deve-se observar que os diferentes minerais no cimento reagem de forma diferente durante a hidratação, conforme visto na Fig. 3.21. Dessa forma, as propriedades finais do composto deverão depender da composição relativa do tipo de mineral constituinte. Geralmente, são necessárias algumas semanas para que o concreto atinja suas características finais.

A Tabela 3.13 apresenta as especificações dos tipos de cimento Portland encontrados no mercado segundo sua classe de resistência. Observar que a resistência da classe representa o valor mínimo de resistência à compressão aos 28 dias de idade.

Tabela 3.13 Tipos de cimento Portland e composição para as classes de resistência (adaptado de Nascimento, 2006, ABESC, 2010, Leonardo, 2002)

Tipo de cimento Portland		Classe de resistência (MPa)	Composição (% em peso)				Normas brasileiras
Sigla	Designação		Clínquer + gesso	Escória de alto-forno	Pozolana	Materiais carbonáticos	
CP I	Cimento Portland comum	25-32	100	----	----	----	NBR 5732
CP I -S	Cimento Portland Comum com aditivos	40	95-99	01-05	1-5	1-5	
CP II - E	Cimento Portland com escória	32	56-94	6-34	----	0-10	NBR 11578
CP II - Z	Cimento Portland com pozolana	32	76-94	----	6-14	0-10	
CP II - F	Cimento Portland com filer	32-40	90-94	----	----	6-10	
CP III	Cimento Portland de alto-forno	25-32-40	25-65	35-70	----	0-5	NBR 5735
CP IV	Cimento Portland pozolânico	25-32	45-85	----	15-50	0-5	NBR 5736

As principais normas brasileiras utilizadas para a especificação do cimento Portland são:

- NBR 11578:1991 – Cimento Portland composto (CP II)
- NBR 12989:1993 – Cimento Portland branco (CPB)
- NBR 13116:1994 – Cimento Portland de baixo calor de hidratação (BC)
- NBR 5732:1991 – Cimento Portland comum (CP I)
- NBR 5733:1991 – Cimento Portland de alta resistência inicial (CP RS)
- NBR 5735:1991 – Cimento Portland de alto-forno (CP III)
- NBR 5736:1999 – Cimento Portland pozolânico
- NBR 5737:1992 – Cimentos Portland resistentes a sulfatos (CP V ARI)

Água na mistura do concreto

A água utilizada na mistura tem duas funções:

1) reagir quimicamente com os álcalis do cimento, dando origem às propriedades desejadas do concreto;
2) fornecer trabalhabilidade à mistura.

A água destinada à mistura, ou, conforme o termo técnico, **amassamento**, do concreto deverá ser isenta de impurezas que possam prejudicar as suas reações com o cimento. Normalmente as águas potáveis são satisfatórias para o uso, e devem ser evitadas águas com materiais sólidos em suspensão ou finos, pois materiais em suspensão reduzem a aderência entre pasta e agregado. Pela mesma razão, é proibida a presença de algas na água da mistura. No caso da água não potável, além dos já mencionados materiais orgânicos e sólidos em suspensão, é necessário controlar também os teores de sulfatos (íons SO_4^{2-}) e cloretos (íons Cl^{1-}). A água utilizada para a cura deve ser escolhida com maior critério, uma vez que após a evaporação os sais e todos os materiais em suspensão ficarão depositados na superfície do concreto, podendo a longo prazo prejudicar severamente suas condições mecânicas. A água do mar não pode ser usada como água de amassamento se o concreto for armado ou protendido, devido à possibilidade de corrosão da armadura; entretanto, pode ser utilizada na execução de concreto comum. Nesses casos, é esperada uma redução de resistência de aproximadamente

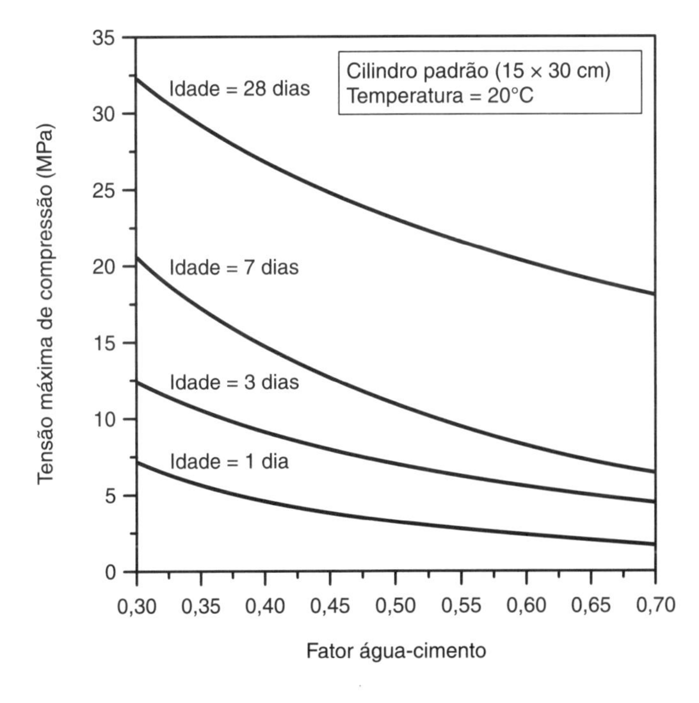

Figura 3.22 Variação típica da tensão de compressão do concreto com a razão mássica de água na mistura. (Adaptado de Ashby, 1988.)

15%, e devem aparecer manchas decorrentes de eflorescências produzidas pela cristalização do sal. Para obras marítimas é totalmente imprópria a utilização da água do mar. Em alguns casos, essa água pode levar a resistência inicial a valores mais elevados que os concretos normais, mas as resistências finais (a longo prazo) serão sempre menores. As águas minerais também não são recomendadas, pois em geral são muito agressivas.

Na prática, os maiores defeitos provenientes da água têm maior relação com o excesso de água empregada do que propriamente com os elementos que ela possa conter. A reação química do cimento com a água é fundamental para dar ao concreto as propriedades de resistência, durabilidade, trabalhabilidade e impermeabilidade, entre outras. Pesquisadores afirmam que todas as propriedades do concreto melhoram com a redução da água aplicada, desde que a massa continue plástica e trabalhável. A razão entre o peso da água e o peso do cimento é chamada de "**fator água-cimento**". A Fig. 3.22 mostra a relação entre a resistência mecânica do concreto e o fator água-cimento. Considerando-se apenas a água quimicamente necessária à hidratação do cimento, seria suficiente um fator água-cimento da ordem de 0,28. Entretanto, a trabalhabilidade do concreto exige fatores água-cimento muito maiores, usualmente entre 0,45 e 0,65. Outra condição é que altas quantidades de água implicam elevadas taxas de contração na secagem. Desse modo, existe um sério compromisso entre a trabalhabilidade, a contração e a resistência mecânica do concreto em relação à porcentagem de água adicionada à mistura.

Agregados na mistura do concreto

Agregados são materiais geralmente inertes (areias e britas de diferentes tamanhos), que não possuem nenhuma reação aparente com o cimento. Fazem parte dos ingredientes primários na fabricação do concreto, e compreendem entre 65% e 80% do volume total da mistura. A adição dos agregados objetiva aumentar a resistência mecânica, reduzir os percentuais de retração durante a secagem e, principalmente, reduzir custos.

As influências do agregado nas propriedades do concreto dependem da densidade e da resistência do agregado, devendo-se destacar que a resistência do concreto não depende diretamente da resistência do agregado, exceto quando este é muito frágil e de baixa resistência ou poroso. De modo geral, os agregados devem ser:

1) Estáveis nas condições de exposição do concreto.
2) Resistentes à compressão e ao desgaste.
3) Com granulometria distribuída de modo a reduzir o volume global da mistura.
4) Isentos de impurezas ou materiais com efeitos prejudiciais, mesmo a longo prazo.

Aditivos na mistura do concreto

Aditivos são substâncias adicionadas intencionalmente ao concreto com o objetivo de melhorar características individuais do concreto, como aumento da resistência mecânica, aumento da durabilidade, melhoria na impermeabilidade e na trabalhabilidade, redução ou aumento do tempo de secagem, redução da retração. A NBR 11768:1992 define os aditivos como produtos que, adicionados em pequena quantidade (menos que 5% da quantidade de massa de cimento) a concretos de cimento Portland, modificam algumas propriedades, no sentido de melhor adequá-las a determinadas condições.

A classificação dos aditivos, para concretos e argamassas, segundo a NBR 11768:1992, é determinada conforme se segue:

A – aceleradores
R – retardadores
P – plastificantes
SP – superplastificantes
PR – plastificantes retardadores
SPR – superplastificantes retardadores
IAR – incorporadores de ar

Um aditivo muito importante em concretos de alto desempenho consiste na sílica ativa ou microssílica, a qual melhora as propriedades do concreto tanto no estado fresco como no endurecido. É um resíduo oriundo das indústrias de ferro-ligas e silício metálico, contendo de 85% a 98% de sílica (SiO_2) amorfa. As partículas possuem forma esférica, com diâmetro médio das partículas primárias de 0,10 a 0,15 μm, equivalente às partículas sólidas de fumaça de um cigarro.

A resistência mecânica do concreto

Para a correta aplicação do ensaio de compressão em corpos de prova de concreto, o engenheiro responsável pela obra deverá observar características de agregado do concreto, consistência da massa, especificações do fabricante do cimento e, principalmente, a confecção e cura dos corpos de prova. Para tanto, será necessário consultar as normas técnicas para a preparação e a execução padronizada dos testes mecânicos a serem aplicados. Na sequência apresentam-se algumas das normas utilizadas na indústria de construção civil e, em particular, as normas referentes ao cimento.

- ABNT NBR 5738:2003 – Concreto – Procedimento para moldagem R e cura de corpos de prova.
- ABNT NBR 5739:2007 – Concreto – Ensaio de compressão de corpos de prova cilíndricos
- ABNT NBR 7211:2005 – Agregados para concreto – Especificação – (Errata 29/07/2005)
- ABNT NBR 7212:1984 – Execução de concreto dosado em central.
- ABNT NBR 7217:1987 – Concreto – Determinação da composição granulométrica.
- ABNT NBR 7223:1994 – Concreto – Determinação da consistência pelo abatimento do tronco de cone.
- ABNT NBR 12655:1996 – Concreto – Preparo, Controle e Recebimento.

Para efeito de concordância da nomenclatura, a Tabela 3.14 apresenta a nomenclatura utilizada nas normas de ensaio de concreto e a relação com a nomenclatura utilizada neste livro.

Tabela 3.14 Relação entre a nomenclatura/simbologia aplicada neste livro e as normas de concreto

Utilizada neste livro	Normas de concreto	Unidade	Descrição
D	D	cm	Diâmetro do corpo de prova de concreto (padrão 15 cm)
E_{ci}	$\mathrm{E_{ci}}$	N/mm^2	Módulo de elasticidade inicial em compressão longitudinal do concreto
L	L	cm	Comprimento do corpo de prova de concreto (padrão 30 cm)
P	P	N	Carga
S	S	MPa	Desvio padrão da amostragem
σ_c	$\mathrm{f_c}$	N/mm^2	Resistência à compressão simples
σ_{cd}	$\mathrm{f_{cd}}$	N/mm^2	Resistência de cálculo do concreto
σ_{ck}	$\mathrm{f_{ck}}$	N/mm^2	Resistência característica do concreto à compressão
σ_{cm}	$\mathrm{f_{cm}}$	N/mm^2	Resistência média à compressão simples
σ_{ct}	$\mathrm{f_{ct}}$	N/mm^2	Resistência do concreto à tração direta longitudinal
$\sigma_{ct\cdot f}$	$\mathrm{f_{ct\cdot f}}$	N/mm^2	Resistência do concreto à tração na flexão
$\sigma_{ct\cdot sp}$	$\mathrm{f_{ct\cdot sp}}$	N/mm^2	Resistência do concreto à tração direta medida no ensaio de compressão transversal
ε_c	ε_c	mm/mm	Deformação do concreto à compressão longitudinal simples
γ_c	γ_c	adimensional	Coeficiente de minoração da resistência do concreto

A massa específica do concreto constitui uma informação importante para o projetista. Para esse material, a massa específica considerada normal (ρ_c) se encontra na faixa de 2000 a 2800 kg/m^3. Para o concreto armado, as normas indicam um acréscimo de 100 a 150 kg/m^3. Para efeitos de cálculo, caso não existam medidas da massa específica, pode-se adotar para o concreto simples o valor de 2400 kg/m^3 e para o concreto armado, 2500 kg/m^3.

A resistência à compressão simples (σ_c) é a característica mecânica mais importante a ser analisada nos concretos, e para estimá-la em um lote de concreto são moldados e preparados corpos de prova segundo a NBR 5738, os quais são ensaiados à compressão longitudinal de acordo com a NBR 5739. O corpo de prova padrão brasileiro é cilíndrico, com 15 cm de diâmetro e 30 cm de altura, e a idade de referência é de 28 dias.

Após ensaio de um número representativo de corpos de prova (> 30), montar uma curva de Gauss, ou *curva de distribuição normal*, com os valores obtidos de σ_c *versus* a densidade de frequência de corpos de prova relativos a determinado valor de σ_c, conforme mostra a Fig. 3.23.

A curva de distribuição normal segue a Eq. (2.59), já apresentada no capítulo do ensaio de tração e reproduzida na Eq. (3.26), com a nomenclatura equivalente para o concreto.

$$f(\sigma_c) = \frac{1}{\sqrt{2 \cdot \pi \cdot S}} \cdot \exp\left(-\frac{(\sigma_{ci} - \sigma_{cm})^2}{2 \cdot S^2}\right) \tag{3.26}$$

Para a análise do concreto, dois parâmetros são considerados de importância fundamental: **resistência média do concreto à compressão (σ_{cm})** e **resistência característica do concreto à compressão (σ_{ck})**.

A resistência média do concreto à compressão (σ_{cm}) e o desvio padrão (S) podem ser calculados conforme as Eqs. 2.60 e 2.61, reproduzidas aqui por:

$$\sigma_{cm} = \frac{\sum_{i=1}^{n} \sigma_{ci}}{n} \tag{3.27}$$

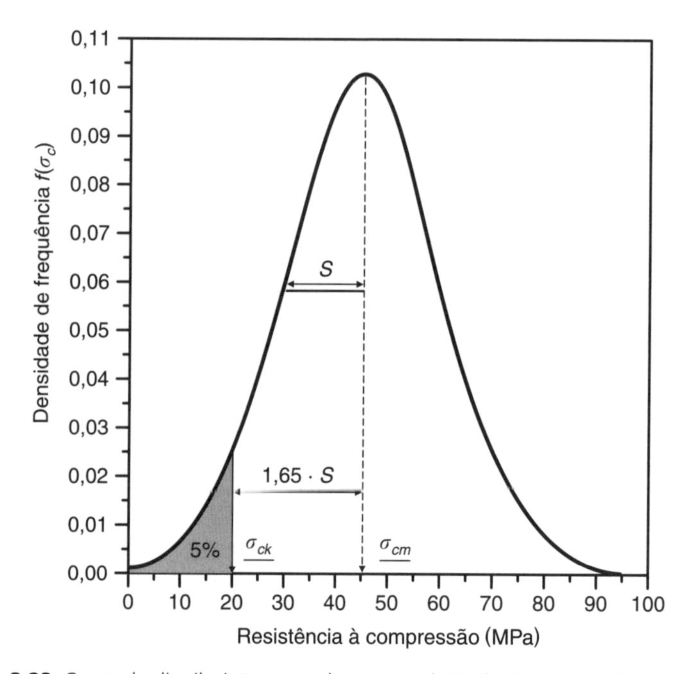

Figura 3.23 Curva de distribuição normal para a resistência à compressão do concreto.

$$S = \sqrt{\frac{\sum_{i=1}^{n} (\sigma_{ci} - \sigma_{cm})^2}{n-1}} \qquad (3.28)$$

Observar, na Fig. 3.23 que σ_{cm} corresponde à média aritmética dos valores de σ_c para o conjunto de n corpos de prova ensaiados, e S corresponde à distância entre σ_{cm} e o ponto de inflexão da curva de distribuição normal, podendo também ser obtida pela derivada de 2.ª ordem da Eq. (3.26), com valor igual a zero, dada por:

$$\frac{\partial^2 f(\sigma_c)}{\partial \sigma_c^2} = 0 \qquad (3.29)$$

Para o ensaio de concretos e outros materiais utilizados na construção civil, o valor de referência adotado em projetos não poderá ser o valor médio (σ_{cm}), uma vez que esse valor estabelece que metade do volume de concreto probabilisticamente se encontrará em condição de resistência mecânica inferior ao valor médio. Para tanto, adota-se internacionalmente a resistência característica (σ_{ck}) como o valor de referência, uma vez que esse valor garante em termos probabilísticos que somente 5% do volume total do concreto se encontrará abaixo do valor de referência. O valor de 1,65 corresponde ao **quantil de 5%**, ou seja, 5% dos corpos de prova possuirão $\sigma_c < \sigma_{ck}$, assim:

$$\sigma_{ck} = \sigma_{cm} - 1{,}65 \cdot S \qquad (3.30)$$

Diagrama tensão-deformação para o concreto

Visando estabelecer um critério comum para o dimensionamento de estruturas de concreto, a NBR 6118:2003 adota um padrão da curva tensão-deformação simplificada para os concretos definidos como concretos de resistência normal (CRN) em função unicamente da resistência característica (σ_{ck}). A curva é composta por uma parábola de 2.º grau que passa pela origem e tem seu valor máximo no ponto deformação igual a 2%, dada por:

$$\sigma_c = 0{,}85 \cdot \sigma_{cd} \left[1 - \left(1 - \frac{\varepsilon_c}{0{,}02} \right)^2 \right] \qquad (3.31)$$

Entre 2% e 3,5% de deformação a curva assume valor constante igual a 0,85, e o valor da resistência de cálculo do concreto (σ_{cd}) é dado por uma relação com a resistência característica (σ_{ck}), conforme se segue:

$$\sigma_{cd} = \frac{\sigma_{ck}}{\gamma_c} \qquad (3.32)$$

em que γ_c representa o coeficiente de minoração da resistência do concreto.

O coeficiente de minoração é dado por 1,4 para condições normais de trabalho. No cálculo de peças para as quais na execução sejam previstas condições desfavoráveis (por exemplo, mas condições de transporte, ou adensamento manual, ou concretagem deficiente pela concentração da armadura), γ_c deve ser elevado para 1,5. Para peças pré-moldadas em usinas, executadas com cuidados rigorosos, γ_c pode ser reduzido para 1,3. Os coeficientes de minoração serão multiplicados por 1,2 quando a peça estiver exposta à ação prejudicial de agentes externos, tais como ácidos, álcalis, águas agressivas, óleos e gases nocivos, e também para trabalho em ambientes de temperatura muito alta ou muito baixa. A Fig. 3.24 apresenta a curva tensão-deformação simplificada para a compressão do concreto, segundo a NBR 6118:2007.

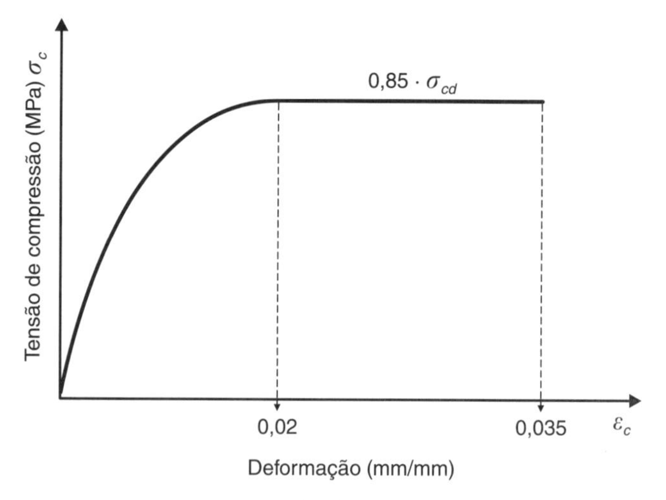

Figura 3.24 Curva tensão-deformação simplificada para a compressão do concreto. (Segundo NBR 6118:2003.)

Módulo de elasticidade do concreto

A NBR 6118:2007 recomenda que, quando não forem feitos ensaios e não existirem dados precisos sobre o concreto utilizado com idade de 28 dias, pode-se estimar o valor do módulo de elasticidade inicial (E_{ci}), dado por:

$$E_{ci} = 5600 \cdot \sigma_{ck} \tag{3.33}$$

O ensaio de compressão transversal (diametral) do concreto, ou tração indireta

Para o caso dos concretos, a compressão transversal é um dos ensaios mais utilizados, principalmente devido à simplicidade de ser aplicado utilizando-se o mesmo corpo de prova cilíndrico do ensaio de compressão longitudinal (15 cm por 30 cm). Esse ensaio é conhecido internacionalmente como ***Ensaio Brasileiro***, pois foi desenvolvido pelo engenheiro brasileiro **Fernando Luiz Lobo Barboza Carneiro,** em 1943, quando estudava a ideia de transportar por meio de rolos de concreto uma igreja histórica (Igreja de São Pedro, de 1732, RJ) para o outro lado de uma avenida (Av. Presidente Vargas, RJ) de modo a evitar que fosse demolida. O ensaio ganhou fama mundial, e a igreja não teve a mesma sorte, tendo sido realmente demolida devido a outras dificuldades encontradas no projeto de seu transporte. Em 1980, o ensaio foi adotado pela Organização Internacional de Padronização (International Organization for Standardization - ISO) (http://www.planeta.coppe.ufrj.br/artigo.php, consultado em 06/11/2010).

A Fig. 3.25(a) mostra um esboço do ensaio de compressão transversal onde se observa a tensão trativa transversal que gera a fissura vertical no bloco de ensaio. A Fig 3.25(b) mostra os níveis de tensão sofridos pelo corpo de prova ao longo da distância diametral.

A norma NBR 6118:2003 indica as relações entre a resistência à tração medida em diferentes ensaios (compressão diametral, tração direta e flexão), dadas por:

$$\sigma_{ct} = 0{,}9 \cdot \sigma_{ct \cdot sp} \tag{3.34}$$

em que

σ_{ct} – resistência à tração direta
$\sigma_{ct \cdot sp}$ – resistência à tração indireta, medida no ensaio de compressão diametral.

$$\sigma_{ct} = 0{,}7 \cdot \sigma_{ct \cdot f} \tag{3.35}$$

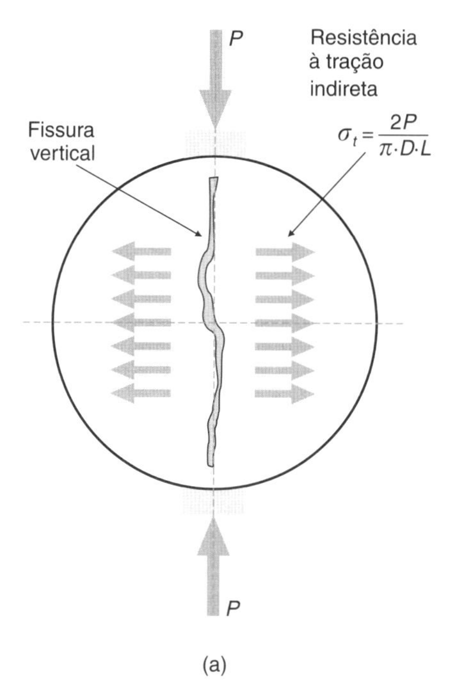

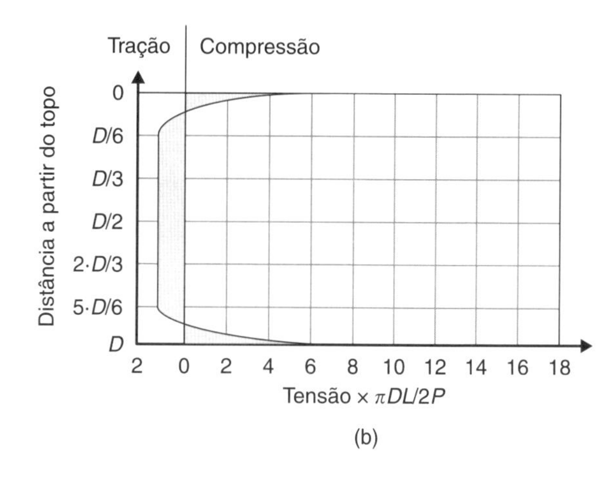

Figura 3.25 (a) Esquema do ensaio de compressão diametral desenvolvido por Fernando Lobo para a medida da tração indireta. (b) Esboço do perfil de tensão diametral sofrida pelo corpo de prova no ensaio.

em que

$\sigma_{ct \cdot f}$ – resistência à tração na flexão, medida no ensaio de flexão.

Detalhes da aparelhagem de ensaio e o ensaio em campo

Aparelhagem de ensaio (detalhamento da Norma 5739:2007)

- A máquina de ensaio pode ser de qualquer tipo, desde que possibilite aplicação de carga contínua e sem choques.
- As placas de aplicação de carga devem ser de aço e ter espessura suficiente para evitar deformações durante o ensaio.
- Uma das placas deve assentar-se em rótula esférica (no caso das prensas verticais, a placa superior), e a outra deve ser um bloco rígido e plano.
- A face de uma das placas deve apresentar referências guias para facilitar a centralização dos corpos de prova.
- A placa de carga assentada na rótula esférica deve rodar livremente e ter liberdade para girar livremente (pelo menos 5°) em todas as direções.
- A porcentagem de erro não deve ser maior que ± 1%, para cargas entre 10% e 100% da carga máxima.
- Nos laboratórios instalados em campo (obra), nos quais os resultados se destinem especificamente ao controle particular, é permitida a utilização de máquinas de ensaio que apresentem porcentagem de erro de até ± 3%.
- O erro da máquina de ensaio obtido na aferição é dado por:

$$\varepsilon[\%] = \left[\frac{V_{\text{máquina}} - V_{\text{aferido}}}{V_{\text{aferido}}} \right] \cdot 100\% \qquad (3.36)$$

em que

$\varepsilon(\%)$ – erro da máquina (%);

$V_{\text{máquina}}$ – valor indicado pela máquina de ensaio (Pa);
V_{aferido} – valor indicado pelo aparelho de calibração (Pa);

- A máquina de ensaio deve ser aferida pelo menos uma vez por ano.

Definições de cura para os corpos de prova de concreto

- Cura úmida ⇨ Quando a superfície do corpo de prova é mantida permanentemente úmida.
- Cura saturada ⇨ Quando o corpo de prova é mantido permanentemente imerso em água saturada de cal.

Observação: A cura dos corpos de prova poderá ser feita sob condições especiais de acordo com as características da obra.

Cuidados a serem tomados antes do ensaio

- Os corpos de prova que receberam cura úmida ou cura saturada devem ser ensaiados ainda úmidos. O teste deve ser realizado imediatamente após a remoção do corpo de prova do seu local de cura. Se necessário, os corpos de prova devem ser conservados sob panos molhados para evitar a evaporação.
- As faces de aplicação de carga dos corpos de prova devem ser capeadas de modo a se tornarem planas e paralelas.
- As dimensões do corpo de prova devem ser determinadas com precisão de ±1 mm, pela média de duas leituras de cada medida.

Cuidados a serem tomados durante o ensaio

- As faces das placas de carga e do corpo de prova devem ser limpas, e o corpo de prova deve ser cuidadosamente centralizado na placa que contém as referências guias.
- A carga deve ser aplicada continuamente a uma velocidade de 0,3 MPa a 0,8 MPa por segundo. Nenhum ajuste deve ser feito nos controles da máquina de ensaio quando o corpo de prova estiver se deformando rapidamente ao se aproximar de sua ruptura.
- O carregamento deve cessar somente quando o recuo do ponteiro de carga ficar em torno de 10% do valor da carga máxima atingida. Esse valor será anotado como a carga de ruptura do corpo de prova.
- A tensão de ruptura à compressão é obtida dividindo-se a carga de ruptura pela área da seção transversal do corpo de prova, devendo o resultado ser expresso com a aproximação de 0,1 MPa.

O certificado de resultados do ensaio deve conter as seguintes informações:

- procedência do corpo de prova;
- número de identificação do corpo de prova no laboratório;
- número de identificação do corpo de prova na obra;
- data de moldagem;
- idade do corpo de prova;
- data do ensaio;
- área da seção transversal em cm^2;
- tensão de ruptura à compressão expressa com a aproximação de 0,1 MPa;
- informações adicionais (por exemplo: marca do cimento, origem dos agregados, defeitos eventuais no corpo de prova).

4 Ensaio de Dureza

Ensaio de dureza consiste na aplicação de uma carga na superfície do material empregando um penetrador padronizado, produzindo uma marca superficial ou impressão. A medida da dureza do material ou da dureza superficial é dada como função das características da marca de impressão e da carga aplicada em cada tipo de ensaio realizado (Fig. 4.1). Esse ensaio é amplamente utilizado na indústria de componentes mecânicos e elétricos, tratamentos superficiais, vidros e laminados, devido à vantagem de fornecer dados quantitativos das características de resistência à deformação permanente das peças produzidas. É utilizado como um ensaio para o controle das especificações da entrada de matéria-prima e durante as etapas de fabricação de componentes, e em alguns casos em produtos finais. Desenvolvido inicialmente para os materiais metálicos, hoje encontra vasta aplicação também para materiais poliméricos, cerâmicos, semicondutores e filmes finos. Cabe ressaltar que os resultados de dureza podem variar em função de tratamentos aplicados ao material (tratamentos térmicos, tratamentos termoquímicos, mecânicos, refusão a laser, etc.), temperatura e condições da superfície.

A **dureza** é uma propriedade mecânica cujo conceito se segue à resistência que um material, quando pressionado por outro material ou por marcadores padronizados, apresenta ao risco ou à formação de uma marca permanente. Os métodos e ensaios mais aplicados em engenharia utilizam-se de penetradores com formato padronizado e que são pressionados na superfície do material sob condições específicas de pré-carga e/ou carga, causando inicialmente deformação elástica e em seguida deformação plástica. A área da marca superficial formada ou a sua profundidade são medidas e correlacionadas a um valor numérico que representa a dureza do material. Essa correlação é baseada na tensão que o penetrador necessita para vencer a resistência da superfície do material.

A dureza de um material depende diretamente das forças de ligação entre átomos, íons ou moléculas, do escorregamento de planos atômicos, assim como da resistência mecânica. Nos sólidos moleculares, como os plásticos, as forças atuantes entre as moléculas (forças de Van der Waals) são baixas, e eles são relativamente macios. Os sólidos metálicos e iônicos, devido à natureza mais intensa das forças de ligação, são mais duros, enquanto os sólidos de ligação covalente são os materiais conhecidos de maior dureza. A dureza dos metais pode também ser aumentada por tratamentos especiais, como adição de soluto, trabalho a frio, refino de grão, endurecimento por precipitação, tratamentos térmicos ou termoquímicos específicos. Há uma ligação bastante próxima entre o limite de escoamento dos metais e a sua dureza.

Os principais métodos para determinação da dureza podem ser divididos em três grupos principais: risco, rebote e penetração. A seguir apresentam-se detalhes dos métodos.

DUREZA POR RISCO

Esse tipo de ensaio é pouco utilizado nos materiais metálicos, encontrando maior aplicação no campo da mineralogia. Vários minerais podem ser relacionados a outros materiais na sua

BRINELL (HB)

$$\text{HB} = \frac{2 \cdot P}{\pi \cdot D \cdot \left(D - \sqrt{D^2 - d^2}\right)};\ P(\text{kgf})\ D, d(\text{mm})$$

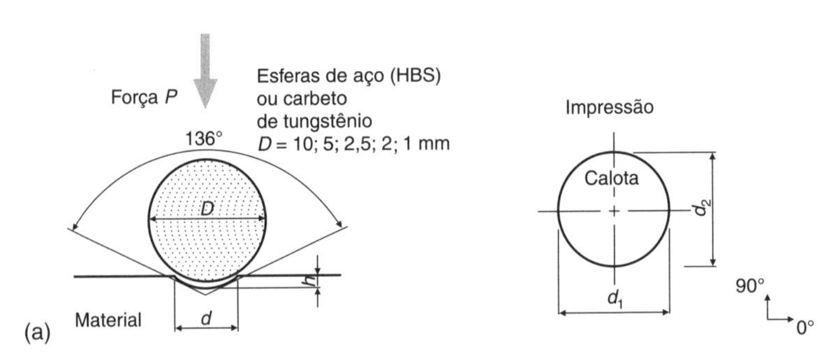

ROCKWELL (HR)

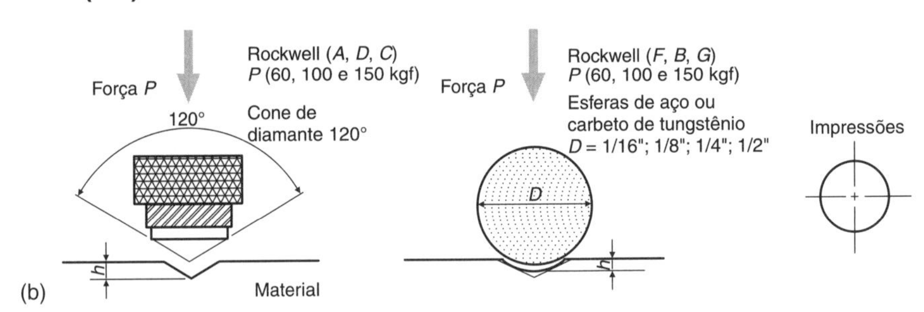

VICKERS (HV)

$$\text{HV} = 1{,}8544 \cdot \left(\frac{P}{d_1^2}\right);\ P(\text{kgf})\ \text{e}\ d_1(\text{mm})$$

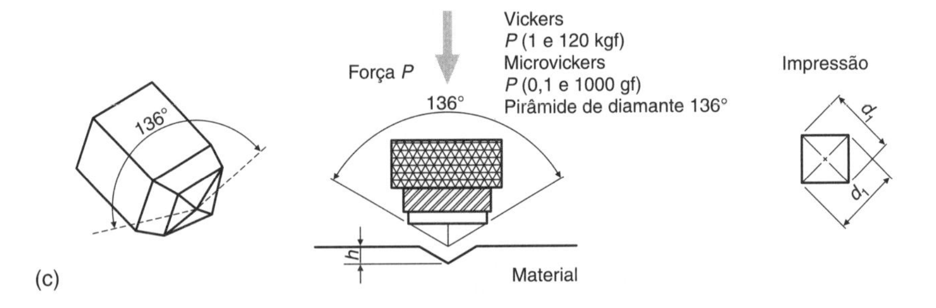

Microdureza KNOOP (HK)

$$\text{HK} = 14{,}23 \cdot \left(\frac{P}{I^2}\right);\ P(\text{Kgf})\ \text{e}\ I(\text{mm})$$

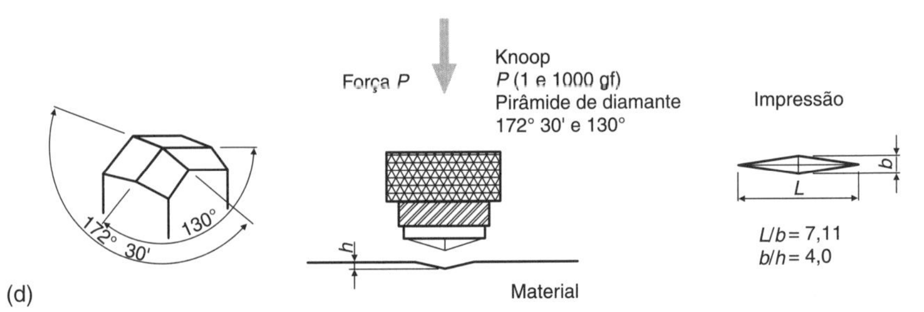

Figura 4.1 Tipos de ensaios de dureza, destacando as características de penetração.

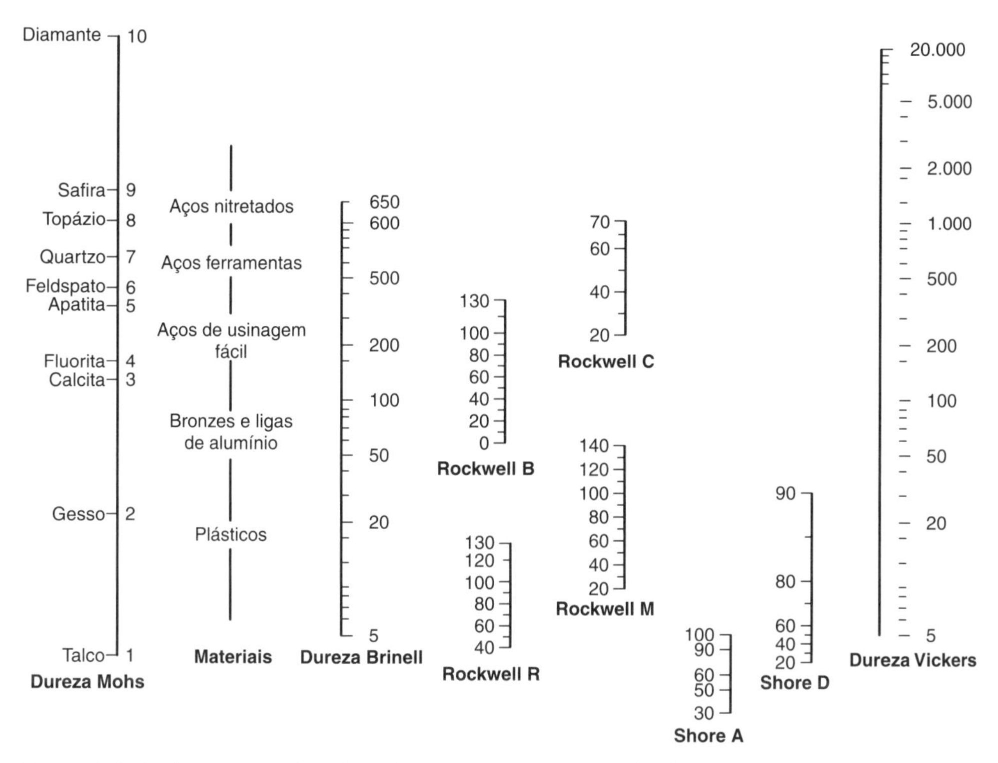

Figura 4.2 Escalas comparativas dos valores para os vários métodos de durezas e aplicações recomendáveis para diversos materiais. (Adaptado de Jástrzebski, 1987.)

capacidade de riscar uns aos outros. Entre os ensaios por risco, a **dureza Mohs** é a mais conhecida, e consiste em uma escala de 10 minerais padrões organizados de tal forma que o mais duro (diamante — dureza ao risco 10) risca todos os outros. O mineral localizado imediatamente abaixo (safira ou coríndon — dureza ao risco 9) risca os que se seguem, o topázio (dureza 8) risca o quartzo (dureza 7), que risca o feldspato ou o ortoclásio (dureza 6), e assim sucessivamente, até o mais macio da escala, que é o talco (silicato de magnésio — dureza ao risco 1).

Na escala Mohs, a maioria dos metais localiza-se entre os pontos 3 e 8, mas essa escala não permite uma definição adequada da dureza dos metais. A Fig. 4.2 mostra a escala Mohs comparada com diferentes materiais e as durezas obtidas por outros métodos de ensaio, que serão detalhados em seqüência, enquanto a Fig. 4.3 apresenta imagens de alguns minerais.

Outro método de dureza por risco que pode ser mencionado é a **microdureza Bierbaum**, que consiste na aplicação de uma força de 3 gf, por um diamante padronizado, com formato igual a um canto de cubo com ângulo de contato de 35°, sobre uma superfície previamente preparada por polimento e ataque químico.

Por meio de um microscópio, mede-se a largura do risco - λ (μm), e o valor numérico da dureza Bierbaum (K) será determinado por:

$$K = \frac{10^4}{\lambda^2} \tag{4.1}$$

A Fig. 4.4 ilustra o procedimento para determinação da dureza Bierbaum, consistindo na confecção do risco superficial e na medição posterior com lupa graduada e precisão de 0,001 mm.

Figura 4.3 Minerais da escala Mohs: (a) talco; (b) calcita; (c) feldspato; (d) quartzo; (e) diamante.

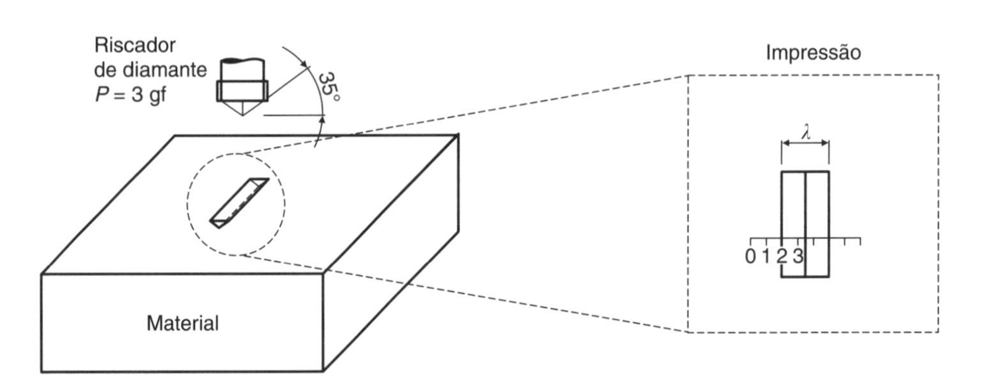

Figura 4.4 Representação esquemática do método de dureza Bierbaum.

DUREZA POR REBOTE

É um ensaio dinâmico cuja impressão na superfície do material é causada pela queda livre de um êmbolo com uma ponta padronizada de diamante e peso conhecido. Nos ensaios de dureza dinâmica, o valor da dureza é proporcional à energia de deformação consumida para formar a marca no material ou corpo de prova, e representada pela altura alcançada no rebote do êmbolo por meio de um número. Nessas condições, um material dúctil irá consumir mais energia na deformação do corpo de prova e o êmbolo alcançará uma altura menor no retorno, indicando, consequentemente, uma dureza mais baixa. Desses métodos destaca-se a **dureza Shore**, método proposto no início dos anos 1900, que utiliza uma barra de aço com uma ponta arredondada de diamante colocada dentro de um tubo de vidro com uma escala dividida em

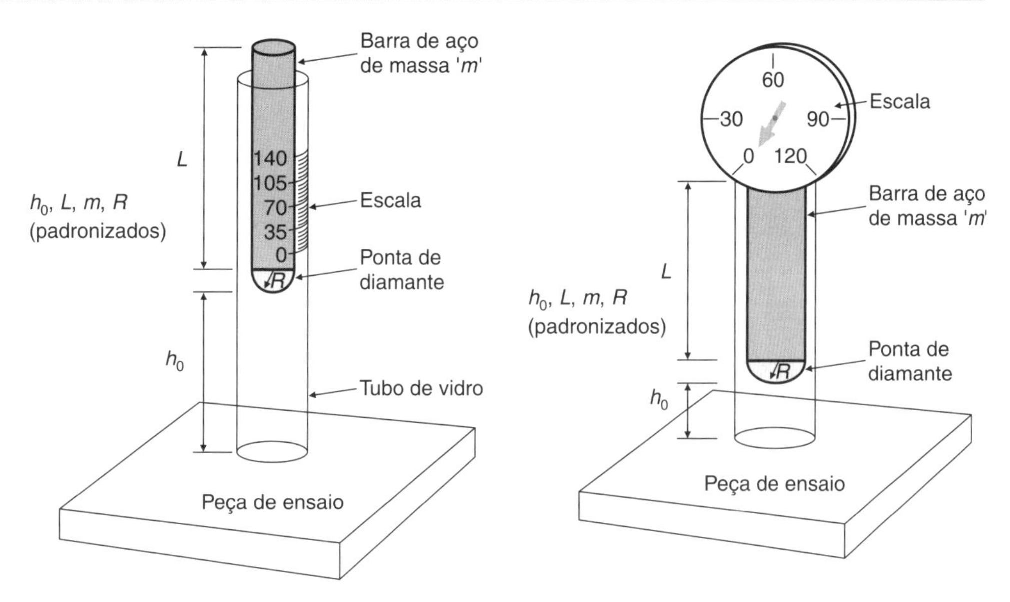

Figura 4.5 Esboço de equipamentos de rebote utilizados na determinação das durezas Shore C e D.

unidades. A barra é liberada de uma altura padrão, e a altura do rebote após o choque com a superfície do material é considerada a dureza do material. A leitura do valor na escala no bulbo de vidro é realizada no instante de inversão do movimento ascendente do êmbolo. É também conhecida como dureza por escleroscópio, nome do primeiro equipamento fabricado comercialmente para esse método.

O método, amplamente empregado na determinação da dureza de materiais metálicos finais ou acabados, é dividido em diferentes escalas de acordo com as durezas dos materiais. O equipamento de dureza Shore é leve e portátil, sendo adequado à determinação de durezas de peças grandes, como por exemplo cilindro de laminador, trens de pouso de avião e ensaios em campo. Como a marca superficial deixada pelo ensaio é pequena, ele é também indicado no levantamento da dureza de peças acabadas. Outra vantagem oferecida por esse ensaio é a oportunidade de realização também em condições adversas, como altas temperaturas. Esquemas dos equipamentos utilizados nos ensaios de dureza Shore são mostrados na Fig. 4.5.

A norma ASTM E448:2002 padroniza testes realizados em duas escalas para materiais metálicos: C e D, sendo o valor máximo correspondente à altura alcançada com o rebote do êmbolo sobre a superfície de um aço ferramenta de alto carbono (AISI W5) somente temperado.

A escala Shore C é graduada entre 0 e 140, e o dispositivo de teste é acionado por atuador pneumático, sendo recomendada para materiais metálicos finos ou com tratamentos superficiais. O êmbolo possui diâmetro de 5,94 mm, massa de 2,3 g, e é liberado de uma altura de 251,2 mm. A escala Shore D, graduada entre 0 e 120, é recomendada para metais mais duros. Nessa escala, o êmbolo possui diâmetro de 7,94 mm, massa de 36 g, e é liberado de uma altura de 17,9 mm. Para o caso de materiais metálicos finos, recomendam-se as seguintes espessuras mínimas: aços temperados 0,13 mm, aços laminados a frio 0,25 mm, latão encruado 0,25 mm, latão recozido 0,38 mm. Recomenda-se uma distância mínima entre impressões de pelo menos 0,50 mm, e também entre impressão e borda da peça, e a realização de no mínimo 5 medidas.

Entre as precauções que devem ser tomadas para a realização do ensaio, é importante que a superfície do material esteja limpa e lisa e que o tubo de queda esteja em posição vertical e perpendicular à superfície. Esse ensaio é também indicado para peças de aço temperado, aços cementados e outros materiais de alta dureza. Alguns estudos correlacionaram valores de dureza Shore ao limite de resistência à tração de aços-carbono. A Fig. 4.6 mostra essa correlação.

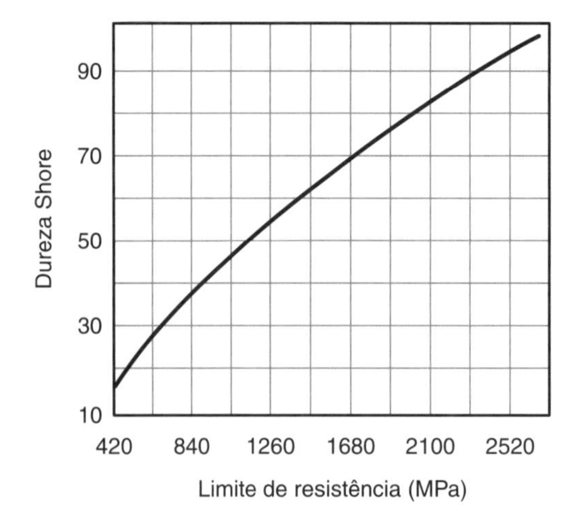

Figura 4.6 Correlação entre a dureza Shore e o limite de resistência à tração em aços-carbono.

DUREZA POR PENETRAÇÃO

Dureza Brinell

Este ensaio foi inicialmente proposto por James A. Brinell em 1900, e foi o primeiro ensaio de penetração padronizado e reconhecido industrialmente. Consiste em comprimir uma **esfera** metálica padronizada na superfície do material ensaiado, gerando uma **calota esférica**, conforme mostra a Fig. 4.7. A dureza Brinell é o quociente da carga normal aplicada pela área da superfície côncava (calota esférica) após a retirada da força, dada por:

$$\text{dureza} = \frac{P}{S} \tag{4.2}$$

em que

dureza – expressa em termos de tensão (Pa);
P – carga de impressão (N);
S – área da calota esférica impressa (mm^2).

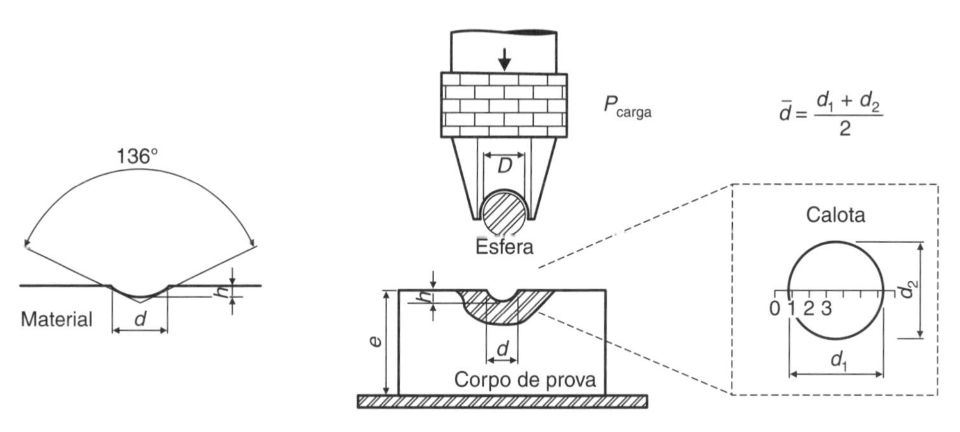

Figura 4.7 Representação esquemática do ensaio de dureza Brinell.

De acordo com a Eq. (4.2), a **dureza** corresponde a uma tensão, o que permite estabelecer relações entre dureza e outras propriedades mecânicas dos materiais, conforme será apresentado adiante. Introduzindo-se a superfície da calota esférica na Eq. (4.2), tem-se:

$$HB = 0{,}102 \cdot \frac{2 \cdot P}{\pi \cdot D \cdot (D - \sqrt{D^2 - \bar{d}^2})} \tag{4.3}$$

em que

D = diâmetro do penetrador (mm);
$\bar{d}$ = diâmetro médio da impressão (mm);
P = carga (N);
0,102 = fator de conversão para carga em (N), já que inicialmente o ensaio foi proposto em kgf, mas, devido à adoção do Sistema Internacional (SI) de unidades, a unidade da carga aplicada foi convertida para este.

A **profundidade** (h em milímetros) da calota esférica pode ser calculada pela Eq. (4.4):

$$h = \frac{D - \sqrt{D^2 - \bar{d}^2}}{2} \tag{4.4}$$

Na utilização do ensaio, a aplicação da relação que calcula HB é desnecessária, pois existem tabelas preparadas para fornecer o valor da dureza Brinell a partir do diâmetro médio da impressão formada $\bar{d} = \frac{d_1 + d_2}{2}$, sendo d_1 e d_2 os diâmetros medidos a 90° entre si, e da carga empregada.

Embora a dureza Brinell expresse unidades de carga/área, é prática usual a utilização apenas do número representativo da dureza, seguido do símbolo HB. É também prática usual (NBR NM-187-1) utilizar as notações HBS, no caso de se utilizar esfera de aço, e HBW, no caso de esfera de carboneto de tungstênio. A escolha é dependente da faixa de dureza do material a ser submetido ao ensaio. A norma ASTM E10:2007a só admite a utilização de esfera de carboneto de tungstênio (HBW).

Tanto a carga quanto o diâmetro da esfera dependem do material, devendo tais parâmetros se adequar ao tamanho, à espessura e à estrutura interna do corpo de prova. Os **diâmetros** de esferas normalizados são de 10 mm, 5 mm, 2,5 mm, 2 mm e 1 mm para a norma NBR NM-187-1:1999, e de 10 mm, 5 mm, 2,5 mm e 1 mm para a norma ASTM E10:2007a.

A escolha da **carga** dependerá do material a ser ensaiado, e para isso foi adotado o grau de carga ou **constante** do material, que garante que seja mantido o ângulo de 136° entre as tangentes da calota esférica da impressão. Essa condição é atendida para $d_1/D_1 = d_2/D_2$, desde que o grau de carga seja constante, ou:

$$\frac{P}{D^2} = \text{constante ou grau de carga} \tag{4.5}$$

A Tabela 4.1 apresenta as principais constantes ou graus de carga empregados para os mais conhecidos materiais de engenharia, e a Tabela 4.2 apresenta as principais cargas empregadas em função da definição da esfera e da escolha da constante dependente do material. A norma ASTM E10:2007a classifica o método de dureza Brinell em escalas segundo os diferentes graus de cargas ou constantes. Vale ressaltar que os valores de constantes sugeridos são apenas indicativos para os materiais mais comuns, podendo ocorrer variações em função do histórico desses valores. A utilização de constante ou grau de carga diferente do recomendado deve ser acordada entre as partes. Para o caso de materiais com durezas desconhecidas, quando possível, recomenda-se a passagem de uma lima na superfície do material; se o material for riscado, ele é razoavelmente mole, mas, no caso de materiais que não são riscados, não se recomenda realizar o ensaio Brinell.

Tabela 4.1 Constantes ou graus de cargas de alguns materiais

Constante ou grau de carga	Materiais	Exemplos
30	Metais ferrosos e não ferrosos resistentes	Aços, ferros fundidos, níquel e ligas, cobalto e ligas, ligas de titânio
15	Somente para carga de 1500 kgf	Titânio e ligas, bem como materiais não tão duros e ligas leves (somente NBR NM-187-1)
10	Metais ferrosos dúcteis e maioria dos não ferrosos	Ferros fundidos, ligas de alumínio, ligas de cobre: latões, bronzes, ligas de magnésio, zinco
5	Metais não ferrosos moles	Metais puros alumínio, magnésio, cobre, zinco
2,5	Metais moles	Ligas de estanho, chumbo, antimônio, berílio, lítio
1,25	Metais mais moles	Metais puros berílio e lítio ou metais moles
1	Metais muito moles	Metais puros estanho, chumbo, antimônio

Tabela 4.2 Cargas recomendadas para diferentes esferas e constantes

Esfera *D* (mm)	Constante ou grau de carga (ABNT e ASTM)						
	30	15	10	5	2,5	1,25	1
	Cargas (kgf)						
10	3000	1500	1000	500	250	125	100
5	750	-	250	125	62,5	31,25	25
2,5	187,5	-	62,5	31,25	15,625	7,812	6,25
2	120	-	40	20	10	5	4
1	30	-	10	5	2,5	1,25	1

O resultado do ensaio deverá ser **validado** se o diâmetro médio da calota esférica ($\bar{d}$) estiver compreendido entre 24% e 60% do diâmetro da esfera (D) empregada ($0{,}24 \cdot D \leq \bar{d} \leq 0{,}60 \cdot D$). Caso isso não ocorra, deve-se selecionar outra constante para o material e determinar novamente a carga do ensaio.

Recomenda-se especificar o diâmetro da esfera e a carga aplicada junto ao resultado do ensaio (p. ex.: XX HBS 10/3000, XX HBS 5/750, XX HBW 10/1000, XX HBW 5/250).

Na maioria dos ensaios (materiais com valores de dureza Brinell até 450 HB), utiliza-se uma carga de 29,42 kN (3000 kgf) com esferas de aço. Entretanto, para metais mais moles, utilizam-se cargas de 14,70 kN (1500 kgf) ou 4,9 kN (500 kgf), para evitar a formação de uma impressão muito profunda. Já no caso de materiais muito duros (dureza entre 450 e 650 HB), utiliza-se esfera de carboneto de tungstênio para evitar deformação na esfera padronizada. O tempo de aplicação da carga é da ordem de 10 a 15 segundos para materiais duros e de 30 a 60 segundos para materiais mais moles para evitar calotas irregulares [Fig. 4.11(b)]. A Tabela 4.3 mostra a simbologia empregada para apresentação dos resultados.

Tabela 4.3 Relação entre carga aplicada e diâmetro da esfera para ser utilizada no ensaio Brinell (adaptado de ASTM E10:2007a)

Símbolo	Diâmetro da esfera (mm)	$0{,}102.P / D^2$ ou constante	Força *P* (Valor nominal N)
HBS (HBW) 10 / 3000	10	30	29420 N
HBS (HBW) 10 / 1500		15	14710 N
HBS (HBW) 10 / 1000		10	9807 N
HBS (HBW) 10 / 500		5	4903 N
HBS (HBW) 10 / 250		2,5	2452 N
HBS (HBW) 10 / 125		1,25	1226 N
HBS (HBW) 10 / 100		1	980,7 N
HBS (HBW) 5 / 750	5	30	7355 N
HBS (HBW) 5 / 250		10	2452 N
HBS (HBW) 5 / 125		5	1226 N
HBS (HBW) 5 / 62,5		2,5	612,9 N
HBS (HBW) 5 / 31,25		1,25	306,5 N
HBS (HBW) 5 / 25		1	245,2 N
HBS (HBW) 2,5 / 187,5	2,5	30	1839 N
HBS (HBW) 2,5 / 62,5		10	612,9 N
HBS (HBW) 2,5 / 31,25		5	306,5 N
HBS (HBW) 2,5 / 15,62		2,5	153,2 N
HBS (HBW) 2,5 / 7,82		1,25	76,61 N
HBS (HBW) 2,5 / 6,25		1	61,29 N
HBS (HBW) 2 / 120	2	30	1177 N
HBS (HBW) 2 / 40		10	392,3 N
HBS (HBW) 2 / 20		5	196,1 N
HBS (HBW) 2 / 10		2,5	98,07 N
HBS (HBW) 2 / 5		1,25	49,03 N
HBS (HBW) 2 / 4		1	39,23 N
HBS (HBW) 1 / 30	1	30	294,2 N
HBS (HBW) 1 / 10		10	98,07 N
HBS (HBW) 1 / 5		5	49,03 N
HBS (HBW) 1 / 2,5		2,5	24,52 N
HBS (HBW) 1 / 1,25		1,25	12,26 N
HBS (HBW) 1 / 1		1	9,807 N

(a)

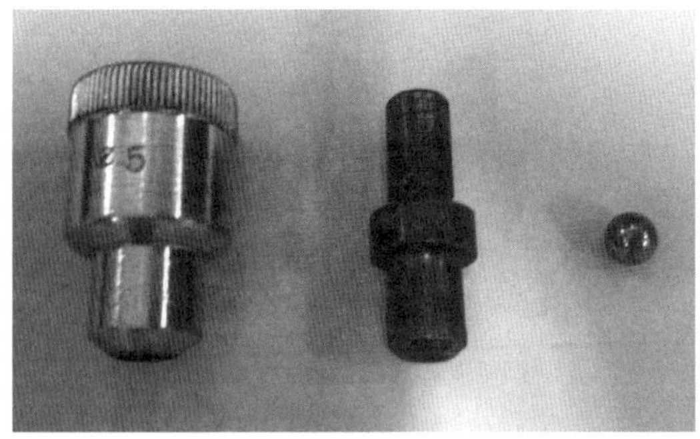

(b)

(c)

Figura 4.8 Imagens: (a) esferas; (b) penetrador; e (c) calota esférica.

O diâmetro da impressão formada deve ser medido por microscópio ou lupa graduada com precisão centesimal (0,01 mm) e por duas leituras, uma a 90° da outra, para minimizar leituras errôneas e resultados imprecisos. A maior diferença admitida entre os diâmetros para validação do resultado deve ser de no máximo 0,1 mm (ASTM E10:2007a).

A Fig. 4.8 mostra imagens das esferas de carboneto de tungstênio de 10, 5 e 2,5 mm, do suporte de fixação das mesmas ao equipamento, bem como a vista de uma calota esférica em aço ABNT/SAE 1020 na condição normalizado.

Informações Adicionais sobre o Ensaio de Dureza Brinell

- A norma brasileira para a realização do ensaio é a NBR NM-187-1:1999 (ABNT), e a norma internacional de maior utilização no país é a ASTM E10:2007a (ASTM).

Basicamente, o procedimento do ensaio consiste em:

- escolha do material da esfera: esfera de AÇO (materiais com dureza $<$ 350 HB);
- esfera de WC (materiais com dureza $<$ 650 HB);
- escolha do grau de carga ou constante: depende do material (30; 15; 10; 5; 2,5; 1,25; 1); definição da carga aplicada: depende da relação $P = D^2$. Constante;
- validação do resultado: diâmetro de impressão: $0{,}24 \cdot D$ a $0{,}60 \cdot D$.

- Devido ao tamanho da impressão formada, o ensaio pode ser considerado destrutivo.
- O penetrador deve ser polido e isento de defeitos na superfície, e o corpo de prova (ou superfície) deve estar liso e isento de substâncias como óxidos, carepas, sujeiras e óleos; e, mais importante, a superfície deve ser plana, normal ao eixo de aplicação da carga e bem apoiada sobre o suporte, evitando deslocamentos durante o ensaio. Recomenda-se que a

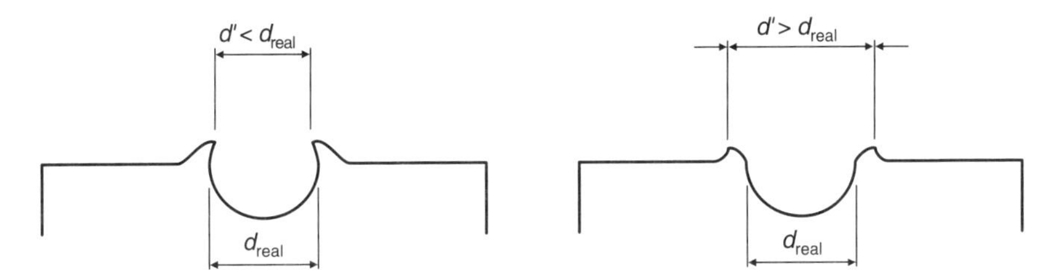

Figura 4.9 Formatos de calotas esféricas na superfície de diferentes materiais.

superfície a ser medida apresente um bom acabamento, podendo ser lixada ou usinada, desde que esses processos não alterem as características da superfície e permitam uma medição fácil e precisa.

- Como a impressão formada abrange uma área maior do que a formada pelos outros ensaios de dureza, o ensaio de dureza Brinell é o único indicado para materiais com estrutura interna não uniforme, como, por exemplo, o ferro fundido cinzento. Por outro lado, o grande tamanho da impressão pode impedir o uso desse teste em peças pequenas.
- O ensaio de dureza Brinell não é adequado para caracterizar peças que tenham sofrido tratamentos superficiais, como cementação, nitretação e outros, pois a penetração pode ultrapassar a camada tratada e gerar erros nos valores obtidos.
- Para metais de grande capacidade de encruamento, podem ocorrer um amassamento das bordas da impressão e a leitura de um diâmetro menor do que o real ($d' < d_r$) (Fig. 4.9).
- Ao contrário, em metais que tenham sido trabalhados a frio a ponto de apresentarem pequena capacidade de encruamento, pode ocorrer uma aderência do metal à esfera de ensaio, com as bordas da calota esférica formada projetando-se ligeiramente para fora da superfície do corpo de prova, provocando uma leitura de um diâmetro maior que o real ($d' > d_r$).
- Deve-se observar, entre os centros de duas impressões vizinhas, um afastamento de, no mínimo, $4 \cdot d$ (quatro vezes o diâmetro da calota esférica) para ferrosos (dureza maior que 150 HB), e $6 \cdot d$ no caso de outros materiais (dureza menor que 150 HB), segundo a ABNT, e $3 \cdot d$ para todos os materiais, segundo a ASTM.
- A distância do centro da impressão para a borda do corpo de prova deve ser de no mínimo $2{,}5 \cdot d$ para materiais com dureza maior que 150 HB (ASTM) e de $3 \cdot d$ para materiais abaixo de 150 HB (ABNT).
- A espessura mínima ($e_{mín}$) de 8x a profundidade (h) da calota esférica (ABNT), ou 10x segundo a ASTM.

A Tabela 4.4 apresenta as distâncias mínimas recomendadas pelas normas brasileira e internacional, para que não apareçam marcas superficiais no outro lado da amostra, conforme esquematizado na Fig. 4.10.

Tabela 4.4 Distâncias mínimas recomendadas para ensaios de dureza Brinell

	ABNT	ASTM
Distância entre centros	$4 \times d$ para materiais ferrosos HB > 150 $6 \times d$ para materiais moles HB < 150	$3 \times d$ para todos
Distância do centro à borda	$2{,}5 \times d$ para materiais HB > 150 $3{,}0 \times d$ para materiais HB < 150	$2{,}5 \times d$ para todos
Espessura mínima	$8{,}0 \times h$ - profundidade da calota $2{,}0 \times d$ - diâmetro da calota	$10 \times h$ - profundidade da calota
Superfícies cilíndricas	-	Diâmetro da peça >= $5 \times D$

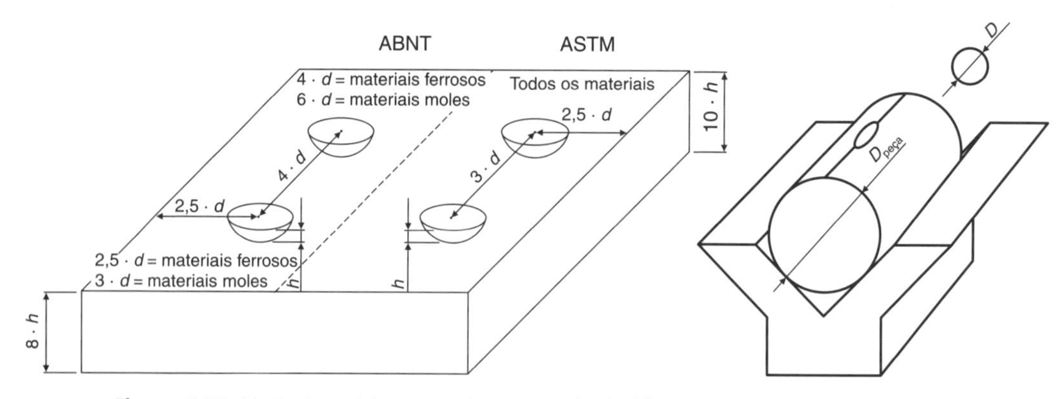

Figura 4.10 Distâncias mínimas que devem ser obedecidas para a realização das medidas.

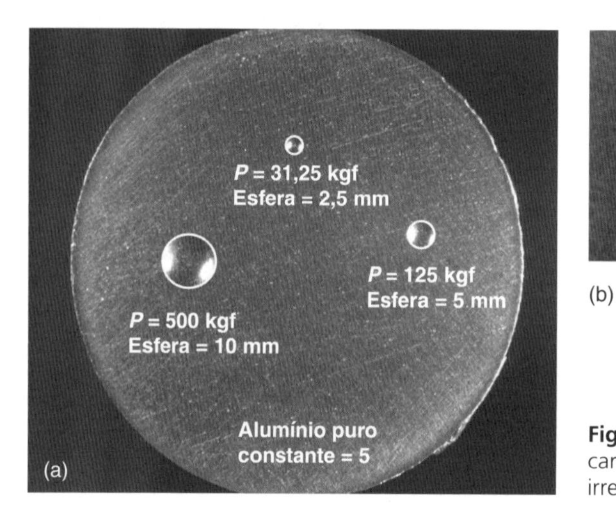

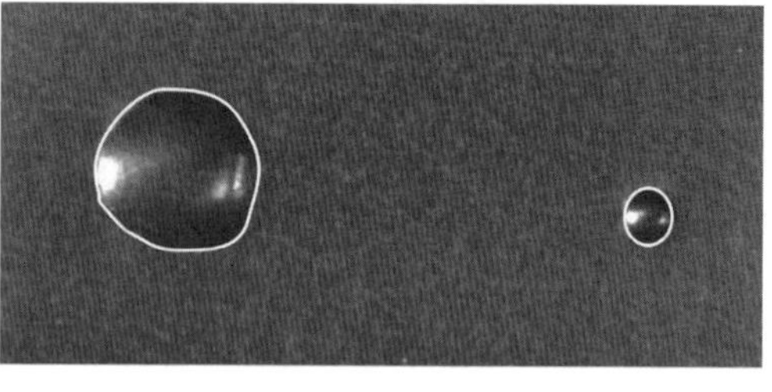

(b)

Figura 4.11 (a) Imagem de calotas com diferentes cargas em alumínio puro. (b) Exemplo de calotas irregulares.

A impressão realizada na superfície da peça deverá gerar um campo de deformação nas proximidades vizinhas da calota de identação. Objetivando precisão no resultado, deve-se evitar que uma identação seja afetada pelo campo de deformação de uma identação vizinha (Fig. 4.11).

- Para o caso de superfícies cilíndricas, recomenda-se o emprego de uma base prismática (Fig. 4.12), e, no caso de peças com comprimentos bem maiores que a base, é necessário

(a)

(b)

Figura 4.12 Bases prismáticas empregadas em ensaios de dureza.

o uso de apoios reguláveis para estabilização da peça no equipamento de medida. Essa metodologia se aplica a todos os outros métodos de determinação de dureza por penetração, garantindo que o identador penetre perpendicularmente na superfície da peça sem que esta sofra movimentações ou deslocamentos durante a penetração.

Correlação entre a Dureza Brinell e o Limite de Resistência à Tração Convencional

A existência de relações que permitam converter dureza em tensão é útil em situações em que é necessária uma estimativa da resistência de um material e não se dispõe de uma máquina de ensaio de tração, ou quando a situação é a inversa. Existem relações experimentais que, embora não sejam necessariamente precisas, constituem ferramentas úteis nesse sentido, como por exemplo a relação entre dureza Brinell e limite de resistência à tração, dada por (ver Fig. 4.13):

$$\sigma_u = \alpha \cdot \text{HB} \tag{4.6}$$

em que

σ_u = limite de resistência à tração (MPa);
α = constante experimental.

A Tabela 4.5 apresenta os valores da constante experimental (α) para alguns materiais de engenharia.

Para durezas Brinell maiores que 380, a relação não deve ser aplicada, pois a dureza passa a crescer mais rapidamente do que o limite de resistência à tração. De qualquer forma, é importante ressaltar que os valores determinados pela Eq. (4.6) são considerados apenas valores aproximados, devendo ser indicados os valores de dureza adotados. É possível fazer uma estimativa de algumas propriedades mecânicas de aços-carbono em função de propriedades dos

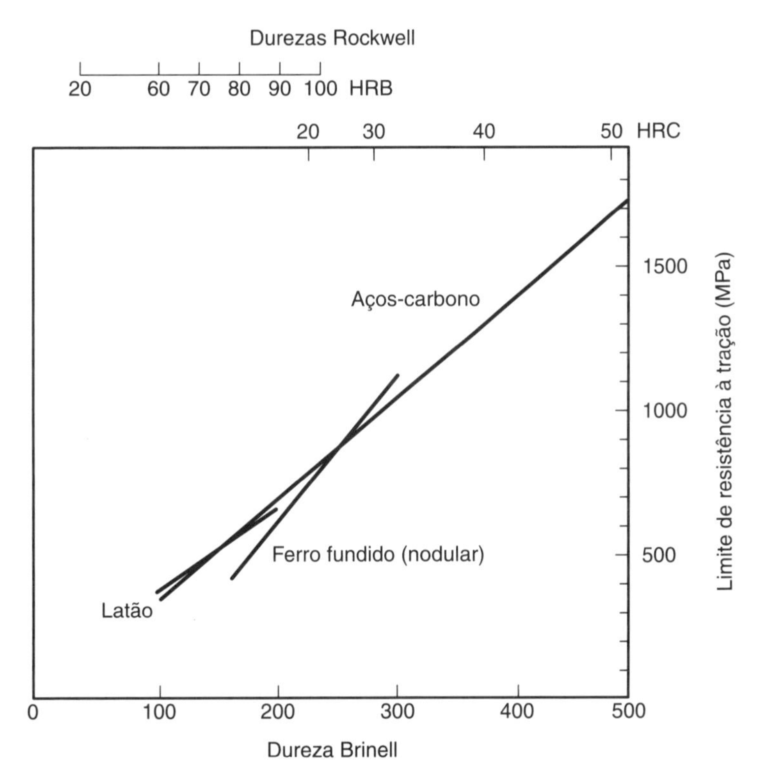

Figura 4.13 Correlação entre durezas e limites de resistência à tração para alguns materiais. (Adaptado de Callister, 1994.)

Tabela 4.5 Valores experimentais de α para alguns materiais (adaptado de Callister, 1994)

Material	α
Aço-carbono	3,60 para HB $<$ 175
Aço-carbono tratado termicamente	3,40 para HB $>$ 175
Aços-liga tratados termicamente	3,30
Latão encruado	3,45
Cobre recozido	5,20
Alumínio e suas ligas	4,00

Tabela 4.6 Relação entre fases e microconstituintes e dureza Brinell para aços-carbono

Fases e microconstituintes	Dureza Brinell - HB
Ferrita	80
Perlita grosseira	240
Perlita fina	380
Martensita 0,4%C	595
Martensita 0,8%C	735

microconstituintes, admitindo-se que a dureza seja uma propriedade aditiva, o que na realidade não ocorre, servindo apenas como abordagem estimativa. A Tabela 4.6 apresenta os valores da dureza Brinell para alguns constituintes de aços-carbono.

Exemplo 4.1

Estime a dureza Brinell e o limite de resistência à tração de uma peça de aço ABNT 1020 resfriada em forno, a partir da região austenítica até a temperatura ambiente.

Microconstituintes: Ferrita e Perlita Grosseira

Aplicando-se a regra da alavanca para a composição 0,2% C no diagrama de equilíbrio Fe-C conforme ilustrado na Fig. 4.14 para determinação da quantidade das fases e microconstituintes, sabendo-se que a microestrutura é formada por ferrita pró-eutetoide (α) e perlita eutetoide grosseira (lamelas de ferrita-α e cementita-Fe_3C), tem-se:

$$\alpha = \frac{0,77 - 0,2}{0,77 - 0,008} = 0,75 \text{ ou } 75\% \text{ de ferrita } (\alpha)$$

$$Fe_3C = \frac{0,2 - 0,008}{0,77 - 0,008} = 0,25 \text{ ou } 25\% \text{ de perlita (P)}$$

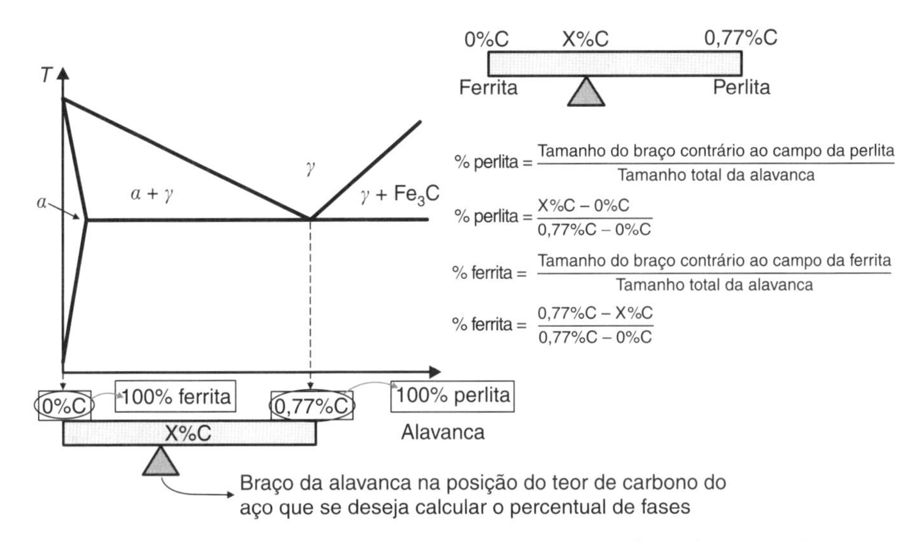

Figura 4.14 Desenho esquemático de parte do diagrama de fases dos aços-carbono.

Empregando a regra das misturas, ou seja, a dureza total será o somatório das durezas individuais das fases/microconstituintes por suas quantidades, tem-se:

$$\text{HB aço} = \%\ \alpha \cdot \text{HB}\ \alpha + \%\ \text{P} \cdot \text{HB P}$$
$$\text{HB aço} = 0{,}75 \cdot 80 + 0{,}25 \cdot 240$$
$$\text{HB aço} = 120$$

Limite de resistência à tração (σ_u)

$$\sigma_u \cong 3{,}6\ \text{HB}$$
$$\sigma_u \cong 432\ \text{MPa}$$

Comparação com valores encontrados em manuais técnicos (ASM — American Society for Metals)

$$\text{HB} = 115 \qquad \sigma_u = 414\ \text{MPa}$$

Dureza Rockwell

O ensaio recebeu esse nome pelo fato de a sua proposta ter sido feita pela indústria Rockwell, dos Estados Unidos, por volta de 1922. É o método mais utilizado internacionalmente. Esse tipo de ensaio de dureza utiliza-se da **profundidade** da impressão causada por um penetrador sob a ação de uma carga aplicada em dois estágios (pré-carga e carga suplementar) como indicador da medida de dureza, e não há relação com a área da impressão, como no caso da dureza Brinell. A dureza Rockwell pode ser classificada como comum ou superficial, dependendo da pré-carga e carga aplicadas. Originalmente o método foi proposto em kgf e polegadas, mas, devido à adoção do Sistema Internacional (SI) de unidades, os valores foram convertidos para N e mm, sendo prática comum se referir às unidades inicialmente propostas.

O penetrador tanto pode ser um **diamante** esferocônico com ângulo de 120° e ponta ligeiramente arredondada (r = 0,2 mm) como uma **esfera** de aço endurecido ou carboneto de tungstênio, geralmente com diâmetro de 1,59 mm (1/16"), existindo também nos diâmetros de 3,17 mm (1/8"), 6,35 mm (1/4") e 12,70 mm (1/2"). Atualmente a norma ASTM E18:2007 só admite a utilização de esferas de carboneto de tungstênio, recomendando as esferas de aço somente no caso de medições em filmes finos e materiais extremamente moles.

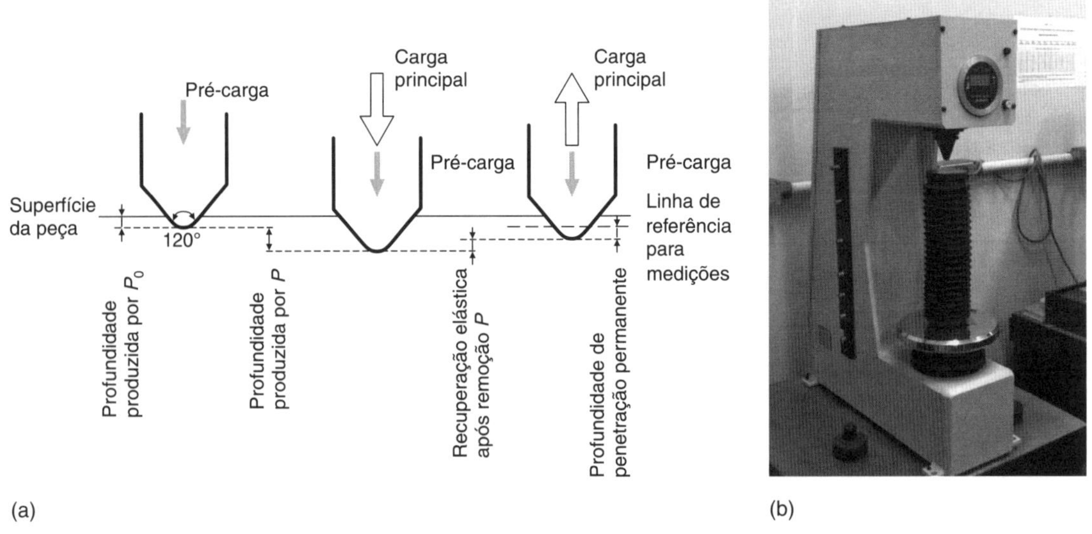

Figura 4.15 (a) Representação esquemática do princípio do método Rockwell e (b) imagem de um equipamento com indicador digital da medida de dureza.

No caso de ensaios de dureza Rockwell comum, utilizam-se **pré-carga** de 98 N (10 kgf) e **carga** ou força total de 589 N (60 kgf); 981 N (100 kgf) e 1471 N (150 kgf); e, para dureza superficial, pré-carga de 29 N (3 kgf) e forças totais de 147 N (15 kgf), 294 N (30 kgf) e 441 N (45 kgf). A aplicação da pré-carga é necessária para eliminar a ação de eventuais defeitos superficiais e ajudar na fixação do corpo de prova no suporte, além de causar pequena deformação permanente, eliminando erros causados pela recuperação do material devido à deformação elástica.

Tabela 4.7 Resumo das principais escalas de Dureza Rockwell (adaptado de ASTM E18:2007)

	Rockwell comum		
	60 kgf	**100 kgf**	**150 kgf**
Diamante	A	D	C
Esfera de aço ou carboneto de tungstênio	F (ϕ 1,59 mm)	B (ϕ 1,59 mm)	G (ϕ 1,59 mm)
	H (ϕ 3,17 mm)	E (ϕ 3,17 mm)	K (ϕ 3,17 mm)
	L (ϕ 6,35 mm)	M (ϕ 6,35 mm)	P (ϕ 6,35 mm)
	R (ϕ 12,70 mm)	S (ϕ 12,70 mm)	V (ϕ 12,70 mm)
	Rockwell superficial		
	15 kgf	**30 kgf**	**45 kgf**
Diamante	15N	30N	45N
Esfera de aço ou carboneto de tungstênio	15T (ϕ 1,59 mm)	30T (ϕ 1,59 mm)	45T (ϕ 1,59 mm)
	15W (ϕ 3,17 mm)	30W (ϕ 3,17 mm)	45W (ϕ 3,17 mm)
	15X (ϕ 6,35 mm)	30X (ϕ 6,35 mm)	45X (ϕ 6,35 mm)
	15Y (ϕ 12,70 mm)	30Y (ϕ 12,70 mm)	45Y (ϕ 12,70 mm)

A **profundidade de penetração** (p) é correlacionada, pela máquina de ensaio, a um número arbitrário, cuja leitura é feita diretamente na escala do equipamento, após a retirada da carga principal, mantendo-se entretanto a carga inicial ou pré-carga. A Fig. 4.15 apresenta uma representação do princípio de medição de dureza pelo método Rockwell, destacando as deformações causadas pelas aplicações da pré-carga e carga principal.

Como o método utiliza vários penetradores e cargas, este é dividido em **escalas** dependendo das combinações, podendo-se citar B, C, A, D, E, F, G, H, K, L, M, P, R, S e V como comuns e 15N ou 15T, 30N ou 30T e 45N ou 45T como superficiais. O número de dureza Rockwell é sempre designado pelo símbolo HR seguido da escala utilizada, precedidos do valor numérico. A escala superficial é indicada pelo número seguido do símbolo HR e do símbolo da escala superficial. As Tabelas 4.7 e 4.8 mostram as várias escalas existentes para a dureza Rockwell, que dependem do penetrador e da carga aplicada, abrangendo toda a gama de materiais.

Algumas escalas são equivalentes entre si, o que permite a comparação entre seus valores para conversões aproximadas, porém tais informações devem constar do resultado.

Tabela 4.8 Características das escalas de dureza Rockwell (adaptado de NBR NM 146-1:1998 e ASTM E18:2007)

Escala	Penetrador	Carga (kgf)	Leitura na escala	Aplicações típicas	Validade
C	Diamante	150	Vermelha	Materiais duros, como aços temperados, ferramentas, especiais	20-70
D	Diamante	100	Vermelha	Aços endurecidos com reduzida espessura ou camada superficial	40-77
A	Diamante	60	Vermelha	Aços temperados superficialmente ou revestidos, metal duro	20-88
B	Esfera 1,59 mm	100	Preta	Aços não temperados, ferros fundidos, algumas ligas não ferrosas	20-100
F	Esfera 1,59 mm	60	Preta	Ligas de cobre, de alumínio, de zinco, de magnésio, metais moles	60-100
G	Esfera 1,59 mm	150	Preta	Bronzes com fósforo, ferros fundidos maleáveis, ligas de berílio	30-94
H	Esfera 3,17 mm	60	Preta	Alumínio e suas ligas, zinco e suas ligas, chumbo, abrasivos	80-100
E	Esfera 3,17 mm	100	Preta	Ferros fundidos, ligas de alumínio e magnésio, metais moles e plásticos	70-100
K	Esfera 3,17 mm	150	Preta	Metais de baixa dureza e plásticos	40-100
L	Esfera 6,35 mm	60	Preta	Mesma Rockwell K, borracha e plásticos	-
M	Esfera 6,35 mm	100	Preta	Mesma Rockwell K e L, madeira e plásticos	-
P	Esfera 6,35 mm	150	Preta	Mesma Rockwell K, L e M	-
R	Esfera 12,7 mm	60	Preta	Mesma Rockwell K, L e M, plásticos	-

(continua)

Tabela 4.8 Características das escalas de dureza Rockwell (adaptado de NBR NM 146-1:1998 e ASTM E18:2007) *(Continuação)*

Escala	Penetrador	Carga (kgf)	Leitura na escala	Aplicações típicas	Validade
S	Esfera 12,7 mm	100	Preta	Mesma Rockwell K, L e M	-
V	Esfera 12,7 mm	150	Preta	Mesma Rockwell K, L , M, P e R ou S	-
15N	Diamante	15	Vermelha	Aços endurecidos com reduzida espessura ou camada superficial	70-94
30N	Diamante	30	Vermelha	Aços endurecidos com reduzida espessura ou camada superficial	42-86
45N	Diamante	45	Vermelha	Aços temperados superficialmente ou revestidos, metal duro	20-77
15T	Esfera 1,59 mm	15	Preta	Chapas finas de cobre, alumínio, zinco, magnésio, chumbo, estanho	67-93
30T	Esfera 1,59 mm	30	Preta	Ligas de cobre, de alumínio, de zinco, de magnésio	29-82
45T	Esfera 1,59 mm	45	Preta	Bronzes, latões, ferros fundidos maleáveis, ligas não ferrosas	1-72

Informações Adicionais sobre o Ensaio de Dureza Rockwell

O teste de dureza Rockwell é bastante versátil e confiável; contudo, devem ser tomadas algumas precauções. A maioria das recomendações aplica-se também aos outros testes de dureza, conforme já foram descritas para a dureza Brinell.

- A norma brasileira é a NBR NM-146-1:1998 (ABNT), e a norma internacional de maior utilização no país é a ASTM E18:2007 (ASTM).
- Basicamente, o procedimento do ensaio consiste em:
  - Escolha da escala (penetrador e cargas);
  - Aplicação de pré-carga;
  - Aplicação da carga principal por período específico;
  - Retirada da carga principal e manutenção da pré-carga;
  - Leitura da medida.
- Deve-se realizar o ensaio em materiais desconhecidos partindo de escalas mais altas (penetrador de diamante) para evitar danos no penetrador, seguido posteriormente de escalas mais baixas (penetrador de esfera).
- O penetrador e o suporte devem estar limpos e bem-assentados.
- A superfície a ser testada deve estar limpa e seca, plana e perpendicular ao penetrador.
- Não deve ocorrer impacto na aplicação das cargas.
- O tempo de aplicação da pré-carga deverá ser menor que 3 segundos, sendo recomendados períodos de 4 a 8 segundos para aplicação da carga total durante aproximadamente 4 segundos (NBR NM-146-1:1998).
- O espaçamento entre as impressões deve ser no mínimo 4 vezes o diâmetro da impressão e não menor que 2 mm (NBR NM-146-1:1998) e 3 vezes a profundidade de penetração (ASTM E18:2007), e 2,5 vezes o diâmetro para a distância da borda do corpo de prova.
- Na realização do ensaio, recomenda-se que a espessura do corpo de prova seja no mínimo 10 vezes maior que a profundidade da impressão (h) para materiais para penetrador de diamante (ASTM E18:2007) e 15 vezes para penetradores esféricos (NBR NM-146-1).

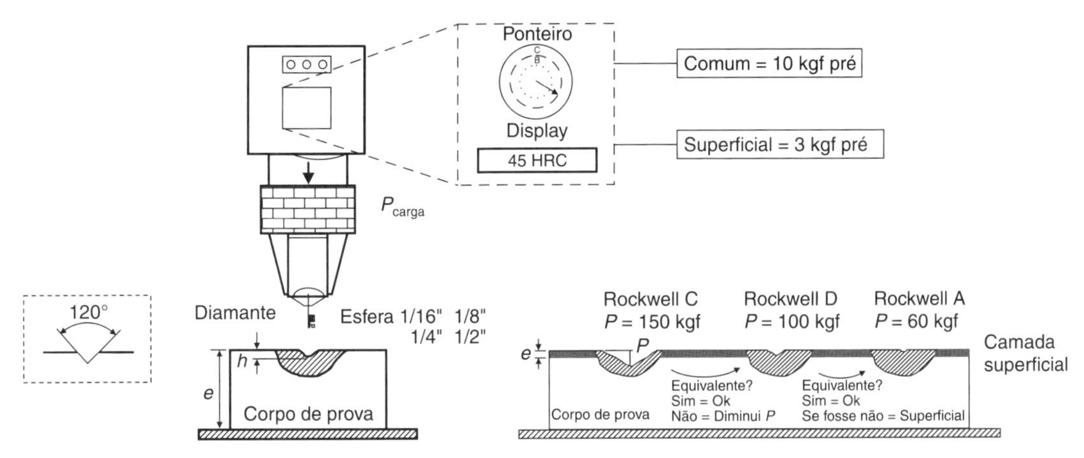

Figura 4.16 Representação da verificação de camadas superficiais em materiais.

- Após cada troca ou remoção do penetrador, bem como troca das bases, as duas primeiras medições deverão ser desprezadas.
- Para verificação de existência de camadas superficiais ou recobrimentos em materiais cujo histórico não se conhece, recomenda-se a realização de medidas em pelo menos duas escalas consecutivas com cargas menores, certificando a equivalência. A Fig. 4.16 ilustra o procedimento, consistindo em testes de equivalência até se encontrar a mesma.

Tabela 4.9 Fatores de correção a serem adicionados na medição das durezas com penetrador de diamante A, D e C (adaptado de NBR NM 146-1:1998 e ASTM E18:2007)

	Raio de curvatura (mm)								
	3	5	6,5	8	9,5	11	12,5	16	19
	Diâmetro de curvatura (pol.)								
Valor medido	**1/4**	**3/8**	**1/2**	**5/8**	**3/4**	**7/8**	**1**	**1 1/4**	**1 ½**
20	6,0	4,5	3,5	2,5	2,0	1,5	1,5	1,0	1,0
25	5,5	4,0	3,0	2,5	2,0	1,5	1,0	1,0	1,0
30	5,0	3,5	2,5	2,0	1,5	1,5	1,0	1,0	0,5
35	4,0	3,0	2,0	1,5	1,5	1,0	1,0	0,5	0,5
40	3,5	2,5	2,0	1,5	1,0	1,0	1,0	0,5	0,5
45	3,0	2,0	1,5	1,0	1,0	1,0	0,5	0,5	0,5
50	2,5	2,0	1,5	1,0	1,0	0,5	0,5	0,5	0,5
55	2,0	1,5	1,0	1,0	0,5	0,5	0,5	0,5	0
60	1,5	1,0	1,0	0,5	0,5	0,5	0,5	0	0
65	1,5	1,0	1,0	0,5	0,5	0,5	0,5	0	0
70	1,0	1,0	0,5	0,5	0,5	0,5	0,5	0	0
75	1,0	0,5	0,5	0,5	0,5	0,5	0	0	0
80	0,5	0,5	0,5	0,5	0,5	0	0	0	0
85	0,5	0,5	0,5	0	0	0	0	0	0
90	0,5	0	0	0	0	0	0	0	0

Tabela 4.10 Fatores de correção a serem adicionados na medição das durezas com penetrador de esfera de aço 1,587 mm F, B, e G (adaptado de NBR NM 146-1:1998)

	Raio de curvatura (mm)						
Valor medido	**3**	**5**	**6,5**	**8**	**9,5**	**11**	**12,5**
20	11,0	7,5	5,5	4,5	4,0	3,5	3,0
30	10,0	6,5	5,0	4,5	3,5	3,0	2,5
40	9,0	6,0	4,5	4,0	3,0	2,5	2,5
50	8,0	5,5	4,0	3,5	3,0	2,5	2,0
60	7,0	5,0	3,5	3,0	2,5	2,0	2,0
70	6,0	4,0	3,0	2,5	2,0	2,0	1,5
80	5,0	3,5	2,5	2,0	1,5	1,5	1,5
90	4,0	3,0	2,0	1,5	1,5	1,5	1,0
100	3,5	2,5	1,5	1,5	1,0	1,0	0,5

- Para medições em superfícies cilíndricas convexas e esféricas, as correções são dadas pelas Tabelas 4.9 e 4.10, que correspondem às escalas que empregam penetrador de diamante e escalas que empregam penetradores esféricos, respectivamente.

Para durezas superficiais N e T, consultar as normas ABNT e ASTM recomendadas.

Determinação da Profundidade de Penetração (h) no Ensaio Rockwell

Com base nos valores de dureza Rockwell, pode-se determinar a profundidade de penetração (h) conforme as equações seguintes:

Penetrador de diamante:

comum $$h = (100 - \text{HR}) \cdot 0{,}002 \text{ (mm)} \quad (4.7)$$
superficial $$h = (100 - \text{HR}) \cdot 0{,}001 \text{ (mm)} \quad (4.8)$$

Penetrador esférico:

comum $$h = (130 - \text{HR}) \cdot 0{,}002 \text{ (mm)} \quad (4.9)$$
superficial $$h = (100 - \text{HR}) \cdot 0{,}001 \text{ (mm)} \quad (4.10)$$

Exemplo 4.2

Para um corpo de prova com dureza igual a 65 HRC, como por exemplo aço-carbono temperado, a profundidade de impressão é:

$$h = (100 - 65) \cdot 0{,}002 = 0{,}07 \text{ mm}$$

Conversão de Dureza Rockwell em Dureza Brinell

A dureza Rockwell é definida por uma relação do tipo:

$$HR = C_1 - (C_2 \cdot \Delta h) \tag{4.11}$$

em que

C_1 e C_2 são constantes que dependem da escala Rockwell;
$\Delta h = h_2 - h_1$ (variação na profundidade);
h_2 = profundidade de penetração com a carga total;
h_1 = profundidade de penetração com a carga inicial (pré-carga).

A dureza Brinell é definida pela relação entre a carga aplicada e a superfície da calota esférica formada, ou seja:

$$HB = \frac{P}{A_{calota}} = \frac{P}{\pi \cdot D \cdot h} \tag{4.12}$$

em que $h = D - \sqrt{D^2 - d^2}$ é a profundidade de impressão Brinell ou

$$\Delta h = \frac{\Delta P}{\pi \cdot D \cdot (HB)} \tag{4.13}$$

e, combinando essa última expressão com a definição de dureza Rockwell:

$$HR = C_1 - \left(C_2 \cdot \frac{\Delta P}{\pi \cdot D \cdot (HB)} \right) \tag{4.14}$$

A literatura apresenta ainda outras relações de conversão que tentam aumentar a precisão da correlação. A Tabela 4.11 apresenta os valores das constantes da Eq. (4.14). Existem tabelas de conversão de dureza preparadas por associações técnicas (Tabelas 4.12 e 4.13), e os valores

Tabela 4.11 Valores das constantes utilizadas para conversão de dureza Rockwell em dureza Brinell (adaptado de Souza, 1989)

Escala Rockwell	C_1	C_2 (1/mm)
B	130	500
C	100	500
A	100	500
D	100	500
E	130	500
F	130	500
G	130	500
15N	100	1000
30N	100	1000
45N	100	1000
15T	100	1000
30T	100	1000
45T	100	1000

Tabela 4.12 Tabela de conversões de durezas aproximadas para alguns tipos de aços* (adaptado de *Metals Handbook*, 8. ed., 1976)

Rockwell C	Brinell	Vickers	Durezas Rockwell			
			Escala A	Escala B	Escala D	Shore
HRC	HB	HV	HRA	HRB	HRD	
68	—	940	85,6	—	76,9	97
67	—	900	85,0	—	76,1	95
66	—	865	84,5	—	75,4	92
65	739	832	83,9	—	74,5	91
64	722	800	83,4	—	73,8	88
63	705	772	82,8	—	73,0	87
62	688	746	82,3	—	72,2	85
61	670	720	81,8	—	71,5	83
60	654	697	81,2	—	70,7	81
59	634	674	80,7	—	69,9	80
58	615	653	80,1	—	69,2	78
57	595	633	79,6	—	68,5	76
56	577	613	79,0	—	67,7	75
55	560	595	78,5	—	66,9	74
54	543	577	78,0	—	66,1	72
53	525	560	77,4	—	65,4	71
52	512	544	76,8	—	64,6	69
51	496	528	76,3	—	63,8	68
50	481	513	75,9	—	63,1	67
49	469	498	75,2	—	62,1	66
48	455	484	74,7	—	61,4	64
47	443	471	74,1	—	60,8	63
46	432	458	73,6	—	60,0	62
45	421	446	73,1	—	59,2	60
44	409	434	72,5	—	58,5	58
43	400	423	72,0	—	57,7	57
42	390	412	71,5	—	56,9	56
41	381	402	70,9	—	56,2	55
40	371	392	70,4	—	55,4	54
39	362	382	69,9	—	54,6	52
38	353	372	69,4	—	53,8	51
37	344	363	68,9	—	53,1	50
36	336	354	68,4	(109,0)	52,3	49
35	327	345	67,9	(108,5)	51,5	48
34	319	336	67,4	(108,0)	50,8	47
33	311	327	66,8	(107,5)	50,0	46
32	301	318	66,3	(107,0)	49,2	44
31	294	310	65,8	(106,0)	48,4	43
30	286	302	65,3	(105,5)	47,7	42
29	279	294	64,7	(104,5)	47,0	41
28	271	286	64,3	(104,0)	46,1	41
27	264	279	63,8	(103,0)	45,2	40
26	258	272	63,3	(102,5)	44,6	38
25	253	266	62,8	(101,5)	43,8	38
24	247	260	62,4	(101,0)	43,1	37
23	243	254	62,0	100,0	42,1	36
22	237	248	61,5	99,0	41,6	35
21	231	243	61,0	98,5	40,9	35
20	226	238	60,5	97,8	40,1	34
(18)	219	230	—	96,7	—	33
(16)	212	222	—	95,5	—	32
(14)	203	213	—	93,9	—	31
(12)	194	204	—	92,3	—	29
(10	187	196	—	90,7	—	28
(8)	179	188	—	89,5	—	27
(6)	171	180	—	87,1	—	26
(4)	165	173	—	85,5	—	25
(2)	158	166	—	83,5	—	24
(0)	152	160	—	81,7	—	24

* Tabela de conversão de dureza Rockwell C, em Brinell, Vickers e Shore: os valores desta tabela são apenas aproximados. Os valores entre parênteses estão fora da faixa recomendada e são dados apenas para fins de comparação.

Tabela 4.13 Tabela de correlações entre durezas e propriedades mecânicas (adaptado de *Metals Handbook*, 8. ed., 1976)

Impr. mm Carga 3000 kgf Esfera 10 mm	Dureza Brinell HB	Resistência (kgf/mm²)			Dureza Rockwell		Dureza Vickers	Dureza Shore
		Aço-carbono HB × 0,36	Aço Cr Aço Mn Aço Cr Mn HB × 0,35	Aço Ni Aço Cr Ni Aço Cr Mo HB × 0,34	HRC	HRB		
—	—	—	—	—	68,0	—	940	97
—	—	—	—	—	67,5	—	920	96
—	—	—	—	—	67,0	—	900	95
—	(767)	276,1	268,4	260,7	66,4	—	880	93
—	(757)	272,4	264,9	257,3	65,9	—	860	92
2,25	(745)	268,2	260,8	253,3	65,3	—	840	91
2,30	(710)	255,6	248,5	241,4	63,3	—	780	87
2,35	(682)	245,5	238,7	231,9	61,7	—	737	84
2,40	(653)	235,1	228,6	222,0	60,0	—	697	81
2,45	627*	225,7	219,5	213,2	58,7	—	667	79
2,50	601*	216,4	210,4	204,3	57,3	—	640	77
2,55	578*	208,1	202,3	196,5	56,0	—	615	75
2,60	555*	199,8	194,3	188,7	54,7	—	591	73
2,65	534*	192,2	186,9	181,6	53,5	—	569	71
2,70	514*	185,0	179,9	174,8	52,1	—	547	70
2,75	495*	178,2	173,3	168,3	51,0	—	528	68
2,80	477*	171,7	167,0	162,2	49,6	—	508	66
2,85	461*	166,0	161,4	156,7	48,5	—	491	65
2,90	444*	159,8	155,4	151,0	47,1	—	472	63
2,95	429	154,4	150,2	145,9	45,7	—	455	61
3,00	415	149,4	145,3	141,1	44,5	—	440	59
3,05	401	144,4	140,4	136,3	43,1	—	425	58
3,10	388	139,7	135,8	131,9	41,8	—	410	56
3,15	375	135,0	131,3	127,5	40,4	—	396	54
3,20	363	130,7	127,1	123,4	39,1	—	383	52
3,25	352	126,7	123,2	119,7	37,9	(110,0)	372	51
3,30	341	122,8	119,4	115,9	36,6	(109,0)	360	50
3,35	331	119,2	115,9	112,5	35,5	(108,5)	350	48
3,40	321	115,6	112,4	109,1	34,3	(108,0)	339	47
3,45	311	112,0	108,9	105,7	33,1	(107,5)	328	46
3,50	302	108,7	105,7	102,7	32,1	(107,0)	319	45
3,55	293	105,5	102,6	99,6	30,9	(106,0)	309	43
3,60	285	102,6	99,8	96,9	29,9	(105,5)	301	—
3,65	277	99,7	97,0	94,2	28,8	(104,5)	292	41
3,70	269	96,9	94,2	91,5	27,6	(104,0)	284	40
3,75	262	94,3	91,7	89,1	26,6	(103,0)	276	39
3,80	255	91,8	89,3	86,7	25,4	(102,0)	269	38
3,85	248	89,3	86,8	84,3	24,2	(101,0)	261	37
3,90	241	86,8	84,4	81,9	22,8	100,0	253	36
3,95	235	84,6	82,3	79,9	21,7	99,0	247	35
4,00	229	82,4	80,2	77,9	20,5	98,2	241	34

(continua)

Tabela 4.13 Tabela de correlações entre durezas e propriedades mecânicas (adaptado de *Metals Handbook*, 8. ed., 1976) (*Continuação*)

Impr. mm Carga 3000 kgf Esfera 10 mm	Dureza Brinell HB	Resistência (kgf/mm²)			Dureza Rockwell		Dureza Vickers	Dureza Shore
		Aço-carbono HB × 0,36	Aço Cr Aço Mn Aço Cr Mn HB × 0,35	Aço Ni Aço Cr Ni Aço Cr Mo HB × 0,34	HRC	HRB		
4,05	223	80,3	78,0	75,8	(18,8)	97,3	234	—
4,10	217	78,1	76,0	73,8	(17,5)	96,4	228	33
4,15	212	76,3	74,2	72,1	—	95,5	—	—
4,20	207	74,5	72,5	70,4	—	94,6	218	32
4,25	201	72,4	70,4	68,3	—	93,8	—	—
4,30	197	70,9	69,0	67,0	—	92,8	207	30
4,35	192	69,1	67,2	65,3	—	91,9	—	—
4,40	187	67,3	65,5	63,6	—	90,7	196	—
4,45	183	65,9	64,1	62,2	—	90,0	—	—
4,50	179	64,4	62,6	60,9	—	89,0	188	27
4,55	174	62,6	60,9	59,2	—	87,8	—	—
4,60	170	61,2	59,5	57,8	—	86,8	178	26
4,65	167	59,8	58,4	56,8	—	86,0	—	—
4,70	163	58,7	57,1	55,4	—	85,0	171	25
4,80	156	56,2	54,6	53,0	—	82,9	163	—
4,90	149	53,6	52,2	50,7	—	80,8	156	23
5,00	143	51,5	50,1	48,6	—	78,7	150	22
5,10	137	49,3	48,0	46,6	—	76,4	143	21
5,20	131	47,2	45,9	44,5	—	74,0	137	—
5,30	126	45,4	44,1	42,8	—	72,0	132	20
5,40	121	43,6	42,4	41,1	—	69,0	127	19
5,50	116	41,8	40,6	39,4	—	67,6	122	18
5,60	111	40,0	38,9	37,7	—	65,7	117	15

* As durezas Brinell acima de HB 429 referem-se a impressões feitas com esferas de carboneto de tungstênio.
** Dureza Vickers corresponde a "Diamond Pyramid Hardness".
NOTA: Os valores são apenas aproximados, e os valores entre parênteses estão fora da faixa recomendada e são dados apenas para comparação.

obtidos pelas relações de conversão podem eventualmente divergir dos tabelados, já que as constantes utilizadas constituem valores aproximados.

São as seguintes as vantagens do método Rockwell em relação ao método Brinell:

- rapidez de execução, com tempo aproximado de 1 minuto;
- aplicável a todos os materiais, desde mais duros até mais moles;
- maior exatidão e isenção de erros, já que não exige leitura do tamanho da impressão;
- não requer experiência do operador do equipamento;
- possibilidade de maior utilização para materiais duros;
- pequeno tamanho da impressão, onde em alguns casos os componentes podem ser testados sem danos;
- permite a determinação de durezas superficiais com pequena profundidade de penetração.

Para o caso de materiais poliméricos, como os plásticos e as borrachas, a norma ASTM D785:2003 padroniza os métodos e ensaios, empregando somente esferas de aço com diâmetros de 3,17 mm (1/8″), 6,35 mm (1/4″) e 12,7 mm (1/2″) (escalas E, K, M, L e R). Da mesma forma que nos ensaios com materiais metálicos, é necessária a aplicação de pré-carga de 10 kgf por um período de tempo de 15 segundos, sendo em seguida aplicada a carga suplementar da escala também por 15 segundos; depois de retirada a carga suplementar e mantida a pré-carga, realiza-se a leitura diretamente no equipamento no máximo em 15 segundos. Sempre que possível, utilizar o maior diâmetro de esfera. O intervalo de validade dos resultados é de 0 a 100. A espessura mínima para o material a ser ensaiado é de 6 mm, podendo ser um corpo de prova moldado ou retirado de chapas, barras, peças etc., e recomenda-se que as dimensões sejam de no mínimo 25 mm × 25 mm para as menores esferas, já que são necessárias pelo menos 5 medidas para obtenção do resultado.

Dureza Vickers

Método introduzido em 1925 por Smith e Sandland, recebeu o nome Vickers porque foi a Companhia Vickers-Armstrong Ltda. que fabricou as máquinas para operar esse tipo de dureza. É um método semelhante ao ensaio de dureza Brinell, já que também relaciona carga aplicada a área superficial da impressão. O penetrador padronizado é uma **pirâmide de diamante** de base quadrada e com um ângulo de 136° entre faces opostas. Esse ângulo foi escolhido em função de sua proximidade com o ângulo formado no ensaio Brinell entre duas linhas tangentes às bordas da impressão e que partem do fundo dessa impressão. Devido à forma do penetrador, esse teste é também conhecido como teste de dureza de pirâmide de diamante. O ensaio é aplicável a todos os materiais metálicos com quaisquer durezas, especialmente materiais muito duros, ou corpos de prova muito finos, pequenos e irregulares, sendo por isso conhecido como ensaio universal. A Fig. 4.17 mostra um esquema de aplicação do método Vickers.

A forma da impressão depois de retirada da carga é a de um losango regular, cujas **diagonais** devem ser medidas por um microscópio acoplado à máquina de teste (com exatidão de medição de 0,001 mm) e a média dessas duas medidas utilizada para a determinação da dureza Vickers, dada pela seguinte expressão:

$$\text{HV} = \frac{2 \cdot P \cdot \text{sen}(\theta/2)}{d^2} = 1{,}8544 \cdot \frac{P}{d^2} \tag{4.15}$$

em que

P = carga (Kgf);
d = comprimento da diagonal da impressão (mm); e $\theta = 136°$.

Na prática, a aplicação da relação que calcula HV é desnecessária, já que existem tabelas que fornecem o valor da dureza Vickers a partir das leituras das diagonais da impressão formada. Para esse método de ensaio, a **carga** pode variar de 49 N a 980 N (5 kgf a 100 kgf) para ensaios com carga normal; de 1,96 N a 49 N (100 g a 5 kgf) para ensaios com carga pequena; e de 0,0098 N a 1,96 N (1 g a 100 g) para ensaios com microcarga, segundo a norma brasileira NBR NM 188-1:1999, enquanto a norma ASTM E92:2003 divide em carga normal entre 9,8 N e 980 N (1 kgf a 120 kgf) e microcarga entre 0,0098 N e 9,8 N (0,1 g a 1000 g). As cargas são escolhidas de tal forma que a impressão gerada no ensaio seja suficientemente nítida para permitir uma boa leitura das diagonais, que deverão estar compreendidas entre limites de 0,011 mm até 1,999 mm (NBR NM-188-1), sendo comum encontrar tabelas de conversão com valores máximos de diagonais de 0,750 mm.

Como o penetrador é indeformável, a dureza obtida independe da carga utilizada, devendo, se o material for homogêneo, apresentar o mesmo número representativo da dureza. Sempre que possível recomendam-se as maiores cargas. A designação da dureza é formada pelo valor da dureza seguido pelo símbolo HV e da carga aplicada e pelo tempo de aplicação de carga se este for diferente dos previstos em normas (10 a 15 segundos para materiais duros e 30 a 60 segundos para materiais moles).

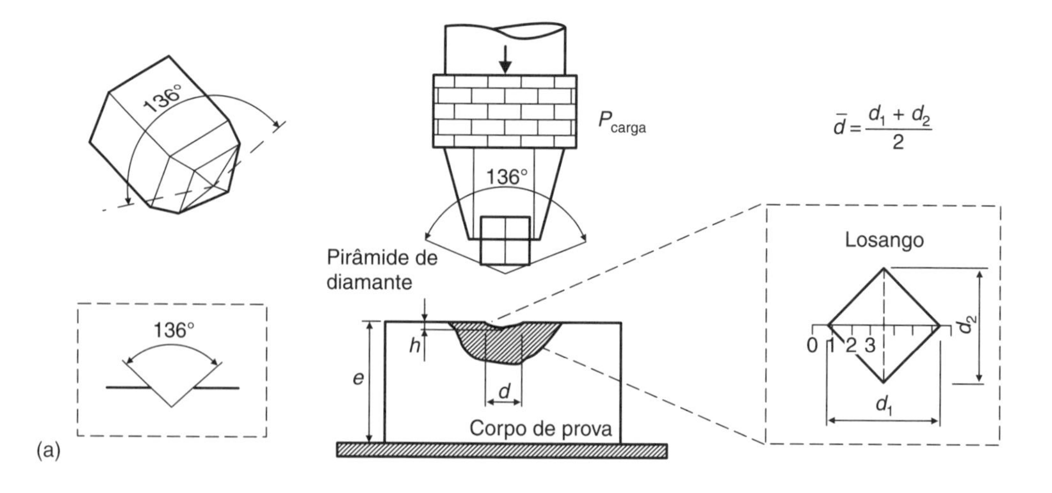

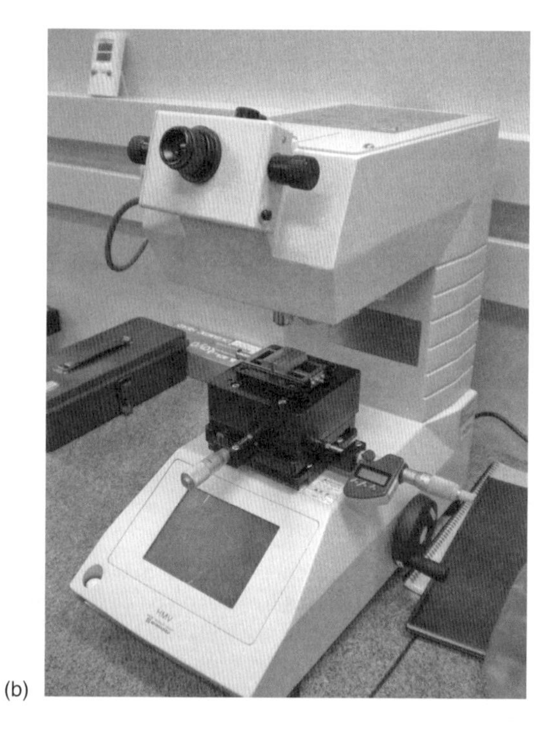

Figura 4.17 (a) Representação esquemática do ensaio de dureza Vickers e (b) imagem de um equipamento digital.

Informações Adicionais sobre o Ensaio de Dureza Vickers

- A norma brasileira para a realização do ensaio é a NBR NM-188-1:1999 (ABNT), e a norma internacional mais empregada é a ASTM E92:2003 (ASTM).
- O método apresenta escala contínua de carga, geralmente de 1 kgf a 120 kgf.
- As impressões são extremamente pequenas e pouco profundas (1/7 da diagonal).
- Deformação nula do penetrador.
- O método apresenta escala única de dureza.
- Aplica-se a um amplo espectro de materiais.

- Para materiais desconhecidos, recomenda-se a utilização de uma carga intermediária, observando-se a identação e verificando se a mesma é possível de medição no sistema óptico do equipamento ou se ficou muito pequena, dificultando a medição.
- É de utilização industrial limitada, em função da demora do ensaio, e de utilização ampla em pesquisa.
- Exige cuidadosa preparação do corpo de prova para o caso de ensaio com microcarga (polimento eletrolítico e em alguns casos ataque químico para identificação das fases e regiões de medições).
- É indicado no levantamento de curvas de profundidade de têmpera e de cementação.
- Aplica-se a qualquer espessura de corpo de prova, desde que não haja ocorrência de deformação no lado oposto ao da superfície ensaiada. Normalmente recomenda-se que a espessura do corpo de prova seja 1,5 vez o comprimento médio da diagonal da impressão (NBR NM-188-1:1999) ou 10 vezes a profundidade de penetração (ASTM E 92:2003).
- A distância entre os centros de duas impressões adjacentes deverá ser superior a 3 vezes o comprimento médio das diagonais no caso de aços, cobre, alumínio, zinco, etc. e 6 vezes para ligas leves, chumbo, estanho etc. (NBR NM-188-1), enquanto a norma ASTM E92:2003 recomenda apenas uma distância mínima de 2,5 vezes o comprimento médio das diagonais.
- A distância entre o centro de cada impressão e a borda do corpo de prova deverá ser superior a 2,5 vezes o comprimento médio das diagonais para aços, cobre, alumínio, e ligas, e 3 vezes para materiais moles como chumbo, estanho, ligas leves etc. (NBR NM-188-1:1999).
- Para superfícies planas, a diferença máxima permitida entre as duas diagonais da impressão é de 5% (NBR NM-188-1).
- Para superfícies curvas, deverão ser aplicadas correções apresentadas nas normas, por meio de fatores de correções.
- Para materiais não isotrópicos, com textura em determinada direção, recomenda-se que as diagonais da impressão sejam a 45° da direção preferencial da estrutura.

A Fig. 4.18 apresenta uma imagem em microscopia óptica de uma identação realizada pelo método Vickers, na qual se observa o losango projetado na superfície do material.

A Fig. 4.19 mostra uma comparação qualitativa entre tamanhos de impressão das durezas Brinell e Vickers.

A dureza envolve a penetração da ponta de teste por um processo de deformação plástica. Desse modo, a dureza pode também ser correlacionada com o limite de proporcionalidade. O valor numérico da dureza Vickers é da ordem de 2 a 3 vezes o valor de σ_p (em MPa) para os materiais duros e em torno de 2 a 4 vezes o valor de σ_p para metais, conforme visto na Tabela 4.14.

Figura 4.18 Imagem de uma impressão Vickers em aço ABNT/SAE 1045.

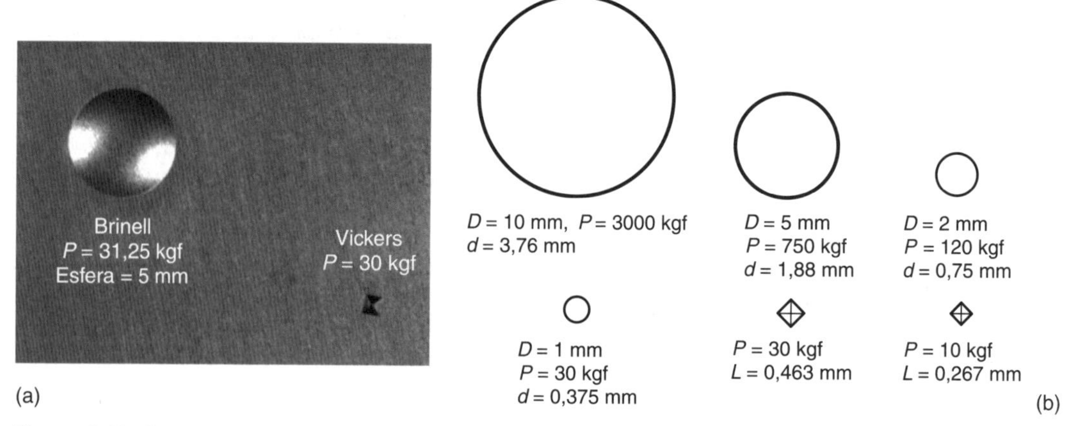

Figura 4.19 Comparação entre tamanhos de impressão das durezas Brinell e Vickers: (a) imagem metalográfica; (b) representação esquemática. (Segundo Souza, 1989.)

Tabela 4.14 Relação entre dureza Vickers e limite de proporcionalidade para alguns materiais (adaptado de Anderson, 1991)

Material	Dureza Vickers (HV)	Limite de proporcionalidade (MPa)
Diamante	84.000	54.100
Alumina	20.000	11.300
Carbeto de tungstênio	21.000	6.000
Aço-carbono	450	200
Alumínio recozido	270	120
Cobre recozido	220	80
Chumbo	60	16

Microdureza

Em algumas situações práticas, ocorre a necessidade de determinação da dureza de pequenas áreas do corpo de prova. A medida do gradiente de dureza que se verifica em superfícies cementadas e a determinação da dureza individual de microconstituintes de uma estrutura metalográfica são alguns exemplos dessas situações. O ensaio de microdureza produz uma impressão microscópica e se utiliza de penetradores de diamante e cargas menores que 9,8 N (1 kgf). Os métodos mais utilizados são a **microdureza Vickers** e a microdureza Knoop (ASTM E384:2008).

Para a microdureza Vickers, o penetrador é o mesmo empregado nos ensaios comuns, e o valor da dureza HV será dado pela relação entre a força aplicada e a área da superfície da marca permanente, determinada pela Eq. (4.15). Na Fig. 4.20(a) é apresentada uma imagem metalográfica de impressões de microdureza Vickers realizadas em liga Al-Si hipoeutética, 500x, fase clara (rica em Al), fase escura (eutético), enquanto a Fig. 4.20(b) mostra em detalhe a impressão em cristal de silício, proporcionando fissuras, em liga Al-Si hipereutética, 500x, fase clara (rica em Si), fase escura (eutético).

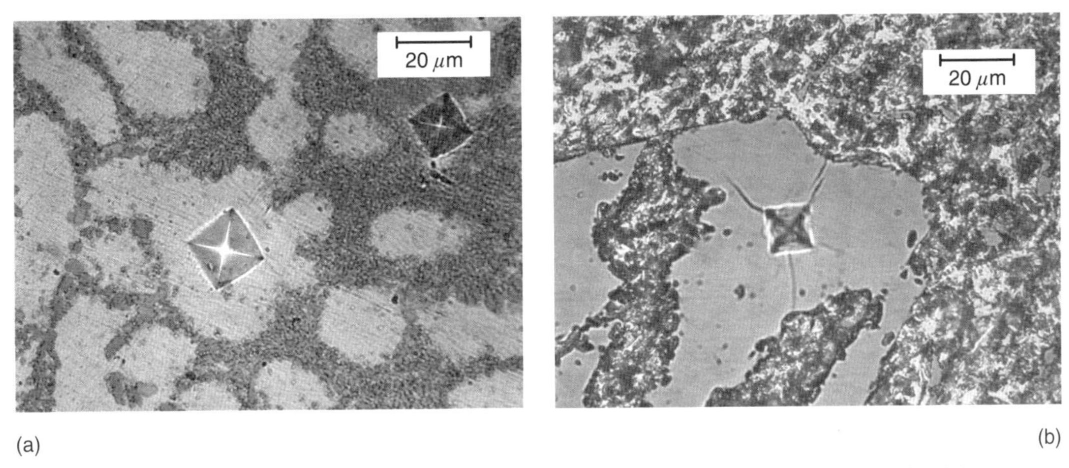

Figura 4.20 Impressões realizadas pelo método de microdureza Vickers em ligas Al-Si fundidas.

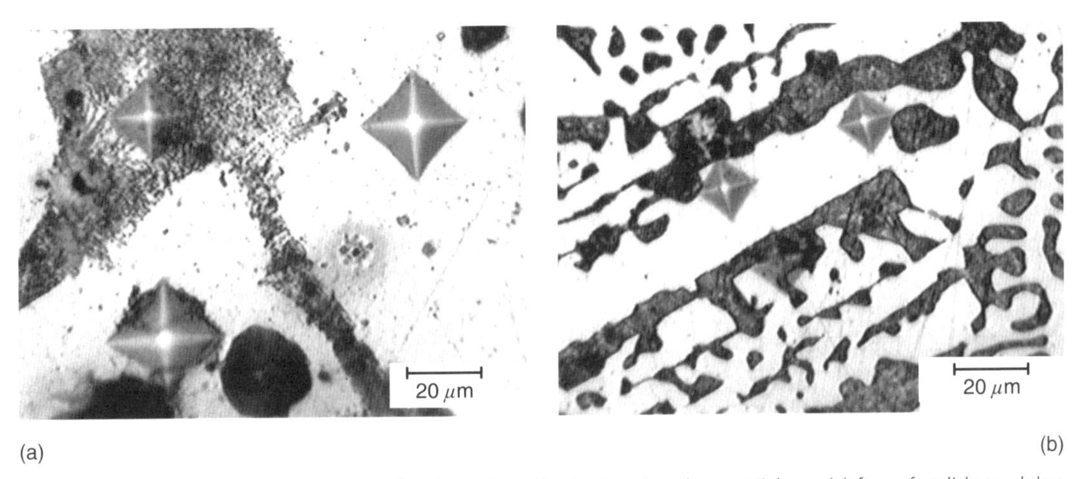

Figura 4.21 Imagens de impressões realizadas pelo método de microdureza Vickers: (a) ferro fundido nodular; (b) ferro fundido branco hipoeutético.

A Fig. 4.21(a) apresenta imagens de impressões de microdureza Vickers realizadas em ferro fundido nodular, fase clara (ferrita), fase escura (perlita), fase negra (nódulos de grafite), ataque Nital, 100x. Durezas: 161,6HV - fase clara – ferrita, 324,4HV – fase escura – perlita, e na Fig. 4.21(b) é mostrado um ferro fundido branco hipoeutético, onde na região da ledeburita se obteve 951HV (interledeburita), 750HV na fase clara (somente cementita) e 534HV na fase escura (somente perlita), ataque Nital, 500x.

A Fig. 4.22(a) apresenta um ensaio em microdureza na junção por explosão de aço com alumínio, onde se observa que, devido à menor marca de impressão Vickers no óxido, este possui dureza superior à do aço e à do alumínio. O método também pode ser utilizado na determinação de perfil de difusão em materiais tratados termoquimicamente, como por exemplo na cementação de aços com baixo carbono, em que é possível mapear as regiões com diferentes durezas em função da variação de composição química, conforme observado na Fig. 4.22(b).

A **microdureza Knoop**, proposta em 1939, utiliza um penetrador de diamante na forma de uma pirâmide alongada, com ângulos de 172°30′ e 130° entre faces opostas, que provoca

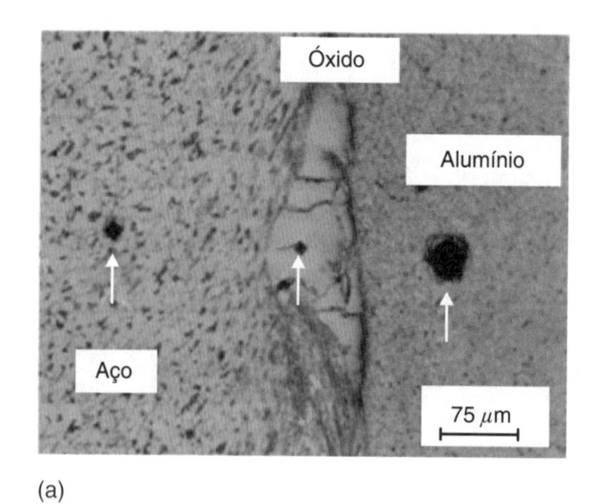

(a)

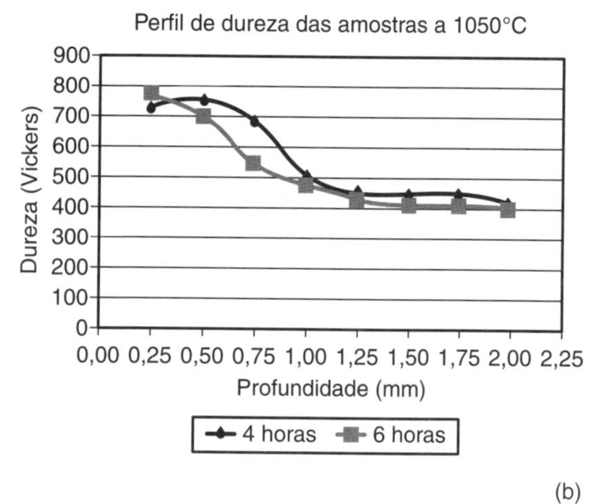

(b)

Figura 4.22 (a) Impressão para microdureza Vickers, 200x. (Segundo Askeland, 1996.) (b) Perfil de microdureza Vickers desde a superfície até o núcleo.

uma impressão no local onde a diagonal maior e a diagonal menor apresentam uma relação de 7:1. A microdureza Knoop é calculada dividindo a força aplicada pela área projetada da impressão, dada por:

$$\text{HK} = \frac{P}{S_p} = \frac{14{,}229 \cdot P}{l^2} \tag{4.16}$$

em que

P = carga aplicada (Kgf);
S_p = área projetada da impressão (mm^2);
l = comprimento da diagonal maior (mm).

A área da impressão obtida no ensaio Knoop é cerca de 15% da área correspondente no ensaio Vickers, enquanto a profundidade da impressão é menor que a metade. A profundidade da impressão é cerca de 1/30 da diagonal maior. O ensaio Knoop permite a determinação da dureza de materiais frágeis como o vidro e de camadas finas como películas de tinta ou camadas eletrodepositadas. As distâncias mínimas recomendadas para as impressões são de 2,5 vezes a diagonal menor para impressões paralelas ao eixo maior, 2 vezes a diagonal maior para impressões alinhadas no eixo maior, e uma distância de 1 vez a diagonal maior da borda da peça. Os ensaios de microdureza requerem uma preparação cuidadosa do corpo de prova, e são recomendáveis o polimento eletrolítico da superfície de análise e o embutimento da amostra em baquelite.

A Fig. 4.23 apresenta uma representação esquemática do penetrador Knoop e o esboço da marca superficial Knoop deixada na amostra após realização do ensaio.

A Tabela 4.15 apresenta uma comparação global entre os métodos de ensaio de dureza, e a Fig. 4.24 mostra a variação da dureza com a temperatura de revenido para aços de diversos teores de carbono.

Para o caso de **materiais cerâmicos**, os ensaios de microdureza Vickers e Knoop são realizados no intuito de associar os seus resultados às características como resistência ao desgaste, abrasão, corte e principalmente a porosidade e densificação. Para o método Vickers empregam-se cargas entre 0,098 N (100 gf) a 9,8 N (1000 gf), enquanto para o método Knoop utilizam-se cargas de 0,098 N (100 gf) a 19,6 N (2000 gf). Cargas maiores podem levar a fratura do material, formação de trincas nos vértices das impressões ou quebra de regiões próximas à impressão. A literatura apresenta gabaritos padronizados para aceitação das medições das

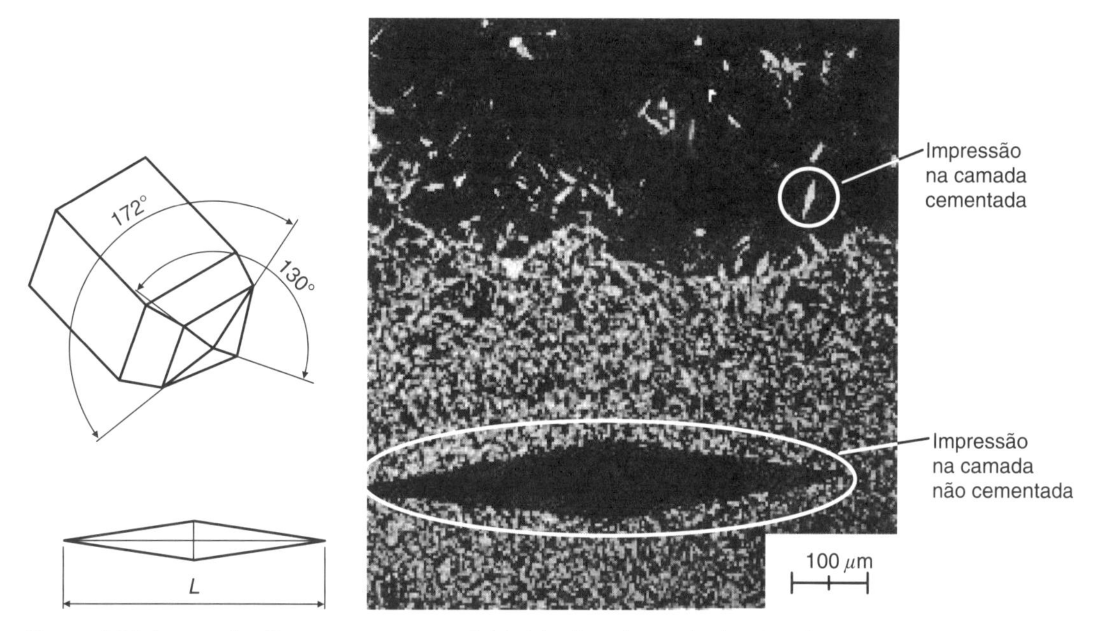

Figura 4.23 Penetrador Knoop e marca superficial deixada pelo ensaio de microdureza Knoop. (Adaptado de Callister, 1994.)

Tabela 4.15 Comparação entre os testes de dureza (adaptado de Askeland, 1996)

Método do ensaio de dureza	Tipo da ponta de impressão	Carga	Aplicação
Brinell (HB)	Esfera de aço 10; 5; 2,5; 2 e 1 mm	Depende da razão P/D^2	Componentes fundidos, forjados e laminados; ferrosos e não ferrosos, esfera de aço para durezas da ordem de 350 HB
	Esfera de carbeto de tungstênio	Depende da razão P/D^2	Esfera de carbeto de tungstênio para durezas acima de 350 HB
Rockwell (HR)	Cone de diamante 120° ou esfera de aço diâmetro '*d*' ($1/16'' \leq d \leq 1/2''$)	Pré-carga 10 kgf Cargas Totais 60 a 150 kgf	Metais ferrosos e não ferrosos, forjados, laminados, fundidos, tratados termicamente, soldados
	Cone de diamante 120° ou esfera de aço diâmetro '*d*' ($1/16'' \leq d \leq 1/2''$)	Pré-carga 3 kgf Cargas Totais 15 a 45 kgf	Camadas superficiais finas, superfícies tratadas termicamente, materiais finos
Vickers (HV)	Pirâmide de diamante, base quadrada e 136°	1 a 120 kgf	Todos os aços e ligas não ferrosas. Materiais de alta dureza, incluindo carbeto de tungstênio e cerâmicos
Microdureza Vickers (HV)	Pirâmide de diamante, base quadrada e 136°	1 a 1000 gf	Camadas superficiais, folhas finas, arames, fases microscópicas, zona termicamente afetada (ZTA) em soldas
Microdureza Knoop (HK)	Pirâmide de diamante, base rômbica (razão 7:1)		

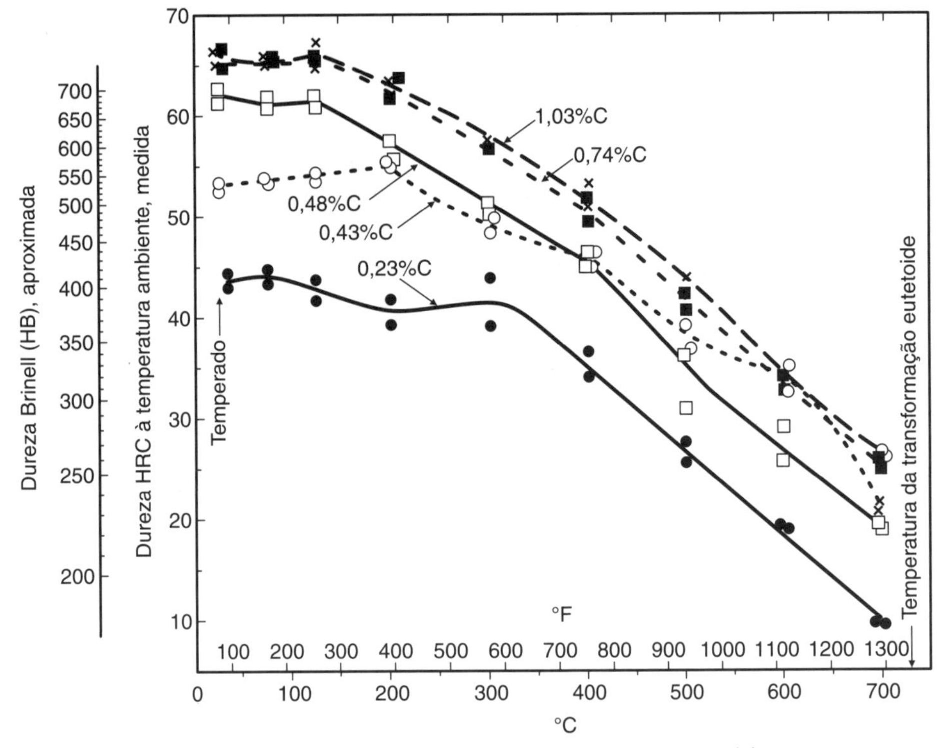

Figura 4.24 Dureza à temperatura ambiente em função da temperatura de revenido (revenido total de 30 min) para aços de diversos teores de carbono, temperados em água gelada e em óleo até a temperatura ambiente. Cada ponto representa uma amostra. (Adaptado de Felbeck, 1971.)

Símbolo	Aço	%C
—×— -	10100	1,03
- ■ -	1080	0,74
—□—	1040	0,48
- - ○ - -	4140	0,43
—●—	1020	0,23

impressões que apresentam tais defeitos, conforme pode ser visto na Fig. 4.25. Como as impressões são extremamente pequenas, recomenda-se que a medição das diagonais seja feita em equipamento com aumento mínimo de 400x. A simbologia recomendada para apresentação dos resultados é a mesma adotada para os métodos Vickers e Knoop convencionais, dados pelo valor numérico seguido do símbolo HV ou HK e da carga aplicada. Existem algumas relações empíricas relacionando a dureza dos materiais cerâmicos à porosidade apresentada por estes, de acordo com a Eq. (4.17):

$$\text{HV ou HK} = H_0 \cdot \exp^{-b \cdot P} \quad (4.17)$$

em que

H_0 = dureza teórica do material isento de porosidade;
P = fração volumétrica de porosidade no material;
b = valores entre 3 e 11 dependente do cerâmico.

A Fig. 4.26 mostra impressões de microdureza Vickers em ferro fundido Ni-Hard, 500x, fase clara (carboneto de cromo) 1059HV; fase escura (perlita) 587HV.

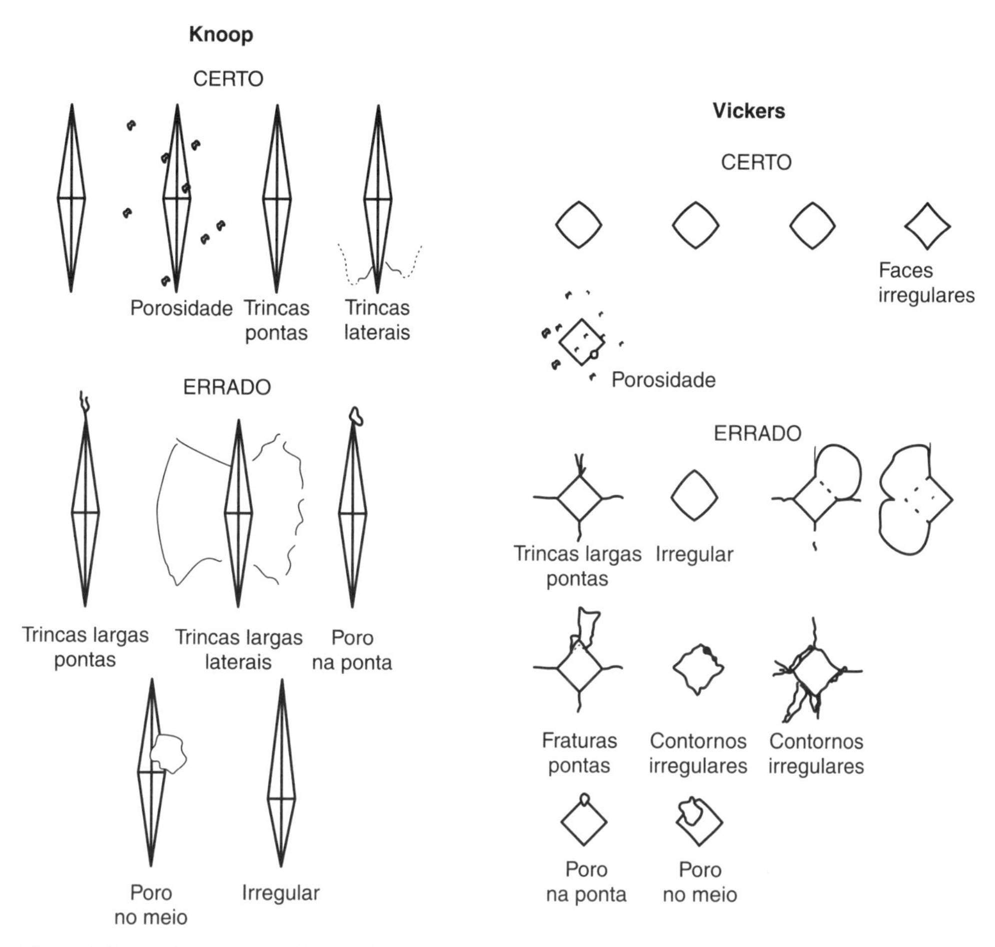

Figura 4.25 Padrões para aceitação de impressões Knoop e Vickers em materiais cerâmicos. (Adaptado de *Metals Handbook*, v. 8.)

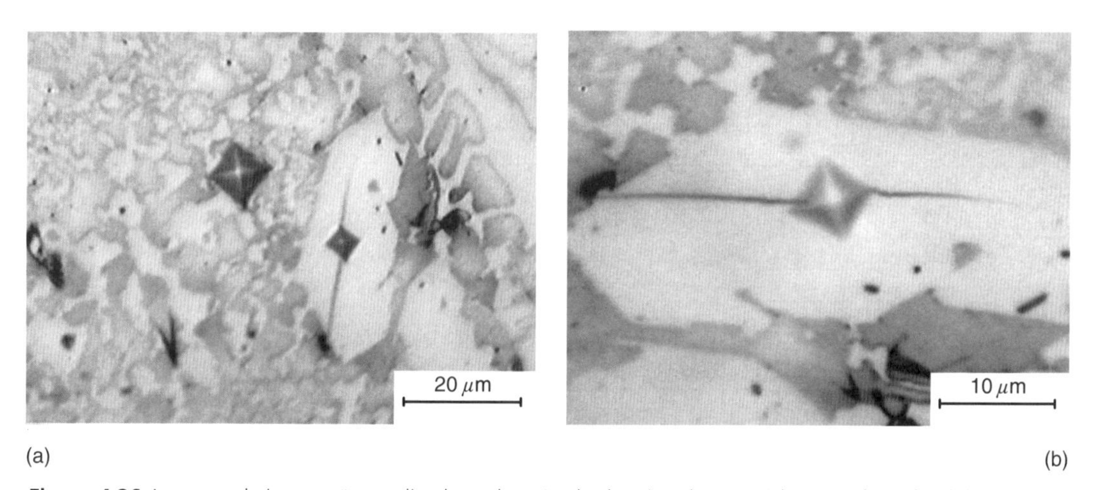

Figura 4.26 Imagens de impressões realizadas pelo método de microdureza Vickers em ferro fundido Ni-Hard.

As principais normas recomendadas para os diversos materiais são: vidros – ASTM C730, cerâmicos convencionais ou da linha branca – ASTM 849 (formadas por argila, sílica e feldspato), e os cerâmicos avançados – ASTM C1326 (aluminas, silicatos, óxidos, zircônias, carbetos, nitretos).

DUREZA SHORE PARA POLÍMEROS

Uma variação do método inicialmente proposto para a dureza por rebote é a dureza Shore para **materiais poliméricos** como plásticos, elastômeros e borrachas. O ensaio é padronizado pela norma ASTM D2240:2003. A medida de dureza é dada pela resistência que o material oferece à penetração de um penetrador padronizado sob uma carga de compressão específica, inversamente relacionada à profundidade de penetração e diretamente dependente do módulo de elasticidade e da viscoelasticidade do material. Dentre as diversas escalas existentes: A, B, C, D, DO, E, M, O, OO, OOO, OOO-S e R, as duas que mais se destacam em utilização são as escalas Shore A e Shore D, com a A indicada para materiais mais moles e a D recomendada para materiais mais duros. A escala M é também conhecida como microdureza.

Em relação ao tipo de penetrador, o método Shore A utiliza um penetrador com uma base plana, e o método Shore D emprega penetrador com um formato pontiagudo, conforme pode ser observado na Tabela 4.16. O princípio do método é bastante simples: a escala varia de 0 a 100, e se o penetrador penetra completamente no material, a leitura obtida é zero; se não ocor-

Tabela 4.16 Escalas Shore recomendadas para materiais poliméricos (ASTM D2240:2003)

Escala	Penetrador	Validade	Aplicação	Força máxima (N)
A	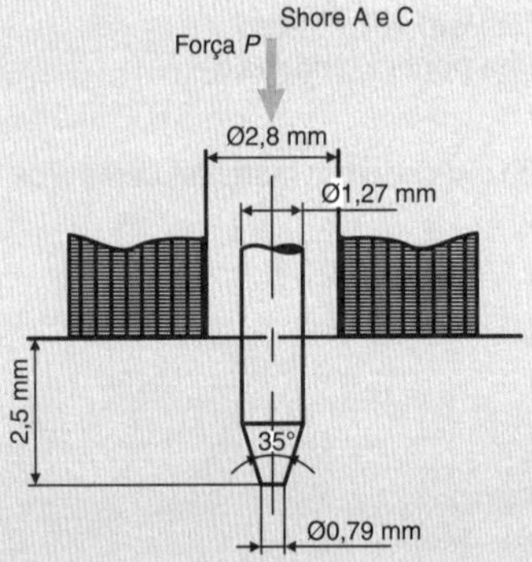 Shore A e C; Força P; Ø2,8 mm; Ø1,27 mm; 2,5 mm; 35°; Ø0,79 mm	20-90 A	Borrachas macias, borrachas naturais, termoplásticos	8,05
C		Acima 90 B Abaixo 20 D	Borrachas com dureza média, plásticos e termoplásticos meio duros	44,45
B	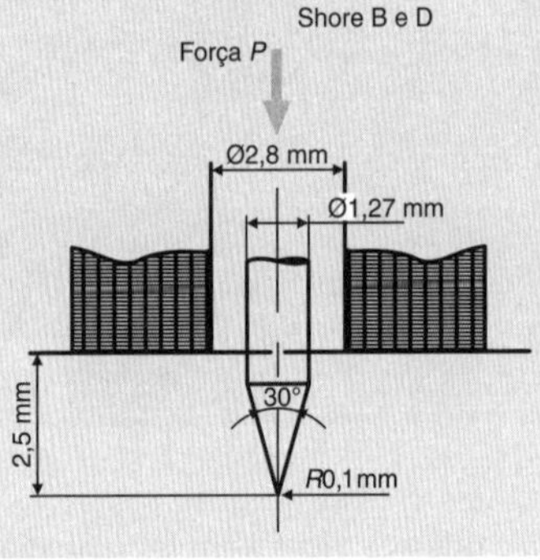 Shore B e D; Força P; Ø2,8 mm; Ø1,27 mm; 2,5 mm; 30°; R0,1 mm	Acima 90 A Abaixo 20 D	Borrachas moderadamente duras, elastômeros termoplásticos, materiais fibrosos	8,05
D		20-100 D	Borrachas duras, plásticos duros, termoplásticos rígidos	44,45

(continua)

Tabela 4.16 Escalas Shore recomendadas para materiais poliméricos (ASTM D2240:2003) (*Continuação*)

Escala	Penetrador	Validade	Aplicação	Força máxima (N)
O	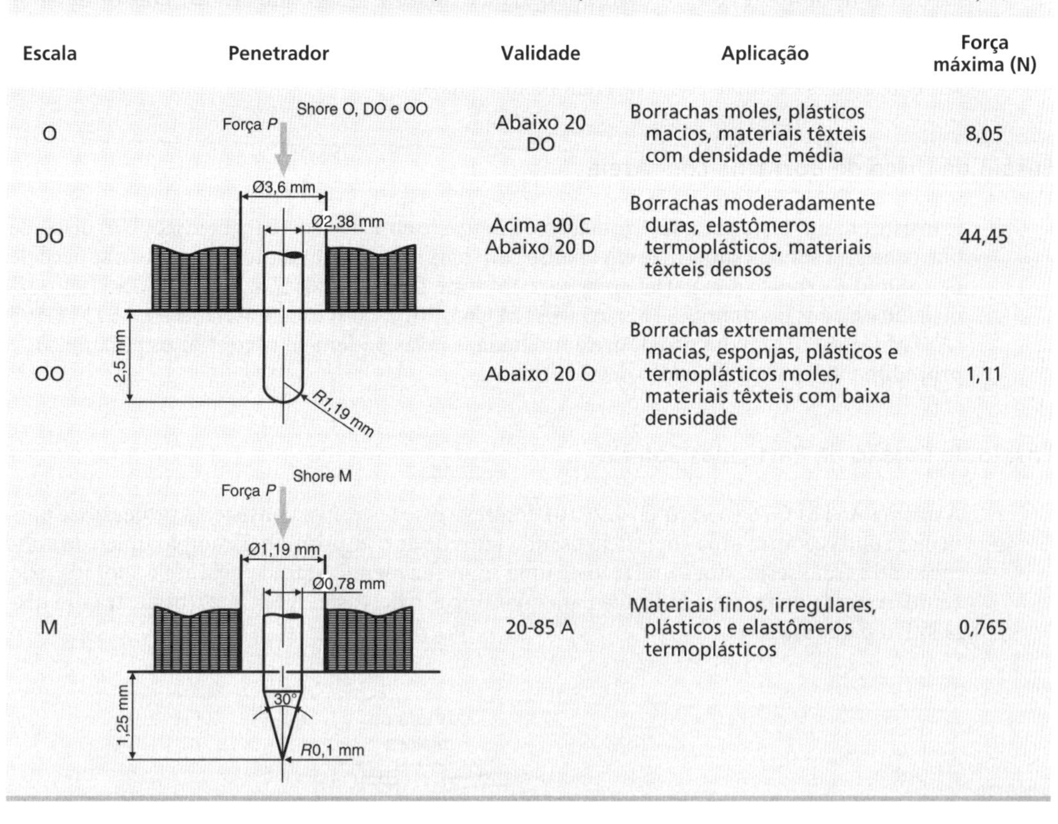	Abaixo 20 DO	Borrachas moles, plásticos macios, materiais têxteis com densidade média	8,05
DO		Acima 90 C Abaixo 20 D	Borrachas moderadamente duras, elastômeros termoplásticos, materiais têxteis densos	44,45
OO		Abaixo 20 O	Borrachas extremamente macias, esponjas, plásticos e termoplásticos moles, materiais têxteis com baixa densidade	1,11
M		20-85 A	Materiais finos, irregulares, plásticos e elastômeros termoplásticos	0,765

rer penetração a leitura é 100, sendo as leituras adimensionais. O resultado do ensaio é apresentado diretamente no indicador do durômetro e está diretamente relacionado com a profundidade de penetração da ponta de medição.

Para obtenção de uma boa reprodutibilidade, é recomendável fixar o durômetro em um suporte que permita um deslocamento uniforme até a indicação requerida. A espessura mínima recomendada é de 6 mm, com exceção da escala M, que requer uma espessura mínima de 1,25 mm. A distância mínima entre a impressão e a borda da peça ou material deve ser de no mínimo 12,0 mm, e recomenda-se uma área com raio de 6 mm ao redor da impressão como distância entre centros de impressões vizinhas.

CONSIDERAÇÕES SOBRE RESISTÊNCIA MECÂNICA, DUREZA E RESISTÊNCIA AO DESGASTE DE LIGAS METÁLICAS

O desgaste de componentes de equipamentos, provocado pela interação de superfícies, é preocupação corrente no ambiente industrial em função da correspondente diminuição da chamada vida útil. É um problema relacionado com a perda progressiva de massa, que pode acarretar danos superficiais e alterações dimensionais, levando a um comprometimento da operacionalidade dos componentes envolvidos e, consequentemente, do equipamento do qual constituem elementos essenciais.

Ensaios de desgaste são práticas muito importantes, pois com eles é possível realizar um estudo de degradação acelerada de dispositivos, simulando longos tempos de utilização em um período de tempo relativamente curto. Os ensaios de laboratório se dividem em dois grupos. O primeiro grupo é formado por testes fenomenológicos que focam em alguma situação particular de desgaste como erosão, abrasão ou oxidação. O segundo grupo é constituído por testes operacionais, que focam mais na aplicação do dispositivo como um todo, como, por exemplo, na análise de durabilidade de uma caixa de câmbio. A seguir são explicados sucintamente alguns exemplos de testes fenomenológicos.

Ensaio de Disco de Borracha com Areia

Consiste em um teste para determinação de desgaste abrasivo sob baixa tensão. Um disco de borracha gira sobre a superfície em análise com baixa força de atuação, enquanto a superfície de contato é exposta a material arenoso, conforme ilustração da Fig. 4.27(a). A ASTM normalizou esse ensaio como ASTM G65 (ASTM G65, 2010) com uso de areia seca e ASTM G105 (ASTM G105, 2010) com uso de areia molhada, e nelas podem-se encontrar os parâmetros e procedimentos para a execução desses ensaios.

Ensaio de Erosão de Partículas Sólidas

A norma ASTM G76 (ASTM G76, 2010) descreve esse teste, que consiste na projeção de partículas sólidas contra uma superfície usando jatos de ar comprimido. Exemplo típico da aplicação do ensaio seria para simulação de uma superfície sendo atacada pela areia soprada pelo vento. A perda de massa é utilizada para quantificar o desgaste. A Fig. 4.27(b) ilustra um dispositivo para esse teste.

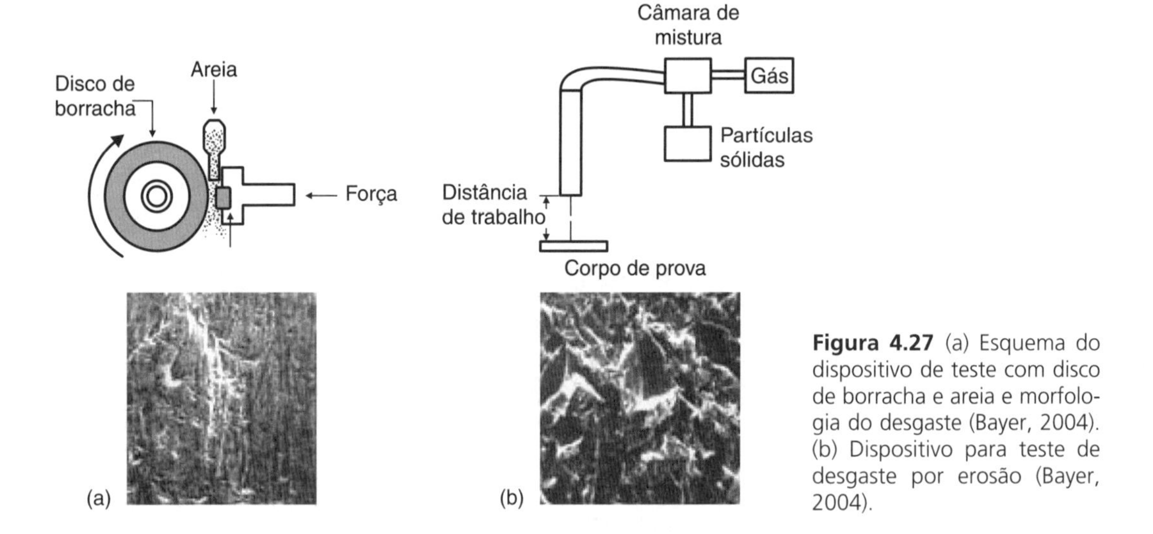

Figura 4.27 (a) Esquema do dispositivo de teste com disco de borracha e areia e morfologia do desgaste (Bayer, 2004). (b) Dispositivo para teste de desgaste por erosão (Bayer, 2004).

Ensaio de Erosão por Cavitação

Esse teste foi desenvolvido para simular o colapso das bolhas dos líquidos em alta pressão contra as paredes de sistemas hidráulicos e tem sido usado com eficácia em testes de turbinas, bombas e tubos e na seleção de materiais com maior resistência a esse tipo de desgaste. O desgaste do corpo de prova, que é submergido em um líquido, acontece devido à alta vibração provocada por um transdutor ultrassônico. A norma ASTM G32 (ASTM G32, 2010) pode ser usada para conduzir esse teste. A Fig. 4.28(a) ilustra um dispositivo para esse teste.

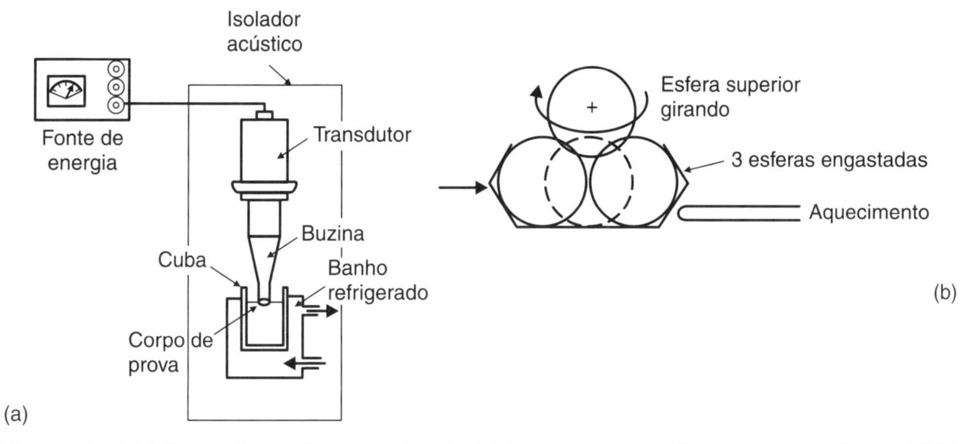

Figura 4.28 (a) Ensaio de erosão por cavitação. (b) Esquema do ensaio com quatro esferas (ASTM D4172, 2010).

Ensaio de Desgaste de Quatro Esferas

O ensaio de desgaste com esferas segue os procedimentos estabelecidos na norma ASTM D4172. Esse teste tem o objetivo de determinar as características de fluidos lubrificantes em superfícies que deslizam em determinadas condições. Três esferas de 12,7 mm de diâmetro são engastadas juntas e cobertas por óleo lubrificante. Uma quarta esfera é colocada no topo das esferas e pressionada na cavidade das esferas engastadas, conforme esquema da Fig. 4.28(b). Após o aquecimento do lubrificante a esfera do topo é girada provocando cisalhamento entre as quatro esferas. A resposta do teste consiste em analisar o diâmetro das depressões provocadas nas esferas engastadas (ASTM D4172, 2010).

Ensaio de Desgaste Bloco-Disco

Essa técnica de ensaio é aplicada para determinar o desgaste provocado pelo deslizamento de contatos lineares. É um teste bastante flexível, pois pode utilizar qualquer tipo de material, lubrificante, atmosfera e variáveis de processo. O bloco de teste é pressionado contra um disco em rotação. Conforme a norma ASTM G77 (ASTM G77, 2010), o resultado do ensaio deve ser obtido pelo cálculo da perda de volume do bloco, através das dimensões do desgaste do bloco, e pela perda de volume do disco, através do cálculo da perda de massa do disco. A Fig. 4.29(a) ilustra o funcionamento desse teste.

Ensaio de Desgaste Pino-Disco

Essa técnica de ensaio é aplicada para determinar o desgaste provocado pelo deslizamento de contatos com áreas reduzidas. A máquina ou dispositivo de teste deve rotacionar o disco ou provocar movimentos circulares com o pino para que haja um movimento discordante entre o pino e o disco. O resultado do ensaio é um risco circular no disco. A Fig. 4.29(b) apresenta um esquema do dispositivo de ensaio.

Pode-se configurar o dispositivo tanto na horizontal quanto na vertical, contanto que o eixo do pino fique perpendicular à face do disco. Com carga predeterminada, o pino é pressionado sobre o disco que está em movimento, sendo possível simular a carga utilizando dispositivos mecânicos, hidráulicos, pneumáticos e elétricos. A determinação do desgaste é feita através da análise de perda de massa ou variação das medidas do disco e do pino realizadas

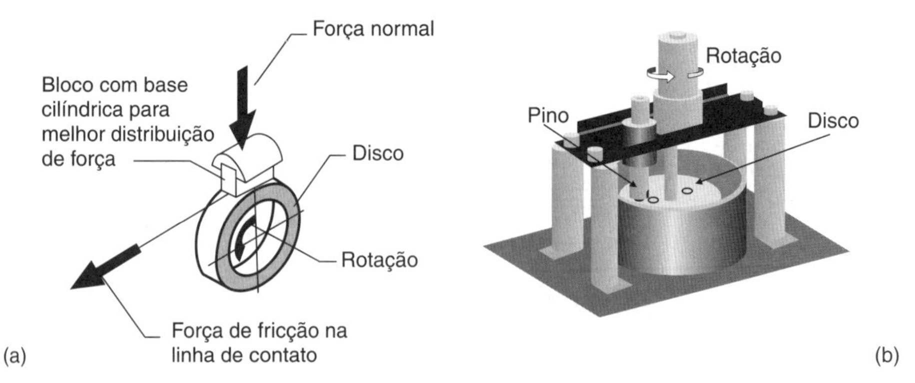

Figura 4.29 (a) Ensaio de desgaste bloco-disco (ASTM G77, 2010). (b) Representação esquemática do dispositivo de ensaio de desgaste pino-disco (ASTM G99, 2004).

antes e depois dos testes. O volume de desgaste é resultado de uma combinação de fatores como força aplicada, velocidade de deslizamento, distância percorrida, o meio em que o teste é realizado e as propriedades dos materiais. As características dos sistemas reais como meio corrosivo, temperatura, lubrificação e geometria podem levar o teste a resultados distantes dos valores reais, logo deve-se simular o maior número possível de variáveis. Para ensaio com análise de desgaste do pino, com pino com ponta esférica de raio r, adota-se a Eq. (4.18) para determinar a perda de volume, assumindo que o desgaste do disco seja insignificante.

$$\text{Perda\_Volume\_Pino} = \frac{\pi h}{6}\left(\frac{3 \times d^2}{4} + h^2\right) \tag{4.18}$$

em que

$$h = r - \left(r^2 - \frac{d^2}{4}\right)^{\frac{1}{2}}$$

$$d = \text{diâmetro\_do\_desgaste}$$

$$r = \text{raio\_do\_pino}$$

Para ensaio com análise de desgaste do disco, deve-se considerar o raio do risco provocado pelo desgaste e assumir que o desgaste do pino seja desprezível. A Eq. (4.19) é utilizada para a determinação da perda de volume do disco.

$$\text{Perda\_Volume\_Disco} = 2\pi R\left[r^2 \text{sen}^{-1}\left(\frac{d}{2r}\right) - \frac{d}{4}(4r^2 - d^2)^{\frac{1}{2}}\right] \tag{4.19}$$

em que

$$R = \text{raio\_de\_desgaste\_Disco}$$

$$d = \text{largura\_da\_faixa\_desgastada}$$

Para ensaios com análise de massa, deve-se apenas transformar a perda de massa em perda de volume conforme a Eq. (4.20).

$$\text{Perda\_Volume}[\text{mm}^3] = \frac{\text{perda\_massa}[g]}{\text{densidade}\left[\dfrac{g}{\text{cm}^3}\right]} \times 1000 \tag{4.20}$$

Quando se pretende analisar o desgaste de dispositivos do motor que trabalham submersos, o ensaio simulará tal aplicação adaptando a norma ASTM G99 para que a mesma possa analisar desgaste de dispositivos submersos em lubrificantes.

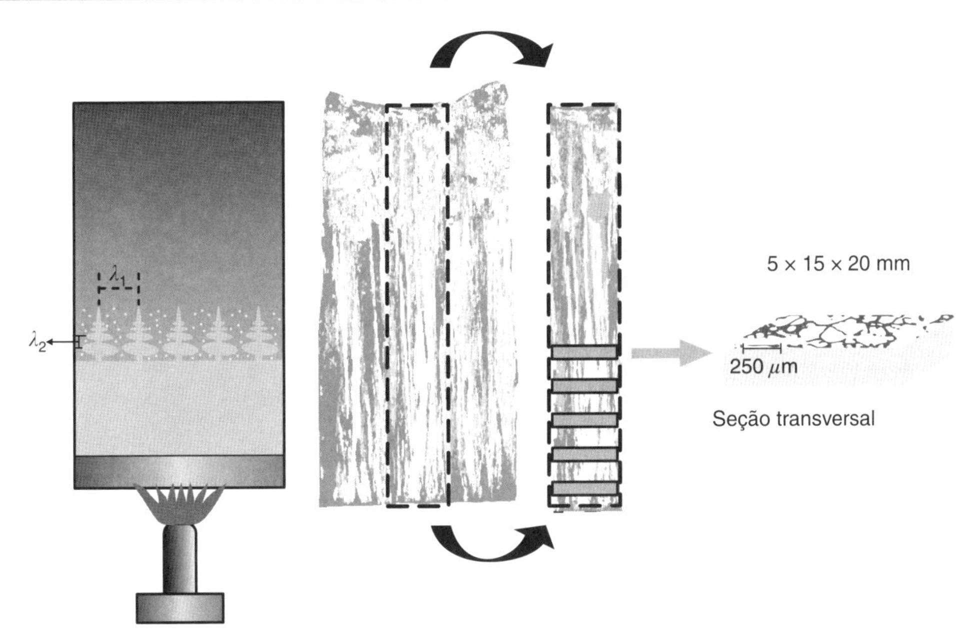

Figura 4.30 Esquema da solidificação direcional vertical com base refrigerada a água, macroestrutura típica resultante para uma liga de alumínio e retirada dos corpos de prova para ensaio de desgaste. Os corpos de prova para ensaio de tração também foram removidos perpendicularmente à direção de crescimento. (λ_1 e λ_2 são respectivamente os espaçamentos dendríticos primário e secundário.)

Há uma tendência comum em se associar maior resistência ao desgaste a materiais metálicos de resistência mecânica e dureza mais elevadas. O limite de resistência à tração é usualmente relacionado à dureza através de correlações lineares como a da Eq. (4.5). Entretanto, deve-se tomar cuidado com esse tipo de generalização. É sempre oportuno lembrar que as propriedades de um determinado material têm fortes vinculações com o arranjo microestrutural, ou seja, com a natureza, morfologia e distribuição das fases presentes na microestrutura.

Como exemplo, pode-se analisar o caso de ligas de dois importantes sistemas binários à base de alumínio: Al-Si e Al-Sn. Considerando-se ligas hipoeutéticas de ambos os sistemas na condição bruta de solidificação (sem nenhum tipo de tratamento térmico ou mecânico), a microestrutura dessas ligas é constituída por uma matriz dendrítica da fase rica em alumínio, e regiões interdendríticas formadas pela mistura eutética de fase rica em Al e partículas de Si (ligas Al-Si) ou por partículas de Sn, já que o Sn é praticamente imiscível no Al (ligas Al-Sn). Um estudo recente [Cruz et al. 2010] baseou-se em lingotes produzidos por solidificação direcional, conforme esquema da Fig. 4.30, para desenvolver uma análise comparativa entre resistência à tração e resistência ao desgaste em função do espaçamento dendrítico primário, também definido na Fig. 4.30.

Para a caracterização da resistência ao desgaste utilizou-se um aparato de ensaio que promove o desgaste de microabrasão por esfera rotativa fixa, mostrado esquematicamente na Fig. 4.31. A esfera utilizada no ensaio foi de aço 52100 (usada para rolamentos) com diâmetro de 25,4 mm e dureza de 850 HV. A carga utilizada foi de 0,6 N e rotação de 260 rpm. Não foi utilizada nenhuma solução abrasiva ou lubrificante, pois um elemento interfacial poderia prejudicar a interpretação dos resultados relativos à resposta da microestrututura com relação à resistência ao desgaste. Durante os testes a esfera rotativa de aço gira contra a superfície da amostra produzindo uma cratera esférica de desgaste na amostra. O volume

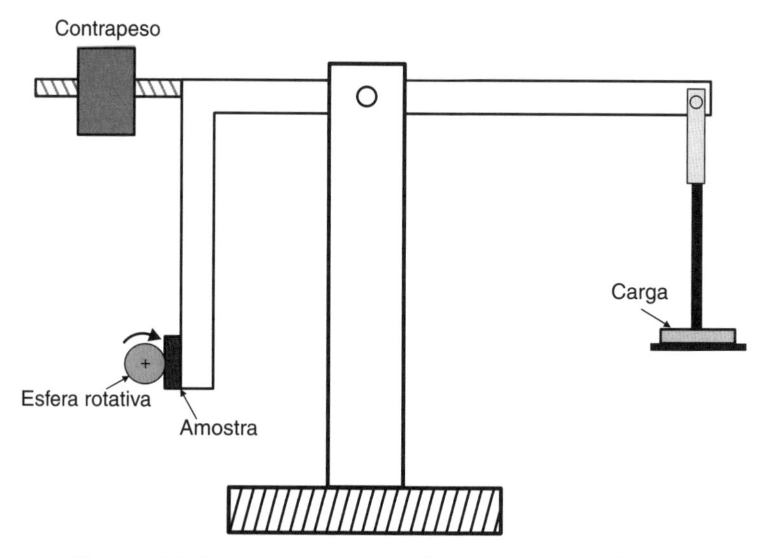

Figura 4.31 Esquema do aparato utilizado no ensaio de desgaste

de desgaste, V, é calculado a partir da medida do diâmetro da cratera, d, e do raio da esfera rotativa, R:

$$V = \frac{\pi d^4}{64\, R} \tag{4.21}$$

Na medida em que a estrutura dendrítica fica mais refinada, há, de modo geral, uma tendência de aumento na resistência mecânica, o que se atribui a uma distribuição mais uniforme dos produtos de segregação microscópica nas regiões interdendríticas, tais como segundas fases, intermetálicos e outros obstáculos ao escorregamento. A Fig. 4.32 mostra resultados de limite de resistência à tração em função do espaçamento dendrítico primário, λ_I para ligas Al-Sn e Al-Si. Os pontos representam a média de resultados experimentais e as retas um ajuste a esses pontos. Vê-se que em ambos os casos quanto mais refinada a microestrutura dendrítica (menores valores de λ_1), maiores os valores do limite de resistência à tração.

A Fig. 4.33 mostra os resultados de ensaio de desgaste para uma liga Al-20%Sn e uma liga Al-3%Si. O volume de desgaste é apresentado em função do espaçamento dendrítico primário, λ_1, e para ensaios de diferentes tempos de duração. Pode-se notar que a resistência ao desgaste ($1/V$) da liga Al-Sn cresce com o aumento do espaçamento dendrítico primário. Essa resposta da microestrutura está associada à maior fração volumétrica de Sn nas regiões interdendríticas ricas em Sn, o que parece intensificar o papel de lubrificante sólido do Sn, diminuindo o volume de desgaste. Vê-se também que com o aumento do tempo de ensaio há um aumento da influência de λ_1 sobre a resistência ao desgaste. Para a liga Al-3%Si ocorre uma tendência oposta, ou seja, com maior refino da microestrutura dendrítica aumenta a resistência ao desgaste. Isso se deve a uma distribuição mais homogênea do eutético interdendrítico e à redução no tamanho das partículas aciculares de silício. Nesse caso, com o aumento do tempo de ensaio, ocorre uma diminuição da influência de λ_1 sobre a resistência ao desgaste.

A Fig. 4.34 sintetiza os resultados de resistência ao desgaste, representada pelo inverso do volume de desgaste, e de resistência à tração para as ligas Al-20%Sn e Al-3%Si. Pode-se observar que, embora o efeito do refino no limite de resistência à tração seja o mesmo para ambas as ligas (aumento de σ_u com a diminuição de λ_1), há um efeito oposto de diminuição da resistência ao desgaste com a diminuição de λ_1 para a liga Al-Sn. Portanto, no caso de ligas Al-Sn o aumento da resistência mecânica foi acompanhado de queda na resistência ao desgaste.

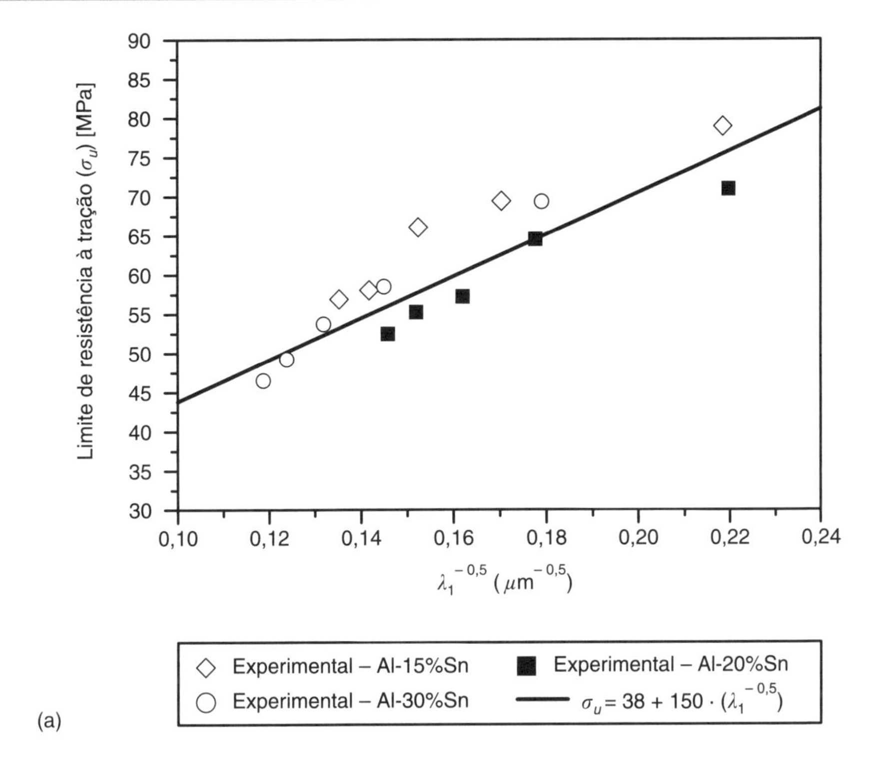

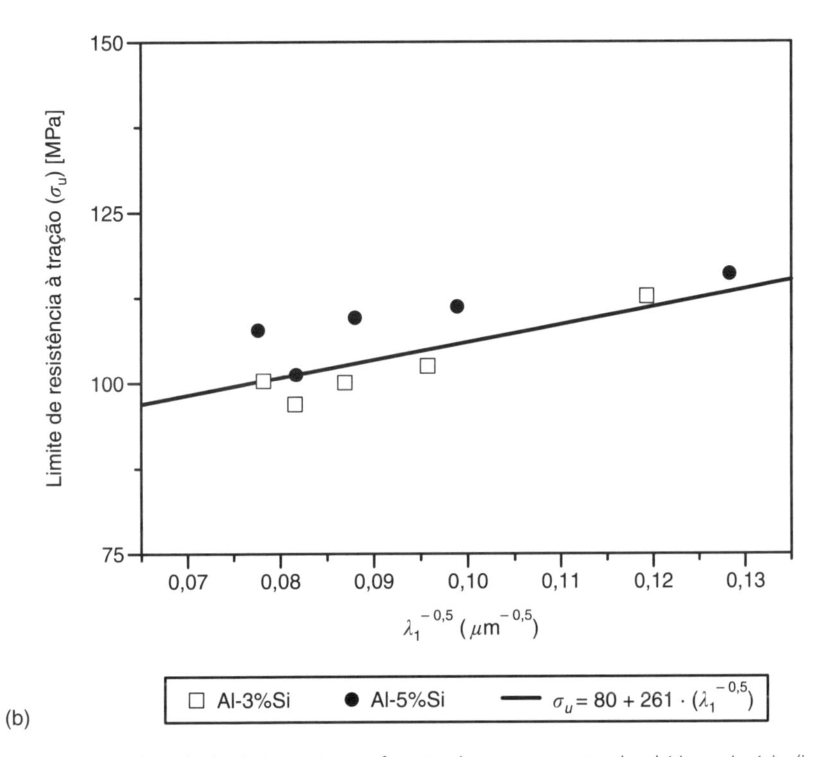

Figura 4.32 Limite de resistência à tração em função do espaçamento dendrítico primário (inverso da raiz quadrada de λ_1): (a) ligas Al-Sn e (b) ligas Al-Si.

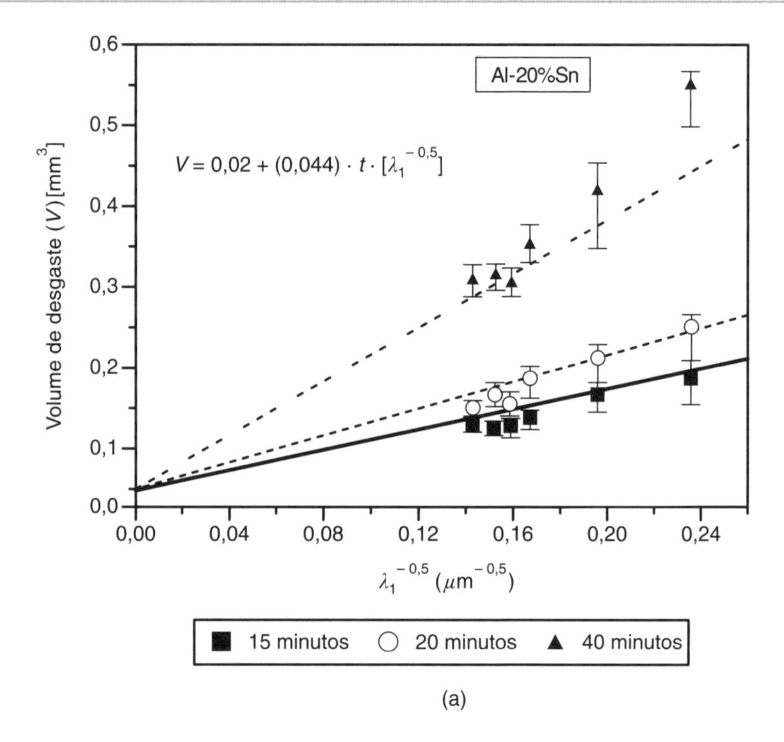

(a)

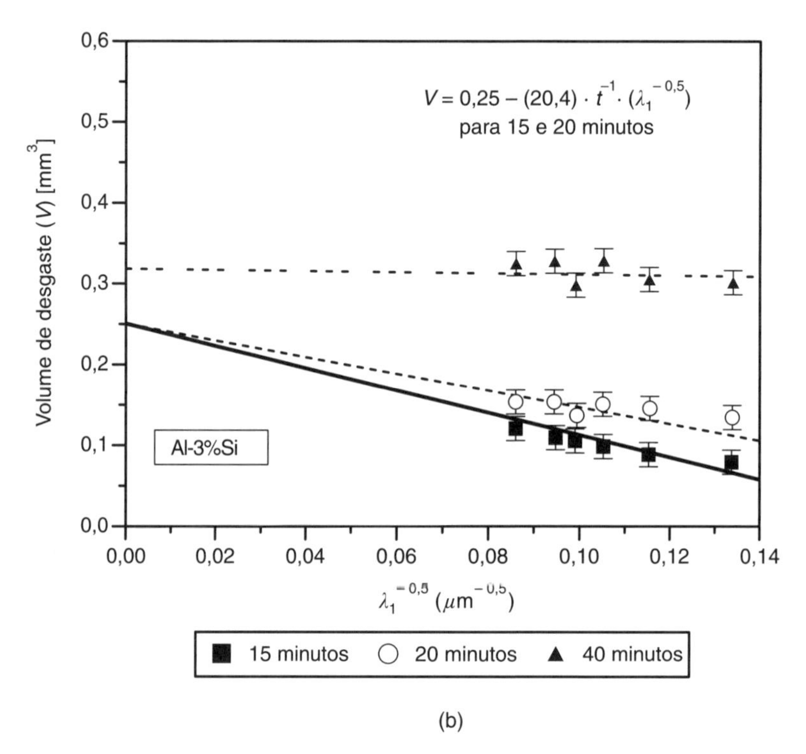

(b)

Figura 4.33 Volume de desgaste em função do espaçamento dendrítico primário (inverso da raiz quadrada de λ_1): (a) liga Al-20%Sn e (b) liga Al-3%Si (t é o tempo de ensaio em minutos).

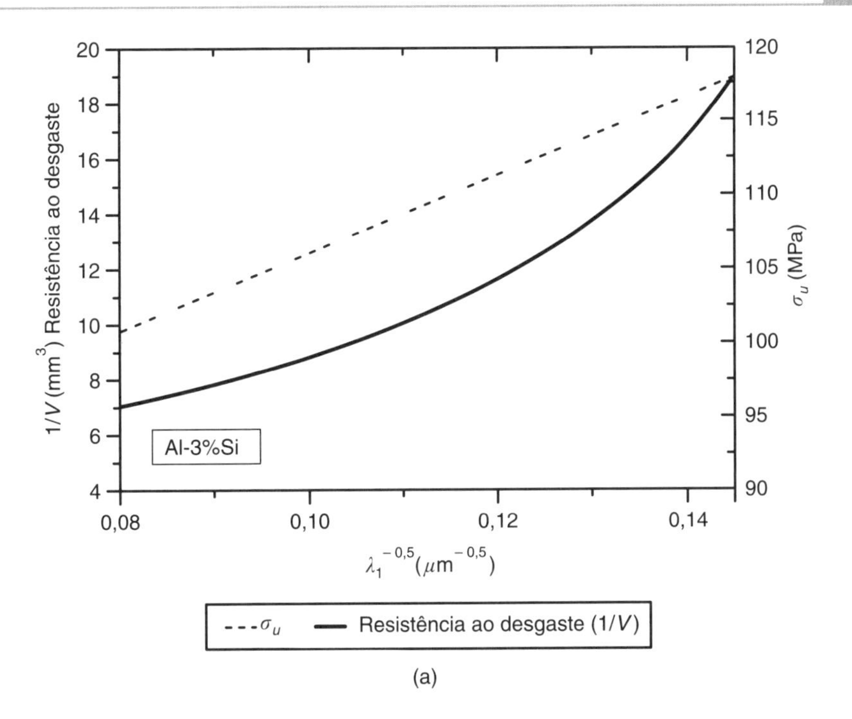

(a)

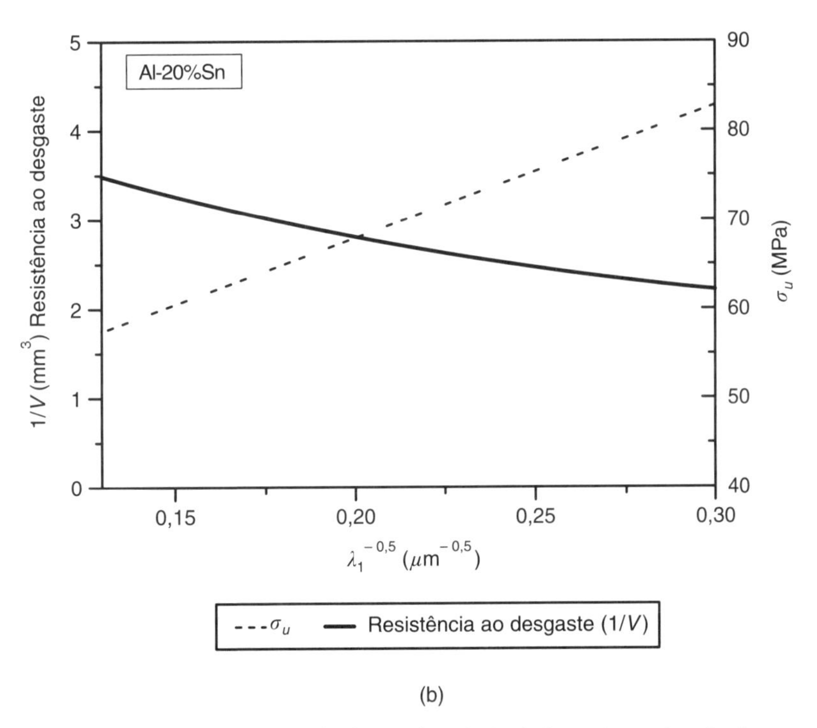

(b)

Figura 4.34 Resistência ao desgaste (1/*V*) e limite de resistência à tração em função do espaçamento dendrítico primário (inverso da raiz quadrada de λ_1): ligas Al-3%Si e Al-20%Sn.

5 Ensaio de Torção

Ensaio de torção consiste na aplicação de carga rotativa em um corpo de prova geralmente de geometria cilíndrica. Mede-se ângulo de deformação (θ) como função do momento de torção aplicado (M_t). Esse ensaio é amplamente utilizado na indústria de componentes mecânicos, como: motores de arranque, turbinas aeronáuticas, rotores de máquinas pesadas, brocas, parafusos e outros, principalmente devido à vantagem de fornecer dados quantitativos das características mecânicas dos materiais que compõem o componente, em particular as tensões de cisalhamento. Dentre os principais resultados do ensaio destacam-se: limite de escoamento ao cisalhamento (τ_e), limite de resistência ao cisalhamento (τ_u), módulo de elasticidade transversal (G), módulo de resiliência à torção (U_{Tr}) e o módulo de tenacidade à torção (U_{Tt}).

Não é indicado como um teste para o controle de especificações de entrada de matéria-prima, sendo utilizado apenas em casos específicos. Os resultados fornecidos pelo ensaio de torção são fortemente influenciados pela temperatura, velocidade de deformação, anisotropia do material, tamanho de grão, porcentagem de impurezas, qualquer tipo de tratamento térmico sofrido pelo corpo de prova, assim como pelas condições ambientais do ensaio.

O ensaio de torção pode ser executado a partir de corpos de prova feitos do material do qual o componente será fabricado, ou por meio de ensaio na própria peça, como por exemplo: eixos, brocas, hastes etc., desde que suas dimensões sejam compatíveis com a máquina de ensaio. A máquina de ensaio possui uma cabeça giratória, responsável pela aplicação do momento de torção, na qual é fixada uma das extremidades do corpo de prova. O momento é transmitido à outra extremidade do corpo de prova, que fica preso à mesa de engaste da máquina de ensaio, conforme esboço apresentado na Fig. 5.1(a). Ao longo do ensaio registra-se o momento de torção (M_t) contra o ângulo de torção (θ) ou de giro relativo da extremidade onde a torção é aplicada. Com os resultados do momento de torção (M_t) *versus* o ângulo de torção (θ), se constrói a curva tensão de cisalhamento (τ) *versus* a deformação angular de cisalhamento (γ), conforme visto na Fig. 5.1(b).

PROPRIEDADES MECÂNICAS EM TORÇÃO

A barra cilíndrica da Fig. 5.2(a) possui comprimento L e diâmetro D, a qual, quando submetida a um momento de torção (M_t) em uma de suas extremidades, estando a outra engastada, resulta em tensões e deformações distribuídas ao longo de toda a barra.

O plano de referência OACO′, visto na Fig. 5.2(a), após a aplicação do momento de torção (M_t) deforma-se para o plano OBCO′, onde se observa que é gerado um ângulo (θ) na seção transversal de aplicação do momento. Ao longo do comprimento (L) ocorre a deformação angular de cisalhamento dado pelo ângulo (ϕ).

Admite-se como hipótese que na condição elástica a tensão de cisalhamento na seção transversal da barra varia linearmente com o raio (r), em que o valor máximo dessa tensão

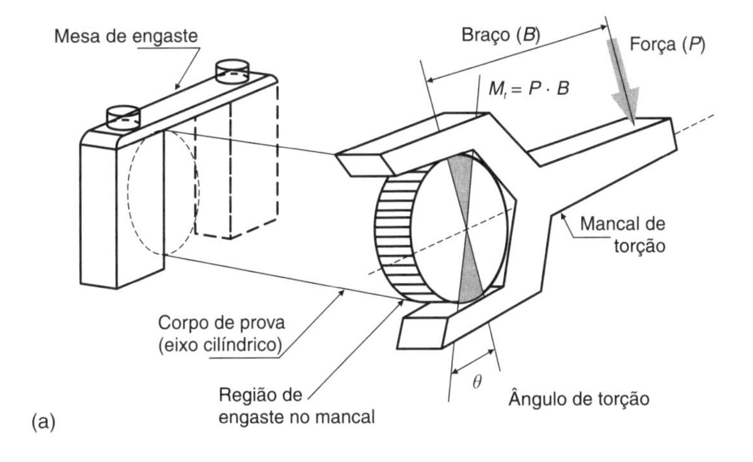

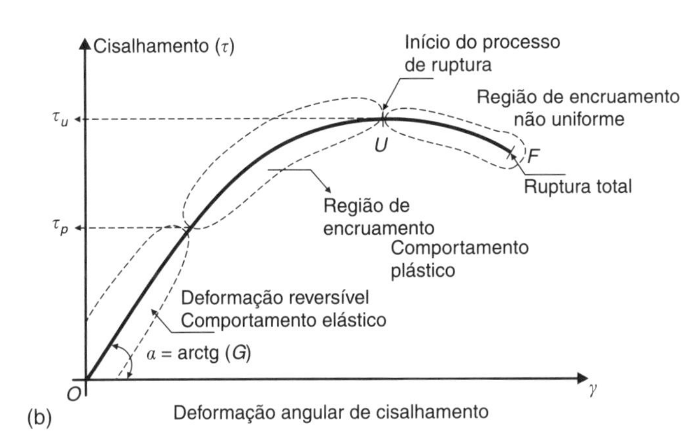

Figura 5.1 Representação do ensaio de torção: (a) esboço do aparato do ensaio de torção em um corpo de prova cilíndrico; (b) curva obtida no ensaio de torção.

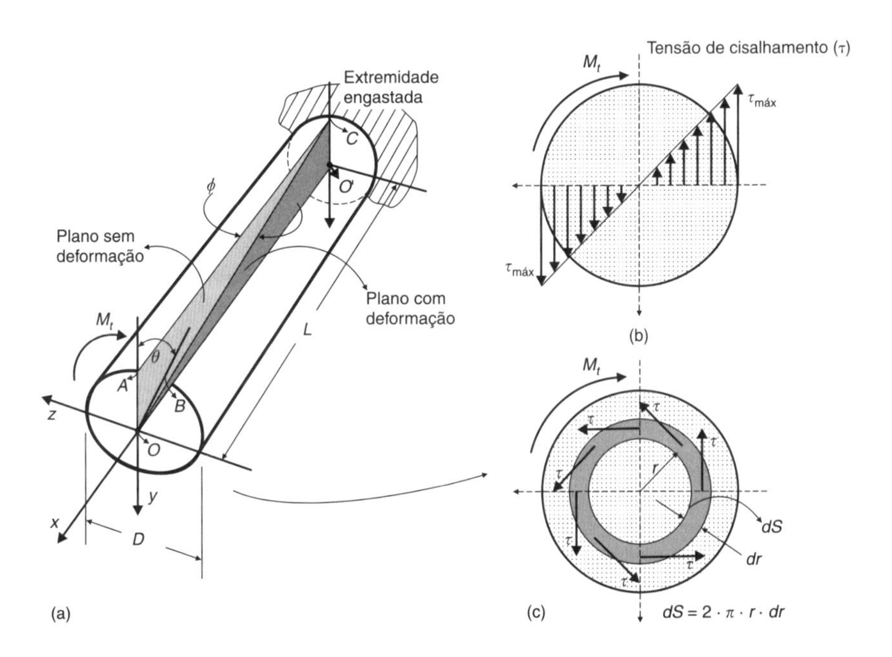

Figura 5.2 Torção em uma barra cilíndrica sólida: (a) deformação em torção, com destaque ao plano antes e depois do giro; (b) distribuição linear da tensão de cisalhamento ao longo da seção transversal, na condição elástica; (c) elemento de área (dS) e tensões de cisalhamento atuantes (τ).

se encontra na superfície da barra ($D/2$), sendo igual a zero no centro, conforme mostra a Fig. 5.2(b).

As tensões de cisalhamento distribuídas na seção transversal são estaticamente equivalentes a um conjugado de mesmo valor numérico e sentido contrário ao momento de torção (M_t), onde, admitindo que a seção transversal seja composta por pequenos elementos de área (dS), conforme dado na Fig. 5.2(c), o conjugado externo será igual ao somatório dos elementos de esforços resultante da tensão de cisalhamento (τ) atuante nos elementos de área.

Tensão de Cisalhamento (τ) na Região de Comportamento Elástico

Conforme a Fig. 5.2(c), para cada elemento de área, existe um elemento de força cisalhante (dF_τ) dado por:

$$dF_\tau = \tau \cdot dS \tag{5.1}$$

O elemento de momento (dM_t) dessa força em relação ao eixo da barra é dado pela multiplicação do braço de aplicação da carga, que no caso corresponde ao raio do elemento de área (r), pelo elemento de força (dF_τ), da seguinte forma:

$$dM_t = r \cdot dF_\tau \tag{5.2}$$

Assim, o momento total é a soma dos momentos parciais estendida à área global da seção transversal, dada por uma equação integral representada na forma:

$$M_t = \int_S dM_t = \int_0^{D/2} r \cdot \tau \cdot dS \tag{5.3}$$

em que M_t é o momento de torção expresso em newton por metro (N · m) e r é a distância do centro geométrico da seção transversal até o elemento de área dS.

A Eq. (5.3) pode ser reescrita na forma:

$$M_t = \frac{\tau}{r} \int_0^{D/2} r^2 \cdot dS \tag{5.4}$$

O termo integral da Eq. (5.4) é comum em problemas de resistência dos materiais, e essa integral corresponde a uma propriedade de uma figura plana, conhecida por **momento polar de inércia ($I_{\bar{r}}$)**. O Apêndice B mostra maiores detalhes sobre os momentos de inércia de figuras planas, dados por:

$$I_{\bar{r}} = \int_S r^2 \cdot dS \tag{5.5}$$

Aplicando a Eq. (5.5) na Eq. (5.4), chega-se à equação geral da tensão de cisalhamento em torção, dada por:

$$M_t = \frac{\tau \cdot I_{\bar{r}}}{r} \quad \text{ou} \quad \tau = \frac{M_t \cdot r}{I_{\bar{r}}} \tag{5.6}$$

Pela Fig. 5.2(c), tem-se que $dS = 2 \cdot \pi \cdot r \cdot dr$, em que a solução do momento polar de inércia para os limites do raio variando de 0 a $D/2$ resulta em:

$$I_{\bar{r}} = \frac{\pi \cdot D^4}{32} \tag{5.7}$$

Conforme a hipótese da Fig. 5.2(b), a tensão máxima de cisalhamento deve ocorrer na superfície da barra em que $r = D/2$, sendo o momento polar de inércia de uma seção transversal circular dado pela Eq. (5.7). Dessa forma, a Eq. (5.6) pode ser reescrita para a máxima tensão de cisalhamento ($\tau_{\text{máx}}$) em uma barra maciça de seção transversal circular, como:

$$\tau_{\text{máx}} = \frac{M_{t_{\text{máx}}} \cdot \left(\frac{D}{2}\right)}{\left(\frac{\pi \cdot D^4}{32}\right)} = \frac{16 \cdot M_{t_{\text{máx}}}}{\pi \cdot D^3} \tag{5.8}$$

Para um corpo de prova tubular, o momento polar de inércia é dado por:

$$I_{\bar{r}} = \frac{\pi}{32}(D_{\text{ext}}^4 - D_{\text{int}}^4) \tag{5.9}$$

em que D_{ext} é o diâmetro externo e D_{int} é o diâmetro interno do tubo.

Aplicando a Eq. (5.9) na Eq. (5.6) para a superfície do tubo, em que $r = D_{\text{ext}}$, chega-se a:

$$\tau_{\text{máx}} = \frac{16\, M_{t_{\text{máx}}} \cdot D_{\text{ext}}}{\pi(D_{\text{ext}}^4 - D_{\text{int}}^4)} \tag{5.10}$$

Para tubos com parede de espessura menor que 1/10 vezes o diâmetro externo, pode-se mostrar (ver Apêndice C) que a Eq. (5.10) pode ser aproximada por:

$$\tau_{\text{máx}} = \frac{2 \cdot M_{t_{\text{máx}}}}{\pi\, D_{\text{ext}}^2 \cdot t} \tag{5.11}$$

em que t é a espessura da parede do tubo, e $t < D_{\text{ext}}/10$.

Comparando a tensão de cisalhamento em torção para eixos maciços, Eq. (5.8), e eixos ocos ou tubulares, Eq. (5.11), observa-se que somente o material na superfície exterior do eixo pode ser solicitado até o limite dado para a máxima tensão admissível, e o material no interior do eixo trabalhará com tensões mais baixas.

Admitindo que dois eixos cilíndricos, um deles maciço e o outro tubular, de mesmo comprimento (L) e de diâmetro externo iguais (D_{ext}), com diâmetro interno do eixo tubular igual à metade do diâmetro externo ($D_{\text{int}} = D_{\text{ext}}/2$), sejam submetidos a um mesmo momento de torção, conforme visto na Fig. 5.3, pode-se provar, segundo as Eqs. (5.12) e (5.13), que, enquanto o eixo oco sofre uma redução de massa da ordem de 25%, a tensão máxima atingida neste cresce em apenas 7%.

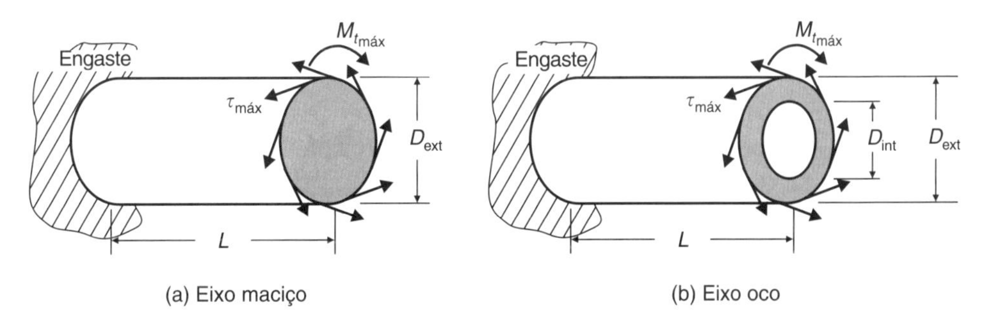

Figura 5.3 Aplicação de mesmo momento de torção (a) no eixo maciço e (b) no eixo oco.

$$\begin{array}{l}\text{Redução}\\ \text{percentual}\\ \text{de massa}\end{array} = \left(\frac{\text{Massa(maciço)} - \text{Massa(tubo)}}{\text{Massa(maciço)}}\right) \cdot 100\%$$

$$\begin{array}{l}\text{Redução}\\ \text{percentual}\\ \text{de massa}\end{array} = \left(\frac{\rho \cdot L \cdot \pi \cdot \left(\frac{D_{ext}}{2}\right)^2 - \rho \cdot L \cdot \pi \cdot \left(\left(\frac{D_{ext}}{2}\right)^2 - \left(\frac{D_{ext}}{4}\right)^2\right)}{\rho \cdot L \cdot \pi \cdot \left(\frac{D_{ext}}{2}\right)^2}\right) \cdot 100\% = 25\% \tag{5.12}$$

em que ρ é a massa específica do material metálico que forma os eixos [kg/m³].

$$\text{Aumento percentual da tensão} = \left(\frac{\tau(\text{tubo}) - \tau(\text{maciço})}{\tau(\text{maciço})}\right) \cdot 100\%$$

$$\text{Aumento percentual da tensão} = \left(\frac{\frac{16\, M_{t\,máx} \cdot D_{ext}}{\pi\left(D_{ext}^4 - \left(D_{ext}/2\right)^4\right)} - \frac{16 \cdot M_{t\,máx}}{\pi \cdot D_{ext}^3}}{\frac{16 \cdot M_{t\,máx}}{\pi \cdot D_{ext}^3}}\right) \cdot 100 = 6{,}7\% \tag{5.13}$$

Assim, quando se deseja uma redução de peso de determinados componentes mecânicos, como, por exemplo, aqueles empregados na indústria aeronáutica, é interessante a utilização de eixos ocos ou tubulares, uma vez que sua resistência à torção não cai na mesma proporção que a redução de massa.

Admitindo que no problema anterior o diâmetro interno (D_{int}) seja dado por um fator (α) que multiplica o diâmetro externo (D_{ext}), conforme mostra a Fig. 5.4, em que $0 \leq \alpha < 1$, e aplicando as Eqs. (5.12) e (5.13), pode-se mostrar que a redução percentual de massa é dada por: $\alpha^2 \cdot 100\%$, enquanto o aumento percentual da tensão de cisalhamento é dado por: $\left(\frac{\alpha^4}{1-\alpha^4}\right) \cdot 100\%$. Nessas condições, objetiva-se uma maior redução de massa para o menor aumento da tensão de cisalhamento. Essa diferença é apresentada no gráfico da Fig. 5.5, em que se observa que a melhor condição ocorre para $\alpha \cong$ **0,61**, e a redução de massa será da ordem de **37%** enquanto a tensão se eleva em apenas **16%**.

No caso de torção em um eixo com seção transversal retangular, o problema torna-se mais difícil devido ao encurvamento da seção transversal, o que ocasiona uma deformação máxima no centro da barra e mínima nas laterais (vértices), conforme mostra o exemplo da Fig. 5.6(a). Os vértices da barra após sofrer a torção são estirados, sofrendo um efeito de tração e dobramento, não apenas o efeito de cisalhamento. Espera-se, portanto, que a tensão de cisalhamento

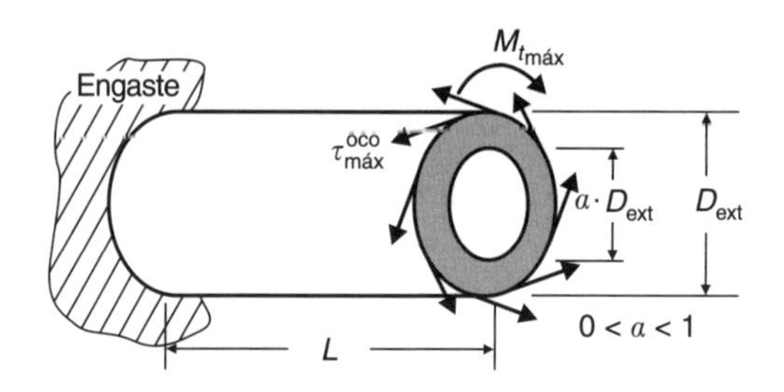

Figura 5.4 Eixo oco com a razão $\alpha = D_{int}/D_{ext}$.

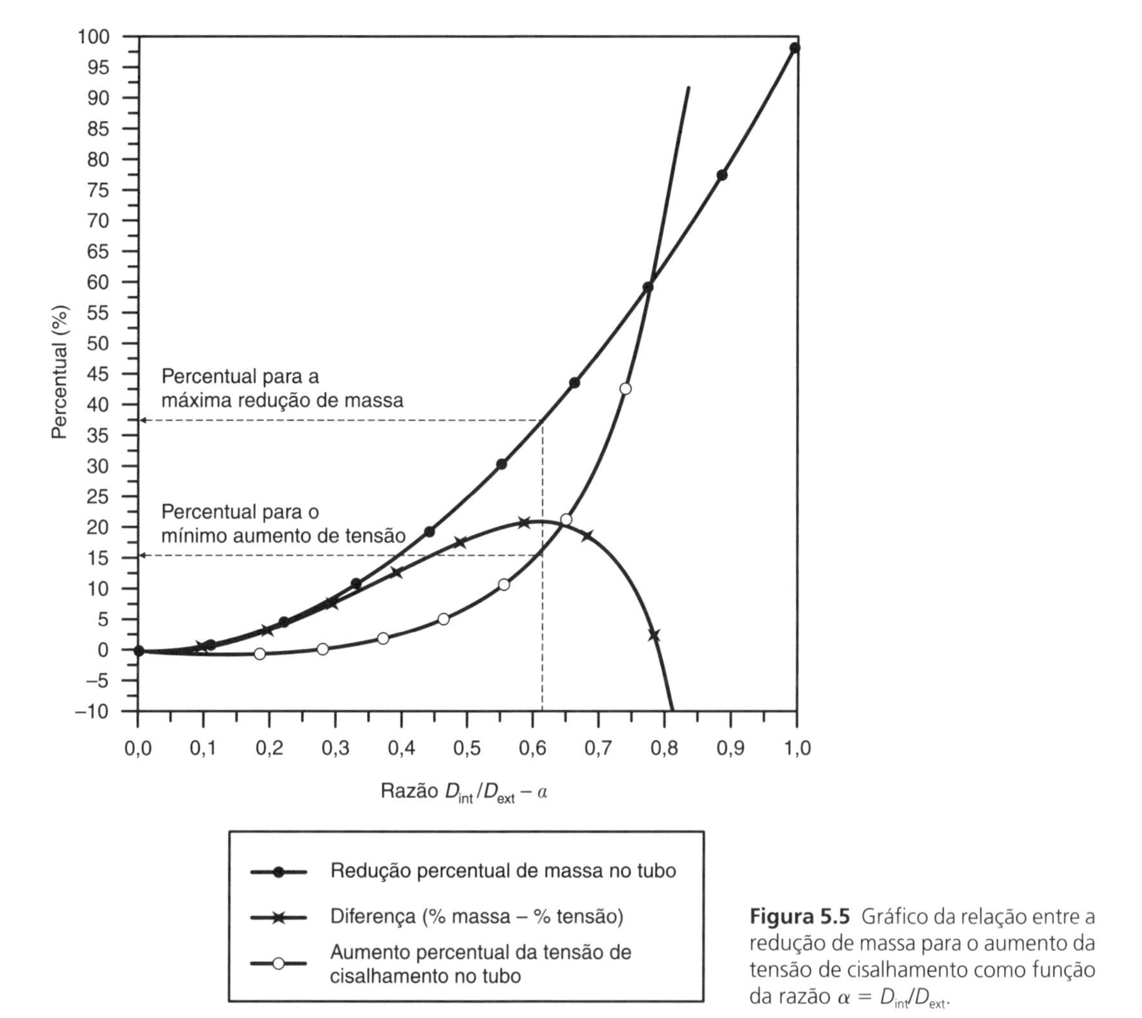

Figura 5.5 Gráfico da relação entre a redução de massa para o aumento da tensão de cisalhamento como função da razão $\alpha = D_{int}/D_{ext}$.

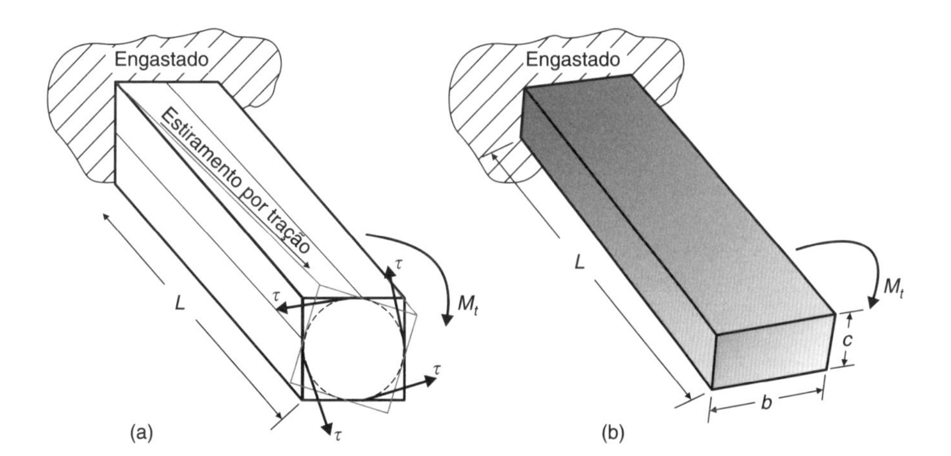

Figura 5.6 (a) Aplicação de torção em barra de seção quadrada, com destaque ao efeito de estiramento do vértice. (b) Dimensões de barra de seção retangular para o ensaio de torção.

varie com essa distorção, isto é, seja máxima no meio dos lados e zero nos vértices da seção transversal; e a tensão máxima é dada por:

$$\tau_{\text{máx}} = \frac{M_{t_{\text{máx}}}}{\alpha \cdot b \cdot c^2} \tag{5.14}$$

em que b é o lado maior, c o lado menor, conforme Fig. 5.6(b), e α um coeficiente numérico que depende da relação b/c, conforme alguns valores apresentados na Tabela 5.1.

Tabela 5.1 Dados para a torção de um eixo com seção transversal retangular (Timoshenko, 1969)

b/c	**1**	**1,5**	**1,75**	**2**	**2,5**	**3**	**4**	**6**	**8**	**10**	**∞**
α	0,208	0,231	0,239	0,246	0,258	0,267	0,282	0,299	0,307	0,313	0,333
β	0,141	0,196	0,214	0,229	0,249	0,263	0,281	0,299	0,307	0,313	0,333

Também, é interessante ressaltar que a tensão máxima pode ser determinada por:

$$\tau_{\text{máx}} = \frac{M_{t_{\text{máx}}}}{b \cdot c^2} \cdot \left[3 + 1{,}8 \cdot \left(\frac{c}{b}\right)\right] \tag{5.15}$$

Deformação de Cisalhamento (γ) na Região de Comportamento Elástico

O ângulo de torção (ϕ), conforme mostra a Fig. 5.7, dado pela corda $\overline{AB}$, é o deslocamento de giro sofrido por um ponto na superfície do corpo de prova em relação ao engaste fixo, expresso em radianos, sendo este tanto maior quanto mais longo for o corpo de prova. A deformação de cisalhamento (γ) é determinada como função do raio ($D/2$), do ângulo de torção (ϕ) e do comprimento do corpo de prova (L), dada por:

$$\gamma = \tan(\phi) = \frac{\overline{AB}}{L} = \frac{D \cdot \theta}{2 \cdot L} \tag{5.16}$$

em que, θ é o ângulo de torção (radianos), L é o comprimento do corpo de prova (m) e $D/2$ representa o raio do corpo de prova (m).

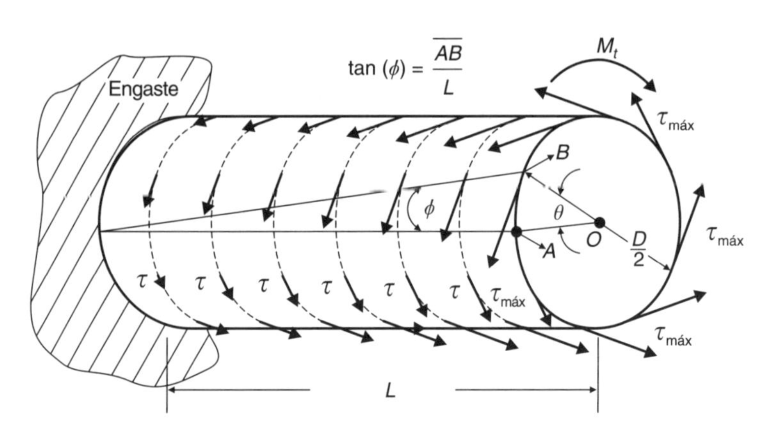

Figura 5.7 Eixo cilíndrico exposto a torção, com destaque ao ângulo de giro (ϕ) em relação à superfície engastada.

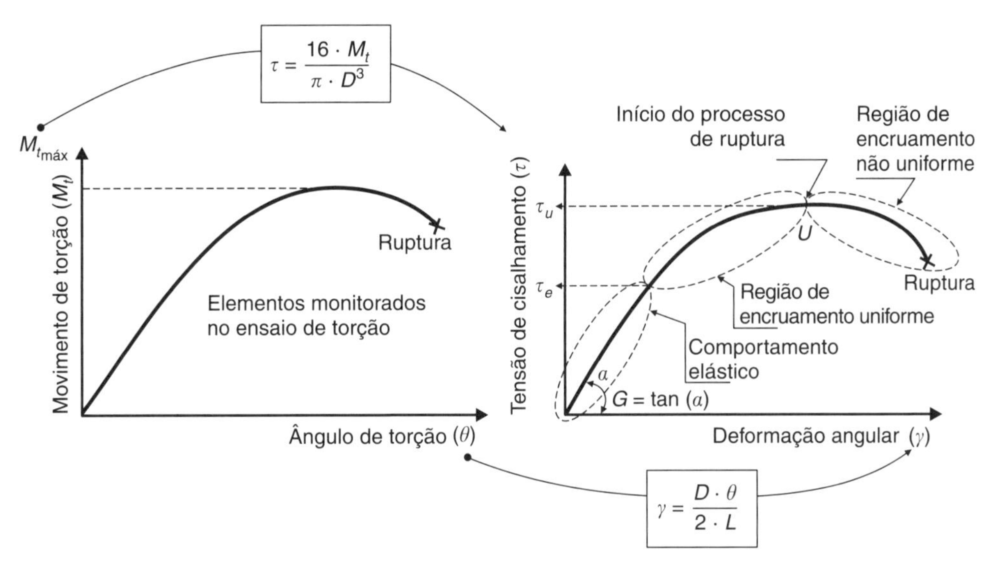

Figura 5.8 Gráfico momento de torção (M_t) *versus* ângulo de torção (θ) e diagrama tensão de cisalhamento (τ) *versus* deformação angular (γ).

O ângulo de torção por unidade de comprimento é diretamente proporcional ao momento de torção, sendo dado por:

$$\theta = \frac{M_t}{C} \tag{5.17}$$

em que C é uma constante chamada de **rigidez à torção**, com $C = G \cdot I_r$ para o caso de eixos circulares e $C = \beta \cdot b \cdot c^3 \cdot G$, para eixos retangulares. Os valores de β são listados na Tabela 5.1, e G corresponde ao módulo de elasticidade em torção.

Pode-se observar na Fig. 5.7 que a tensão de cisalhamento na superfície aumenta à medida que o comprimento do corpo de prova aumenta, ou a aplicação do momento de torção se afasta da extremidade engastada.

Monitorando-se o momento de torção aplicado ao corpo de prova versus o ângulo de torção, e utilizando-se as Eqs. (5.8) e (5.16), obtém-se a curva de tensão de cisalhamento *versus* a deformação angular, conforme apresentado na Fig. 5.8.

Módulo de Elasticidade Transversal (*G*)

Dentro do regime elástico, a tensão de cisalhamento é proporcional à deformação angular, de maneira análoga ao módulo de elasticidade que caracteriza a relação entre tensão normal e deformação para o ensaio de tração. Pela lei de Hooke, a tensão de cisalhamento em qualquer ponto no interior de um eixo maciço é dada por:

$$\tau = \gamma \cdot G \quad \text{ou} \quad G = \frac{\tau}{\gamma} \tag{5.18}$$

em que a constante de proporcionalidade (**G**) corresponde ao **módulo de elasticidade transversal** ou **módulo de rigidez**.

Substituindo a Eq. (5.6) com $r = D/2$, e a Eq. (5.16) na Eq. (5.18), chega-se a:

$$G = \frac{M_t \cdot L}{I_r \cdot \theta} \tag{5.19}$$

Limite de Proporcionalidade e Limite de Escoamento (τ_p e τ_e)

Similarmente ao ensaio de tração, o limite de proporcionalidade em torção (τ_p) pode ser determinado no final da linearidade entre tensão de cisalhamento e deformação angular. O limite de escoamento (τ_e), que caracteriza o início da zona plástica, é de difícil determinação em uma barra sólida, já que as fibras superficiais são impedidas de escoar pelas fibras mais internas que são submetidas a menores níveis de tensão, conforme Fig. 5.9(a). Como no ensaio de tração, é comum a utilização da deformação angular padrão (γ_n) para determinação do limite de escoamento (τ_e), por exemplo, γ_n = **0,001** de deformação, conforme mostrado na Fig. 5.9(a). Dessa forma é mais apropriada a utilização de corpos de prova tubulares, em que o efeito é minimizado, já que o gradiente de tensões é praticamente eliminado, resultando em uma distribuição mais uniforme de tensões, como mostrado na Fig. 5.9(b).

Um fator de importância a ser observado na torção, tanto de tubos quanto em eixos maciços, é a utilização de relações entre o comprimento e os diâmetros dos corpos de prova para evitar o efeito da cambagem, conforme mostrado na Fig. 5.10, os quais devem atender às condições: $L < 10 \cdot D_{ext}$ para eixos maciços e $8 \cdot (D_{ext} - D_{int}) < D_{ext} < 10 \cdot (D_{ext} - D_{int})$ para tubos.

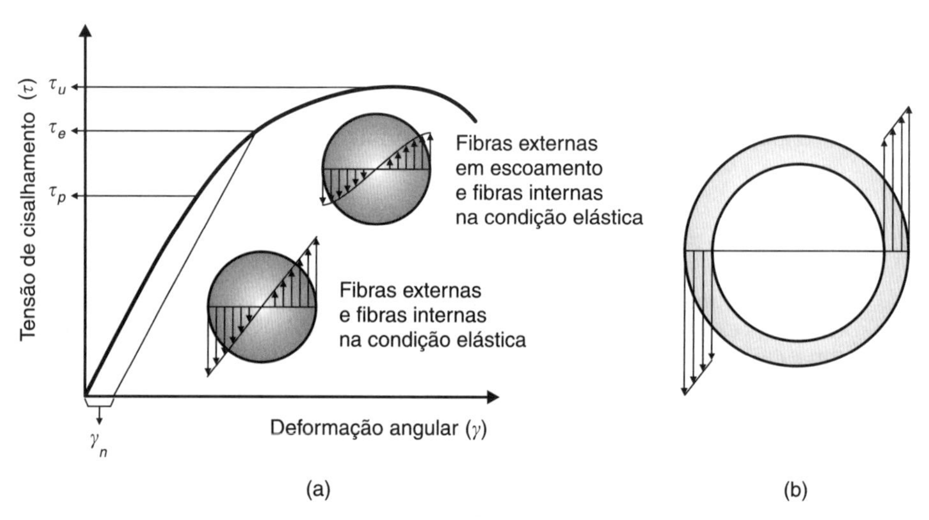

Figura 5.9 (a) Diagrama tensão de cisalhamento (τ) *versus* deformação angular (γ) para eixo maciço, com destaque para as fibras na condição elástica e após o início de escoamento. (b) Perfil da tensão de cisalhamento em tubos.

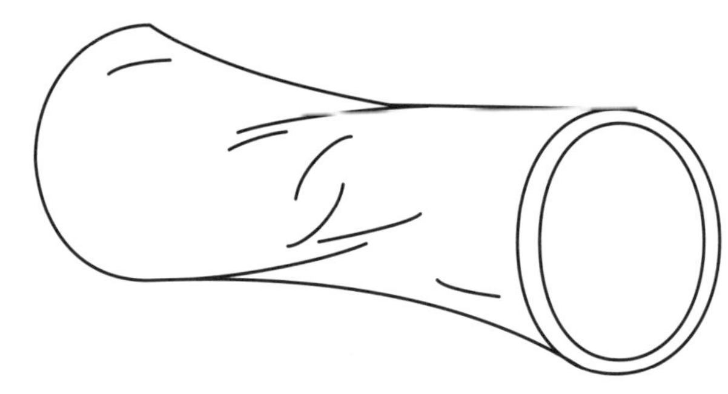

Figura 5.10 Efeito observado na torção de tubos e eixos conhecido por cambagem.

Limite de Resistência ao Cisalhamento (τ_u)

Conforme mostra o esquema de distribuição de tensões na seção transversal após o início do escoamento (Fig. 5.9(a)), ao atingir-se o regime plástico a distribuição de tensões não é mais linear, e as equações apresentadas anteriormente para a determinação da máxima tensão de cisalhamento não são aplicáveis.

Entretanto, para efeitos práticos costuma-se aplicar essas equações na determinação do equivalente ao limite de resistência à tração, que é denominado **limite de resistência ao cisalhamento** (τ_u). Esse limite é obtido pela substituição do momento de torção máximo aplicado no ensaio antes da ruptura, conforme dado nas Eqs. (5.8) e (5.10), para o caso de eixos maciços e tubulares, respectivamente.

Para eixo maciço:

$$\tau_u = \frac{16\, M_{t_{\text{máx}}}}{\pi\, D^3} \tag{5.20}$$

Para tubos:

$$\tau_u = \frac{16 \cdot D_{\text{ext}} \cdot M_{t_{\text{máx}}}}{\pi \cdot (D_{\text{ext}}^4 - D_{\text{int}}^4)} \tag{5.21}$$

Tensão e Deformação de Cisalhamento na Região de Comportamento Plástico

Um tratamento mais rigoroso da torção na zona plástica permite a determinação de expressões mais precisas para as tensões máximas de cisalhamento que ocorrem na seção transversal do corpo de prova.

Partindo da Eq. (5.3), e lembrando pela Fig. 5.2(c) que $dS = 2 \cdot \pi \cdot r \cdot dr$, pode-se escrever que:

$$M_t = 2 \cdot \pi \int_0^{D/2} \tau \cdot r^2 \cdot dr \tag{5.22}$$

Pela Fig. 5.7 observa-se que a tensão de cisalhamento aumenta à medida que se afasta da extremidade engastada, sendo máxima na extremidade de aplicação do momento de torção (L) e para o raio igual a $r = D/2$. Assim, a Eq. (5.22) pode ser reescrita na forma:

$$M_{t_{\text{máx}}} = 2 \cdot \pi \cdot \tau_{\text{máx}} \int_0^{D/2} r^2 \cdot dr \tag{5.23}$$

A solução da Eq. (5.23) é dada por:

$$M_{t_{\text{máx}}} = \pi \cdot \tau_{\text{máx}} \cdot \frac{D^3}{12} \quad \text{ou} \quad \tau_{\text{máx}} = \frac{12 \cdot M_{t_{\text{máx}}}}{\pi \cdot D^3} \tag{5.24}$$

Comparando a Eq. (5.20) com a Eq. (5.24), observa-se que essa última subestima em 25% o valor de τ_u, conforme aquele apresentado para as equações obtidas na condição elástica.

Informações Adicionais sobre o Ensaio de Torção

Como se trata de um ensaio amplamente empregado em produtos acabados ou semiacabados, como eixos, parafusos, brocas, arames etc., a ASTM desenvolveu uma norma específica para a realização desse ensaio em arames metálicos, norma esta que pode em alguns casos ser estendida para outros componentes mecânicos semelhantes, sendo designada ASTM E588:1983. Para outros detalhes do ensaio de torção, é interessante consultar as normas específicas e atualizadas da ABNT, ASTM, DIN e outras.

Entre as principais recomendações e providências necessárias para a realização do ensaio, podem-se citar:

- A fixação das extremidades do corpo de prova na máquina deve ser tal que não ocorram danos ou destruição das mesmas, ocasionando pontos de nucleação de trincas e consequente fratura.
- A distância entre as fixações será considerada o comprimento útil do corpo de prova (L).
- A rotação ou giro do corpo de prova deverá ocorrer apenas ao longo do comprimento útil, e não na região engastada. Para tanto, antes de se validar o ensaio, o operador deverá verificar se a extremidade de fixação não se encontra danificada (deformada) após a retirada deste da máquina de ensaio.
- O equipamento deverá ser dotado de um dispositivo de leitura de giro, diminuindo possíveis erros do operador nas medidas.
- Para o caso de ensaios realizados em componentes curvos, como é o caso de arames ou fio máquina, os mesmos deverão ser endireitados com a própria mão quando possível, ou com um martelo de madeira, borracha, cobre ou outro material que não danifique a superfície do corpo de prova.
- Como a tensão máxima de cisalhamento ocorre na superfície, é recomendado que seja isenta de defeitos ou marcas, que podem mascarar o comportamento do componente como um todo, não revelando sua total capacidade.
- A velocidade de giro durante o ensaio também requer especial atenção, devendo ser pequena. Em geral, esta é medida em rpm ou rps, conforme mostrado na Tabela 5.2 para o caso de ensaios em arames.

Aproximações podem ser feitas entre os resultados obtidos pelo ensaio de torção e o ensaio de tração, utilizando-se das expressões:

Para o escoamento em cisalhamento:

$$\tau_e \cong 0{,}6 \cdot \sigma_e \tag{5.25}$$

Para o limite de resistência em cisalhamento:

$$\tau_u \cong 0{,}8 \cdot \sigma_u \text{ (para materiais dúcteis)} \tag{5.26}$$

e

$$\tau_u \cong 1{,}0 \text{ a } 1{,}3 \cdot \sigma_u \text{ (para materiais frágeis)} \tag{5.27}$$

As fraturas observadas no ensaio de torção são diferentes das obtidas no ensaio de tração, assim como a deformação plástica na fratura é localizada e muito pequena quando comparada com o alongamento e a redução de área em tração.

A Fig. 5.11 mostra uma representação da distribuição de tensões de cisalhamento num elemento de volume do material. Conforme visto para a torção, a tensão máxima de cisalhamento ocorre na superfície externa do material, tanto no sentido longitudinal quanto no sentido transversal do material.

Tabela 5.2 Taxas de torção recomendadas para arames [ASTM E588:1983]

Diâmetro do arame (mm)	Máxima taxa de torção (RPS)
Até 1,17	2
De 1,17 a 2,26	1
Acima de 2,26	0,5

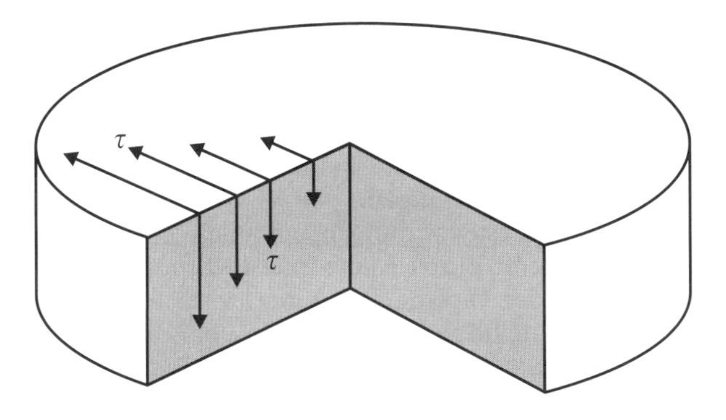

Figura 5.11 Distribuição das tensões ao longo de um elemento de volume de um eixo solicitado em torção. (Timoshenko, 1966.)

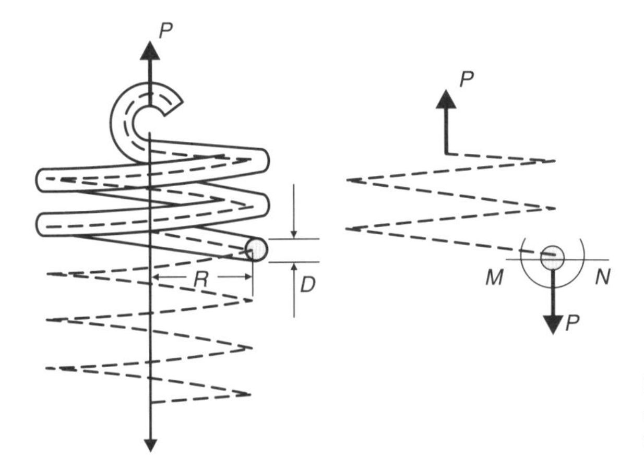

Figura 5.12 Esquema de uma mola helicoidal submetida a uma força axial de tração.

No caso de uma mola helicoidal de seção transversal circular submetida à ação de uma força axial P, conforme mostra a Fig. 5.12, pode-se concluir, pelas equações da estática, que os esforços na seção transversal MN de uma espira da hélice decorrem de uma força cortante que passa pelo centro da seção transversal e de um momento que atua no plano da seção, sendo dados por:

$$\tau_{u_{\text{momento}}} = \frac{4 \cdot P}{\pi \cdot D^2} \tag{5.28}$$

$$\tau_{u_{\text{cortante}}} = \frac{16 \cdot P \cdot R}{\pi \cdot D^3} \tag{5.29}$$

em que P é a carga, R é o raio da superfície cilíndrica que contém a linha dos centros da mola e D, o diâmetro da seção transversal. Como no ponto M as direções de τ_{momento} e τ_{cortante} coincidem, a tensão de cisalhamento máxima vale:

$$\tau_{\text{máx}} = \tau_{\text{momento}} + \tau_{\text{cortante}} = \frac{16 \cdot P \cdot R}{\pi \cdot D^3}\left(1 + \frac{D}{4 \cdot R}\right) \tag{5.30}$$

A experiência mostra que a ruptura, principalmente no caso de molas pesadas, em geral principia no lado interno da mola, visto que a deformação de cisalhamento no lado interno será maior do que a do lado externo. Portanto, as tensões de cisalhamento produzidas pelo conjugado $P \cdot R$ serão maiores no lado interno.

Os materiais dúcteis rompem-se por cisalhamento ao longo de um plano de máxima tensão de cisalhamento, geralmente um plano normal ao eixo longitudinal do corpo de prova, ou plano transversal. No caso de alguns materiais em que o componente de tensão no sentido longitudinal predomina sobre o componente transversal, como ocorre no caso da madeira com fibras paralelas ao eixo longitudinal, as primeiras trincas ou fendas serão produzidas por essas tensões, que aparecerão na superfície do material.

No caso de materiais metálicos frágeis, estes se rompem em função das tensões de tração decorrentes, já que o estado de cisalhamento puro é equivalente ao da tração numa direção e ao da compressão na direção perpendicular. O plano de fratura corresponde a um plano perpendicular à direção de máxima tensão de tração, que é dado pela bissetriz do ângulo entre dois planos de máxima tensão de cisalhamento, fazendo um ângulo de 45° com as direções longitudinal e transversal, o que provoca uma fratura em forma de hélice. Esse tipo de fratura é típico em eixos de ferro fundido, podendo também ocorrer em materiais dúcteis sob condições específicas, como a aplicação de elevadas taxas de deformação, temperaturas criogênicas ou deficiências de projeto e material. As Figs. 5.13(a) e (b) apresentam duas vistas da fratura em duas pontas de eixo de veículos de passeio. A Fig. 5.13(a) apresenta uma fratura frágil, porém, sabendo que o eixo é feito de aço, material dúctil, pode-se supor que ele deva ter sofrido esse tipo de fratura devido a um elevado torque do motor, conduzindo-o a uma elevada taxa de deformação. A Fig. 5.13(b) apresenta uma fratura dúctil, conforme esperado para esse tipo de material. No caso particular do eixo da Fig. 5.13(b), a fratura ocorreu devido ao fenômeno de fadiga, conforme será explicado em capítulo posterior. A Fig. 5.13(c) mostra a distribuição de tensões máximas nos corpos de prova submetidos a esforços de torção.

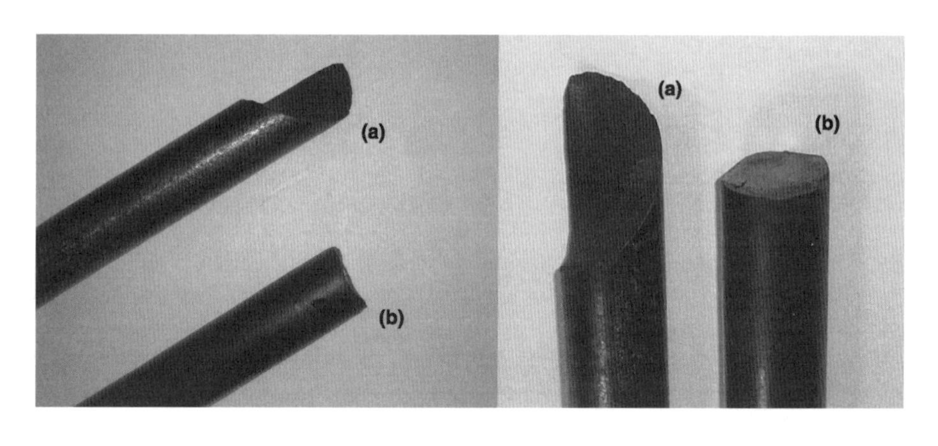

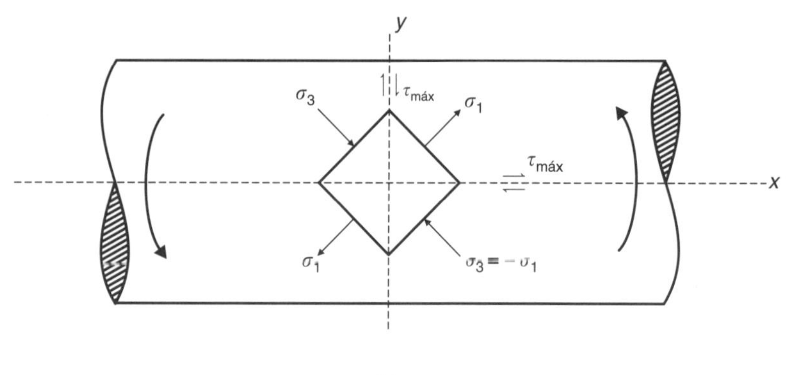

(c)

Figura 5.13 Tipos de fratura em torção: (a) dúctil, (b) frágil. (c) Estado de tensões em torção. (Segundo Dieter, 1988.)

6 Ensaio de Flexão

Ensaio de flexão consiste na aplicação de uma carga crescente em determinados pontos de uma barra de geometria padronizada, a qual pode estar na condição biapoiada ou engastada em uma das extremidades. Mede-se o valor da carga *versus* a deformação máxima, ou a flecha (v), deslocamento dos pontos de aplicação de carga, atingida na flexão. É um ensaio muito utilizado na indústria de cerâmicos, em concreto e madeira, metais duros, como ferro fundido, aço ferramenta e aço rápido, devido ao fato de fornecer dados quantitativos da deformação que esses materiais podem sofrer quando sujeitos a cargas de flexão. Os materiais dúcteis, quando sujeitos a esse tipo de carga, são capazes de absorver grandes deformações, ocorrendo dobramento do corpo de prova, não fornecendo assim resultados quantitativos qualificados para o ensaio de flexão. Nesses casos esse ensaio consiste mais em um ensaio de fabricação, chamado de dobramento. Existem três tipos principais desse ensaio: o ensaio de flexão em três pontos, em que a barra a ser testada é biapoiada nas extremidades e a carga é aplicada no centro do comprimento do corpo de prova; o ensaio de flexão em quatro pontos, em que a barra a ser testada é biapoiada nas extremidades e a carga é aplicada em dois pontos na região central do comprimento, separados por uma distância padronizada; e o chamado método engastado, que consiste em engastar uma extremidade do corpo de prova e a aplicação da carga na outra extremidade. Os principais resultados do ensaio de flexão são: módulo de ruptura em flexão – **MOR** (σ_{fu}), módulo de elasticidade em flexão – **MOE** (*E*), módulo de resiliência em flexão (Ur_f) e módulo de tenacidade em flexão (Ut_f). É bastante empregado para o controle das especificações mecânicas de componentes. Os resultados fornecidos pelo ensaio de flexão podem variar com a temperatura, a velocidade da aplicação da carga, defeitos superficiais e características microscópicas e, principalmente, com a geometria da seção transversal da amostra.

Contrastando com os ensaios que aplicam ao corpo de prova exclusivamente tensões normais, como a tração e a compressão, e os ensaios de cisalhamento puro, como o exemplo do ensaio de torção, o ensaio de flexão impõe sobre a seção transversal níveis de tensões trativas, compressivas e cisalhantes ao mesmo tempo. Conforme será visto, os níveis máximos de tensão trativa e compressiva assim como a tensão cisalhante sobre a superfície dependem da configuração geométrica da seção, e um corpo de prova poderá apresentar maiores ou menores níveis de rigidez, dependendo fundamentalmente da forma geométrica da seção transversal.

Nas máquinas de ensaios em flexão, os apoios sobre os quais descansa o corpo de prova, na maioria das vezes, são roliços com possibilidade de giro, o que ajuda na diminuição da fricção ou atrito entre o corpo de prova e os suportes. A carga de flexão deve ser aplicada lentamente.

Para o caso da determinação das propriedades relacionadas à resistência dos materiais cerâmicos, é mais usual a utilização do ensaio de flexão em vez do ensaio de tração. A máxima tensão até a ruptura é conhecida como módulo de ruptura ou resistência à flexão. No caso da madeira, o ensaio de flexão é realizado utilizando-se de dois pontos de aplicação de carga. Como a resistência da madeira em condições de compressão ao longo das fibras é muito menor que em condições de tração, o processo de fratura começa na zona comprimida na forma de ondulações. A fratura completa ocorre na zona tracionada e consiste na ruptura ou clivagem das fibras externas e consequente fratura final. Madeiras de alta qualidade produzem uma fratura fibrosa, e madeiras de baixa qualidade, uma superfície de fratura quase lisa.

A norma ASTM E855:1990 descreve três métodos de ensaio para a determinação de propriedades com o módulo de elasticidade em flexão (MOE) e o módulo de resistência à ruptura por flexão (MOR) para tiras, chapas ou vigas, sendo: ensaio em vigas engastadas (cantiléver), ensaio a três pontos e ensaio a quatro pontos. As propriedades obtidas pelo ensaio são similares àquelas obtidas pelo ensaio de tração e compressão, podendo-se citar como principais o limite de elasticidade em flexão (máxima tensão de flexão que o material suporta sem apresentar deformação permanente após retirada da carga), o limite de escoamento em flexão (tensão nominal relacionada à fronteira entre as regiões de comportamento elástico e plástico, e determinada analogamente à tração, adotando como referência 0,01; 0,05 e 0,1% de deformação), o módulo de elasticidade em flexão (relação entre tensão e deformação dentro da região de comportamento elástico), entre outras. Tais propriedades apresentam valores diferentes daqueles obtidos na tração ou compressão. No entanto, também apresentam variação com relação a parâmetros como: características do corpo de prova (direção de laminação, dimensões, microestrutura, tensões residuais, tratamentos térmicos, processos de manufatura etc.), condições de operação e ambientais (aferição do equipamento, manuseio do operador, variações de temperatura etc.).

A Técnica do Ensaio de Flexão

O ensaio consiste na aplicação de uma carga P no centro de um corpo de prova específico, apoiado em dois pontos. A carga aplicada parte de um valor inicial igual a zero e aumenta lentamente até a ruptura do corpo de prova. O valor da carga aplicada *versus* o deslocamento do ponto central, ou flecha (ν), consiste na resposta do ensaio. Se o ensaio consistir em uma barra biapoiada com aplicação de carga no centro da distância entre os apoios, ou seja, existirem três pontos de carga (uma direta e duas reações nos apoios), o ensaio é chamado **Ensaio de Flexão em Três Pontos**, conforme mostra a Fig. 6.1(a). Se o ensaio consistir em uma barra biapoiada com aplicação de carga em dois pontos equidistantes dos apoios, ou seja, existirem quatro pontos de carga (duas diretas e duas reações nos apoios), o ensaio é chamado **Ensaio de Flexão em Quatro Pontos**, conforme mostra a Fig. 6.1(b). Para o ensaio realizado com o engaste de uma das extremidades do corpo de prova, com a aplicação de carga na extremidade oposta, medindo-se o deslocamento da extremidade de aplicação da carga, o ensaio é chamado de **Método Engastado**, conforme mostra a Fig. 6.1(c). A Fig. 6.1(d) mostra um esboço da resposta de ensaio.

Trata-se de um ensaio bastante aplicado em materiais frágeis, ou de elevada dureza, como o caso de ferro fundido, aços ferramentas, aços rápido e cerâmicos estruturais, pois esses materiais, devido à baixa ductilidade, não permitem ou dificultam a utilização de outros tipos de ensaios mecânicos, como por exemplo a tração. Para materiais dúcteis, em geral não se utiliza o ensaio de flexão, mas sim uma variante desse tipo de ensaio, qual seja, o **ensaio de dobramento**, que será discutido em capítulo posterior.

Os principais parâmetros obtidos no ensaio de flexão são o **módulo de ruptura** (**MOR**), ou o valor da tensão que levará o corpo de prova a fratura total (σ_{fu}), e o **módulo de elasticidade** (**MOE**), que representa o coeficiente de elasticidade do corpo de prova (E).

Ensaio de Flexão pelo Método de Três e Quatro Pontos

O ensaio consiste na aplicação de cargas em um corpo de prova com configuração regular sujeito a 3 ou 4 pontos de apoio ou contato. O equipamento é dotado de dois suportes ajustáveis, um dispositivo de aplicação da carga e um medidor da deflexão ou curvatura. Os corpos de prova apresentam espessuras que variam de 0,25 mm a 1,3 mm. A distância entre apoios

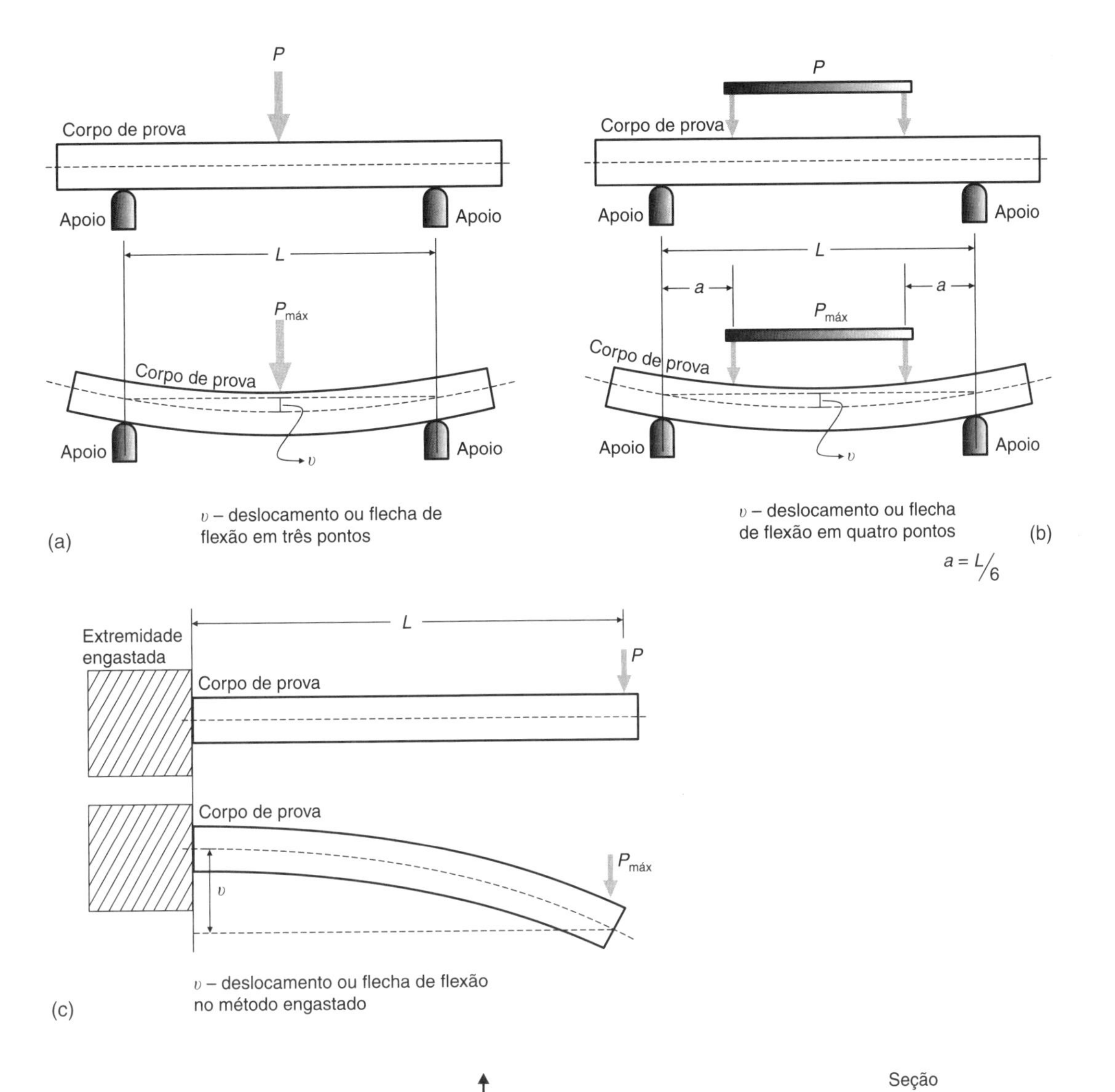

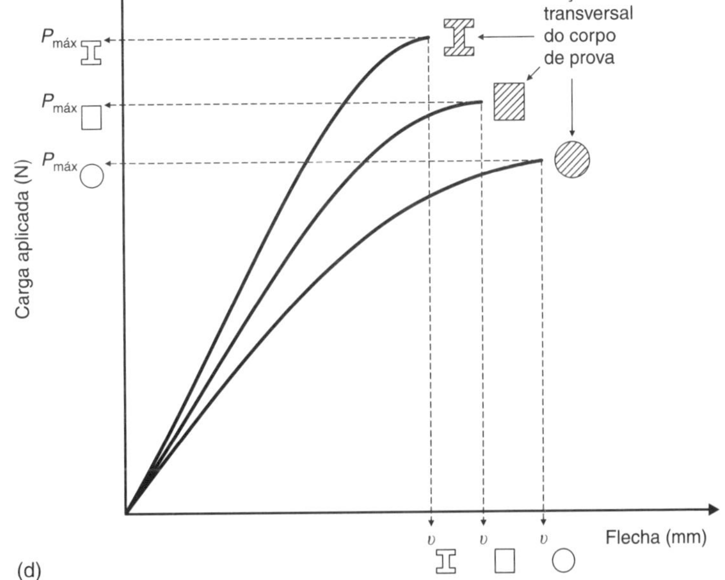

Figura 6.1 Tipos de ensaio e curva característica do ensaio de flexão: (a) esboço do ensaio de flexão em três pontos; (b) ensaio de flexão em quatro pontos; (c) método engastado; e (d) curva característica do ensaio para diferentes geometrias da seção.

é 150 vezes maior que o valor da espessura para a faixa de espessura de 0,25 a 0,51 mm e 100 vezes para espessuras maiores que 0,51 mm. Quanto à largura e ao comprimento dos corpos de prova, estes devem ter larguras de 3,81 mm e comprimento de 250 vezes a espessura para valores de espessura entre 0,25 e 0,51 mm e 12,7 mm de largura e comprimento de 165 vezes a espessura para espessuras maiores que 0,51 mm. Um esquema dos tipos de ensaio podem ser visto nas Figs. 6.1(a) e (b), respectivamente.

Ensaio de Flexão pelo Método Engastado

O teste consiste no carregamento de um corpo de prova engastado submetido a um momento fletor, medindo-se durante sua execução o momento aplicado e a deflexão da barra. Os valores obtidos pelo ensaio são úteis para projetos de molas, determinando-se a máxima deflexão que elas suportam. Outro aspecto importante da realização do ensaio é a possibilidade da análise dos efeitos de diferentes parâmetros no comportamento dos materiais à flexão, como composição química, tratamentos térmicos, condições ambientais, além de servir como parâmetro de controle de qualidade dos materiais. A Fig. 6.1(c) mostra um esquema do ensaio. O aparato utilizado para a realização do ensaio consiste basicamente em um dispositivo tipo morsa que provocará a deformação do corpo de prova pela aplicação de uma carga na extremidade do dispositivo. Quanto aos corpos de prova utilizados, recomenda-se uma configuração geométrica retangular, com espessura mínima de aproximadamente 0,38 mm ao longo de todo o corpo. A relação comprimento/espessura não deve ser inferior a 15, e a relação largura/espessura deve ser superior a 10.

Normalmente, aconselha-se um mínimo de seis corpos de prova para cada amostra ensaiada. Quando os corpos de prova não forem planos, é necessário ensaiá-los tanto para a posição de concavidade para cima como para a de concavidade para baixo.

Propriedades Mecânicas na Flexão

Durante o ensaio de flexão ocorrem esforços normais e tangenciais na seção transversal do corpo, gerando um complicado estado de tensões em seu interior. Entretanto, é possível assumir algumas hipóteses que simplificam o problema, quais sejam:

- corpo de prova inicialmente retilíneo;
- material homogêneo e isotrópico;
- validade da lei de Hooke ($\sigma = E \cdot \varepsilon$) – material elástico;
- consideração de Euler-Bernoulli: seções planas permanecem planas. Para essa consideração admite-se que, durante a flexão, as seções transversais do corpo de prova não sofrem deformação, mas apenas se curvam em relação ao centro de curvatura, conforme esboço da Fig. 6.2. "A equação da viga de Euler-Bernoulli é um modelo físico e matemático para o comportamento de uma viga. Foi desenvolvida pelos matemáticos Leonhard Euler e Jakob Bernoulli.";
- existe uma **superfície neutra** que passa pelo eixo longitudinal do corpo de prova, que não sofre tensão normal ($\sigma = 0$). O cruzamento da superfície neutra com qualquer seção transversal do corpo de prova gera uma linha chamada de **linha neutra (LN)**. Essa linha se encontra no centro de gravidade da seção transversal do corpo de prova e não se desloca durante a flexão; a inclinação ou giro da seção em relação ao centro de curvatura deverá ocorrer sobre essa linha, conforme mostra a Fig. 6.3;
- a distribuição da **tensão normal na seção transversal é linear**, com a máxima compressão na superfície interna (superior) do corpo de prova e a máxima tração na sua superfície externa (inferior), conforme mostra a Fig. 6.4.

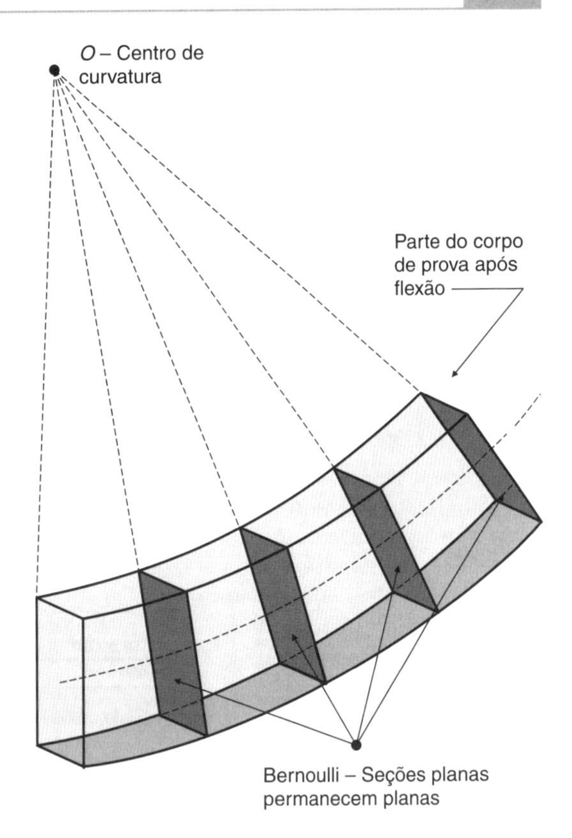

Figura 6.2 Consideração de Bernoulli, em que as seções planas não se deformam, permanecendo planas durante todo o ensaio, inclinando-se em relação ao centro de curvatura.

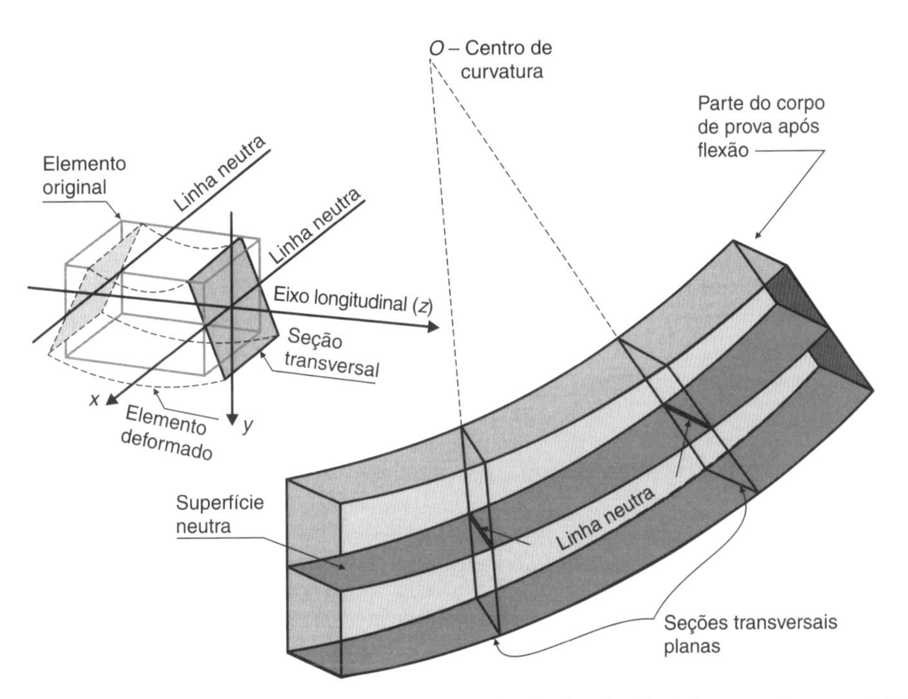

Figura 6.3 Destaque da superfície neutra que passa pelo eixo longitudinal do corpo de prova. A interseção da superfície neutra com qualquer seção transversal gera uma linha neutra sob a qual a seção gira sem sofrer deformação durante o ensaio.

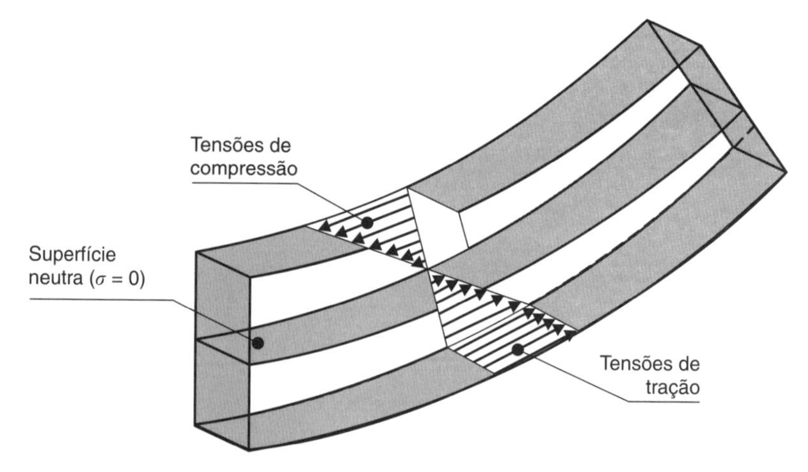

Figura 6.4 Distribuição linear de tensão ao longo da seção plana no interior do corpo de prova.

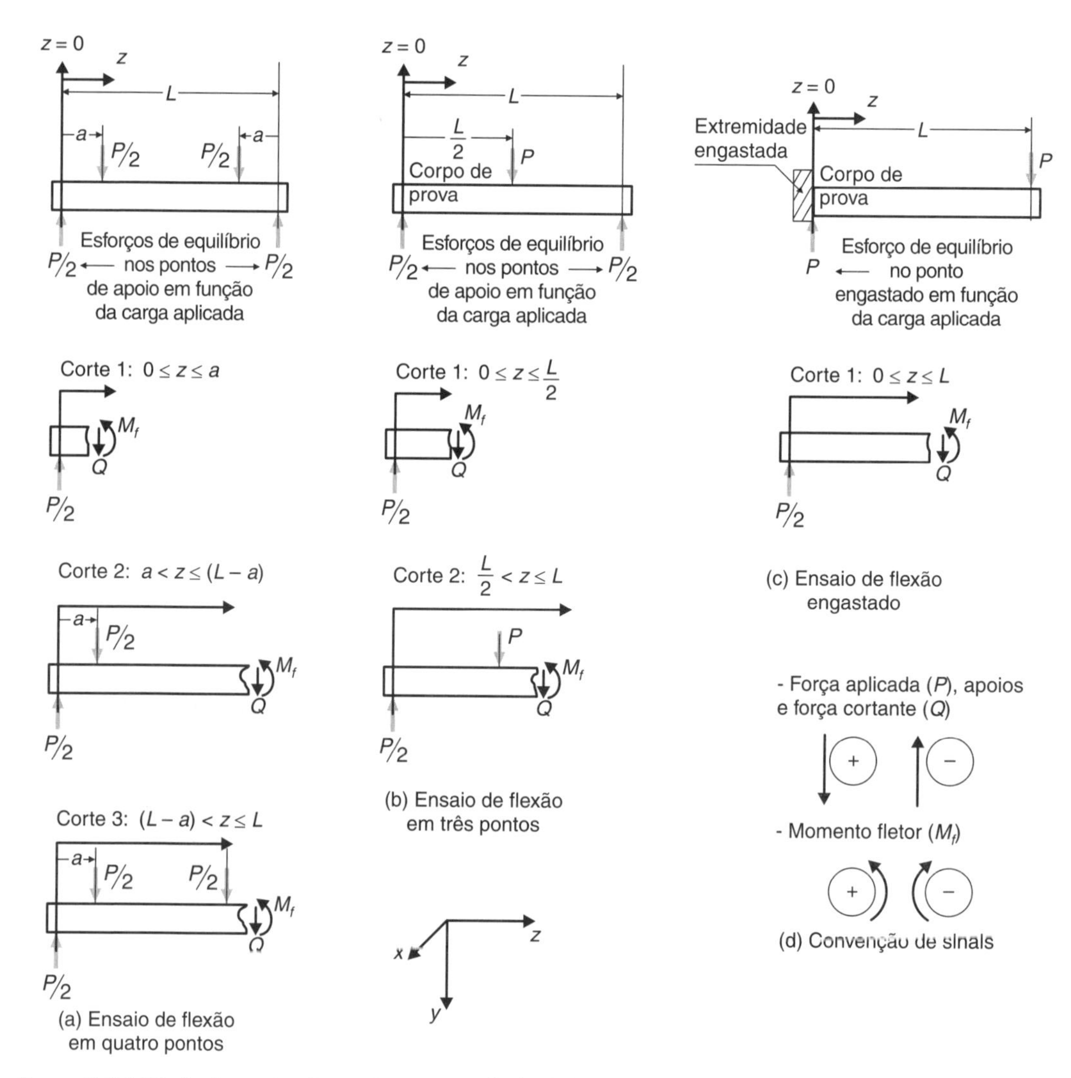

Figura 6.5 Método dos cortes das seções para o cálculo da força cortante (Q) e do momento fletor (M_f) ao longo do eixo longitudinal do corpo de prova: (a) ensaio de flexão em quatro pontos; (b) ensaio de flexão em três pontos; (c) ensaio pelo método engastado; e (d) convenção de sinais.

Análise dos Esforços Atuantes na Flexão

Para maior compreensão do efeito da flexão em um corpo de prova em teste, faz-se necessário conhecer os esforços que estarão atuando durante a deformação. Devido à carga aplicada, são gerados no interior do corpo de prova uma **força cortante (Q)**, ou de cisalhamento, e um **momento fletor (M_f)**, os quais podem variar ao longo do eixo longitudinal, dependendo do ponto de aplicação da carga de flexão.

A força cortante corresponde a um esforço de cisalhamento que ocorre na seção transversal, com o objetivo de balancear a carga aplicada e os apoios (ou engaste), e o momento fletor equivale a um esforço de giro da seção transversal que objetiva equilibrar o efeito da flexão. O cálculo da força cortante e do momento fletor pode ser realizado mediante o método das seções, em que se admitem cortes no corpo de prova desde uma extremidade até a outra, balanceando os esforços existentes ao longo do eixo longitudinal. Para tanto, se faz necessário estabelecer uma convenção de sinais para a aplicação das cargas e dos esforços atuantes, conforme mostra a Fig. 6.5.

Realizando o equilíbrio de esforços sobre os cortes da Fig. 6.5, tem-se que:

$$\text{Equilíbrio de esforços na direção do eixo } y\text{: } \oplus \downarrow \Sigma P_y = 0 \tag{6.1}$$

$$\text{Equilíbrio do momento fletor: } \oplus\circlearrowleft \Sigma M_f = 0 \tag{6.2}$$

Para o momento fletor, deve-se observar que o esforço que equilibra o sistema é dado pelo tamanho do braço entre o ponto de análise e o ponto de aplicação da carga vezes a carga aplicada. A solução da força cortante e do momento fletor nos cortes individuais para cada ensaio de flexão é apresentada na Tabela 6.1.

Tabela 6.1 Soluções da força cortante e do momento fletor para os ensaios de flexão

Tipo de ensaio	Intervalo	Força cortante (n)		Momento fletor ($n \cdot m$)	
		$\oplus \downarrow \Sigma P_y = 0$	Resultado	$\oplus\circlearrowleft \Sigma M_f = 0$	Resultado
Flexão em quatro pontos	$0 \le x \le a$	$-P/2 + Q = 0$	$Q = P/2$	$(-P/2) \cdot x + M_f = 0$	$M_f = (P/2) \cdot x$
	$a < x \le (L - a)$	$-P/2 + P/2 + Q = 0$	$Q = 0$	$(-P/2) \cdot x + (P/2) \cdot (x - a) + M_f = 0$	$M_f = (P/2) \cdot a$
	$(L - a) < x \le L$	$-P/2 + P/2 + P/2 + Q = 0$	$Q = -P/2$	$(-P/2) \cdot x + (P/2) \cdot (x - a) + (P/2) \cdot (x - L + a) + M_f = 0$	$M_f = (P/2) \cdot (L - x)$
Flexão em três pontos	$0 \le x \le L/2$	$-P/2 + Q = 0$	$Q = P/2$	$(-P/2) \cdot x + M_f = 0$	$M_f = (P/2) \cdot x$
	$L/2 < x \le L$	$-P/2 + P + Q = 0$	$Q = -P/2$	$(-P/2) \cdot x + P \cdot (x - L/2) + M_f = 0$	$M_f = (P/2) \cdot (L - x)$
Método engastado	$0 \le x \le L$	$P + Q = 0$	$Q = -P$	$P \cdot x + M_f = 0$	$M_f = -P \cdot x$

Utilizando-se os resultados da Tabela 6.1, podem-se estabelecer os diagramas de esforços cortantes e momento fletor ao longo do eixo longitudinal do corpo de prova para os três métodos do ensaio de flexão, conforme mostra a Fig. 6.6.

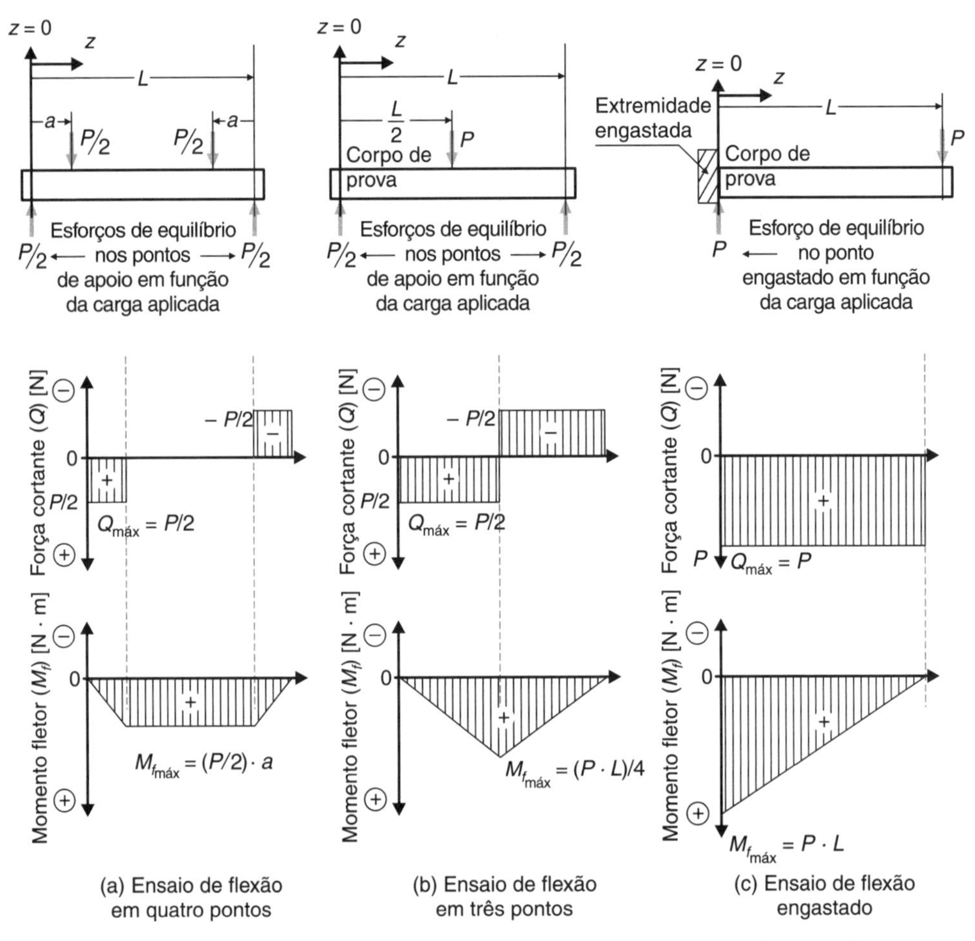

Figura 6.6 Cálculo de esforços pelo método das seções no eixo longitudinal do corpo de prova em flexão: (a) ensaio de flexão em quatro pontos; (b) ensaio de flexão em três pontos; e (c) ensaio pelo método engastado.

Análise da Seção Transversal do Corpo de Prova

Durante a flexão, observa-se que, em função da ação do momento fletor, as seções tendem a girar, de tal forma que as fibras superiores sofrem esforços compressivos e as fibras inferiores sofrem esforços trativos, conforme visto nas Figs. 6.3 e 6.4. Em algum ponto entre as regiões de tração e compressão existirá uma superfície em que as fibras não sofrem nenhuma variação de comprimento devido a esforços nulos nessa superfície, que é assim denominada **superfície neutra**. A interseção dessa superfície com qualquer seção transversal do corpo de prova corresponderá à **linha neutra (LN)** da seção. A linha neutra representa fisicamente o eixo em torno do qual gira a seção, devendo esta passar pelo **centro geométrico (centroide)** da seção transversal. Dessa forma, observa-se que quanto mais afastada for a fibra da linha neutra maior será a sua deformação e consequentemente maior será a tensão. A posição da linha neutra pode ser calculada conforme se segue:

$$\bar{y} = \frac{\int_S y \cdot dS}{\int_S dS} \tag{6.3}$$

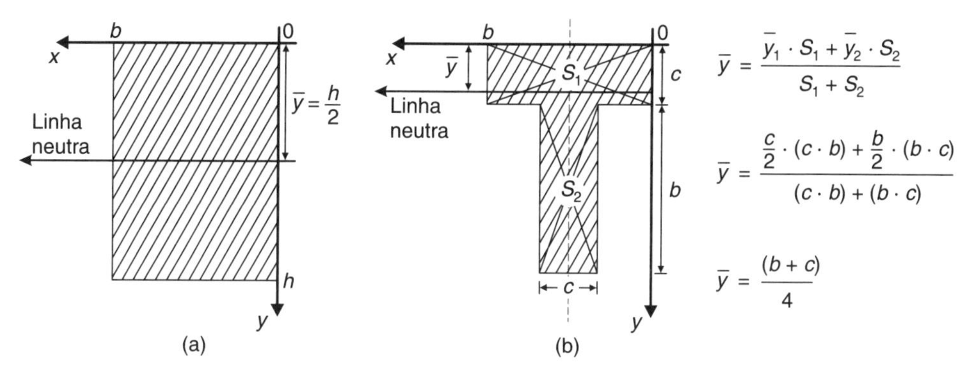

Figura 6.7 (a) Cálculo da posição da linha neutra em uma seção retangular de altura h e largura b. (b) Método da somatória de seções simples para o cálculo da posição da linha neutra.

Para exemplificar o cálculo da linha neutra, a Fig. 6.7(a) mostra uma seção transversal retangular, de altura h e largura b, em que, aplicando a Eq. (6.3), tem-se que:

$$\bar{y} = \frac{\int_0^b \int_0^h y \cdot dy \cdot dz}{\int_0^b \int_0^h dy \cdot dz} \tag{6.4}$$

Resolvendo a integral dupla para o numerador e denominador, chega-se em:

$$\bar{y} = \frac{\int_0^b \left(\frac{y^2}{2}\right)_{h-0} \cdot dy}{\int_0^b (y)_{h-0} \cdot dz} = \frac{\int_0^b \frac{h^2}{2} \cdot dz}{\int_0^b h \cdot dz} = \frac{\left.\frac{h^2}{2} \cdot z\right)_{b-0}}{\left.h \cdot z\right)_{b-0}} = \frac{\frac{h^2}{2} \cdot b}{h \cdot b} = \frac{h}{2} \tag{6.5}$$

Desse modo, a linha neutra em uma seção retangular deverá passar pelo centro da altura: $\bar{y} = h/2$.

Para seções formadas por agrupamento de geometrias simples, é possível o cálculo da posição da linha neutra utilizando-se o somatório dos elementos individuais, conforme mostra o exemplo da seção em "T" da Fig. 6.7(b). Nesse caso, o resultado obtido para a posição da linha neutra mostra que, se $b = 3 \cdot c$, então a linha neutra deverá passar pela interface das superfícies S_1 e S_2.

No Apêndice B encontram-se as equações de cálculo da posição da linha neutra para diferentes geometrias de seção transversal.

Cálculo da Tensão Normal (σ) na Seção Transversal

Analisando o elemento de volume, mostrado na sequência da Fig. 6.8, tem-se que as fibras superiores à linha neutra são comprimidas e as fibras inferiores são tracionadas. A tensão em qualquer fibra é proporcional à sua distância da linha neutra, e as forças distribuídas na seção transversal são representadas por um conjugado interno resistente que equilibra o conjugado externo (momento fletor - M_f).

Em consideração à deformação diferencial que ocorre nas fibras tracionadas, conforme observado na Fig. 6.8(b), pode-se escrever a seguinte relação:

$$\mathrm{tg}(\alpha) = \frac{\Delta dx}{2 \cdot y_{\mathrm{LN}}} \Rightarrow \Delta dx = 2 \cdot y_{\mathrm{LN}} \cdot \mathrm{tg}(\alpha) \quad (6.6)$$

em que Δdx é o elemento de deformação, x_{LN} é a distância da superfície externa tracionada até a linha neutra e α é o ângulo de giro da flexão.

Sabe-se que:

$$\varepsilon = \frac{\Delta L}{L} \text{ ou } \varepsilon = \frac{\Delta dx}{dx} = \frac{\sigma}{E} \quad (6.7)$$

Assim:

$$\sigma = \frac{2 \cdot E \cdot \mathrm{tg}(\alpha)}{dx} \cdot y_{\mathrm{LN}} \quad (6.8)$$

Chamando: $$K = \frac{2 \cdot E \cdot \mathrm{tg}(\alpha)}{dx} \text{ tem-se que: } \sigma = K \cdot y_{\mathrm{LN}} \quad (6.9)$$

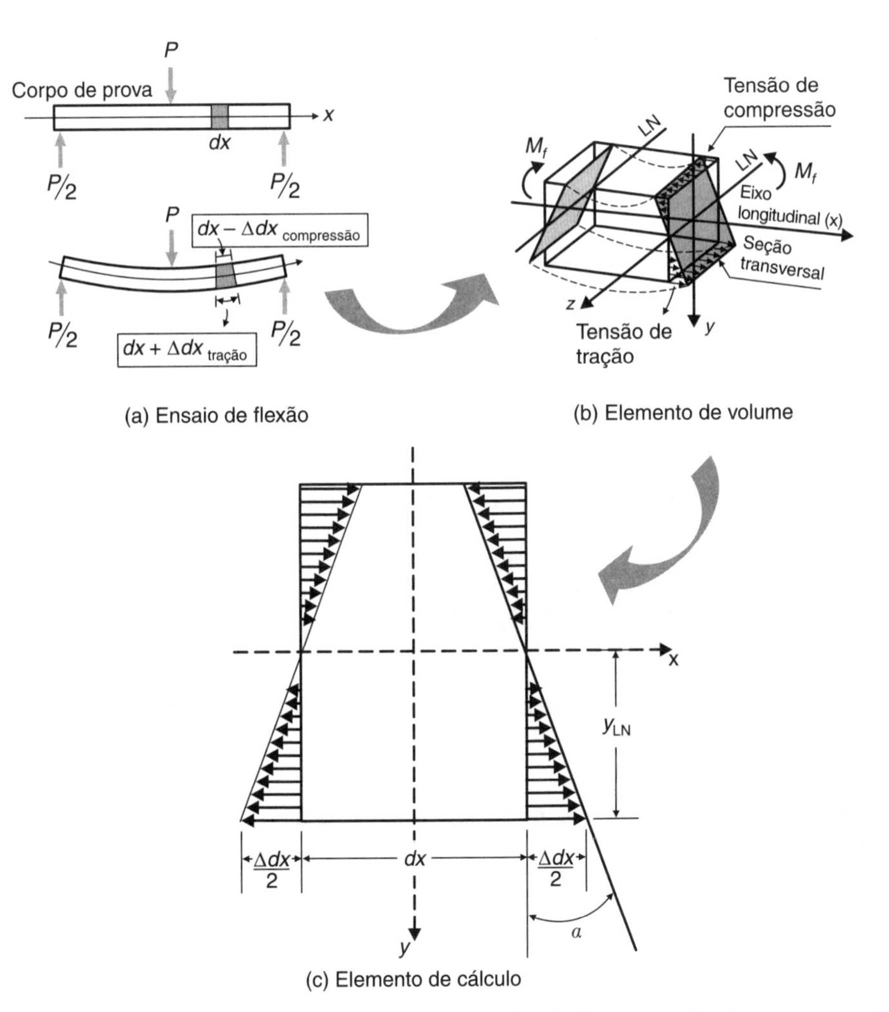

Figura 6.8 Esboço do elemento de volume e do elemento de cálculo para análise da tensão normal no ensaio de flexão.

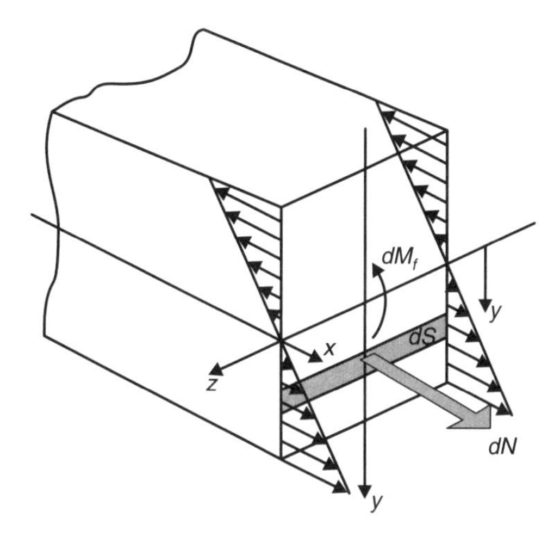

Figura 6.9 Momento fletor resultante das forças normais.

Sabe-se que o momento fletor (M_f) é o momento resultante das forças normais atuantes na seção transversal do corpo de prova, conforme mostra a Fig. 6.9.

Nesse caso:

$$\sigma = \frac{dN}{dS} \tag{6.10}$$

mas o elemento de momento fletor (dM_f) resultante do elemento de força normal (dN) é dado pelo produto dessa força com o braço de eixo até a linha neutra (y). Assim:

$$dM_f = y \cdot dN \text{ ou } dM_f = y \cdot \sigma \cdot dS \tag{6.11}$$

Substituindo a Eq. (6.9) na Eq. (6.11) com $y_{LN} = y$, chega-se a:

$$dM_f = K \cdot y^2 \cdot dS \tag{6.12}$$

Integrando a Eq. (6.12) e lembrando que K corresponde a um valor constante para dada deformação, conforme definição na Eq. (6.9), chega-se a:

$$M_f = K \cdot \int_S y^2 \cdot dS \tag{6.13}$$

A integral da Eq. (6.13) depende somente da geometria da seção transversal e representa o **momento de inércia** de uma figura plana, também conhecido por momento de 2.ª ordem ou momento de inércia geométrico. O momento de inércia reflete a resistência da seção transversal ao giro na deformação à flexão, e também é chamado de **módulo de rigidez à flexão da viga**. É representado por:

$$I_z = \int_S y^2 \cdot dS \tag{6.14}$$

No Apêndice B se encontra o cálculo do momento de inércia para diferentes geometrias de seção transversal.

Dessa forma, a Eq. (6.13) pode ser reescrita na forma:

$$M_f = K \cdot I_z \Rightarrow K = \frac{M_f}{I_z} \tag{6.15}$$

Substituindo a Eq. (6.15) na Eq. (6.9), chega-se a:

$$\sigma = \frac{M_f}{I_z} \cdot y \tag{6.16}$$

Observa-se pela Eq. (6.16) que a tensão normal na linha neutra ($y = 0$) tem valor numérico nulo, conforme considerações iniciais. Valores negativos de y correspondem à região em que as fibras estão comprimidas, e valores positivos correspondem à tração. Observa-se também que $\boldsymbol{I_z}$ é uma função da geometria da seção transversal da barra, e, desse modo, σ também é uma função dessa geometria. Fazendo-se $y = y_{LN}$, tanto para a superfície externa tracionada quanto para a superfície externa comprimida, no ponto em que M_f é máximo (ver Fig. 6.6), chega-se aos valores máximos das tensões de tração e compressão atuantes na seção transversal do corpo de prova no ensaio de flexão.

Cálculo da Tensão de Cisalhamento (τ) na Seção Transversal

Analisando uma porção do corpo de prova abaixo de um plano horizontal qualquer, conforme mostra a Fig. 6.10, pode-se afirmar que na seção transversal existe uma tensão de cisalhamento (τ_V) que ocorre devido à força cortante (Q) atuante nessa face. Pelo teorema de Cauchy,* se existe uma tensão de cisalhamento vertical (τ_V) deve existir uma tensão de cisalhamento horizontal (τ_H) de mesmo valor numérico ($\tau_V = \tau_H = \tau$). Admitindo que a tensão de cisalhamento horizontal (τ_H) é constante ao longo da largura do corpo de prova (b), então o somatório das forças existentes ao longo do **eixo *x*** será igual a zero (equilíbrio). Assim:

- **Teorema de Cauchy:** Tensões cisalhantes em planos perpendiculares são iguais, convergindo ou divergindo para uma mesma aresta.

$$N + dN - N - b \cdot dx \cdot \tau_H = 0 \Rightarrow \tau_H = \frac{1}{b}\left(\frac{dN}{dx}\right) \tag{6.17}$$

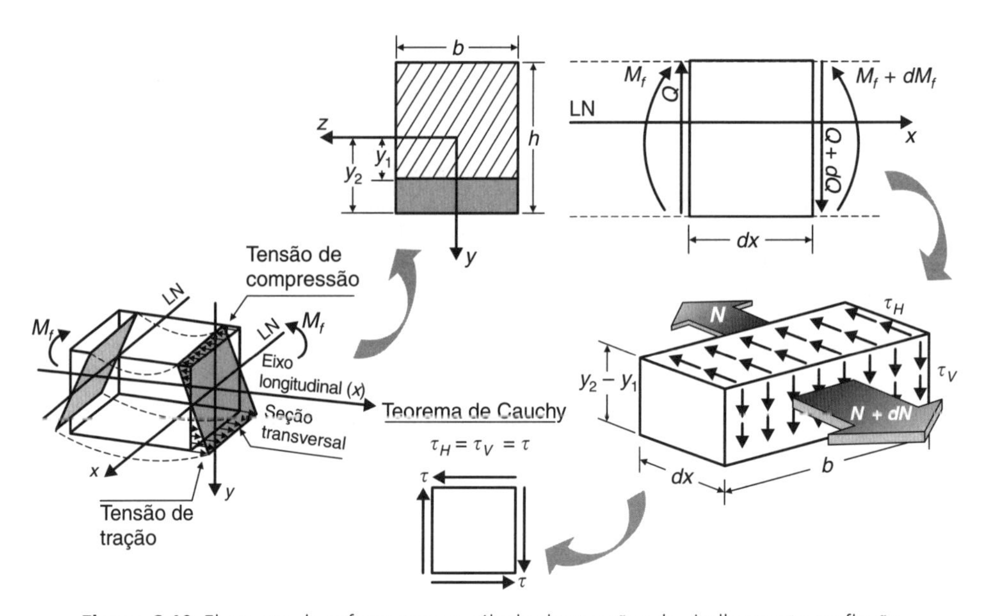

Figura 6.10 Elemento de esforço para o cálculo das tensões de cisalhamento na flexão.

Sabe-se, pela Eq. (6.10) e pela Fig. 6.9, que:

$$N = \int dN = \int_S \sigma \cdot dS \tag{6.18}$$

Substituindo a Eq. (6.16) na Eq. (6.18), obtém-se:

$$\int dN = \frac{M_f}{I_Z} \cdot \int_S y \cdot dS \tag{6.19}$$

A integral $\int_S y \cdot dS$ é conhecida como **momento estático (M_e)** de uma superfície, também chamado de momento de 1.ª ordem. No Apêndice B se encontra o cálculo do momento estático para diferentes geometrias de seção transversal.

Assim a Eq. (6.19) se transforma em:

$$\int dN = M_f \cdot \frac{M_e}{I_Z} \tag{6.20}$$

Derivando a Eq. (6.20) em relação a x, obtém-se:

$$\frac{dN}{dx} = \frac{M_e}{I_Z} \cdot \left(\frac{dM_f}{dx} \right) \tag{6.21}$$

Substituindo a Eq. (6.21) na Eq. (6.17), chega-se a:

$$\tau = \tau_H = \frac{M_e}{b \cdot I_Z} \cdot \left(\frac{dM_f}{dx} \right) \tag{6.22}$$

O termo diferencial na Eq. (6.22) representa a força cortante: $Q = \left(\frac{dM_f}{dx} \right)$. Assim:

$$\tau = \frac{M_e}{b \cdot I_Z} \cdot Q \tag{6.23}$$

A Eq. (6.23) corresponde à tensão de cisalhamento atuante na seção transversal do corpo de prova, onde se observa que:

- Q é a força cortante, a qual, para um ponto fixo no comprimento do corpo de prova, possui valor constante, conforme a Fig. 6.6;
- I_z é o momento de inércia e deve ser representativo a LN, sendo um valor constante para uma mesma figura geométrica, dependendo assim apenas da geometria da seção transversal;
- b deve representar a largura da seção transversal do corpo de prova ao longo do eixo y, e para seção quadrada ou retangular esse valor será constante. Para geometrias diferentes da retangular ou quadrada, o valor de b deve variar com a distância y_{LN};
- M_e representa o momento estático, e esse parâmetro deve variar com a distância do eixo y_{LN}, fazendo com que exista um perfil de tensões de cisalhamento ao longo do eixo y_{LN} sobre a seção transversal do corpo de prova, conforme mostra o exemplo que se segue.

Exemplo 6.1

Determinar a variação da tensão de cisalhamento para uma seção transversal retangular de altura (h) e base (b) e sujeita a uma força cortante constante (Q), conforme mostra a Fig. 6.11:

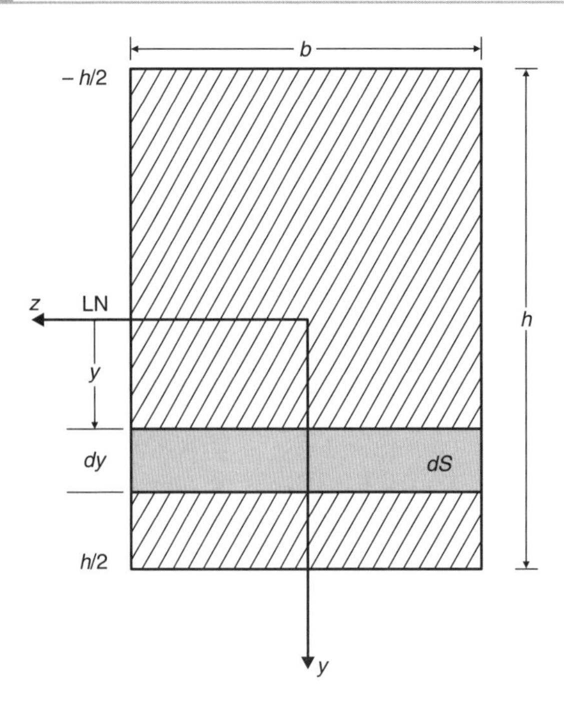

Figura 6.11 Seção transversal do corpo de prova.

Tem-se que:

- Q é um valor conhecido e constante, conforme a Fig. 6.6;
- b para seção retangular é constante;
- I_Z é uma característica da geometria da seção, e no caso é dada por (ver Apêndice B): $I_Z = \frac{b \cdot h^3}{12}$;
- M_e é o momento estático da superfície.

Para o exemplo, o momento estático é calculado da seguinte maneira:

$$M_e = \int_S y \cdot ds = \int_y^{h/2} y \cdot b \cdot dy = b \cdot \left.\frac{y^2}{2}\right)_y^{h/2} = \frac{b}{8} \cdot \left[h^2 - 4 \cdot y^2\right] \tag{6.24}$$

Assim, aplicando M_e e I_Z encontrados na Eq. (6.23), chega-se em:

$$\tau = \frac{M_e}{b \cdot I_Z} \cdot Q = \left(\frac{Q}{b}\right) \cdot \left(\frac{12}{b \cdot h^3}\right) \cdot \left(\frac{b}{8}\right) \cdot \left[h^2 - 4 \cdot y^2\right] = \left(\frac{3 \cdot Q}{2 \cdot b \cdot h^3}\right) \cdot \left[h^2 - 4 \cdot y^2\right] \tag{6.25}$$

Essa equação é válida apenas para seções retangulares, conforme a Fig. 6.11.

Em termos gráficos, a Eq. (6.25) é representada na Fig. 6.12, onde se observa que a máxima tensão de cisalhamento ocorre na altura da linha neutra, e seu valor é dado por:

$$\left.\tau_{\text{máx}}\right)_{y=0} = \frac{3}{2} \cdot \frac{Q}{b \cdot h} \tag{6.26}$$

Em geral a máxima tensão de cisalhamento, para os casos de flexão, ocorre na posição da linha neutra da seção transversal do corpo de prova. Contudo, existem exceções, conforme mostra o exemplo da Fig. 6.13(a). A Fig. 6.13 apresenta os perfis da tensão de cisalhamento ao longo do eixo y para os perfis de seção transversal em cruz e em "I", respectivamente. O Apêndice D apresenta o cálculo da tensão de cisalhamento para diferentes geometrias.

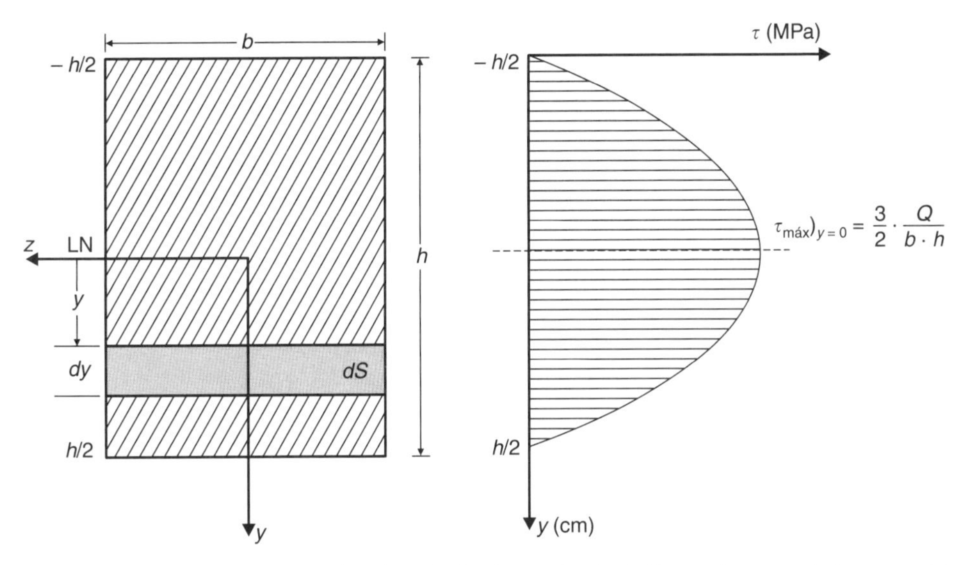

Figura 6.12 Diagrama representativo da variação da tensão de cisalhamento na seção transversal do corpo de prova de geometria retangular.

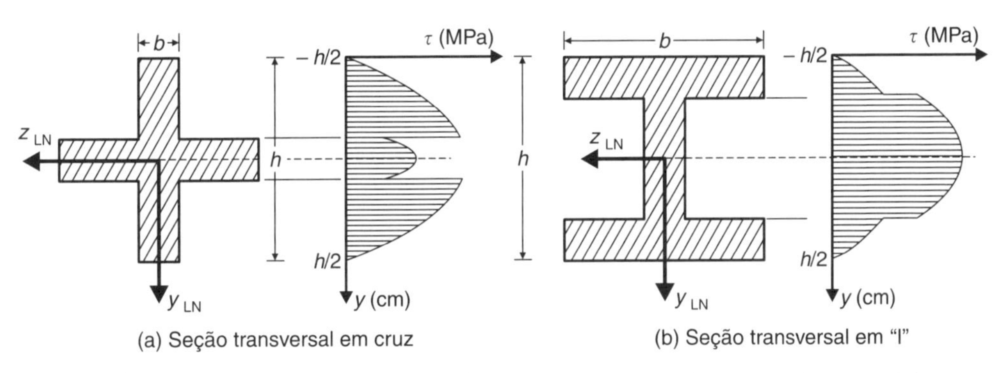

Figura 6.13 Diagrama representativo da variação da tensão de cisalhamento na seção transversal de um corpo de prova com geometria (a) em cruz e (b) em "I".

Deformação Elástica em Flexão (Cálculo da Flecha (ν) ou Translação Vertical)

A equação fundamental para o cálculo do deslocamento dos pontos de uma barra submetida a flexão é dada por [ver Apêndice E]:

$$\frac{d^2\nu}{dx^2} = -\frac{M_f(x)}{E \cdot I_Z} \tag{6.27}$$

Observando-se a Tabela 6.1 e a Fig. 6.6, para um ensaio de flexão em três pontos, tem-se que:

$$M_f(x) = \frac{P}{2} \cdot x \tag{6.28}$$

Aplicando (6.28) em (6.27) e integrando duas vezes obtém-se:

$$\nu(x) = -\frac{P}{12 \cdot E \cdot I_Z} \cdot x^3 + C_1 \cdot x + C_2 \tag{6.29}$$

em que C_1 e C_2 são constantes obtidas na integração e são determinadas pelas condições de contorno (C.C.) do sistema, em que:

C.C.1: para $x = 0 \Rightarrow \nu = 0$ e

C.C.2: para $x = L/2 \Rightarrow \dfrac{d\nu}{dx} = 0$

Pela C.C.1 obtém-se $C_2 = 0$; pela C.C.2 obtém-se:

$$C_1 = \frac{P \cdot L}{16 \cdot E \cdot I_Z} \tag{6.30}$$

Assim, o deslocamento em qualquer ponto da barra submetida ao ensaio de flexão simples (ou em três pontos) é dado por:

$$\nu(x) = \frac{P}{4 \cdot E \cdot I_Z} \cdot \left(\frac{L^2}{4} \cdot x - \frac{x^3}{3} \right) \tag{6.31}$$

O máximo deslocamento da barra ocorre no ponto de aplicação da carga para $x = L/2$. Então, a máxima para o ensaio de flexão em três pontos vale:

$$\left.\nu_{\text{máx}}\right)_{L/2} = \frac{P \cdot L^3}{48 \cdot E \cdot I_z} \tag{6.32}$$

Utilizando-se o mesmo raciocínio, tem-se que a flecha máxima para o ensaio de flexão em quatro pontos será dada por:

$$\left.\nu_{\text{máx}}\right)_{x=a} = \frac{P \cdot a}{48 \cdot E \cdot I_z}(3 \cdot L^2 - 4 \cdot a^2) \tag{6.33}$$

Para o ensaio de flexão pelo método engastado, conforme a Fig. 6.6(c), a equação geral da flecha é dada por:

$$\nu = \frac{P}{6 \cdot E \cdot I_z}(x^3 - 3 \cdot L^2 \cdot x + 2 \cdot L^3) \tag{6.34}$$

Observar que a curva gerada pelo corpo de prova, na flexão pelo método engastado, deve seguir uma equação de terceiro grau, na qual neste caso a flecha máxima é dada para a condição em que $x = 0$; assim:

$$\left.\nu_{\text{máx}}\right)_{x=0} = \left(\frac{P_{\text{máx}} \cdot L^3}{3 \cdot E \cdot I_z} \right) \tag{6.35}$$

As características de deformação do material são determinadas em função da flecha máxima atingida no ensaio, e quanto maior o comprimento útil do corpo de prova maior será a facilidade de se medir a deformação, o que possibilita a execução desse ensaio em materiais frágeis. Como pode ser visto pelas Eqs. (6.32), (6.33) e (6.35), o valor da flecha deve variar com a seção transversal do corpo de prova, em função de I_Z.

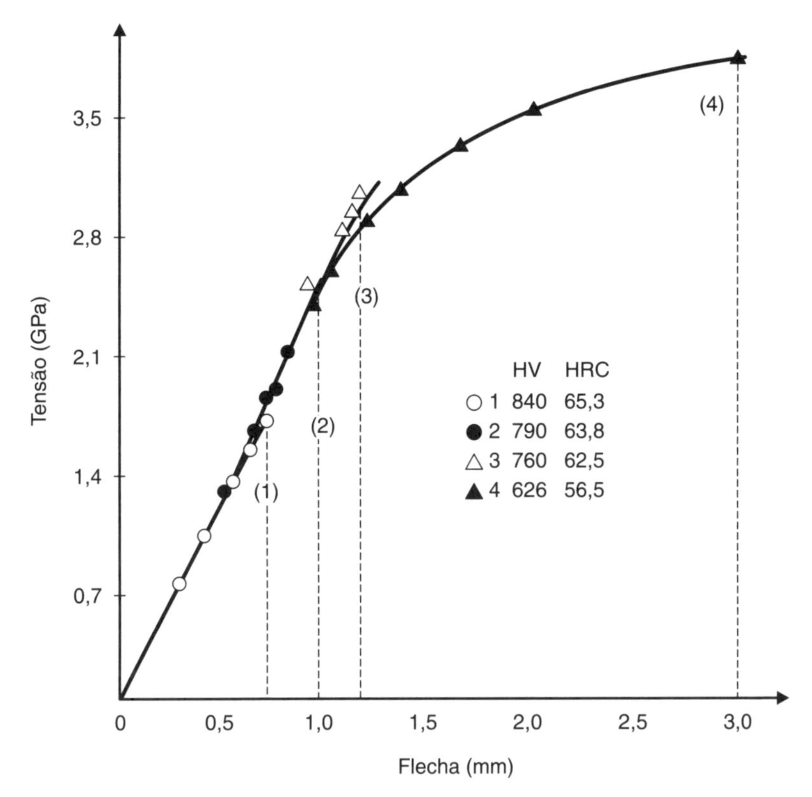

Figura 6.14 Curvas tensão *versus* flecha para quatro amostras de aço ferramenta com diferentes durezas. (Adaptado de Souza, 1989.)

A Tabela 6.2 mostra o valor da flecha para diferentes geometrias da seção transversal. A medida das flechas permite a obtenção de curvas de tensão-deformação, em que as tensões são representadas por (σ) e as deformações pelo valor da flecha (ν). A Fig. 6.14 apresenta curvas tensão *versus* flecha (σ–ν) para quatro amostras de aço ferramenta com diferentes durezas de mesma seção transversal.

Por meio do ensaio de flexão é possível obter importantes informações sobre o comportamento dos materiais quando submetidos a esforços de flexão. Dentre essas informações destacam-se:

Módulo de Ruptura - σ_{fu} (MOR)

O módulo de ruptura ou resistência a flexão (MOR) é o valor máximo da tensão de tração ou compressão nas fibras externas do corpo de prova no ensaio de flexão. A tensão de flexão máxima, conforme a Eq. (6.16), é dada por:

$$\text{MOR} = \frac{M_{f_{\text{máx}}}}{I_z} = y_{\text{LN}} \tag{6.36}$$

em que MOR é o módulo de ruptura dado em pascal (Pa).

A Tabela 6.2 mostra o valor do módulo de ruptura para diferentes geometrias da seção transversal. Como as equações anteriores são **válidas dentro do campo elástico**, o valor do módulo de ruptura calculado será maior que o valor real, uma vez que as deduções para essas equações ignoram completamente as condições internas do corpo de prova, como níveis de

Tabela 6.2 Valores da flecha, MOR e MOE para os ensaios de três pontos, quatro pontos e método engastado para seções retangular, circular e triangular

	Geometria da seção transversal	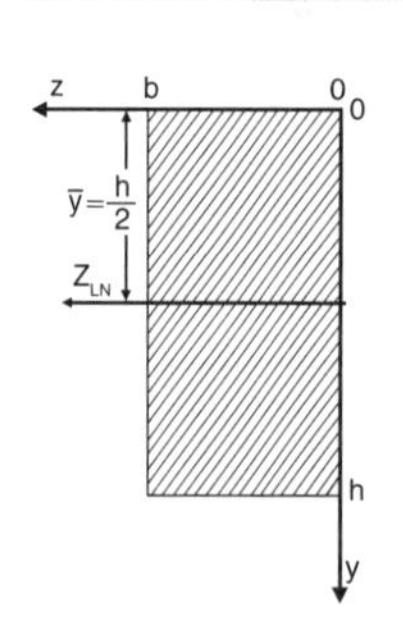	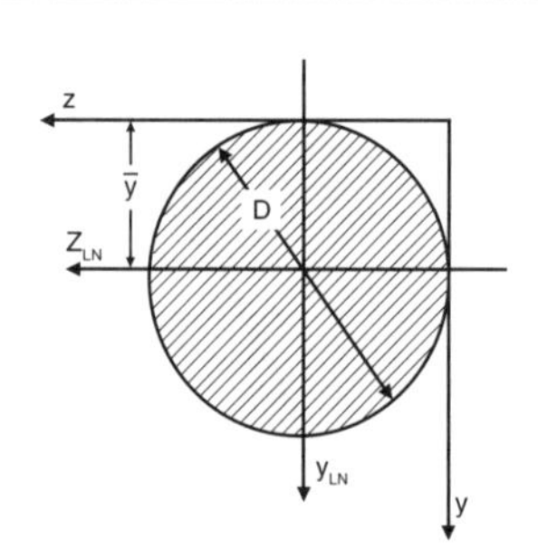	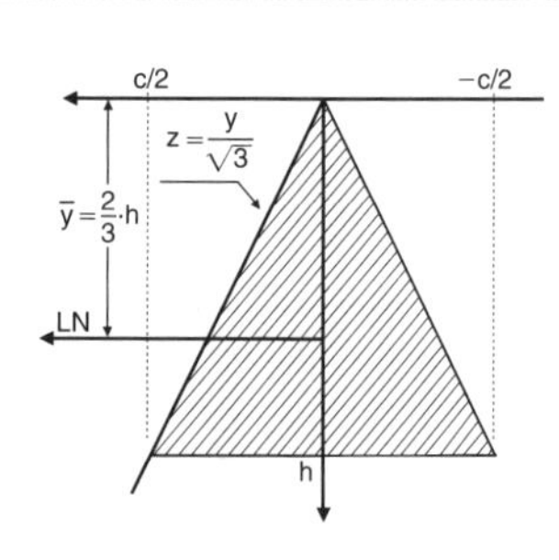
	Posição da linha neutra (mm)	$\bar{y}=\frac{h}{2}$	$\bar{y}=\frac{D}{2}$	$\bar{y}=\frac{2\cdot h}{3}$
	Momento de inércia em relação ao eixo z_{LN} (mm^4)	$I_{\bar{z}}=\frac{b\cdot h^3}{12}$	$I_{\bar{z}}=\frac{\pi\cdot D^4}{64}$	$I_{\bar{z}}=\frac{c\cdot h^3}{36}$
ENSAIO DE FLEXÃO EM TRÊS PONTOS	**Flecha (ν) (mm)**	$\nu=\frac{P_{máx}\cdot L^3}{4\cdot E\cdot b\cdot h^3}$	$\nu=\frac{4\cdot P_{máx}\cdot L^3}{3\cdot\pi\cdot E\cdot D^4}$	$\nu=\frac{3\cdot P_{máx}\cdot L^3}{4\cdot E\cdot c\cdot h^3}$
	MOR (MPa)	$MOR=\frac{3\cdot P_{máx}\cdot L}{2\cdot b\cdot h^2}$	$MOR=\frac{8\cdot P_{máx}\cdot L}{\pi\cdot D^3}$	$MOR=\frac{6\cdot P_{máx}\cdot L}{c\cdot h^2}$
	MOE (MPa)	$MOE=\frac{P\cdot L^3}{4\cdot\nu\cdot b\cdot h^3}$	$MOE=\frac{4\cdot P\cdot L^3}{3\cdot\nu\cdot\pi\cdot D^4}$	$MOE=\frac{3\cdot P\cdot L^3}{4\cdot\nu\cdot c\cdot h^3}$
ENSAIO DE FLEXÃO EM QUATRO PONTOS	**Flecha (ν) (mm)**	$\nu=\frac{P\cdot a}{4\cdot E\cdot b\cdot h^3}(3\cdot L^2-4\cdot a^2)$	$\nu=\frac{4\cdot P\cdot a}{3\cdot E\cdot\pi\cdot D^4}(3\cdot L^2-4\cdot a^2)$	$\nu=\frac{3\cdot P\cdot a}{3\cdot E\cdot\pi\cdot c\cdot h^3}(3\cdot L^2-4\cdot a^2)$
	MOR (MPa)	$MOR=\frac{3\cdot P_{máx}\cdot a}{b\cdot h^2}$	$MOR=\frac{16\cdot P_{máx}\cdot a}{\pi\cdot D^3}$	$MOR=\frac{12\cdot P_{máx}\cdot a}{c\cdot h^2}$
	MOE (MPa)	$MOE=\frac{P\cdot a}{4\cdot\nu\cdot b\cdot h^3}(3\cdot L^2-4\cdot a^2)$	$MOE=\frac{4\cdot P\cdot a}{3\cdot\nu\cdot\pi\cdot D^4}(3\cdot L^2-4\cdot a^2)$	$MOE=\frac{3\cdot P\cdot a}{4\cdot\nu\cdot c\cdot h^3}(3\cdot L^2-4\cdot a^2)$
ENSAIO DE FLEXÃO MÉTODO ENGASTADO	**Flecha (ν) (mm)**	$\nu=\frac{4\cdot P\cdot L^3}{E\cdot b\cdot h^3}$	$\nu=\frac{64\cdot P\cdot L^3}{3\cdot E\cdot\pi\cdot D^4}$	$\nu=\frac{12\cdot P_{máx}\cdot L^3}{E\cdot c\cdot h^3}$
	MOR (MPa)	$MOR=\frac{6\cdot P_{máx}\cdot L}{b\cdot h^2}$	$MOR=\frac{32\cdot P_{máx}\cdot L}{\pi\cdot D^3}$	$MOR=\frac{24\cdot P_{máx}\cdot L}{c\cdot h^2}$
	MOE (MPa)	$MOE=\frac{4\cdot P\cdot L^3}{\nu\cdot b\cdot h^3}$	$MOE=\frac{64\cdot P\cdot L^3}{3\cdot\nu\cdot\pi\cdot D^4}$	$MOE=\frac{12\cdot P\cdot L^3}{\nu\cdot c\cdot h^3}$

segregado, inclusões, defeitos internos e outros. Para efeitos de projeto, deve-se sempre considerar os fatores de segurança associados ao tipo de material que está se utilizando (metal, concreto, madeira e outros).

Módulo de elasticidade – *E* (MOE)

A medida da flecha para cada carga aplicada permite a determinação do módulo de elasticidade do material. Utilizando a equação geral da flecha para cada tipo de ensaio, chega-se ao valor do módulo de elasticidade do material de teste. A Tabela 6.2 mostra o valor do módulo de elasticidade para diferentes geometrias da seção transversal, nos três ensaios convencionais de flexão (três pontos, quatro pontos e engastado).

Para materiais dúcteis, o corpo de prova deforma-se continuamente no ensaio de flexão sem se romper, não permitindo a determinação de nenhuma propriedade de interesse prático.

Módulo de resiliência (U_{rf})

O módulo de resiliência na flexão é determinado em função da tensão aplicada e das dimensões do corpo de prova, sempre dentro do regime elástico, dado por:

$$U_{rf} = \frac{\sigma_p^2 \cdot I_{\overline{Z}}}{6 \cdot E \cdot \overline{y}^2 \cdot S} \tag{6.37}$$

em que

U_{rf} = módulo de resiliência em flexão (Nm/m^3);
σ_p = tensão limite de proporcionalidade (Pa);
I_Z = momento de inércia da seção transversal em relação à linha neutra (m^4);
$\overline{y}$ = distância da linha neutra à fibra externa onde se deu a ruptura (m);
S = área da seção transversal (m^2).

Módulo de tenacidade (U_{tf})

A tenacidade do material também é determinada como no ensaio de tração, sendo dada pela área do gráfico tensão *versus* flecha. Admitindo-se que este apresenta um formato parabólico, pode-se escrever:

$$U_{tf} = \frac{2 \cdot P_{\text{máx}} \cdot \nu_{\text{máx}}}{3 \cdot S \cdot L} \tag{6.38}$$

em que

U_{tf} = módulo de tenacidade em flexão (Nm/m^3);
$P_{\text{máx}}$ = carga máxima (de ruptura) atingida no ensaio (N);
$\nu_{\text{máx}}$ = flecha máxima atingida na carga máxima (m);
S = área da seção transversal (m^2);
L = comprimento do corpo de prova.

Exemplo 6.2

Para as barras de diferentes geometrias de seção transversal, conforme apresentado na Fig. 6.15, constituídas de mesmo material e sujeitas à mesma carga $P = 1000$ N, determinar a curvatura na flexão admitindo que todas as barras possuem a mesma seção transversal. Para os cálculos, utilizar como relação padrão as barras de seção retangular (barra 2 e 3), em que $h = 5 \cdot b$. Utilizar $E = 230$ GPa, $h = 5$ cm e $L = 1$ m.

Solução

Como primeiro ponto, deve-se determinar as dimensões de cada seção, relativas às barras retangulares, em que:

Barra 2 e barra 3

$h = 50$ mm e $b = 10$ mm, portanto, para as barras 2 e 3, $S = 500$ mm².

Barra 1 (seção circular)

tem-se que: $S = \dfrac{\pi \cdot D^2}{4} = 500 \text{ mm}^2$ portanto: $D = 25{,}2$ mm

Barra 4 (triângulo equilátero de lado c)

tem-se que a altura do triângulo $= c \cdot \dfrac{\sqrt{3}}{2}$ e a base vale c, portanto: $S = \dfrac{c^2 \cdot \sqrt{3}}{4} = 500 \text{ mm}^2$, assim: $c = 34{,}0$ mm.

Barra 5 (quadrado de lado e)

tem-se que: $e^2 = 500$ mm², portanto: $e = 22{,}4$ mm.

Barra 6 (perfil em I)

tem-se que: $10 \cdot g^2 + 3 \cdot g^2 = 500$ mm², então: $13 \cdot g^2 = 500$ mm², assim: $g = 6{,}2$ mm. Para o perfil em "I" do problema em questão, $I_z = (373/3) \cdot g^4$ (ver Apêndice B).

Barras 7 (perfil em T)

tem-se que: $m \cdot n + 4 \cdot n \cdot n = 500$ mm², e sendo $m = 5 \cdot n$, então: $9 \cdot n^2 = 500$ mm², assim $n = 7{,}5$ mm. Para o perfil em "T" do problema em questão, $I_z = 43 \cdot n^4$ (ver apêndice B).

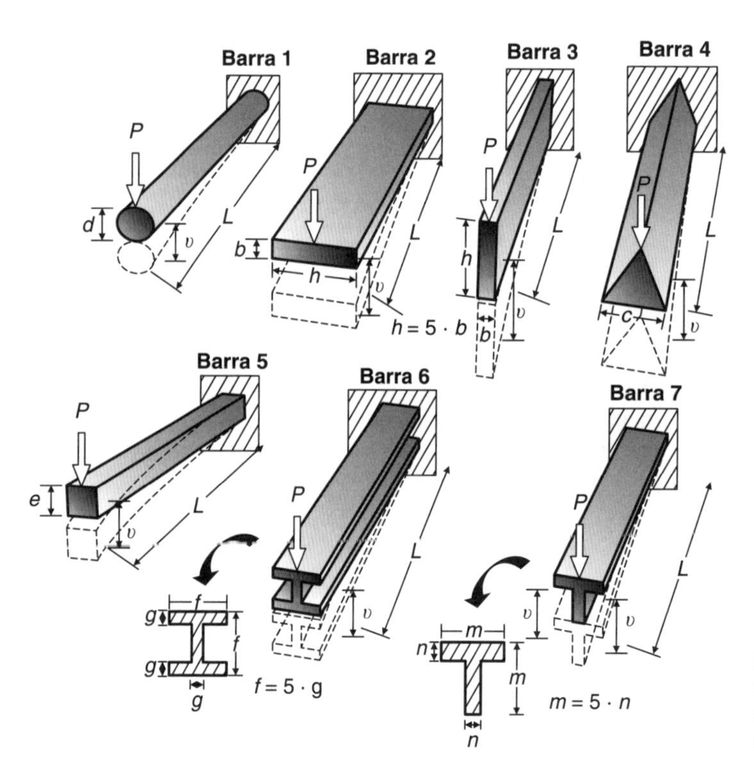

Figura 6.15 Barras de diferentes seções transversais sujeitas ao ensaio de flexão pelo método engastado.

Aplicando a equação geral da flecha ao ensaio de flexão pelo método engastado, ver Eq. (6.34), para as diferentes geometrias de seção transversal chega-se a:

Barra 1: $\nu = \frac{32 \cdot P}{3 \cdot E \cdot \pi \cdot D^4}(x^3 - 3 \cdot L^2 \cdot x + 2 \cdot L^3)$ em que $\nu = 3{,}6 \cdot 10^{-8}\,(x^3 - 3 \cdot 10^6 \cdot x + 2 \cdot 10^9)$

Barra 2: $\nu = \frac{2 \cdot P}{E \cdot h \cdot b^3}(x^3 - 3 \cdot L^2 \cdot x + 2 \cdot L^3)$ em que $\nu = 1{,}7 \cdot 10^{-7}(x^3 - 3 \cdot 10^6 \cdot x + 2 \cdot 10^9)$

Barra 3: $\nu = \frac{2 \cdot P}{E \cdot b \cdot h^3}(x^3 - 3 \cdot L^2 \cdot x + 2 \cdot L^3)$ em que $\nu = 7{,}0 \cdot 10^{-9}(x^3 - 3 \cdot 10^6 \cdot x + 2 \cdot 10^9)$

Barra 4: $\nu = \frac{48 \cdot P}{3^{3/2} \cdot E \cdot c^4}(x^3 - 3 \cdot L^2 \cdot x + 2 \cdot L^3)$ em que $\nu = 3{,}0 \cdot 10^{-8}(x^3 - 3 \cdot 10^6 \cdot x + 2 \cdot 10^9)$

Barra 5: $\nu = \frac{2 \cdot P}{E \cdot e^4}(x^3 - 3 \cdot L^2 \cdot x + 2 \cdot L^3)$ em que $\nu = 3{,}5 \cdot 10^{-8}(x^3 - 3 \cdot 10^6 \cdot x + 2 \cdot 10^9)$

Barra 6: $\nu = \frac{P}{746 \cdot E \cdot g^4}(x^3 - 3 \cdot L^2 \cdot x + 2 \cdot L^3)$ em que $\nu = 4{,}0 \cdot 10^{-9}(x^3 - 3 \cdot 10^6 \cdot x + 2 \cdot 10^9)$

Barra 7: $\nu = \frac{P}{258 \cdot E \cdot n^4}(x^3 - 3 \cdot L^2 \cdot x + 2 \cdot L^3)$ em que $\nu = 5{,}5 \cdot 10^{-9}(x^3 - 3 \cdot 10^6 \cdot x + 2 \cdot 10^9)$

As Figs. 6.16(a), 6.16(b) e 6.16(c) apresentam os gráficos da flecha para as diferentes seções transversais das barras fletidas. Observar que os resultados foram organizados em três grupos de curvas para melhor efeito de comparação.

A Fig. 6.16(a) compara as seções transversais que se apresentaram mais rígidas, ou seja, aquelas que ofereceram a menor deflexão. Nessa figura observa-se que o perfil em "I" é o que se apresenta mais rígido, em comparação com a seção em "T" e o retângulo vertical. Entretanto, pode-se intuir que para o retângulo vertical, caso a razão entre sua altura e a base aumente, a rigidez dessa seção também deverá aumentar, ultrapassando a rigidez da seção em "I". Comparando as equações da flecha para a barra 3 e a barra 6, pode-se comprovar matematicamente que, para razões $h/b > 8{,}83$ no retângulo vertical, a rigidez deste será maior que aquela apresentada pelo perfil "I". Nesse último caso, deve-se lembrar que o esforço sofrido pela região da seção onde a carga é aplicada corresponderá a um efeito de compressão, podendo levar a seção a sofrer flambagem, antes que a barra inicie sua deflexão.

A Fig. 6.16(b) compara as seções transversais de rigidez intermediária, onde se observa que a seção transversal triangular é mais rígida que a seção quadrada, que, por sua vez, é mais rígida que a seção circular. Observar pelo gráfico que a seção circular deflete quase 15 mm a mais do que a seção triangular para as barras do problema proposto.

A Fig. 6.16(c) compara o efeito da rigidez para a mesma seção transversal disposta de forma diferente, como a seção do retângulo vertical e a seção do retângulo horizontal, onde se observa que a menor rigidez corresponde àquela do retângulo horizontal, semelhante ao efeito de uma prancha.

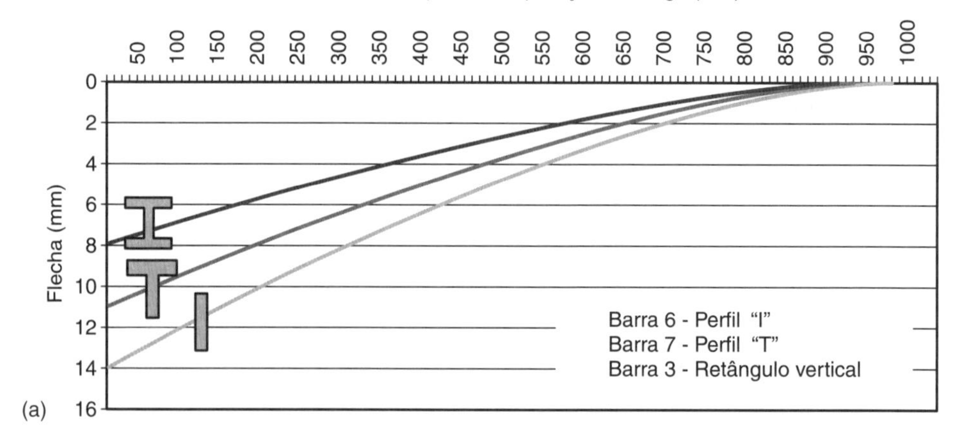

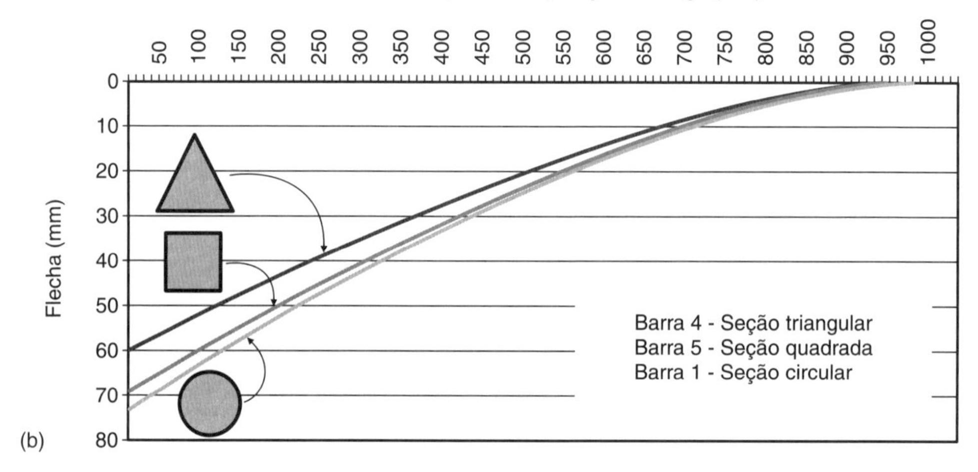

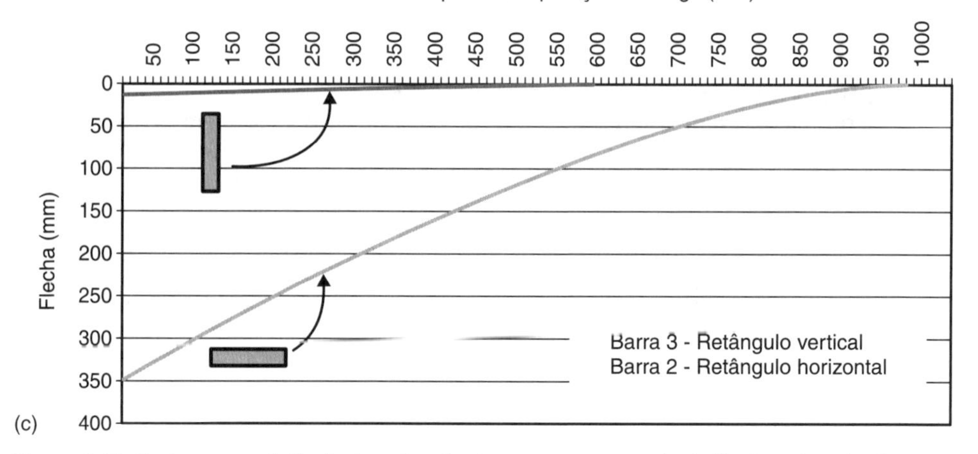

Figura 6.16 Flecha *versus* distância de aplicação de carga para o ensaio de flexão pelo método engastado para diferentes geometrias de seção transversal: (a) seções mais rígidas; (b) seções de rigidez intermediária; e (c) comparação entre a posição da seção.

Ensaio de Flexão em Compósitos Estruturais

Para a análise da flexão em compósitos, será utilizada como exemplo uma placa de seção transversal retangular de base b e espessura h composta por lâminas de diferentes materiais, conforme mostra o esboço da Fig. 6.17.

Para facilitar a compreensão, pode-se admitir que a ligação entre duas lâminas sequenciais seja perfeita, isto é, o material de ligação (cola ou outro ligante qualquer) entre as lâminas não é considerado um terceiro material.

Para seção transversal retangular, a linha neutra se localiza no eixo de simetria, e nesse caso torna-se conveniente numerar as lâminas a partir da linha neutra de 1 a $N/2$, em que N representa o número de lâminas que formam a placa. Para um número ímpar de lâminas, a lâmina central deverá ser dividida em duas seções de mesma espessura.

Pode-se provar que a distribuição de tensões normais ao longo da espessura da placa composta por "i" lâminas de diferentes materiais é dada por:

$$\sigma_i = \frac{M_f \cdot y_i}{I_{\overline{Z}}} \cdot \left[\frac{E_i}{E_{Ef}} \right] \tag{6.39}$$

em que

σ_i = tensão normal na lâmina "i" da placa (Pa);
E_i = módulo de elasticidade da lâmina "i" (Pa);
E_{Ef} = representa o módulo de elasticidade efetivo da placa e é dado por:

$$E_{Ef} = \frac{8}{h^3} \sum_{i=1}^{N/2} E_i \cdot (y_i^3 - y_{i-1}^3) \tag{6.40}$$

O termo $[E_i/E_{Ef}]$ na Eq. (6.39) corresponde a um **fator de correção adimensional** para vigas laminadas. Se o módulo de elasticidade de cada camada for igual a E_{Ef}, então ter-se-á um material isotrópico com $(E_i/E_{Ef}) = 1$, e a Eq. (6.39) assume a forma da Eq. (6.16). É importante observar que, para placas formadas por lâminas de diferentes características, a tensão normal

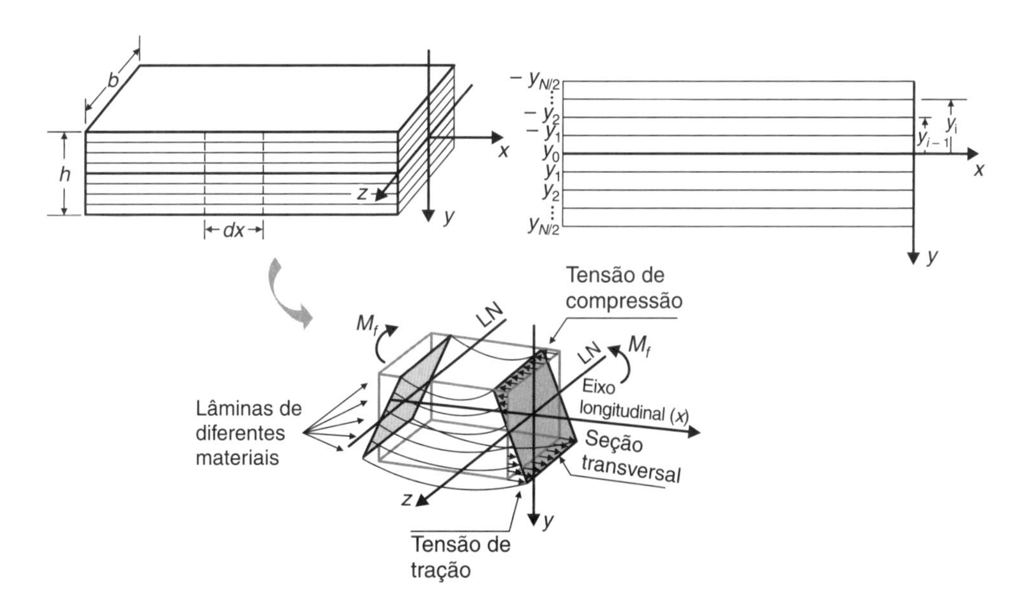

Figura 6.17 Compósito de placa laminada formada por N lâminas, com destaque ao elemento de volume.

máxima não ocorre necessariamente nas camadas superior e inferior, uma vez que ela depende não apenas das espessuras mas também dos módulos de elasticidade de cada camada. (Neto, F. L. & Pardini L. C., 2006.)

O perfil da tensão de cisalhamento ao longo da espessura da placa é dado por:

$$\tau_k = \frac{3 \cdot Q}{2 \cdot b \cdot h} \cdot \left[\frac{\phi_{k+1}}{E_{Ef}} \right] \tag{6.41}$$

em que

$$\phi_k = \frac{4}{t^2} \sum_{i=k}^{N/2} E_i \cdot (y_i^2 - y_{i-1}^2) \tag{6.42}$$

τ_k = a tensão de cisalhamento na lâmina "k".

Exemplo 6.3

A placa laminada da Fig. 6.18 é submetida à flexão a três pontos, com as dimensões apresentadas na figura. A lâmina central é feita de madeira de cedro-branco, com 30 mm de espessura, e sob ambas as faces dessa lâmina se encontram coladas lâminas de madeira de pinheiro vermelho de 15 mm de espessura cada uma. O pacote é revestido por tecido compósito com resina epóxi formando uma camada externa de 5 mm. A placa é apoiada sobre dois cilindros distantes 900 mm um do outro, e no centro superior é aplicada uma carga de 25.000 N.

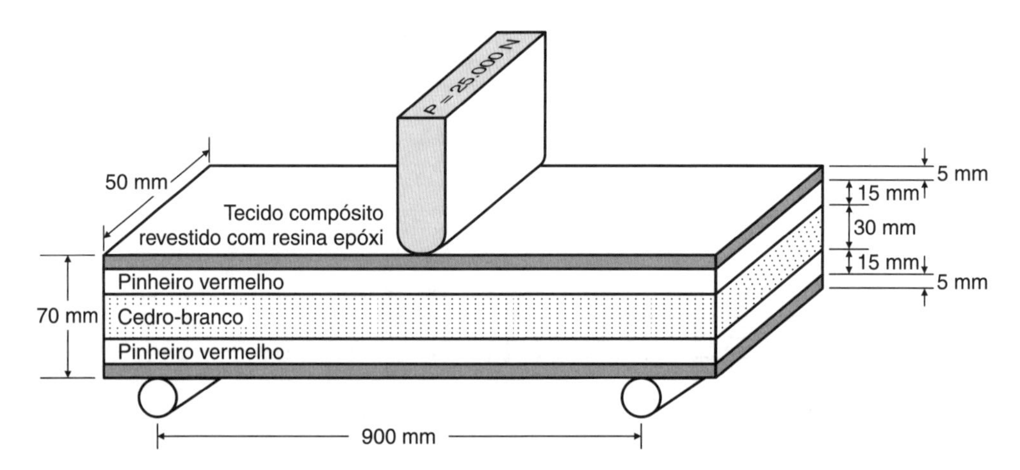

Figura 6.18 Esboço do ensaio de flexão na placa composta por um núcleo de cedro-branco e duas lâminas de madeira de pinheiro vermelho revestidas por tecido compósito com resina epóxi.

Os módulos de elasticidade dos materiais envolvidos na composição da placa são:

- Lâmina de cedro-branco – E = 6400 MPa.
- Lâmina de madeira de pinheiro vermelho – E = 8800 MPa.
- Tecido compósito revestido com resina epóxi – E = 75000 MPa.

Determinar o módulo de elasticidade efetivo da placa composta e as distribuições da tensão normal e da tensão de cisalhamento atuantes na seção transversal da placa.

Resposta

Para o cálculo do módulo de elasticidade efetivo, utiliza-se a Eq. (6.40). Como a placa é composta por cinco lâminas, em que a lâmina central será dividida em duas lâminas de mesma espessura (15 mm de espessura cada metade), determina-se $N = 6$ ou $N/2 = 3$. Para as três camadas tem-se que $y_0 = 0$; $y_1 = 15$ mm; $y_2 = 30$ mm e $y_3 = 35$ mm, logo:

$$E_{Ef} = \frac{8}{(70)^3}\left[6,4*(15^3 - 0^3) + 8,8*(30^3 - 15^3) + 75*(35^3 - 30^3)\right] = 33.122\ \text{MPa}$$

Para o cálculo da distribuição da tensão normal é necessária a determinação do momento fletor máximo em que, para o ensaio em três pontos, o valor máximo do momento fletor é dado por (ver Fig. 6.6):

$$M_{f_{máx}} = \frac{P \cdot L}{4} = \frac{25.000*900}{4} = 5.625.000\ \text{N} \cdot \text{mm}$$

O momento de inércia para a seção transversal retangular com $b = 500$ mm e $h = 70$ mm é dado por:

$$I_{\bar{z}} = \frac{b \cdot h^3}{12} = \frac{500 \cdot 70^3}{12} = 14.291.667\ \text{mm}^4$$

Aplicando-se a Eq. (6.39), chega-se a:

$$\sigma_i = \frac{5.625 \cdot 10^3 \cdot y_i}{14.291.667} \cdot \left[\frac{E_i}{33.122}\right] = 1,19 \cdot 10^{-5} \cdot (y_i \cdot E_i)$$

A Fig. 6.19(a) mostra a distribuição da tensão normal nas lâminas que formam a placa composta. Observar que nas interfaces entre as lâminas o cálculo deve ser realizado duas vezes, uma com o valor do módulo de elasticidade de uma lâmina e outra com o valor do módulo de elasticidade da outra lâmina, gerando nessa interface uma descontinuidade.

Para o cálculo da distribuição da tensão de cisalhamento ao longo da espessura da placa utiliza-se a Eq. (6.41), na qual a força cortante para o ensaio em três pontos é dada por $P/2$, assim:

$$\tau_k = \frac{3 \cdot (12.500)}{2 \cdot (500) \cdot (70)} \cdot \left[\frac{\phi_{k+1}}{33.122}\right]$$

Para maior detalhamento e precisão dos resultados, torna-se interessante subdividir as lâminas de pinheiro vermelho e a lâmina de cedro-branco em sublâminas. Para tanto, a lâmina de cedro-branco será dividida em 6 partes de 5 mm de espessura cada uma; três delas se encontram acima da linha neutra e três, abaixo. As lâminas de pinheiro vermelho serão divididas em três sublâminas com 5 mm de espessura cada.

Na Tabela 6.3 e na Fig. 6.19(b) são apresentados os resultados para o perfil das tensões de cisalhamento na seção transversal. A Fig. 6.19(a) apresenta o perfil da tensão normal sobre a seção transversal.

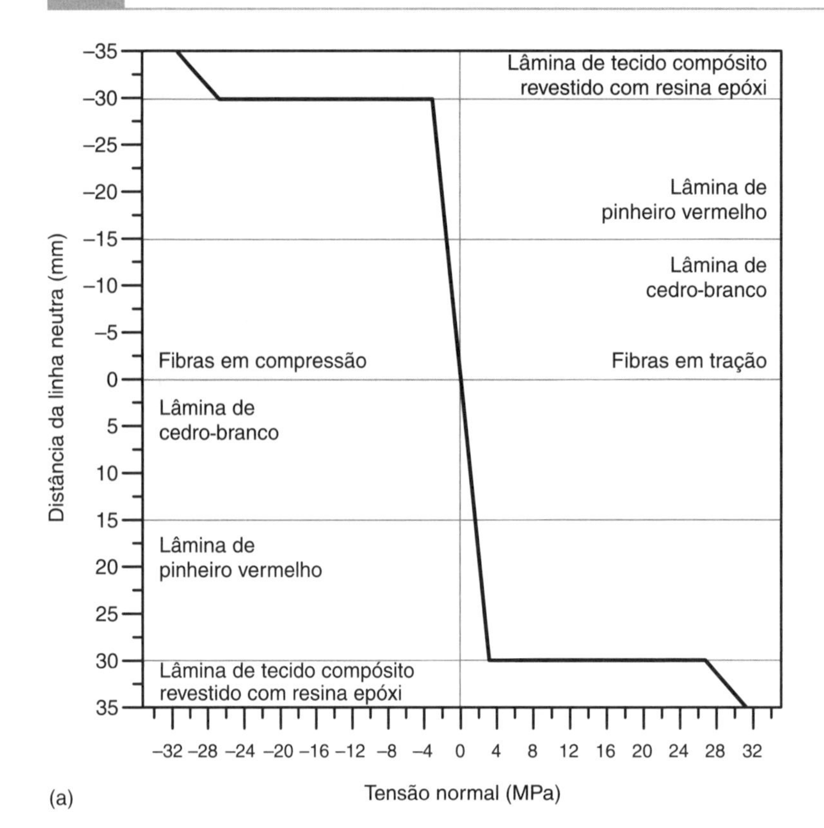

(a)

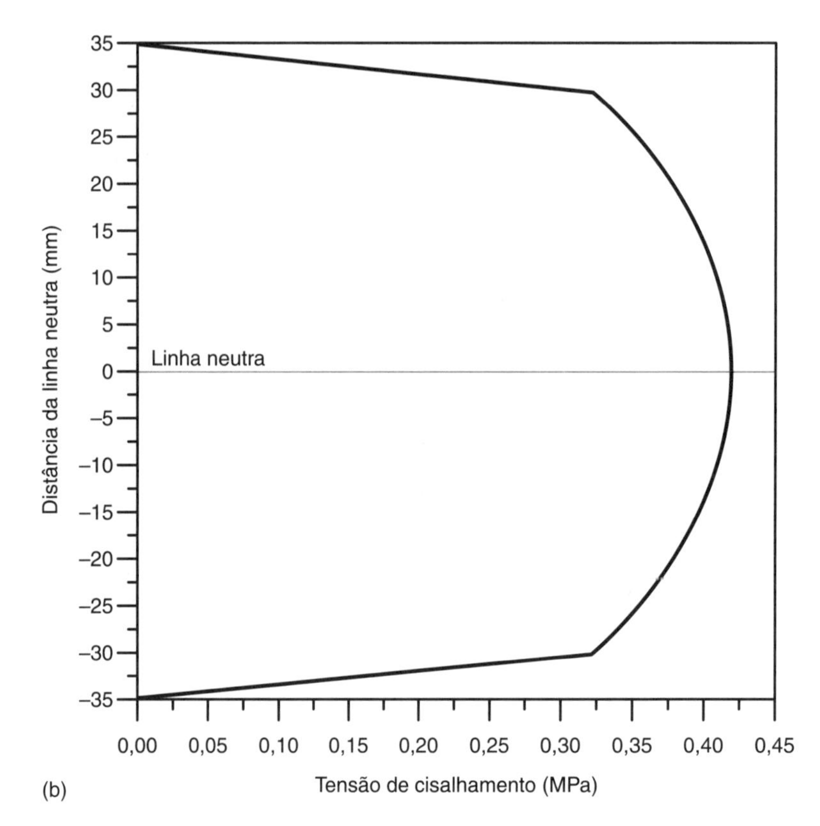

(b)

Figura 6.19 Perfis de (a) tensão normal e (b) cisalhamento na seção transversal da placa composta.

Tabela 6.3 Cálculo da tensão de cisalhamento em compósito sanduíche

Material	i	y (mm)	E_i (MPa)	$E_i \cdot (y_i^2 - y_{i-1}^2)$	$\sum_{i=k}^{N/2} E_i \cdot (y_i^2 - y_{i-1}^2)$	ϕ_k	τ_i (MPa)
Tecido compósito com resina epóxi	−7	−35	75.000	24.375.000			0
	−6	−30	8800	2.420.000	24.375.000	19.898,0	0,3218
Pinheiro vermelho	−5	−25	8800	1.980.000	26.795.000	21.873,5	0,3538
	−4	−20	8800	1.540.000	28.775.000	23.489,8	0,3799
	−3	−15	6400	800.000	30.315.000	24.746,9	0,4002
	−2	−10	6400	480.000	31.115.000	25.400,0	0,4108
	−1	−5	6400	160.000	31.595.000	25.791,8	0,4171
Cedro-branco	0	0	6400		31.755.000	25.922,4	0,4192
	1	5	6400	160.000	31.595.000	25.791,8	0,4171
	2	10	6400	480.000	31.115.000	25.400,0	0,4108
	3	15	6400	800.000	30.315.000	24.746,9	0,4002
	4	20	8800	1.540.000	28.775.000	23.489,8	0,3799
Pinheiro vermelho	5	25	8800	1.980.000	26.795.000	21.873,5	0,3538
	6	30	8800	2.420.000	24.375.000	19.898,0	0,3218
Tecido compósito com resina epóxi	7	35	75.000	24.375.000			0

Mais informações sobre ensaios mecânicos em compósitos podem ser encontradas na literatura técnica especializada. (Neto, F. L. & Pardini L. C., 2006.)

7 Ensaio de Fluência

Frequentemente materiais são submetidos a operações por longos períodos sob condições de elevada temperatura e tensão mecânica estática. Essas condições são favoráveis a mudanças de comportamento dos materiais em função do processo de difusão dos átomos, do movimento de discordâncias, do escorregamento de contornos de grão e da recristalização. Para a análise desse comportamento, é utilizado o *ensaio de fluência*, que consiste na aplicação de uma carga inicial e constante em um material durante um período de tempo, quando submetido a temperaturas elevadas (Fig. 7.1). O objetivo do ensaio é a determinação da vida útil do material nessas condições. Entre os principais materiais ensaiados em fluência, podem ser citados os empregados em instalações de refinarias petroquímicas, usinas nucleares, indústria aeroespacial, tubulações, turbinas etc. Esse ensaio não constitui um ensaio de rotina devido ao grande tempo necessário para a sua realização, motivo pelo qual foram desenvolvidas técnicas de extrapolação de resultados para longos períodos e ensaios alternativos em condições severas.

A necessidade de utilização de materiais em temperaturas elevadas, e submetidos a tensões estáticas por longos períodos, torna indispensável a caracterização do comportamento mecânico que ocorre nessas situações, já que as propriedades mecânicas dos materiais, principalmente metais, sofrem grande variação em função da temperatura e do tempo de exposição a essas condições. A **fluência** é definida como a deformação plástica que ocorre em função do tempo para um material submetido a uma tensão constante. É um fenômeno indesejável e que consiste em fator determinante da vida útil de um componente. A fluência ocorre em

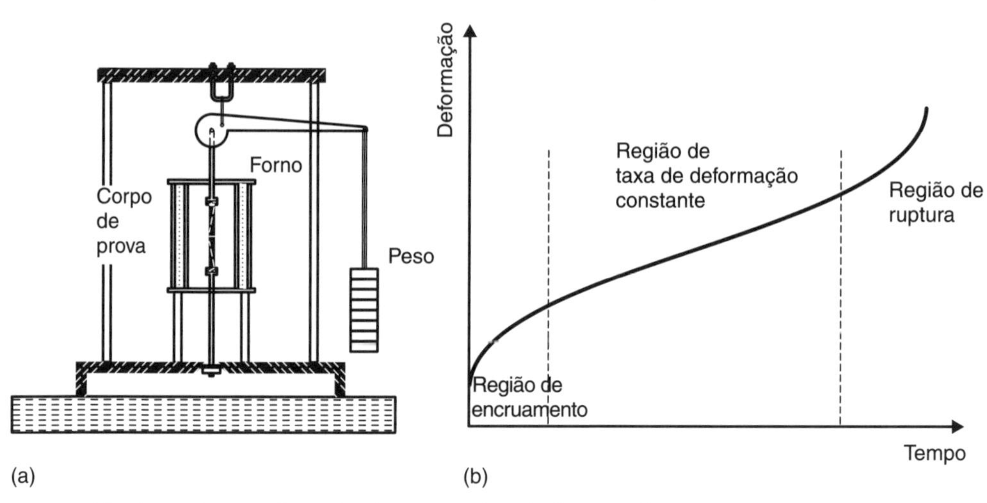

Figura 7.1 (a) Esboço do aparelho utilizado para análise de fluência. (b) Esboço representativo das curvas de ensaio de fluência.

qualquer tipo de material, e particularmente no caso dos metais o fenômeno é influenciado pelo acréscimo da temperatura para valores acima de $T \geq 0{,}4T_{\text{Fusão}}$ para a maioria dos metais, sendo considerado $T \geq 0{,}2 \sim 0{,}3\ T_{\text{Fusão}}$ para os metais de baixa temperatura de fusão, em que $T_{\text{fusão}}$ é a temperatura absoluta de fusão (K). A aplicação cada vez maior de componentes em condições de serviço a altas temperaturas, como em turbinas de motores a jato, geradores de energia nuclear, instalações químicas e petroquímicas, linhas de vapores a alta pressão etc., levou ao desenvolvimento de ligas metálicas especiais e de materiais compostos que resistem à deformação plástica sob condições de cargas estáticas e temperaturas maiores que 1000 °C.

O ensaio de fluência é executado pela aplicação de uma carga uniaxial constante a um corpo de prova de mesma geometria dos utilizados no ensaio de tração, a uma temperatura elevada e constante. Uma representação esquemática do aparato utilizado para a realização do ensaio uniaxial de tração pode ser vista na Fig. 7.2, onde se observam a carga aplicada por pesos e o controle da temperatura e do tempo. Condições de compressão, flexão, torção e esforços cíclicos também podem ser empregados nos ensaios.

O tempo de aplicação da carga é principalmente em função da esperada vida útil do componente que será fabricado com o material submetido ao ensaio. As deformações que ocorrem no corpo de prova são medidas em função do tempo de realização do ensaio e indicadas na forma de uma curva com a deformação (ε) apresentada na ordenada e o tempo (t) na abscissa, cujo exemplo típico é mostrado na Fig. 7.3.

ANÁLISE DOS RESULTADOS OBTIDOS NO ENSAIO DE FLUÊNCIA

A curva típica obtida durante a realização do ensaio pode ser dividida em três estágios: primário, secundário e terciário.

O denominado **estágio primário** da curva de ensaio, ou **fluência primária**, é caracterizado por um decréscimo contínuo da taxa de fluência, definida como $\dot{\varepsilon} = d\varepsilon/dt$, isto é, a inclinação da curva diminui com o tempo. Isso ocorre em função do aumento da resistência à fluência provocado pelo encruamento, ou seja, a deformação plástica vai se tornando progressivamente mais difícil devido a multiplicação e interação das discordâncias, as quais se ancoram nos contornos de grãos dificultando escorregamento dos planos cristalográficos. O estágio permanece até que se estabeleça uma condição estacionária. A deformação instantânea (ε_0) observada no gráfico deve-se ao carregamento inicial da carga no corpo de prova.

No **estágio secundário**, ou **fluência secundária**, a taxa de fluência é essencialmente constante e a curva apresenta-se com aspecto linear. Essa região de inclinação constante é explicada

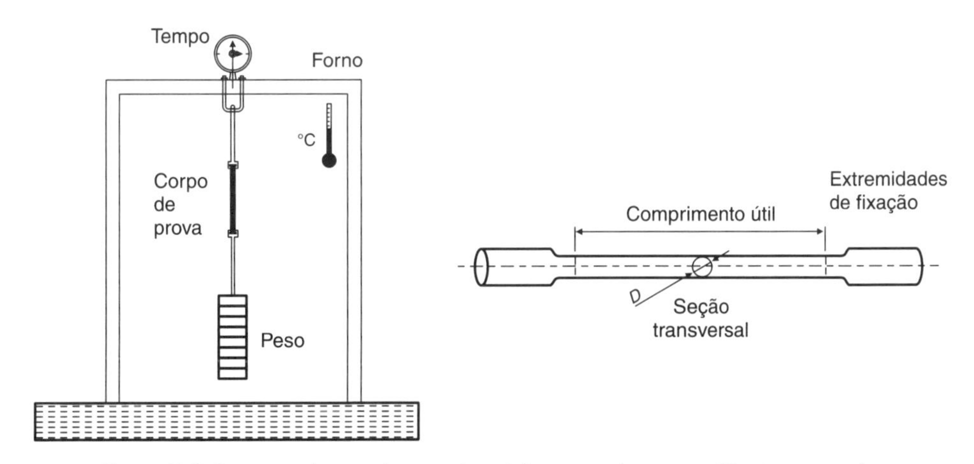

Figura 7.2 Esquema do arranjo experimental e corpo de prova utilizado no ensaio.

em função do equilíbrio que ocorre entre dois fenômenos atuantes e competitivos que são o encruamento e a recuperação. Na recuperação, com a temperatura mais alta, a mobilidade atômica aumenta e vacâncias são ocupadas, discordâncias geradas devido à deformação plástica escalam bloqueios e também são anuladas. O valor médio da taxa de fluência no estágio secundário é chamado de **taxa mínima de fluência** ($\dot{\varepsilon}_m$).

Finalmente, no **estágio terciário** ou **fluência terciária**, ocorre uma aceleração na taxa de fluência, culminando com a ruptura do corpo de prova. O terceiro estágio ocorre principalmente para ensaios submetidos a cargas e/ou temperaturas elevadas. Nesse estágio tem início o processo interno de fratura, podendo-se citar entre eles a separação de contornos de grão, formação, coalescimento e propagação de trincas, conduzindo a uma redução localizada de área no corpo de prova e a um consequente aumento na taxa de deformação.

Em certas condições, alguns materiais podem deixar de apresentar o estágio terciário, conforme pode ser visto na Fig. 7.4(a) para o caso de um aço-liga, os quais geralmente deixam de apresentar a estricção antes do processo de ruptura final. A Fig. 7.4(b) apresenta o comportamento de uma liga de alumínio em diferentes níveis de tensão.

A Fig. 7.5 mostra a variação da taxa de fluência nos três estágios mencionados anteriormente. Para o caso de materiais frágeis, o ensaio de fluência geralmente é empregado utilizando-se esforços de compressão para a melhor caracterização das propriedades em fluência, visto que não ocorre a intensificação das tensões devidas às microtrincas da superfície do material e posterior fratura frágil.

PARÂMETROS CARACTERÍSTICOS DO ENSAIO DE FLUÊNCIA

Um dos parâmetros mais importantes no ensaio de fluência, senão o mais importante, é a **taxa mínima de fluência**, que consiste na inclinação da curva do estágio secundário de fluência.

Trata-se de um parâmetro a se considerar em projetos de componentes para aplicações de longa duração, como por exemplo peças de reatores nucleares, que são especificadas para durar

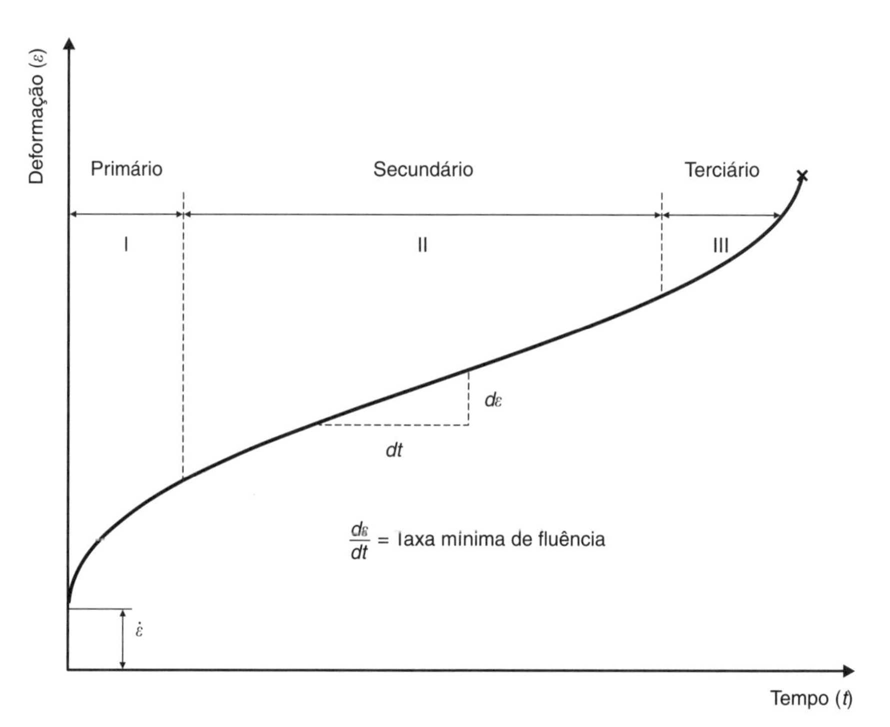

Figura 7.3 Curva típica de fluência apresentando os três estágios do ensaio.

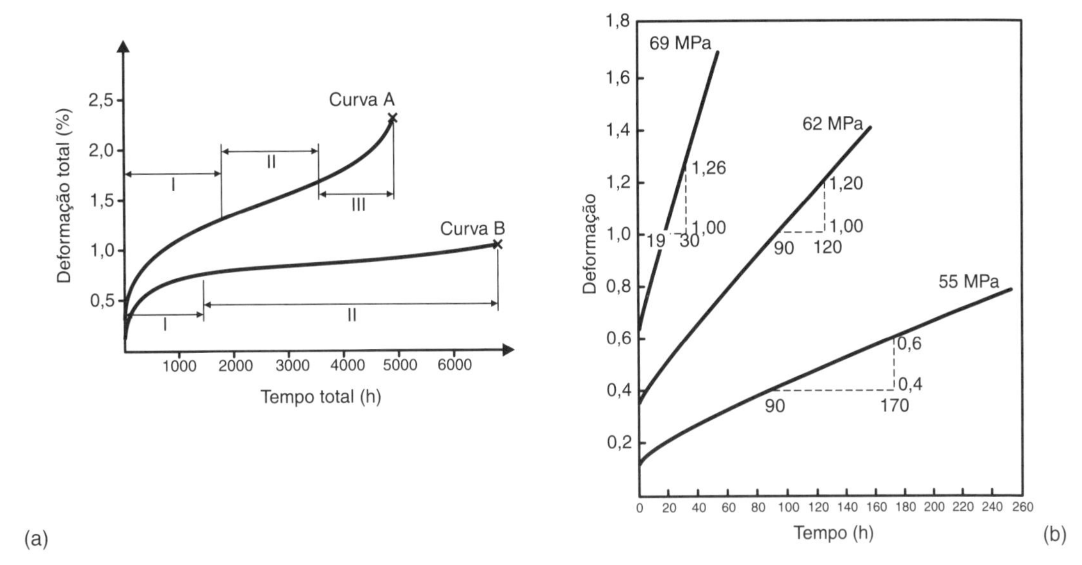

Figura 7.4 (a) Curvas de fluência para aços-liga sob diferentes cargas; a curva B não apresenta o estágio III em função da baixa carga aplicada. (b) Curvas de fluência para uma liga de alumínio (24S-T4) a temperatura constante de 182 °C e diferentes tensões aplicadas. (Adaptado de Jastrzebski, 1987.)

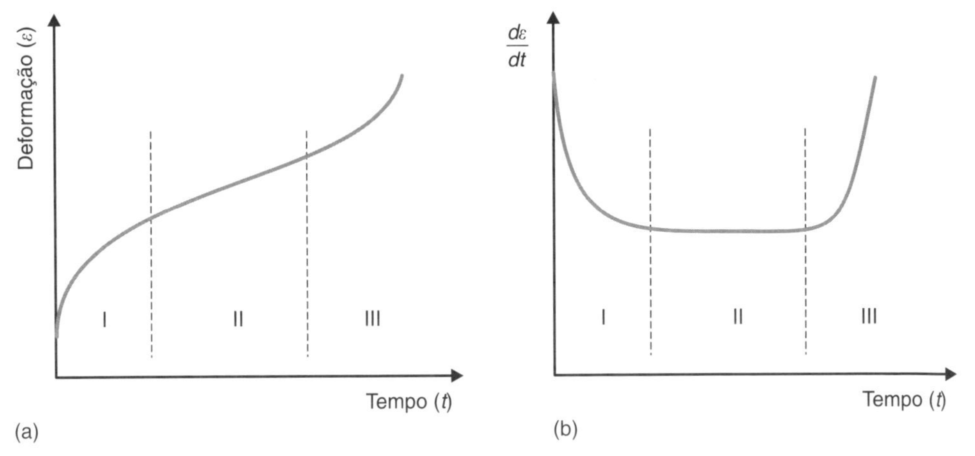

Figura 7.5 (a) Variação da deformação na fluência em função do tempo nos três estágios do ensaio. (b) Taxa de deformação em função do tempo.

várias décadas. Por outro lado, para componentes de vida relativamente mais curta, como lâminas de turbinas para motores a jato, o tempo de ruptura é o parâmetro determinante. Assim, o ensaio de fluência pode ser dividido em **ensaio de fluência** (resistência à fluência), **ensaio de ruptura por fluência** (resistência à ruptura por fluência) e **ensaio de relaxação**.

A diferença predominante entre o ensaio dito convencional e o ensaio por ruptura é que o ensaio de ruptura, como o próprio nome diz, segue até a ruptura do corpo de prova, enquanto o convencional utiliza-se de artifícios para estimar a vida útil do material. A informação sobre o comportamento do material quando submetido até a ruptura nesses ensaios diz respeito à tensão nominal que o corpo de prova suporta em determinada temperatura até a ruptura. Já o ensaio de relaxação fornece informações sobre a redução da tensão (carga) aplicada ao corpo de prova quando a deformação em função do tempo é mantida constante a uma certa temperatura. O ensaio até a ruptura, muitas vezes, implica a aplicação de cargas de ensaio maiores que a especificada.

Os resultados dos ensaios de fluência são também apresentados em termos do logaritmo da tensão *versus* o logaritmo do tempo de ruptura, conforme mostra a Fig. 7.6, resultando em uma linha reta aproximada aos dados reais.

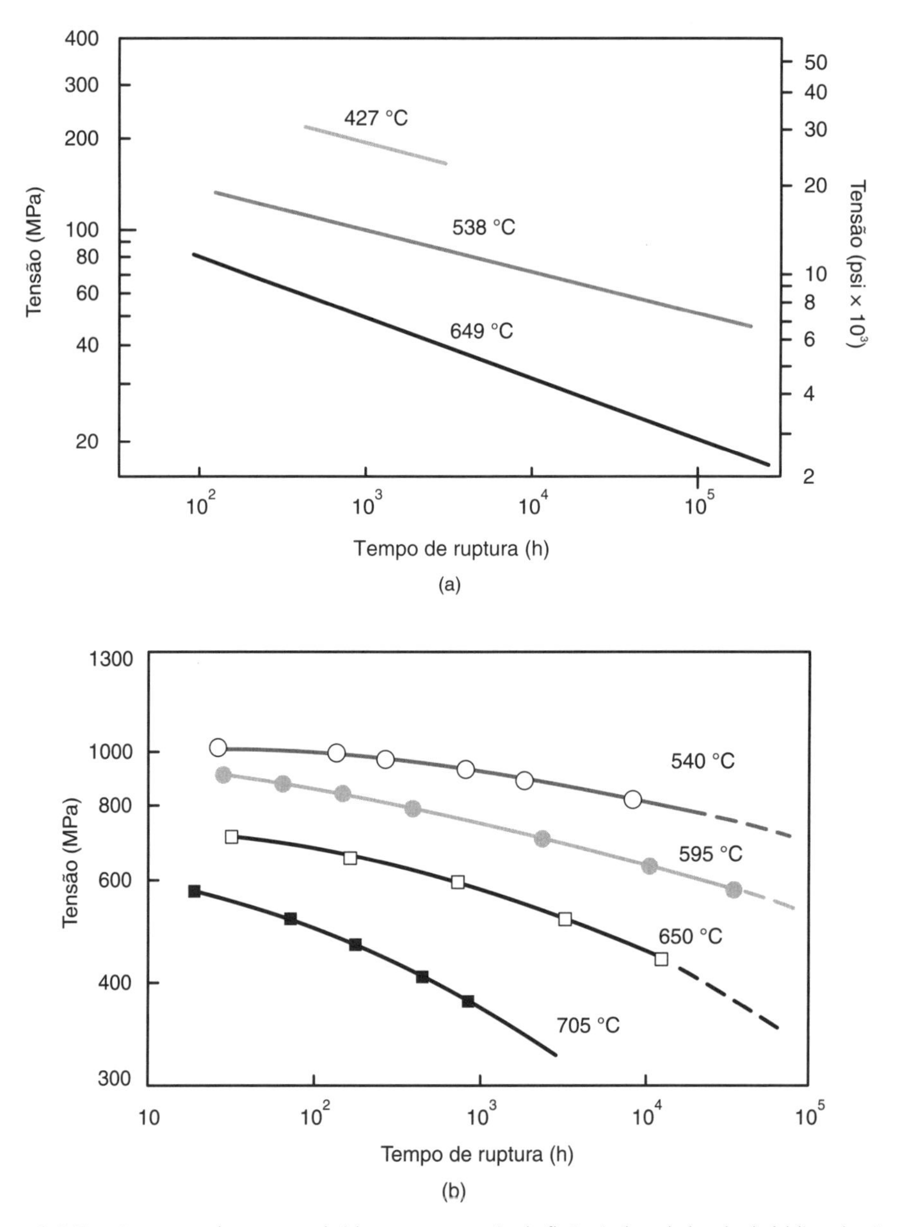

Figura 7.6 Tensão-tempo de ruptura obtidos em um ensaio de fluência (escala log-log): (a) liga de níquel com baixo teor de carbono para três diferentes temperaturas (adaptado de *ASM Handbook*, v. 3, 1981); (b) liga Inconel 718* para quatro diferentes temperaturas (adaptado de *ASM Handbook*, v. 8, 2000).

* Inconel 718: 50-55%Ni; 17-21%Cr; 4,75-5,5%Nb; 2,8-3,3%Mo; 0,65-1,15%Ti; 0,2-0,8%Al; 0-1,0%Co, e Fe(restante).

Existem algumas equações empíricas que correlacionam o fenômeno da fluência em materiais, a partir da **taxa mínima de fluência**, $\dot{\varepsilon}_m$, isto é, a taxa de fluência no estágio II do ensaio, em função da tensão e temperatura:

$$\dot{\varepsilon}_m = \left(\frac{d\varepsilon}{dt}\right)_{II} \tag{7.1}$$

Para o caso de dependência de $\dot{\varepsilon}_m$ com a tensão σ, a relação é:

$$\dot{\varepsilon}_m = k_1 \sigma^{n_1}, \tag{7.2}$$

em que k_1 e n_1 são constantes para cada material.

Ao se colocarem os resultados de $\dot{\varepsilon}_m$ e σ em escala logarítmica, obtém-se uma reta de inclinação n_1, similarmente ao procedimento adotado no Cap. 2 para o ensaio de tração. Essa é outra forma de apresentação dos resultados do ensaio de fluência, e deve ser utilizada como valor de referência para projetos de componentes que devam resistir à fluência. As taxas podem ser apresentadas em %/h; %/1000 h; m/m · h ou s^{-1}.

Em termos de temperatura e tensão, através de uma relação de Arrhenius:

$$\dot{\varepsilon}_m = A \cdot \sigma^n \cdot \exp\left(\frac{-Q_C}{R \cdot T}\right) \tag{7.3}$$

em que A e n são constantes dependentes do material, Q_C é a energia de ativação para a fluência (J/mol), R é a constante universal dos gases (8,314 J/mol · K) e T é a temperatura (K).

Várias abordagens teóricas foram propostas para explicação do comportamento em fluência, e no sentido de introduzir parâmetros relacionados aos mecanismos de deformação e difusão atômica que ocorrem durante o processo de fluência, bem como variáveis relacionadas aos mecanismos de início e propagação da fratura. Como os ensaios de fluência e ruptura por fluência são semelhantes, embora realizados para diferentes faixas de tensão e temperatura, seria interessante estabelecer algum tipo de correlação entre ambos. Nesse sentido, a literatura apresenta uma relação empírica entre taxa mínima de fluência, $\dot{\varepsilon}_m$, e tempo de ruptura, t_r, dada por:

$$\log t_r + \text{m}\log \dot{\varepsilon}_m = B \tag{7.4}$$

em que m e B são constantes, podendo-se notar que t_r é inversamente proporcional a $\dot{\varepsilon}_m$. Para ligas de alumínio, cobre, titânio, ferro e níquel, essas constantes se situam nas faixas: $0{,}77 < m < 0{,}93$ e $0{,}48 < B < 1{,}3$. Esse tipo de relação permitiria a determinação de t_r, uma vez determinada a taxa mínima de fluência, o que em termos práticos implicaria a realização do ensaio somente até o estágio II.

As Figs. 7.7 a 7.9 mostram exemplos da forma de apresentação dos resultados dos ensaios para três diferentes materiais. Os comportamentos de uma liga de níquel e de magnésio puro são apresentados na Fig. 7.7, e na Fig. 7.8 têm-se resultados obtidos para dois aços inoxidáveis austeníticos (AISI 304 e AISI 316L), enquanto na Fig. 7.9 são mostrados resultados para um aço microligado ao Cr-Mo-V e para dois ferros fundidos cinzentos com 4%Si, sem e com adição de 2%Mo. Para o caso dos aços inoxidáveis austeníticos AISI 304 e 316, observa-se que o AISI 316 suporta maiores tensões com menores taxas mínimas de fluência em relação ao AISI 304, enquanto nos aços a adição de elementos de liga como cromo, molibdênio e vanádio aumenta a resistência à fluência em relação aos aços-carbono, bem como a adição de molibdênio aos ferros fundidos cinzentos também proporciona o mesmo efeito.

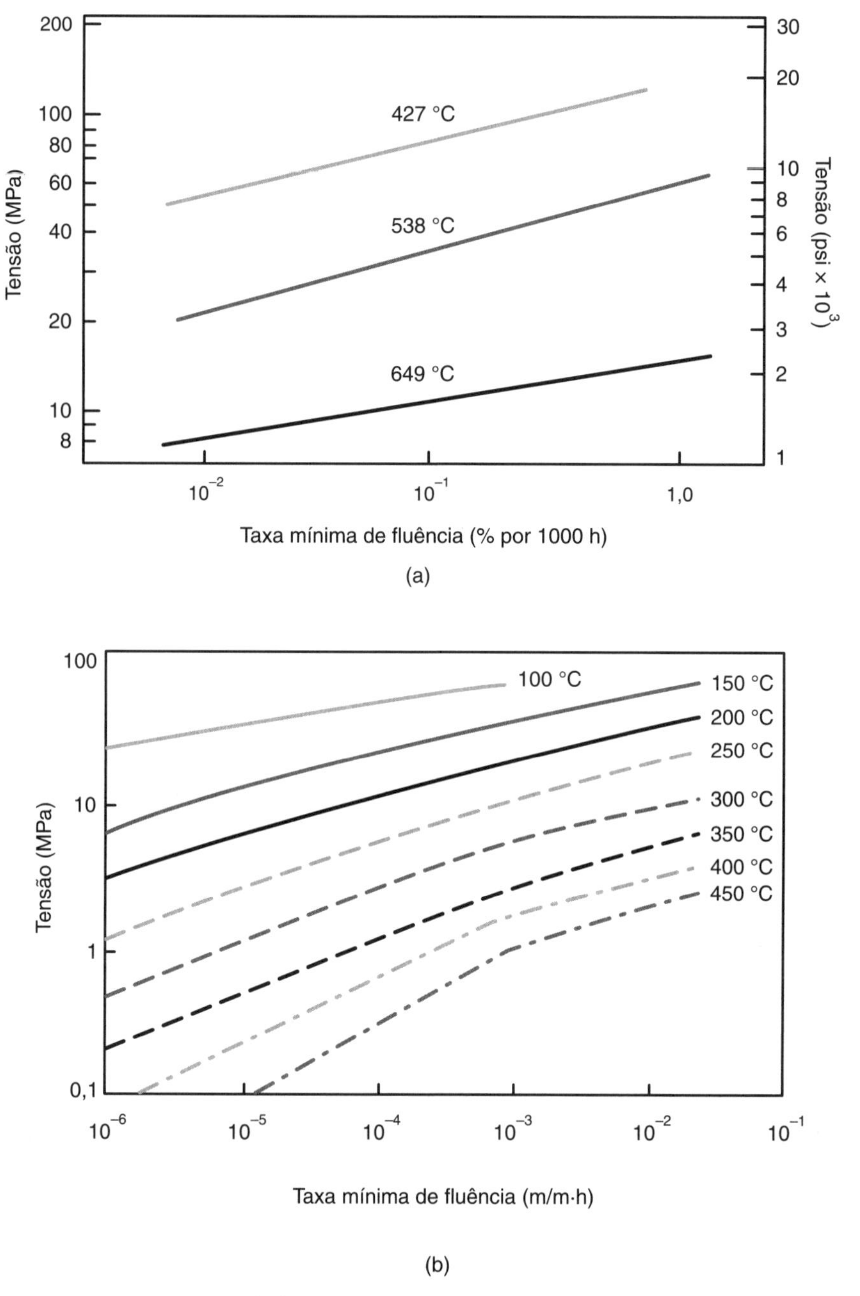

Figura 7.7 Tensão-taxa mínima de fluência: (a) liga de níquel com baixo teor de carbono para três diferentes temperaturas (escala log-log). (Adaptado de *ASM Handbook*, v. 3, 1981.) (b) Magnésio puro em diferentes temperaturas. (Adaptado de *ASM Handbook*, v. 2, 2000.)

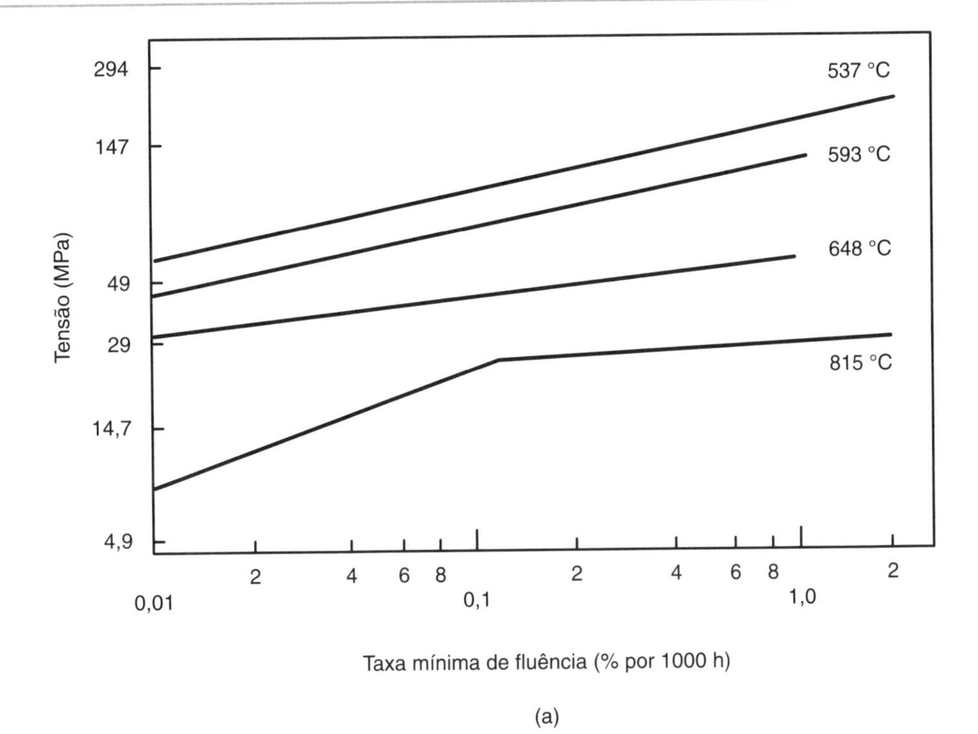

(a)

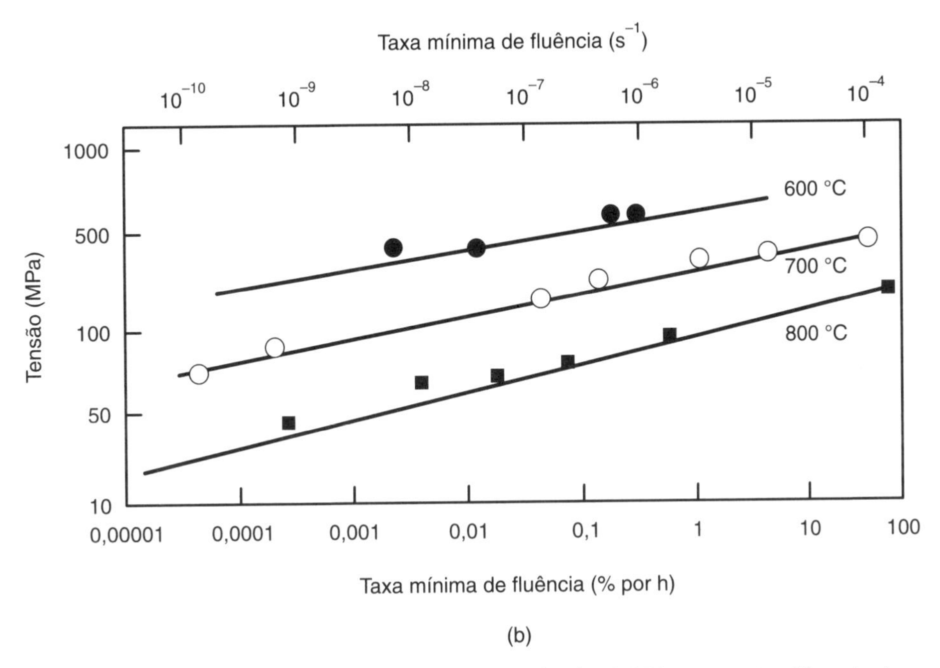

(b)

Figura 7.8 Tensão-taxa mínima de fluência: (a) aço inoxidável AISI 304 para quatro diferentes temperaturas (escala log-log). (Adaptado de *ASM Handbook*, v. 8, 2000.) (b) Aço inoxidável AISI 316 para três diferentes temperaturas. (Adaptado de Dieter, 1988.)

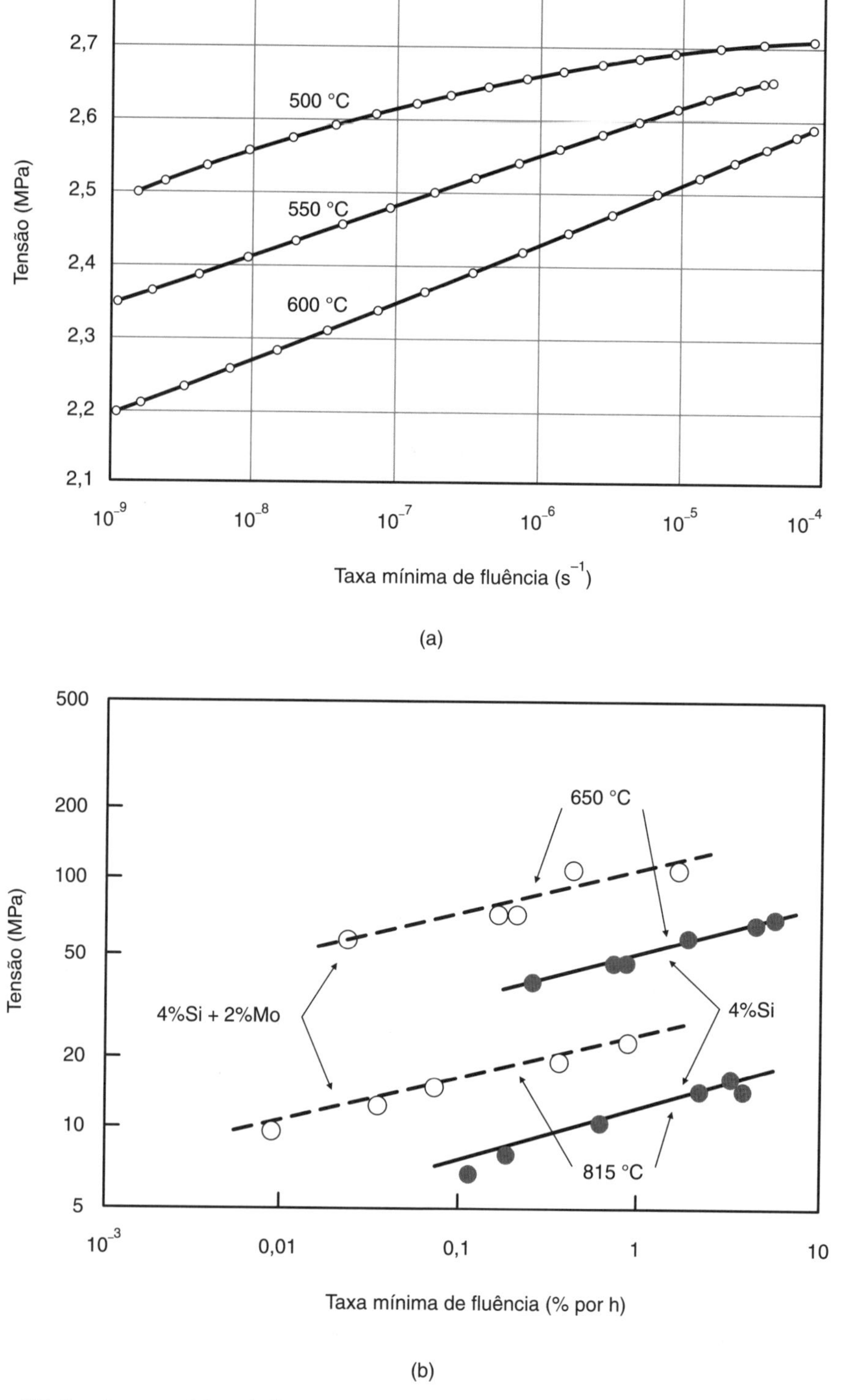

Figura 7.9 Tensão-taxa mínima de fluência: (a) aço Cr-Mo-V para três diferentes temperaturas (escala mono-log). (Adaptado de *ASM Handbook*, v. 8, 2000.) (b) Ferros fundidos cinzentos com 4%Si e 4%Si + 2%Mo (escala log-log). (Adaptado de *ASM Handbook*, vol. 1, 2000.)

Ao se fazer referência a dados de fluência, é prática comum a menção a termos como resistência à fluência ou resistência à ruptura. **Resistência à fluência** é definida como a tensão a uma determinada temperatura que produz uma taxa mínima de fluência, por exemplo, de 0,0001 por cento/hora ou 0,001 por cento/hora.

Resistência à ruptura refere-se à tensão a uma determinada temperatura que produz uma vida até a ruptura de 100, 1000 ou 10.000 horas. Por exemplo, uma turbina a jato, que deve apresentar uma taxa mínima de fluência de 0,0001%, implica uma deformação de 1% a cada 10.000 horas de operação.

EXTRAPOLAÇÃO DE CARACTERÍSTICAS DE FLUÊNCIA PARA LONGOS PERÍODOS

A necessidade de utilizar determinados componentes mecânicos em serviço, às vezes por vários anos, sem que apresentem problemas relacionados com fluência, exige que o projetista conte com dados do comportamento à fluência em longos períodos.

Em função da impraticabilidade de ensaios de longa duração, uma solução que se adota consiste em avaliar o comportamento à fluência em condições de temperatura acima das especificadas, por tempos mais curtos e no mesmo nível de tensão, e, a partir dos resultados, fazer uma extrapolação para as condições de operação do componente. Uma extrapolação segura

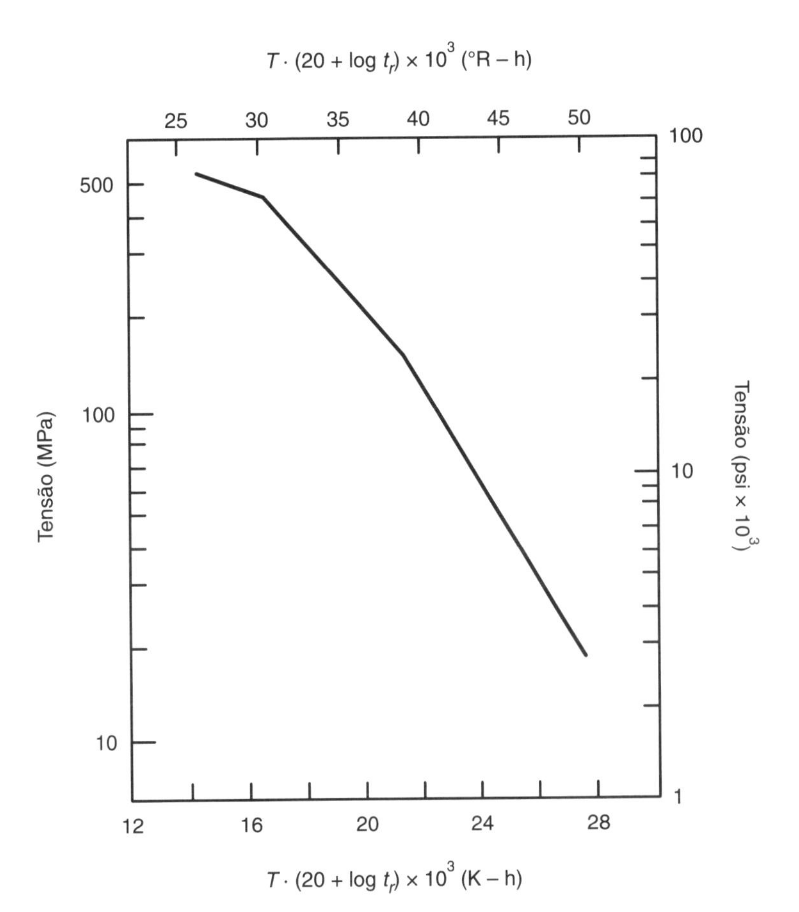

Figura 7.10 Curva tensão-parâmetro de Larson-Miller para um ensaio com uma liga de aço inoxidável AISI 18-8-Mo (escala mono-log). (Adaptado de Callister, 1994.)

só pode ser feita quando se tem certeza de que na região da extrapolação não ocorrerão mudanças estruturais que resultem na variação da inclinação da curva.

O procedimento mais comum de extrapolação de resultados emprega o **parâmetro de Larson-Miller** (Fig. 7.10), definido como:

$$T \cdot (C + \log t_r) = \text{constante}, \tag{7.5}$$

em que

C = constante de Larson-Miller, da ordem de 20,
T = temperatura do ensaio (K),
t_r = tempo de ruptura (h).

A Eq. (7.5) indica que o tempo de ruptura de um componente a um determinado nível de tensão varia com a temperatura do ensaio de tal modo que o parâmetro de Larson-Miller permanece inalterado. Pode-se determinar a constante C de forma gráfica, rearranjando-se a Eq. (7.5):

$$\log t_r = -C + \frac{\text{constante}}{T} \tag{7.6}$$

Quando os valores experimentais de ensaios de ruptura em fluência de um determinado material para diferentes tensões aplicadas são lançados em gráfico na forma $\log t_r$ *versus* $1/T$, há uma tendência de comportamento linear dos resultados com diferentes inclinações para cada tensão, porém com a interseção dessas retas em $(1/T) = 0$, definindo o valor de C. Essa é uma tendência geral, porém em alguns casos de materiais cerâmicos, como o rutilo (TiO_2) e mesmo alguns metais, pode ocorrer paralelismo entre as mencionadas retas de resultados de ensaios. Por questões práticas e como essa constante C não varia muito, geralmente assume-se $C = 20$. A Tabela 7.1 mostra valores da constante C para alguns materiais.

Tabela 7.1 Valores da constante *C* da Eq. (7.5) para alguns aços

Liga	C (h)
Aço de baixo carbono	18
Aço inoxidável 304	18
Aço inoxidável 18Cr-8Mo	17
Aço 2,25 Cr-1Mo	23
Aço S-590 CoCrNi	20
Aço Cr-Mo-Ti-B	22
D9 – Aço inoxidável austenítico 316 modificado com Ti	20

Exemplo 7.1

Se em 1000 horas de ensaio a uma temperatura de 100 °C acima da especificada para o componente não ocorre mudança na inclinação da curva (que é uma reta em escala log-log), a extrapolação para temperaturas mais baixas, adotando a continuidade da linha reta até 10.000 horas, é muito provavelmente uma atitude segura.

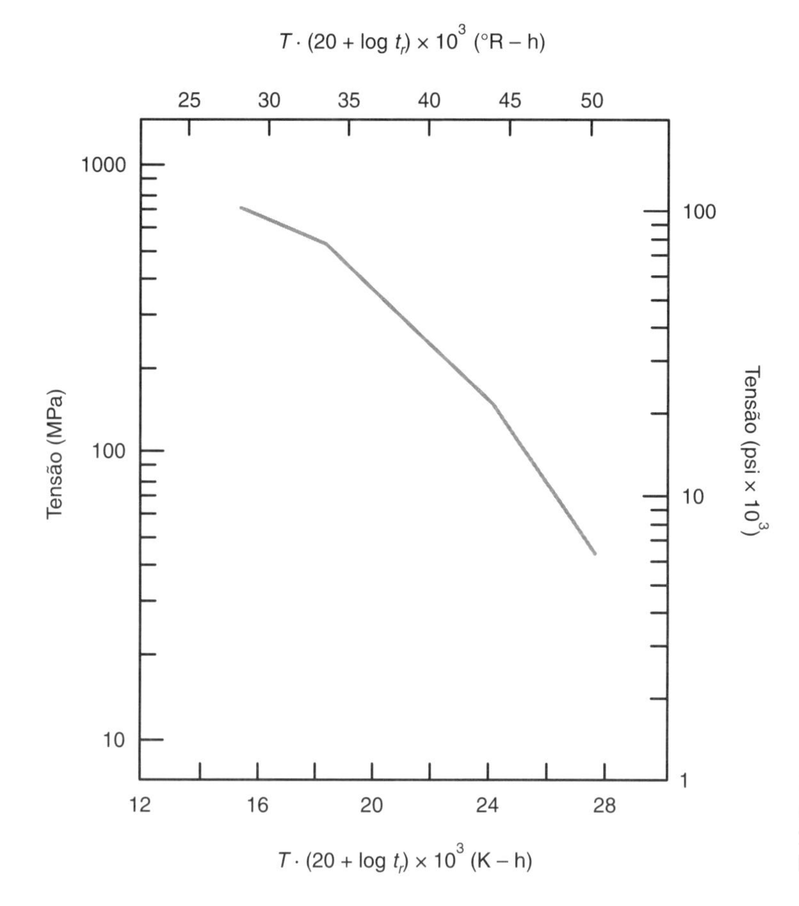

Figura 7.11 Curva tensão-parâmetro de Larson-Miller do aço S-590 (CoCrNi) (escala monolog). (Segundo Callister, 1994.)

O tempo de ruptura varia com a temperatura de tal modo que a relação permanece constante. Os resultados dos ensaios podem, ainda, ser apresentados em escala logarítmica na forma tensão–parâmetro de Larson-Miller, como mostra a Fig. 7.11.

Exemplo 7.2

Utilizando-se os dados de comportamento à fluência da Fig. 7.11, pode-se fazer uma previsão do tempo de ruptura de um componente fabricado com esse material quando submetido a uma tensão de 400 MPa a uma temperatura de 600 °C (873 K). A figura indica que, para uma tensão de 400 MPa, o parâmetro de Larson-Miller é $20 \cdot 10^3$. Utilizando-se a Eq. (7.2), tem-se:

$$20 \cdot 10^3 = T(20 + \log t_r)$$
$$20 \cdot 10^3 = 873\,(20 + \log t_r)$$
$$22{,}9 = 20 + \log t_r$$
$$\log t_r = 2{,}9$$
$$t_r = \underline{794 \text{ horas } (\approx 33 \text{ dias})}$$

Se a tensão é reduzida pela metade (200 MPa), mas é mantida à mesma temperatura, tem-se que o parâmetro de Larson-Miller é aproximadamente $22 \cdot 10^3$. Utilizando-se o mesmo procedimento de cálculo apresentado, chega-se a t_r = 158.489 horas ($\cong$ 18 anos).

INFORMAÇÕES ADICIONAIS SOBRE O ENSAIO DE FLUÊNCIA

No que diz respeito às temperaturas para a realização dos ensaios, elas são definidas segundo **normas** internacionais, podendo-se citar a ASTM E139. Os corpos de prova apresentam, geralmente, dimensões e geometria semelhantes àquelas utilizadas nos ensaios de tração, e são submetidos inicialmente a certas temperaturas até atingirem a homogeneização térmica, para posteriormente se iniciar o ensaio. Na Fig. 7.12 são apresentadas as principais configurações dos corpos de prova ensaiados. Recomenda-se um bom acabamento superficial na região útil de análise, bem com a inexistência de defeitos superficiais e erros de concordâncias entre diâmetros. Para ensaios em corpos de prova com entalhes recomenda-se a norma ASTM E292, e para a realização de ensaios com altas taxas de deformação recomenda-se a norma ASTM E150.

Recomenda-se a instrumentação do corpo de prova com extensômetro para medir a deformação longitudinal sofrida pelo material em função do tempo. Para corpos de prova retangulares recomenda-se a fixação dos extensômetros no meio das faces em cada lado. No caso de materiais que apresentam alta reatividade em altas temperaturas, com tendência a oxidação, recomenda-se o emprego de atmosfera inerte ou no vácuo. Normalmente empregam-se fornos com aquecimento resistivo ou indutivo, com controle de temperatura por meio de termopares, e que possibilitam o aquecimento do corpo de prova e equalização da sua temperatura em aproximadamente 1 hora. Devem-se registrar os dados de deformação pelo menos a cada 24 horas, ou pelo menos em 1% do tempo total estimado para o ensaio.

Os principais **mecanismos de deformação** observados a temperaturas elevadas consistem em movimento de discordâncias, recristalização e escorregamento de contornos de grãos. O primeiro e o último mecanismo são favorecidos com o aumento da temperatura.

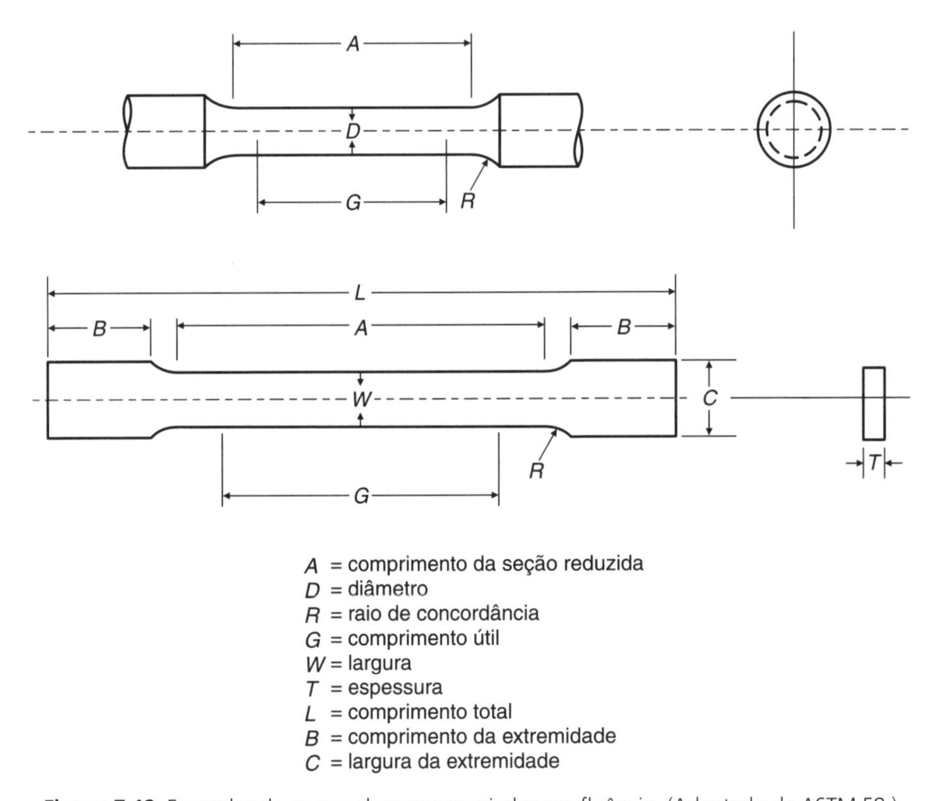

Figura 7.12 Exemplos de corpos de prova ensaiados em fluência. (Adaptado de ASTM E8.)

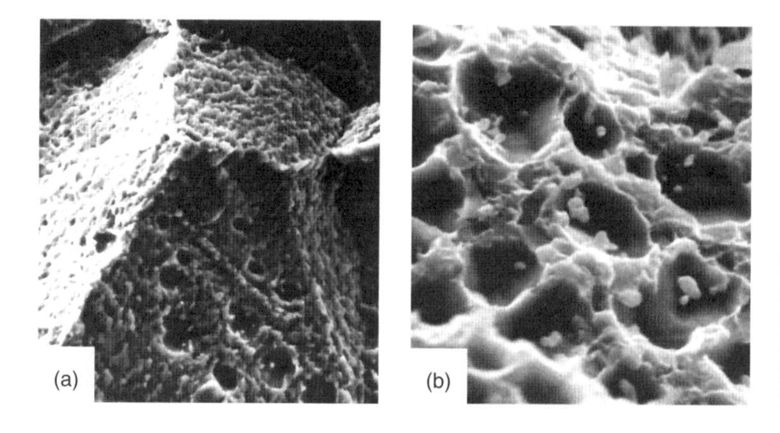

Figura 7.13 Superfície de fratura destacando as microcavidades em contornos de grãos de uma liga Nimonic 105 submetida a 800 °C por longo período de tempo. (Engel, 1981.)

As principais etapas do **processo de fratura** a temperaturas elevadas podem ser resumidas em: formação de microcavidades nos contornos de grãos, principalmente em pontos triplos, aumento das microcavidades e formação de microtrincas, coalescimento das microtrincas e consequente formação de uma macrotrinca. A Fig. 7.13 mostra imagens em MEV de uma superfície de fratura de uma liga Nimonic 105 submetida a 800 °C. Ao final do ensaio, a amostra foi resfriada em nitrogênio líquido e fraturada para observação do processo de ruptura, onde se observa a presença de cavidades nas regiões de contornos de grãos com aspecto tridimensional.

A Fig. 7.14 apresenta micrografias de diferentes regiões de uma amostra de aço baixo carbono (ABNT/SAE 1018) retirado de uma tubulação de vapor superaquecido que foi substituída por apresentar vazamentos. Observa-se a presença de pequenas microcavidades nos contornos de grãos da ferrita, principalmente em pontos triplos.

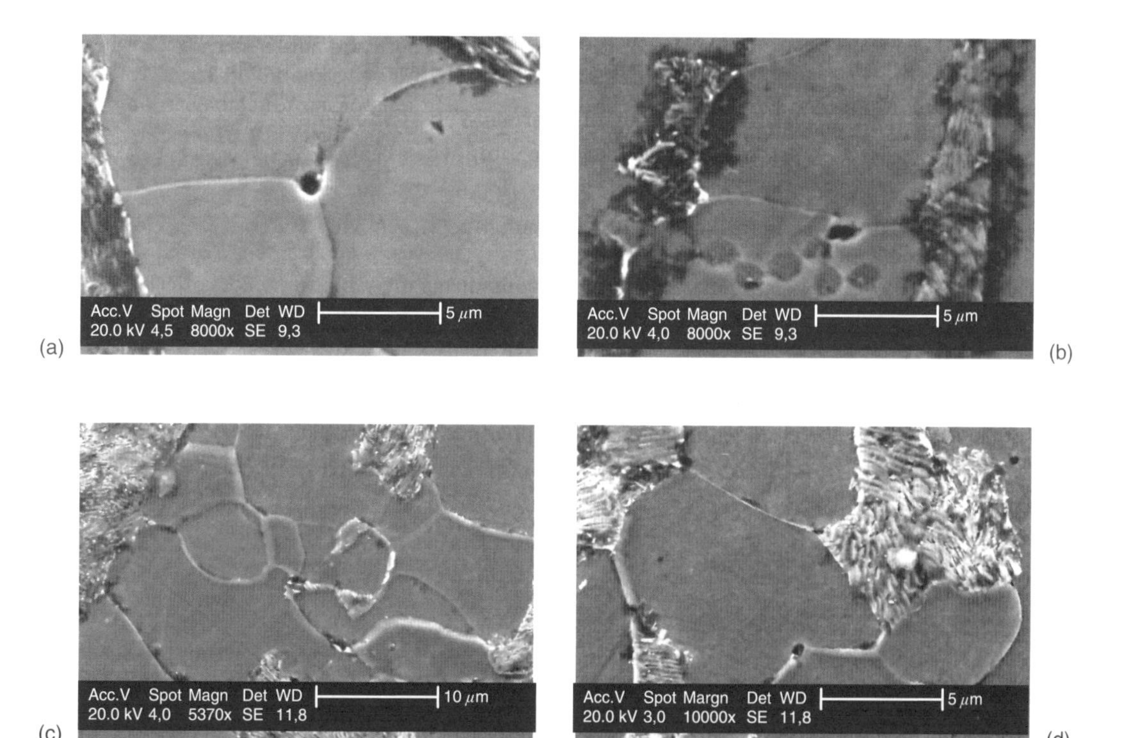

Figura 7.14 Micrografias de uma tubulação de vapor superaquecido que sofreu fluência. (ABNT/SAE 1018.)

A **influência da tensão** aplicada no ensaio, mantida a temperatura constante, é mostrada na Fig. 7.15(a). Um comportamento semelhante pode ser observado para a **influência da temperatura,** mantendo-se a tensão constante e variando-se somente a temperatura dos ensaios, conforme Fig. 7.15(b). Pode-se notar, na Fig. 7.15(a), que a deformação instantânea que surge no momento inicial de aplicação de carga cresce com σ e T, assim como a taxa de fluência do estágio II, enquanto a vida útil do corpo de prova, representada pelo tempo de ruptura, diminui.

Entre os principais **fatores que afetam** as características das propriedades em fluência são citados a temperatura de fusão, o módulo de elasticidade e o tamanho de grão cristalino. Para esses parâmetros, quanto maiores seus valores, melhores as propriedades de resistência à fluência.

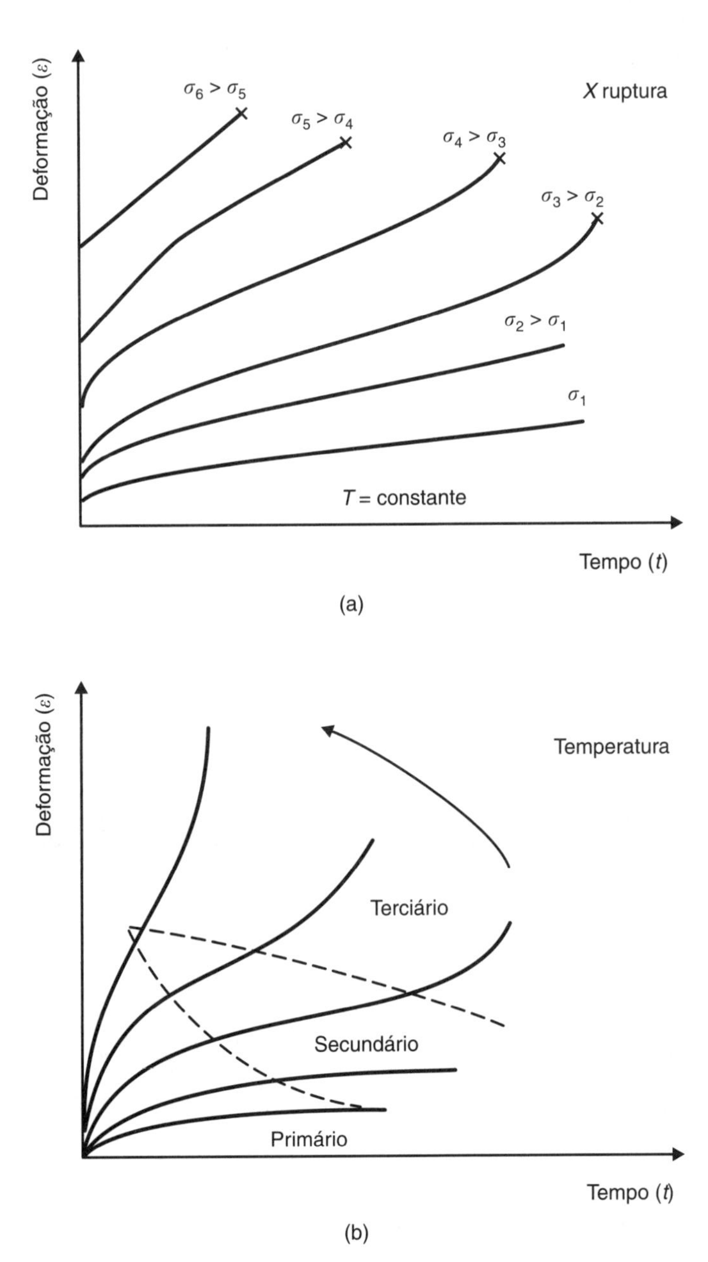

Figura 7.15 Representação dos efeitos da tensão e da temperatura nas curvas de fluência.

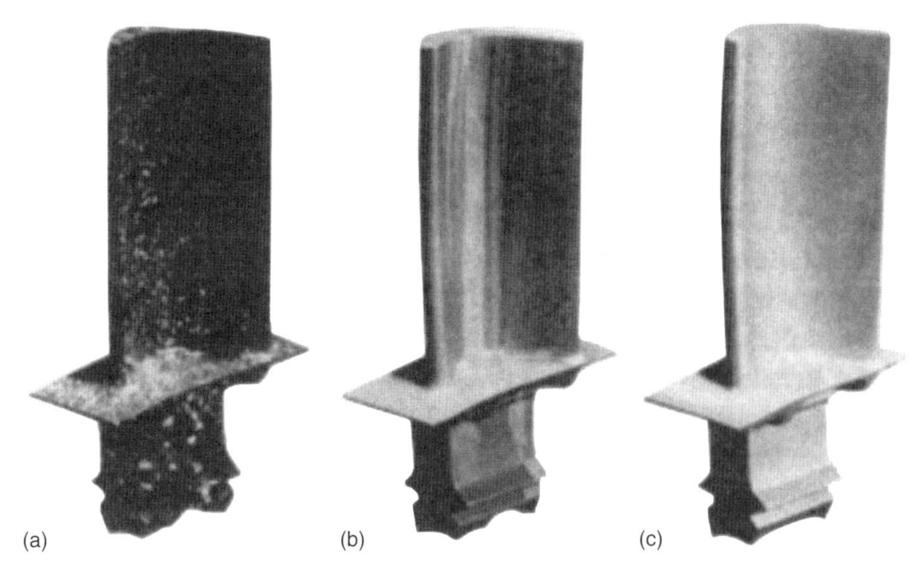

Figura 7.16 Lâminas de turbinas produzidas: (a) fundição convencional; (b) solidificação unidirecional; e (C) monocristal. (Adaptado de Callister, 1994.)

Quanto ao **tamanho do grão** cristalino das ligas submetidas à fluência, pode-se dizer que quanto maior for o seu valor, melhores serão suas propriedades. Isso acarreta a necessidade de maiores tensões para que ocorra a ruptura do material, já que para altas temperaturas é mais significativa a deformação por escorregamento em contornos de grão, o que implica maiores deformações em materiais com granulação fina e, consequentemente, menor resistência à fluência. Nesse sentido, pode-se citar o exemplo de lâminas de turbinas produzidas ou por fundição convencional (grãos cristalinos distribuídos aleatoriamente), por solidificação unidirecional (grãos colunares alongados) ou na forma monocristalina, conforme mostra a Fig. 7.16. Com a eliminação gradativa de contornos de grãos do primeiro processo ao último, o componente de deformação por escorregamento de contornos de grãos vai perdendo sua influência, produzindo, em consequência, um aumento na resistência à fluência. O tempo de ruptura (vida do componente) é aumentado em cerca de duas vezes e meia quando se passa da fundição convencional para a solidificação unidirecional, e em cerca de nove vezes quando se trata de lâminas monocristalinas.

A Fig. 7.17 apresenta resultados obtidos com uma liga Zn-22%Al (% em massa) com diferentes tamanhos de grão submetida a ensaios de fluência por longos períodos à temperatura de 220 °C. Mesmo para pequenas diferenças nos valores dos tamanhos de grãos observa-se uma significativa diferença na resposta à fluência ou na taxa de deformação.

Outra forma de se aumentar a resistência à fluência em ligas metálicas é adicionar e controlar a **precipitação de fases** ou partículas que impeçam a movimentação das discordâncias, e, consequentemente, o escorregamento entre grãos cristalinos. Alterações de composições químicas objetivando a precipitação de fases e intermetálicos estáveis em altas temperaturas para bloquear o escorregamento de grãos são apresentadas na literatura para as mais diversas ligas, desde aços até ligas não ferrosas. A Fig. 7.18 apresenta um exemplo de estrutura bruta de solidificação de uma liga de magnésio-zinco-alumínio-cálcio-lantânio desenvolvida para estimular a precipitação de compostos intermetálicos que impeçam escorregamento dos contornos de grãos. Observa-se a presença de intermetálicos de Al-Ca e Al-La na forma de pequenas agulhas transgranulares nas regiões de contornos de grãos, atuando com um grampo entre estes. As análises qualitativas de composição química por meio de EDS-MEV demonstraram a presença dos elementos Mg-Al-La (EDS2) e Mg-Al-Ca (EDS3) formando os precipitados, os quais são considerados estáveis para as temperaturas desejadas de aplicabilidade (100 °C).

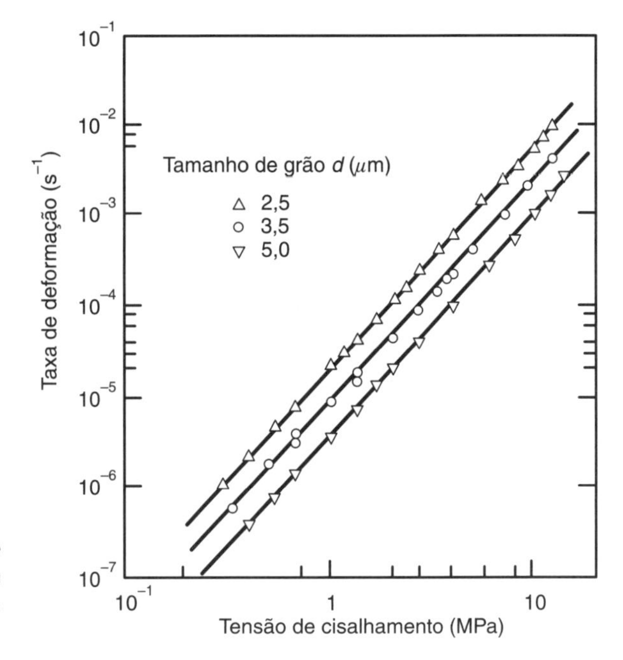

Figura 7.17 Influência do tamanho de grão cristalino na fluência de uma liga Zn-22Al. (Adaptado de *ASM Handbook*, v. 8, 2000.)

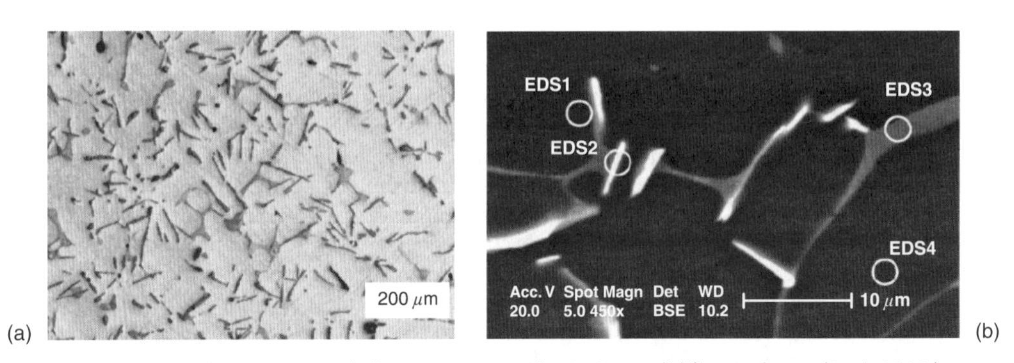

Figura 7.18 Microestruturas da liga Mg-0,5Zn-4Al-1Ca-3La: solidificação lenta. (Ferri, 2010.)

Os **materiais mais resistentes à fluência** em altas temperaturas são uma classe particular de materiais complexos desenvolvidos para aplicações específicas, destacando-se os aços inoxidáveis, cujo principal elemento de liga é o cromo com teores acima de 11%; as superligas ou ligas à base de níquel, cobalto ou ferro ou suas combinações; e as ligas refratárias, que apresentam elevadas temperaturas de fusão, e são formadas à base de nióbio, molibdênio, tungstênio, titânio, tântalo e cromo. Essas ligas apresentam temperatura de fusão da ordem de 2000 °C ou mais, além de alto módulo de elasticidade e alta resistência à dureza e à corrosão, tanto em temperaturas normais quanto em temperaturas elevadas.

Muitos **polímeros** também são suscetíveis à fluência quando o nível de tensão é mantido constante durante um determinado tempo. Essa característica é chamada de fluência viscoelástica, a qual inclui a parcela de deformação elástica, seguida de uma deformação viscoelástica que consiste em uma deformação viscosa dependente do tempo (uma forma de anelasticidade). Esse tipo de deformação nos polímeros pode ocorrer até em temperatura ambiente e com tensões bem menores que o limite de escoamento. Para polímeros amorfos, em geral a temperatura considerada limite para a ocorrência de fluência é a temperatura de transição vítrea (*Tg*), acima da qual a taxa de fluência aumenta significativamente. Normalmente os ensaios seguem os mesmos procedimentos recomendados para os metais, com algumas exceções.

Para os polímeros termoplásticos o comportamento à fluência depende dos mecanismos de movimentação cooperativa das cadeias de moléculas, e cuja resistência será maior quanto maior for a quantidade de ligações cruzadas entre elas, bem como com o aumento do peso molecular do polímero.

Muitos polímeros exibem o fenômeno chamado relaxação sob tensão, comportamento de fluência sob condições de deformação constante com tensões variáveis em função do tempo, em consequência do comportamento viscoelástico dos polímeros. Para o caso de materiais compósitos de matriz polimérica, a adição de fibras como reforço não altera o mecanismo de fluência da matriz, ocorrendo fluência também nessa classe de materiais. No entanto, o tipo, a morfologia, o comprimento, a distribuição e a resistência da fibra, entre outros fatores, podem melhorar significativamente a resistência à fluência. A Fig. 7.19 ilustra resultados de diferentes polímeros (polietileno, acrílico e polipropileno) submetidos a ensaios de fluência a diferentes temperaturas e tensões.

Alguns estudos estão sendo realizados com a finalidade de analisar o comportamento de materiais **cerâmicos** sob condições de fluência, principalmente em condições de tensões de compressão em altas temperaturas, quando se observou comportamento similar aos encontrados nos metais, porém em níveis de temperaturas bem maiores. Para os vidros, a resistência à fluência é mais influenciada pela mobilidade dos grupos de átomos dentro da rede de óxidos tais como o SiO_2. Modificadores que alteram a continuidade da rede de óxidos contribuem para a redução da viscosidade e, consequentemente, aumentam a resistência à fluência.

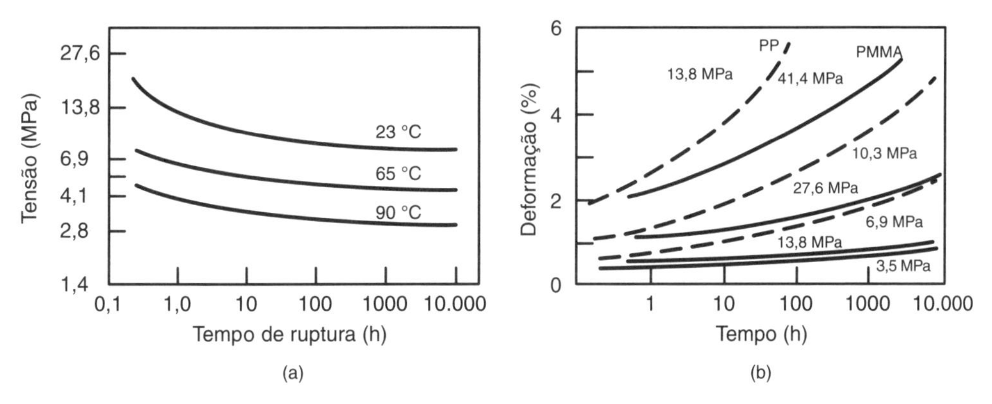

Figura 7.19 (a) Influência da temperatura e da tensão aplicada na resistência à fluência de um polietileno de alta densidade. (b) Curvas de fluência para o acrílico e o polipropileno a 20 °C sob vários esforços. (Adaptado de Askeland, 1998.)

8 Ensaio de Fadiga

Ensaio de fadiga consiste na aplicação de carga cíclica em corpo de prova apropriado e padronizado segundo o tipo de ensaio a ser realizado. É extensamente utilizado na indústria automobilística e, em particular, na indústria aeronáutica, existindo desde ensaios em pequenos componentes até em estruturas completas, como asas e longarinas. O ensaio mais utilizado em outras modalidades de indústria é o ensaio de flexão rotativa, conforme mostram as Figs. 8.1(a) e 8.9, e variações no tipo de solicitação mecânica também podem ser aplicadas, como tração e compressão uniaxiais e cisalhamento. O ensaio de fadiga é capaz de fornecer dados quantitativos relativos às características de um material ou componente ao suportar, por longos períodos, sem se romper, cargas repetitivas e/ou cíclicas. Os principais resultados do ensaio, normalmente obtidos a partir de gráficos em termos de tensão e número de ciclos [Fig. 8.1(b)], são: limite de resistência à fadiga (σ_{Rf}), resistência à fadiga (σ_f) e vida em fadiga (N_f). Os resultados dos ensaios podem variar devido a uma diversidade de fatores.

Os materiais metálicos, quando submetidos a tensões flutuantes ou repetitivas, isto é, quando sob a ação de esforços cíclicos, rompem-se a tensões muito inferiores àquelas determinadas nos ensaios estáticos de tração, compressão e torção. A ruptura que ocorre nessas condições dinâmicas de aplicação de esforços é conhecida como **ruptura por fadiga**. Esse fenômeno ocorre após um tempo considerável do material em serviço. À medida que o desenvolvimento tecnológico incorporou novos componentes e equipamentos, como por exemplo nas indústrias automobilística e aeronáutica, submetidos continuamente a esforços dinâmicos e a vibrações, o fenômeno da fadiga passou a representar a causa de mais de 90% das falhas em serviço de componentes de materiais metálicos. Os materiais poliméricos e os cerâmicos, com exceção dos vidros, são também suscetíveis à ruptura por fadiga. A falha por fadiga é particularmente imprevisível, pois acontece sem que haja qualquer aviso prévio.

Os primeiros estudos sobre o comportamento de materiais metálicos a esforços alternados e repetitivos foram feitos por August Wöhler, na década de 1850. Importantes informações foram obtidas desses estudos, entre elas a apresentação dos resultados do ensaio num gráfico que relaciona a tensão *versus* o número de ciclos até a fratura. Entre os principais fatores para que ocorra a falha por fadiga nos materiais podem ser citados: a existência de tensões cíclicas ou flutuantes e o número de ciclos de aplicação da tensão suficientemente alto para que ocorram a nucleação e a propagação de uma trinca. De maneira geral, o ensaio de fadiga pode ser dividido em categorias que correspondem individualmente ao estudo da nucleação de trincas e ao estudo da propagação de trincas, conforme mostra o esquema da Fig. 8.2.

Normalmente, os ensaios de estudo de nucleação de trincas ou fadiga por desgaste, ou puramente fadiga, são realizados em materiais íntegros em níveis de tensões abaixo da ruptura do material (limite de resistência) e para um número significativo de ciclos ($> 10^2$ ciclos). Os ensaios que englobam a preexistência de uma trinca ou defeito superficial (fratura de fadiga) não são abordados simplesmente como fadiga, mas de uma forma mais complexa, envolvendo a mecânica da fratura e a tenacidade à fratura em condições cíclicas.

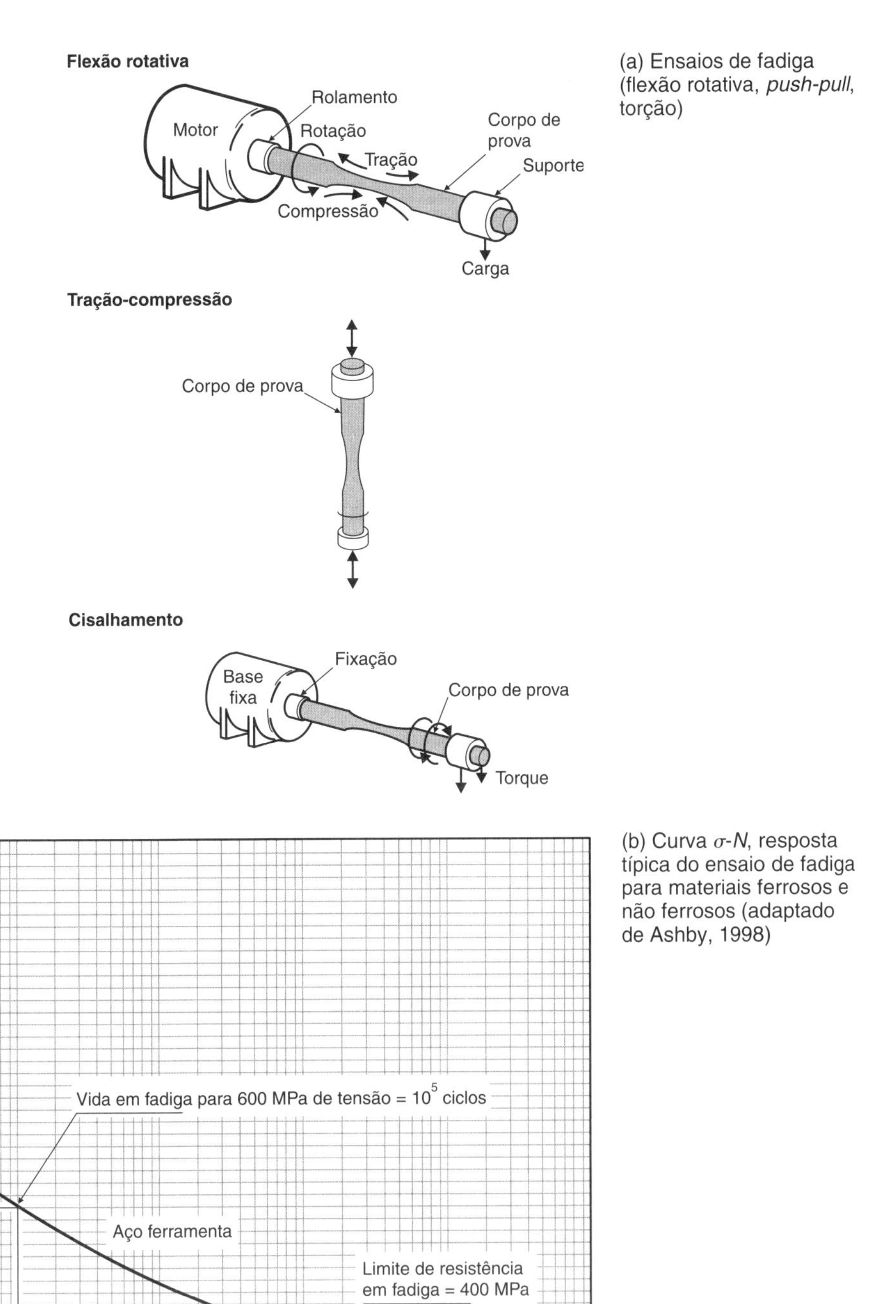

(a) Ensaios de fadiga (flexão rotativa, *push-pull*, torção)

(b) Curva σ-N, resposta típica do ensaio de fadiga para materiais ferrosos e não ferrosos (adaptado de Ashby, 1998)

Figura 8.1 Tipos de ensaios e curva característica do ensaio de fadiga.

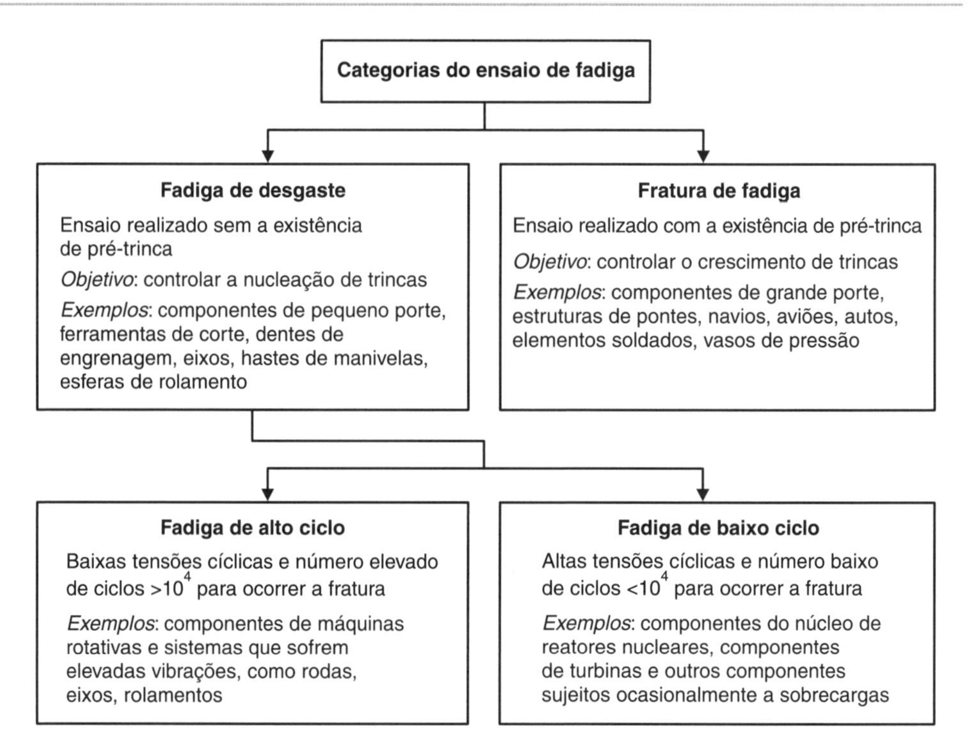

Figura 8.2 Categorias do ensaio de fadiga.

TIPOS DE TENSÕES CÍCLICAS

É importante caracterizar os possíveis tipos de tensões cíclicas que provocam o fenômeno de fadiga. A tensão aplicada pode ser axial (tração-compressão), de flexão (dobramento) ou de torção (carga rotativa). De modo geral, três diferentes formas de tensão cíclica ou variável no tempo são possíveis, conforme ilustra a Fig. 8.3.

A Fig. 8.3(a) apresenta um ciclo alternado de aplicação de tensão na forma senoidal. Essa é uma situação idealizada que se aproxima das condições de serviço de um eixo rotativo funcionando a velocidade constante e sem sobrecargas. Para esse tipo de ciclo de tensão, as tensões máximas (picos) e mínimas (vales) são iguais em magnitude: as tensões de tração são consideradas positivas, e as de compressão, negativas.

Na Fig. 8.3(b) é apresentado um caso geral de ciclo de tensão que se repete em torno de uma **tensão média** (σ_M), no qual os valores da tensão máxima ($\sigma_{\text{máx}}$) e da tensão mínima ($\sigma_{\text{mín}}$) não são iguais. É evidente que esse ciclo pode se deslocar na direção do eixo de ordenadas, situando-se totalmente no campo de tração ou de compressão, ou em situações em que as tensões máximas e mínimas têm sinais opostos.

Na Fig. 8.3(c), a variação do ciclo de tensão ocorre aleatoriamente, com ciclos complexos como os que ocorrem em asas de avião sobrecarregadas por correntes de vento ou em molas da suspensão de veículos que trafegam por estradas não pavimentadas.

Pelas Figs. 8.3(a) e 8.3(b), pode-se observar que a tensão média é dada por:

$$\sigma_M = \frac{\sigma_{\text{máx}} + \sigma_{\text{mín}}}{2}, \tag{8.1}$$

em que

σ_M = tensão média (Pa);
$\sigma_{\text{máx}}$ = tensão máxima (Pa);
$\sigma_{\text{mín}}$ = tensão mínima (Pa).

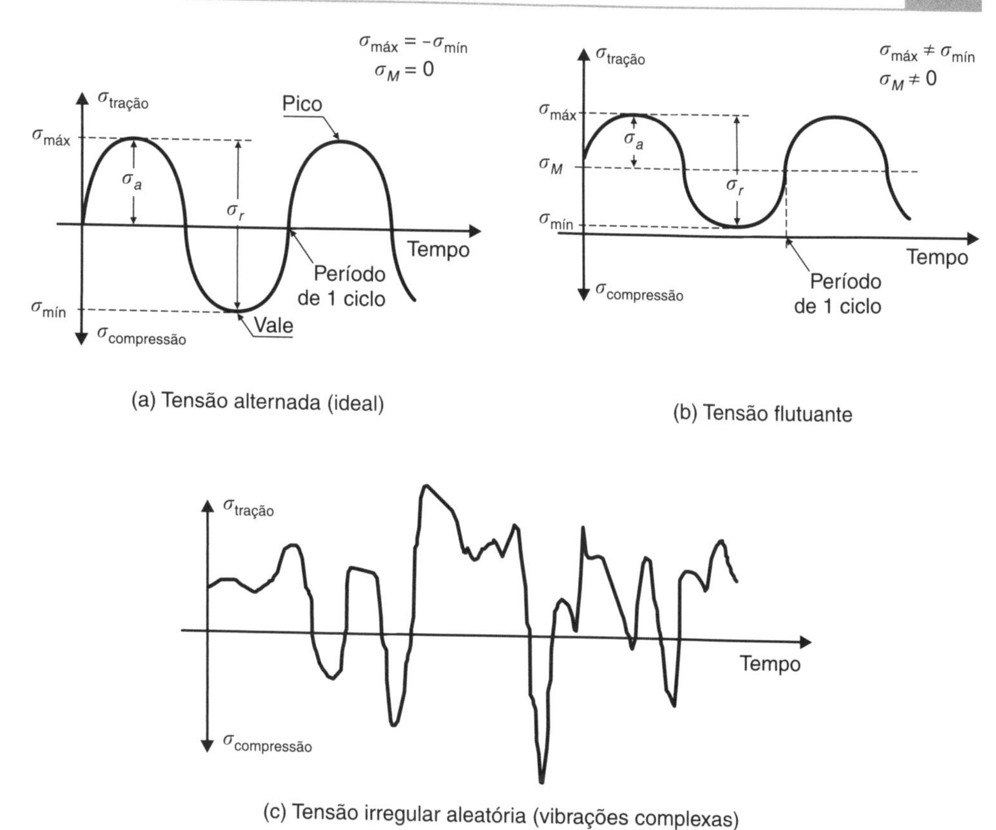

Figura 8.3 Tipos de tensões cíclicas em fadiga: (a) tensão alternada reversa; (b) tensão repetida flutuante; e (c) tensão irregular aleatória.

A faixa de variação das tensões, ou **intervalo de tensões**, é caracterizada por (σ_r), que é a diferença entre as tensões máxima e mínima:

$$\sigma_r = \sigma_{\text{máx}} - \sigma_{\text{mín}} \tag{8.2}$$

A **amplitude de oscilação** (σ_a) é a metade da faixa de variação de tensões:

$$\sigma_a = \frac{\sigma_r}{2} = \frac{\sigma_{\text{máx}} - \sigma_{\text{mín}}}{2} \tag{8.3}$$

A **razão de variação das tensões** (σ_f) é dada por:

$$R_f = \frac{\sigma_{\text{mín}}}{\sigma_{\text{máx}}} \tag{8.4}$$

No caso de um ciclo alternativo de tensões, em que os valores algébricos da tensão máxima e mínima são iguais, tem-se que $R = -1$.

Exemplo 8.1

Uma análise individual de alguns componentes do sistema de elevação de carga da Fig. 8.4 permitirá melhor compreensão dos principais casos de cargas cíclicas em um sistema mecânico. O sistema mecânico de elevação possui o seguinte funcionamento: o motor

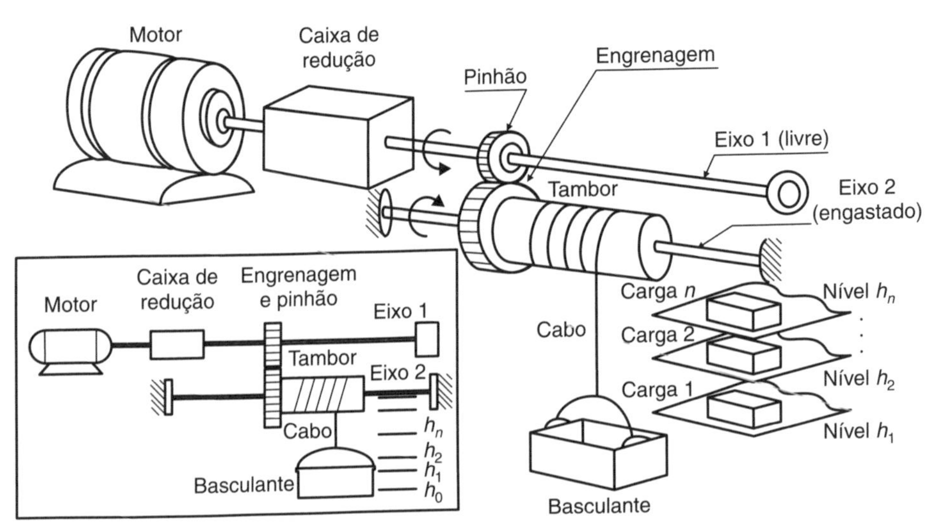

Figura 8.4 Sistema de elevação de carga composto por dois eixos, tambor, pinhão, engrenagem e basculante.

transmite o torque para a caixa de redução, acionando o giro do eixo (1), que possui um pinhão. Este transmite o torque para uma engrenagem que gira o tambor fixado por rolamento em um eixo (2) engastado. O tambor enrola um cabo, e este eleva um basculante, que recebe uma nova carga em cada nível de altura que atingir. Na altura máxima (h_n), o sistema se inverte, e o basculante desce, descarregando uma porção de carga em cada nível de altura.

Carga alternada $\Rightarrow$ componente de análise $\rightarrow$ eixo 1

Tomando-se como referência o eixo (1) do sistema de elevação mostrado na Fig. 8.4, nota-se que o movimento é transmitido desse eixo ao eixo (2) por meio de um par de engrenagens. A carga é aplicada no ponto de contato entre os dentes das engrenagens, conforme mostra o esquema da Fig. 8.5.

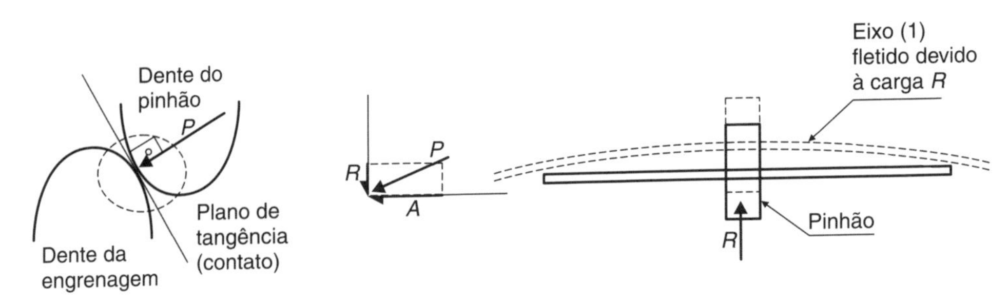

Figura 8.5 Esquema do ponto de contato entre os dentes da engrenagem e do pinhão e a flexão do eixo (1) devido à reação de carga R.

A força P pode ser decomposta em duas componentes A e R; a componente radial, R, é a responsável pela aplicação de uma carga que tende a flexionar o eixo (1). Como o eixo é rotativo, a distribuição de tensões varia conforme mostra o esquema da Fig. 8.6. Do instante t a $t + \Delta t$, o ponto (1) passa de uma tensão de tração máxima para uma tensão de compressão máxima. Admitindo-se que o peso próprio da engrenagem do eixo (1) não é significativo, tem-se um caso típico de ciclo de tensão de flexão alternada.

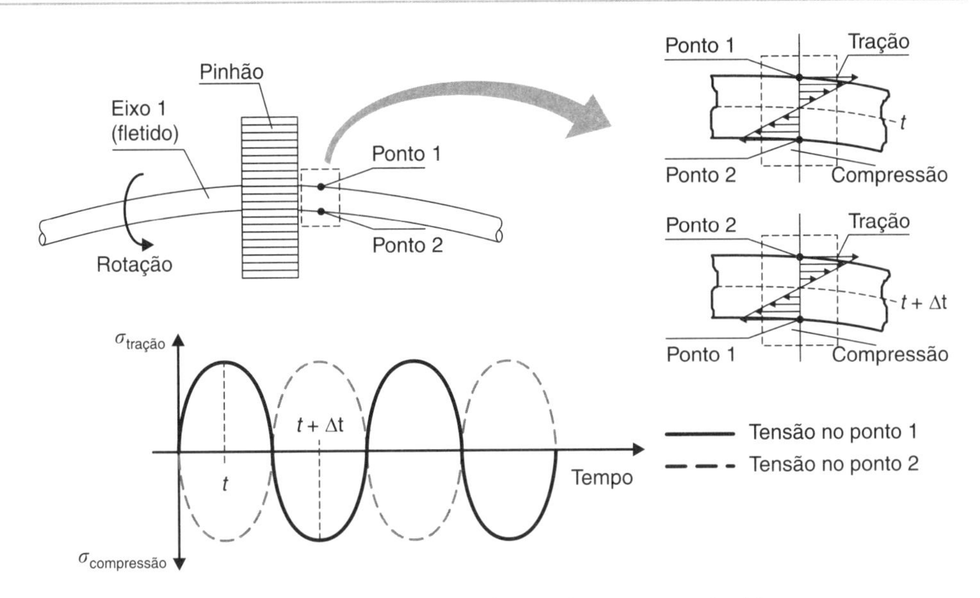

Figura 8.6 Variação da distribuição de tensões no eixo (1).

Carga flutuante ⇒ componente de análise → eixo 2

No sistema de elevação de carga da Fig. 8.4, o eixo (2) está submetido a uma carga de flexão, que inicialmente consiste nos pesos próprios da engrenagem e do tambor, correspondendo, portanto, à carga mínima do ciclo ($\sigma_{mín}$). À medida que o sistema de elevação é acionado e vai incorporando carga a cada nível diferente de altura (de h_1 a h_n), a tensão vai aumentando até um máximo no ponto de maior elevação ($\sigma_{máx}$). Nesse ponto, o sistema descarrega a carga, recebendo uma nova carga que vai sendo distribuída na descida, em cada nível diferente, até atingir novamente o nível do solo. Ao atingir esse nível, o eixo volta ao estado de tensão inicial, $\sigma_{mín}$, completando um ciclo de aplicação de carga, conforme mostra a Fig. 8.7.

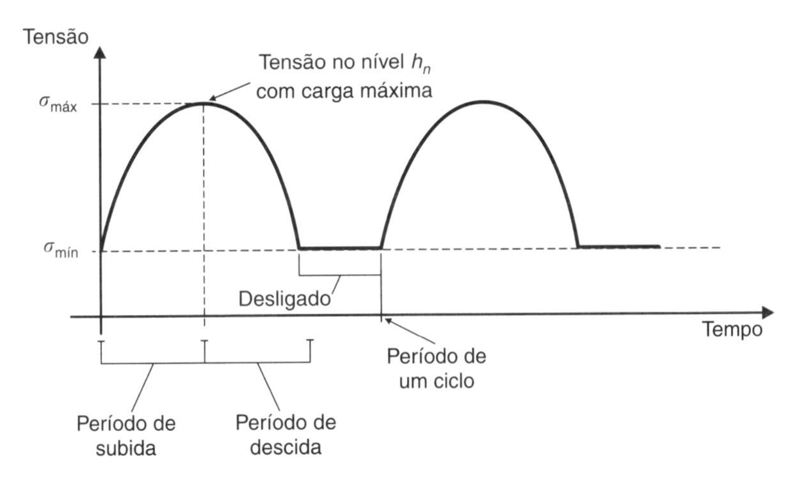

Figura 8.7 Ciclos de tensão do eixo (2) para o exemplo proposto.

Outro tipo de tensão cíclica bastante comum em máquinas e motores é o caso pulsante, descrito a seguir.

Carga pulsada ⇒ componente de análise → eixo 1

O eixo (1) é acionado por um motor que lhe aplica um momento de torção, e, como consequência, esse eixo vai estar submetido a tensões máximas de cisalhamento na superfície de sua seção transversal. Ao iniciar-se o movimento, o motor é acionado e leva um tempo t_1 para atingir um regime permanente, após o qual são mantidos um momento de torção constante e, consequentemente, uma tensão de cisalhamento também constante. Ao ser desligado, o motor leva um tempo t_2 até a sua parada total. Essa sequência caracteriza um ciclo pulsativo de aplicação de tensão, conforme mostra a Fig. 8.8.

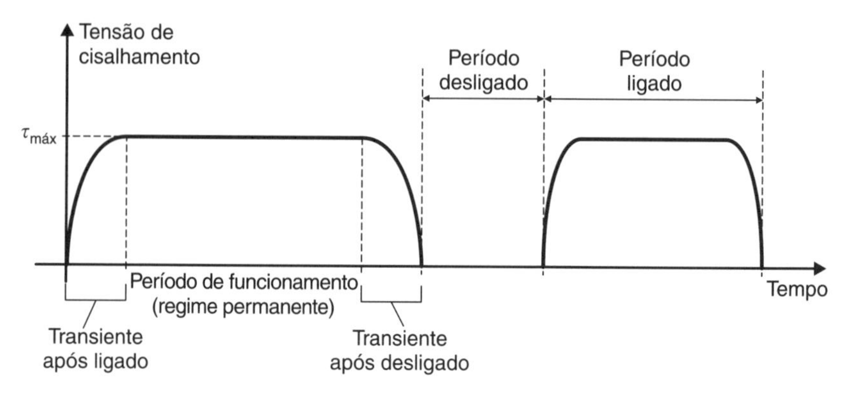

Figura 8.8 Esquema representativo de um ciclo pulsativo de aplicação de tensão.

RESULTADOS DO ENSAIO DE FADIGA: CURVA σ-N OU CURVA DE WÖHLER

Como qualquer outra propriedade mecânica, as propriedades dos materiais sujeitos a fadiga podem ser determinadas por ensaios de laboratório. Um esboço do aparato experimental utilizado no ensaio de fadiga é visto na Fig. 8.9 (ensaio de flexão rotativa). A forma usual de apresentação dos resultados do ensaio de fadiga é pela curva σ-N, ou curva de Wöhler (proposta em 1871), em que se levanta o gráfico tensão (σ) contra o número de ciclos (N) necessários para que ocorra a fratura. Normalmente, para o número de ciclos emprega-se uma escala logarítmica, e a tensão lançada no gráfico é a tensão nominal (podendo ser σ_a, $\sigma_{\text{máx}}$ ou $\sigma_{\text{mín}}$), sem ajuste para a concentração de tensões.

Para a obtenção das propriedades de resistência à fadiga são ensaiados vários corpos de prova do mesmo material, com condições idênticas de tratamento térmico, acabamentos superficial e dimensional para diferentes cargas até a ruptura, registrando-se o número de ciclos em que a ruptura ocorreu.

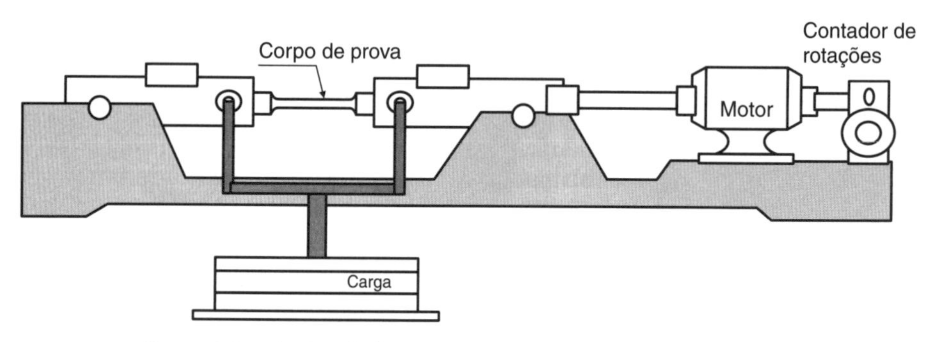

Figura 8.9 Máquina de flexão rotativa utilizada no ensaio de fadiga.

Os procedimentos mais comuns para a realização dos ensaios são:

- *método padrão:* para o caso de levantamento da curva $\sigma \times$ N estimada com poucos corpos de prova, normalmente emprega-se o método padrão, no qual se ensaiam um ou dois corpos de prova para determinada tensão abaixo de uma tensão mínima. Se para o primeiro corpo de prova se atingir a vida útil preestabelecida, o próximo é ensaiado com uma tensão mais alta e assim por diante. Os valores obtidos são plotados em um gráfico $\sigma \times$ N padrão e ajustados por uma curva média mais conservativa.
- *método da tensão constante:* nesse método, as tensões são selecionadas em valores espaçados, e vários corpos de prova são ensaiados para cada tensão, obtendo-se uma nuvem de pontos para cada condição. Com esses valores é traçada uma curva média que englobe todos os pontos. A Fig. 8.10 apresenta um esquemático da aplicação das metodologias.

Como procedimento inicial para o método da tensão constante, submete-se o corpo de prova a um ciclo de tensões com uma tensão máxima geralmente elevada (quase sempre a uma tensão da ordem de 2/3 do limite de resistência à tração ou 3/4 do limite de escoamento do material). Repete-se esse procedimento com outros corpos de prova, diminuindo-se gradativamente a tensão máxima aplicada até níveis em que não mais ocorra a fratura para ciclos

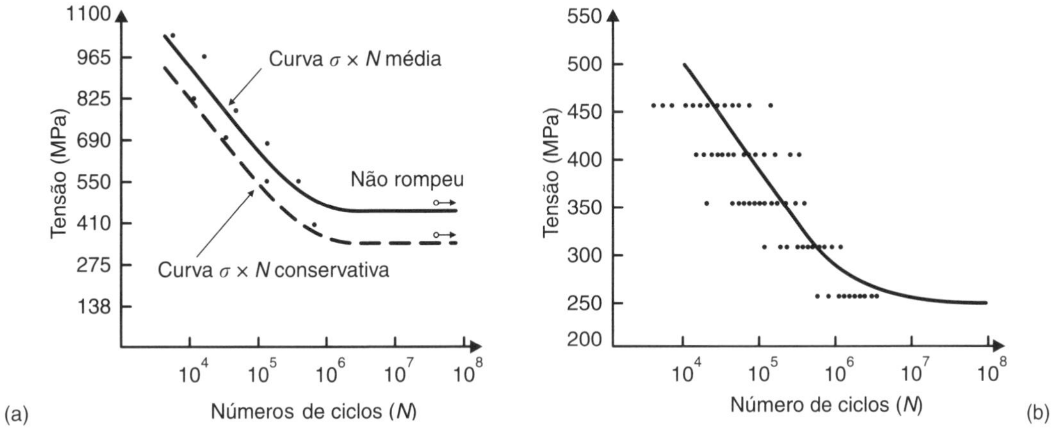

Figura 8.10 Métodos para levantamento da curva $\sigma \times$ N: (a) padrão; e (b) tensão constante.

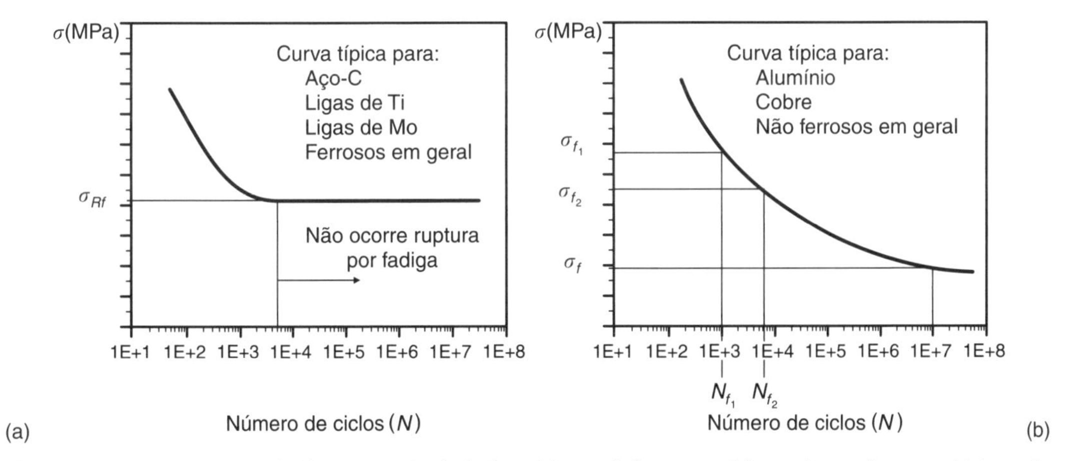

Figura 8.11 Curvas típicas obtidas no ensaio de fadiga: (a) metais ferrosos e (b) metais não ferrosos. (Adaptado de Reed-Hill, 1973.)

acima do máximo especificado. Duas condutas distintas são observadas nas curvas σ-N de diferentes materiais, conforme apresenta a Fig. 8.11.

Em geral, a curva σ-N de materiais ferrosos e ligas de titânio apresenta um limite de tensão tal que, para valores abaixo desse limite, o corpo de prova nunca sofrerá ruptura por fadiga. Esse limite de tensão é conhecido como **limite de resistência à fadiga** (σ_{Rf}), e a curva σ-N, nesse ponto, toma a forma de um patamar horizontal, conforme mostra a Fig. 8.11a. Para os aços, o limite de resistência à fadiga está compreendido na faixa de 35% a 65% do limite de resistência à tração. Na prática, admite-se como boa aproximação que a razão de fadiga (R_f), ou seja, a razão entre o limite de resistência à fadiga e o limite de resistência à tração, vale aproximadamente 0,5.

A maioria das ligas não ferrosas (alumínio, cobre, magnésio etc.) não apresenta limite de resistência à fadiga, já que a tensão decresce continuamente com o número de ciclos de aplicação de carga, conforme visto na Fig. 8.11(b). Para esses materiais, a fadiga é caracterizada pela **resistência à fadiga** (σ_f), que é a tensão na qual ocorre ruptura para um número arbitrário de ciclos de aplicação de carga. Na prática, esse número se situa entre 10^7 e 10^8 ciclos.

Outro parâmetro importante na caracterização do comportamento diante da fadiga de um material é a **vida em fadiga** (N_f), que consiste no número de ciclos que causará a ruptura para um determinado nível de tensão.

A Fig. 8.12 apresenta resultados de ensaios de fadiga para alguns materiais em condições de flexão rotativa, a citar: aço baixo carbono normalizado, aço médio carbono temperado e revenido, aço microligado, ferro fundido cinzento e uma liga de alumínio-cobre tratada termicamente por solubilização e envelhecimento (endurecimento por precipitação).

Em função do número de ciclos necessários para que a fratura ocorra, o ensaio pode ser dividido em **fadiga de baixo ciclo** (para o caso de ruptura abaixo de 10^4 ciclos) e **fadiga de alto ciclo** (para os casos acima desse limite).

Normalmente, a fadiga de alto ciclo (baixos níveis de tensão) está relacionada às propriedades elásticas do material (resistência mecânica), já que as deformações empregadas durante a realização do ensaio são predominantemente elásticas, enquanto a fadiga de baixo ciclo (altos níveis de tensão) é caracterizada pela presença de deformação plástica cíclica acentuada, possibilitando determinações do comportamento dúctil do material.

Analisando a curva para o caso dos materiais ferrosos, observa-se uma tendência da curva $\sigma \times N$ de aumento da vida útil do material com a diminuição da tensão cíclica aplicada, e abaixo de determinado valor não ser mais afetada. Essa tendência pode ser descrita pela

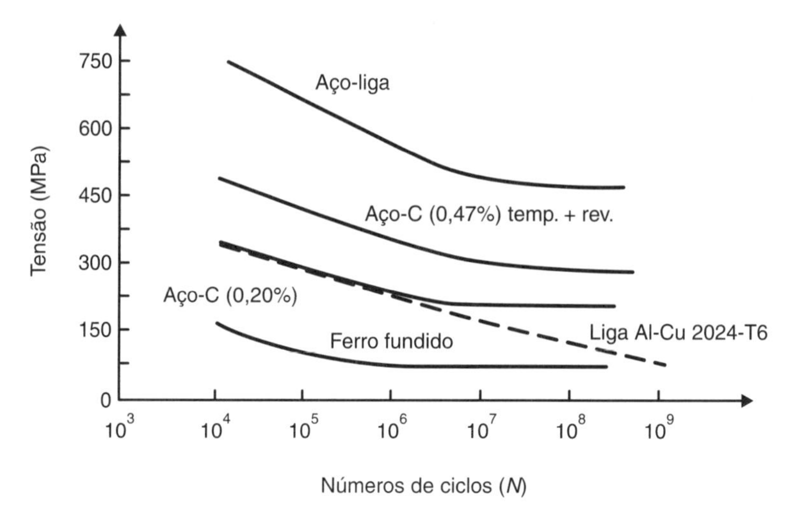

Figura 8.12 Resultados obtidos pelo ensaio de fadiga para diferentes materiais. (Adaptado de Callister, 1994.)

equação de Basquin, que propôs em 1910 uma relação exponencial para testes de fadiga (ASM, v.9):

$$N = c \cdot \sigma^n \tag{8.5}$$

em que N é a vida útil do elemento (número de ciclos); c, a constante que depende do material; σ, a tensão cíclica aplicada ao corpo de prova; e n, o expoente também dependente do material. No entanto, essa abordagem é simplista, já que não considera fatores como o tempo necessário para a nucleação da trinca, bem como outras variáveis como condições da superfície, tamanho, carregamento, temperatura e concentradores de tensão. Para introduzir tais efeitos, são utilizados fatores para modificar e adaptar às condições reais da peça em estudo. Assim, multiplicando o limite de resistência à fadiga (σ) obtido em ensaio pelos fatores dessas variáveis tem-se o limite de resistência à fadiga estimado de peça σ' para condições diferentes das ensaiadas.

$$\sigma' = (Ka \cdot Kb \cdot Kc \cdot Kd \cdot Ke \cdot Kf) \cdot \sigma \tag{8.6}$$

Cada fator K tem uma função de modificação definida por um valor numérico recomendado na literatura, e são descritos como:

- *fator da superfície (Ka):* falhas por fadiga geralmente iniciam-se na superfície do componente, sendo as condições superficiais determinantes na vida em fadiga de um componente. Assim, esse fator leva em consideração o acabamento da superfície, conforme exemplo na Fig. 8.13.
- *fator de tamanho (Kb):* para materiais cilíndricos, refere-se ao diâmetro do corpo de prova, e, no caso de peça com outra geometria, deve-se utilizar o conceito do diâmetro efetivo. Por exemplo, para cilindros: $d \leq 8$ mm: 1,0; $8 \leq d \leq 250$ mm: $1{,}189 \cdot d^{-0{,}097}$; $d \geq 250$ mm: 0,6.

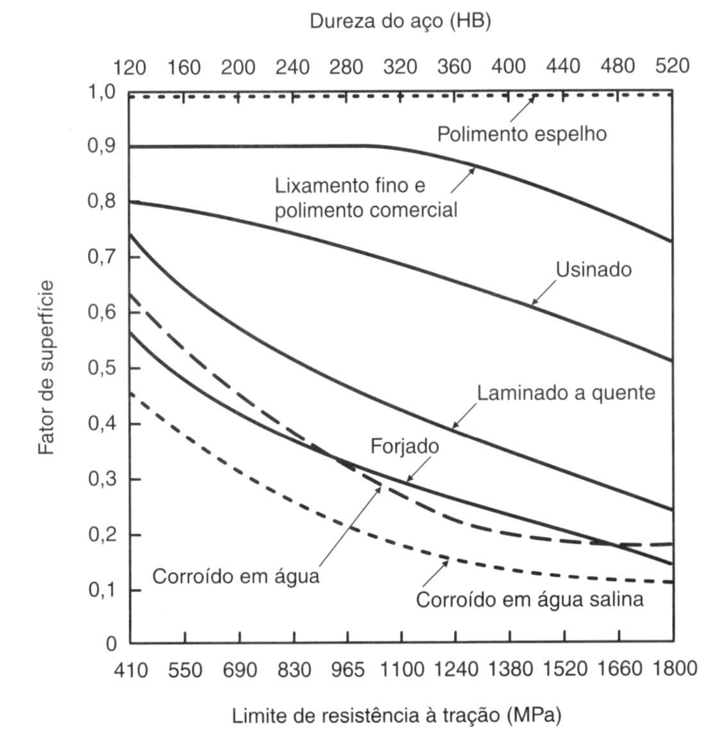

Figura 8.13 Fator de correção para o efeito da condição superficial em aços. (Adaptado de ASM, v. 9.)

- *fator de carga (Kc)*: considera o tipo de esforço aplicado. Por exemplo, para flexão: 1,0; para esforço normal: 0,7; e para esforço cisalhante: 0,59.
- *fator de temperatura (Kd)*: quando uma peça é projetada para trabalhar com temperatura superior à do ambiente, é necessária uma correção na resistência à fadiga do material. Por exemplo, para $T \leq 450$ °C: 1,0; para $T \geq 450$ °C: $1 - 0{,}0058 \cdot (T - 450)$.
- *fator de confiabilidade (Ke)*: expressa a confiança esperada no limite de resistência à fadiga da peça, e pode ser estimado por meio de valores tabelados em função do intervalo de confiança adotado para os resultados, considerando uma distribuição normal dos mesmos. Por exemplo, para uma confiabilidade de 50%: 1,0; 90%: 0,897; 99%: 0,814; 99,9%: 0,753; 99,99%: 0,702 (quanto maior a garantia desejada de que o componente não irá falhar, menor será o coeficiente adotado).
- *fator de concentração de tensão, ambiente, atrito etc. (Kf)*: concentradores de tensão em peça que possui em sua geometria desvios, como ângulos retos, cantos vivos, tratamentos térmicos, entalhes, condições ambientais, degradação etc.

DETERMINAÇÃO NUMÉRICA DOS RESULTADOS DO ENSAIO DE FADIGA

Probabilidade à Fratura

Os resultados observados no ensaio de fadiga apresentam uma considerável dispersão para os diferentes corpos de prova de mesmo material ou extraídos da mesma amostra. Esse fato é bastante claro, uma vez que o fenômeno da ruptura à fadiga é fortemente influenciado pelas características intrínsecas do corpo de prova, como acabamento superficial, existência de defeitos internos, pontos de corrosão e variáveis metalúrgicas, que caracterizam certo grau de heterogeneidade das amostras. Assim, é extremamente difícil extrair valores únicos do comportamento à fadiga de um determinado material para especificações de projetos. É necessário utilizar técnicas estatísticas para uma determinação mais precisa da vida em fadiga ou da resistência à fadiga dos componentes mecânicos.

Uma maneira adequada de apresentar os resultados dos ensaios consiste em adotar uma série de curvas de probabilidade constante, conforme mostra a Fig. 8.14. Observa-se nessa

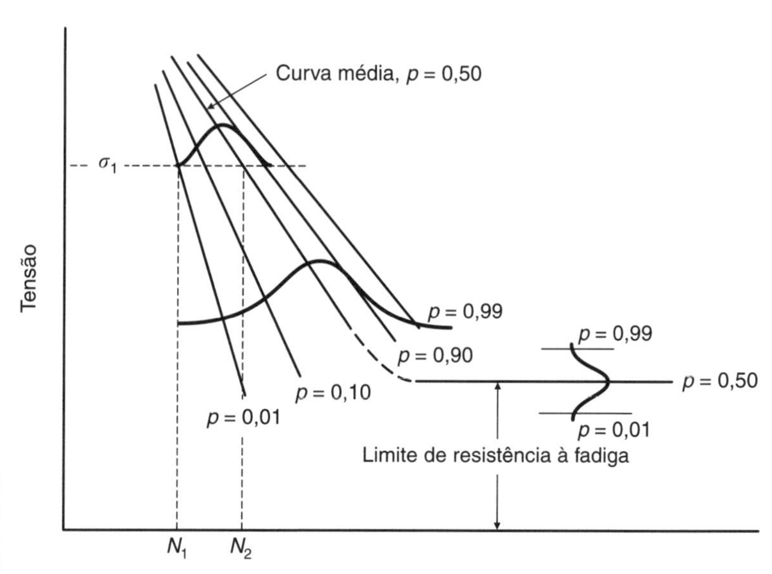

Figura 8.14 Apresentação dos resultados do ensaio de fadiga por meio de curvas de probabilidade constante. (Adaptado de Young, 1985.)

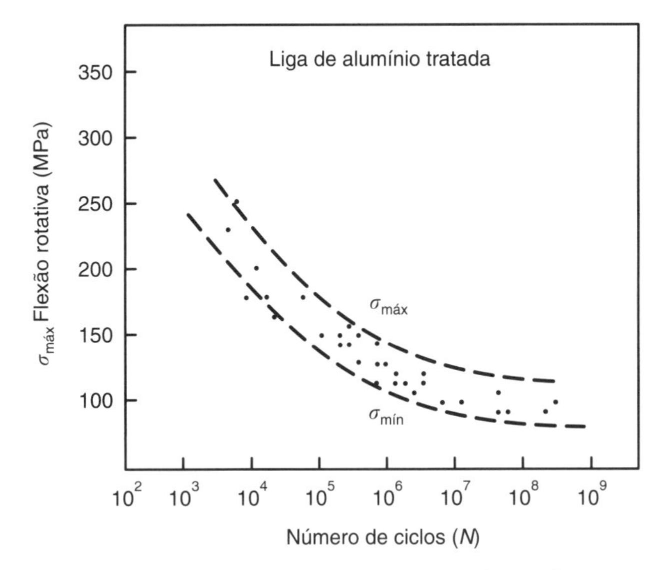

Figura 8.15 Esboço da apresentação dos resultados. (Segundo ASTM E468.)

figura que, para uma tensão cíclica de valor σ_1, 1% dos corpos de prova ensaiados sofrerão fratura para N_1 ciclos de aplicação da tensão, e 50% dos corpos, para N_2 ciclos. Entretanto, o levantamento desse tipo de curva exige um considerável número de corpos de prova (20 a 30 para cada nível de tensão), o que torna muito difícil a aplicação desse método de ensaio.

Tensões Limites

A norma ASTM E468 estabelece um método para a apresentação dos resultados do ensaio na forma gráfica e a construção da curva $\sigma \times N$ utilizando análises de regressão ou técnicas matemáticas similares, devendo o resultado ser apresentado na forma de duas linhas: uma para a varredura de $\sigma_{máx}$ e outra para $\sigma_{mín}$, além de todos os pontos obtidos no ensaio. A Fig. 8.15 mostra um esboço da apresentação dos resultados, segundo a norma ASTM E468.

Método Escada

O método escada, ao contrário dos anteriores, não necessita de um número muito elevado de corpos de prova (cerca de 25 são suficientes). Consiste, basicamente, em *perseguir* por tentativas o valor do número de ciclos em que mais provavelmente vai ocorrer a fratura, obedecendo às seguintes etapas:

1. Ensaia-se o corpo de prova a um valor de tensão próximo ao valor estimado da resistência à fadiga.
2. Se o corpo de prova romper para $N < 10^7$ ciclos, diminui-se a tensão aplicada de um valor fixo $\Delta\sigma$, que será o degrau da escada.
3. Continua-se com o processo, sempre diminuindo a tensão do valor fixo preestabelecido em (2) até que o corpo de prova não rompa mais para $N = 10^7$ ciclos.
4. Após esse ponto, eleva-se novamente a tensão de $\Delta\sigma$, até se atingir uma tensão que rompa o corpo de prova. Reverte-se novamente o procedimento, até que todos os corpos de prova tenham sido ensaiados.

A Fig. 8.16 mostra um exemplo hipotético de aplicação do método escada.

(a)

Tensão (MPa)	Corpos com ruptura, i	Corpos sem ruptura, n_i	$i \cdot n_i$	$i^2 \cdot n_i$
340	2	0	0	0
330	3	1	3	9
320	4	2	8	32
310	1	4	4	4
300	0	1	0	0
Total	--	$N = 8$	$A = 15$	$B = 45$

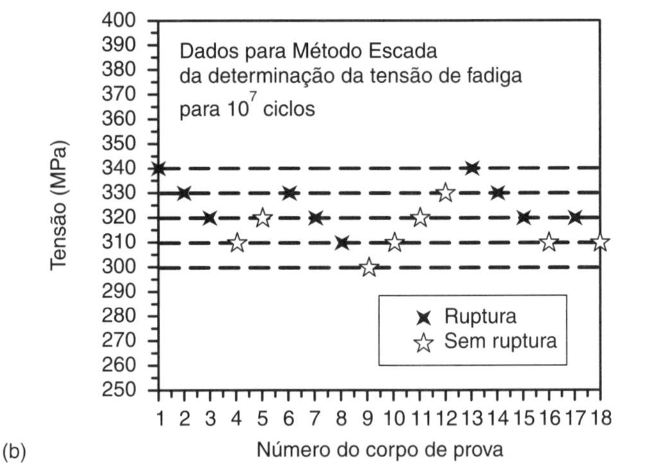

(b)

Figura 8.16 Aplicação do método escada para ensaio de fadiga: (a) resultados obtidos e (b) gráfico de resultados.

As expressões seguintes permitem o cálculo da resistência média à fadiga (σ_{Fm}) e do desvio padrão (δ):

$$\sigma_{Fm} = \sigma_{F_{\text{mín}}} + \Delta\sigma \cdot \left(\frac{A}{N} + \frac{1}{2} \right) \tag{8.7}$$

$$\delta = 1{,}62 \cdot \Delta\sigma \cdot \left(\frac{N \cdot B - A^2}{N^2} + 0{,}029 \right) \tag{8.8}$$

em que

i = número de corpos de prova que romperam para uma dada tensão;
n_i = número de corpos de prova que não romperam para uma dada tensão;
$\sigma_{F_{\text{mín}}}$ = mínima tensão atingida no ensaio, em que nenhum corpo de prova rompeu;
$\Delta\sigma$ = degrau da escada;
$N = \Sigma\, n_i$;
$A = \Sigma\, (i \cdot n_i)$;
$B = \Sigma\, (i^2 \cdot n_i)$.

Desse modo, obtém-se: $$\sigma_{Fm} = 300 + 10{,}0 \cdot \left(\frac{15}{8} + \frac{1}{2} \right) = 323{,}8 \text{ MPa} \tag{8.9}$$

e $$\delta = 1{,}62 \cdot 10{,}0 \cdot \left(\frac{8 \cdot 45 - 15^2}{8^2} + 0{,}029 \right) = 34{,}6 \text{ MPa} \tag{8.10}$$

Logo, $\sigma_F = (323{,}8 \pm 34{,}6)$ MPa.

A FRATURA DE FADIGA

Conforme visto, os materiais, em particular os metálicos, falham ou sofrem ruptura quando expostos a cargas cíclicas. A ruptura definitiva do componente em serviço ocorre em três etapas distintas:

1. Nucleação da trinca.
2. Propagação cíclica da trinca — Fenômeno lento.
3. Falha catastrófica — Fenômeno rápido.

Nucleação da Trinca

As trincas têm início em regiões de alta concentração de tensão ou em regiões de baixa resistência local. Defeitos de superfície, como ranhuras, pequenas trincas de usinagem, mau acabamento superficial ou pontos que sofreram deformação localizada, e, principalmente, formas que compõem cantos em ângulos retos ou entalhes devidos a projetos não qualificados correspondem aos principais fatores para a nucleação de trincas na manufatura dos componentes. Inclusões, contornos de grão, porosidade acentuada, defeitos de solidificação, como segregação, concentração acentuada de defeitos na estrutura cristalina devido a processos de conformação, e pontos de corrosão também representam elementos potenciais para a nucleação de trincas de fadiga. A Fig. 8.17 apresenta um esquema de alguns modos de nucleação de uma

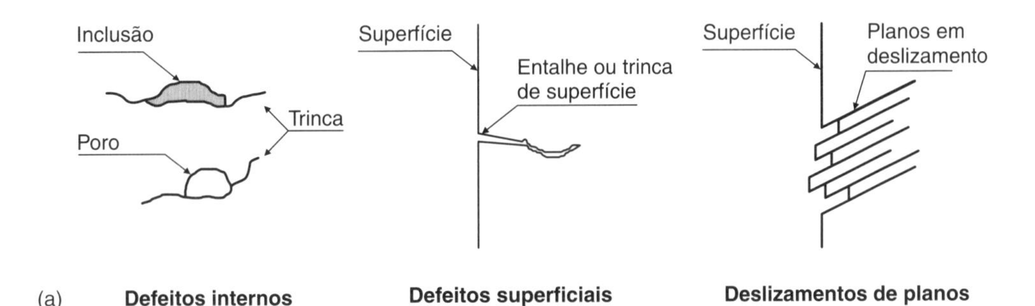

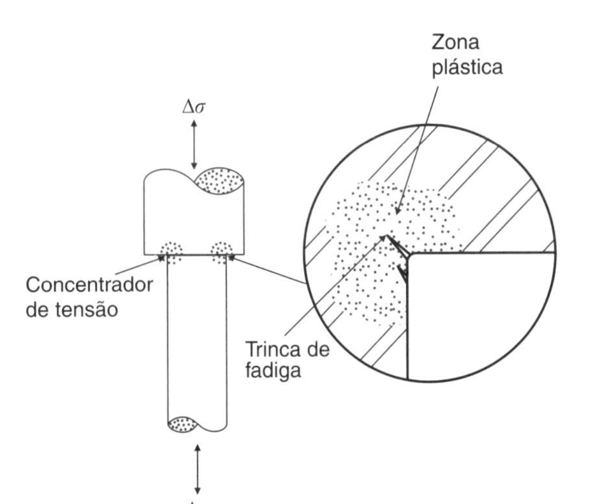

Figura 8.17 (a) Elementos de nucleação de trincas em componentes sujeitos a esforços cíclicos e (b) concentradores de tensão.

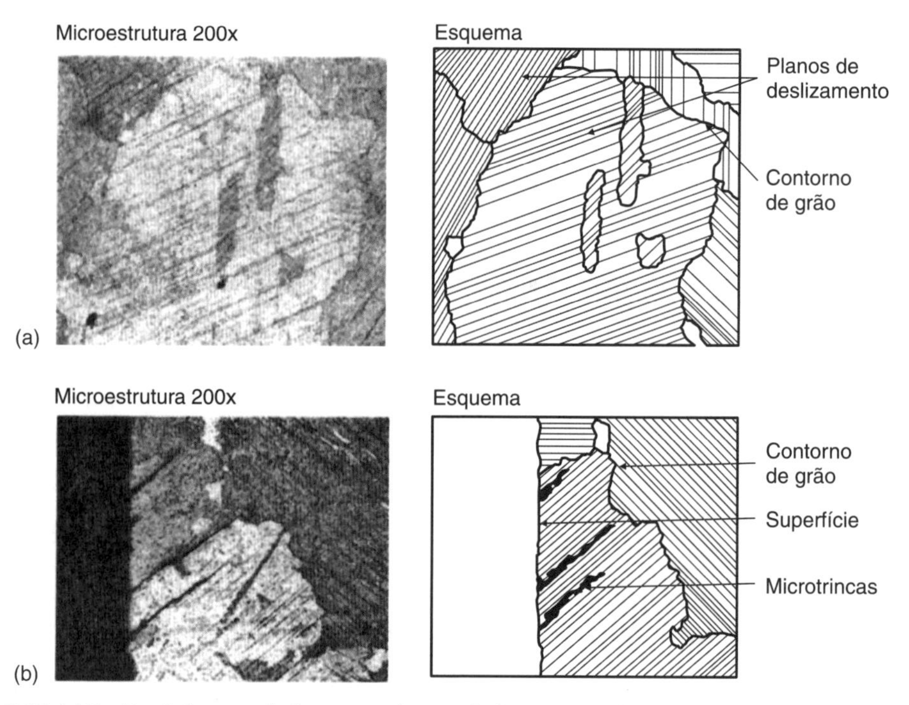

Figura 8.18 (a) Região de intenso deslizamento durante fadiga em uma liga de níquel e (b) formação de trincas na superfície devidas às bandas de deslizamento. (Adaptado de Flinn, 1990.)

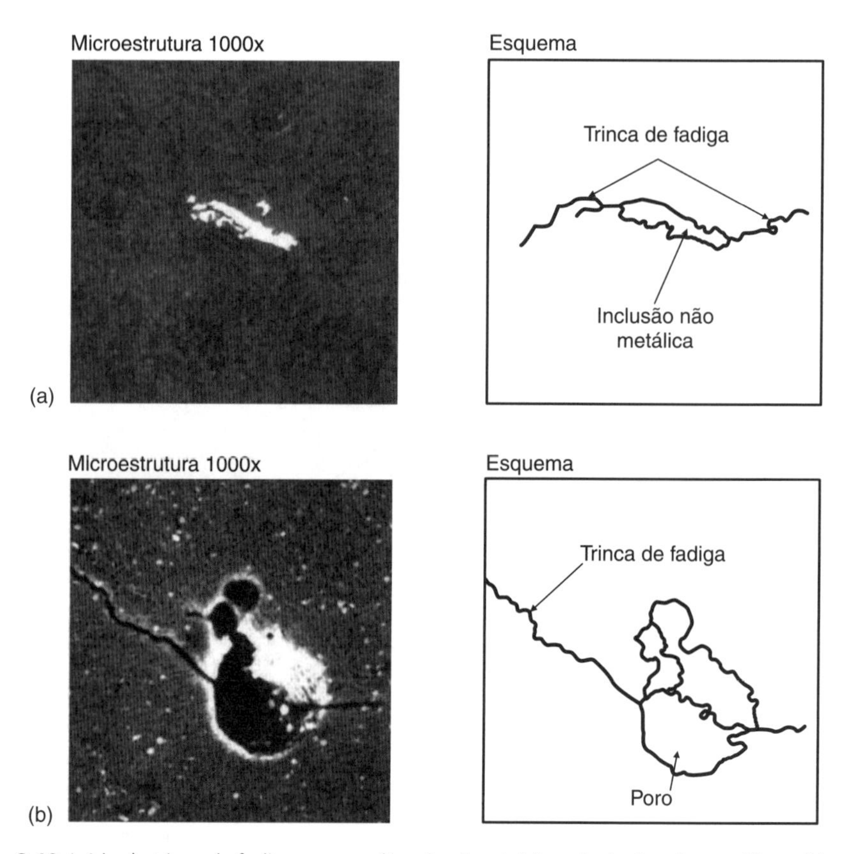

Figura 8.19 Início de trinca de fadiga em uma liga de níquel: (a) em inclusão não metálica e (b) em um poro. (Adaptado de Flinn, 1990.)

trinca em um componente sujeito a esforços cíclicos. Para regiões livres de defeitos, as trincas podem ser nucleadas por concentração localizada de tensão provocadas por deformações locais em bandas de deslizamento particulares, conforme mostra a Fig. 8.18. Por outro lado, a presença de defeitos internos (como inclusões ou porosidade) deve reduzir o tempo necessário para a nucleação de trincas, uma vez que esses defeitos já apresentam a conduta de concentrar localmente a tensão aplicada. A Fig. 8.19 mostra o início de trincas de fadiga decorrentes dos defeitos de porosidade e inclusão não metálica.

Propagação Cíclica da Trinca

Devido à concentração local de tensão causada pelas imperfeições internas do componente, ocorre uma deformação plástica cíclica causada pela ação de uma tensão cíclica, mesmo com tensão nominal abaixo do limite elástico. Como consequência direta desse fenômeno, deve ocorrer uma deformação localizada, favorecendo o crescimento de uma pequena trinca. Nesses casos, é interessante conhecer o índice de encruamento do material de ensaio [índice de encruamento (n)] (ver Ensaio de Tração), pois quanto menor o valor numérico desse índice, menor o poder de equalização das deformações localizadas e, assim, maior a suscetibilidade à nucleação e ao crescimento de trincas. Um esboço das etapas do processo de crescimento de uma

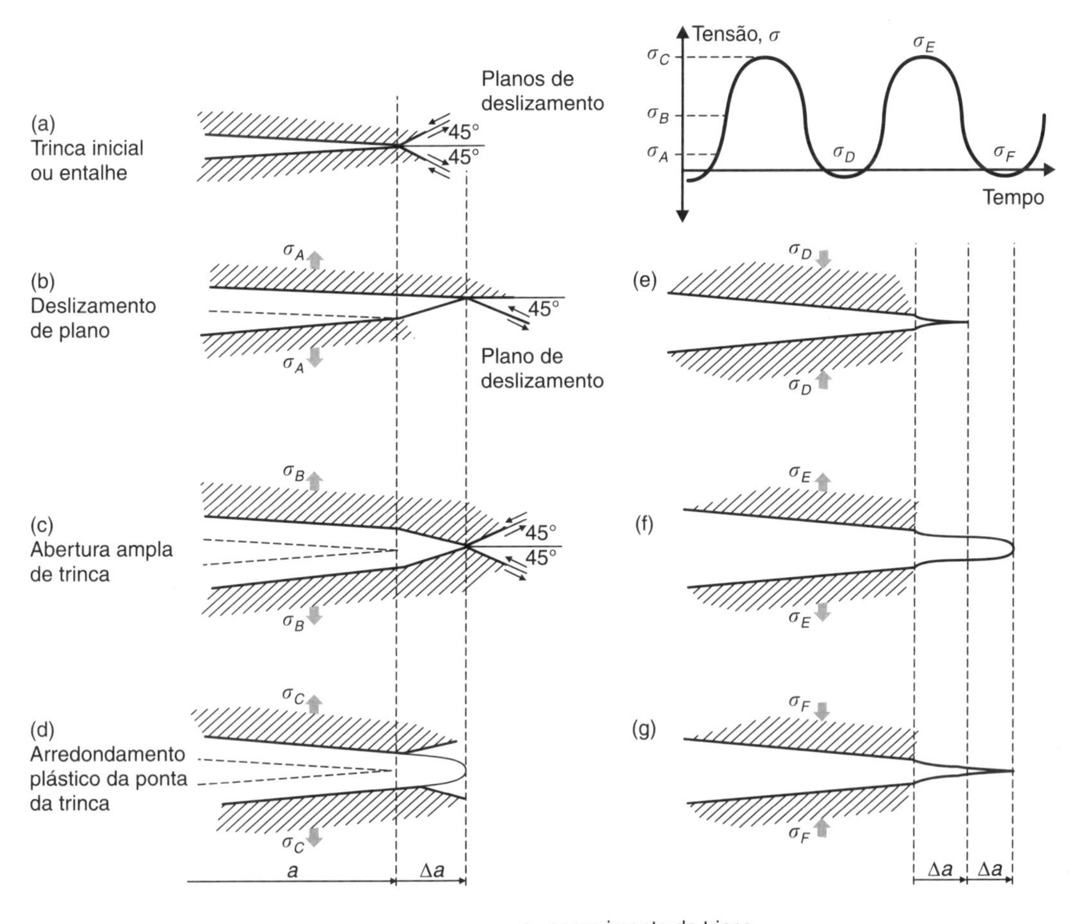

Figura 8.20 Processo de avanço de trinca por fadiga.

trinca em fadiga é visto na Fig. 8.20. Observa-se, nessa figura, que a concentração de tensão (tração) na ponta da trinca favorece o deslizamento de planos em 45° com o plano da trinca [Figs. 8.20(a), (b) e (c)]. Em resposta à deformação plástica localizada, a ponta da trinca torna-se curva com a aplicação de tensões de tração [Fig. 8.20(d)]. Na recuperação da tensão (ou tensão de compressão – σ_D), a ponta é comprimida, formando novamente uma ponta aguda. Desse modo, o processo volta a se repetir em cada ciclo de tensão, com um avanço relativo do comprimento da trinca de Δa, a cada novo ciclo.

Conforme observado, a trinca em fadiga avança de maneira cíclica, e a cada novo ciclo de tensão, ou etapa de abertura e fechamento, esse avanço deixa na superfície de fratura marcas características que podem ser observadas ao microscópio eletrônico. A Fig. 8.21 mostra um esboço da formação das estrias no avanço de uma trinca de fadiga. As Figs. 8.22(a) e 8.22(b) apresentam microestruturas características da formação de estrias. No caso de estrias regulares, deve-se observar que o material apresenta muitos sistemas de deslizamento e fácil escorregamento para manter a continuidade da propagação através dos grãos adjacentes.

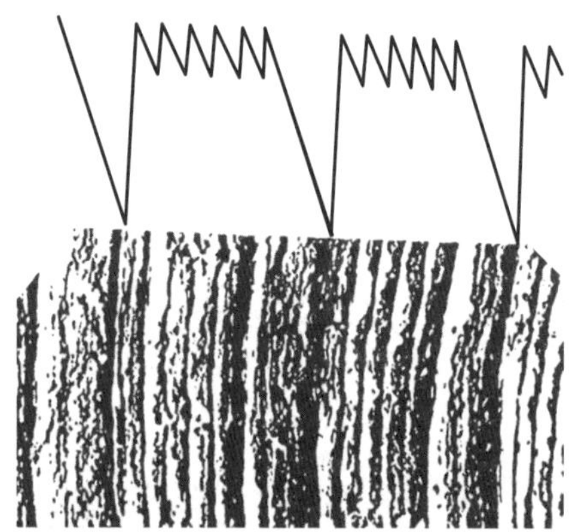

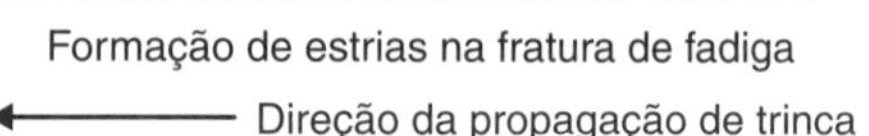

Figura 8.21 Esboço da formação de estrias na propagação de trinca em fadiga.

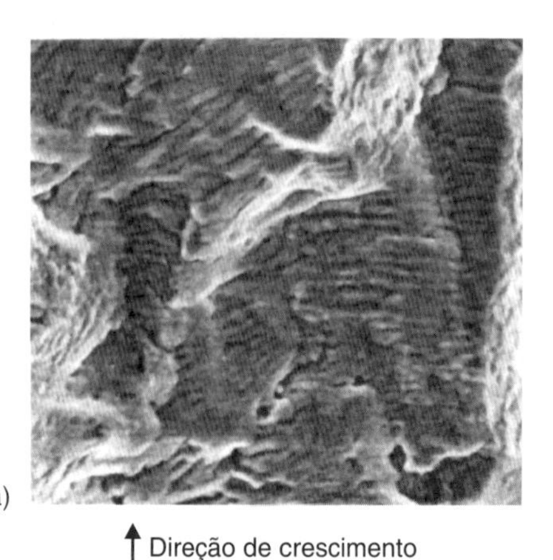

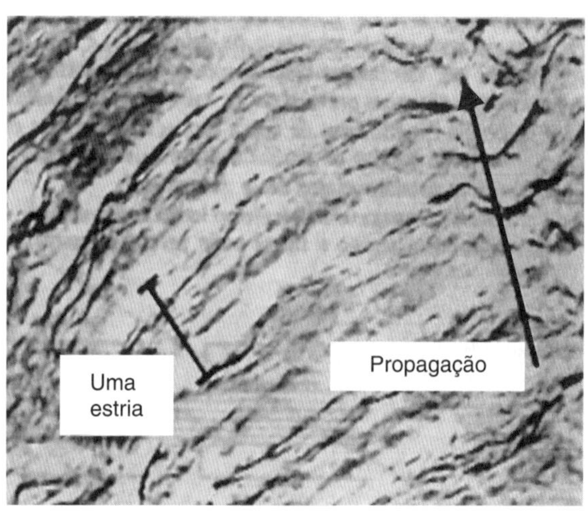

Figura 8.22 Microestruturas mostrando a formação de estrias: (a) liga de aço Ni-Cr, 12003 (adaptado de Flinn, 1990) e (b) cobre trabalhado a frio, 5000× (adaptado de Dieter, 1988).

Falha Catastrófica

Durante o período de serviço, o componente encontra-se sujeito a mudanças abruptas de carga de fadiga. Essas mudanças registram-se na macroestrutura da superfície de fratura através de marcas que recebem o nome de **marcas de praia (*beach lines*)**. Essas marcas apresentam-se curvadas em relação à origem da falha, permitindo, dessa forma, investigações que conduzem à compreensão do início do processo de fratura. Em geral, nas marcas de praia as bandas mais claras representam uma propagação essencialmente plana, e as bandas mais escuras correspondem a uma propagação mais tortuosa, levando as marcas a uma condição mais rugosa. Assim, vale afirmar que as bandas mais claras representam níveis de tensões mais baixos, e as bandas mais escuras, níveis de tensões mais elevados. Deve-se observar que as estrias se encontram dentro das marcas de praia, que podem ser dezenas ou centenas. A Fig. 8.23 apresenta um esquema de algumas superfícies que fraturaram em fadiga.

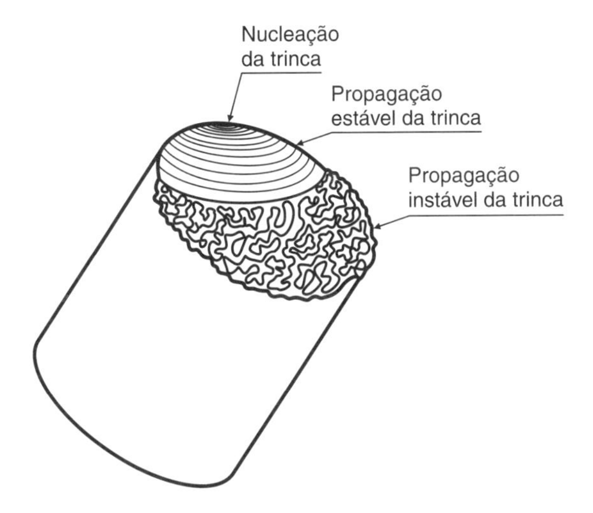

(a) Esquema das etapas do processo de fratura por fadiga

(b) Superfície de fratura por fadiga de um eixo de locomotiva (adaptado de Colpaert, 1969)

(c) Barra de aço, tamanho natural, mostrando as fases da fratura de fadiga (adaptado de Ashby, 1988)

Figura 8.23 (a) Esquema da fratura por fadiga; (b, c) macroestruturas do aspecto da fratura de fadiga.

Entre os principais micromecanismos associados à fratura por fadiga, a literatura relata quatro, apresentados a seguir:

- *ruptura com alvéolos ou* dimples *(coalescência de microvazios):* fratura dúctil; fratura com sobrecarga;
- *formação de estriais dúcteis:* crescimento subcrítico;
- *clivagem ou quase clivagem:* fratura frágil; fratura prematura ou sobrecarga; quase clivagem por fragilização por hidrogênio;
- *fratura intergranular:* fragilização do contorno de grão (por segregação ou precipitação); crescimento subcrítico (tensão-corrosão ou fragilização por hidrogênio).

FATORES DE INFLUÊNCIA NA RESISTÊNCIA À FADIGA

Tensão Média

A maioria dos resultados de fadiga encontrados na literatura foi determinada para condições de ciclo alternado de tensões, em que a tensão média é igual a zero. Entretanto, em condições práticas, é muito frequente ocorrerem situações em que, embora haja um ciclo reverso de aplicação de tensões, a tensão média não é nula. A influência de σ_M sobre a resistência à fadiga é mostrada qualitativamente na Fig. 8.24.

Na Fig. 8.24(a), $\sigma_{máx}$ é apresentada em função do número de ciclos, N, para vários valores de R ($R = \sigma_{mín}/\sigma_{máx}$). Nota-se que, à medida que R se torna maior e positivo, o limite de resistência à fadiga aumenta. A Fig. 8.24(b) mostra resultados apresentados em termos da amplitude de oscilação (σ_a), em função de N, para diferentes valores de tensão média. Observa-se que, à medida que a tensão média aumenta, a amplitude livre de oscilação decresce. Uma forma de apresentação da faixa de variação de tensões (σ_r), em função da tensão média, é dada pelo **diagrama de Goodman**, que pode ser construído para cada material em função de dados levantados por ensaios de fadiga, conforme mostra a Fig. 8.25.

Observa-se, nesse diagrama, que, à medida que a tensão média aumenta, a amplitude de oscilação diminui, até se anular no limite de resistência à tração (σ_u). O diagrama representa o campo permitido de aplicação de carga em um determinado material ou componente, e é útil na especificação de materiais e projetos. Como em termos práticos não se pretende atingir a zona plástica, é usual limitar-se o diagrama pela tensão de escoamento (σ_e) (ver Fig. 8.25).

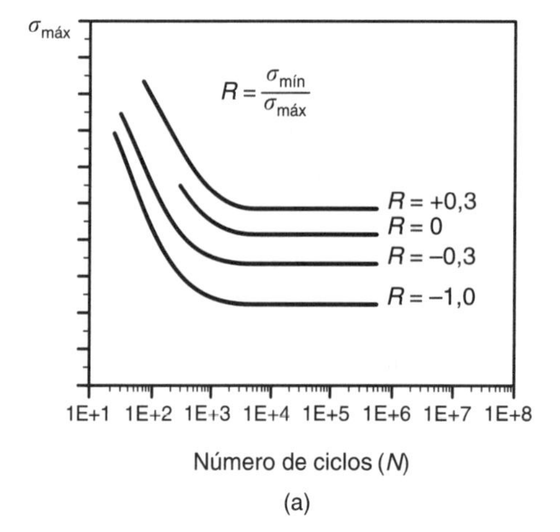

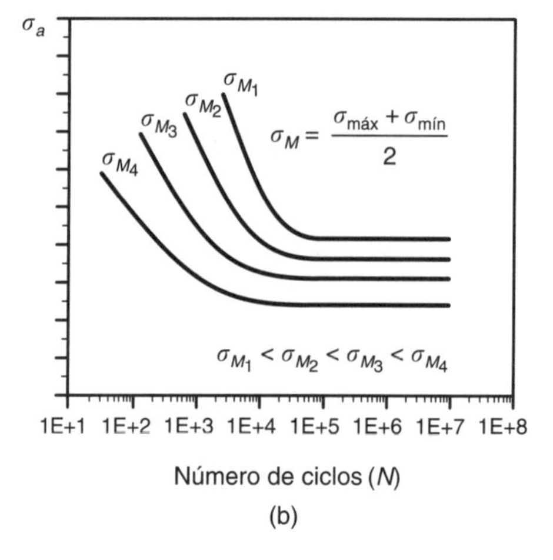

Figura 8.24 Influência (a) da razão de tensão e (b) da tensão média para o ensaio de fadiga.

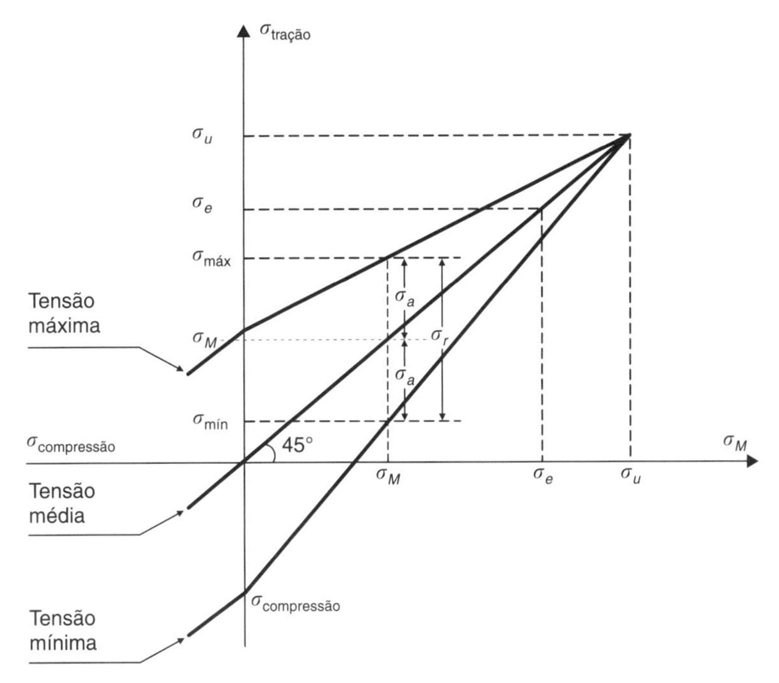

Figura 8.25 Diagrama de Goodman.

Efeitos Superficiais

Para as situações mais comuns de aplicação de esforços, as tensões máximas a que os componentes estarão submetidos ocorrem em sua superfície. Como consequência, a maioria das trincas que conduzem à ruptura por fadiga tem início na superfície. Assim, é importante que os fatores que influenciam positivamente a resistência à fadiga sejam levados em consideração em regiões próximas à superfície dos componentes. De modo geral, é possível dividir os fatores que afetam a superfície de um corpo de prova em três categorias:

1. Rugosidade da superfície.
2. Variações na resistência à fadiga na superfície (tratamentos superficiais).
3. Variações na tensão residual da superfície.

Durante operações de usinagem, pequenas marcas e ondulações podem ser introduzidas na superfície da peça pela ferramenta de corte. Essas irregularidades diminuem a resistência à fadiga. Pode-se melhorar significativamente essa resistência se for aplicado um polimento à superfície da peça, aprimorando seu acabamento.

Fatores de Projeto

O projeto de um componente tem influência significativa em suas características de fadiga. Qualquer marca ou descontinuidade geométrica pode agir como um concentrador de tensões e como um ponto potencial de início de uma trinca de fadiga. Isso inclui entalhes, furos transversais, rasgos de chaveta etc. Quanto mais aguda for a descontinuidade, mais severa será a concentração de tensões, e quanto menos dúctil for o material, mais crítica será a situação. Superfícies mal-acabadas funcionam como microentalhes. A Fig. 8.26 mostra três tipos de entalhe, apresentando-os em ordem quanto à severidade de concentração de tensões.

A Fig. 8.27 mostra um exemplo de modificação de projeto que melhora a resistência do componente à fadiga.

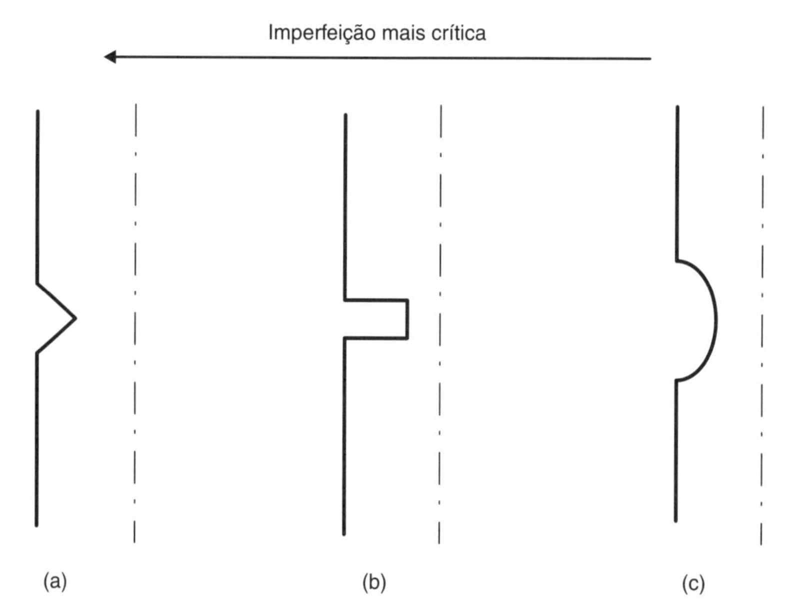

Figura 8.26 Representação esquemática de tipos de imperfeições superficiais estabelecidas em projeto: (a) entalhe em "V"; (b) chaveta; e (c) pescoço.

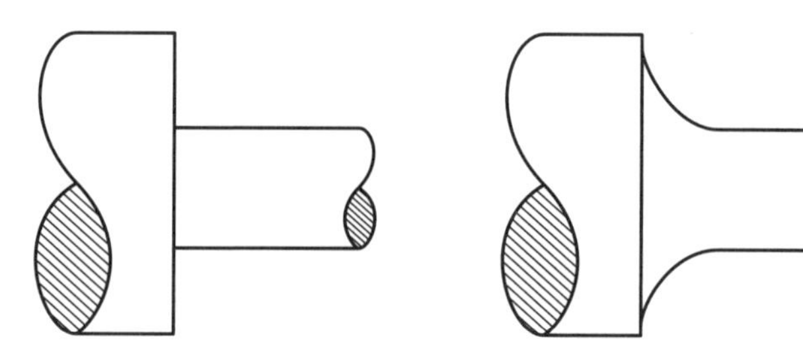

Figura 8.27 Melhora de projeto, eliminando pontos de concentração de tensões.

Tratamentos Superficiais

Um dos métodos mais eficientes para aumentar o desempenho de um componente à fadiga consiste na aplicação de tensões residuais de compressão que afetam uma certa camada superficial. Nessas condições, uma tensão de tração aplicada externamente será reduzida em magnitude pela tensão residual de compressão. Isso ocorre em componentes trabalhados a frio, naqueles que receberam algum tipo de tratamento térmico ou termoquímico ou naqueles que passaram por um processo de jateamento com granalha de aço ou material cerâmico.

O jateamento com granalha de diâmetros que podem variar de 0,1 a 1,0 mm induz tensões compressivas até uma profundidade de cerca de metade do diâmetro da partícula (esse processo é conhecido como ***shot peening***). Um aumento adicional de resistência à fadiga pode ser conseguido por um polimento que elimine ondulações superficiais causadas pelo processo. As modificações químicas superficiais de aços através dos processos de cementação ou nitretação, além de alterarem a dureza superficial, também induzem tensões residuais de compressão nas regiões superficiais do componente. A Fig. 8.28 mostra um exemplo da formação das tensões aplicadas e residuais em um componente mecânico submetido a esforços de flexão.

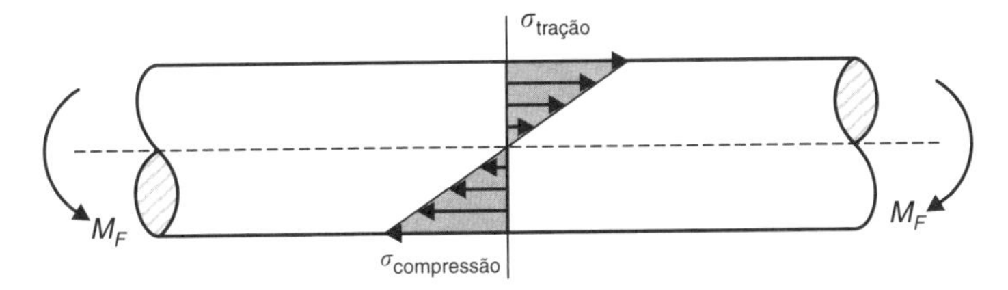

(a) Flexão de barra sem tensão residual

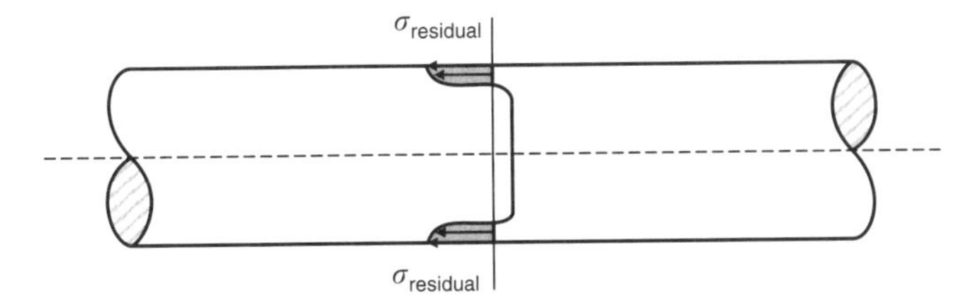

(b) Tensão residual na superfície após tratamento superficial

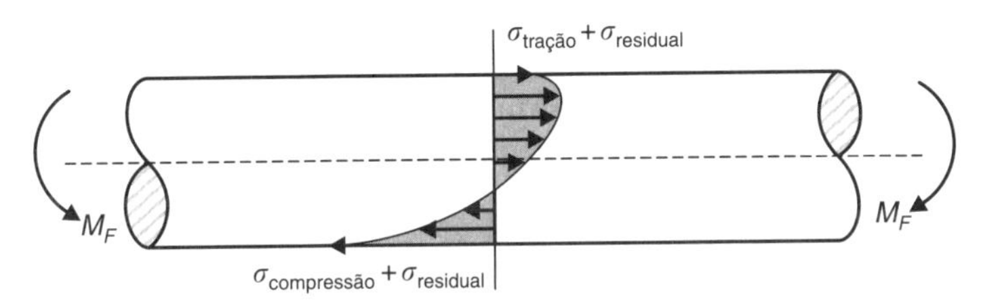

(c) Flexão de barra com tensão residual

Figura 8.28 Superposição das tensões aplicada e residual.

Fadiga Térmica

A **fadiga térmica** normalmente é induzida por temperaturas elevadas pela flutuação das tensões térmicas. Nesses casos, tensões mecânicas produzidas por agentes externos não precisam necessariamente estar atuando. Essas tensões térmicas são originadas pelas impossibilidades de expansão ou de contração que normalmente ocorrem em componentes estruturais em função de variações de temperatura.

A magnitude da tensão resultante de uma mudança de temperatura de T_0 a T é dada pela expressão que se segue:

$$\sigma = E \cdot \alpha \cdot (T_0 - T) = E \cdot \alpha \cdot \Delta T \tag{8.11}$$

em que

σ = tensão resultante da variação de temperatura (Pa);
E = módulo de elasticidade (Pa);
α = coeficiente linear de expansão térmica (K^{-1}).

No aquecimento $T > T_0$, a tensão é de compressão ($\sigma < 0$), uma vez que a expansão é bloqueada. Ao contrário, com $T < T_0$, tensões de tração serão impostas. Os aços inoxidáveis austeníticos são particularmente sensíveis à fadiga térmica devido à sua baixa condutividade térmica (k) e ao seu elevado coeficiente de expansão térmica.

A tendência à fadiga térmica está relacionada com um parâmetro dado por:

$$a = \frac{\sigma_F \cdot k}{E \cdot \alpha} \tag{8.12}$$

em que σ_F é a resistência à fadiga a uma temperatura média. Um alto valor desse parâmetro indica boa resistência à fadiga térmica.

Fadiga à Corrosão

A ruptura que ocorre pela ação simultânea de tensões mecânicas cíclicas e ataque químico é conhecida por **fadiga à corrosão**. Ambientes corrosivos produzem uma influência significativa na diminuição da resistência à fadiga. Até mesmo atmosferas normais podem afetar o comportamento de alguns materiais à fadiga. Pequenos pontos superficiais (**pits**) formam-se como produto de reações químicas entre o ambiente e o material, atuando como pontos de concentração de tensões e, portanto, locais de alto potencial de nucleação de trincas.

A natureza do ciclo de tensões também influencia o comportamento à fadiga. Por exemplo, a diminuição de frequência de aplicação de carga leva a um maior período de exposição da trinca ao meio ambiente quando se trata de casos de aplicação alternada de tração e compressão, comprometendo ainda mais a vida útil do componente.

Algumas medidas para reduzir a taxa de corrosão podem ser tomadas, por exemplo, a especificação de materiais mais resistentes à corrosão, a aplicação de camadas superficiais protetoras e a diminuição da intensidade corrosiva do meio ambiente.

INFORMAÇÕES ADICIONAIS SOBRE O ENSAIO DE FADIGA

O ensaio de fadiga pode ser realizado diretamente no componente, caso haja compatibilidade de dimensões com a máquina de ensaio, em produtos acabados como barras, chapas, tubos devidamente adaptados à máquina ou em corpos de prova usinados e com acabamento superficial perfeito, do tipo espelhado. Os corpos de prova podem também apresentar entalhes e, em todos os casos, devem seguir rigorosamente as normas técnicas existentes. Entre as normas internacionais para a realização do ensaio de fadiga nas mais diferentes condições de carregamento e deformação podem-se citar aquelas elaboradas pela ASTM (E1823, E1150, E466, E467, E468 ou suas variações E647, E739, E740 e E812).

Em relação aos cuidados que devem ser tomados considerando o ensaio e os corpos de prova utilizados, deve-se destacar a confecção dos corpos de prova, que deve ser tal que a ruptura ocorra na seção de teste (área reduzida, conforme mostra a Fig. 8.29). As concordâncias

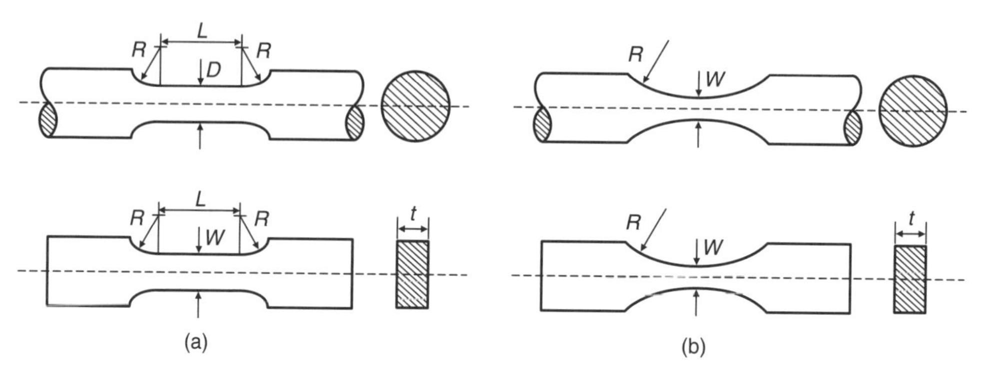

Figura 8.29 Corpos de prova utilizados para o ensaio de fadiga: (a) região paralela e raio de concordância; e (b) somente raio de concordância.

entre as várias seções devem ser perfeitas, e os cantos arredondados, a fim de minimizar os pontos de concentração de tensão. A área de teste deve ter um comprimento mínimo de três vezes o diâmetro do corpo de prova.

A Tabela 8.1 apresenta valores de algumas propriedades mecânicas em tração e resistência à fadiga de vários materiais metálicos em diversas condições de processamento.

Tabela 8.1 Dados de tração e fadiga de alguns materiais de engenharia (adaptado de Hertzberg, 1995)

Liga	Condição	σ_u (MPa)	σ_e (MPa)	σ_f (MPa)
Tipos de aços (10^7 ciclos)				
1015	Deformado a frio – 0%	455	275	240
1015	Deformado a frio – 60%	710	605	350
1040	Deformado a frio – 0%	670	405	345
1040	Deformado a frio – 50%	965	855	410
4340	Recozido	745	475	340
4340	Temperado e revenido (204 °C)	1950	1640	480
4340	Temperado e revenido (427 °C)	1530	1380	470
4340	Temperado e revenido (538 °C)	1260	1170	670
HY140	Temperado e revenido (538 °C)	1030	980	480
D6AC	Temperado e revenido (260 °C)	2000	1720	690
9Ni-4Co-0,25C	Temperado e revenido (315 °C)	1930	1760	620
300M	-	2000	1670	800
Ligas de alumínio (5×10^8 ciclos)				
1100-0		90	34	34
2014-T6		483	414	124
2024-T3		483	345	138
6061-T6		310	276	97
7075-T6		572	503	159
Ligas de titânio (10^7 ciclos)				
Ti-6Al-4V		1035	885	515
Ti-6Al-2Sn-4Zr-2Mo		895	825	485
Ti-5Al-2Sn-2Zr-4Mo-4Cr		1185	1130	675
Ligas de cobre (10^8 ciclos)				
70Cu-30Zn	Encruado	524	435	145
90Cu-10Zn	Encruado	420	370	160
Ligas de magnésio (10^8 ciclos)				
HK31A-T6		215	110	62-83
AZ91A		235	160	69-96

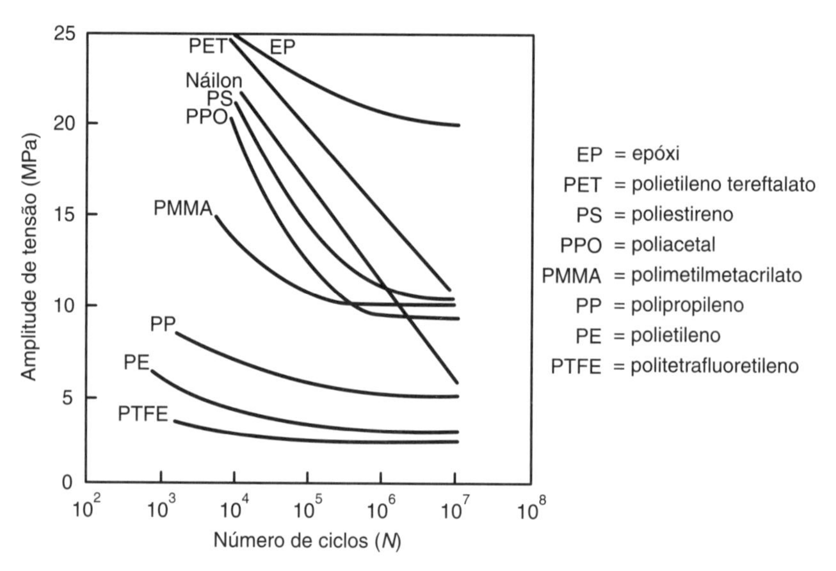

Figura 8.30 Curvas típicas de vida à fadiga para diferentes polímeros. (Adaptado de ASM, v. 9.)

No caso dos **materiais poliméricos**, como acontece com os metais, pode ocorrer fratura com níveis de tensão bem abaixo daqueles obtidos no ensaio de tração, e os resultados de ensaios de fadiga realizados nesses materiais são semelhantes aos dos metais. No entanto, os mecanismos de fratura ainda não são bem conhecidos, principalmente no que se refere à presença ou não do patamar do limite de resistência à fadiga, conforme pode ser visto na Fig. 8.30 para diferentes polímeros.

TEORIA DO DANO ACUMULADO

Uma das áreas de estudo de vida à fadiga de componentes mecânicos é a do dano acumulativo de fadiga para tensões com amplitudes variáveis e repetitivas. Admitindo-se que esse dano é acumulativo, ou seja, removendo os esforços de fadiga não há melhora dos efeitos das solicitações cíclicas, é possível estimar a vida de um componente mecânico por meio de várias técnicas abrangidas pela teoria do dano acumulativo. O dano que o material sofre sob a ação de uma dada amplitude da tensão cíclica é diretamente proporcional ao número de ciclos em que atuou aquela amplitude de tensão.

O estudo sobre acúmulo de dano por fadiga vem sendo desenvolvido desde 1924, quando Palmgren apresentou o conceito conhecido como "regra linear". Em 1945, Miner expressou o conceito de Palmgren matematicamente por meio da equação:

$$D=\sum\frac{n_i}{N_{i,f}}=\sum r_i \qquad (8.13)$$

em que D é o dano acumulado, n é o número de ciclos aplicados ao componente sob uma tensão σ e N_f é o número total de ciclos da curva $\sigma \times N$ sob a tensão σ. Assim, em um caso de carregamento com um nível só de tensão, a falha ocorrerá quando $n_i = N_i$.

Os processos propostos por Palmgren-Miner admitem que o dano referente a cada solicitação possa ser quantificado em termos da razão entre o número de ciclos aplicados (n_i) e o número de ciclos necessários para causar a falha por fadiga ($N_{i,f}$). O acúmulo de energia devido ao trabalho realizado pelo material conduz a uma soma linear da razão de ciclos ou dano (Fig. 8.31), considerando-se que a falha ocorre quando $\Sigma\, r_i \geq 1$, em que r_i é a relação de ciclos correspondente ao nível de carga "i", ou $r_i = (n/N_f)_i$.

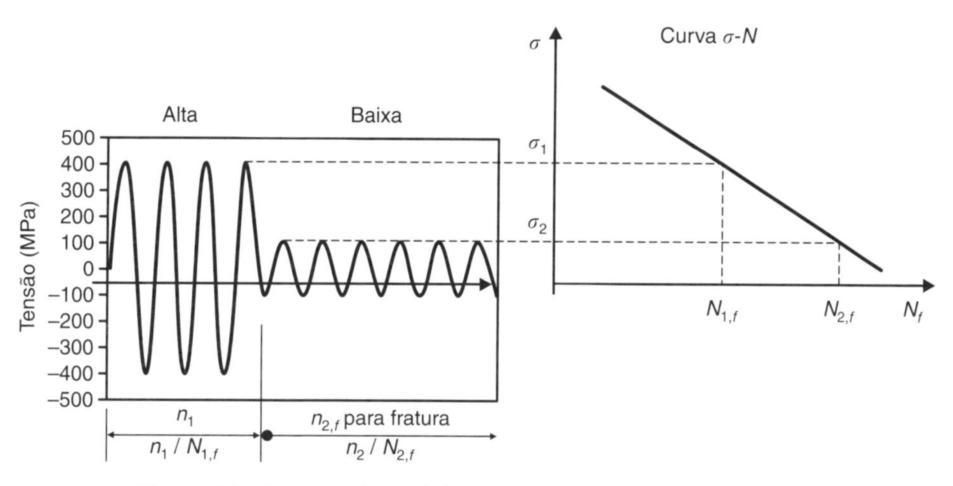

Figura 8.31 Esquema da teoria linear de dano cumulativo. (Lee, 2005.)

Entretanto, a teoria linear de acúmulo de danos é imprecisa para certos aspectos, já que, no momento da falha, muitas vezes os valores de dano acumulado são diferentes de 1. Essa discrepância ocorre pois a teoria do dano linear não leva em conta aspectos relevantes, como nível de carga, sequência de carregamento, interação das cargas, de modo que o fenômeno de aceleração ou atraso da velocidade de propagação da trinca seja desprezado. Mesmo com as imprecisões relatadas, a lei de Palmgren-Miner é amplamente utilizada na estimativa de vida à fadiga devido à sua alta confiabilidade e simplicidade matemática. Algumas propostas sugeriram uma abordagem não linear para descrever o mecanismo da fratura por fadiga considerando o dano acumulativo, mas suas resoluções se tornaram extremamente complexas.

Devido ao fato de a teoria de Palmgren-Miner apresentar certas imprecisões no valor de dano acumulado no momento da falha, e em vista da complexidade das relações não lineares, pesquisadores elaboraram novas teorias de estimativa de dano, baseadas em duas fases de análise: iniciação e propagação da trinca. O dano observado pode ser descrito pela equação:

$$D = D_{\mathrm{I}} + D_{\mathrm{II}} \tag{8.14}$$

A teoria de dano bilinear trabalha com a hipótese de que a falha por fadiga ocorre basicamente em duas fases: iniciação (D_{I}) e propagação da trinca (D_{II}). Por meio da Fig. 8.32 é possível observar o ponto de inflexão (ponto joelho) como sendo a interseção das retas relativas às fases I (iniciação da trinca) e II (propagação da trinca), o qual é função da razão $N_{1,f} / N_{2,f}$.

Para determinar tal ponto é necessário fazer uso de equações empíricas desenvolvidas por Manson e Halford [Lee, 2005], e descritas por:

$$\left[\frac{n_1}{N_{1,f}}\right]_{\text{ponto}} = 0,35 \cdot \left(\frac{N_{1,f}}{N_{2,f}}\right)^{0,25} \tag{8.15}$$

$$D_{\text{ponto}} = D_{\mathrm{I}} = 0,35 \cdot \left(\frac{N_{1,f}}{N_{2,f}}\right)^{0,25} \tag{8.16}$$

$$\left[\frac{n_{2,f}}{N_{2,f}}\right] = 0,65 \cdot \left(\frac{N_{1,f}}{N_{2,f}}\right)^{0,25} \tag{8.17}$$

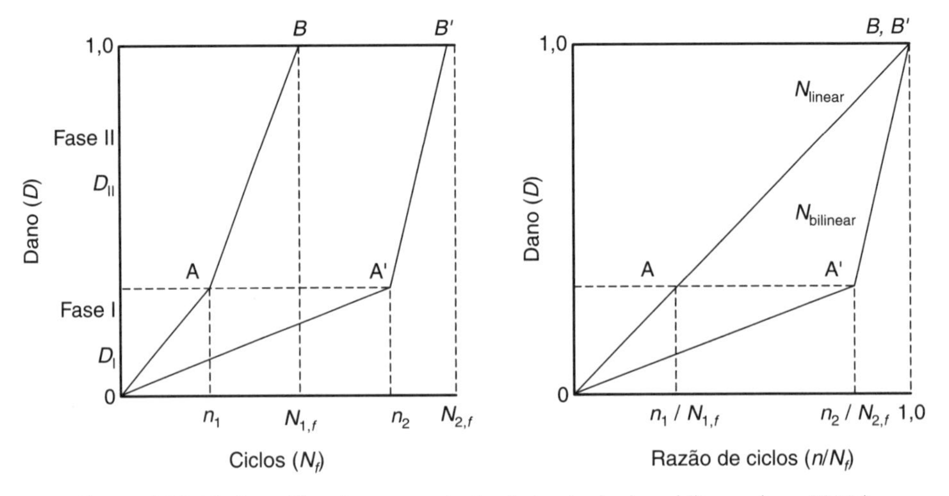

Figura 8.32 Modo gráfico de representação da teoria do dano bilinear. (Lee, 2005.)

em que

n_1 = número de ciclos a que o material foi submetido sob o carregamento 1;
$N_{i,f}$ = número total de ciclos necessários para ocorrer a falha sob o carregamento i (curva $\sigma \times$ N);
$[n_1 / N_{1,f}]_{\text{ponto}}$ = abscissa do ponto de inflexão para a fase I;
D_{ponto} = ordenada do ponto de inflexão para a fase I;
$n_{2,f}$ = número de ciclos restantes para ocorrer a falha sob o carregamento 2;
$[n_{2,f} / N_{2,f}]_{\text{ponto}}$ = abscissa do ponto de inflexão para a fase II.

O acúmulo de dano também pode ser expresso em termos do comprimento da trinca, onde se admite como exemplo um corpo de prova sem entalhe com uma trinca com comprimento de valor "a_0" que falha na medida em que o comprimento em questão atinja o valor "a_f". Se a carga aplicada for cíclica, a trinca atingirá um comprimento "a". A variável "D", que representa a quantidade de dano, quando submetida a uma tensão σ_1, pode ser expressa em função de "a" e "a_f" através da equação:

$$D = \frac{a}{a_f} = \frac{1}{a_f}\left[a_0 + (a_f - a_0)\left(\frac{n}{N_f}\right)^{\alpha f}\right] \tag{8.18}$$

em que

n = número de ciclos necessários para a trinca alcançar o comprimento a;
N_f = número de ciclos aplicados no corpo de prova para que a trinca alcance o comprimento a_f.

Exemplo 8.2

Um componente mecânico é submetido a ciclos com quatro níveis de tensões, os quais iniciam com 800 MPa e diminuem até 200 MPa em intervalos de 200 MPa. Para cada solicitação, uma fração de ciclo de 0,01 é adicionada antes de proceder ao próximo nível. A sequência 1, 2, 3 e 4 é repetida até a fratura, quando se admite que D = 1. Para os dados listados na Tabela 8.2, determine a vida em fadiga empregando a teoria linear do dano [Eq. (8.13)] e a teoria do dano bilinear [(Eqs. (8.15) a (8.17)].

Teoria do dano linear

Tabulando os dados apresentados no enunciado do problema, tem-se a Tabela 8.2.

Tabela 8.2 Condições de fadiga para a condição linear

Níveis (MPa)	n_i (ciclos)	$N_{i,f}$ (ciclos)
800	10	1.000
600	100	10.000
400	1.000	100.000
200	10.000	1.000.000

O valor do dano acumulado para o ciclo completo é:

$$\sum Di = \frac{n_1}{N_{1f}} + \frac{n_2}{N_{2f}} + \frac{n_3}{N_{3f}} + \frac{n_4}{N_{4f}} = \frac{10}{10^3} + \frac{10^2}{10^4} + \frac{10^3}{10^5} + \frac{10^3}{10^6} = 0,04 \quad (8.19)$$

O número total de repetições que o material suportará é:

$$\text{Repetições} = \frac{1,0}{\sum D_i} = \frac{1,0}{0,04} = 25 \quad (8.20)$$

ou seja, o componente suportará 25 repetições do ciclo completo.

Teoria do dano bilinear

Adotando-se como condição mínima $N_{1,f} = 10^3$ ciclos e condição máxima $N_{2,f} = 10^6$ ciclos nos dados da curva $\sigma \times N$ tem-se a Tabela 8.3.

Tabela 8.3 Condições de fadiga para a condição bilinear

Níveis (MPa)	n_i (ciclos)	$N_{i,f}$ (ciclos)	$N_{I,i,f}$ (ciclos)	$N_{II,i,f}$ (ciclos)	$D_{I,i}$ (n_i/N_I)	$D_{II,i}$ (n_i/N_{II})
800	10	1.000	62	938	0,1613	0,0107
600	100	10.000	3.750	6.250	0,0267	0,0160
400	1.000	100.000	70.700	29.300	0,0141	0,0341
200	10.000	1.000.000	883.000	117.000	0,0113	0,0855
					0,2134	0,1463

Considerando as repetições para cada fase, tem-se:

$$\text{Fase I} = \frac{1}{0,2134} = 4,7 \quad \text{e} \quad \text{Fase II} = \frac{1}{0,1463} = 6,8 \quad \text{Total} = 4,7 + 6,8 = 11,5 \text{ repetições}$$

9 Ensaio de Impacto

O comportamento dúctil-frágil dos materiais pode ser mais amplamente caracterizado por **ensaios de impacto**. A carga nesses ensaios é aplicada na forma de esforços por choque (dinâmicos), e o impacto é obtido por meio da queda de um martelo ou pêndulo, de uma altura determinada, sobre a peça a examinar. As massas utilizadas nos ensaios são intercambiáveis, possuem diferentes pesos e podem cair de alturas variáveis. Os ensaios mais conhecidos são denominados Charpy e Izod, dependendo da configuração geométrica do entalhe e do modo de fixação do corpo de prova na máquina (Fig. 9.1). O ensaio Charpy é mais popular nos Estados Unidos, e o Izod, na Europa. Como resultado do ensaio, obtém-se a energia absorvida pelo material até a fratura, ou seja, a tenacidade ao impacto, além da resistência ao impacto relacionando-se a energia absorvida com a área da seção resistente. A principal aplicação desse ensaio refere-se à caracterização do comportamento dos materiais, na transição da propriedade dúctil para a frágil como função da temperatura, possibilitando a determinação da faixa de temperaturas na qual um material muda de dúctil para frágil. O ensaio de impacto é amplamente utilizado nas indústrias naval e bélica, e, em particular, nas construções que deverão suportar baixas temperaturas. Atualmente também são bastante aplicados a materiais poliméricos e cerâmicos.

Durante a Segunda Guerra Mundial, o fenômeno da **fratura frágil** despertou a atenção de projetistas e engenheiros metalúrgicos devido à alta incidência desse tipo de fratura em estruturas soldadas de aço de navios e tanques de guerra. Alguns navios simplesmente partiam-se ao meio, estivessem em mar aberto e turbulento ou ancorados nos portos (Fig. 9.2). Entretanto, os navios eram construídos de aços-liga que apresentavam razoável ductilidade, de acordo com ensaios de tração realizados à temperatura ambiente. Notou-se, também, que a incidência desse tipo de fratura era nos meses de inverno, e que problemas semelhantes já haviam surgido em linhas de tubulações de petróleo, vasos de pressão e pontes de estrutura metálica. Tudo isso motivou a implantação de programas de pesquisas que determinassem as causas dessas rupturas em serviço e indicassem providências para impedir futuras ocorrências desse tipo de problema.

Três fatores principais contribuem para o surgimento da fratura frágil em materiais que são normalmente dúcteis à temperatura ambiente: (1) existência de um **estado triaxial de tensões**, (2) **baixas temperaturas** e (3) taxa ou **velocidade de deformação elevada**. Esses três fatores não precisam necessariamente atuar ao mesmo tempo para produzir a fratura frágil. Estados triaxiais de tensão que ocorrem em entalhes, juntamente com baixas temperaturas, foram responsáveis por muitas situações de fratura frágil em serviço. Entretanto, como esses efeitos são acentuados sob altas velocidades de aplicação de carga, diversos tipos de ensaios de impacto passaram a ser usados na determinação da suscetibilidade de materiais à fratura frágil. Nas fraturas que ocorreram em navios cujas estruturas eram constituídas de chapas de aço soldadas, desconfiou-se durante um bom tempo de que o problema decorria das uniões soldadas. Mais tarde, descobriu-se que a soldagem por si só não era inferior aos outros tipos construtivos, como juntas rebitadas ou parafusadas, mas sim que exigiriam um controle da qualidade rigoroso que impedisse defeitos de soldagem, que agiriam como concentradores de

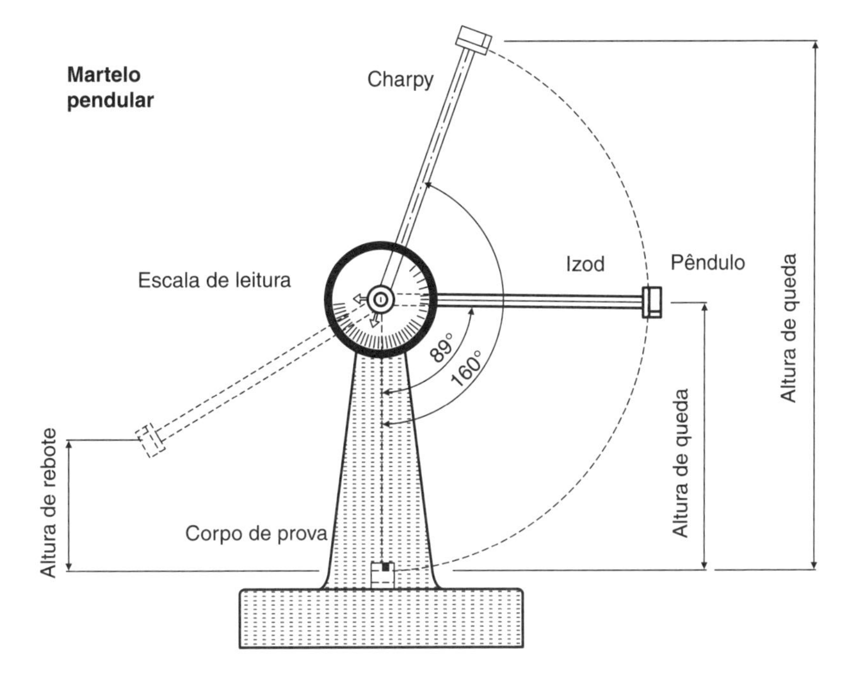

(a) Equipamento para o ensaio de impacto

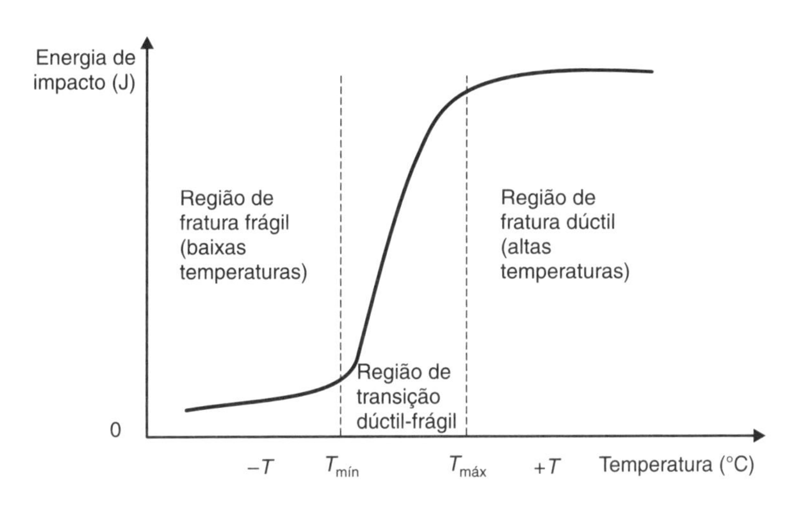

(b) Curva resposta do ensaio de impacto

Figura 9.1 Esboço do equipamento para o ensaio de impacto e a representação do resultado fornecido pelo ensaio.

tensão. O projeto de uma estrutura soldada é mais crítico que uma estrutura equivalente rebitada. Contudo, é importante eliminar concentradores de tensão e também evitar estruturas muito rígidas.

Nesse sentido, algumas seções rebitadas foram incorporadas às estruturas dos navios de guerra com o objetivo de eliminar ou reduzir a propagação de trincas. Dessa forma, se ocorresse fratura frágil, não haveria a rápida propagação através de toda a estrutura.

Figura 9.2 Navio com fratura abrupta devida à fragilização do material. (Callister, 1994.)

TIPOS DE ENSAIO DE IMPACTO

O ensaio de impacto é um ensaio dinâmico empregado para a análise da fratura frágil de materiais. O resultado é simplesmente representado por uma medida de energia absorvida pelo corpo de prova, não fornecendo indicações seguras sobre o comportamento de toda uma estrutura em condições de serviço. Entretanto, permite a observação de diferenças de comportamento entre materiais que não são observadas em um ensaio de tração. Como já vimos, dois tipos padronizados de ensaios de impacto são mais amplamente utilizados: **Charpy** e **Izod**. Em ambos os casos, o corpo de prova tem o formato de uma barra de seção transversal quadrada, na qual é usinado um entalhe em forma de V, U ou *key-hole*. O equipamento de ensaio, juntamente com os tipos de corpo de prova, são apresentados na Fig. 9.3.

A carga é aplicada pelo impacto de um martelo pendular, que é liberado a partir de uma posição padronizada e de uma altura fixada (H_q). Após o pêndulo ser liberado, sua ponta choca-se e fratura o corpo de prova no entalhe, que atua como um concentrador de tensões. O pêndulo continua seu movimento após o choque, até uma altura (h_r) menor que a altura de liberação do pêndulo (H_q). A energia absorvida no impacto é determinada a partir da diferença entre H_q e h_r, ambas medidas na escala do equipamento.

Os requisitos essenciais para a realização do ensaio são: corpo de prova padronizado, suporte rígido no qual o corpo de prova é apoiado ou engastado, pêndulo com massa conhecida solto de uma altura suficiente para fraturar totalmente o material e um dispositivo de escala para medir as alturas antes e depois do impacto do pêndulo.

As diferenças fundamentais entre os ensaios Charpy e Izod residem na forma em que o corpo de prova é montado (horizontal ou vertical), conforme mostra as Figs. 9.3(b) e (c), e na face do entalhe, localizada ou não na região de impacto. Variáveis como o tamanho e a forma do corpo de prova e a profundidade e a configuração do entalhe influenciam os resultados dos testes. As energias de impacto são de interesse no aspecto comparativo entre diferentes materiais. Entretanto, seus valores absolutos isoladamente não representam informação quantitativa das características dos materiais.

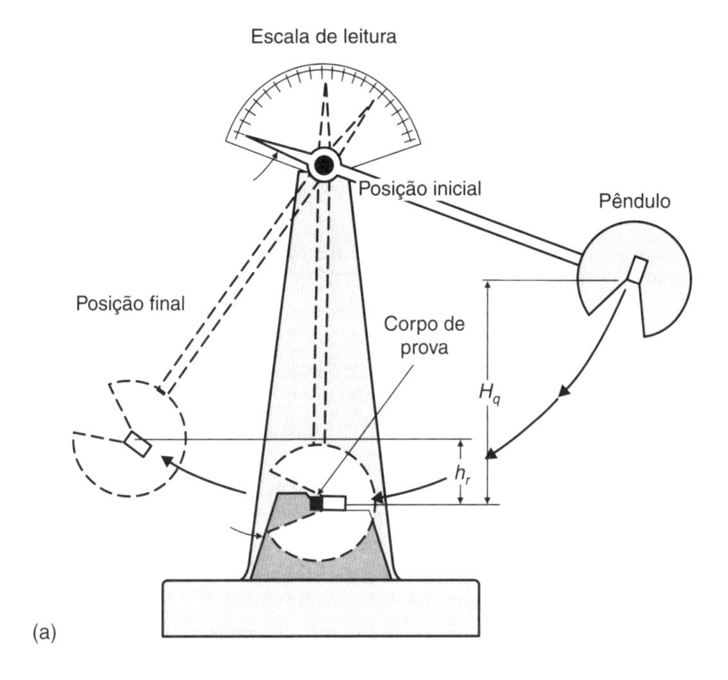

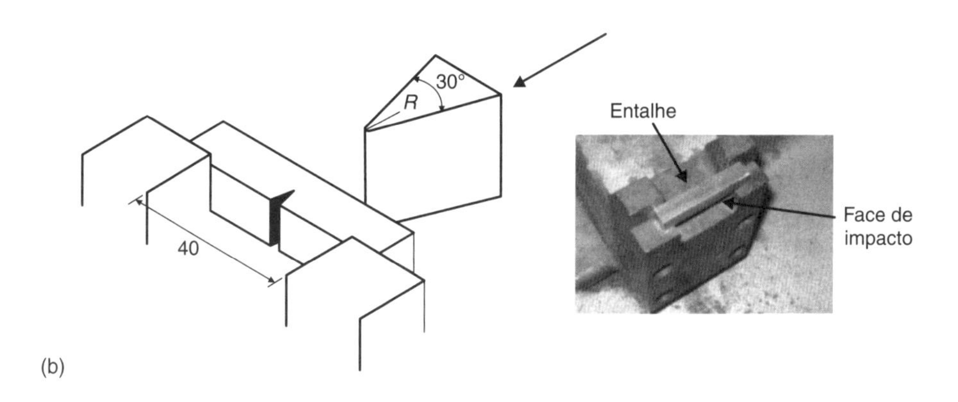

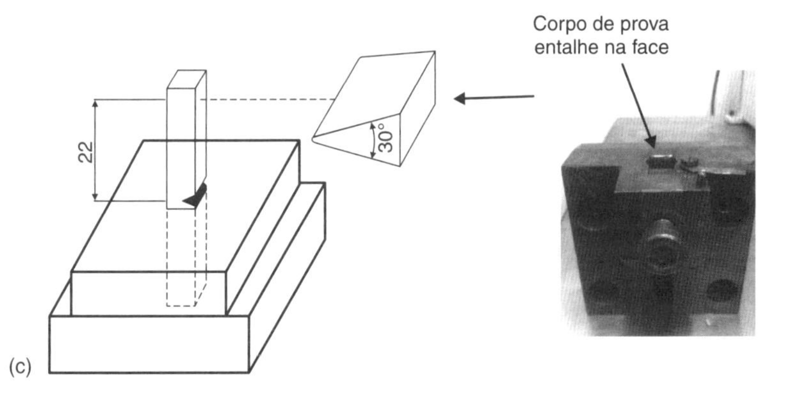

Figura 9.3 Representação esquemática: (a) equipamento de ensaios; corpos de prova: (b) Charpy; e (c) Izod. (Segundo ASTM E23-94a.)

TRANSIÇÃO DÚCTIL-FRÁGIL

A principal função dos ensaios Charpy e Izod consiste em determinar se um material apresenta ou não uma transição dúctil-frágil com o decréscimo da temperatura, e, caso apresente, em que faixa de temperaturas ocorre o fenômeno. A transição dúctil-frágil é relacionada com a temperatura pela energia de impacto medida no ensaio. A Fig. 9.4 mostra essa transição em uma curva que representa os resultados de um ensaio Charpy em amostras de aço inoxidável e aço 0,6% de carbono. Nem todos os metais apresentam uma transição dúctil-frágil acentuada ou perceptível, mas observa-se que na redução da temperatura os níveis de tenacidade tendem a cair. Os metais que apresentam estrutura cúbica de face centrada (CFC), que incluem ligas de alumínio e ligas de cobre, permanecem dúcteis mesmo a temperaturas extremamente baixas, como pode ser observado na Fig. 9.4 para o ensaio com aço inoxidável austenítico. Entretanto, metais com estrutura cúbica de corpo centrado (CCC) e hexagonal compacta (HC) apresentam a transição dúctil-frágil. Isso ocorre em função dos diferentes sistemas de escorregamento vinculados a cada uma dessas estruturas cristalinas associados às atividades das discordâncias. Os fenômenos de geração, movimentação e recuperação de discordâncias em estruturas CFC ocorrem a níveis de tensão que em geral não são suficientemente elevados para romper ligações atômicas e conduzir a situações de ruptura por clivagem. A nucleação e propagação de trincas por clivagem, comumente associada à fratura frágil, envolve fratura transgranular ao longo de planos cristalográficos específicos.

Para os aços, a temperatura de transição depende tanto da composição química da liga [(Fig. 9.4(b)] quanto da microestrutura. A redução do tamanho de grão em aços diminui a temperatura de transição.

Em temperaturas mais elevadas, a energia de impacto é relativamente alta e é compatível com um modo dúctil de fratura. À medida que a temperatura diminui, a energia de impacto cai subitamente ao longo de um intervalo de temperaturas relativamente pequeno, abaixo do qual a energia de impacto apresenta um valor baixo e essencialmente constante; nesse intervalo, o modo de fratura é frágil. A Fig. 9.5 apresenta resultados de um ensaio Charpy em aço de médio teor de carbono, representados tanto por energia absorvida quanto por porcentagem de fratura dúctil. É frequente apresentar-se também o percentual de fratura dúctil em função da temperatura.

A Fig. 9.6 mostra curvas características do resultado do ensaio de impacto *versus* temperatura para vários materiais metálicos.

A aparência da superfície de fratura é um indicativo da natureza da fratura e pode ser usada na determinação da temperatura de transição. Assim, para a fratura dúctil, a superfície apre-

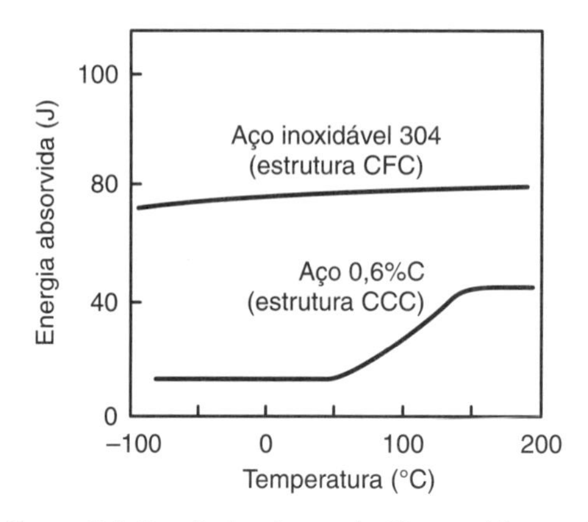

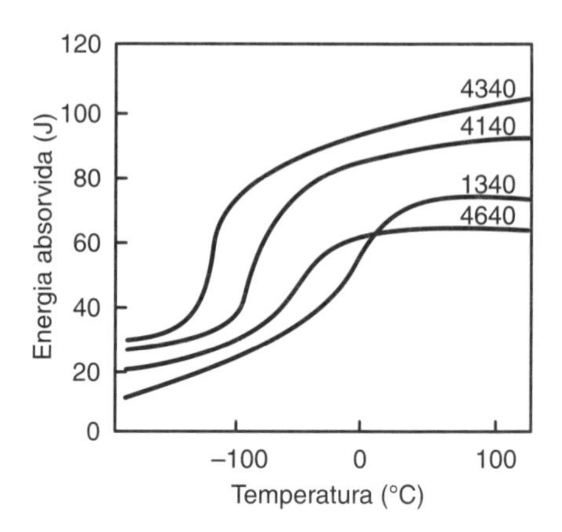

Figura 9.4 Resultados do ensaio Charpy: (a) para duas amostras: aço inoxidável 304 e aço 0,6% carbono (adaptado de Askeland, 1996); (b) aços com 0,40%C com diferentes elementos de liga, temperados e revenidos a 35 HRC (adaptado de Ralls, Courtney e Wulff, 1976).

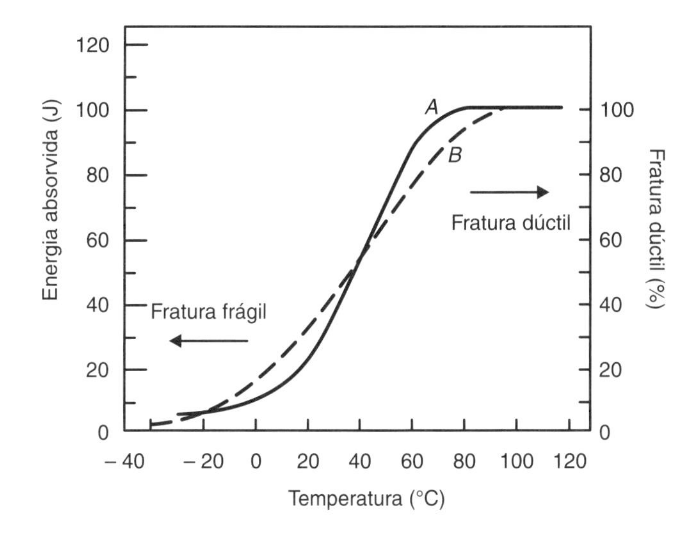

Figura 9.5 Resultados de um ensaio Charpy mostrando a transição dúctil-frágil relacionada com a temperatura, a energia de impacto e a porcentagem de fratura dúctil (amostra de aço A283).

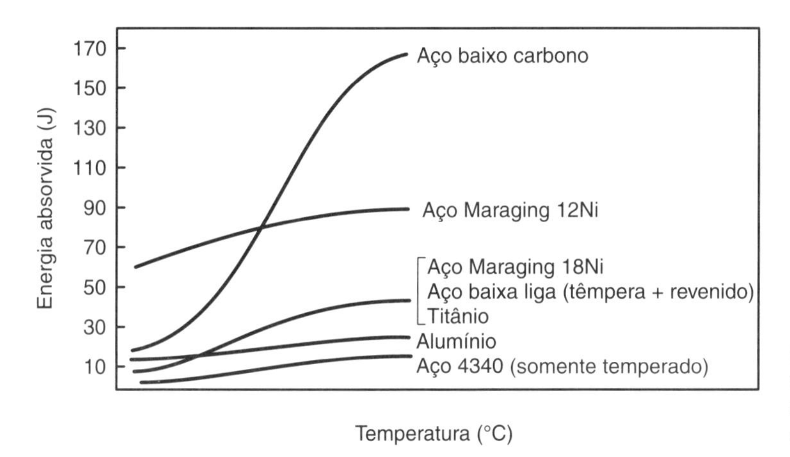

Figura 9.6 Comportamento de vários materiais metálicos ao ensaio de impacto. (Adaptado de Hertzberg, 1995.)

senta uma aparência fibrosa, grosseira (com características de fratura por cisalhamento). Ao contrário, superfícies frágeis apresentam uma textura granular e de aspecto mais plano, conforme pode ser visto na Fig. 9.8.

RESULTADOS OBTIDOS NO ENSAIO DE IMPACTO

Quando o interesse do ensaio reside na determinação das transformações sofridas pelo material em função da variação da temperatura, o ensaio Charpy mostra-se mais apropriado e versátil, devido à facilidade de posicionamento do corpo de prova na máquina. Para esse procedimento de ensaio, o corpo de prova deve ser mantido na temperatura desejada por pelo menos 10 minutos (NBR 6157), no caso de meios de aquecimento líquidos, e 30 minutos para o caso de meios gasosos, com o ensaio realizado em tempos inferiores a cinco segundos, desde a retirada do corpo de prova e sua colocação na máquina (ASTM E23-94A). O dispositivo empregado para manusear os corpos de prova não deve alterar a temperatura do mesmo, e são recomendadas tenazes, pinças ou outros dispositivos com pequena área de contato.

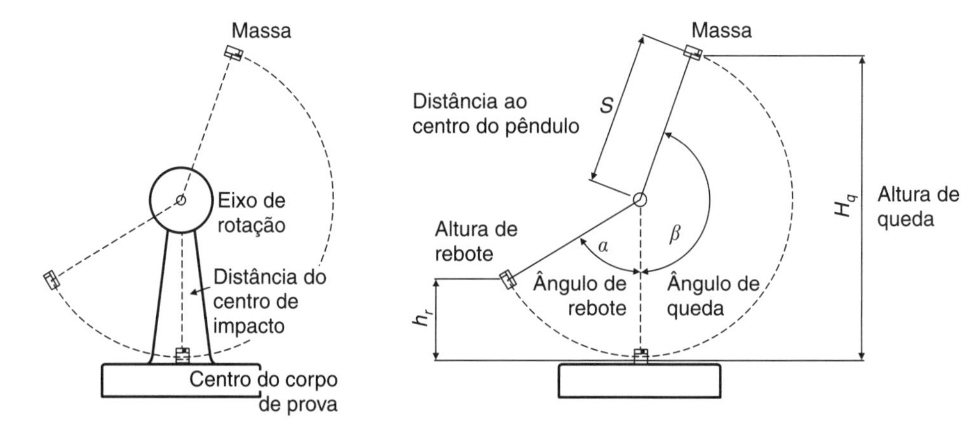

Figura 9.7 Configurações do equipamento de ensaio necessárias para os cálculos quantitativos.

A determinação da altura do pêndulo após a fratura do corpo de prova pode ser feita diretamente pela sua elevação ou por cálculos baseados no ângulo do pêndulo, conforme pode ser visto na Fig. 9.7, por:

$$H_q = S \cdot (1 - \cos\beta) \quad \text{(m)} \quad \text{em função do ângulo de queda} \tag{9.1}$$

e

$$h_r = S \cdot (1 - \cos\alpha) \quad \text{(m)} \quad \text{em função do ângulo de rebote} \tag{9.2}$$

em que

S = distância do centro do peso até a extremidade do pêndulo (m);
β = ângulo de queda (rad);
α = ângulo de rebote (rad).

Para determinar a velocidade de impacto, desprezando-se o atrito do peso com o ar, utiliza-se a seguinte relação de energia no instante de impacto:

$$E_{\text{potencial}} = E_{\text{cinética}} \tag{9.3}$$

ou

$$M \cdot g \cdot H_q = \frac{M \cdot V^2}{2} \tag{9.4}$$

ou

$$V = \sqrt{2 \cdot g \cdot S \cdot (1 - \cos\beta)} = \sqrt{2 \cdot g \cdot H_q} \tag{9.5}$$

em que

E = energia (J);
V = velocidade do pêndulo no instante do impacto (m/s);
M = massa do pêndulo (kg);
g = aceleração da gravidade (9,81 m/s²).

A energia absorvida no impacto corresponde à diferença entre a energia potencial do pêndulo na altura de queda e a energia potencial do pêndulo na altura de rebote, dada por:

$$E_{\text{impacto}} = M \cdot g \cdot (H_q - h_r) \tag{9.6}$$

Em relação às informações que podem ser obtidas do ensaio de impacto, tem-se:

- energia absorvida: medida diretamente pela máquina;
- contração lateral: quantidade de contração em cada lado do corpo de prova fraturado;
- aparência da fratura: determinação da porcentagem de fratura frágil ocorrida durante o processo de ruptura por métodos como medida direta em função do aspecto da superfície de fratura, comparação com resultados de outros ensaios ou ensaios-padrão, ou através de fotografias da superfície e interpretação adequada.

São possíveis dois **modos de fratura**: frágil e dúctil. A classificação está baseada na habilidade de um material em deformar-se plasticamente na região de fratura. A fratura frágil ocorre sem nenhuma deformação apreciável, rompendo de forma brusca. Em uma observação visual percebe-se um aspecto cristalino. A fratura dúctil apresenta uma extensa deformação plástica no material, absorvendo muita energia e dissipando-a antes da ruptura. A superfície de fratura apresenta um aspecto fibroso. A Fig. 9.8 mostra os tipos de fratura observados em ensaios de impacto com amostras de aço ABNT/SAE 1020 em diferentes temperaturas (−170 °C, 25 °C e 40 °C), destacando a contração lateral imediatamente após a raiz do entalhe e expansão lateral na superfície oposta ao entalhe. A Fig. 9.9 apresenta os tipos de fraturas para os aços ABNT/SAE 1020 (normalizado) e ABNT/SAE 1040 (normalizado e temperado e revenido). Apresenta-se também uma vista de topo da região de fratura de corpos de provas similares às condições da Fig. 9.8, porém ensaiados em Izod.

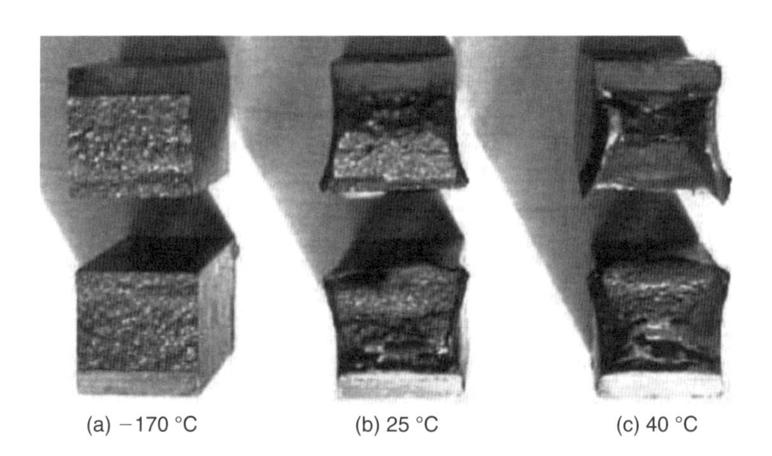

Figura 9.8 Superfícies de fratura de corpos de prova Charpy testados em diferentes temperaturas (aço ABNT/SAE 1020).

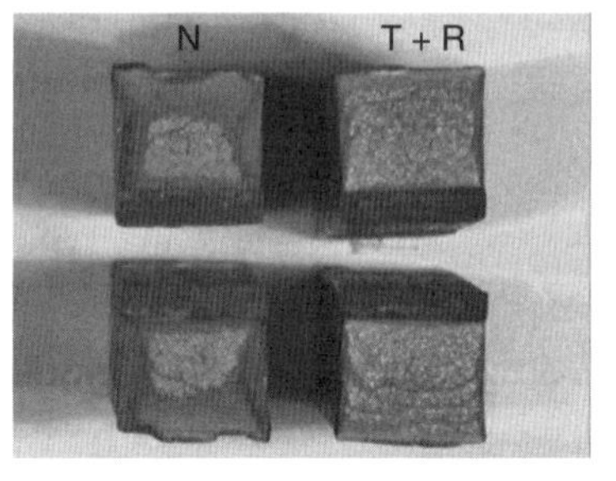

Figura 9.9 Superfícies de fratura de corpos de prova testados em diferentes condições: (a) ABNT/SAE 1020 Normalizado; (b) ABNT/SAE 1040 Normalizado e Temperado e Revenido; e (c) ABNT/SAE 1020 Normalizado (vista de topo).

INFORMAÇÕES ADICIONAIS SOBRE O ENSAIO DE IMPACTO

A **norma nacional** recomendada para a realização de ensaio de impacto em materiais metálicos é a NBR 6157, que se aplica a corpos de prova entalhados simplesmente apoiados, em especial aços, e não se aplica a materiais com baixos valores de resistência ao impacto, como os ferros fundidos cinzentos. Os entalhes recomendados são em formato U ou V, com dimensões padronizadas, no meio do corpo de prova, e com plano de simetria perpendicular ao eixo longitudinal do corpo de prova. Como resultado do ensaio, pode ser determinada a energia de impacto (E_i) requerida para fraturar completamente o corpo de prova, ou a resistência ao impacto (R_i) como sendo o valor da energia absorvida pela área da seção resistente original do corpo de prova. A norma padroniza somente a realização de ensaios utilizando o método Charpy. Os corpos de prova recomendados para os ensaios são apresentados na Tabela 9.1.

Para as condições padronizadas, a norma recomenda uma velocidade do martelo no momento de impacto de 5 m/s a 7 m/s, cuja parte que entrará em contato com o corpo de prova deve ter um ângulo de 30° e um raio de curvatura de 2 mm a 2,5 mm, e os apoios de suporte do corpo de prova deverão ter uma distância de 40 mm, com raio de curvatura dos suportes de 1,0 mm a 1,5 mm. A Fig. 9.9 representa esquematicamente os tipos de corpos de prova e suportes empregados no ensaio Charpy.

A **norma internacional** encarregada de padronizar os ensaios de impacto é a ASTM E23-94A, aplicada a materiais metálicos. Quanto ao ensaio Charpy, o corpo de prova é apenas apoiado entre dois suportes, podendo apresentar o entalhe em três diferentes configurações: tipo V, formando um ângulo de 45° e profundidade de aproximadamente 2 mm; tipo U, com raio da ponta do entalhe de 1 mm e profundidade geralmente de 5 mm; e o entalhe cilíndrico, formado por um rasgo com um furo em sua extremidade (*keyhole*). Para o ensaio Izod, normalmente utilizam-se corpos de prova com entalhe em V, que deve ser posicionado próximo ao suporte onde o corpo de prova é engastado. A Fig. 9.10 apresenta algumas configurações para os corpos de prova empregados para os ensaios Charpy e Izod, no caso de barras simples.

Tabela 9.1 Configurações dos corpos de prova segundo a NBR 6157

<table>
<tr><th rowspan="2">Tipo</th><th rowspan="2">Sigla</th><th colspan="7">Dimensões e tolerâncias (mm)</th></tr>
<tr><th>Altura b</th><th>Seção resistente (c − a) × b</th><th>Largura do entalhe (c − a)</th><th>Profundidade do entalhe a</th><th>Raio de curvatura r</th><th>Comprimento l</th><th>Largura c</th></tr>
<tr><td rowspan="3">Padrão</td><td>$V_{2\times10}$</td><td rowspan="3">10 ± 0,05</td><td>8 × 10</td><td>8 ± 0,05</td><td>2 ± 0,05</td><td>0,25 ± 0,025</td><td rowspan="14">55 ± 0,6</td><td rowspan="14">10 ± 0,05</td></tr>
<tr><td>$U_{3\times10}$</td><td>7 × 10</td><td>7 ± 0,05</td><td>3 ± 0,05</td><td rowspan="2">1,0 ± 0,07</td></tr>
<tr><td>$U_{5\times10}$</td><td>5 × 10</td><td>5 ± 0,05</td><td>5 ± 0,05</td></tr>
<tr><td rowspan="11">Reduzido</td><td>$V_{2\times2,5}$</td><td>2,5 ± 0,05</td><td>8 × 2,5</td><td rowspan="3">8 ± 0,05</td><td rowspan="3">2 ± 0,05</td><td rowspan="3">0,25 ± 0,025</td></tr>
<tr><td>$V_{2\times5,0}$</td><td>5,0 ± 0,05</td><td>8 × 5,0</td></tr>
<tr><td>$V_{2\times7,5}$</td><td>7,5 ± 0,05</td><td>8 × 7,5</td></tr>
<tr><td>$U_{3\times2,5}$</td><td>2,5 ± 0,05</td><td>7 × 2,5</td><td rowspan="3">7 ± 0,05</td><td rowspan="3">3 ± 0,05</td><td rowspan="6">1,0 ± 0,07</td></tr>
<tr><td>$U_{3\times5,0}$</td><td>5,0 ± 0,05</td><td>7 × 5,0</td></tr>
<tr><td>$U_{3\times7,5}$</td><td>7,5 ± 0,05</td><td>7 × 7,5</td></tr>
<tr><td>$U_{5\times2,5}$</td><td>2,5 ± 0,05</td><td>5 × 2,5</td><td rowspan="3">5 ± 0,05</td><td rowspan="3">5 ± 0,05</td></tr>
<tr><td>$U_{5\times5,0}$</td><td>5,0 ± 0,05</td><td>5 × 5,0</td></tr>
<tr><td>$U_{5\times7,5}$</td><td>7,5 ± 0,05</td><td>5 × 7,5</td></tr>
</table>

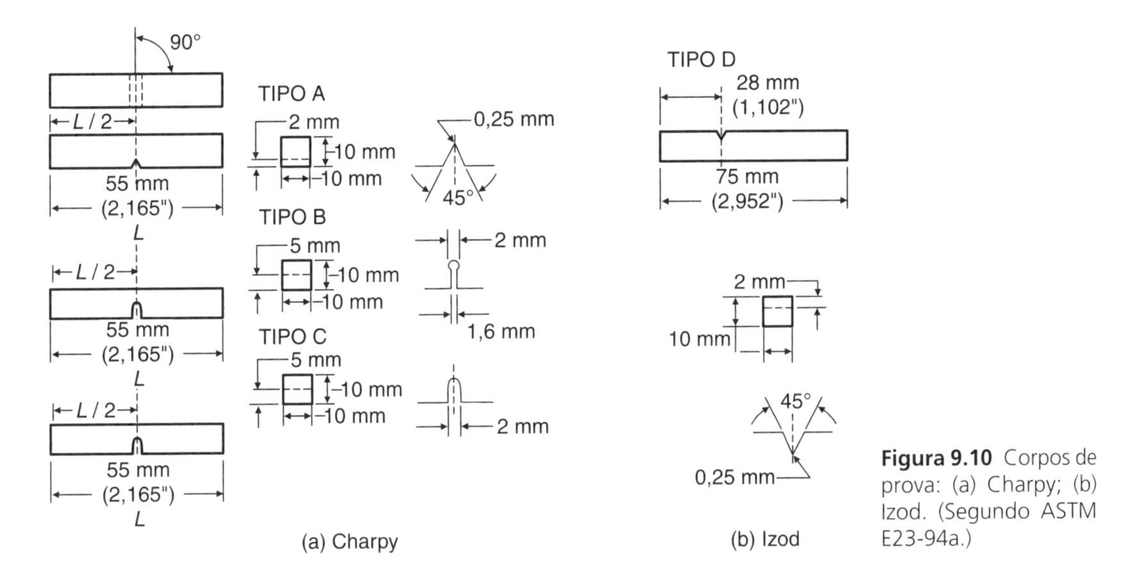

Figura 9.10 Corpos de prova: (a) Charpy; (b) Izod. (Segundo ASTM E23-94a.)

Para a maioria das ligas, a ocorrência de transição dúctil-frágil verifica-se em uma faixa de temperaturas, o que implica dificuldades de especificação de uma determinada temperatura de transição. Não existe um critério bem-definido para especificar uma temperatura de referência.

Alguns **critérios** mais comuns estabelecem um ponto no qual a energia de impacto atinge um determinado valor (por exemplo, 20 J), ou um ponto correspondente a um percentual de

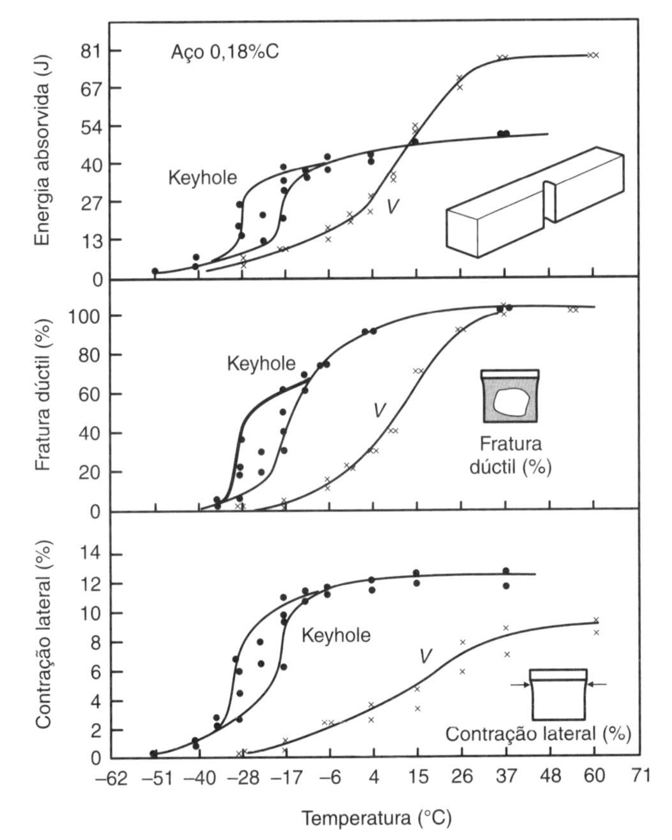

Figura 9.11 Resultados do ensaio de impacto em três diferentes representações: (a) energia absorvida; (b) aparência da fratura; e (c) contração lateral. (Adaptado de Dieter, 1988.)

fratura dúctil (por exemplo, 50%, o que corresponderia a uma temperatura de aproximadamente 40 °C no gráfico da Fig. 9.5 para o caso de um aço A283).

Uma atitude mais conservadora, e que conduz a um máximo de segurança, é aquela em que se estabelece que a transição ocorre na mínima temperatura para a qual não acontece fratura frágil (100% de fratura dúctil), conhecida como transição de fratura frágil, além do critério de contração lateral do corpo de prova. Para a curva da Fig. 9.4, essa temperatura seria de aproximadamente 150 °C. A Fig. 9.11 apresenta várias maneiras pelas quais podem ser representados os resultados do ensaio de impacto Charpy em amostras de aço com 0,18%C com duas diferentes configurações de entalhes: entalhe em V e entalhe *keyhole*, mostrando a diferença existente entre os resultados obtidos.

A **direção de retirada do corpo de prova** e o sentido do entalhe podem alterar significativamente os resultados do ensaio, particularmente se as amostras são retiradas de um material trabalhado mecanicamente a frio. A Fig. 9.12(a) mostra os resultados de ensaios em corpos de prova retirados de diferentes formas de uma amostra de aço de baixo carbono que foi laminada a frio. Nessa situação, a menos que haja especificação em contrário, a forma (a) de retirada do corpo de prova é a mais indicada, e a Fig. 9.12(b) apresenta resultados de um aço ABNT/SAE 1020 ensaiado com entalhe perpendicular à direção de trefilação.

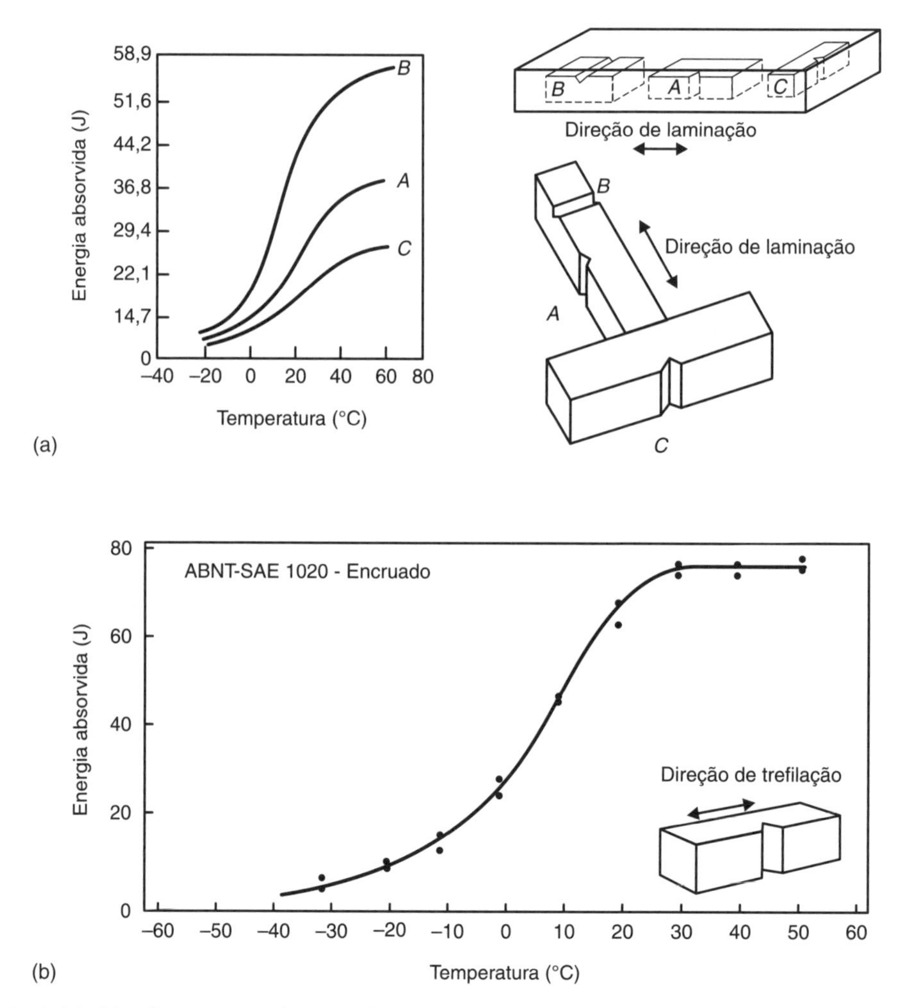

Figura 9.12 (a) Efeito da orientação do corpo de prova nas curvas de temperatura de transição Charpy. (Adaptado de Hertzberg, 1995.) (b) Curva de transição para um aço ABNT/SAE 1020 trefilado a frio.

O **conteúdo de carbono** na composição química dos aços também influencia significativamente a temperatura de transição, conforme mostra a Fig. 9.13. Naturalmente, sob o ponto de vista da transição dúctil-frágil, a preferência na especificação de um material para aplicações estruturais recai naqueles de temperatura de transição mais baixas, desde que o material atenda à resistência mecânica exigida em projeto.

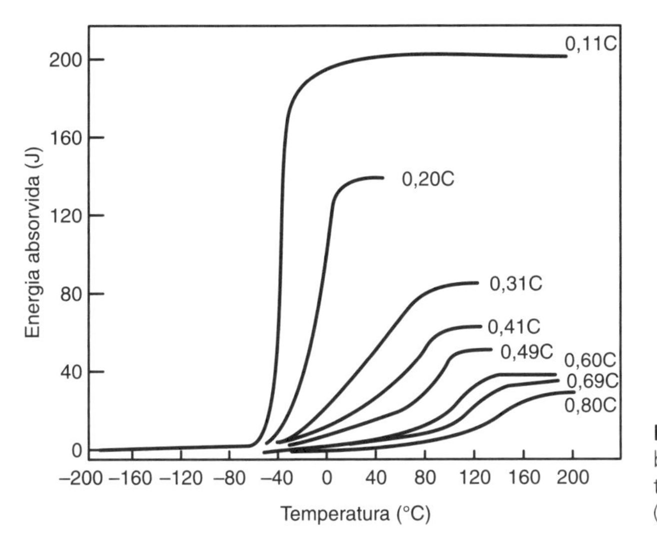

Figura 9.13 Efeito do teor de carbono nas curvas energia-temperatura de transição para aços. (Adaptado de Honeycombe, 1981.)

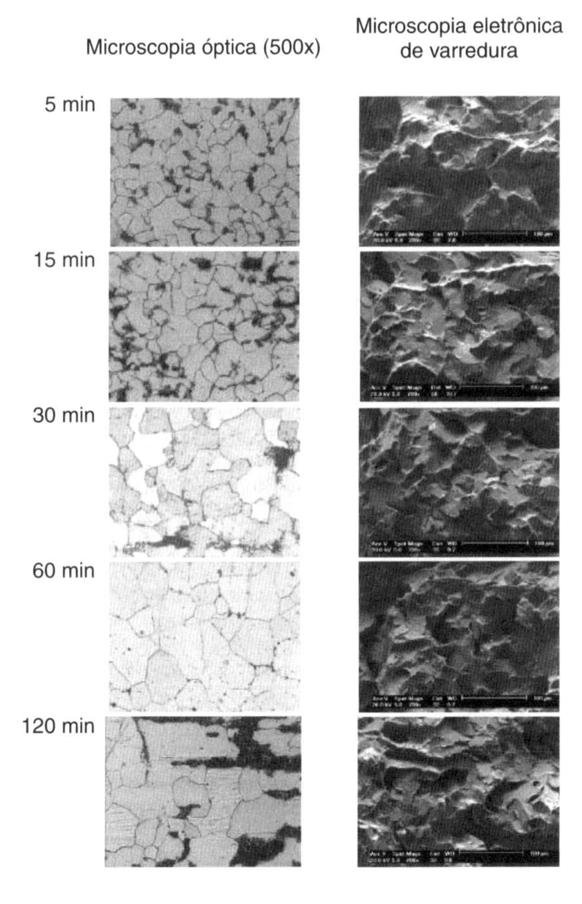

Figura 9.14 Microestruturas e superfícies de fratura do aço ABNT/SAE 1020 em algumas condições. (Pandolfo, 2009.)

O **tamanho de grão** também influencia o comportamento ao impacto em materiais metálicos, e quanto maior for o tamanho de grão, menor será a energia de impacto. A Fig. 9.14 apresenta as microestruturas dos corpos de prova de aço SAE 1020 em diferentes condições de recozimento (temperatura de 920 °C e diferentes tempos de 5 min, 10 min, 15 min, 30 min e 120 min). Também são apresentadas micrografias obtidas por microscopia eletrônica de varredura (MEV) das superfícies de fratura observadas em alguns corpos de prova após os ensaios de impacto Charpy à temperatura de 25 °C.

O gráfico da Fig. 9.15 apresenta resultados relacionando as durezas e as energias de impacto das amostras do aço ABNT/SAE 1020 nas diferentes condições analisadas.

Para o caso dos ferros fundidos, normalmente os corpos de prova podem ser confeccionados com ou sem entalhe; este último é o preferido devido à baixa tenacidade apresentada por essa categoria de material. Entre os diversos tipos de ferros fundidos: brancos, cinzentos, nodulares, maleáveis e vermiculares, os nodulares são os que apresentam as melhores características de tenacidade ao impacto em baixas temperaturas, comportamento este diretamente associado à presença de perlita associada à matriz ferrítica, bem como à quantidade e distribuição dos nódulos de grafita. São aplicados diversos tratamentos térmicos para eliminar ou minimizar os efeitos adversos da perlita na transição dúctil-frágil, deslocando esta para temperaturas maiores. A Tabela 9.2 apresenta valores de energia de impacto para diferentes ferros

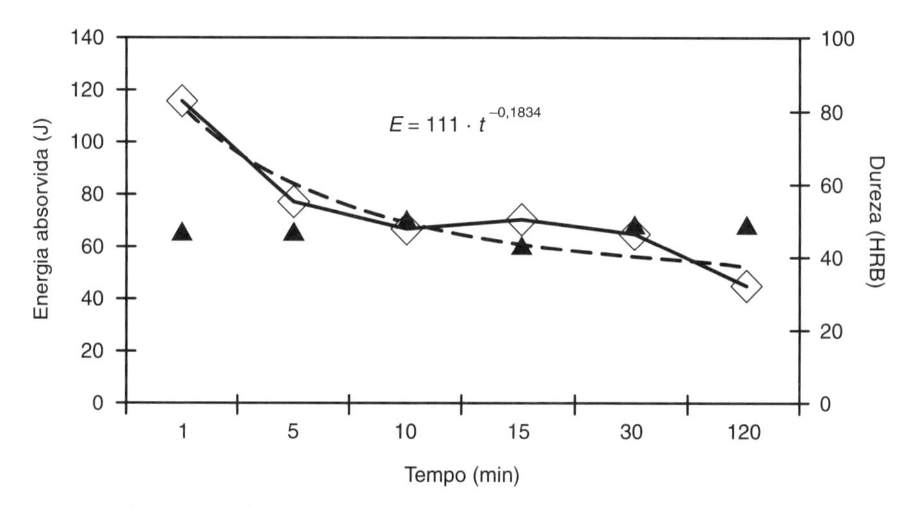

Figura 9.15 Relação entre durezas e energias de impacto do aço ABNT/SAE 1020 recozido em função do tempo e da dureza. (Pandolfo, 2009.)

Tabela 9.2 Comportamento da resistência ao impacto em ferros fundidos nodulares (Guesser, 2009)

Tipo	Tratamento Térmico	σ_e (MPa)	σ_u (MPa)	HRC	E (J)		
					−50 °C	25 °C	200 °C
1	Bruto de fundição sem tratamento	336	536	7	2	3	10
2	Recozido plenamente a 700 °C	316	431	1	3	7	15
3	Têmpera a 900 °C, revenido a 680 °C	527	635	19	4	5	7
4	Normalizado a 900 °C, alívio a 635 °C	470	779	21	2	3	4
5	Têmpera a 860 °C, revenido a 650 °C	581	748	18	5	9	9
6	Têmpera a 860 °C, revenido a 480 °C	792	1051	29	3	4	5

fundidos nodulares em diferentes condições e temperaturas. Observa-se que os melhores resultados são obtidos quando se tem uma matriz predominantemente ferrítica.

Deve-se evitar a adição de elementos de liga que causem endurecimento por solução sólida com a ferrita, como o silício e fósforo, pois isso tende a deslocar a transição dúctil-frágil para temperaturas maiores. A grafita na forma de nódulos pode também ter influência significativa nos resultados do ensaio de impacto: uma menor quantidade de nódulos implica menores energias absorvidas no patamar dúctil, ao passo que, embora o aumento do número de nódulos não altere significativamente a energia absorvida, ocorre um deslocamento da transição para valores de temperaturas mais baixas, ou seja, a eficiência da inoculação se reflete diretamente na transição.

A Fig. 9.16 apresenta exemplos de corpos de prova confeccionados de ligas Al-12%Si, Latão 70-30 e Mg-4Zn-3Al-1Ca-0,5La fraturados em ensaios Charpy. Em todos os casos, os corpos de prova foram extraídos de lingotes fundidos, e as temperaturas empregadas foram de −68 °C, 20 °C e 100 °C. Os valores das energias absorvidas estão resumidos na Tabela 9.3.

A maioria dos **materiais cerâmicos e poliméricos** também apresenta transição dúctil-frágil. Para os cerâmicos, a transição ocorre somente a temperaturas elevadas, geralmente acima de 1000 °C, enquanto os polímeros apresentam uma faixa de temperaturas de transição geralmente abaixo da temperatura ambiente.

A norma ASTM D256-10 padroniza os procedimentos para a realização de ensaios Izod em corpos de prova entalhados de materiais plásticos, apresentando quatro métodos de ensaios,

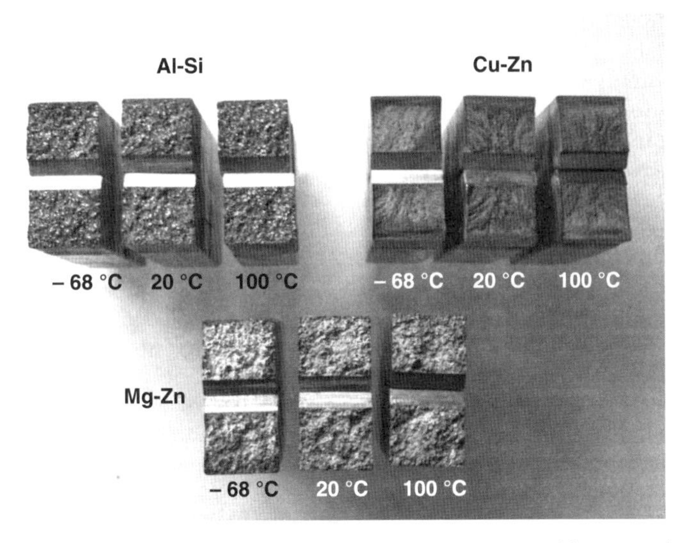

Figura 9.16 Superfícies de fratura: (a) Al-12Si; (b) Latão 70-30; e (c) Mg-Zn-Al-Ca-La.

Tabela 9.3 Resistência ao impacto em ligas não ferrosas fundidas

Material	Energia absorvida (J)		
	−68 °C	25 °C	100 °C
Al-12Si Fundido	2,0	2,2	2,2
Latão 70-30 Fundido	6,2	7,0	7,5
Mg-Zn-Al-Ca-La Fundido	2,4	3,6	3,5

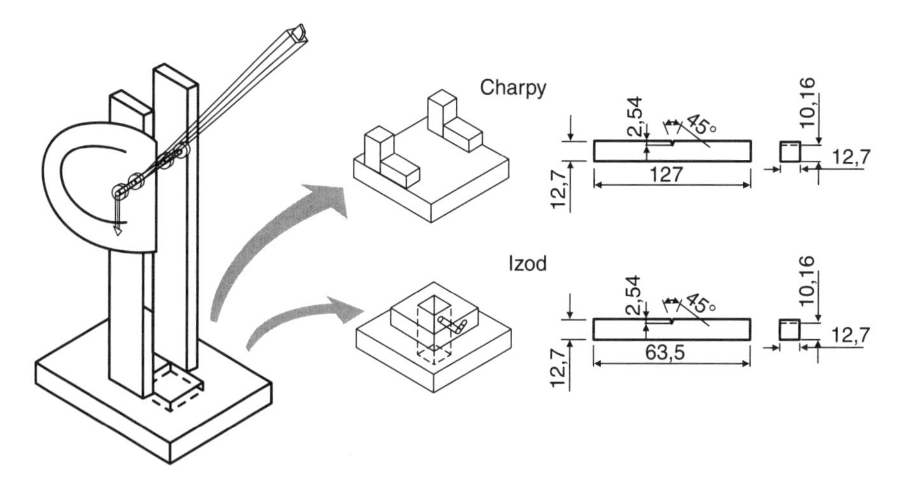

Figura 9.17 Equipamentos para ensaios de materiais poliméricos: Charpy e Izod. (ASTM D6110-04, ASTM D256-10.)

todos empregando corpos de prova posicionados verticalmente, em um equipamento que tenha sensibilidade para determinar a energia absorvida durante fratura completa após um único golpe do martelo. Como no caso dos metais, o martelo deve se chocar na mesma face do entalhe, a uma altura de 22 mm do mesmo, conforme Fig. 9.3(c). Devido às diferenças de comportamento entre os materiais metálicos e os materiais poliméricos, estes últimos são ensaiados em equipamentos menores, específicos para polímeros, com massas e dimensões inferiores aos empregados em metais. Normalmente um equipamento Izod convencional para polímeros apresenta uma altura de queda de 610 mm, velocidade de impacto aproximadamente de 3,5 m/s, com comprimento efetivo do pêndulo variando de 330 a 400 mm, com ângulo de queda entre 30° e 60° acima do plano horizontal, implicando uma energia total dos equipamentos variando entre 2,7 J e 21,7 J (Fig. 9.17). Os corpos de prova devem apresentar largura entre 3 mm e 12,7 mm, com altura de 12,7 ± 0,2 mm e comprimento de 63,5 ± 2 mm, com entalhe em V com ângulo de 45° e profundidade de 2,54 mm e raio de 0,25 mm, sendo recomendado ensaiar de 5 a 10 corpos de prova para cada condição analisada. Para o caso de ensaios Charpy, o equipamento é o mesmo, com exceção do dispositivo de impacto na ponta do martelo e do suporte de fixação do corpo de prova, que requer um corpo de prova com 127 mm de comprimento, com os ensaios regimentados pela ASTM D6110-04.

10 Ensaio de Tenacidade à Fratura

Ensaio de tenacidade à fratura permite que se compreenda o comportamento dos materiais que contêm trincas ou outros defeitos internos de pequenas dimensões pela análise da máxima tensão que um material pode suportar na presença desses defeitos. O ensaio consiste na aplicação de uma força ou tensão de tração ou flexão em um corpo de prova confeccionado com um entalhe e uma pré-trinca obtida por fadiga, induzindo um ponto de triaxialidade ou de concentração de tensões. Graças aos resultados do ensaio na forma de curvas, conforme mostra a Fig. 10.1, é possível determinar o valor da intensidade de tensão que causa o crescimento da trinca e a consequente fratura do material. Dentre os principais parâmetros intrínsecos que exercem influência na tenacidade à fratura dos materiais — e em especial dos metais —, podem ser destacados a configuração geométrica do material estudado, as propriedades do material e o fator de intensidade de tensão (K).

Os principais fatores que devem ser considerados para o projeto de um componente e a seleção de um material para situações com a presença de trincas são: a **máxima tensão de trabalho** que o material deverá suportar (σ) e o **máximo tamanho de trinca** admissível ($2a$). Conhecendo essas variáveis, pode-se selecionar um material com determinada tenacidade à fratura para suportar condições de tensões com um tamanho de trinca máximo, ou, se o material foi selecionado e a tensão aplicada é conhecida, pode-se determinar o máximo comprimento da trinca que pode ser tolerada para que não ocorra a fratura.

A teoria da mecânica da fratura foi estudada primeiramente, por volta de 1920, por A. Griffith, que observou que uma trinca introduzida em um material submetido a uma determinada tensão apresentava um comportamento particular ou característico ao tipo de material e ao tamanho da trinca.

TEORIA DE GRIFFITH

Utilizando a análise de tensão para uma placa semi-infinita contendo uma trinca elíptica e submetida a um estado plano de tensões, Griffith estabeleceu relações entre a tensão aplicada e o comprimento da trinca, utilizando-se da configuração geométrica apresentada na Fig. 10.2, admitindo-se que a espessura é desprezível:

$$\sigma = \sqrt{\frac{2 \cdot E \cdot \gamma_s}{\pi \cdot a}} \tag{10.1}$$

A Eq. (10.1) fornece a tensão necessária para propagar uma trinca em um material frágil em função do tamanho da trinca. Como a tensão é inversamente proporcional à raiz quadrada do comprimento da trinca, um aumento de quatro vezes no comprimento da trinca irá corresponder a uma redução pela metade na tensão de fratura.

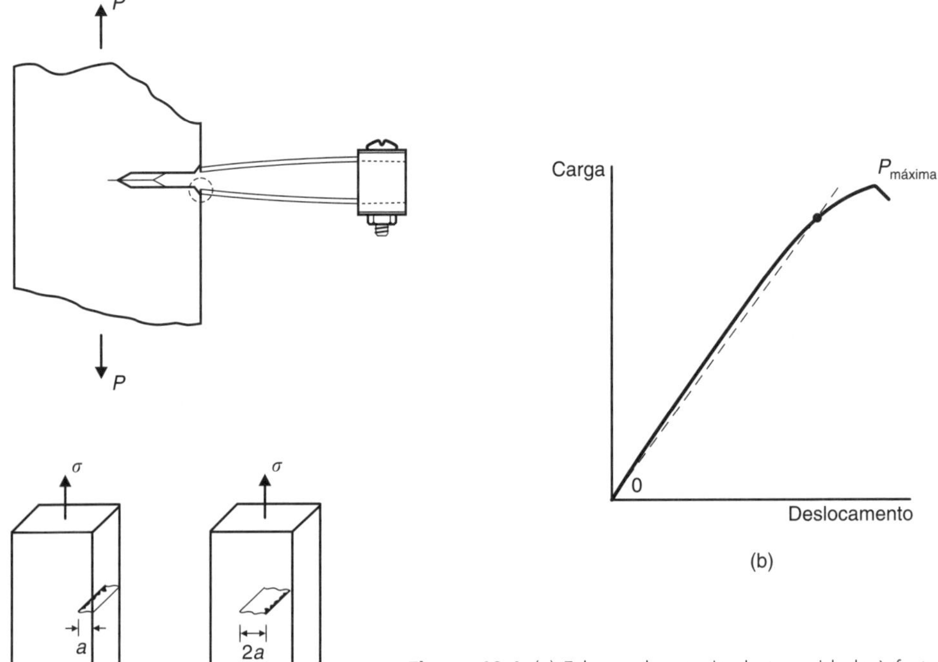

Figura 10.1 (a) Esboço do ensaio de tenacidade à fratura e representação dos corpos de prova. (b) Resultados obtidos pelo ensaio.

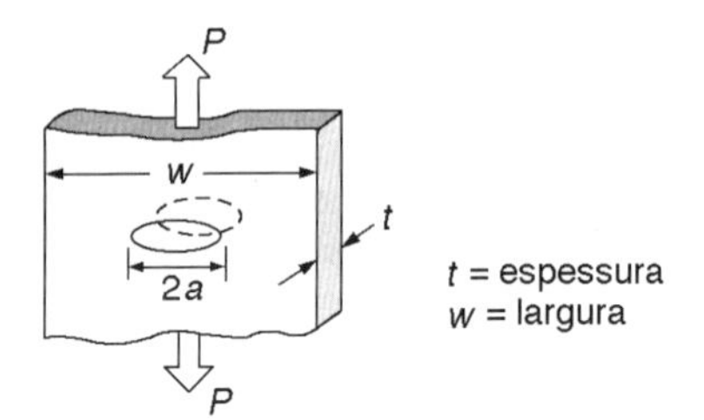

Figura 10.2 Esboço de uma trinca passante por uma placa submetida a esforços de tração.

Admitindo-se um estado de deformações e espessuras grandes, em comparação com o comprimento da trinca, tem-se:

$$\sigma = \sqrt{\frac{2 \cdot E \cdot \gamma_s}{\pi \cdot a \cdot (1 - \nu^2)}} \tag{10.2}$$

em que

E = módulo de elasticidade (Pa);
γ_s = energia superficial específica (Pa · m);
a = metade do comprimento da trinca (m);
ν = coeficiente de Poisson.

Entretanto, a teoria de Griffith não levava em conta a deformação plástica sofrida pelo material. Posteriormente, Irwin introduziu o termo relacionado à energia de deformação plástica:

$$\sigma = \sqrt{\frac{E \cdot \varsigma}{\pi \cdot a}} \tag{10.3}$$

em que ς é força de extensão da trinca ou taxa de dissipação de energia de deformação elástica, propriedade do material possível de ser obtida em laboratório, a qual indica que para um valor crítico (ς_c) a trinca se propagará rapidamente.

Para uma placa finita de largura (w) com uma trinca central de comprimento $2a$, a força de extensão da trinca para carregamento em condições de tração é dada por:

$$\varsigma = \frac{\sigma^2 \cdot w}{E}(1 - \nu^2) \cdot \text{tg}\left(\frac{\pi \cdot a}{w}\right) \qquad (10.4)$$

Dessas relações, pode-se observar que a resistência à fratura diminui com o aumento do comprimento da trinca.

FATOR DE INTENSIDADE DE TENSÃO (*K*)

Esse parâmetro serve como um fator que define a magnitude do campo de tensão causado por uma determinada trinca e depende fortemente da configuração geométrica da trinca e da carga aplicada. Existem várias funções determinadas para as mais variadas configurações de componentes e trincas, do tipo:

$$K = f(\sigma, a) \qquad \left(\text{MPa} \cdot \sqrt{\text{m}}\right) \qquad (10.5)$$

O valor crítico do fator de intensidade de tensão é usado para especificar a fratura frágil, e esse valor crítico é chamado de tenacidade à fratura (K_c). Quando se trata do modo de fratura I (ver item 10.3), este se torna (K_{Ic}).

A Tabela 10.1 apresenta valores de K_{Ic} para alguns materiais empregados em engenharia e sua correlação com o limite de escoamento desses materiais.

Tabela 10.1 Tenacidade à fratura em deformação plana (K_{Ic}) e limite de escoamento de alguns materiais à temperatura ambiente (segundo Callister, 1994)

Material	K_{Ic} $\left(\text{MPa} \cdot \sqrt{\text{m}}\right)$	σ_e (MPa)
	Metais	
Liga de alumínio (2024-T351)	36,0	325
Liga de alumínio (7075-T651)	29,0	505
Aço (4340 temperado e revenido a 260°C)	50,0	1640
Aço (4340 temperado e revenido a 425°C)	87,4	1420
Liga de titânio (Ti-Al-4V)	44,0-66,0	910
	Cerâmicos	
Óxido de alumínio	3,0-5,3	-
Vidro	0,7-0,8	-
Concreto	0,2-1,4	-
	Polímeros	
Metacrilato de metil (PMMA)	1,0	-
Poliestireno (PS)	0,8-1,1	-

É importante observar que o fator de intensidade de tensão para uma dada forma de defeito ou trinca pode envolver vários fatores de calibração, ou seja, $K = y_1 \cdot y_2 \cdot y_3 \cdot \sigma \cdot \sqrt{a}$, sendo y_1, y_2, y_3 funções de posicionamento da trinca, direção de propagação, entre outros.

ANÁLISE DE TENSÕES NAS TRINCAS

Com base em conceitos da teoria da elasticidade, foram convencionados três diferentes modos de fratura, envolvendo diferentes deslocamentos da superfície das trincas, conforme se vê na Fig. 10.3.

O Modo I, chamado de abertura ou tração, é o mais encontrado na prática de engenharia, e será considerado neste capítulo para os cálculos de ensaio. Assim, o valor da tenacidade à fratura é definido como K_{Ic}. O Modo II é conhecido na literatura como modo de deslizamento ou cisalhamento puro, e o Modo III, como modo de rasgamento.

A interação entre características dos materiais, como a tenacidade à fratura, e detalhes de projeto, tensões atuantes e o comprimento da trinca, é que determina as condições para a fratura. Assim, ao projetar-se determinado componente, deve-se selecionar materiais apropriados, os quais devem obedecer a relações do tipo:

$$K_{Ic} = y \cdot \sigma \cdot \sqrt{\pi \cdot a} \tag{10.6}$$

em que σ é a tensão de projeto e y é o fator adimensional correspondente à configuração geométrica do corpo de prova e da trinca.

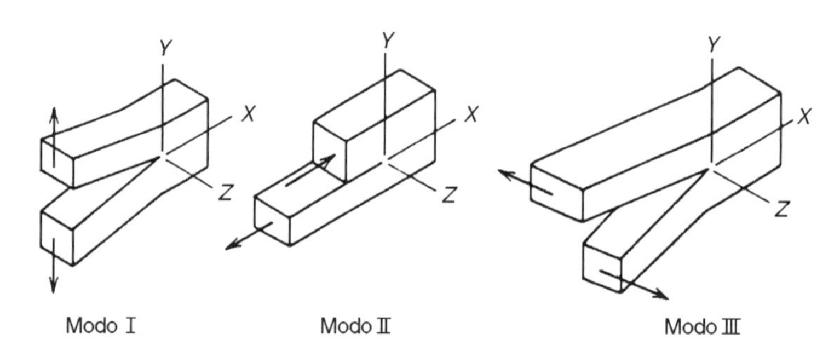

Figura 10.3 Modos básicos de deslocamento da superfície da trinca para materiais isotrópicos.

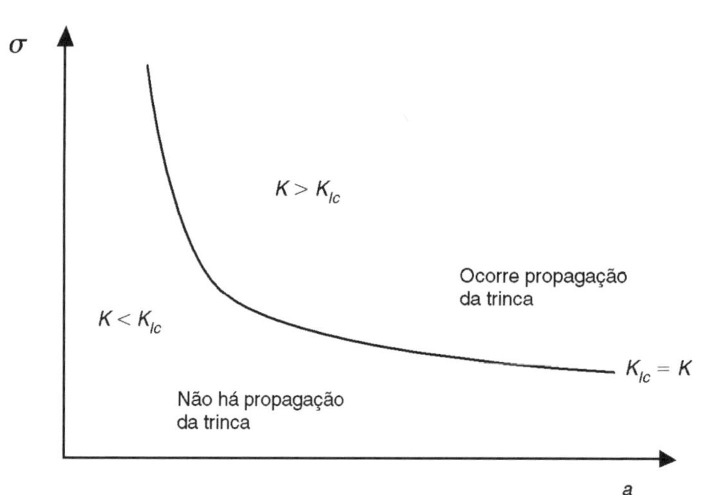

Figura 10.4 Esboço da relação tensão (σ) × comprimento da trinca (a).

O objetivo consiste em determinar K (fator de intensidade de tensão devido à presença de um defeito) para o projeto e comparar esse valor com o valor de K_{Ic} (característico) do material determinado por ensaios normalizados em laboratório (ASTM E399). Trabalhando a Eq. (10.6), tem-se:

$$\sigma = \frac{K_{Ic}}{y \cdot \sqrt{\pi \cdot a}} \tag{10.7}$$

a qual corresponde à máxima tensão admissível em função do comprimento da trinca.

A Fig. 10.4 mostra um esboço da relação entre o comprimento da trinca e a tensão admissível.

Para regiões mais distantes da ponta da trinca, observa-se um estado uniaxial de tensões, podendo-se considerar σ_x e σ_z nulos, restando apenas o componente na direção da tensão aplicada (σ_y). Mas, para regiões próximas da ponta da trinca, tem-se um estado triaxial de tensões, conforme mostra a Fig. 10.5.

Nesse caso, as tensões σ_x e σ_y podem ser determinadas por métodos analíticos e representadas pelas equações:

$$\sigma_x = \frac{K}{\sqrt{2 \cdot \pi \cdot r}} \cdot f_x(\theta) \tag{10.8}$$

$$\sigma_y = \frac{K}{\sqrt{2 \cdot \pi \cdot r}} \cdot f_y(\theta) \tag{10.9}$$

$$\tau_{xy} = \frac{K}{\sqrt{2 \cdot \pi \cdot r}} \cdot f_{xy} \tag{10.10}$$

em que

r = distância do ponto de análise até a ponta da trinca;
θ = ângulo formado entre o ponto analisado e a origem do sistema.

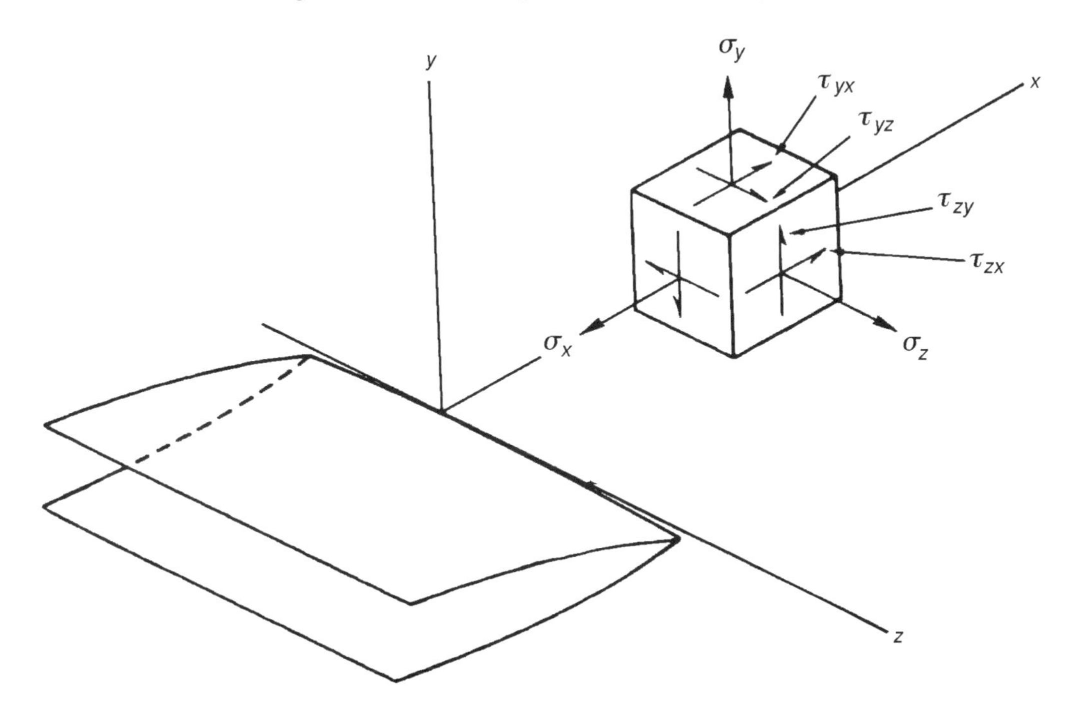

Figura 10.5 Sistema de coordenadas e estado de tensões em um elemento de volume próximo da ponta da trinca. (Segundo ASTM E399.)

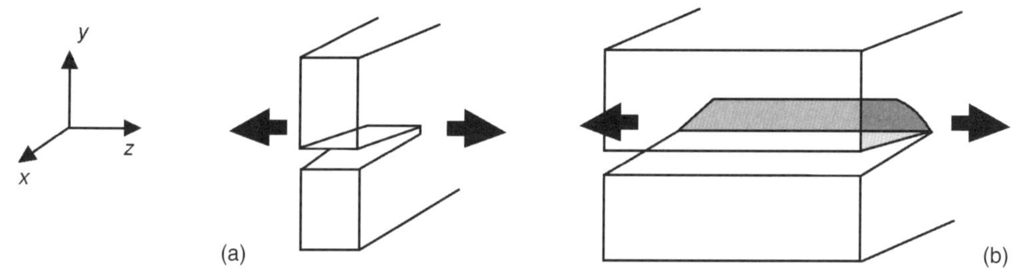

Figura 10.6 Estado de tensão em uma placa com uma trinca em função de sua espessura. (Adaptado de Hertzberg, 1995.)

No entanto, a dificuldade recai na determinação de σ_z, que pode ou não ser nula em função da espessura do corpo, levando a estados planos de tensões ($\sigma_z = 0$) ou a estados planos de deformações ($\varepsilon_z = 0$).

Para o caso de chapas finas, em que σ_z não pode aumentar apreciavelmente na direção da espessura, tem-se tensão plana. Em chapas grossas, cria-se uma condição de triaxialidade de tensões, denominada deformação plana, sendo:

$$\sigma_z = \nu \cdot (\sigma_x + \sigma_y) \tag{10.11}$$

A Fig. 10.6 apresenta essas duas condições limites para uma placa em função de sua espessura.

DIVISÃO DA MECÂNICA DA FRATURA E RESPECTIVOS ENSAIOS

A mecânica da fratura pode ser dividida em duas categorias em função do comportamento do material.

Linear-elástica (K_{Ic}, K_c)

Esta parte trata da propagação instável da trinca, caracterizando um modo de fratura frágil, que apresenta pequena deformação plástica na região próxima da ponta da trinca. Entre os principais parâmetros determinados nessa metodologia podem ser citados:

Tenacidade à Fratura em Deformação Plana (K_{Ic})

Este método de ensaio envolve o teste de um corpo de prova entalhado tendo uma pré-trinca causada por fadiga e solicitado a tensões de carregamento em tração ou flexão. Como resultado do ensaio, obtém-se um gráfico relacionando a carga aplicada e o deslocamento da abertura do entalhe. A carga correspondente a um incremento aparente de 2% no comprimento da trinca é estabelecida a partir de um desvio da região linear do gráfico, com o valor de K_{Ic} calculado para essa carga pela Eq. (10.6). O valor da tenacidade à fratura em deformação plana significa a resistência à propagação da trinca em condições severas de triaxialidade de tensões, em ambiente neutro e com níveis de crescimento da trinca $\Delta a = 2\%$, para o caso de deformações plásticas pequenas. Quando comparado com o tamanho da trinca e as dimensões do corpo de prova, esse resultado pode ser considerado o menor valor limite para a tenacidade à fratura.

Sugere-se obedecer à relação entre a espessura do corpo de prova e o comprimento da trinca, para que o ensaio possa ser validado segundo a expressão:

$$(t)\text{ e }(a) \geq 2{,}5 \cdot \left(\frac{K_{Ic}}{\sigma_e}\right)^2 \tag{10.12}$$

em que σ_e é o limite de escoamento do material (Pa).

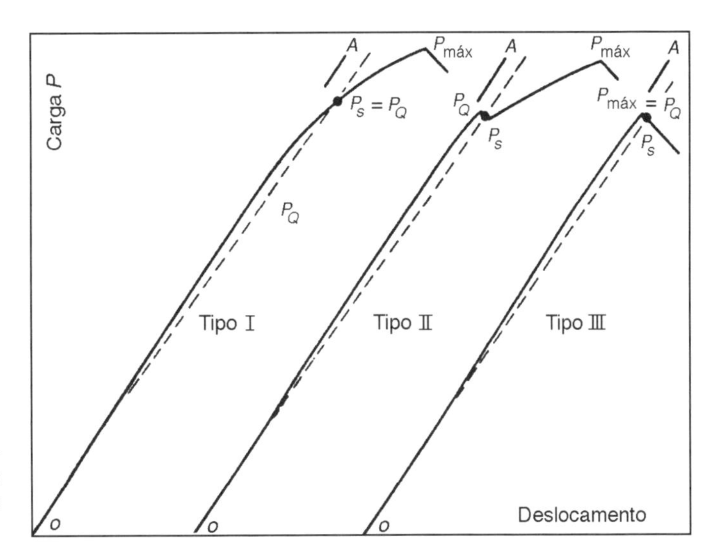

Figura 10.7 Tipos de resultados gráficos carga-deslocamento para o ensaio de tenacidade à fratura. (Adaptado de ASTM E399.)

Entre os tipos característicos de resultados obtidos no ensaio, podem-se destacar três principais, conforme representado na Fig. 10.7.

Como interpretação dos resultados do ensaio, é necessário primeiramente calcular um resultado condicional (K_Q) obtido graficamente. Assim, se K_Q satisfaz a Eq. (10.12), estabelece-se $K_{Ic} = K_Q$. Segundo a norma, o procedimento deve ser o seguinte:

- constrói-se uma reta secante partindo da origem, defasada 5% de inclinação da parte linear inicial da curva plotada, correspondendo a aproximadamente 2% de aumento no comprimento da trinca para ensaios em tração ou flexão;
- P_S é definida como a carga da interseção da secante OP_S com a curva;
- a carga P_S, utilizada para determinar K_Q, é determinada como:
  — se todas as cargas da curva desde a origem até a interseção com a secante forem menores que P_S, então considera-se $P_S = P_Q$ (tipo I da Fig. 10.7);
  — no entanto, se existirem cargas maiores que precedem P_S, como nos tipos II e III, então a carga máxima passará a ser P_Q.

Se a relação $P_{máx}/P_Q$ for menor que 1,1, as condições são aceitáveis. Assim, se K_Q satisfaz a Eq. (10.12), então $K_Q = K_{Ic}$; caso contrário, deve-se ensaiar um corpo de prova maior ou com um entalhe mais severo para atender às condições para validação do ensaio.

A Fig. 10.8 apresenta duas configurações de corpo de prova ensaiadas em tenacidade à fratura.

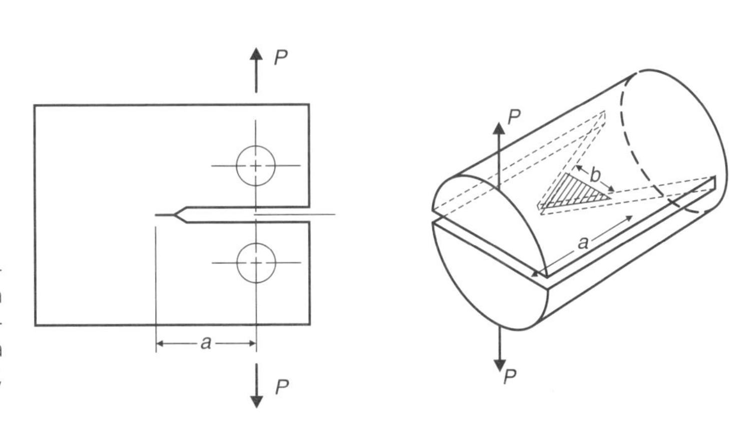

Figura 10.8 Configurações de corpos de prova: (a) compacto para ensaios com cargas de tração e pré-trinca; (b) entalhe *chevron* ou cunha mais utilizado para materiais frágeis, não necessitando de pré-trinca.

Exemplo 10.1

Corpos de prova idênticos foram preparados tendo como material aço-carbono temperado em duas condições distintas, conforme mostrado na Tabela 10.1. Adotaram-se como espessura dos corpos de prova ($t = 1$ cm) e como comprimento da trinca ($2a = 4$ cm). Se os corpos de prova forem ensaiados em tenacidade à fratura para deformação plana, essas características dimensionais de espessura e comprimento da trinca seriam válidas para o ensaio?

Da Eq. (10.12), tem-se: $$(t) \text{ e } (a) \geq 2{,}5 \cdot \left(\frac{K_{Ic}}{\sigma_e}\right)^2$$

Para o caso do aço liga 4340 temperado a 260 °C:

$$(t) \text{ e } (a) \geq 2{,}5 \cdot \left(\frac{50}{1640}\right)^2$$

e

$$(t) \text{ e } (a) \geq 0{,}002 \text{ (m)}$$

Como $t = 0{,}01$ m e $a = 0{,}04$ m são maiores que 0,002, essa condição seria válida.

Para o aço 4340 temperado e revenido a 425 °C:

$$(t) \text{ e } (a) \geq 2{,}5 \cdot \left(\frac{87{,}4}{1420}\right)^2$$

e

$$(t) \text{ e } (a) \geq 0{,}009 \text{ (m)}$$

Como $t = 0{,}01$ m e $2a = 0{,}04$ m são maiores que 0,009, essa condição também seria válida.

Tenacidade à Fratura em Tensão Plana (k_c)

Quando for o caso de estado de tensão plana, determina-se o valor da tenacidade à fratura em tensão plana (K_c) por métodos específicos (Hertzberg, 1995).

Elastoplástica (J, CTOD)

Esta parte da tenacidade à fratura estuda o início da propagação estável da trinca na região onde ocorre deformação plástica, e é fortemente influenciada pelas propriedades do material. Mais informações sobre definições, procedimentos de ensaio e análise dos resultados, entre outros detalhes, podem ser encontradas em Hertzberg, 1995 e na norma ASTM E813.

PROJETO DE COMPONENTES MECÂNICOS BASEADO NA TEORIA DA MECÂNICA DA FRATURA

Quando se projeta um componente mecânico, é de fundamental importância que se analisem fatores ou parâmetros que podem levar à fratura. De acordo com a Eq. (10.6), as três variáveis que devem ser consideradas são a tenacidade à fratura (K_{Ic}), que é função da seleção do material, o estado de tensão imposto (σ) e as dimensões e configurações da trinca (a).

Assim, ao projetar-se determinado componente, deve-se decidir quais das variáveis serão fixadas ou limitadas pela aplicação ou projeto e quais poderão sofrer mudanças e ser acompanhadas ou sujeitas ao controle do projeto. Por exemplo, para a seleção de um material apropriado que deva resistir a um ambiente agressivo ou que deva apresentar uma baixa massa específica, podendo-se citar, nesse caso, o emprego de uma liga de alumínio, fixa-se o valor de K_c, e os outros parâmetros são limitantes para o projeto. O nível de tensão do projeto é afetado por muitos fatores, como peso e esforços solicitantes, além do tamanho da trinca, que deve ser tolerado para que o componente não falhe. É interessante destacar que, quando dois dos fatores são fixados, o terceiro pode ser determinado ou estimado. Assim, conhecendo-se o material utilizado, e consequentemente K_c, o modo de solicitação e o comprimento da trinca no componente (a), o nível de tensão crítica admissível pode ser calculado para o Modo I por:

$$\sigma_c = \frac{K_{Ic}}{y \cdot \sqrt{\pi \cdot a}} \tag{10.13}$$

Se o nível de tensão é conhecido, o máximo tamanho da trinca será dado por:

$$a_c = \frac{1}{\pi} \cdot \left(\frac{K_{Ic}}{\sigma \cdot y} \right)^2 \tag{10.14}$$

Atualmente, uma grande variedade de técnicas de ensaios não destrutivos tem sido desenvolvida para permitir a detecção e a medida de trincas em componentes mecânicos, sejam superficiais ou internas ao material. Mais detalhes sobre as técnicas de ensaios não destrutivos serão apresentados no Cap. 12. É importante destacar que a utilização de tais inspeções é essencial para que não ocorra uma fratura inesperada quando o tamanho do defeito superar o valor crítico.

Exemplo 10.2

Um componente mecânico de grandes dimensões deve ser fabricado com ligas de alumínio, de diferentes propriedades mecânicas finais. A liga 2024-T351 apresentou limite de escoamento $\sigma_e = 325$ MPa e tenacidade à fratura de $K_{Ic} = 36$ MPa $\sqrt{m}$, ao passo que a liga 7075-T651 apresentou $\sigma_e = 505$ MPa e $K_{Ic} = 29$ MPa $\sqrt{m}$. Pergunta-se:

a) Se a espessura das chapas é de 10 mm, ter-se-á condição de deformação plana?
b) Em caso afirmativo, qual será o tamanho da trinca se for admitida uma tensão de trabalho de 200 MPa e $y = 1$?

Respostas

a) A condição de deformação plana é dada pela Eq. (10.12), resultanto em:

Para a liga 2024-T351:

$$(t) \text{ e } (a) \geq 2{,}5 \cdot \left(\frac{K_{Ic}}{\sigma_e} \right)^2 \quad \Rightarrow \quad (t) \geq 2{,}5 \cdot \left(\frac{36}{325} \right)^2 \quad (t) \geq 0{,}03 \text{ m}$$

Como $t = 0{,}01$ m, não se tem a condição de deformação plana.

Para a liga 7075-T651:

$$(t) \text{ e } (a) \geq 2{,}5 \cdot \left(\frac{K_{Ic}}{\sigma_e} \right)^2 \quad \Rightarrow \quad (t) \geq 2{,}5 \cdot \left(\frac{29}{505} \right)^2 \quad (t) \geq 0{,}008 \text{ m}$$

Como $t = 0{,}01$ m, a condição é satisfeita.

b) Aplicando-se a Eq. (10.14):

$$a_c = \frac{1}{\pi} \cdot \left(\frac{K_{Ic}}{\sigma \cdot y} \right)^2 \quad \Rightarrow \quad a_c = \frac{1}{\pi} \cdot \left(\frac{29}{505} \right)^2 \quad \Rightarrow \quad a_c = 0{,}0066 \text{ m}$$

$$a_c = 6{,}6 \text{ mm}$$

No caso da liga 2024-T351, não se tem deformação plana, já que sua espessura é muito pequena e ela deve ser aumentada para valores acima de 0,03 mm para que isso não ocorra. Para a liga 7075-T651, admitindo-se uma tensão de trabalho menor que σ_e, pode-se trabalhar com trincas com a inferior a 6,6 mm.

INFORMAÇÕES ADICIONAIS SOBRE O ENSAIO DE TENACIDADE À FRATURA

Este método de ensaio pode ser utilizado com os seguintes propósitos:

- Analisar a influência de parâmetros como composição, tratamento térmico e operações de fabricação (soldagem e conformação mecânica na tenacidade à fratura de materiais novos ou já existentes).
- Para controle da qualidade e especificações de aceitação na manufatura de componentes, nas ocasiões em que as dimensões do produto são suficientes para a confecção de corpos de prova requeridos para a determinação de K_{Ic}.
- Para a avaliação de um componente em serviço, estabelecendo a adequação do material para a aplicação especificada, quando as condições de tensão são predeterminadas.

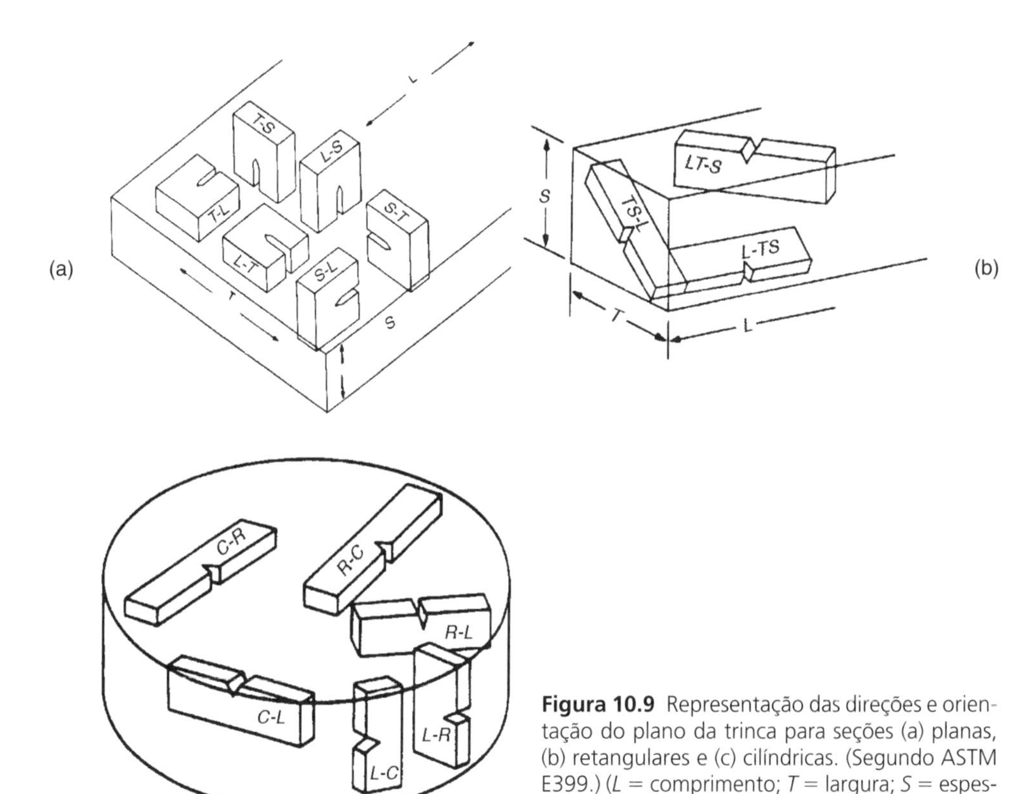

Figura 10.9 Representação das direções e orientação do plano da trinca para seções (a) planas, (b) retangulares e (c) cilíndricas. (Segundo ASTM E399.) (L = comprimento; T = largura; S = espessura; R = raio)

Normalmente, faz-se a identificação do plano e da direção da fratura em relação à geometria do produto. Essa identificação é feita por duas letras: a primeira representa a direção normal ao plano da trinca, e a segunda, a direção esperada da propagação da trinca, já que a tenacidade à fratura de um material depende da orientação e da propagação da trinca em relação à anisotropia do material, que é função direta do trabalho mecânico sofrido pelo material e da direção de crescimento do grão. A Fig. 10.9 mostra as direções referências para casos de geometria plana, retangular e cilíndrica e como elas são identificadas.

Quanto à formação da trinca por fadiga, os corpos de prova podem apresentar diversas configurações geométricas, objetivando facilitar a sua formação e o controle de comprimento, que deve estar compreendido entre 0,45 e 0,55 da largura. A pré-trinca de fadiga é produzida por um carregamento cíclico no corpo de prova entalhado com uma taxa de variação de tensão máxima e mínima de -1 e $+0{,}1$, para um número de ciclos usualmente entre 10^4 e 10^6. Esses ciclos são necessários à formação da trinca na raiz do entalhe e seu posterior crescimento, que é observada nas laterais do corpo de prova. Após a fratura do material, medidas do comprimento da pré-trinca de fadiga devem ser feitas novamente em três diferentes posições, extraindo-se um valor médio para ser utilizado nos cálculos.

A aparência da fratura também pode dar informações interessantes sobre o comportamento dos materiais ensaiados, devendo ser observada para cada ensaio. Tipos comuns de superfície de fratura são mostrados na Fig. 10.10.

Entre os principais fatores que influenciam o comportamento dos materiais no caso da tenacidade à fratura, podem ser citados:

— internos: anisotropia do material, composição química, tamanho de grão cristalino;
— externos: temperatura, taxa de deformação, meio ambiente.

Assim, alguns procedimentos podem melhorar as propriedades dos materiais em relação à tenacidade à fratura. A habilidade do material em resistir ao crescimento da trinca depende de grande número de fatores, entre eles:

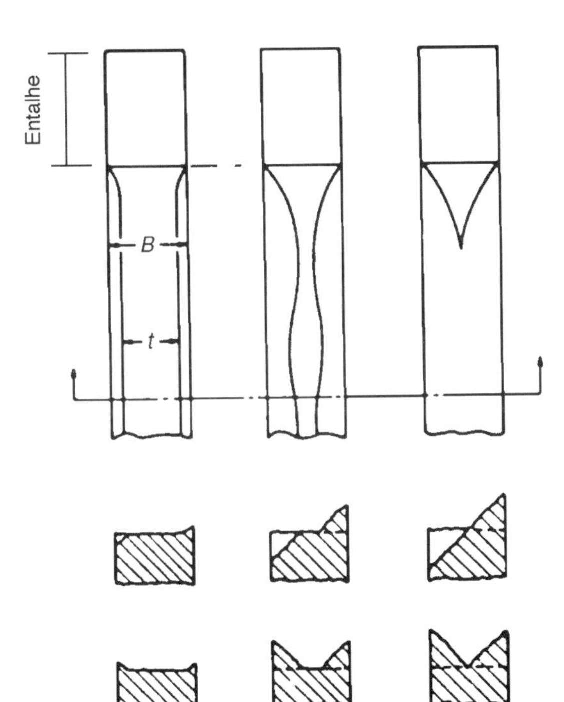

Figura 10.10 Tipos de aparência da superfície de fratura observada após realização do ensaio de tenacidade à fratura. (ASTM E399.)

— tamanho dos defeitos, que podem ser reduzidos por técnicas como limpeza de impurezas no metal líquido ou por conformação a quente das partículas, para reduzir o tamanho dos defeitos e melhorar a tenacidade à fratura;
— característica do material quanto à ductilidade, pois materiais dúcteis podem deformar-se na região próxima da ponta da trinca, impedindo o seu crescimento. Aumentando-se a resistência do material geralmente diminui-se a ductilidade, o que acarreta uma diminuição na tenacidade à fratura;
— espessura: materiais rígidos ou espessos têm uma menor tenacidade à fratura que materiais com espessuras delgadas;
— taxa de aplicação da carga, em que valores altos reduzem a tenacidade à fratura;
— aumento da temperatura, ocasionando um aumento nos valores de K_{Ic};
— refinamento do tamanho de grão cristalino, melhorando a resistência mecânica.

11 Ensaios de Fabricação

Ensaios de fabricação avaliam características intrínsecas do material na etapa de produção. Em geral, processos que envolvam a conformação de materiais — mais especificamente os metálicos — muitas vezes exigem o conhecimento do comportamento de determinada peça durante o processo de conformação. É comum utilizarem-se chapas ou fitas de espessura fina em processos de estampagem, ou ainda barras ou placas que devam ser dobradas ou curvadas, para dar a forma final de um determinado produto. Os ensaios de fabricação são utilizados para avaliar condições de conformação que evitarão o enrugamento ou trincas de bordas (no caso da estampagem de copos) ou geometrias de maior complexidade. São úteis, também, para determinar as condições de esforços envolvidos entre a ferramenta de conformação e o material de trabalho (Fig. 11.1). No caso do dobramento, os ensaios de fabricação têm grande valor na determinação do retorno de curvatura, devido à elasticidade do material, permitindo obter-se valores físicos sobre o ajuste que será necessário dar ao ângulo de giro para o qual uma determinada curvatura seja obtida. Esses ensaios são bastante aplicados na indústria de produtos obtidos por conformação plástica.

Os ensaios estudados até o momento objetivaram verificar a conduta de componentes ou materiais sujeitos a esforços específicos e os limites físicos desses tipos de esforços nas estruturas e na estabilidade, como por exemplo a ruptura e a formação de trincas, além de determinar características mecânicas inerentes a tais componentes ou ao material envolvido, como o módulo de elasticidade, tensões limites de tração e compressão, dureza superficial, vida e limite de resistência à fadiga e outros. Os ensaios de fabricação, ao contrário, objetivam determinar a conduta dos materiais envolvidos diretamente na fabricação, em geral nos processos que envolvam a conformação mecânica de chapas, tiras, tubos e outros, e através desses resultados determinar ou alterar os processos e os equipamentos envolvidos. Os processos de fabricação visam, principalmente, a conferir à peça a forma e as dimensões finais antes de sua aplicação direta na máquina ou na estrutura para a qual foi projetada. Este capítulo traz dois importantes tipos de ensaios de fabricação bastante utilizados pela indústria de conformação — o **ensaio de embutimento** e o **ensaio de dobramento**.

ENSAIO DE EMBUTIMENTO

O ensaio de embutimento tem como objetivo avaliar a estampabilidade de chapas e/ou tiras, relacionando características mecânicas e estruturais da peça com as máximas deformações possíveis de serem realizadas sem que ocorra ruptura (ASTM E643-84). Existem diversos tipos de ensaio para essa forma de avaliação, descritos em seguida e visualizados nas Figs. 11.1(a), (b) e (c):

- **ensaio Erichsen:** consiste na deformação de uma tira metálica (*blank* — corpo de prova) presa em uma matriz com um punção na forma esférica. Mede-se a máxima penetração do punção para a qual não tenha ocorrido a ruptura da tira;

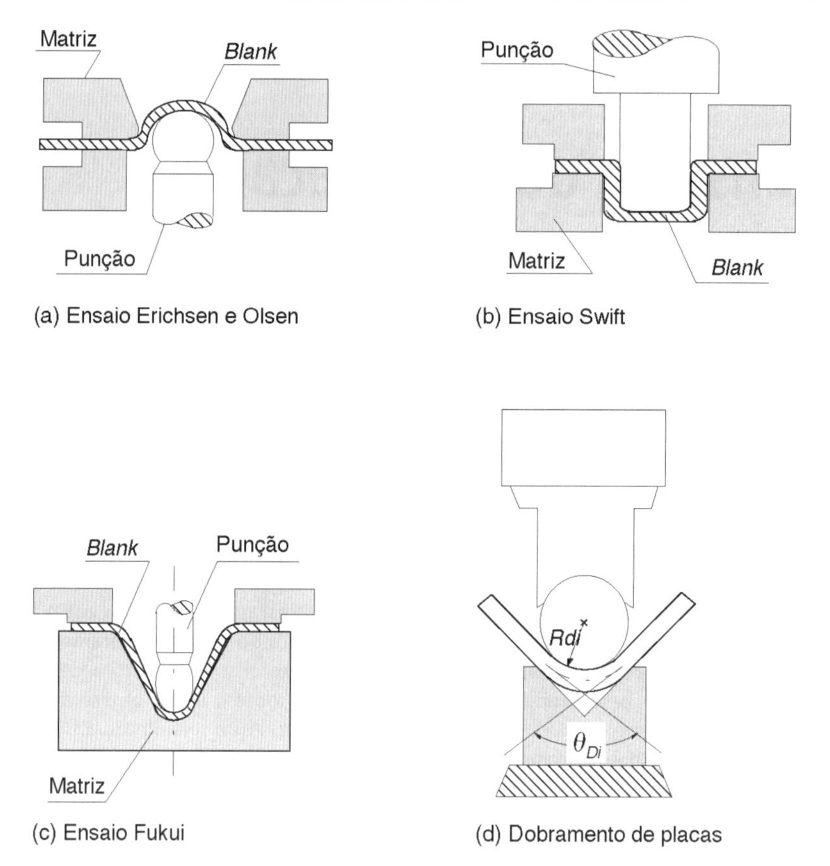

Figura 11.1 Esboço dos principais ensaios de fabricação: (a), (b) e (c) ensaio de embutimento e (d) ensaio de dobramento.

- **ensaio Olsen:** é semelhante ao ensaio Erichsen, com algumas alterações na dimensão do equipamento;
- **ensaio Swift:** consiste na deformação de um disco metálico (*blank*) preso em uma matriz com um punção na forma cilíndrica. Nesse caso, o resultado é obtido por meio da relação entre o diâmetro máximo do disco e o diâmetro do punção que provoca a ruptura da peça. Desse modo, esse método de ensaio exige a utilização de diversos corpos de prova, e é muito utilizado para análise de casos de estampagem profunda (*deep drawing*);
- **ensaio Fukui:** este tipo de ensaio consiste em conformar um disco metálico como um cone com vértice esférico. Exige a utilização de diversos corpos de prova, e é usado também para análise de estampagem profunda.

Estampagem Profunda ou Ensaio Swift

Na estampagem profunda, um disco metálico (*blank*) é colocado sobre uma matriz e é comprimido para o seu interior através de um punção, geralmente de forma cilíndrica. O objetivo da análise da estampagem profunda é determinar as relações geométricas entre o máximo diâmetro do disco e o mínimo diâmetro do punção possíveis para se conformar um copo cilíndrico sem que ocorram ruptura ou falhas superficiais. A Fig. 11.2 mostra um esboço do ensaio Swift.

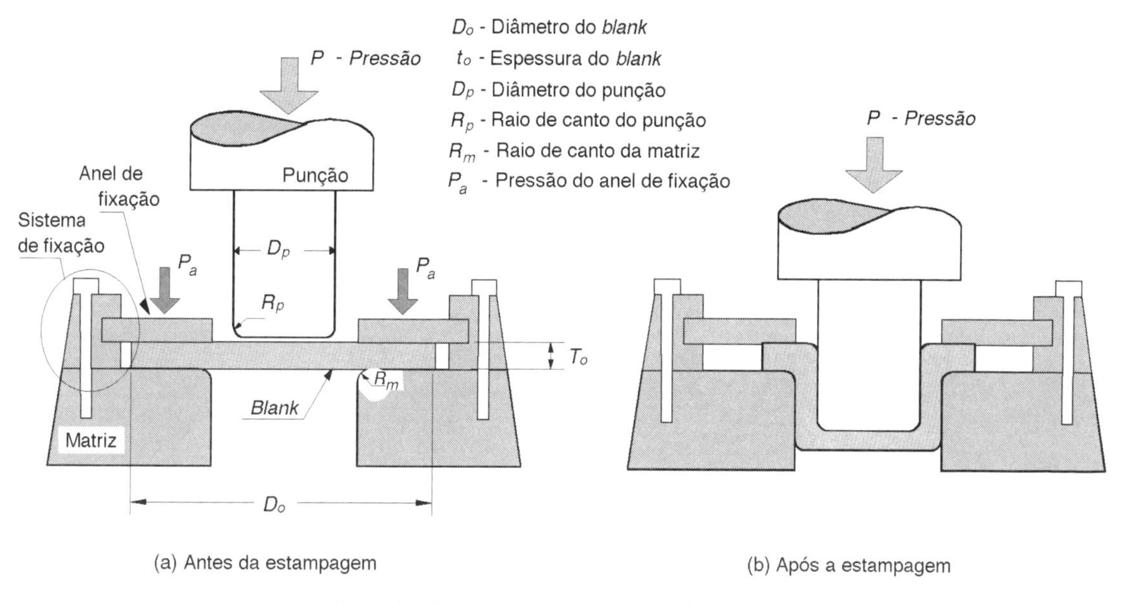

Figura 11.2 Ensaio de estampagem profunda — ensaio Swift.

Ao longo do processo de estampagem, o *blank* é submetido a diferentes tipos de conformação, até atingir a forma final, conforme visto na Fig. 11.3.

Na conformação, à medida que o punção desce sobre o *blank*, o metal situado logo abaixo do punção acomoda-se em torno do seu perfil, reduzindo sua espessura. Essa região será o fundo do copo após o final da conformação, e ao longo de todo o processo estará submetida a um estado biaxial (radial) de tração, conforme visto na Fig. 11.3(e). O metal situado ao redor da base do punção é deformado radialmente para o interior da matriz, reduzindo o diâmetro desde o tamanho original do *blank* (D_o) até o diâmetro de conformação, que corresponde ao diâmetro do punção (D_p). Assim, o metal sofre esforços de compressão na direção circunferencial e esforços de tração na direção radial, conforme mostra a Fig. 11.3(a). Nesta região, é necessário um sistema de pressão no anel de fixação que garanta a não formação de enrugamento da borda. Se isso ocorrer, esse enrugamento será transferido para o interior da matriz, podendo formar e propagar trincas que romperão lateralmente o copo. À medida que o metal caminha em direção à matriz, ele é dobrado e depois endireitado devido ao esforço trativo que ocorre na lateral do copo [Fig. 11.3(b)]. Nesta região, observa-se a ocorrência de deformação plana; além disso, em geral, essa região é responsável pela homogeneização da espessura da parede devida à ocorrência de estiramento uniforme, conforme mostra a Fig. 11.3(c). Além de todos os esforços observados na Fig. 11.3, deve-se considerar ainda o efeito do atrito que ocorre entre o *blank* e o punção e o *blank* e a matriz. Na região de formação do copo no interior da matriz, empregam-se comumente folgas da ordem de 10 a 20% da espessura do *blank*, além da utilização de lubrificação especificada em norma.

A força total do punção para a deformação completa do copo corresponderá ao somatório de todos os esforços envolvidos na deformação da peça, no atrito e na uniformização da espessura (devido ao estiramento). O esforço para a deformação ideal aumenta continuamente devido ao efeito do encruamento na conformação plástica. A força de atrito global é basicamente composta pelo atrito entre o *blank* e o anel de fixação, na borda do copo, que parte de um pico de esforço (atrito estático para o atrito dinâmico) e diminui continuamente devido à diminuição da área de material sob o anel de fixação. Caso não exista folga entre punção/*blank*/matriz, o atrito deve se estabilizar em um valor mínimo diferente de zero. A uniformi-

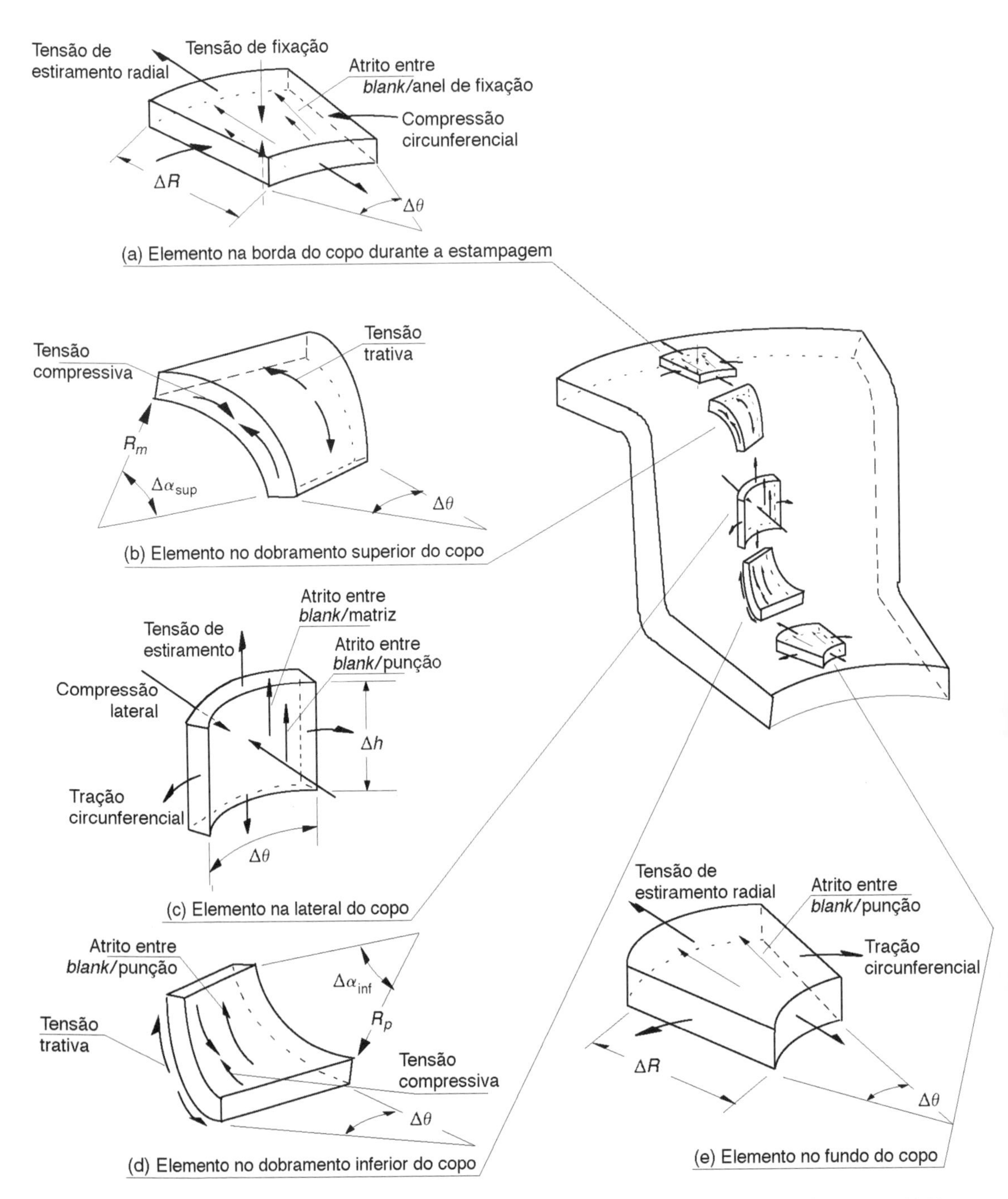

Figura 11.3 Tipos de deformação que ocorrem na estampagem profunda. (Adaptado de Ettore, 1991.)

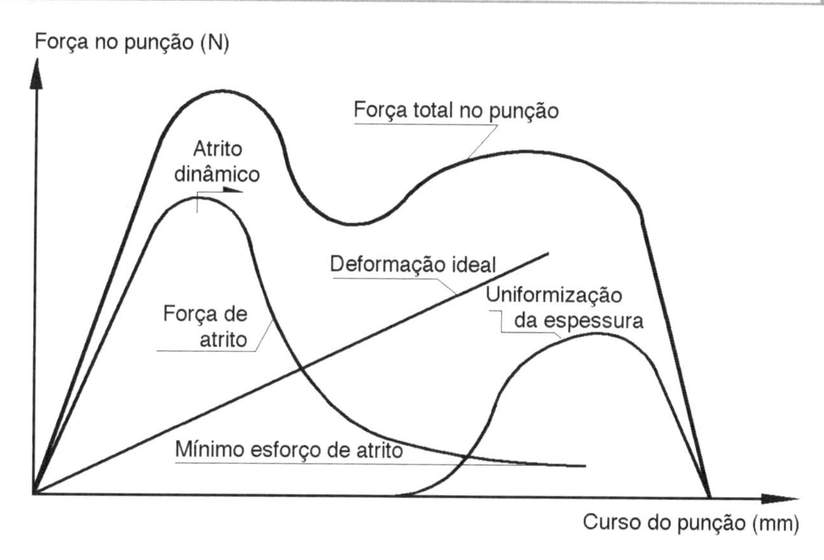

Figura 11.4 Tipos de esforços envolvidos na estampagem profunda. (Adaptado de Ettore, 1991.)

zação da espessura da parede deve ocorrer no final do processo, após toda a área do *blank* estar contida no interior da matriz. A Fig. 11.4 ilustra um esboço dos esforços envolvidos na estampagem e a força global do punção.

Segundo estudos teóricos, a carga total do punção pode ser aproximada pela seguinte equação:

$$F_p = \left[\pi \cdot D_p \cdot t_o \cdot (1{,}1 \cdot \sigma_0) \cdot \ln\left(\frac{D_o}{D_p}\right) + \mu \cdot \left(2 \cdot F_a \cdot \left(\frac{D_p}{D_o}\right)\right)\right] \cdot \exp\left(\mu \cdot \pi/2\right) + B \qquad (11.1)$$

em que

F_p = carga total do punção (N);
D_p = diâmetro do punção (mm);
t_o = espessura do *blank* (mm);
σ_0 = tensão plástica média do *blank* (MPa);
D_o = diâmetro inicial do *blank* (mm);
μ = coeficiente de atrito;
F_a = força no anel de fixação (N);
B = esforço gasto para dobrar e endireitar o *blank* (N).

A estampabilidade de um material corresponde à razão entre o diâmetro inicial do *blank* (D_o) e o diâmetro do copo estampado [ou o diâmetro do punção (D_p)], conforme mostra a Fig. 11.5. Deve-se observar que existe um diâmetro mínimo de copo possível de ser conformado em etapa única, ou seja, sem nenhum processo de recozimento ou recuperação e sem que ocorra ruptura. Estudos teóricos mostram que o diâmetro mínimo possível de ser conformado é dado aproximadamente por:

$$D_p \cong D_o \cdot \exp(-\eta) \qquad (11.2)$$

em que η corresponde à eficiência do processo, considerando as perdas por atrito, com $0 < \eta < 1$.

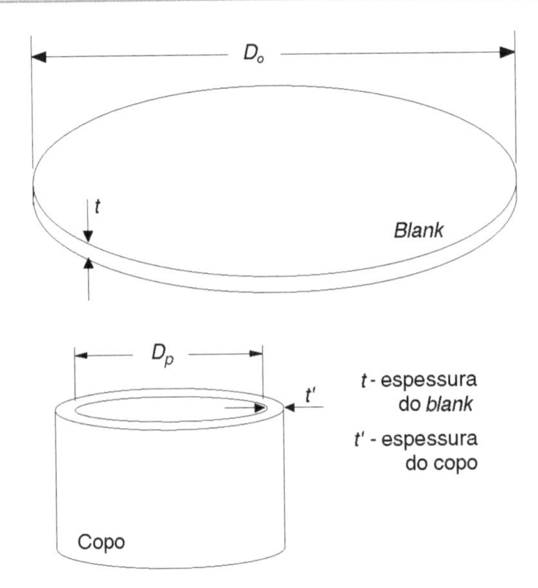

Figura 11.5 *Blank* e copo após a estampagem.

Exemplo 11.1

Para um *blank* com 150 mm de diâmetro e $\eta = 0{,}8$, tem-se que o mínimo diâmetro do copo será de 67 mm, independentemente da ductilidade que o material apresentar. Dessa forma, caso se deseje um copo com altura muito superior ao seu diâmetro, devem-se realizar diversas etapas de estampagem, e entre elas será necessário recozer o material pré-conformado.

Ensaio Erichsen

O ensaio Erichsen é um ensaio de padronização europeia para a avaliação da ductilidade de chapas metálicas. Outro ensaio semelhante é o ensaio Olsen, que difere do primeiro apenas no diâmetro do punção e da matriz. O ensaio Erichsen consiste em um punção de cabeça esférica que avança sobre uma fina chapa metálica (*blank*), presa em um sistema que aplica uma sobre-

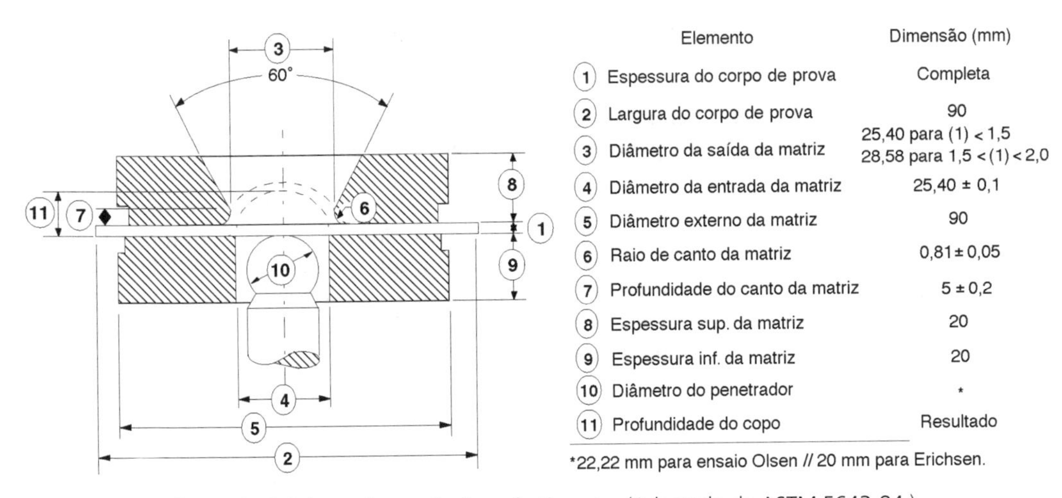

	Elemento	Dimensão (mm)
1	Espessura do corpo de prova	Completa
2	Largura do corpo de prova	90
3	Diâmetro da saída da matriz	25,40 para (1) < 1,5 28,58 para 1,5 < (1) < 2,0
4	Diâmetro da entrada da matriz	25,40 ± 0,1
5	Diâmetro externo da matriz	90
6	Raio de canto da matriz	0,81 ± 0,05
7	Profundidade do canto da matriz	5 ± 0,2
8	Espessura sup. da matriz	20
9	Espessura inf. da matriz	20
10	Diâmetro do penetrador	*
11	Profundidade do copo	Resultado

*22,22 mm para ensaio Olsen // 20 mm para Erichsen.

Figura 11.6 Esboço do ensaio de embutimento. (Adaptado da ASTM E643-84.)

pressão. O ensaio envolve estiramento biaxial, e o resultado é dado pelo avanço do punção sobre o metal até o instante em que ocorre a fratura. Os resultados podem variar com a velocidade de avanço do punção, a lubrificação do equipamento e do *blank* e, principalmente, em razão dos critérios para a determinação do fim de teste (início da fratura). A Fig. 11.6 mostra um esboço do ensaio com as dimensões características, segundo a norma ASTM E643-84.

Os *blanks* utilizados no ensaio podem ser circulares ou retangulares, e o mínimo comprimento ou diâmetro deve ser de 90 mm, e a espessura nominal da chapa deve estar entre 0,2 e 2,0 mm. A parte esférica do punção deve ter dureza de 62 HRC, e a superfície da matriz (do topo até a base) deve ter dureza superior ou igual a 56 HRC. A velocidade de avanço do punção deve estar entre 0,08 e 0,40 mm/s, e próximo à ruptura a velocidade pode ser reduzida para se obter maior precisão. Em geral, devido à dispersão dos resultados, deve-se ensaiar pelo menos seis chapas e indicar a média dos valores de avanço do punção.

No relatório de ensaio, devem ser registradas as seguintes informações:

— tipo de material;
— espessura do *blank*;
— método da determinação de fim de ensaio;
— número de elementos de ensaio;
— tipo de lubrificante utilizado;
— valor médio e desvio padrão dos resultados obtidos;
— valor médio da carga máxima atingida nos ensaios;
— método de avanço do punção (constante ou proporcional);
— variação da força no punção (se for um parâmetro conhecido).

ENSAIO DE DOBRAMENTO

O ensaio de dobramento é utilizado para análise da conformação de segmentos retos de seção circular, quadrada, retangular, tubular ou outra em segmentos curvos. O dobramento é bastante utilizado na indústria de produção de calhas, tubos, tambores, e de uma grande variedade de elementos conformados plasticamente. No dobramento de uma chapa, devem-se analisar parâmetros como o encruamento do material e o raio mínimo em que este pode ser dobrado sem que ocorra a ruptura, o retorno elástico do dobramento após a retirada da carga e a formação de defeitos na região dobrada. A Fig. 11.7 mostra um detalhe do dobramento de uma chapa ou tira e as respectivas variáveis de análise da peça.

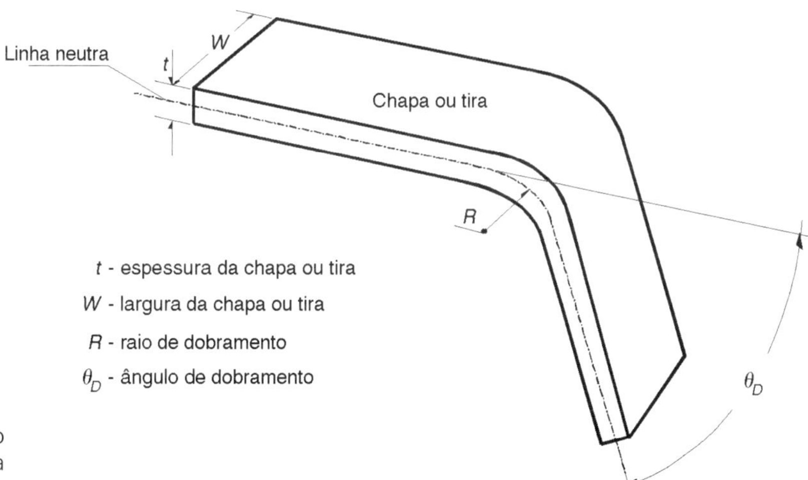

Figura 11.7 Esboço do dobramento de uma tira ou chapa.

A teoria fundamental do dobramento é semelhante àquela vista no ensaio de flexão. Contudo, na região de deformação ocorre uma diminuição da espessura nominal do corpo de prova, já que essa diminuição de espessura é tanto menor quanto menor for o raio de curvatura. Cálculos teóricos mostram que a deformação convencional que ocorre nas fibras internas e externas da chapa é dada por:

$$\varepsilon_{ext} = -\varepsilon_{int} = \frac{t}{2 \cdot R + t} \tag{11.3}$$

Entretanto, resultados experimentais mostram que a deformação nas fibras externas é superior àquela fornecida pela Eq. (11.3).

A Fig. 11.8 mostra o esboço de um aparato experimental do ensaio de dobramento de chapas, onde se pode observar que, depois da retirada da força de dobramento, o raio final (R_{df}) após o dobramento é maior do que o raio de conformação durante o dobramento (R_{di}). Esse efeito é conhecido como efeito mola, ou recuperação elástica do material conformado (*spring-back effect*).

Complexos cálculos teóricos mostram a dependência da recuperação elástica (efeito mola) como função do módulo de Poisson (ν), do índice de encruamento (n), do coeficiente de resistência (k) e do módulo de elasticidade do material (E), conforme a Eq. (11.4).

$$\frac{R_{di}}{R_{df}} = 1 - \frac{3 \cdot k \cdot (1-\nu^2)}{(2+n) \cdot 0{,}75^{(1+n)/2}} \cdot \left(\frac{2 \cdot R_{di}}{t}\right)^{(1-n)} + \left[\left(\frac{2 \cdot R_{di}}{t}\right) \cdot \left(\frac{k}{E}\right)^{1/(1-n)}\right]^3 \cdot$$

$$\left[\frac{3 \cdot (1-\nu^2)^{(3+n)}}{0{,}75^{(1+n)/2} \cdot (2+n) \cdot (1-\nu+\nu^2)^{(2+n)/2}} - \frac{(1-\nu^2)^3}{(1-\nu+\nu^2)^{1{,}5}}\right] \tag{11.4}$$

Entretanto, em um trabalho de Sachs (Sachs, 1951), o efeito mola foi descrito por uma equação muito mais simplificada, dada por:

$$\frac{R_{di}}{R_{df}} = \frac{180 - \theta_{df}}{180 - \theta_{di}} \tag{11.5}$$

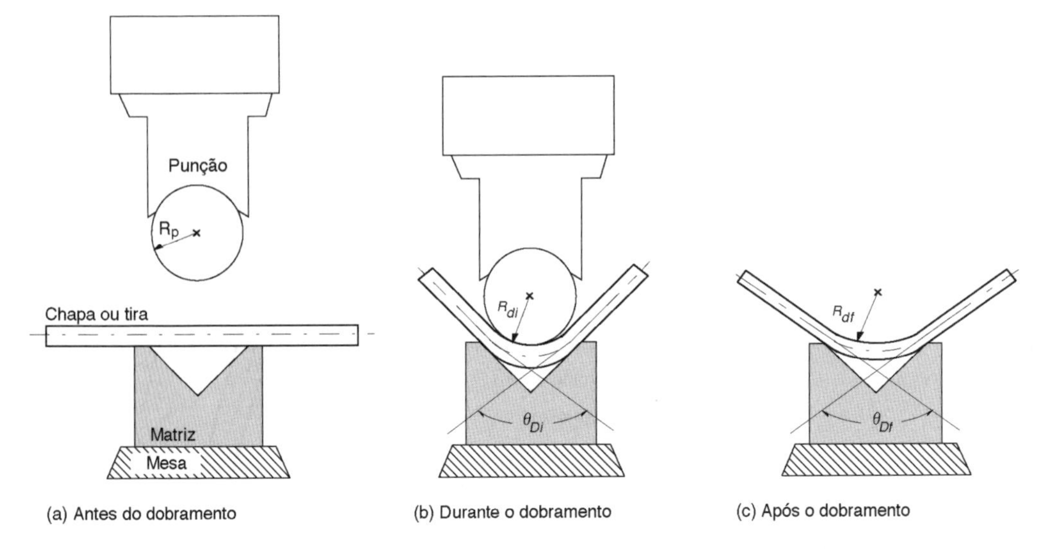

Figura 11.8 Aparato experimental do ensaio de dobramento.

É importante observar que a Eq. (11.5) apenas expressa uma relação geométrica do dobramento, não levando em conta as características físicas do material de ensaio. Outro trabalho que inclui diversas ligas de alta temperatura (Dieter, 1988) indica que o efeito mola pode ser aproximado por:

$$\frac{R_{di}}{R_{df}} = 4 \cdot \left(\frac{R_{di} \cdot \sigma_0}{E \cdot t} \right) - 3 \cdot \frac{R_{di} \cdot \sigma_0}{E \cdot t} + 1 \tag{11.6}$$

Entretanto, na prática, a maneira mais evidente de compensar o efeito mola é dobrar o material até um raio de curvatura menor que o desejado, e no retorno do material este atinge o raio final especificado.

A ASTM especifica diversos tipos de ensaio para a avaliação do dobramento de chapas e tiras metálicas; alguns deles são citados a seguir:

- ASTM E290-97 – Trata do dobramento semiguiado para a avaliação da ductilidade de metais.
- ASTM E190-92 – Trata da análise do dobramento de soldas em chapas metálicas.
- ASTM E855-90 – Trata da determinação do módulo de elasticidade pelo dobramento de chapas.
- ASTM A438-80 – Trata da conduta de dobramento transversal em barras de ferro fundido cinzento.

12 Ensaios Não Destrutivos

Na indústria mecânica, em particular na aeronáutica, é muito comum a necessidade de inspecionar máquinas e peças durante o período de vida útil. Nesses casos, não será possível a destruição da peça ou do componente a ser testado, uma vez que, após inspecionado, ele deverá ser recolocado no sistema de origem. A nucleação de trincas de fadiga ou imperfeições internas em produtos acabados poderá comprometer o sucesso do componente em operação. Nesses casos particulares, o engenheiro deverá recorrer aos **ensaios não destrutivos** dos materiais. Esses ensaios permitem analisar a peça obtendo informações tanto quantitativas quanto qualitativas sobre a integridade de um componente mecânico, permitindo assim ao profissional encarregado garantir sua substituição antes que tal componente falhe em operação. Os ensaios não destrutivos são amplamente utilizados nos setores de manutenção e inspeção de máquinas e motores, e, dependendo do tipo de ensaio a ser aplicado, podem proporcionar baixos custos de utilização, praticidade e rapidez de ensaio. A Fig. 12.1 apresenta alguns dos tipos principais de ensaios não destrutivos utilizados industrialmente.

Os ensaios não destrutivos são ensaios que, quando realizados sobre peças semiacabadas ou acabadas, não prejudicam nem interferem com o futuro das mesmas (no todo ou em parte). Em outras palavras, são ensaios que não deixam vestígios de sua utilização na peça ensaiada.

Peças metálicas, ou elementos de estrutura, podem falhar em serviço de três maneiras distintas:

a) excesso de deformação plástica;
b) excesso de deformação elástica;
c) ruptura.

A ruptura de peças metálicas é subdividida em quatro espécies principais:

a) fratura frágil;
b) fratura dúctil;
c) fratura por corrosão;
d) fratura por fadiga.

Estudos mostram que 90% das falhas mecânicas em componentes metálicos se dão por fadiga. A resistência dos metais à fadiga é drasticamente reduzida pelas descontinuidades nos metais. Na maioria das peças metálicas que falham em serviço por rupturas bruscas provocadas pelo fenômeno de fadiga, observa-se que é nitidamente constatada nas fraturas a existência de um "núcleo inicial", isto é, o início da fissura coincide com os locais de concentração de tensão. Os elementos que caracterizam um ponto de concentração de tensão podem ser dados por má elaboração do projeto da peça, como furos, chanfros, seções incorretas etc., ou por motivos metalúrgicos, como porosidade, bolhas, escória etc.

Os ensaios não destrutivos permitem a inspeção de uma peça antes de sua utilização inicial ou também inspeções contínuas ao longo da vida útil de uma determinada peça, apontando o momento exato de sua substituição antes mesmo de sua ruptura em serviço.

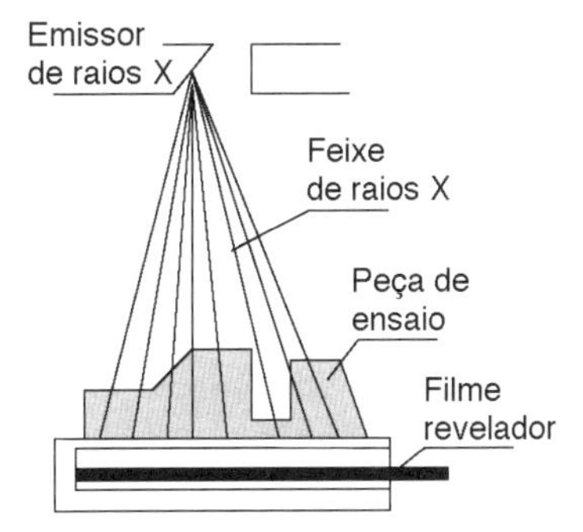

Raios X e raios γ (gamagrafia)

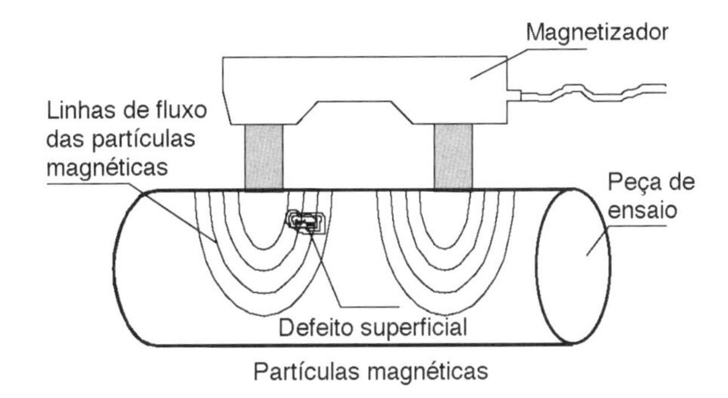

Partículas magnéticas

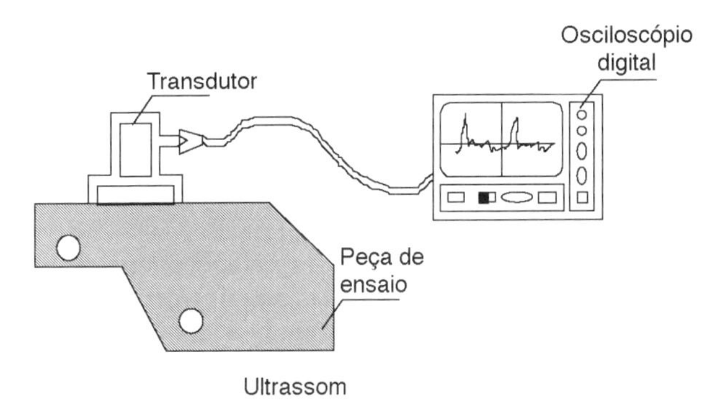

Ultrassom

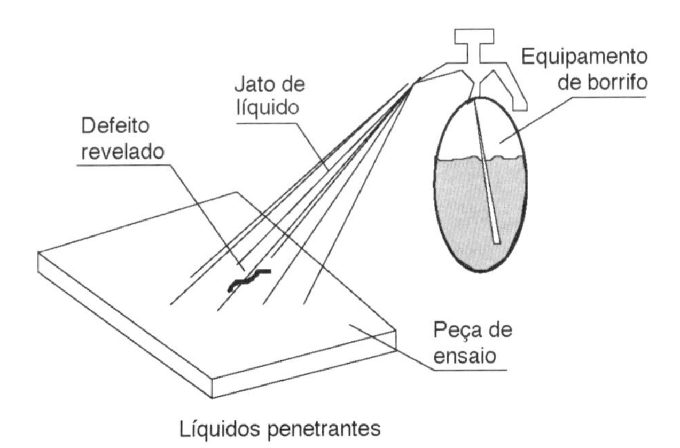

Líquidos penetrantes

Figura 12.1 Ensaios não destrutivos mais utilizados.

As principais vantagens dos ensaios não destrutivos são:

- Os ensaios são realizados diretamente nos elementos a serem utilizados posteriormente; consequentemente, eles anulam a dúvida quanto ao elemento.
- Os ensaios podem ser realizados em todos os elementos constituintes de uma estrutura, se economicamente justificável.
- Várias regiões críticas de uma mesma peça podem ser examinadas simultânea ou sucessivamente.
- Os ensaios auxiliam a manutenção preventiva, permitindo repetições de ensaio em uma ou em várias unidades, durante um período de tempo.
- Materiais e peças de altos custos de produção não são perdidos pelos ensaios.
- Em geral, eles requerem pouca ou nenhuma preparação de amostras, podem ser portáteis e comumente mais baratos e mais rápidos que os ensaios destrutivos.

Esses tipos de ensaios também têm algumas desvantagens:

- Por envolverem medições indiretas de suas propriedades, o comportamento em serviço da peça ensaiada é resultado de um significado indireto.
- São, em geral, qualitativos e poucas vezes quantitativos.
- Na interpretação das indicações dos ensaios, são necessárias experiências prévias.

Os tipos de defeitos para os quais se requerem os ensaios não destrutivos podem ser classificados em três grupos:

a) defeitos inerentes: introduzidos durante a produção inicial da matéria-prima ou da peça básica;
b) defeitos do processo: introduzidos durante processamento do material ou da peça;
c) defeitos de serviço: introduzidos durante o ciclo de utilização do material ou da peça.

Alguns dos tipos de defeitos ou variações estruturais que podem ser incluídos nesses três grupos são: trincas e fissuras (superficiais, subsuperficiais e internas); defeitos típicos de fundição, laminação, usinagem e de recobrimento; faltas de continuidade, inclusões e segregações; falta de penetração de soldas; defeitos originados por fadiga; defeitos ocasionados por corrosão. Também podem ocorrer variações quanto ao tamanho do grão, ao tratamento térmico e à composição química do material ou da peça.

O exato conhecimento das condições de trabalho da peça deve servir de guia para o estabelecimento de critérios de qualidade que especifiquem quando uma falta qualquer de homogeneidade, como aquelas já mencionadas anteriormente, constitui ou não um defeito de importância principal ou secundária, ou, ainda, sem importância alguma.

ESPECIFICAÇÕES TÉCNICAS

Praticamente todas as formas de energia conhecidas são utilizadas como "meio de inspeção", originando os diversos métodos. As várias propriedades e descontinuidades dos materiais a serem determinadas motivaram a aplicação de diferentes formas de energia, gerando novos métodos e técnicas. Em razão disso, destacam-se os seguintes métodos de ensaios não destrutivos:

- Visual
- Pressão e vazamento
- Líquidos penetrantes
- Radiografia com raios X
- Radiografia com raios γ
- Ultrassom
- Magnéticos
- Elétricos
- Eletromagnéticos
- Térmicos

Um grande número de fatores deve ser considerado quando da procura e da seleção do melhor tipo de ensaio a ser realizado, além da melhor técnica a ser aplicada para examinar uma peça. Entre os principais fatores, podem-se citar:

— tipo de material da peça quanto às características magnéticas, de massa específica (densidade), de composição;
— processos de fabricação aplicados à peça (fundição, forjamento, processo de revestimento etc.);
— geometria da peça (forma, dimensões, condições superficiais);
— defeitos possíveis esperados (superficiais, subsuperficiais, internos, localização e tamanho dos defeitos, qualificação quanto à sua importância);
— estágios em que aparece o defeito (na elaboração da matéria-prima, na fabricação da peça, na sua utilização).

A aplicação dos ensaios não destrutivos nas indústrias metalúrgica e mecânica é estudada do ponto de vista técnico, selecionando-se o método e a técnica corretos associados ao fator econômico. Sempre há a necessidade de comparar-se o custo dos ensaios não destrutivos com a economia nos custos de produção trazida pelos mesmos. Alguns fatores que entram nesse estudo técnico-econômico são os seguintes: custo da mão de obra (no ensaio), custos dos materiais de consumo (no ensaio), custos das energias consumidas pelos equipamentos, custos da área destinada à inspeção dos equipamentos, sua depreciação e seguro.

Os custos anteriormente mencionados variam enormemente, e as mais importantes variáveis são as seguintes:

— número de peças que serão inspecionadas;
— tamanho e peso das mesmas;
— facilidades de manejo das peças no recinto da fábrica;
— sistemas de inspeção adotados (manuais ou mecânicos);
— sensibilidade do ensaio;
— porcentagem de peças defeituosas "encontradas" pela aplicação do ensaio;
— grau de instrução dos operadores e inspetores.

Um dos ensaios não destrutivos mais antigos e utilizados é o **ensaio visual**, que consiste na observação visual do produto ou da peça. Se a peça apresentar uma falha passível de identificação a olho nu, o processo será interrompido antes da próxima etapa. Nesse ensaio, a experiência do operador ou inspetor exerce grande influência nos resultados.

O **ensaio de pressão e vazamento** é bastante empregado para verificar as condições de tubulações, vasos de pressão, reservatórios, recipientes etc. O ensaio utiliza um fluido (líquido ou gás) para detectar defeitos em peças ou produtos que não devam apresentar vazamentos. Como exemplo, pode-se citar o método utilizado pelos borracheiros para localizar furos nas câmaras de ar de automóveis, introduzindo a câmara em um recipiente com água e localizando o vazamento.

A seguir, descrevem-se, com mais detalhes, os ensaios não destrutivos mais empregados nas indústrias e nas pesquisas, destacando-se: raios X, raios γ, ultrassom, partículas magnéticas, líquidos penetrantes e tomografia computadorizada.

EMISSÃO DE RAIOS X E RAIOS γ

Raios X

O exame de raios X é um método não destrutivo de detecção da presença de descontinuidades na massa do material, como inclusões, bolhas, mudanças de massa específica (densidade), microtrincas etc. O processo emprega a energia proveniente dos chamados raios X, descobertos por Roentgen em 1895. Esse método de inspeção é conhecido como **radiografia, xerografia** ou **fluoroscopia**. Na indústria, o ensaio é utilizado com três propósitos: investigação, inspeção de rotina e controle da qualidade, tanto no produto final como nas etapas intermediárias de um processo de fabricação. Certas propriedades dos raios X são importantes na aplicação prática como meio de exames dos materiais, podendo-se citar: capacidade de penetração nos materiais; diferença na absorção da energia para diferentes materiais; propagação das ondas em linha reta; capacidade de afetar um filme radiográfico; capacidade de ionizar gases; capacidade de estimular ou destruir vida nos materiais; invisibilidade etc.

Os comprimentos de onda dos raios X, em comparação com a luz visível, são pequenos — variam de 0,01 Å a 1,0 Å. Consistem em um feixe de elétrons altamente acelerados por meio do choque entre duas placas de alta tensão (cátodo e ânodo). O cátodo consiste em uma bobina de fio de tungstênio, e o ânodo, em um disco de tungstênio ou molibdênio (placa).

O **cátodo** (eletrodo negativo), formado basicamente de um filamento de tungstênio, quando aquecido pela passagem da corrente elétrica, emite elétrons em alta velocidade, que são focalizados e atraídos pelo **ânodo** (eletrodo positivo) formado por um disco de tungstênio, por meio de uma alta diferença de potencial estabelecida entre o cátodo e o ânodo. A corrente do filamento (cátodo) do tubo garante uma maior ou menor quantidade de elétrons emitidos, e a tensão filamento-placa (ou cátodo-ânodo) permite a maior ou a menor aceleração dos elétrons. O choque desses elétrons — carregados de alta energia cinética — com o ânodo provoca a emissão de raios X dentro de uma determinada frequência. A alta tensão entre cátodo e ânodo determina o comprimento de onda dos raios X, atuando no sentido inverso, isto é, uma alta tensão produz um baixo comprimento de onda, e, por sua vez, um alto comprimento de onda é obtido por uma baixa tensão de cátodo-ânodo.

No processo de geração de raios X, a maior parte da energia é liberada na forma de calor, e somente cerca de 1% da energia resultante do impacto da corrente de elétrons com o disco é emitida na forma de raios X. O restante da energia é liberado na forma de calor, resultando no aquecimento do disco, tornando então necessário um sistema de refrigeração eficiente no sistema e evitando assim a fusão do metal e a consequente destruição do tubo.

A Fig. 12.2 apresenta um esboço funcional do bulbo de vidro com alto vácuo onde são produzidos os raios X.

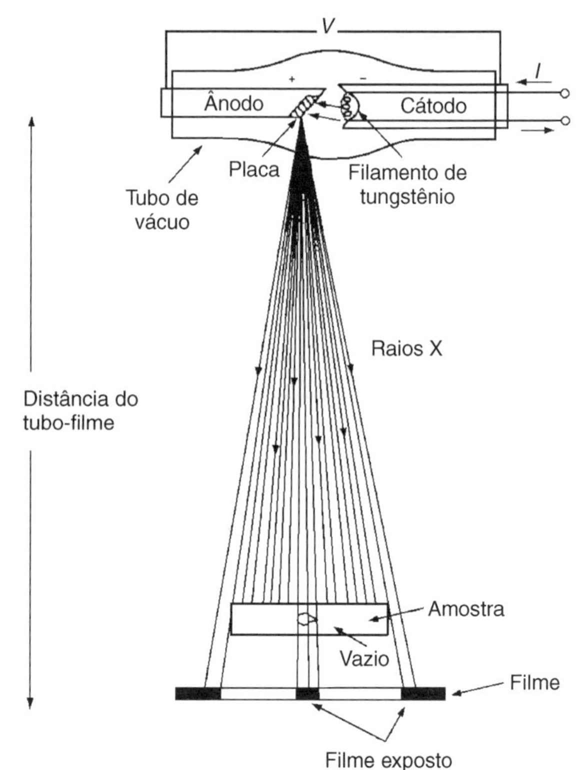

Figura 12.2 Esquema representativo do bulbo de vidro com alto vácuo para a produção do feixe de raios X.

Devido ao baixo comprimento de onda (λ) emitido pelos raios X, estes são altamente penetrantes no material, e têm a capacidade de sensibilizar um filme fotográfico de emulsão na saída do material. Contudo, sua **intensidade de emissão** varia segundo a equação:

$$I = I_0 \cdot e^{-\mu \cdot x} \tag{12.1}$$

em que

I_0 = intensidade inicial dos raios X;
x = espessura do material absorvente;
μ = coeficiente de absorção linear (fator dependente do material ou liga e do comprimento de onda);
I = intensidade emergente da radiação de raios X.

Desse modo, a revelação do filme de absorção do feixe emergente apresentará as posições das falhas contidas no interior do material. Se um feixe de raios X é direcionado normalmente à superfície de um material, uma alta percentagem desses raios incidentes irá penetrar e atravessá-lo, emergindo do lado oposto. Dependendo da espessura do material analisado, os raios podem ser absorvidos pela massa e não o atravessar. No entanto, se a espessura for fina e o material livre de descontinuidades, os raios emergentes terão a mesma intensidade no lado oposto da peça. Assim, se o material apresentar quaisquer descontinuidades, sejam bolhas, impurezas, vazios, diferentes composições químicas, entre outras, o feixe emergente apresentará intensidade variável. Essa diferença torna possível o estudo das características internas do material.

A variação do feixe ao atravessar a peça é obtida empregando-se um filme radiográfico fotossensível, que produz um esboço da imagem, apresentando diferenças de tonalidade ou contraste em função da intensidade dos raios X que incidem sobre o mesmo. A Fig. 12.3 apresenta um exemplo do efeito de absorção de uma peça comum a esse ensaio. O esboço de um filme radiográfico de uma peça metálica com porosidade acentuada é mostrado na Fig. 12.4.

As principais vantagens do emprego da radiografia são: alta sensibilidade de inspeção; facilidade de interpretação da imagem; exatidão dimensional da imagem resultante; resultado permanente, pois a impressão permanece por tempo indeterminado.

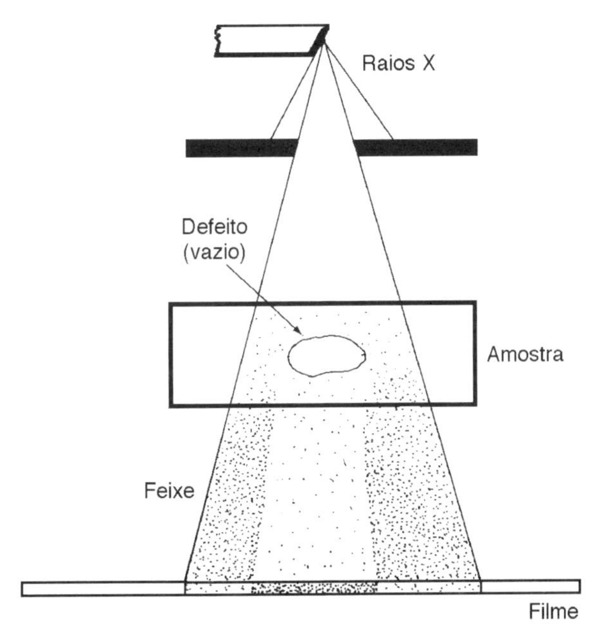

Figura 12.3 Esboço do efeito de absorção do feixe de raios X por uma peça metálica de ensaio.

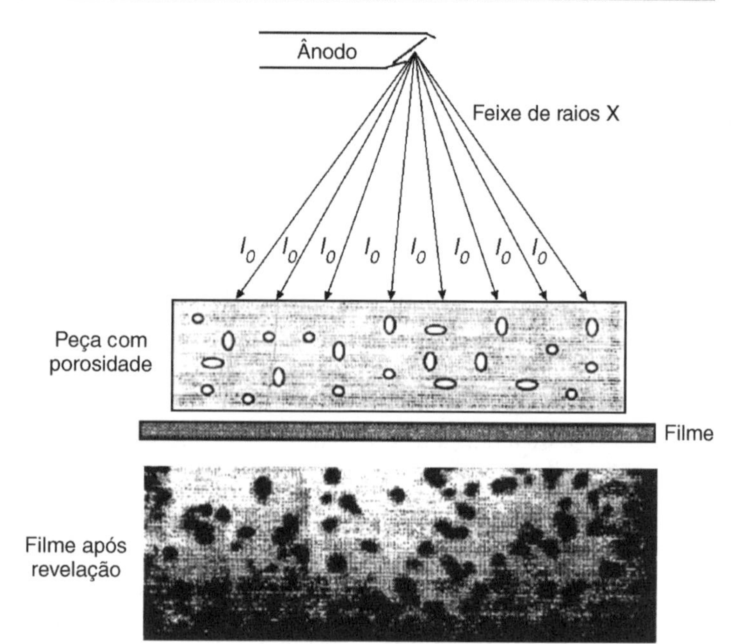

Figura 12.4 Ensaio de raios X com a apresentação do filme radiográfico após sua revelação.

Um procedimento adequado deve ser seguido para se obter o melhor resultado possível para cada situação, objetivando produzir imagens com qualidade, clareza e exatidão. Outro importante fator diz respeito à voltagem do equipamento utilizado para o exame de raios X, que é determinada pela espessura do material a ser analisado e pelo tempo de exposição do filme.

Entre as várias aplicações dos raios X na indústria moderna, podem ser listadas quatro categorias distintas:

- produtos fundidos: possibilitam a determinação de defeitos como contrações, porosidade, locais de não penetração de metal, inclusões, trincas etc.;
- produtos soldados: permitem avaliar vasos de pressão; tubulações, contêineres etc., possibilitando a determinação de problemas como porosidade devidas a gases, aprisionamento de escória, falta de fusão ou penetração incompleta do metal de adição, trincas etc.;
- produtos moldados ou extrudados: dão condições de avaliar borrachas, plásticos ou polímeros e sólidos cristalinos, analisando bolhas, contração, trincas, materiais estranhos ao processo etc.;
- microrradiografia: bastante utilizada como técnica de estudo de microdefeitos ou heterogeneidades, tais como segregação em ligas, estruturas dendríticas, microcontração etc.

Em relação aos cuidados que devem ser tomados durante o ensaio por causa do poder dos raios X de destruir vida, podem ser relacionados o tempo de exposição às radiações, a utilização de cabines protetoras para o operador, a distância mínima do equipamento etc.

Raios γ

Os raios γ são radiações eletromagnéticas idênticas aos raios X, com comprimento de onda menores que os raios X (0,01-0,005 Å) e que provêm de reações no núcleo de **isótopos radioativos**. Devido aos diversos tipos de reações internas ao núcleo, os átomos radioativos podem emitir três tipos de radiação:

— partículas alfa (α);
— partículas beta (β);
— raios gama (γ).

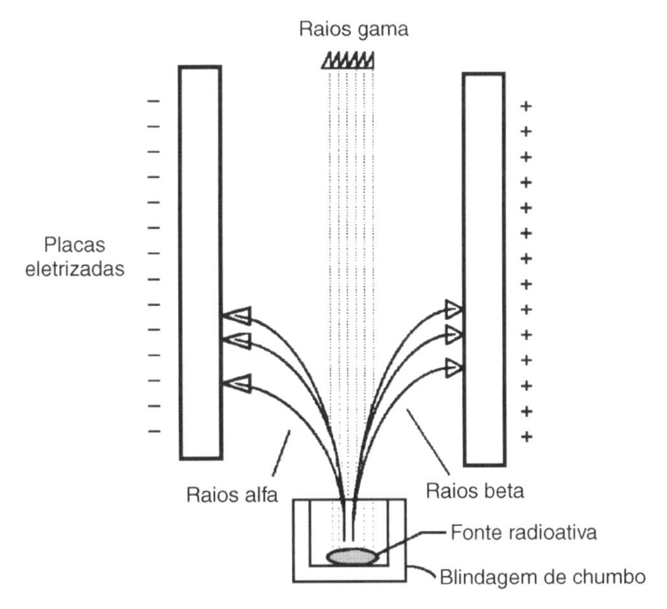

Figura 12.5 Separação dos raios alfa, beta e gama mediante campo elétrico.

As partículas alfa são núcleos de hélio que contêm, cada uma, dois prótons e dois nêutrons. Essas partículas têm pouco poder de penetração, e são facilmente absorvidas em poucos centímetros de ar.

As partículas beta são constituídas por elétrons e têm carga elétrica negativa. Elas têm poder de penetração superior ao das partículas alfa, mas seu alcance ainda é reduzido.

Os raios γ são radiações de natureza eletromagnética semelhantes aos raios X e possuem grande poder de penetração. Devido à natureza diferente de cada uma dessas radiações, é possível separá-las mediante o uso de um campo elétrico, como pode ser visto na Fig. 12.5.

A desintegração dos átomos de um corpo radioativo efetua-se de tal forma que o número de átomos que se desintegram em um determinado intervalo de tempo é proporcional à totalidade dos átomos do corpo radioativo. Esse fenômeno denomina-se **lei de decaimento exponencial**. Se em dado instante, tomado como origem, existe um número de átomos no material radioativo, após um tempo (t) o número de átomos que se desintegram pode ser calculado pela equação:

$$N = N_0 \cdot e^{-\lambda' \cdot t} \tag{12.2}$$

em que

N_0 = número de átomos iniciais;
λ' = constante de decaimento radioativo;
N = número de átomos existentes na amostra após o tempo (t).

É interessante notar que, embora se possa calcular o número de átomos que se desintegram em dado espaço de tempo, não se pode afirmar qual deles se desintegrará. A previsão desse fenômeno foge ao alcance natural, e somente se pode visualizar o fenômeno no seu conjunto. Certos elementos radioativos desintegram-se em um tempo muito curto, ao passo que outros podem ter uma vida muito longa. Outra grandeza comumente utilizada no estudo da radioatividade é a **meia-vida**. Chama-se de meia-vida o tempo necessário para que o número de átomos de um material radioativo se reduza à metade.

Comparação entre as técnicas de raios γ e raios X

As principais vantagens do ensaio de raios γ em relação ao de raios X são:

- O equipamento de raios gama, constituído pelo isótopo, pelo invólucro protetor desse isótopo e alguns suportes, é relativamente pequeno, e portanto de fácil transporte.
- Devido ao menor comprimento de onda dos raios gama, a penetração é maior, permitindo o ensaio de objetos de espessuras maiores.
- O custo do equipamento é relativamente baixo.
- O funcionamento do equipamento independe do suprimento de energia elétrica e de água de refrigeração.
- Esse ensaio permite maiores variações de espessura do objeto sem perda de qualidade da imagem.

As principais desvantagens do ensaio de raios γ em relação ao de raios X são:

- Os isótopos geralmente emitem raios de menor intensidade, exigindo maior tempo de exposição.
- Algumas fontes radioativas têm meia-vida relativamente curta, requerendo substituição frequente.
- Devido à constante emissão de radiação na utilização de isótopos radioativos, faz-se necessário usar proteção especial para o pessoal de operação.

ULTRASSOM

A percussão de uma peça metálica por meio de um martelo e a observação do som gerado pela peça são técnicas utilizadas por inspetores da qualidade com o objetivo de identificar possíveis falhas na peça. A evolução da tecnologia trouxe a técnica da utilização de ondas ou impulsos ultrassônicos como mais um método de ensaio não destrutivo para a detecção de defeitos superficiais ou internos nos materiais. Vibrações mecânicas de frequência muito superior à audível são conhecidas como **vibrações ultrassônicas**.

A Fig. 12.6 mostra um esboço das faixas dos espectros sônico e ultrassônico utilizadas, destacando os limites de audibilidade do ouvido humano.

O ultrassom é um ensaio bastante utilizado para a avaliação ou a inspeção da qualidade de vários componentes das indústrias aeroespacial, automobilística, petroquímica, química e outras. Para os ensaios de materiais por ultrassom são aplicados, geralmente, dois métodos de ensaio diferentes e que se completam: o **método de transparência**, utilizando-se vibrações constantes ultrassônicas, e o **método de reflexão**, utilizando-se pulsos ultrassônicos. A escolha de um ou de outro método depende do formato da peça e da natureza do tipo de defeito a ser detectado.

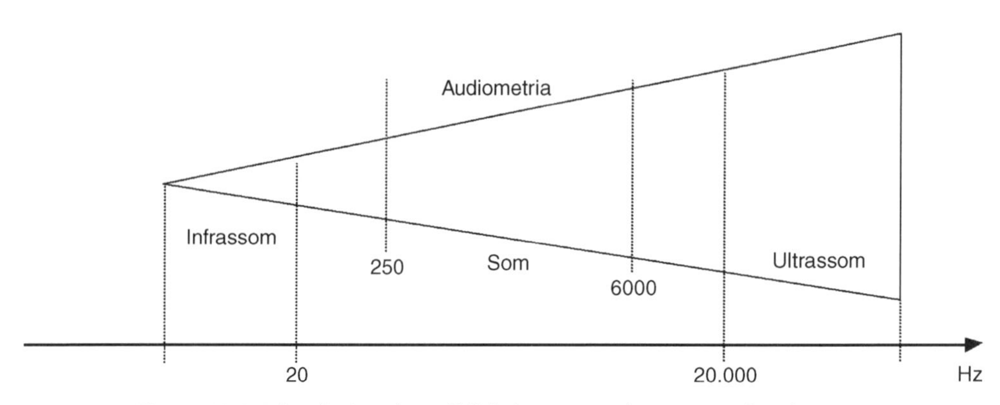

Figura 12.6 Faixas limites de audibilidade, mostrando o campo dos ultrassons.

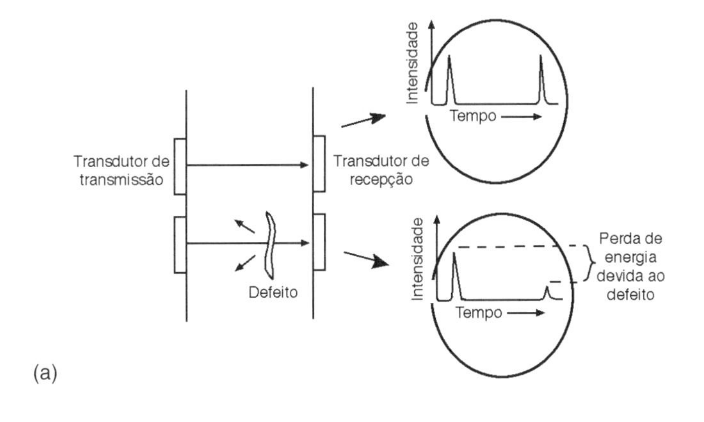

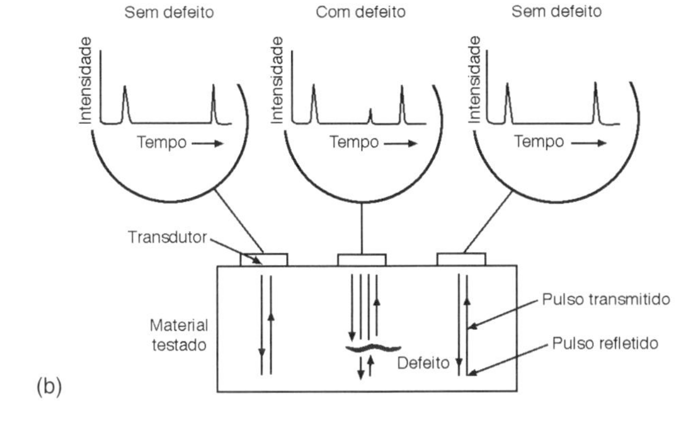

Figura 12.7 Ilustração dos métodos de ensaio por ultrassom: (a) transparência e (b) reflexão.

A Fig. 12.7 é uma ilustração desses dois métodos.

As aplicações recomendáveis para cada método são as seguintes:

— para o método de penetração: chapas e placas de metal, barras e perfis metálicos (através da seção transversal), peças pequenas, na localização da área do defeito, na determinação do tamanho do defeito, em ensaios contínuos e automatizados;

— para o método de reflexão: barras e perfis metálicos (através do eixo longitudinal), peças grandes forjadas ou fundidas, peças pequenas na localização da área do defeito e na determinação da profundidade do defeito.

Tanto em um método como no outro, quanto maior a frequência de vibração, menor é o tamanho do defeito possível de ser detectado (o menor tamanho detectável é aproximadamente um terço do comprimento de onda). Por outro lado, quanto maior a frequência, maior a absorção do sinal, principalmente para materiais mais elásticos, como, por exemplo, a borracha. Para aços, as frequências atingem até 10 MHz, enquanto para a borracha é indicada a frequência de 100 kHz. No primeiro caso, é possível detectar falhas de até 1 μm, e, no segundo, só falhas maiores de 5 mm.

A detecção da onda dentro do ensaio é visualizada num tubo de raios catódicos, onde, ao se desconsiderar o efeito do **eco** de retorno da onda mecânica, pode-se determinar, com relativa precisão, a posição e o tamanho do defeito. A Fig. 12.8 ilustra a observação do ensaio.

Os sinais recebidos são mostrados em um instrumento eletrônico, comumente o osciloscópio, onde o eixo horizontal do mostrador representa o tempo de propagação do sinal acústico e o eixo vertical representa a amplitude do sinal. Conhecendo a velocidade de propagação das ondas sonoras no material analisado isento de defeitos, pode-se determinar com precisão o tempo de viagem das ondas e, assim, verificar se um sinal demorou para chegar ou se che-

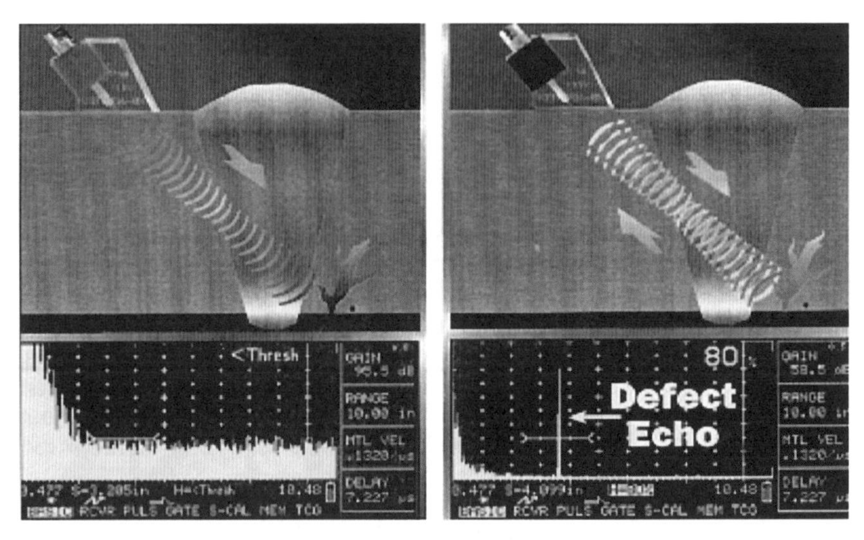

Figura 12.8 Exemplo ilustrativo do ensaio de ultrassom.

gou mais rápido, o que indica que a onda encontrou um defeito interno que alterou a sua propagação normal.

Na utilização do ultrassom como um ensaio não destrutivo, deve-se considerar o efeito de propagação da onda mecânica no interior do material a ser ensaiado, em que a **velocidade de propagação** é uma função do meio de perturbação; além disso, se deve considerar que a propagação de uma onda mecânica é resultado de três tipos de ondas:

a) onda longitudinal (V_L) — em todos os materiais:
   — no ar = 330 m/s;
   — na água = 1500 m/s;
   — no aço = 5908 m/s.
b) ondas transversais (V_t) — existem somente nos meios sólidos:
   — no aço = 3200 m/s;
   — no alumínio = 3080 m/s.
c) ondas superficiais (V_s) — sólidos e líquidos:
   — sólidos = $0{,}9 \cdot V_t$.

A velocidade de propagação também está diretamente relacionada ao comprimento de onda e à frequência da onda propagada e é definida como:

$$V = \lambda \cdot f \tag{12.3}$$

em que

V = velocidade da onda (m/s);
λ = comprimento de onda (m);
f = frequência da onda (Hz).

Como se pode ver a propagação de uma onda mecânica em um condutor ocorre de duas maneiras principais: onda propagada longitudinalmente à fonte geradora e onda propagada transversalmente à fonte geradora.

As Figs. 12.9(a) e 12.9(b) ilustram os dois efeitos de propagação da onda.

Nos líquidos e gases, em que não há resistências mecânicas entre as partículas, não se podem propagar ondas transversais, a não ser nas superfícies dos líquidos, como é o caso das ondas sobre a superfície da água. As velocidades de propagação das ondas longitudinais, transversais e superficiais são funções do módulo de elasticidade através do sólido.

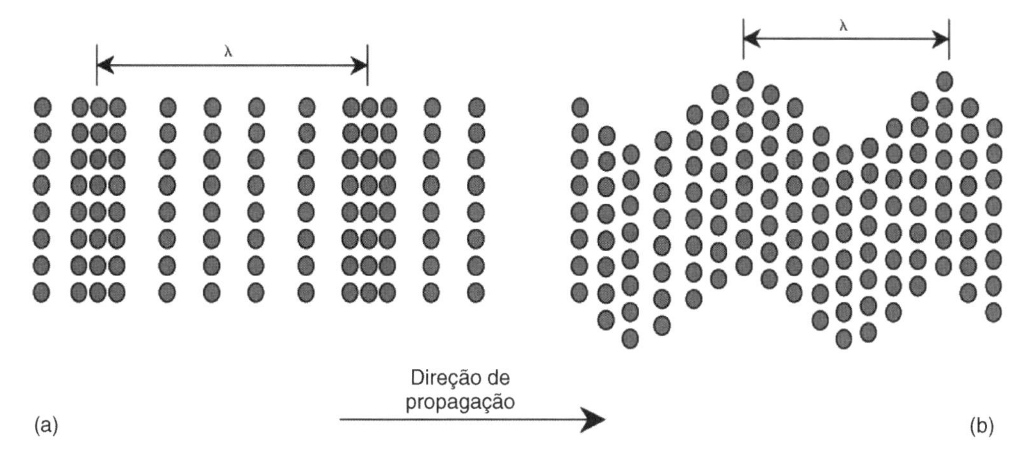

Figura 12.9 (a) Onda longitudinal.

Figura 12.9 (b) Onda transversal.

A granulometria também consiste em um fator a ser analisado, principalmente na determinação da escolha da frequência de trabalho utilizada no ensaio de ultrassom. Por exemplo, as frequências utilizadas industrialmente são 0,5; 1,0; 2,0; 4,0; 5,0 e 6,0 MHz. Normalmente, usam-se frequências de 0,5 a 1,0 MHz para os fundidos, 2 MHz para os forjados, 4 MHz para os laminados de ferro e 6 MHz para o alumínio trefilado.

É importante notar que, para granulometrias mais finas, devido à diminuição do comprimento de onda, é interessante a adoção de valores de frequências elevadas.

Os transdutores piezoelétricos

Os cientistas Pierre e Jacques Curie descobriram, em 1880, o **efeito piezoelétrico**, que consiste no seguinte: ao se cortar uma lâmina cristalina de quartzo e se aplicarem cargas mecânicas em suas duas faces opostas, será observada a formação de cargas elétricas, isto é, uma face conterá cargas positivas e a outra, cargas negativas. O efeito inverso também é verificado, ou seja, se for aplicada uma tensão elétrica nas faces da lâmina, esta tende a alterar o seu tamanho, como se fosse pressionada por uma carga mecânica. Esses materiais têm a capacidade de converter um sinal elétrico em energia acústica que se propaga nos meios, e vice-versa.

Os **transdutores de ultrassom** são construídos utilizando-se o efeito piezoelétrico do quartzo. Atualmente, entretanto, os transdutores de titanato de bário são muito utilizados. O transdutor é montado numa pequena caixa metálica, e o conjunto de todos os elementos que o compõem é vulgarmente chamado de *cabeçote*. O cabeçote, seja ele transmissor ou receptor, ou transmissor-receptor, contém como parte mais importante o transdutor, cuja parte mais crítica é a lâmina piezoelétrica, que, como já foi dito, pode ser de quartzo ou de titanato de bário.

No projeto de um cabeçote, é necessário aplicar uma série de conhecimentos de acústica, para se evitar o aparecimento de fenômenos que irão prejudicar a geração da vibração ultrassônica. Na Fig. 12.10, vê-se o desenho de um cabeçote simples, com o eletrodo, o cristal piezoelétrico e o condutor que liga a tomada coaxial do cabeçote. Para formar o cabeçote, utiliza-se um corpo metálico e se coloca um material absorvente de vibrações mecânicas no interior do cabeçote, em contato com o cristal. Esse material absorvente tem como principal finalidade amortecer a vibração do cristal, isto é, impedir que o cristal continue a vibrar mesmo depois de cessados os impulsos elétricos. O corpo do cabeçote deve proteger todas as partes da umidade e dos choques mecânicos. Na Fig. 12.10, o cabeçote desenhado mostra que a parte metálica na qual ele seria aplicado teria de receber um dos polos do gerador elétrico para o fornecimento da tensão alternada; daí a razão de o *pino de terra* estar ligado ao corpo do cabeçote.

As principais vantagens da inspeção por ultrassom em relação à inspeção por emissão de raios X e raios γ consistem na segurança do equipamento de ensaio, bem como na maior por-

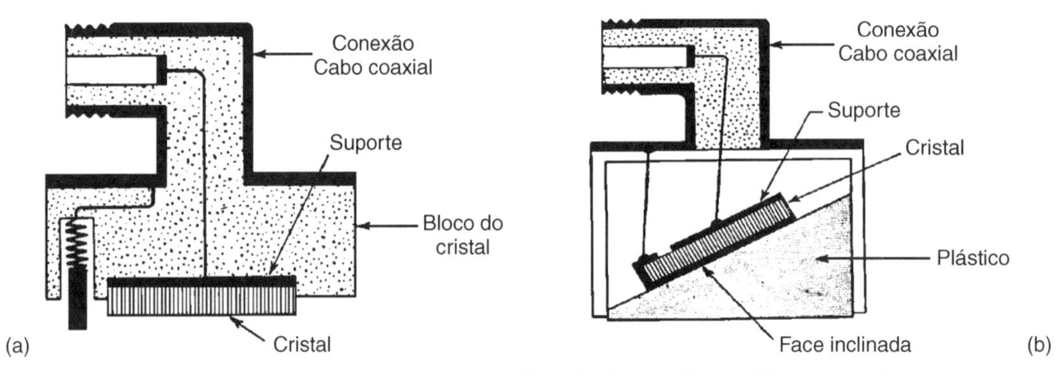

Figura 12.10 Cabeçotes típicos para: (a) ondas longitudinais e (b) transversais.

tabilidade do equipamento de ultrassom, além de o custo de ensaio ser relativamente menor. Contudo, a leitura técnica dos resultados observados em um tubo de raios catódicos pode representar uma dificuldade para o operador inexperiente.

O ultrassom também pode ser utilizado para determinar o módulo de elasticidade (E) dos materiais através de medidas da velocidade de propagação das ondas nos mesmos, conforme mostrado no Capítulo 2 e quantificado pelas Eqs. (2.8) a (2.11).

ENSAIOS POR PARTÍCULAS MAGNÉTICAS

Se uma agulha magnética se aproximar de um condutor elétrico retilíneo por onde circula uma corrente elétrica, observa-se que a agulha tende a se colocar perpendicularmente ao plano que passa pelo eixo do condutor e pelo centro de rotação da agulha. Tal experiência, elementar em Física, mostra que sobre a agulha atuam forças específicas, que se chamam forças magnéticas. Toda a região próxima do condutor elétrico pelo qual circula a corrente elétrica exerce essa ação sobre a agulha magnética. Chama-se essa zona de campo magnético da corrente. O campo magnético age também sobre outros condutores nos quais circule uma corrente elétrica. Se um papelão for atravessado por um condutor elétrico, como na Fig. 12.11, e uma corrente passar por ele, será gerado um campo magnético em torno desse condutor elétrico. Se for colocada limalha de ferro muito fina e ao fazer vibrar o papelão, a limalha de ferro vai se organizar em forma de círculos concêntricos, tendo no eixo do condutor elétrico o seu centro. Tais círculos concêntricos, formados pela limalha de ferro, chamam-se **linhas magnéticas** ou **espectro do campo**. Se sobre o papelão forem colocadas pequenas agulhas magnéticas e

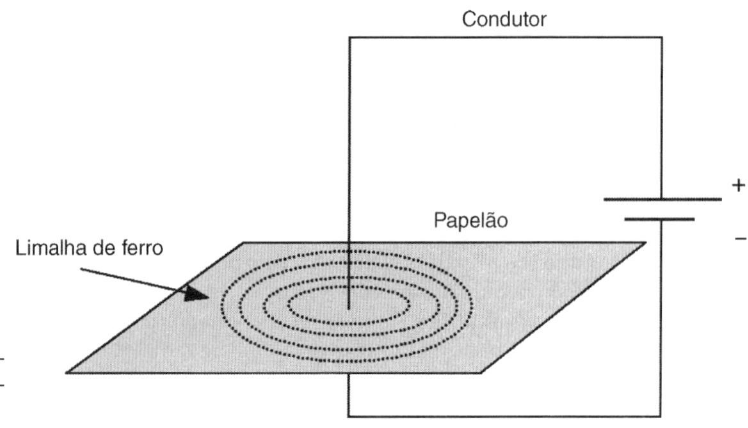

Figura 12.11 Experiência clássica mostrando o campo magnético das correntes elétricas.

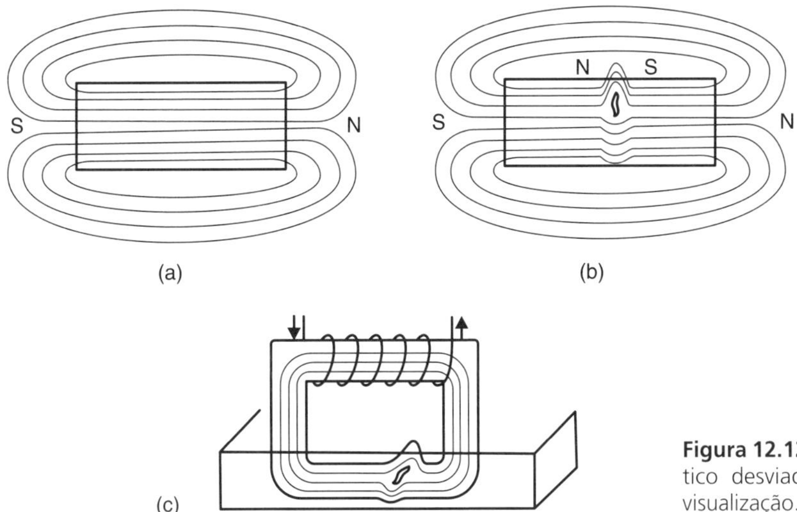

Figura 12.12 Esboço do campo magnético desviado por uma trinca e sua visualização.

for invertido o sentido da corrente elétrica no condutor, observa-se que as agulhas magnéticas também vão inverter sua posição.

A inspeção por partículas magnéticas é um ensaio para detectar falhas ou defeitos em materiais magnetizáveis, com o qual é possível visualizar defeitos superficiais e, em alguns casos, defeitos subsuperficiais. O ensaio teve sua origem por volta de 1929, e o nome Magnaflux é comumente associado a esse método, que apresenta características como simplicidade no princípio, facilidade de aplicação, liberdade de restrições quanto a tamanho, forma, composição e tratamento térmico dos materiais inspecionados, com a ressalva de que devem ser magnéticos.

O ensaio não destrutivo por partículas magnéticas consiste na magnetização do corpo de prova, aplicando-se logo em seguida partículas magnéticas (óxido de ferro ou limalha de ferro) sobre ele. Se o corpo de prova apresentar alguma descontinuidade superficial ou subsuperficial (até 4 mm da superfície), as partículas magnéticas forçarão a passagem do campo magnético para fora do corpo de prova, formando um campo de fuga que irá atrair as partículas magnéticas. As partículas formam uma indicação visível da localização e da extensão do defeito, conforme mostra a Fig. 12.12.

Os ensaios por partículas magnéticas são mais utilizados para:

— inspeção durante a fabricação de partes ou componentes mecânicos sujeitos a tensões cíclicas, que poderão causar uma fratura por fadiga;
— inspeção de peças soldadas, bem como fundidos, forjados e laminados;
— inspeção em protótipos de fundição, analisando a presença de trincas de contração;
— localização de trincas em componentes em operação.

Os principais metais ensaiados são os aços e os ferros fundidos, que podem ser facilmente magnetizáveis, se bem que, adotando-se outras técnicas e utilizando-se o mesmo equipamento, podem-se observar os mesmos tipos de defeitos em metais não magnéticos.

O espectro magnético formado pelas partículas colocadas sobre a peça indica, por uma concentração de partículas, as regiões das trincas ou falhas superficiais. Após a observação das descontinuidades, é necessário desmagnetizar a peça, em alguns casos com intenso magnetismo remanescente.

Tipos de Magnetização

A magnetização numa peça pode ser do tipo circular e/ou longitudinal.

A **magnetização circular** consiste em se fazer passar através da peça uma corrente elétrica, que irá produzir um campo ao seu redor. Para casos em que a peça é vazada, como por exemplo

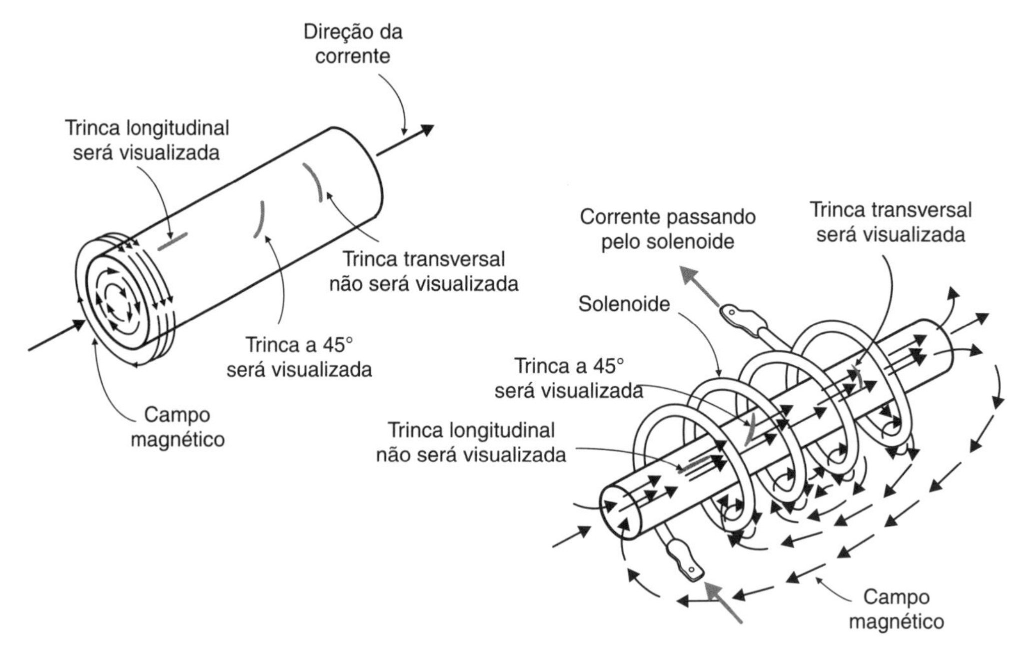

Figura 12.13 Campos magnéticos circular e longitudinal em uma barra.

no caso de tubos, o condutor de corrente não é a própria peça, mas sim um outro objeto colocado dentro dela. A **magnetização longitudinal** é feita colocando-se a peça entre dois polos de um eletroímã ou dentro de uma bobina do tipo solenoide, conforme mostra a Fig. 12.13.

A melhor indicação de uma trinca é obtida quando o campo magnético formado tem uma direção perpendicular à direção da trinca. Portanto, nas trincas longitudinais que ocorrem nas barras laminadas, deve-se utilizar o tipo de magnetização circular. Nos casos de trincas causadas pelos processos de usinagem, de tratamentos térmicos ou por ação de solicitações cíclicas (fadiga), que podem ocorrer nas mais variadas direções, é necessário o uso de dois tipos de magnetização. Isso é conseguido pelo uso de máquinas de ensaio chamadas universais.

A intensidade e a distribuição do campo magnético são afetadas pela quantidade e pelo tipo de corrente utilizados para a magnetização, podendo-se citar a alternada e a contínua. O método de magnetização pode ser classificado em duas categorias: o método contínuo, no qual o resultado é obtido com a aplicação das partículas com o equipamento ligado, e o método residual, no qual as partículas são depositadas após o fechamento da corrente elétrica. O segundo método só é aplicável em materiais que apresentem alta remanência magnética (magnetização que permanece em um material após ele ter sido removido de um campo magnético).

Quanto às partículas, estas podem ser aplicadas na forma de pós ou suspensas em líquido, geralmente querosene ou similar. Os pós secos são partículas metálicas ou magnéticas selecionadas por tamanho, forma e propriedades magnéticas, e, geralmente, são de coloração cinza, vermelha ou preta. Já nos ensaios com líquidos, as partículas consistem em óxido de ferro magnético preto ou vermelho e apresentam tamanhos bastante reduzidos.

Defeitos internos próximos da superfície também podem ser identificados por esse ensaio, porém requerem grande experiência e habilidade do operador ou inspetor. Em algumas circunstâncias, torna-se necessária a desmagnetização das partes ensaiadas, o que se consegue pela passagem da peça em um campo magnético formado por corrente alternada.

A principal desvantagem da aplicação da indução por partículas magnéticas, no caso de peças de grandes dimensões, consiste no fato de que o aparelho de indução magnética pode produzir faíscas nos pontos de contato, podendo haver contaminação com o cobre do eletrodo ou originar pontos de têmpera no corpo de teste. Esse tipo de ensaio não se aplica em peças usinadas acabadas ou em locais que contenham gases inflamáveis, devido ao perigo de explosão.

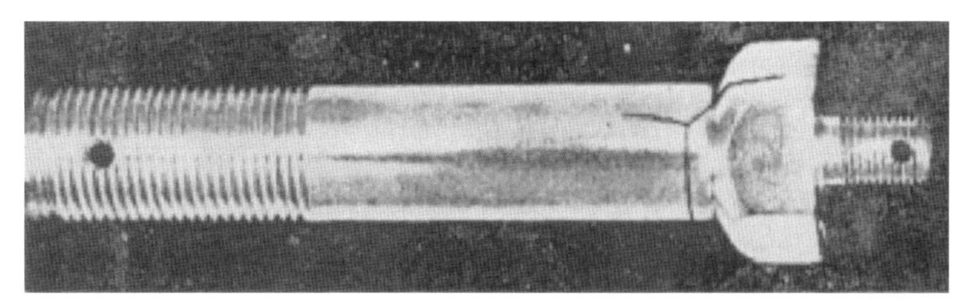

Figura 12.14 Trinca visível na cabeça do parafuso, revelada por uma magnetização multidirecional.

Figura 12.15 Indicação típica de trinca superficial apresentada por uma magnetização circular do eixo cilíndrico.

As Figs. 12.14 e 12.15 ilustram a sua aplicação na detecção de defeitos superficiais tais como trincas em dois componentes diferentes.

ENSAIOS POR LÍQUIDOS PENETRANTES

O ensaio por líquidos penetrantes baseia-se na penetração de líquidos em trincas e rachaduras superficiais de peças por ação do fenômeno da capilaridade, e é aplicado, portanto, na verificação da existência de trincas superficiais difíceis de serem observadas a olho nu.

O ensaio consiste nas seguintes fases:

- limpeza e desengraxamento da peça, seguidos de secagem;
- aplicação do líquido penetrante, por imersão ou aspersão;
- limpeza superficial, com retirada do excesso de líquido penetrante, cuidando-se para que não seja removido o líquido que penetrou nas eventuais trincas;
- aplicação de um pó revelador (ou líquido volátil) que absorve o líquido penetrante, revelando o local das trincas e rachaduras;
- observação das trincas;
- limpeza e secagem final para remoção dos resíduos dos líquidos utilizados no ensaio.

O líquido penetrante é geralmente de cor viva, como vermelho, e o pó revelador é de cor branca. O líquido penetrante pode ser fluorescente, o que exige, porém, a chamada luz negra na observação das trincas. Essa fluorescência permite a observação com maior sensibilidade do que no caso anterior.

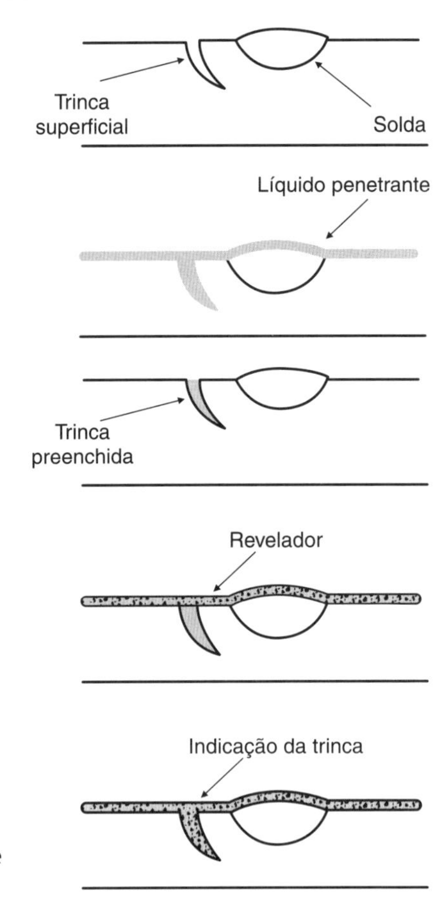

Figura 12.16 Etapas do processo de ensaio por líquidos penetrantes.

O equipamento de ensaio pode ser portátil ou então estacionário, adaptado para uma verificação de peças em série. Esse modelo de ensaio é aplicável principalmente aos materiais não magnéticos, como aços inoxidáveis, alumínio, cobre e suas ligas, e a materiais não metálicos, como plásticos e cerâmicos.

A Fig. 12.16 mostra, esquematicamente, as etapas requeridas para uma correta realização do ensaio por líquidos penetrantes.

ENSAIOS POR TOMOGRAFIA COMPUTADORIZADA

Inicialmente utilizada na área da medicina, a tomografia computadorizada (TC) tem se revelado uma importante ferramenta na avaliação não destrutiva de peças e componentes mecânicos, e é empregada nas etapas de desenvolvimento e manufatura de produtos. Com a TC de raios X, é possível obter imagens internas do material, revelando com clareza o conteúdo da parte em estudo e fornecendo dados quantitativos dimensionais e das características do material; além disso, obtém-se uma imagem digitalizada de uma seção sem os efeitos de superposição de imagens, como ocorre naquelas obtidas pelos ensaios convencionais de raios X ou raios γ. A imagem gerada é baseada na interação dos raios X com a matéria, liberando energia luminosa, e a posterior formação de uma imagem digitalizada, função da massa específica (densidade) e do número atômico do material estudado.

A TC tem-se mostrado uma técnica altamente viável para materiais que apresentam baixa massa específica (densidade), uma vez que esses materiais podem ser analisados em tomógrafos médicos, que apresentam geralmente baixa energia, já que se destinam apenas ao estudo de tecidos do corpo humano. No entanto, quando se necessita analisar materiais mais densos, é imprescindível o uso de tomógrafos industriais de diversos tamanhos e altas energias e, portanto, com alto poder de penetração. Caso contrário, a imagem obtida apresentará diferenças que mascararão a interpretação da imagem, chamadas de **artefatos**.

A grande versatilidade dos sistemas de TC torna-os complementares e bastante úteis quando utilizados em conjunto com outras tecnologias de manufatura ou processamento digitais, tais como CAD — *computer-aided design*, CAM — *computer-aided manufacturing* e CAE — *computer-aided engineering*, além da combinação com técnicas de prototipagem rápida, como estereolitografia, sinterização por feixe-laser e deposição metálica direta, reduzindo assim tempo, etapas e custos de produção. As técnicas de prototipagem rápida foram desenvolvidas para fabricar protótipos ou modelos físicos com alta qualidade dimensional a partir de dados via CAD. Dessa forma, a utilização da TC proporciona a reprodução fiel e exata de um modelo digital, incluindo tanto as dimensões externas quanto os contornos internos da peça, possibilitando a construção de imagens tridimensionais e podendo ser representadas em sistemas CAD ou compatíveis.

Durante a análise ou a digitalização da peça, esta é atravessada por um **feixe de raios X** colimado, e o feixe emergente é medido por uma sequência de detetores. A imagem formada representa um mapeamento das atenuações sofridas pelos raios X entre a entrada e a saída do feixe, sendo esta influenciada pela massa específica e pelo número atômico do material. Quanto maiores a massa específica e o número atômico, maior a atenuação sofrida pelo feixe.

O objeto a ser ensaiado é rotacionado ou, em muitos casos, transladado e rotacionado. Esse processo é repetido até que um número suficiente de vistas ou direções seja adquirido para reconstruir uma imagem. Atualmente, vem ocorrendo uma evolução nos sistemas de TC, com a implantação da tomografia helicoidal, em que a mesa sobre a qual a peça repousa se movimenta, além da rotação da fonte de raios X, o que possibilita a varredura completa da peça em um único passo, obtendo-se um conjunto de imagens dispostas sob a forma de uma mola. A quantidade de raios X que atravessam o material determina o contraste da imagem formada com diferentes níveis de coloração cinza. O tempo necessário para coletar os dados do material depende da energia e da intensidade da fonte de raios X, além do tamanho e da composição da amostra, e em geral são necessários apenas alguns minutos.

A intensidade dos raios X é processada por um computador dotado de um software ou algoritmo de reconstrução de imagens, produzindo uma imagem representativa em duas dimensões (plana). Quando comparada com as radiografias convencionais de raios X que utilizam detetores como filmes, a TC produz uma imagem com maior exatidão e detalhes nas

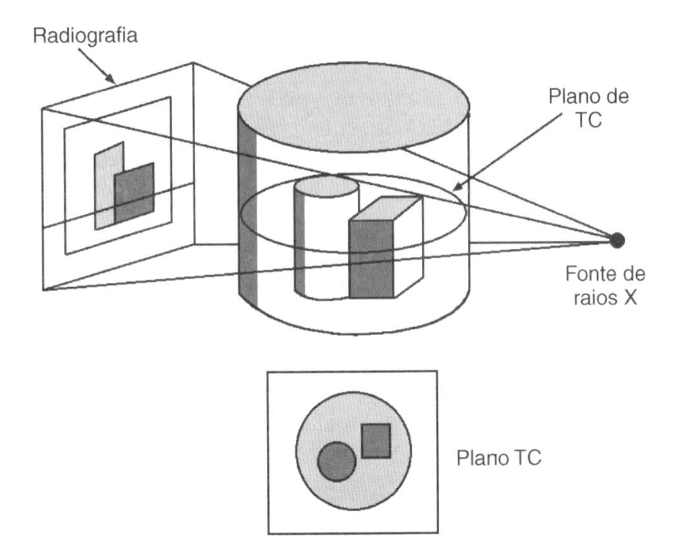

Figura 12.17 Comparação entre as imagens formadas pelo equipamento convencional de raios X e um equipamento de TC.

Figura 12.18 Equipamento de tomografia computadorizada industrial.

informações sobre a peça. Por exemplo, se for detectado um defeito interno em uma imagem radiográfica, sua posição ao longo da linha da vista entre a fonte e o detetor não poderá ser determinada. Defeitos existentes também podem ser escondidos por outros na mesma linha de vista. Já no caso da TC, a imagem é livre da superposição de defeitos de outras áreas fora da área de interesse, além de ser possível obter dados quantitativos sobre a imagem, como dimensões internas, espessura de paredes, tamanho de cavidades e bolhas, medidas de distribuição da massa específica do material, caracterização e localização de inclusões etc.

Entre os parâmetros relacionados à operação de um sistema de TC, que são função direta da composição e do tamanho da peça, podem-se citar:

- *potência*: pode ser alterada variando-se a tensão e/ou a corrente do gerador de raios X ou a fonte radioativa, no caso de raios γ. O aumento na potência do equipamento implica o aumento da intensidade dos raios e, assim, um maior poder de penetração;
- *espessura*: espessuras mais finas produzem imagens mais nítidas e com maiores detalhes.

No que diz respeito às diferenças ou sujeiras que podem ser encontradas nas imagens — os chamados artefatos —, podem ser citados como principais modos de evitar seu aparecimento:

— emprego de recursos computacionais para processamento digital de imagens;
— calibragem e alinhamento dos detetores;
— uso de filtros para minimizar as interferências;
— envolver o objeto a ser ensaiado em material ou solução que atenue os fótons de menor energia do feixe, melhorando a sua homogeneidade.

Um esboço da imagem formada a partir de uma TC é mostrado na Fig. 12.17, e o equipamento de TC está ilustrado na Fig. 12.18.

Exercícios Propostos

EXERCÍCIO 1

Uma barra de aço foi submetida a um ensaio de tração convencional, apresentando os seguintes resultados:

Carga (N)	Alongamento — ΔL (mm)
14.900	0,05
30.000	0,10
44.200	0,15
59.200	0,20
74.500	0,25
89.000	0,30
103.500	0,35
119.000	0,40
128.000	0,45
137.500	0,50
144.000	0,55
150.000	0,60
153.600	0,65
157.000	0,70
161.000	0,75
162.400	0,80
165.000	0,85
166.000	0,90
167.000	0,95
168.000	1,00
168.200	1,05
168.500	1,10
169.000	1,15
170.500	1,20

Dados:

diâmetro do corpo de prova = 19 mm
comprimento de referência L_0 = 200 mm
carga máxima atingida no ensaio = 201.000 N
comprimento final entre as marcas de referência = 218 mm
diâmetro da seção estrita = 16,7 mm

Determinar:

(a) limite de escoamento;
(b) alongamento específico;
(c) limite de proporcionalidade
(d) coeficiente de estricção;
(e) limite de resistência à tração;
(f) módulo de resiliência;
(g) estimativa do módulo de elasticidade;
(h) módulo de tenacidade.

EXERCÍCIO 2

A partir dos dados obtidos no ensaio de tração convencional de uma amostra de um aço-carbono, determinar:

(a) limite de escoamento;
(b) limite de resistência à tração;
(c) limite de ruptura;
(d) módulo de elasticidade;
(e) alongamento específico;
(f) coeficiente de estricção;
(g) módulo de resiliência;
(h) módulo de tenacidade.

Dados: $L_0 = 50$ mm e $D_0 = 6{,}0$ mm

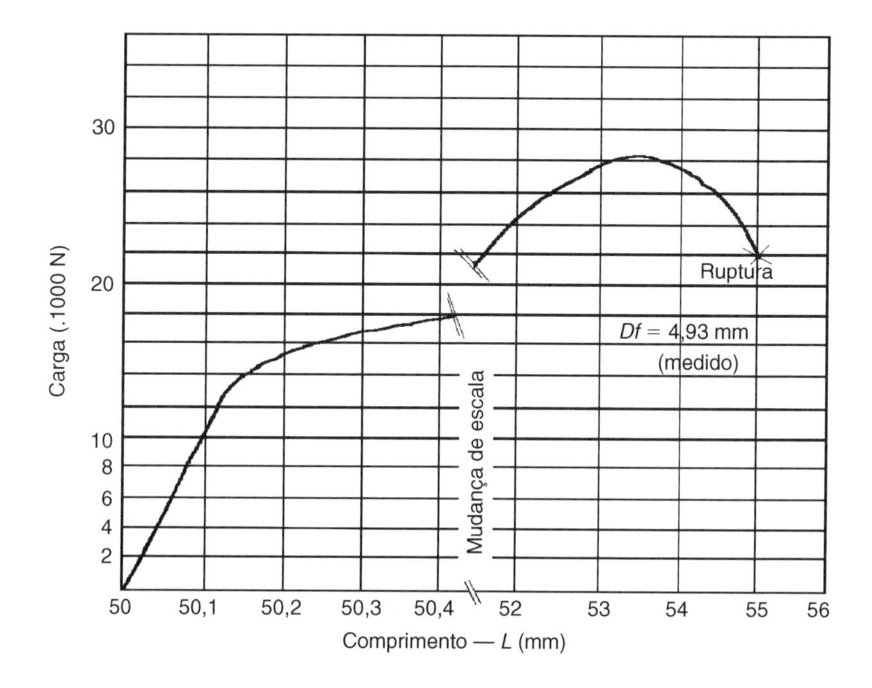

EXERCÍCIO 3

Um manual fornece o valor da estricção de um determinado metal como igual a 0,45. Um fabricante deseja laminar a frio chapas desse metal, de uma espessura inicial de 11,0 mm para uma espessura final de 5,0 mm, usando três reduções separadas de 2,0 mm cada. O fabricante pode fazer isso? Proponha uma solução em caso de inviabilidade.

Fazer três reduções sequenciais a frio corresponde a uma única redução em termos de encruamento resultante.

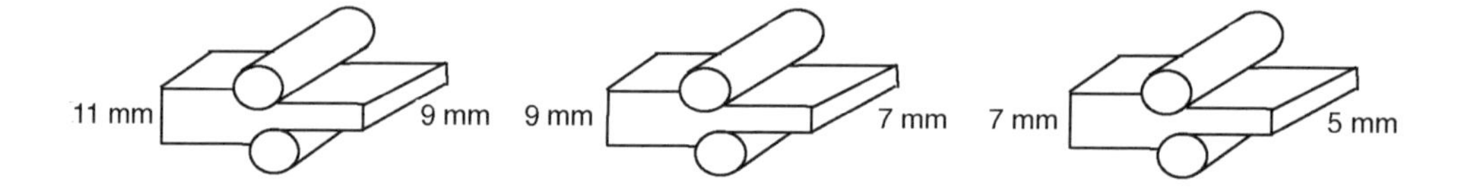

EXERCÍCIO 4

Calcule o módulo de resiliência para os seguintes materiais:

	σ_p (MPa)	E (MPa)
Aço de baixo carbono	220	210.000
Duralumínio	150	75.300

Caso se pretenda fabricar uma mola de pequena responsabilidade mecânica com um desses dois materiais, qual seria o mais adequado?

EXERCÍCIO 5

Uma tensão de tração é aplicada ao longo do eixo de uma amostra cilíndrica de latão com diâmetro de 10 mm. Determine a força necessária para produzir uma alteração de $2{,}5 \times 10^{-3}$ mm no diâmetro, considerando que a deformação é inteiramente elástica.

Dados: coeficiente de Poisson $\nu = 0{,}35$ e $E = 103.000$ MPa.

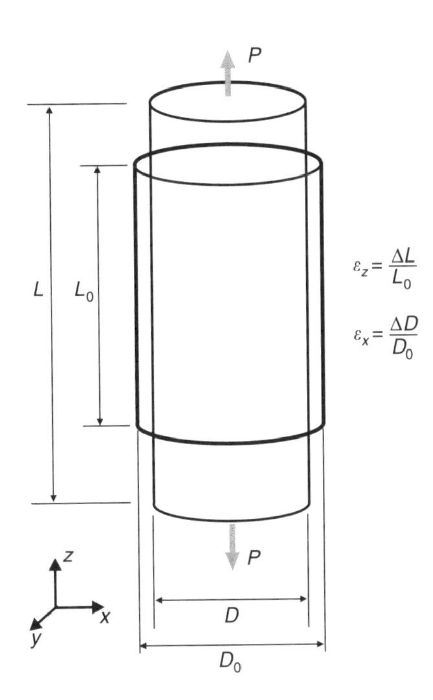

EXERCÍCIO 6

Esquematize as curvas tensão-deformação reais e convencionais para os casos indicados a seguir:

(a) Um metal dúctil que apresenta escoamento nítido.
(b) Um corpo de prova usinado a partir de uma barra do mesmo metal indicado em (a). A barra tinha sido anteriormente submetida a uma tensão que corresponde aproximadamente ao ponto médio entre o início do escoamento e o limite de resistência.

(c) Um corpo de prova usinado a partir de uma barra do mesmo metal indicado em (a). A barra foi anteriormente laminada a frio até uma deformação longitudinal real além da deformação real no ponto correspondente ao limite de resistência, porém menor que a deformação real na ruptura.

(d) Um material dúctil que não encrua.

EXERCÍCIO 7

Admita a possibilidade de se produzirem misturas de um metal CFC puro (elemento Z) com um composto intermetálico frágil e duro θ, em várias formas e tamanhos. Na figura mostrada a seguir, estão representadas as cinco curvas tensão-deformação reais possíveis e cinco microestruturas. Combine cada microestrutura com a correspondente curva tensão-deformação sem repetir.

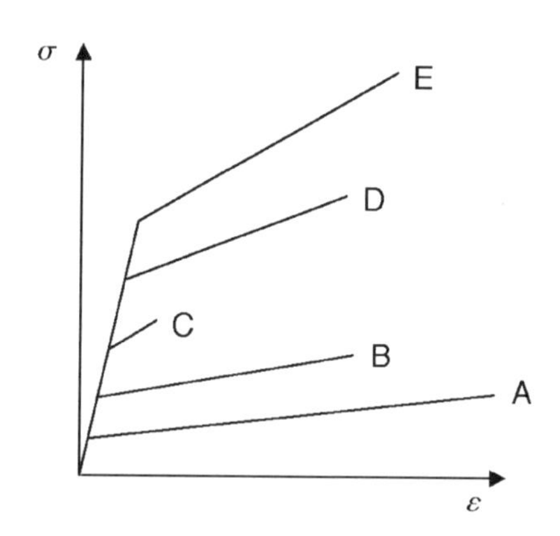

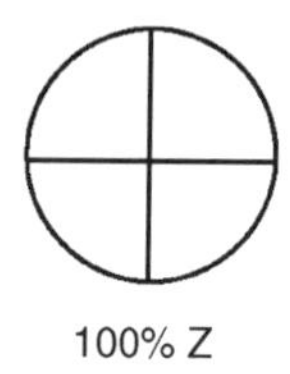
100% Z

95% Z
5% θ

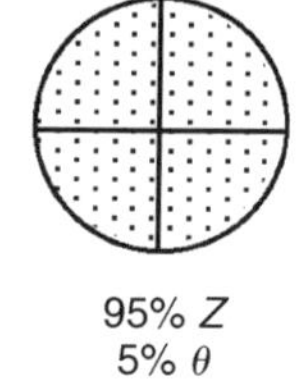
95% Z
5% θ

95% Z
5% θ

95% Z
5% θ

EXERCÍCIO 8

Com base nos valores das propriedades mecânicas obtidas no ensaio convencional do Exercício 1, calcule:

(a) deformação real no ponto de máxima carga;

(b) limite de resistência à tração real;

(c) coeficiente de resistência (k) e de encruamento (n).

EXERCÍCIO 9

O ensaio de tração real de um corpo de prova de 13 mm de diâmetro de um metal recozido resultou nos seguintes dados experimentais:

Condição	Carga (N)	Diâmetro mínimo (mm)
Inicial	0	13,0
Limite de escoamento	50.000	12,9
Carga máxima	76.500	9,45
Ruptura	—	7,98

Determine:

(a) coeficiente de encruamento;
(b) coeficiente de resistência;
(c) deformação real na ruptura;
(d) estime a tensão real na ruptura admitindo validade da expressão $\sigma \times \varepsilon$ até a ruptura.

EXERCÍCIO 10

A curva tensão-deformação real pode ser aproximadamente representada por duas linhas retas quando os resultados de tensão e deformação são colocados em escala logarítmica. Os resultados dos ensaios de tração de dois metais A e B são dados na figura que se segue:

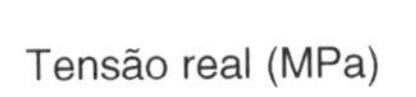

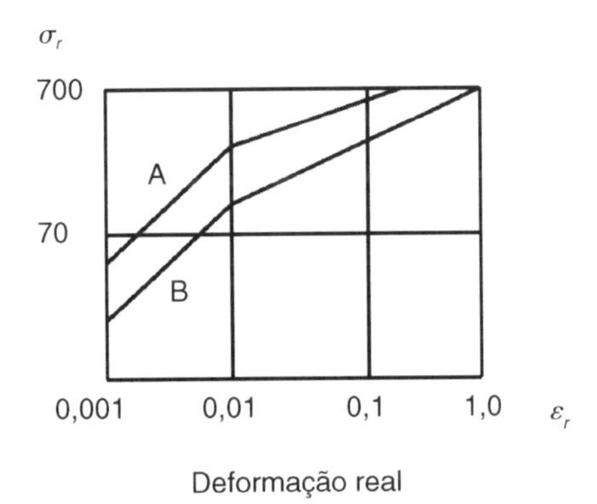

(a) Qual metal tem maior módulo de elasticidade?
(b) Qual metal tem maior limite de escoamento?
(c) Qual metal pode ser mais trabalhado a frio antes da fratura?
(d) Qual metal apresenta maior coeficiente de encruamento?
(e) Qual é o coeficiente de resistência do metal B?
(f) Qual é o primeiro metal a sofrer ruptura?

EXERCÍCIO 11

Um ensaio de tração real em um corpo de prova cilíndrico conduziu aos seguintes resultados:

diâmetro inicial (D_0) = 13 mm
diâmetro no ponto de carga máxima (D_u) = 11,5 mm
diâmetro final na ruptura (D_f) = 9,6 mm
carga máxima (P) = 67.500 N

Determine a carga no instante da fratura do corpo de prova.

EXERCÍCIO 12

Um fabricante deseja utilizar uma chapa de alumínio em uma operação de laminação a frio. O ensaio de tração com uma amostra de seção transversal original de 6,4 × 6,4 mm determina que na região plástica esse material obedece à relação $\sigma = 210\ \varepsilon^{0,21}$ e apresenta área final de 19,4 mm^2. A chapa precisa apresentar uma espessura final de 10 mm, e a operação de laminação impõe a atuação de uma tensão de 170 MPa. Determine a espessura inicial da chapa de alumínio antes da laminação.

EXERCÍCIO 13

Um ensaio de tração convencional de um aço-carbono forneceu os seguintes resultados:

limite de proporcionalidade: σ_p = 400 MPa
limite de resistência à tração: σ_u = 750 MPa
módulo de elasticidade: E = 210.000 MPa

Sabendo-se que o diâmetro original do corpo de prova é de 12 mm e que no ponto de máxima carga esse diâmetro se reduz a 11,3 mm, calcule o módulo de tenacidade real desse material. O que o módulo representa como característica qualitativa do material?

Observação: Considere no cálculo a curva tensão-deformação até o ponto de máxima carga.

EXERCÍCIO 14

Um ensaio de tração real foi realizado num corpo de prova com diâmetro inicial de 5 mm. Quando a carga aplicada era de 8000 N, o diâmetro era de 4,8 mm, enquanto para uma carga de 14.000 N o diâmetro passou para 3,94 mm. Nenhum desses casos corresponde à carga máxima ou carga de fratura, embora ambos estejam no campo plástico do material. Determine o limite de resistência à tração convencional e real do material e a carga máxima atingida durante o ensaio.

EXERCÍCIO 15

Uma amostra cilíndrica de alumínio de diâmetro original D_0 e comprimento inicial L_0 é ensaiada em tração, e medidas experimentais no campo elástico mostram que o coeficiente de Poisson (ν) é igual a 1/3.

(a) Demonstre quantitativamente que o volume da amostra não permaneceu constante durante a deformação no campo elástico.

(b) Derive uma expressão mostrando que o volume da amostra durante a aplicação de tensão no campo elástico é maior que o volume inicial.

Observação: $\nu = -\dfrac{\varepsilon_x}{\varepsilon_z} = -\dfrac{\varepsilon_y}{\varepsilon_z}$, em que z = direção de tração; x, y = direções perpendiculares à direção de aplicação da carga uniaxial; ε = deformação real.

EXERCÍCIO 16

Uma barra de latão de seção quadrada que rompe a uma deformação real de 0,6 é recozida e então laminada a frio de modo que a redução na espessura é de 35%. Se no recebimento desse material não fosse informado que ele já passou por uma laminação a frio e, se em seguida, ele fosse novamente laminado, qual a redução percentual *adicional* de espessura possível de se obter até a ruptura?

EXERCÍCIO 17

Uma barra de metal recozido de 6 × 25 × 200 mm no ensaio de tração conduz a uma carga de 80.000 N no ponto de máxima carga e a um comprimento instantâneo de 300 mm. Um fabricante deseja produzir barras com dimensões iguais às da barra ensaiada e que suportem tensões reais de até 700 MPa sem se romper, partindo de uma barra de 25 mm de largura, porém com espessuras maiores, laminando-as em seguida a frio. Qual a máxima espessura possível antes da laminação?

EXERCÍCIO 18

Dada a curva tensão-deformação real para um determinado material, obter uma expressão para o módulo de tenacidade real. Considere os pontos de máxima carga e fratura como os mesmos, e o limite de proporcionalidade como o fim da região elástica do material.

EXERCÍCIO 19

Um aço de baixo carbono é ensaiado em tração para temperaturas de −190 °C, 23 °C e 400 °C. Esquematize as curvas tensão-deformação convencionais para essas situações e explique as diferenças que ocorrem no valor do módulo de elasticidade do material. Se esse material obedecesse à relação $\sigma_R = 1275 \cdot \varepsilon_R^{0,45}$ (MPa), no regime plástico, qual seria o limite de resistência à tração?

EXERCÍCIO 20

Prove que a equação para o cálculo do módulo de tenacidade real pode ser dada como segue:

$$U_{TR} = \frac{E \cdot \varepsilon_p^2 (n+1) + 2 \cdot k \left(\left(\ln(1+\varepsilon_{uC}) \right)^{n+1} - \varepsilon_p^{n+1} \right)}{2 \cdot (n+1)}$$

em que

E = módulo de elasticidade;
ε_p = deformação no limite de proporcionalidade;
ε_{uc} = deformação no limite de resistência à tração convencional;
n = coeficiente de encruamento;
k = coeficiente de resistência.

EXERCÍCIO 21

Para a curva tensão-deformação convencional apresentada no gráfico que segue, determine:

(a) limite de escoamento
(b) alongamento específico
(c) limite de proporcionalidade
(d) coeficiente de estricção
(e) limite de resistência à tração
(f) módulo de resiliência
(g) módulo de elasticidade
(h) módulo de tenacidade
(i) coeficiente de encruamento
(j) coeficiente de resistência

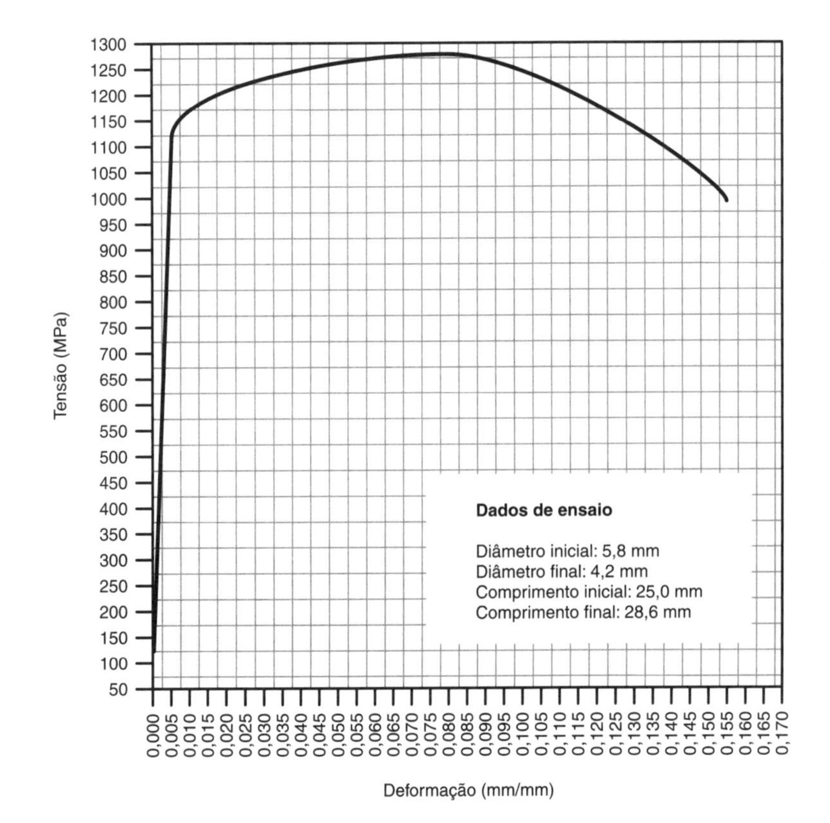

EXERCÍCIO 22

O aço do exercício anterior foi utilizado para a fabricação de fios de seção circular com *diâmetro igual ao milésimo de sua altura*. Deseja-se fabricar com esse fio um cabo que será utilizado no elevador de uma mina de profundidade de 1000 m, conforme mostra a figura. Sabendo-se que a cabine do elevador tem massa igual a 850 kg e a especificação de segurança é que a *tensão máxima sobre o cabo não ultrapasse 1/5 da tensão de escoamento com um total de 5 pessoas de mesma massa (adotar a sua própria massa como referência)*:

1) Determine o número mínimo de fios para a fabricação deste cabo;
2) Determine o máximo alongamento que o cabo terá quando o elevador se encontrar no fundo da mina em condição de carga máxima.

Admita que a massa específica do aço seja 7200 kg/m^3.

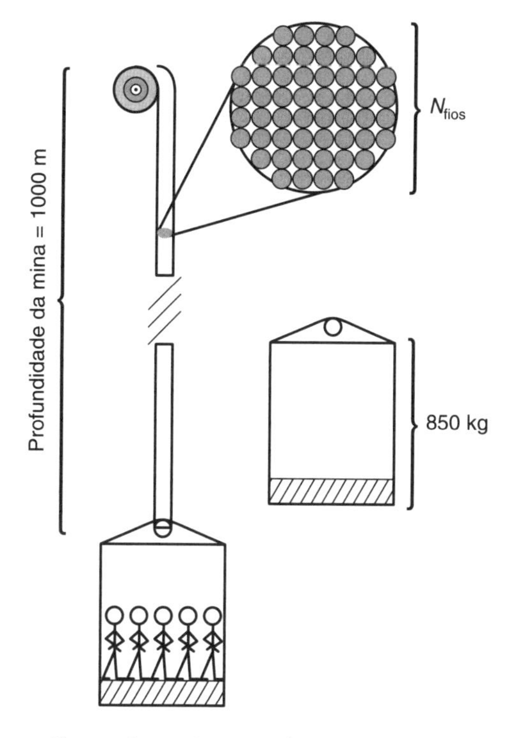

Figura do Ex. 22 Especificação do projeto.

EXERCÍCIO 23

Explique por que a equação $\sigma_c = \frac{k \cdot \varepsilon_r^n}{(1 + \varepsilon_c)}$ é valida apenas entre o limite $\sigma_e < \sigma_c < \sigma_{uc}$.

Sendo:

σ_c = tensão convencional;
ε_c = deformação convencional;
ε_r = deformação real;
σ_{uc} = limite de resistência à tração convencional;
σ_e = limite de escoamento;
k = coeficiente de resistência;
n = coeficiente de encruamento.

EXERCÍCIO 24

Descreva qualitativamente o que é a resiliência, a tenacidade e o coeficiente de encruamento de um material metálico e dê exemplos correlacionando a escolha de materiais para componentes e/ou processos da indústria metal-mecânica baseados em cada um desses parâmetros.

EXERCÍCIO 25

Na curva tensão-deformação convencional, observa-se que para alguns materiais o escoamento se inicia com certa instabilidade nos valores de tensão. Explique esse efeito.

EXERCÍCIO 26

Observando os gráficos da figura abaixo, e valores de propriedades apresentados nas tabelas do livro-texto, determine os materiais que melhor representam as curvas 01, 02 e 03.

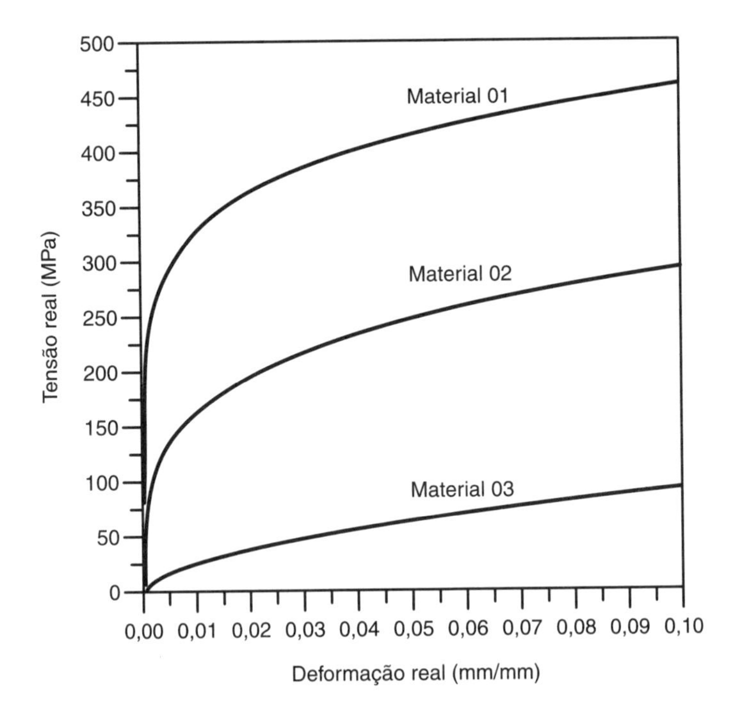

EXERCÍCIO 27

Tem-se um equipamento para o ensaio de tração com as seguintes características:

célula de carga com limite máximo de 2 toneladas e comprimento de referência médio para o corpo de prova igual a 150 mm. Determine para os aços apresentados nos exercícios 1, 2 e 21, *as novas dimensões iniciais do corpo de prova (diâmetro e comprimento) necessárias para a realização do ensaio nesse equipamento*, admitindo que, por questões de segurança da célula de carga, esta receberá no máximo 70% da carga para seu limite máximo. Com base nas curvas de cada aço, estime:

- qual a carga máxima de cada ensaio;
- o diâmetro esperado na seção estrita do corpo de prova de cada ensaio; e
- o comprimento final esperado no corpo de prova de cada ensaio.

EXERCÍCIO 28

Um cilindro de aço com 12 mm de diâmetro por 50 mm de comprimento é ensaiado à compressão. A fratura ocorre para uma carga axial de 220.000 N num plano inclinado a 40° da linha central do eixo do cilindro. Calcule a tensão no plano de fratura.

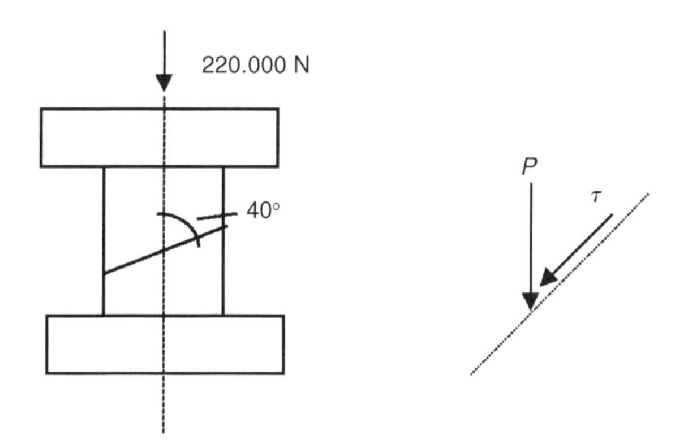

EXERCÍCIO 29

Para a realização do ensaio de compressão em metais, as normas técnicas estabelecem uma relação entre o diâmetro e o comprimento do corpo de prova (h_0/D_0), para materiais frágeis e dúcteis.

(a) Por que esse parâmetro é importante?
(b) Quais seriam os problemas que se esperaria observar nos casos onde essa relação fique abaixo da estabelecida?
(c) Quais seriam os problemas que se esperaria observar nos casos onde essa relação fique acima da estabelecida?

EXERCÍCIO 30

(a) Por que o ensaio de compressão não é indicado para materiais dúcteis?
(b) Quais as principais diferenças entre os aspectos de fratura observados no ensaio de compressão em corpos de prova dúcteis e frágeis?
(c) Quando metais dúcteis são ensaiados em compressão, é necessária a aplicação de lubrificantes entre a placa de aplicação de carga e a superfície do corpo de prova. Explique esta necessidade.

EXERCÍCIO 31

Determine o valor da tensão máxima de compressão paralela às fibras, a ser admitida em um projeto estrutural, para a utilização de uma madeira dicotiledônea classe 60 (ver Tabela 3.5). A estrutura será de carregamento de média duração, e as peças estruturais, de madeira serrada não classificada como isenta de defeitos, com classe de umidade 4.

EXERCÍCIO 32

Estime a dureza Brinell e o limite de resistência à tração de um aço-carbono com 0,2% C e que tenha sido resfriado no forno a partir da região austenítica. Qual seria o aumento percentual no limite de resistência à tração caso esse aço fosse submetido a um tratamento térmico que provocasse a formação de perlita fina?

Dados:

Fases	Dureza Brinell
Ferrita	80
Perlita grosseira	240
Perlita fina	380
Martensita	595

EXERCÍCIO 33

Uma amostra de aço 1045 apresenta limite de resistência à tração igual a 1250 MPa. Sabendo-se que essa amostra foi resfriada rapidamente a partir da região austenítica e considerando-se a dureza como propriedade aditiva, faça uma estimativa das porcentagens das fases presentes na microestrutura desse aço.

EXERCÍCIO 34

Amostras de aço-carbono SAE1050 foram astenitinizadas e uma parte das amostras, denominada Lote 1, foi resfriada dentro do forno e a outra parte, Lote 2, foi refriada ao ar, objetivando uma normalização. Admitindo que em ambos os casos ocorreu apenas a formação de perlita e ferrita, determine qual o percentual do aumento de dureza do Lote 1 comparado com o Lote 2.

EXERCÍCIO 35

Um aço-carbono apresenta uma dureza igual a 85 Rockwell B. Estime o limite de resistência à tração desse aço.

EXERCÍCIO 36

Faça uma previsão da microestrutura presente em um determinado ponto de um corpo de prova submetido a um ensaio Jominy, sabendo-se que sua dureza é de 400 Brinell e que o material do corpo de prova é de aço ABNT 1040.

Dado: 100% de martensita nesse aço implicaria uma dureza Brinell de 700.

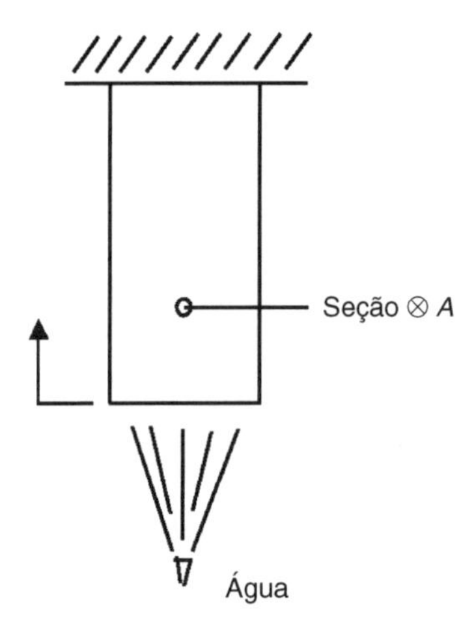

Dureza na seção ⊗ *A* $\Rightarrow$ HB = 400
Aço 1040

EXERCÍCIO 37

Especifique um ensaio de dureza para cada um dos casos a seguir:

(a) aço de alto carbono temperado;
(b) ferro fundido cinzento;
(c) lâmina fina de metal não ferroso;

(d) camada cementada de um dente de engrenagem;
(e) uma única fase de uma liga polifásica.

EXERCÍCIO 38

Para as microestruturas dos aços-carbono apresentadas nas figuras abaixo, e sabendo que estes materiais foram resfriados lentamente após recozimento, estime a dureza e o limite de resistência à tração de cada um:

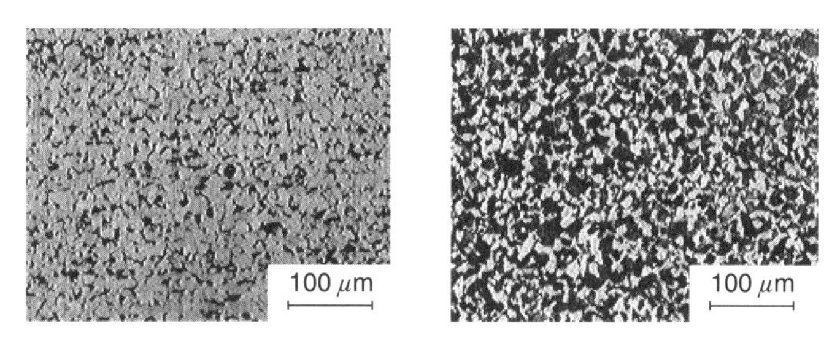

Aços-carbono resfriados lentamente

Ataque: nital — Aumento: 150×
Regiões claras: ferrita — Regiões escuras: perlita

EXERCÍCIO 39

Um tubo de duralumínio com 38 mm de diâmetro, 2 mm de espessura e 340 mm de comprimento útil foi ensaiado em torção. Calcule a tensão máxima de cisalhamento quando o momento de torção atingiu 576.000 N · mm ainda na zona elástica e a deformação na superfície externa do corpo de prova quando o ângulo de torção θ na zona plástica era de 50°.

Dados:

$D_1 = 38$ mm
$t = 2$ mm
$l = 340$ mm

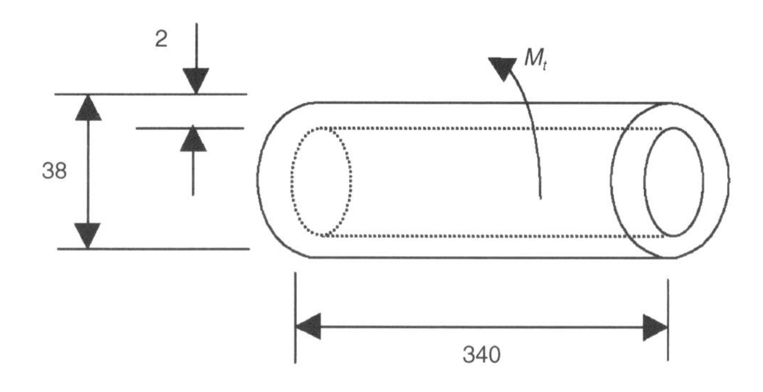

EXERCÍCIO 40

Supondo que o ângulo de torção aplicado no tubo do Exercício 39 era 0,7° quando o momento de torção aplicado era igual a 576.000 N · mm, estime o módulo de cisalhamento transversal.

EXERCÍCIO 41

Comente rapidamente os aspectos da fratura de um material submetido a um ensaio de torção: materiais dúcteis e materiais frágeis.

EXERCÍCIO 42

(a) Por que os resultados do ensaio de torção serão mais confiáveis para aqueles obtidos em corpos de prova tubulares do que aqueles obtidos em tarugos?
(b) Indique alguns casos importantes, em que o ensaio de torção é necessário.

EXERCÍCIO 43

(a) Por que os resultados do ensaio de flexão são fortemente influenciados pela geometria da seção transversal do corpo de prova?
(b) Por que o ensaio de flexão não é indicado para materiais dúcteis?
(c) Quais informações podem ser obtidas no ensaio de flexão de um material frágil?

EXERCÍCIO 44

Para o resultado do ensaio de flexão em três pontos apresentado na figura abaixo, determine:

(a) módulo de ruptura;
(b) módulo de tenacidade;
(c) módulo de elasticidade.

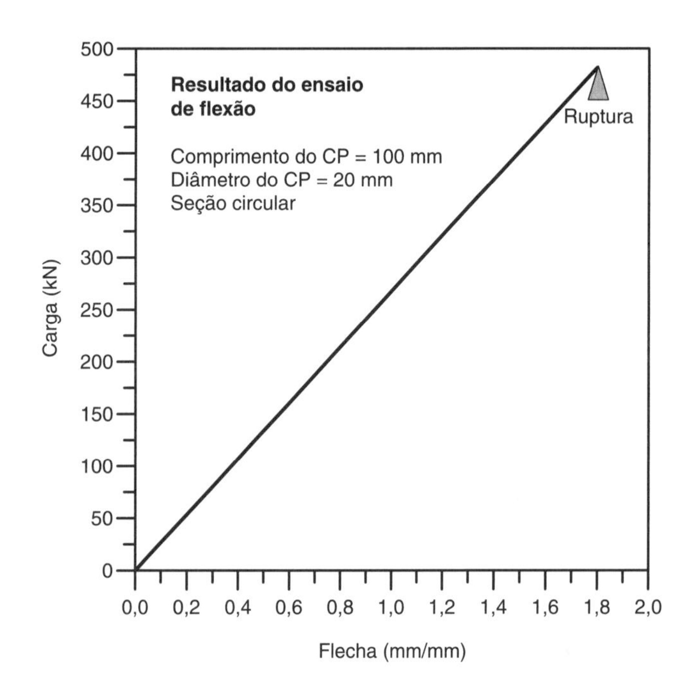

EXERCÍCIO 45

Um componente cilíndrico construído de uma liga de níquel tem um diâmetro de 19,1 mm. Determine a máxima carga que pode ser aplicada de forma constante a esse componente para que apresente uma vida de 10.000 h a 538 °C. A relação entre a tensão e o tempo de ruptura para este material é dado conforme o gráfico abaixo.

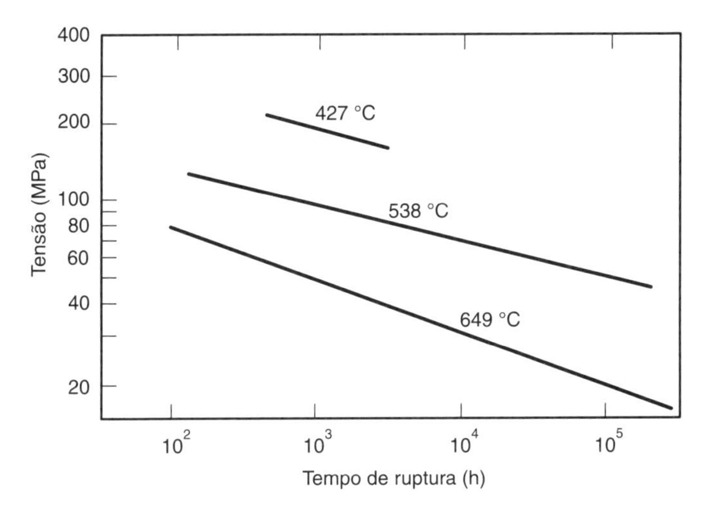

EXERCÍCIO 46

Alguns resultados de ensaio de fluência de uma liga de ferro a uma temperatura de 1090 K são dados a seguir:

$\dot{\varepsilon}_m$(h^{-1})	σ (MPa)
$6{,}6 \cdot 10^{-4}$	140
$8{,}8 \cdot 10^{-2}$	380

Determine a taxa mínima de fluência para um nível de tensão de 83 MPa à mesma temperatura.

EXERCÍCIO 47

Os dados apresentados em seguida referem-se a um ensaio de fluência de uma liga de alumínio realizado a 480 °C e com a aplicação de uma tensão constante de 2,75 MPa. Trace uma curva de deformação contra o tempo e determine a taxa mínima de fluência $\dot{\varepsilon}_m$.

Observação: A deformação no instante inicial de aplicação de carga não está incluída nos dados que se seguem.

Tempo (min)	Deformação	Tempo (min)	Deformação
0	0,00	18	0,82
2	0,22	20	0,88
4	0,34	22	0,95
6	0,41	24	1,03
8	0,48	26	1,12
10	0,55	28	1,22
12	0,62	30	1,36
14	0,68	32	1,53
16	0,75	34	1,77

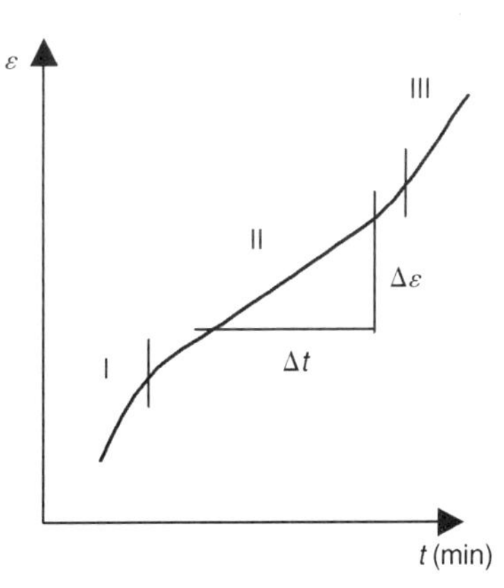

EXERCÍCIO 48

Determine o menor diâmetro possível para um elo de uma corrente de aço que deverá operar dentro de um forno de tratamento térmico de cerâmicos. A expectativa de vida da corrente deve ser de cinco anos ininterruptos trabalhando a 600 °C, e o elo estará submetido a uma carga aplicada de 22 kN.

O gráfico que se segue apresenta o parâmetro de Larson-Miller para o aço utilizado na confecção da corrente.

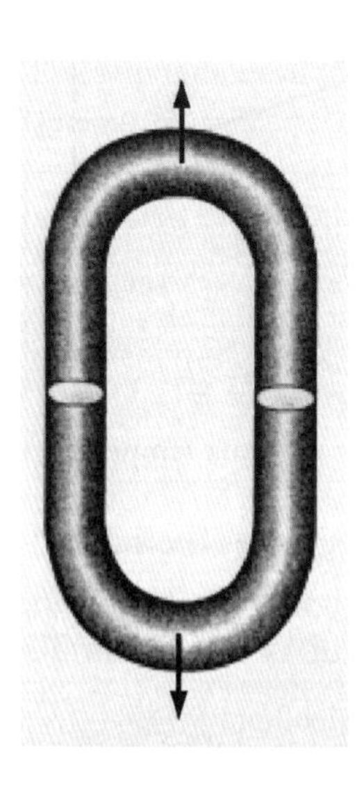

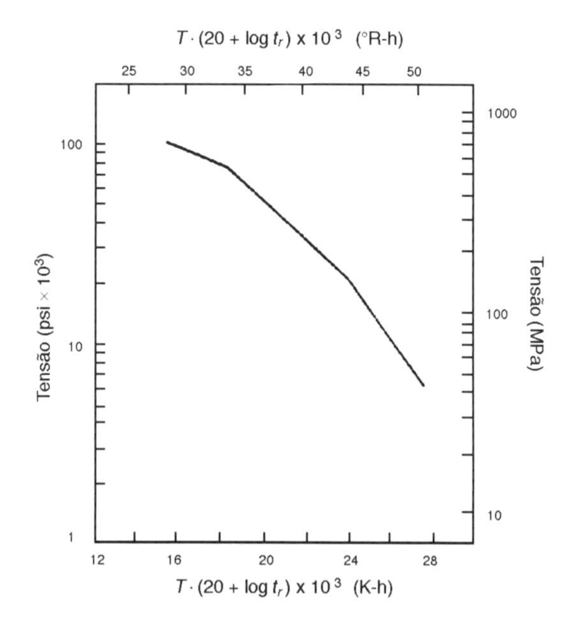

EXERCÍCIO 49

Um componente de aço inoxidável 18-8 Mo deve apresentar uma ruptura à fluência de pelo menos cinco anos a 500 °C (773 K). Calcule o máximo nível de tensão a que esse componente pode ser submetido.

Observação: Utilize dados do Exercício 48: aço inox 18 Cr-8 Mo, vida de cinco anos a 500 °C.

EXERCÍCIO 50

Considere o mesmo componente do exercício anterior, agora submetido a uma tensão constante de 34,5 MPa. A que temperatura esse componente pode ser submetido para que apresente uma vida de 10 anos?

EXERCÍCIO 51

Foi executado um ensaio de fadiga no qual a tensão média foi de 70 MPa e a amplitude de oscilação igual a 210 MPa. Calcule: (a) tensões máxima e mínima e (b) relação de variação das tensões, R_f.

EXERCÍCIO 52

Uma barra cilíndrica de aço 1045 é submetida a esforços cíclicos de tração-compressão, e os resultados do ensaio de fadiga são mostrados na figura a seguir. Se a amplitude da carga aplicada é 66.700 N, calcule o diâmetro mínimo que essa barra deve apresentar para não sofrer ruptura por fadiga.

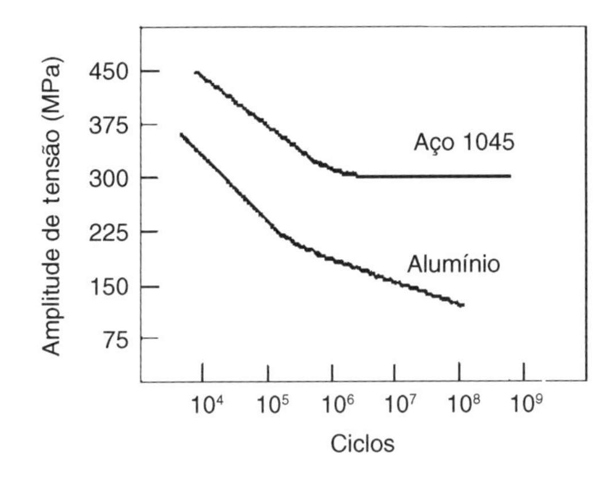

EXERCÍCIO 53

Uma peça cilíndrica de 6,4 mm de diâmetro, fabricada com uma liga de alumínio (ver resultados do ensaio de fadiga na figura do Exercício 52), é submetida a esforços alternados de tração e compressão. Se as tensões máximas de tração e compressão são, respectivamente, 5430 N e −5430 N, determine sua vida à fadiga.

EXERCÍCIO 54

Os dados obtidos em um ensaio de fadiga de um aço-liga são apresentados na tabela a seguir:

Amplitude de oscilação σ_a (MPa)	Número de ciclos (N)
470	10.000
440	30.000
390	100.000
350	300.000
310	1.000.000
290	3.000.000
290	10.000.000
290	100.000.000

(a) Monte um gráfico σ_a *versus* log N utilizando esses dados.
(b) Qual é o limite de resistência desse aço à fadiga?
(c) Determine a vida à fadiga para amplitudes de oscilação iguais a 415 MPa e 275 MPa.
(d) Estime as resistências à fadiga para $N = 2 \cdot 10^4$ e $N = 6 \cdot 10^5$.

EXERCÍCIO 55

Admita que os dados do Exercício 54 se referem a um ensaio de flexão rotativa e que esse material foi utilizado na fabricação de um eixo de automóvel que, em operação, gira a uma velocidade de 600 rotações por minuto. Quais as vidas em fadiga, admitindo movimento contínuo do veículo, para os seguintes níveis de tensões máximas: 450 MPa, 380 MPa e 275 MPa?

EXERCÍCIO 56

Um componente mecânico (eixo) produzido em aço-ferramenta apresenta como resultado do ensaio de fadiga o gráfico a seguir. Esse eixo deve ter 2,44 m de comprimento e operará em condições rotativas de carregamento contínuo por 1 ano, submetido a uma carga de 0,05 MN (50 kN). Sabendo que o componente fará uma revolução por minuto (ciclo), determine o diâmetro mínimo que satisfaça essas restrições. Faça um esboço do gráfico $\sigma \times N$ (tensão $\times$ número de ciclos) para materiais ferrosos e materiais não ferrosos. Cite três fatores que melhoram o comportamento dos metais em fadiga e três fatores que prejudicam esse comportamento.

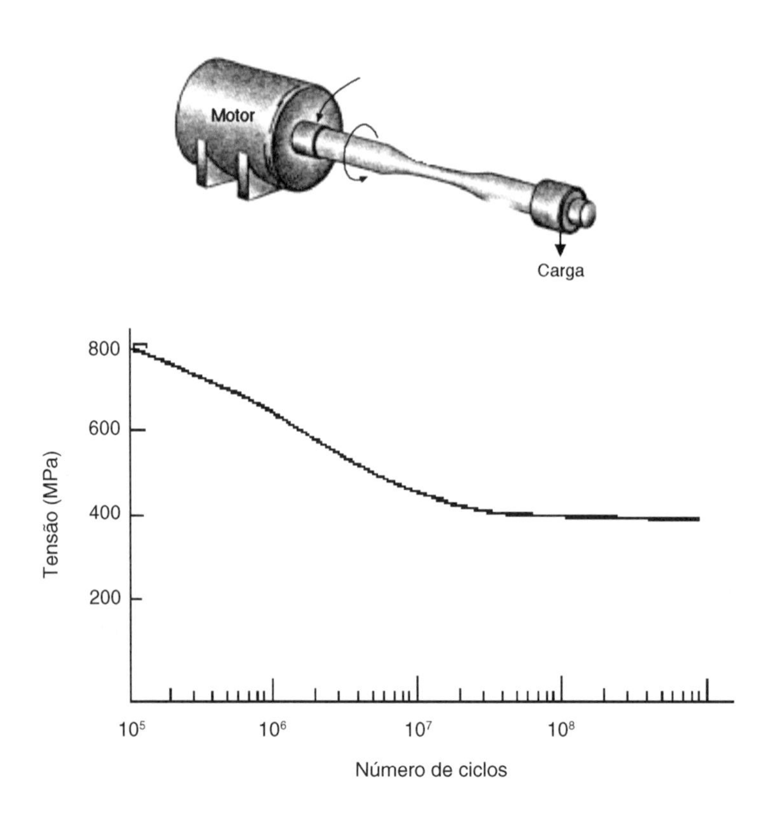

EXERCÍCIO 57

Os dados apresentados em seguida referem-se a uma série de ensaios de impacto Charpy em corpos de prova de um aço baixo carbono.

(a) Montar um gráfico energia de impacto *versus* temperatura

(b) Determinar a temperatura de transição dúctil-frágil tomando como referência uma temperatura média entre as energias de impacto máxima e mínima.
(c) Determinar a temperatura de transição dúctil-frágil no ponto em que a energia de impacto é de 50 J.

Temperatura (°C)	Energia absorvida (J)
0	105
−25	104
−50	103
−75	97
−100	63
−113	40
−125	34
−150	28
−175	25
−200	24

EXERCÍCIO 58

Os dados apresentados a seguir referem-se a resultados de ensaios Charpy realizados com um aço de baixo carbono.

Temperatura (°C)	Energia absorvida (J)
50	76
40	76
30	71
20	58
10	38
0	23
−10	14
−20	9
−30	5
−40	1,5

Pede-se:

(a) Monte um gráfico energia de impacto *versus* temperatura.
(b) Determine a temperatura de transição dúctil-frágil tomando como referência a média das energias de impacto máxima e mínima.

EXERCÍCIO 59

Faça um esboço do gráfico energia de impacto × temperatura obtido na realização do ensaio de impacto, tecendo comentários sobre o comportamento dos materiais no que diz respeito a fratura, temperatura de transição e resistência mecânica. Quais fatores, principalmente no caso dos metais, contribuem para a fratura frágil, ou melhor, influenciam na temperatura de transição dúctil-frágil?

EXERCÍCIO 60

Defina ensaios não destrutivos, comentando vantagens e desvantagens de sua utilização. Quais os critérios que devem ser analisados para o emprego de um ensaio por raios X ou por raios γ? Explique sucintamente o princípio funcional do ensaio de ultrassom, e qual a relação entre tamanho de defeito analisado e frequência de vibração do ultrassom.

Bibliografia

ABESC. *Manual*. www.abesc.org.br. ABESC, 2007.

ASSOCIAÇÃO BRASILEIRA DAS EMPRESAS DE SERVIÇOS DE CONCRETAGEM (ABESC). http://www.abesc.org.br. Acesso em: 20/10/2010.

http://www.planeta.coppe.ufrj.br/artigo.php. Acesso em: 6/11/2010.

ASSOCIAÇÃO BRASILEIRA DE NORMAS TÉCNICAS (ABNT). NBR NM-146-1. *Materiais metálicos*: dureza Rockwell - parte 1: medição de dureza Rockwell (escalas A, B, C, D, E, F, G, H e K) e Rockwell superficial (escalas 15N, 30N, 45N, 15T, 30T e 45T). Rio de Janeiro: ABNT, 1998. 13 p.

ASSOCIAÇÃO BRASILEIRA DE NORMAS TÉCNICAS (ABNT). NBR NM-187-1. *Materiais metálicos*: dureza Brinell parte 1: medição da dureza Brinell. Rio de Janeiro: ABNT, 1999. 13 p.

ASSOCIAÇÃO BRASILEIRA DE NORMAS TÉCNICAS (ABNT). NBR NM-188-1. *Materiais metálicos*: dureza Vickers parte 1: medição da dureza Vickers. Rio de Janeiro: ABNT, 1999. 102 p.

ASSOCIAÇÃO BRASILEIRA DE NORMAS TÉCNICAS (ABNT). NBR 5732. *Cimento Portland comum*. Rio de Janeiro: ABNT, 1991. 5 p.

ASSOCIAÇÃO BRASILEIRA DE NORMAS TÉCNICAS (ABNT). NBR 5733. *Cimento Portland de alta resistência inicial (CP RS)*. 5 p. Rio de Janeiro: ABNT, 1991.

ASSOCIAÇÃO BRASILEIRA DE NORMAS TÉCNICAS (ABNT). NBR 5735. *Cimento Portland de alto-forno*. Rio de Janeiro: ABNT, 1991. 6 p.

ASSOCIAÇÃO BRASILEIRA DE NORMAS TÉCNICAS (ABNT). NBR 5736. *Cimento Portland pozolânico*. Rio de Janeiro: ABNT, 1991/1999. 5 p.

ASSOCIAÇÃO BRASILEIRA DE NORMAS TÉCNICAS (ABNT). NBR 5737. *Cimentos Portland resistentes a sulfatos*. Rio de Janeiro: ABNT, 1992. 4 p.

ASSOCIAÇÃO BRASILEIRA DE NORMAS TÉCNICAS (ABNT). NBR 5738. *Concreto*: procedimento para moldagem e cura de corpos de prova. Rio de Janeiro: ABNT, 2003. 6 p.

ASSOCIAÇÃO BRASILEIRA DE NORMAS TÉCNICAS (ABNT). NBR 5739. *Concreto*: ensaio de compressão de corpos de prova cilíndricos. Rio de Janeiro: ABNT, 2007. 9 p.

ASSOCIAÇÃO BRASILEIRA DE NORMAS TÉCNICAS (ABNT). NBR 6118. *Projeto de estruturas de concreto*: procedimento. Rio de Janeiro: ABNT, 2007. 221 p.

ASSOCIAÇÃO BRASILEIRA DE NORMAS TÉCNICAS (ABNT). NBR 6157. *Materiais metálicos*: determinação da resistência ao impacto em corpos de prova entalhados simplesmente apoiados. Rio de Janeiro: ABNT, 1980. 8 p.

ASSOCIAÇÃO BRASILEIRA DE NORMAS TÉCNICAS (ABNT). NBR ISO 6892. *Materiais metálicos*: ensaio de tração à temperatura ambiente. Rio de Janeiro: ABNT, 2002. 34 p.

ASSOCIAÇÃO BRASILEIRA DE NORMAS TÉCNICAS (ABNT). NBR 7190. *Projeto de estruturas de madeira*. Rio de Janeiro: ABNT, 1997. 107 p. Norma em revisão em 2012.

ASSOCIAÇÃO BRASILEIRA DE NORMAS TÉCNICAS (ABNT). NBR 7211. *Agregados para concreto*: especificação. Emenda 1: 2009. Rio de Janeiro: ABNT, 2005. 2 p.

ASSOCIAÇÃO BRASILEIRA DE NORMAS TÉCNICAS (ABNT). NBR 7212. *Execução de concreto dosado em central*. Rio de Janeiro: ABNT, 1984. 7 p.

ASSOCIAÇÃO BRASILEIRA DE NORMAS TÉCNICAS (ABNT). NBR 7223. *Concreto*: determinação da consistência pelo abatimento do tronco de cone. Rio de Janeiro: ABNT, 1994. Esta norma foi substituída pela ABNT NBR NM 67. *Concreto*: determinação da consistência pelo abatimento do tronco de cone. Rio de Janeiro: ABNT, 1998. 8 p.

ASSOCIAÇÃO BRASILEIRA DE NORMAS TÉCNICAS (ABNT). NBR 8681. *Ações e segurança nas estruturas*. Rio de Janeiro: ABNT, 1983. 2 p. Errata 1: 2004.

ASSOCIAÇÃO BRASILEIRA DE NORMAS TÉCNICAS (ABNT). NBR 9622. *Plásticos*: determinação das propriedades mecânicas à tração. Rio de Janeiro: ABNT, 1988. 12 p.

ASSOCIAÇÃO BRASILEIRA DE NORMAS TÉCNICAS (ABNT). NBR 11578. *Cimento Portland composto*: especificação. Rio de Janeiro: ABNT, 1991. Versão corrigida: 1997. 5 p.

ASSOCIAÇÃO BRASILEIRA DE NORMAS TÉCNICAS (ABNT). NBR 11579. *Cimento Portland*: determinação da finura por meio da peneira 75 μm (n° 200). Método de ensaio. Rio de Janeiro: ABNT, 1991. 3 p.

ASSOCIAÇÃO BRASILEIRA DE NORMAS TÉCNICAS (ABNT). NBR 11582. *Cimento Portland*: determinação da expansibilidade de Le Chatelier - método de ensaio. Rio de Janeiro: ABNT, 1991. 2 p.

ASSOCIAÇÃO BRASILEIRA DE NORMAS TÉCNICAS (ABNT). NBR 12655. *Concreto de cimento Portland*: preparo, controle e recebimento - procedimento. Rio de Janeiro: ABNT, 2006. 18 p.

ASSOCIAÇÃO BRASILEIRA DE NORMAS TÉCNICAS (ABNT). NBR 12989. *Cimento Portland branco*: especificação. Rio de Janeiro: ABNT, 1993. 5 p.

ASSOCIAÇÃO BRASILEIRA DE NORMAS TÉCNICAS (ABNT). NBR 13116. *Cimento Portland de baixo calor de hidratação*: especificação. Rio de Janeiro: ABNT, 1994. 5 p.

AMERICAN SOCIETY FOR TESTING AND MATERIALS (ASTM). Standard C597-09. *Standard test method for pulse velocity through concrete*. Pennsylvania: ASTM, 2009.

AMERICAN SOCIETY FOR TESTING AND MATERIALS (ASTM). Standard C730-98. *Standard test method for Knoop indentation hardness of glass*. Pennsylvania: ASTM, 1998 (2003).

AMERICAN SOCIETY FOR TESTING AND MATERIALS (ASTM). Standard C849-88. *Standard test method for Knoop indentation hardness of ceramic whitewares*. Pennsylvania: ASTM, 1988 (1999).

AMERICAN SOCIETY FOR TESTING AND MATERIALS (ASTM). Standard D256-10. *Standard test methods for determining the izod pendulum impact resistance of plastics*. Pennsylvania: ASTM, 2010.

AMERICAN SOCIETY FOR TESTING AND MATERIALS (ASTM). Standard D785-03. *Standard test method for Rockwell hardness of plastics and electrical insulating materials*. Pennsylvania: ASTM, 2003.

AMERICAN SOCIETY FOR TESTING AND MATERIALS (ASTM). Standard D4172-94. *Wear preventive characteristics of lubricating fluid (Four-Ball method)*. Pennsylvania: ASTM, 1999.

AMERICAN SOCIETY FOR TESTING AND MATERIALS (ASTM). Standard D6110-04. *Standard test methods for determining the charpy impact resistance of notched specimens of plastics*. Pennsylvania: ASTM, 2004.

AMERICAN SOCIETY FOR TESTING AND MATERIALS (ASTM). Standard E8-04. *Standard terminology relating to methods of mechanical testing*. Pennsylvania: ASTM, 2004.

AMERICAN SOCIETY FOR TESTING AND MATERIALS (ASTM). Standard E8M-04. *Standard test methods for tension testing of metallic materials [metric]*. Pennsylvania: ASTM, 2004.

AMERICAN SOCIETY FOR TESTING AND MATERIALS (ASTM). Standard E9-89a. *Standard test methods of compression testing of metallic materials at room temperature*. Pennsylvania: ASTM, 2000.

AMERICAN SOCIETY FOR TESTING AND MATERIALS (ASTM). Standard E10-07a. *Standard test methods for Brinell hardness of metallic materials*. Pennsylvania: ASTM, 2007.

AMERICAN SOCIETY FOR TESTING AND MATERIALS (ASTM). Standard E18-03. *Standard test methods for Rockwell hardness and Rockwell superficial hardness of metallic materials*. Pennsylvania: ASTM, 2003.

AMERICAN SOCIETY FOR TESTING AND MATERIALS (ASTM). Standard E23-02a. *Standard test methods for notched bar impact testing of metallic materials*. Pennsylvania: ASTM, 2002.

AMERICAN SOCIETY FOR TESTING AND MATERIALS (ASTM). Standard E92-82. *Standard test methods for Vickers hardness of metallic materials*. Pennsylvania: ASTM, 2003.

AMERICAN SOCIETY FOR TESTING AND MATERIALS (ASTM). Standard E111-97. *Standard test method for Young's modulus, tangent modulus, and chord modulus*. Pennsylvania: ASTM, 1997.

AMERICAN SOCIETY FOR TESTING AND MATERIALS (ASTM). Standard E139-00. *Standard test methods for conducting creep, creep-rupture, and stress-rupture tests of metallic materials*. Pennsylvania: ASTM, 2000.

AMERICAN SOCIETY FOR TESTING AND MATERIALS (ASTM). Standard E150-04. *Practice for conducting creep and creep-rupture tension tests of metallic materials under conditions of rapid heating and short times*. Pennsylvania: ASTM, 2004.

AMERICAN SOCIETY FOR TESTING AND MATERIALS (ASTM). Standard E190-92. *Standard test method for guided bend test for ductility of welds*. Pennsylvania: ASTM, 2003.

AMERICAN SOCIETY FOR TESTING AND MATERIALS (ASTM). Standard E290-97a. *Standard test method for semi-guided bend test for ductility of metallic materials*. Pennsylvania: ASTM, 1997.

AMERICAN SOCIETY FOR TESTING AND MATERIALS (ASTM). Standard E 292-01. *Standard test methods for conducting time-for-rupture notch tension tests of materials*. Pennsylvania: ASTM, 2001.

AMERICAN SOCIETY FOR TESTING AND MATERIALS (ASTM). Standard E384-99. *Standard test method for microindentation hardness of materials*. Pennsylvania: ASTM, 2000.

AMERICAN SOCIETY FOR TESTING AND MATERIALS (ASTM). Standard E399-90. *Standard test methods for plane-strain fracture toughness of metallic materials*. Pennsylvania: ASTM, 1990 (1997).

AMERICAN SOCIETY FOR TESTING AND MATERIALS (ASTM). Standard E438-80. *Standard test method for transverse testing of gray iron*. Pennsylvania: ASTM, 1992.

AMERICAN SOCIETY FOR TESTING AND MATERIALS (ASTM). Standard E448-82. *Standard practice for scleroscope hardness testing of metallic materials*. Pennsylvania: ASTM, 2002.

AMERICAN SOCIETY FOR TESTING AND MATERIALS (ASTM). Standard E466-96. *Standard practice for conducting constant amplitude axial fatigue test of metallic materials*. Pennsylvania: ASTM, 2002.

AMERICAN SOCIETY FOR TESTING AND MATERIALS (ASTM). Standard E467-98a. *Standard practice for verification of constant amplitude dynamic loads on displacements in an axial load fatigue testing system*. Pennsylvania: ASTM, 2004.

AMERICAN SOCIETY FOR TESTING AND MATERIALS (ASTM). Standard E468-90. *Standard practice for presentation of constant amplitude fatigue test results for metallic materials*. Pennsylvania: ASTM, 2004.

AMERICAN SOCIETY FOR TESTING AND MATERIALS (ASTM). Standard E494-95. *Standard practice for measuring ultrasonic velocity in materials*. Pennsylvania: ASTM, 2001.

AMERICAN SOCIETY FOR TESTING AND MATERIALS (ASTM). Standard E558-83. *Standard test method for torsion testing of wire*. Pennsylvania: ASTM, 1983.

AMERICAN SOCIETY FOR TESTING AND MATERIALS (ASTM). Standard E616-90. *Terminology relating to fracture testing*. Pennsylvania: ASTM, 1996.

AMERICAN SOCIETY FOR TESTING AND MATERIALS (ASTM). Standard E643-84. *Standard Test method for Ball Punch deformation of metallic sheet material*. Pennsylvania: ASTM, 2000.

AMERICAN SOCIETY FOR TESTING AND MATERIALS (ASTM). Standard E647-00. *Standard test method for measurement of fatigue crack growth rates*. Pennsylvania: ASTM, 2000.

AMERICAN SOCIETY FOR TESTING AND MATERIALS (ASTM). Standard E739-91. *Standard practice for statistical analysis of linear or linearized stress-life (S-N) and strain-life (S-N) fatigue data*. Pennsylvania: ASTM, 2004.

AMERICAN SOCIETY FOR TESTING AND MATERIALS (ASTM). Standard E740-03. *Standard practice for fracture testing with surface-crack tension specimens*. Pennsylvania: ASTM, 2003.

AMERICAN SOCIETY FOR TESTING AND MATERIALS (ASTM). Standard E812-91. *Standard test method for crack strength of slow-bend precracked charpy specimens of high-strength metallic materials*. Pennsylvania: ASTM, 1997.

AMERICAN SOCIETY FOR TESTING AND MATERIALS (ASTM). Standard E813-01. *Standard test method for* J_{IC}. *measure of fracture toughness*. Pennsylvania: ASTM, 2001.

AMERICAN SOCIETY FOR TESTING AND MATERIALS (ASTM). ASTM E855-90. *Standard test methods for bend testing of metallic flat materials for spring applications involving static loading*. Pennsylvania: ASTM, 2000.

AMERICAN SOCIETY FOR TESTING AND MATERIALS (ASTM). Standard E1150-87(93). *Standard definitions of terms relating to fatigue*. Pennsylvania: ASTM, 1993.

AMERICAN SOCIETY FOR TESTING AND MATERIALS (ASTM). Standard E1823-96. *Standard terminology relating to fatigue and fracture testing*. Pennsylvania: ASTM, 2002.

AMERICAN SOCIETY FOR TESTING AND MATERIALS (ASTM). Standard E1875-00. *Standard test method for dynamic Young's modulus, shear modulus, and Poisson's ratio by sonic resonance*. Pennsylvania: ASTM, 2000.

AMERICAN SOCIETY FOR TESTING AND MATERIALS (ASTM). Standard E1876-01. *Standard test method for dynamic Young's modulus, shear modulus, and Poisson's ratio by impulse excitation of vibration*. Pennsylvania: ASTM, 2001.

AMERICAN SOCIETY FOR TESTING AND MATERIALS (ASTM). Standard G32-03. *Standard test method for cavitation erosion using vibratory apparatus*. Pennsylvania: ASTM, 2003.

AMERICAN SOCIETY FOR TESTING AND MATERIALS (ASTM). Standard G65-00. *Standard test method for measuring abrasion using the dry sand/rubber wheel apparatus*. Pennsylvania: ASTM, 2000.

AMERICAN SOCIETY FOR TESTING AND MATERIALS (ASTM). Standard G76-04. *Standard test method for conducting erosion tests by solid particle impingement using gas jets*. Pennsylvania: ASTM, 2004.

AMERICAN SOCIETY FOR TESTING AND MATERIALS (ASTM). Standard G77-98. *Standard test method for ranking resistance of materials to sliding wear using block-on-ring wear test*. Pennsylvania: ASTM, 1998.

AMERICAN SOCIETY FOR TESTING AND MATERIALS (ASTM). Standard G99-04. *Standard test method for wear testing with a pin-on-disk apparatus*. Pennsylvania: ASTM, 2004.

AMERICAN SOCIETY FOR TESTING AND MATERIALS (ASTM). Standard G105-02. *Standard test method for conducting wet sand/rubber wheel abrasion tests*. Pennsylvania: ASTM, 2002.

ANDERSON, J. C. et al. *Materials Science*. 4. ed. London: Chapman & Hall, 1991.

ASHBY, M. F.; JONES, D. R. H. *Engineering materials 1*: an introduction to their properties and applications. Oxford: Pergamon Press, 1988.

ASKELAND, D. R. *The science and engineering of materials*. 3. ed. London: Chapman & Hall, 1996.

BAIN, E. C. *Function of the alloying elements in steel*. Pittsburg: U.S. Steel Corporation, 1939.

BRESCIANI, E. F. *Propriedades e ensaios industriais dos materiais*. São Paulo: Escola Politécnica da Universidade de São Paulo, 1968.

BRESCIANI, E. F; ZAVAGLIA, C. A. C.; BUTTON, S. T. *Conformação plástica dos metais*. Campinas: Unicamp, 1991.

CALLISTER Jr., W. D. *Materials science and engineering*: an introduction. 3. ed. New York: John Wiley, 1994.

CAMPOS FILHO, M. P.; DAVIES, G. J. *Solidificação de metais e suas ligas*. Rio de Janeiro: LTC, 1978.

CHANDA, M.; ROY, S. K. *Plastics technology handbook*. Nova York: Marcel Dekker, 1987.

COLPAERT, H. *Metalografia dos produtos siderúrgicos comuns*. São Paulo: Edgard Blücher, 1969.

CRUZ, K.S. et al. *Dendritic arm spacing affecting mechanical properties and wear behavior of Al-Sn and Al-Si alloys directionally solidified under unsteady-state conditions*. Metallurgical and Materials Transactions, v. 41A, p. 972-984, 2010.

DATSKO, J. *Materials properties and manufacturing processes*. Nova York: John Wiley, 1967.

DEGARMO, E. P.; BLACK, J. T.; KOHSER, R. A. *Materials and processes in manufacturing*. 3. ed. New Jersey: Prentice Hall, 1997.

DIAS, A. A. *Estudo da solicitação de compressão normal às fibras da madeira*. 1994. Tese (Doutorado em Engenharia Civil). Universidade de São Paulo, São Paulo.

DIETER, G. E. *Mechanical metallurgy*. 3. ed. London: McGraw-Hill, 1988.

ENGEL, L.; KLINGELE, H. *An atlas of metal damage*. Munich: Wolfe Science Books, 1981.

ESAU, K. *Anatomia das plantas com sementes*. Tradução por Berta Lange de Morretes. São Paulo: Edgard Blücher, 1989.

____________. *Anatomia vegetal*. Tradução por José Pons Rosell. Barcelona: Omega, 1985.

____________. *Plant anatomy*. 2. ed. New York: John Willey,1965.

FELBECK, D. K. *Introdução aos mecanismos de resistência mecânica*. São Paulo: Edgard Blücher, 1971.

FERRI, T.V. et al. Mechanical properties as a function of microstructure in the new Mg-Al-Ca-La alloy solidified under different conditions. *Materials Science and Engineering A*. 2010.

FLINN, R. A. *Fundamentals of metal casting*. Londres: Addison-Wesley, 1990.

GESSER, W. L. *Propriedades mecânicas dos ferros fundidos*. São Paulo: Edgard Blücher, 2009.

GIECK, K. *Manual de fórmulas técnicas*. 3. ed. São Paulo: Hemus, 1988.

HAYDEN, A. W.; MOFFAT, W. G.; WULFF, J. *The structure and properties of materials*: mechanical behaviour. New York: John Wiley, 1965. v. 3.

HERTZBERG, R. W. *Deformation and fracture mechanics of engineering materials*. 4. ed. New York: John Wiley, 1995.

HONEYCOMBE, R. W. K. *Steels:* microstructure and properties. Londres: Edward Arnold 1981.

HUDSON, M. *Structure and metals*. Inglaterra: Hutchinson Educational, 1973.

JASTRZEBSKI, Z. D. *The nature and properties of engineering materials*. 3. ed. New York: John Wiley, 1987.

LEE, Y. et al. *Fatigue testing and analysis.* Oxford: Elsevier, 2005.
LEONARDO, C. R. T. *Estudo de concreto de alto desempenho, visando aplicação em reparos estruturais.* Curitiba: UFPR, 2002. Dissertação (Mestrado em Construção Civil). Universidade Federal do Paraná, 2002.

Manual da ABESC — www.abesc.org.br, 2007.
MAZZEO, F. G. *Fabricação de tijolos modulares de solo-cimento por prensagem manual com e sem adição de sílica ativa.* São Carlos: USP, 2003. Dissertação (Mestrado em arquitetura). Universidade de São Carlos.
MEHTA, P. K.; MONTEIRO, P. J. M. *Concreto:* estrutura, propriedades e materiais. 3. ed. São Paulo: IBRACON, 2008. 674p.
Metals Handbook. *Properties and selection:* irons, steels and high performance alloys. 10. ed. American Society for Metals, 1990. v.1.
Metals Handbook. *Properties and selection*: nonferrous alloys and special-purpose materials. 10. ed., American Society for Metals,1990. v. 2.
Metals Handbook. *Mechanical testing and evaluation.* 10. ed. ASM: American Society for Metals, 2000. v. 8.
Metals Handbook. *Nondestructive inspection and quality control.* 8. ed. ASM: American Society for Metals, 1976. v. 11.
Metals Handbook. *Fatigue and Fracture.* 10. ed. ASM: American Society for Metals, 1997. v. 19.
MEYLAN, B. A.; BUTTERFIELD, B. G. *Three-dimensional structure of wood: a scanning electron microscope study.* New York: Syracuse University Press, 1972.
MOFFAT, W. G.; PEARSALL, G. W.; WULFF, J. *Ciência dos materiais.* Rio de Janeiro: LTC, 1972.
MORREL, R. *NPL Measurement good practice guide: elastic module measurement.* UK National Physical Laboratory Report, n. 98, 100 p., 2006.
MUSOLINO, B. C. et al. *Algoritmo para determinação do coeficiente de amortecimento de materiais pela técnica da excitação por impulso.* In: Congresso Brasileiro de Automática, 18. Bonito, MS, 2010.

NASCIMENTO, M. R. *Estudo da influência da bentonita e do pó de carvão na hidratação do cimento Portland.* 2006. Dissertação (Mestrado em Ciência e Engenharia dos Materiais). Universidade do Estado de Santa Catarina, Joinville.
NETO, F. L.; PARDINI, L. C. *Compósitos estruturais: ciência e tecnologia.* São Paulo: Edgard Blücher, 2006.
Nondestructive Testing Equipment. *Advanced materials & processes.* v. 151, n.º 2, fevereiro, 1997.

PANDOLFO, D. *Estudo da tenacidade ao impacto de um aço SAE 1020.* 2009. Trabalho de Conclusão de Curso. Engenharia Mecânica. Pontifícia Universidade Católica do Rio Grande do Sul.
PAULA LEITE, P. G. *Ensaios não-destrutivos.* 8. ed. São Paulo: Associação Brasileira de Metais, 1977.
PEREIRA, A. H. A.; NASCIMENTO, A.R.C.; RODRIGUES, J. A. *Effect of non-linearity on Young's modulus and damping characterisation of high-alumina refractory castables through the impulse excitation technique.* In: International Colloquium on Refractories, 53. Aachen, Alemanha, 2010.
PERELYGIN, L. M. *Science of wood.* Moscou: Higher School Publishing House, 1965.

RALLS, K. M.; COURTNEY, T. M.; WULFF, J. *Introduction to materials science and engineering.* New York: John Wiley, 1976.
RECORD, S. J. *As propriedades da madeira.* New York: John Wiley, 1914.
REED-HILL, R. *Physical metallurgy principles.* 2. ed. New York: Litton Educational Publishing, 1973.
Revista da madeira REMADE - ed. n.º 109, dez. 2007.

SACHS, G. *Principles and methods of sheet-metal fabricating.* New York: Reinhold Publishing Corporation, 9-14, 1951.
SMALLMAN, R. E.; BISHOP, R. J. *Metals and materials.* Butterworth-Heinemann, 1995.
SMALLMAN, R. E.; BISHOP, R. J. *Modern physical metallurgy and materials engineering.* 6. ed. Oxford: Butterworth-Heinemann, 1999.
SMITH W. F.; HASHEMI, J. *Foundations of materials science and engineering.* 5. ed. Boston: McGraw-Hill, 2009.
SMITH, W. F. *Principles of materials science and engineering.* 2. ed. McGraw-Hill, 1990.

SOUZA, S. A. *Ensaios mecânicos de materiais metálicos*. 6. ed. São Paulo: Edgard Blücher, 1995.
STUDEMANN, H. et al. *Ensayo de materiales y control de defectos en la industria del metal*. Ediciones Urmo, 1968.

TIMOSHENKO, S. P. *Resistência dos materiais*. Rio de Janeiro: Ao Livro Técnico, 1969.

WARD, I. M.; HADLEY, D. W. *An introduction to the mechanical properties of solid polymers*. Inglaterra: John Wiley, 1997.
Wood Handbook. Wood as an Engineering Material: Centennial Edition of Wood Handbook - Forest Products Laboratory, wood handbook - General Technical Report FPL-GTR-190, Madison, WI: US Department of Agriculture, Forest Service, 508 p., 2010.

YOUNG, J. F.; SHANE, R. S. *Materials and processes*. 3. ed. New York: Marcel Dekker, 1985.
http://www.planeta.coppe.ufrj.br/artigo.php. Acesso em: 06/11/2010.

Apêndices

Apêndice A

Parâmetros Elásticos por Vibração Mecânica

Uma técnica de grande importância industrial e também muito utilizada para materiais cerâmicos consiste em medir a frequência natural de ressonância de uma barra de seção transversal definida, excitada mecanicamente por meio de uma batida (impacto) aplicada em um ponto específico da barra utilizando-se uma ferramenta apropriada (martelo). O corpo de prova é suportado nas linhas nodais de vibração e submetido a uma leve pancada mecânica, a qual reage com a emissão de uma resposta acústica (um som), conforme esboço da Fig. A.1. Esse método é descrito em detalhes nas normas ASTM E1875:2000 e ASTM E1876:2001 e possui a vantagem de permitir a determinação dos parâmetros elásticos em elevadas temperaturas e temperaturas criogênicas.

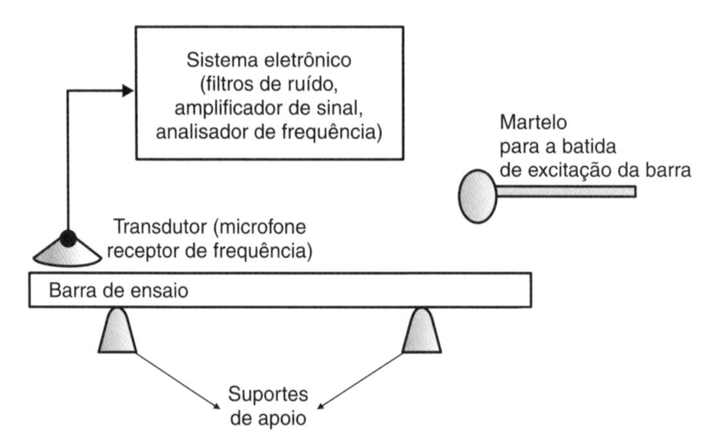

Figura A.1 Esboço do sistema para determinação de constantes elásticas utilizando-se a frequência natural de ressonância.

PROCEDIMENTOS PARA A DETERMINAÇÃO DOS PARÂMETROS ELÁSTICOS DE BARRAS COM VIBRAÇÃO EM FLEXÃO

- Biapoiar a barra de ensaio (seção transversal retangular ou cilíndrica) em suportes distantes $0{,}224 \cdot L^*$, conforme mostra a Fig. A.2.
- Posicionar o transdutor (microfone de leitura) no ponto determinado na Fig. A.2(a) ou A.2(b) por P_{transd}, para determinação da frequência de vibração. Deve-se ter cuidado para que o transdutor não toque a barra e interfira na vibração.
- Aplicar a batida no ponto determinado na Fig. A.2(a) ou A.2(b) por P_{batida}, para determinação da frequência de vibração.

- Repetir o ensaio 5 vezes consecutivas para leituras obtidas com diferenças inferiores a 1%. O valor da frequência fundamental de ressonância em flexão é obtido pela média dos 5 valores obtidos.

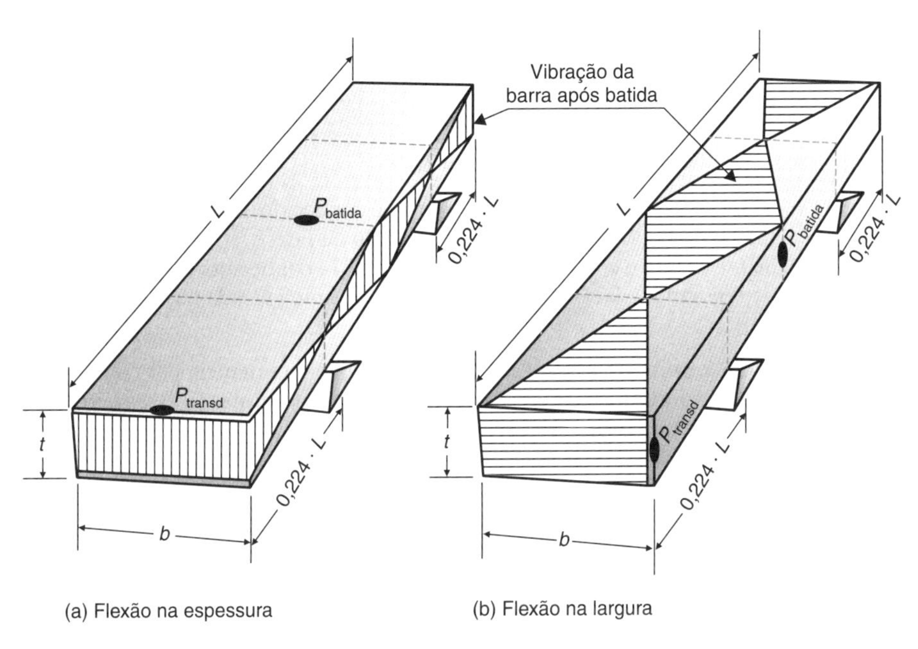

Figura A.2 Barra para ensaio por vibração em flexão na (a) espessura e na (b) largura com destaque ao ponto de batida (P_{batida}) e o ponto de leitura da frequência (P_{transd}).

Determinação Dinâmica do Módulo de Elasticidade Longitudinal (*E*) pela Frequência Fundamental de Vibração em Flexão de uma Barra de Seção Transversal Retangular

$$E = 0{,}9465 \cdot T_1 \cdot \left(\frac{m \cdot f_f^2 \cdot L^3}{b \, . \, t^3} \right) \tag{A.1}$$

em que

E = módulo de elasticidade longitudinal (Pa);
m = massa da barra (g);
b = largura da barra (mm);
L = comprimento da barra (mm);
t = espessura da barra (mm);
f_f = frequência fundamental de ressonância da barra em flexão (Hz);
T_1 = fator de correção para o modo de flexão em barra de seção retangular, dado por:

$$T_1 = 1 + 6{,}585 \cdot \left(1 + 0{,}0752 \cdot \mu + 0{,}8109 \cdot \mu^2\right) \cdot \left(\frac{t}{L}\right)^2 - 0{,}868 \cdot \left(\frac{t}{L}\right)^4 - \ldots$$

$$\ldots \left[\frac{8{,}340 \cdot \left(1 + 0{,}2023 \cdot \mu + 2{,}173 \cdot \mu^2\right) \cdot \left(\frac{t}{L}\right)^4}{1{,}000 + 6{,}338 \cdot \left(1 + 0{,}1408 \cdot \mu + 1{,}536 \cdot \mu^2\right) \cdot \left(\frac{t}{L}\right)^2} \right] \tag{A.2}$$

em que μ é o coeficiente de Poisson.

Observações:

- Se $L/t \geq 20$, T_1 pode ser simplificado para a seguinte equação:

$$T_1 = \left[1{,}000 + 6{,}585 \cdot \left(\frac{t}{L}\right)^2\right] \quad \text{(A.3)}$$

Assim, E pode ser calculado diretamente.

- Se $L/t < 20$, e o coeficiente de Poisson é conhecido, então T_1 pode ser calculado diretamente da Eq. (A.2) e o resultado aplicado na Eq. (A.1).
- Se $L/t < 20$, e o coeficiente de Poisson NÃO é conhecido, então um valor do coeficiente de Poisson inicial (μ_0) deve ser assumido como entrada na sequência de iteração dada por:

  1) Determinar a frequência fundamental de ressonância para a vibração em flexão e torção, conforme descrito nas etapas de procedimento do ensaio (maiores detalhes consultar Norma ASTM E1876:2001).
  2) Utilizando as Eqs. (A.7) e (A.9) e o coeficiente de Poisson inicial (μ_0), determinar o módulo de elasticidade transversal da barra.
  3) Utilizando as Eqs. (A.1) e (A.2) e o coeficiente de Poisson inicial (μ_0), determinar o módulo de elasticidade longitudinal da barra.
  4) Utilizando os resultados do passo 2 e 3 e da Eq. (A.11), determinar o valor do novo coeficiente de Poisson e retornar aos passos 2, 3 e 4 iterativamente, até que ocorra uma diferença de erro menor que 2% entre duas sequências de iteração.

Determinação Dinâmica do Módulo de Elasticidade Longitudinal (*E*) pela Frequência Fundamental de Vibração em Flexão de uma Barra de Seção Transversal Circular

$$E = 1{,}6067 \cdot T_1' \cdot \left(\frac{m \cdot f_f^2 \cdot L^3}{D^4}\right) \quad \text{(A.4)}$$

em que

D = diâmetro da barra (mm);
T_1' = fator de correção para o modo de flexão em barra de seção circular, dado por:

$$T_1' = 1 + 4{,}939 \cdot \left(1 + 0{,}0752 \cdot \mu + 0{,}8109 \cdot \mu^2\right) \cdot \left(\frac{D}{L}\right)^2 - 0{,}4883 \cdot \left(\frac{D}{L}\right)^4 - \ldots$$

$$\ldots \left[\frac{4{,}691 \cdot \left(1 + 0{,}2023 \cdot \mu + 2{,}173 \cdot \mu^2\right) \cdot \left(\frac{D}{L}\right)^4}{1{,}000 + 4{,}754 \cdot \left(1 + 0{,}1408 \cdot \mu + 1{,}536 \cdot \mu^2\right) . \left(\frac{D}{L}\right)^2}\right] \quad \text{(A.5)}$$

Observações:

- Se $L/D \geq 20$, T_1' pode ser simplificado para a seguinte equação:

$$T_1' = \left[1{,}000 + 4{,}939 \cdot \left(\frac{D}{L}\right)^2\right] \quad \text{(A.6)}$$

Assim, E pode ser calculado diretamente.

- Se $L/D < 20$, e o coeficiente de Poisson é conhecido, então T_1' pode ser calculado diretamente da Eq. (A.5) e o resultado aplicado na Eq. (A.4).
- Se $L/D < 20$, e o coeficiente de Poisson NÃO é conhecido, então um valor do coeficiente de Poisson inicial (μ_0) deve ser assumido como entrada na sequência de iteração dada conforme apresentado para a barra de seção retangular.

PROCEDIMENTOS PARA A DETERMINAÇÃO DOS PARÂMETROS ELÁSTICOS DE BARRAS COM VIBRAÇÃO EM TORÇÃO

- Apoiar a barra de ensaio em suportes posicionados no centro da largura e no centro do comprimento (formando planos nodais de torção), conforme mostra a Fig. A.3.
- Posicionar o transdutor (microfone de leitura) no ponto determinado na Fig. A.3 por P_{transd}, para determinação da frequência de vibração. Deve-se tomar cuidado para que o transdutor não toque a barra e interfira na vibração.
- Aplicar a batida no ponto determinado na Fig. A.3 por P_{batida}, para determinação da frequência de vibração.
- Repetir o ensaio 5 vezes consecutivas para leituras obtidas com diferenças inferiores a 1%. O valor da frequência fundamental de ressonância em flexão é obtido pela média dos 5 valores obtidos.

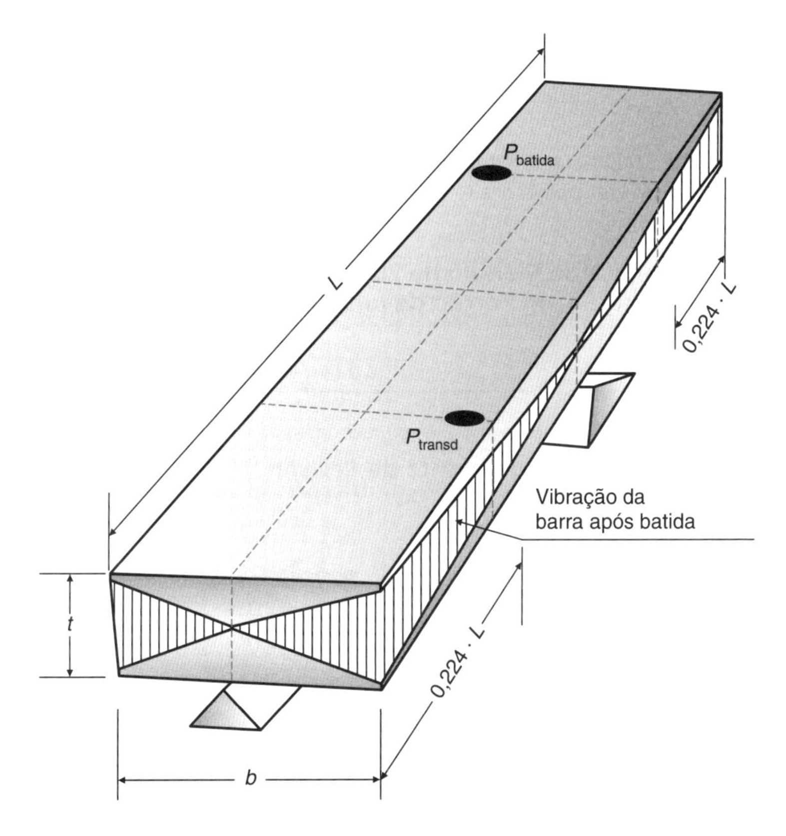

Figura A.3 Barra para ensaio por vibração em torção com destaque ao ponto de batida (P_{batida}) e o ponto de leitura da frequência (P_{transd}).

Determinação Dinâmica do Módulo de Elasticidade Transversal (*G*) pela Frequência Fundamental de Vibração em Torção de uma Barra de Seção Transversal Retangular

$$G = \frac{4 \cdot L \cdot m \cdot f_t^2}{b \cdot t} \cdot \left[\frac{B}{(1 + A)} \right] \tag{A.7}$$

em que

G = módulo de elasticidade transversal (Pa);
m = massa da barra (g);
b = largura da barra (mm);
L = comprimento da barra (mm);
t = espessura da barra (mm);
f_t = frequência fundamental de ressonância da barra em torção (Hz).

$$A = \frac{0{,}5062 - 0{,}8776 \cdot \left(\frac{b}{t} \right) + 0{,}3504 \cdot \left(\frac{b}{t} \right)^2 - 0{,}0078 \cdot \left(\frac{b}{t} \right)^3}{12{,}03 \cdot \left(\frac{b}{t} \right) + 9{,}892 \cdot \left(\frac{b}{t} \right)^2} \tag{A.8}$$

$$B = \left[\frac{\left(\frac{b}{t} \right) + \left(\frac{t}{b} \right)}{4 \cdot \left(\frac{t}{b} \right) - 2{,}52 \cdot \left(\frac{t}{b} \right)^2 + 0{,}21 \cdot \left(\frac{t}{b} \right)^6} \right] \tag{A.9}$$

Observação: O coeficiente A tem efeito em precisões menores que 2%; para precisões da ordem de até 2%, esse valor pode ser tomado como igual a 1.

Determinação Dinâmica do Módulo de Elasticidade Transversal (*G*) pela Frequência Fundamental de Vibração em Torção de uma Barra de Seção Transversal Cilíndrica

$$G = 16 \cdot m \cdot f_t^2 \cdot \left(\frac{L}{\pi \cdot D^2} \right) \tag{A.10}$$

Determinação Dinâmica do Coeficiente de Poisson

$$\mu = \left(\frac{E}{2 \cdot G} \right) - 1 \tag{A.11}$$

Para medidas realizadas em temperaturas elevadas ou criogênicas, os módulos de elasticidade devem ser corrigidos segundo:

$$M_T = M_0 \cdot \left(\frac{f_T}{f_0} \right)^2 \cdot \left(\frac{1}{(1 + \alpha \cdot \Delta T)} \right) \tag{A.12}$$

em que

M_T = módulo de elasticidade (longitudinal - E ou transversal - G) na temperatura T ([Pa);
M_0 = módulo de elasticidade (longitudinal - E ou transversal - G) na temperatura ambiente (Pa);

f_T = frequência fundamental de ressonância medida dentro do forno ou câmara criogênica na temperatura T (Hz);
F_0 = frequência fundamental de ressonância medida dentro do forno ou câmara criogênica na temperatura ambiente (Hz);
α = coeficiente de expansão térmica linear medido da temperatura ambiente até a temperatura de ensaio (mm/mm · °C);
ΔT = diferença de temperatura entre a ambiente e a temperatura de ensaio (°C).

Apêndice B

Propriedades Geométricas

RELAÇÕES FUNDAMENTAIS

Linha Neutra – LN ($\bar{y}$ e $\bar{z}$) (mm)

- A linha neutra representa um eixo que atravessa uma área, ou figura geométrica, passando pelo seu centro geométrico.
- Para geometria simétrica, o eixo de simetria corresponderá a uma linha neutra.
- Para figuras que possuem dois eixos ortogonais de simetria, a linha neutra sempre dividirá a área da figura geométrica de tal forma que a área em ambos os lados dessa linha sejam iguais, conforme mostra a Fig. B.1.

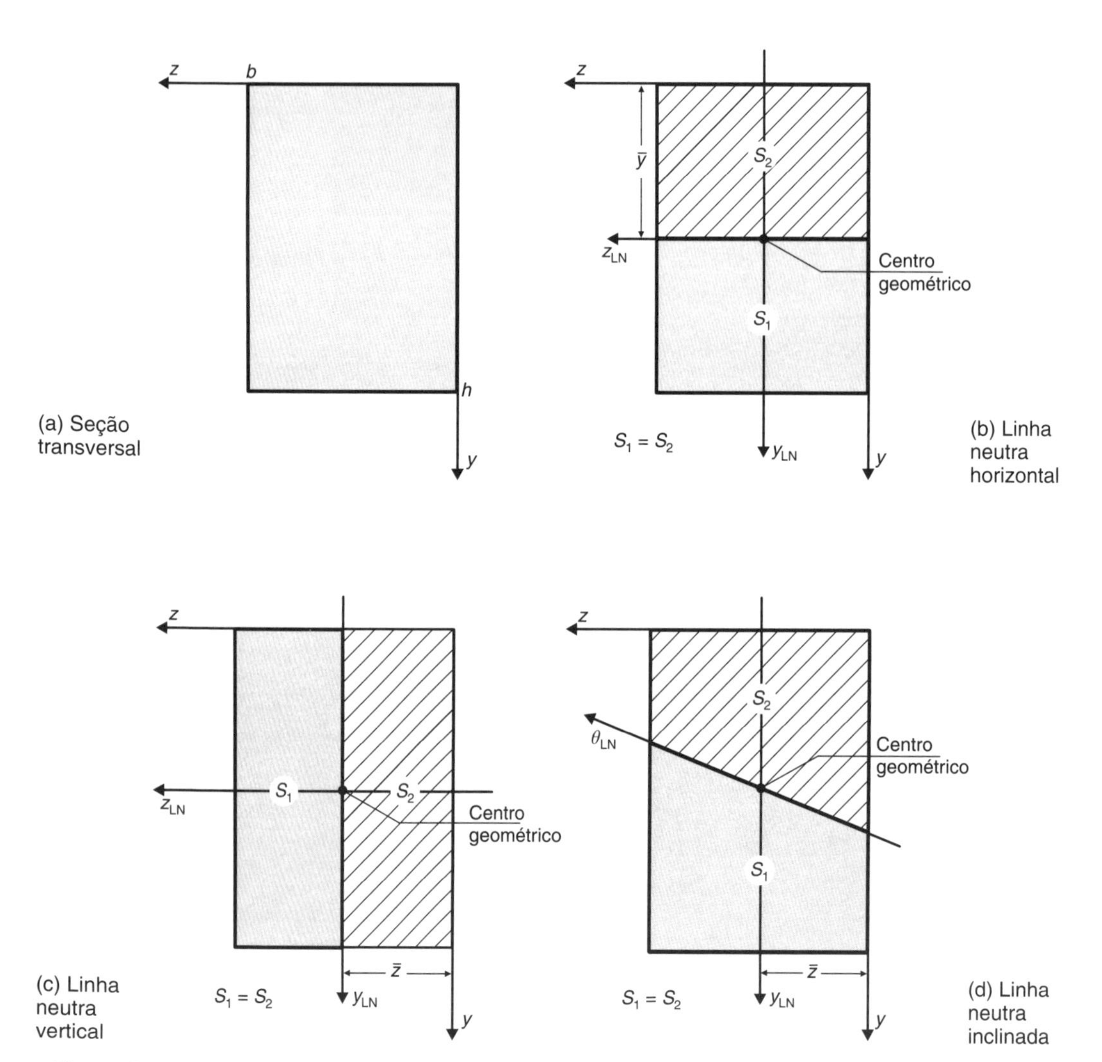

Figura B.1 Representação da posição da linha neutra horizontal, vertical e do centro geométrico da figura.

- O cruzamento das linhas neutras vertical e horizontal representa o centro geométrico da figura, chamado também de **centroide da área**.
- A linha neutra pode ser calculada da mesma forma tanto para o eixo y quanto para o eixo z.
- Para efeitos do ensaio de flexão, objetiva-se sempre calcular a linha neutra horizontal [Fig. B.2(B)], conforme se segue:

$$\bar{y} = \frac{\int_S y \cdot dS}{\int_S dS} \tag{B.1}$$

Momento de Inércia (I_z e I_y) (mm^4)

- Em termos mecânicos, o momento de inércia de uma figura plana corresponde a uma indicação da inércia (ou resistência) exercida pela figura para a sua movimentação em giro nos eixos pertencentes ao plano da figura, conforme mostra a Fig. B.2.
- O momento de inércia pode ser calculado da mesma forma tanto para o eixo y quanto para o eixo z.

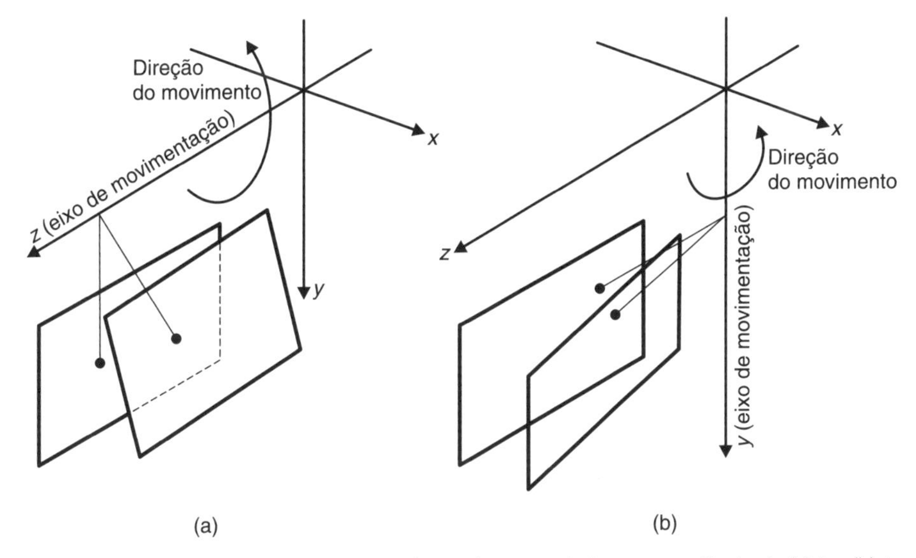

Figura B.2 Representação esquemática do movimento relativo para o cálculo de (a) I_z e (b) I_y.

- Para o ensaio de flexão é relevante o momento de inércia em relação ao eixo z da figura plana, dado por:

$$I_z = \int_S y^2 \cdot dS \tag{B.2}$$

- Para efeitos da flexão e problemas relativos a vigas e corpos sólidos, objetiva-se sempre o momento de inércia em relação à linha neutra, conforme mostram as Figs. B.3(a) e B.3(b).
- Para a maioria das situações de cálculo, objetiva-se a determinação do momento de inércia em relação à linha neutra, e para tanto existe o **teorema de Steiner**, que permite a conversão do momento de inércia entre diferentes eixos paralelos, dado por:

Teorema de Steiner

$$I_z = I_{\bar{z}} + S(\bar{y})^2 \qquad \text{ou} \qquad I_{\bar{z}} = I_z - S(\bar{y})^2 \tag{B.3}$$

em que

$I_{\bar{z}}$ = momento de inércia em relação à linha neutra no eixo z_{LN};
I_z = momento de inércia em relação a um eixo z qualquer;
S = área;
$\bar{y}$ = distância qualquer do eixo z ao eixo da linha neutra no eixo z_{LN}.

Momento Polar de Inércia (I_r ou I_x) (mm⁴)

- O **momento polar de inércia**, de modo semelhante ao **momento de inércia**, corresponde a uma indicação da inércia (ou resistência) exercida pela figura para a sua movimentação em giro. Contudo, neste caso, o eixo de giro corresponde àquele no qual a figura plana permanecerá totalmente no plano de origem (plano z-y), conforme representação dada na Fig. B.3(c).

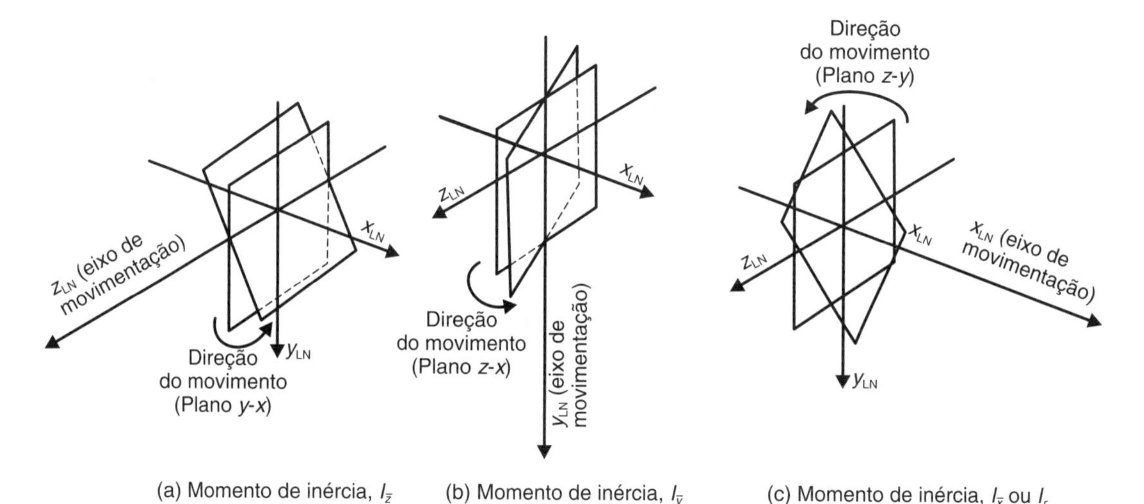

Figura B.3 Modos de movimentação de uma figura plana em referência aos eixos da linha neutra em (a) z, (b) y e (c) x, para os respectivos momentos de inércia.

- O momento polar de inércia é utilizado para os cálculos de problemas relacionados aos efeitos de torção.
- O momento polar de inércia melhor se adapta ao sistema de coordenadas polares (r, θ) para representar a posição de cada elemento pertencente à área da figura geométrica, e é dado por:

$$I_{\bar{x}} = I_{\bar{y}} + I_{\bar{z}} \qquad \text{ou} \qquad I_r = \int_S r^2 \cdot dS \tag{B.4}$$

Momento Estático (M_e ou M_z) (mm³)

- O momento estático, também chamado de momento de 1.ª ordem (o momento de 2.ª ordem é o momento de inércia), está diretamente relacionado com a resistência da geometria da figura ao movimento por cisalhamento.

- Em relação ao ensaio de flexão, o momento estático é necessário para a determinação do perfil de tensões de cisalhamento sobre a seção transversal do corpo de prova.
- O momento estático pode ser determinado pelo método da integração, dado por:

$$M_e = \int_S y\,ds \tag{B.5}$$

- O momento estático também pode ser dado na forma simplificada, por uma relação com a linha neutra ($\bar{y}$) e a área da seção (S), conforme se segue:

$$M_e = \bar{y} \cdot S \tag{B.6}$$

- O momento estático em relação ao eixo horizontal da linha neutra ($\mathbf{Z}_{LN}$) é dado por:

$$M_e = \frac{I_{\bar{z}}}{\bar{y}} \tag{B.7}$$

Momentos de Figuras Planas

Na sequência serão apresentados os cálculos para a determinação dos momentos de inércia, momento polar de inércia e momento estático para diferentes figuras geométricas.

GEOMETRIA 01: RETÂNGULO

Para o retângulo da Fig. B.4 tem-se que o elemento de área é dado por:

$$dS = z \cdot dy \tag{B.8}$$

Sabendo que $z = b$, então:

$$dS = b \cdot dy \tag{B.9}$$

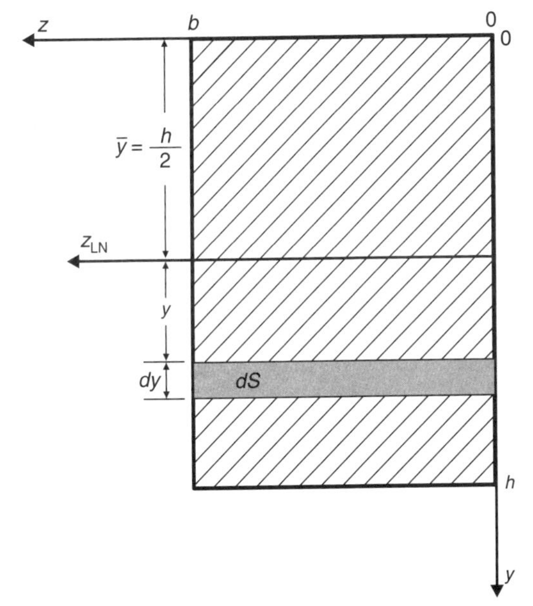

Figura B.4 Retângulo com destaque ao elemento de área dado por *dS*.

Linha neutra do retângulo

A posição da linha neutra em relação ao eixo y é dada por:

$$\overline{y} = \frac{\int_0^h \cdot y \cdot b \cdot dy}{\int_0^h b \cdot dy} = \frac{\left.\frac{y^2}{2}\right)_0^h}{\left.y\right)_0^h} = \frac{\frac{h^2}{2}}{h} = \frac{h}{2} \Rightarrow \overline{y} = \frac{h}{2} \quad \text{(B.10)}$$

Momento de inércia do retângulo

Para o cálculo do momento de inércia com giro em relação ao eixo z (ver Fig. B.4):

$$I_z = \int_0^h y^2 \cdot ds = \int_0^h y^2 \cdot b \cdot dy = b \cdot \left.\frac{y^3}{3}\right)_0^h = \frac{b \cdot h^3}{3} \Rightarrow I_z = \frac{b \cdot h^3}{3} \quad \text{(B.11)}$$

Aplicando o teorema de Steiner, para o momento de inércia em relação à linha neutra:

$$I_{\overline{Z}} = I_Z - S \cdot \overline{y}^2 = \frac{b \cdot h^3}{3} - b \cdot h \cdot \left(\frac{h}{2}\right)^2 = \frac{b \cdot h^3}{12} \quad \text{(B.12)}$$

Momento estático do retângulo

Para o cálculo do momento estático pelo método da integração, com movimento relativo ao eixo z:

$$M_e = \int_0^h y \cdot dS = \int_0^h y \cdot b \cdot dy = b\int_0^h y \cdot dy = \frac{b \cdot h^2}{2} \quad \text{(B.13)}$$

Para o cálculo do momento estático pelo método da integração, com movimento relativo ao eixo z_{LN}, os limites da integral deverão variar no intervalo $(-h/2; h/2)$ e assim o resultado de M_e será zero.

Momento estático calculado pela fórmula simplificada:

$$M_e = \overline{y} \cdot S = \left(\frac{h}{2}\right) \cdot (b \cdot h) = \frac{b \cdot h^2}{2} \quad \text{(B.14)}$$

Momento estático para a linha neutra:

$$M_e = \frac{I_{\overline{z}}}{\overline{y}} = \left(\frac{b \cdot h^3}{12}\right) \cdot \left(\frac{2}{h}\right) = \frac{a \cdot h^2}{6} \quad \text{(B.15)}$$

Observe que o momento estático calculado em relação ao giro no eixo z, conforme mostram os resultados das Eqs. (B.13) e (B.14), é três vezes maior do que aquele calculado para o eixo de equilíbrio, conforme o resultado da Eq. (B.15).

GEOMETRIA 02: CÍRCULO

Caso fosse adotado o mesmo sistema inicial de eixos (x, y), como no exemplo do retângulo com toda a área da figura no quadrante positivo do plano z-y, conforme mostra a Fig. B.5(b), a equação do contorno da área seria dada pela equação apresentada na própria figura.

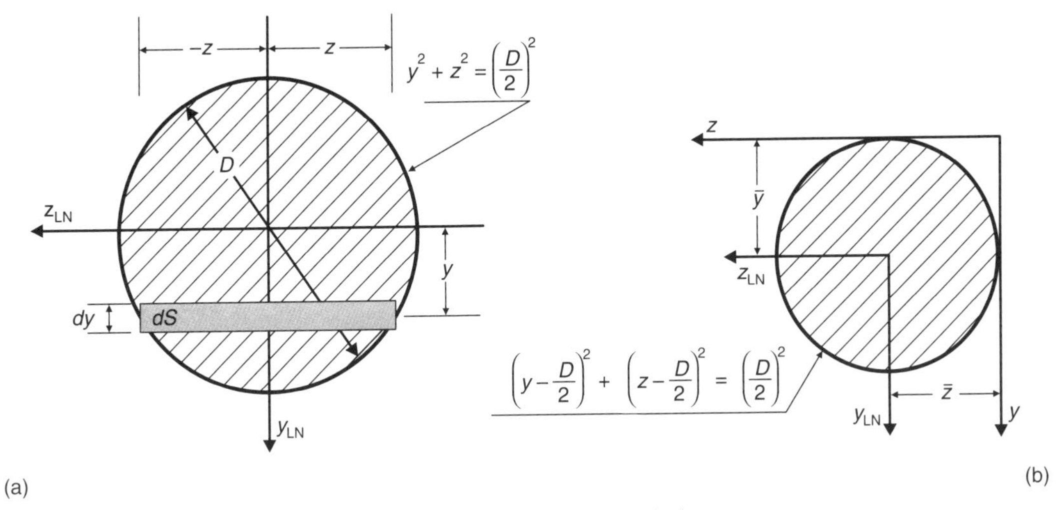

Figura B.5 Círculo – Método de cálculo 01.

Para efeito de simplificação de cálculos e sabendo-se que, devido à simetria da figura, os eixos referentes às linhas neutras vertical e horizontal estarão a uma distância $D/2$ dos eixos originais, conforme mostra a Fig. B.5(a), a equação do contorno da área se simplifica em relação ao primeiro caso.

Utilizando o sistema de eixos apresentados para a Fig. B.5(a), tem-se que:

$$y^2 + z^2 = \left(\frac{D}{2}\right)^2 \qquad \text{ou} \qquad z = \sqrt{\left(\left(\frac{D}{2}\right)^2 - y^2\right)} \tag{B.16}$$

O elemento de área (dS) é dado por:

$$dS = 2 \cdot z \cdot dy \tag{B.17}$$

Substituindo a Eq. (B.16) em (B.17), chega-se a:

$$dS = 2 \cdot \sqrt{\left(\left(\frac{D}{2}\right)^2 - y^2\right)} \cdot dy \tag{B.18}$$

Linha neutra do círculo

- Posição da linha neutra no centro geométrico do círculo.
- Utilizando o sistema da Fig. B.5(b), chega-se a:

$$\bar{y} = \frac{D}{2} \tag{B.19}$$

Momento de inércia do círculo

Para o cálculo do momento de inércia, tem-se que adotando o sistema de referência em relação ao giro no eixo z_{LN}, conforme mostra a Fig. B.5(a), o momento de inércia obtido já será aquele referente à linha neutra, conforme se segue:

$$I_Z = \int_S y^2 \cdot dS = \int_{-D/2}^{D/2} 2 \cdot y^2 \cdot \sqrt{\left(\left(\frac{D}{2}\right)^2 - y^2\right)} \cdot dy \tag{B.20}$$

A solução da integral que se segue é dada por:

$$\int y^2\sqrt{R^2-y^2}\,dy = -\frac{y\cdot\left(R^2-y^2\right)^{3/2}}{4}+\frac{R^2\cdot y\cdot\sqrt{R^2-y^2}}{8}+\frac{R^4}{8}\cdot\text{arcsen}\left(\frac{y}{R}\right) \tag{B.21}$$

em que: $R=\dfrac{D}{2}$.

Para os limites definidos da integração, observa-se que o primeiro e segundo termos da solução serão iguais a zero, e o resultado final será dado por:

$$I_Z=2\cdot\frac{\left(D/2\right)^4}{8}\cdot\text{arcsen}\left(\frac{y}{\left(D/2\right)}\right)\Bigg|_{-D/2}^{D/2}=\frac{D^4}{4\cdot 2^4}\cdot\left(\text{arcsen}(1)-\text{arcsen}(-1)\right)=\frac{D^4}{4\cdot 2^4}\cdot\left(\frac{\pi}{2}-\left(-\frac{\pi}{2}\right)\right)=\frac{\pi\cdot D^4}{64}$$

portanto:

$$I_Z=\frac{\pi\cdot D^4}{64} \tag{B.22}$$

- Para a figura do círculo, e no caso do ensaio de torção, é muito comum a utilização do elemento de área, conforme dado na Fig. B.6.
- O momento a ser calculado nesse sistema deve se referir ao momento de giro relativo ao eixo x (perpendicular ao plano z-y), ou, no caso, o **momento polar de inércia**.

Para o elemento de área da Fig. B.6 tem-se que:

$$dS=2\cdot\pi\cdot r\cdot dr \tag{B.23}$$

Para o cálculo do momento polar de inércia, ou seja, o efeito do giro em relação ao eixo x, ou no caso do sistema de referência o próprio raio (r), é dado por:

$$I_r=\int_S r^2\cdot dS=\int_0^{D/2}2\cdot\pi\cdot r^3\cdot dr=\frac{2\cdot\pi\cdot r^4}{4}\Bigg|_0^{D/2}=\frac{\pi\cdot D^4}{32} \tag{B.24}$$

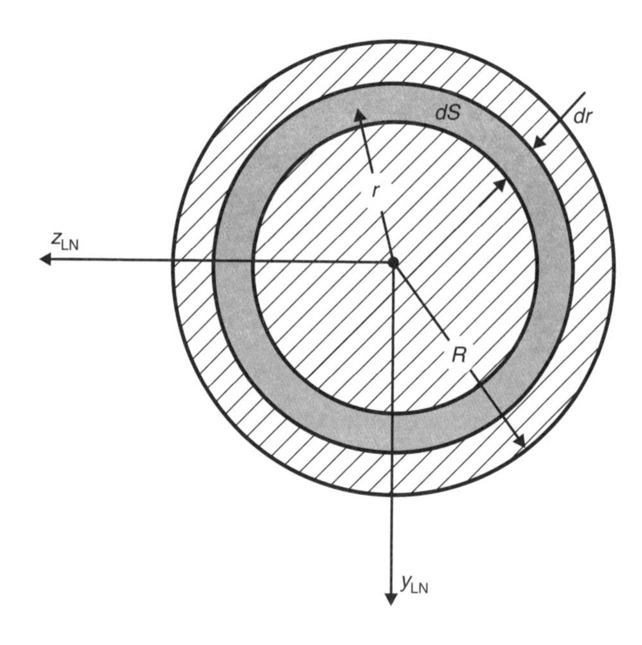

Figura B.6 Círculo – Método de cálculo 02.

- Sabendo-se que os momentos de inércia em relação aos eixos z_{LN} e y_{LN} são iguais, conforme valor dado na Eq. (B.22), aplicando a Eq. (B.4) para o cálculo do momento polar de inércia, chega-se em:

$$I_{\bar{x}} = I_{\bar{y}} + I_{\bar{z}} = \frac{\pi \cdot D^4}{64} + \frac{\pi \cdot D^4}{64} = \frac{\pi \cdot D^4}{32} = I_r \quad \text{(B.25)}$$

Momento estático do círculo

Para o cálculo do momento estático pelo método da integração, com movimento relativo ao eixo z_{LN}, os limites da integral deverão variar no intervalo $[-D/2; D/2]$ e assim o resultado de M_e será zero.

Admitindo que momento estático seja calculado pela fórmula simplificada, em que $\bar{y} = \frac{D}{2}$ para o sistema de eixos, conforme a Fig. B.5(b), então:

$$M_e = \bar{y} \cdot S = \left(\frac{D}{2}\right) \cdot \left(\frac{\pi \cdot D^2}{4}\right) = \frac{\pi \cdot D^3}{8} \quad \text{(B.26)}$$

Momento estático para a linha neutra, *ad*:

$$M_e = \frac{I_{\bar{z}}}{\bar{y}} = \left(\frac{\pi \cdot D^4}{64}\right) \cdot \left(\frac{2}{D}\right) = \frac{\pi \cdot D^3}{32} \quad \text{(B.27)}$$

Observe que o momento estático calculado em relação ao giro no eixo z [Fig. B.5(b)], conforme mostra o resultado da Eq. (B.26), é quatro vezes maior do que aquele calculado para o eixo de equilíbrio, conforme o resultado da Eq. (B.27).

GEOMETRIA 03: TRIÂNGULO EQUILÁTERO

Para triângulo equilátero de **lado c** vale a seguinte relação:

$$h = c \cdot \frac{\sqrt{3}}{2} \quad \text{ou} \quad c = \frac{2 \cdot h}{\sqrt{3}} \quad \text{(B.28)}$$

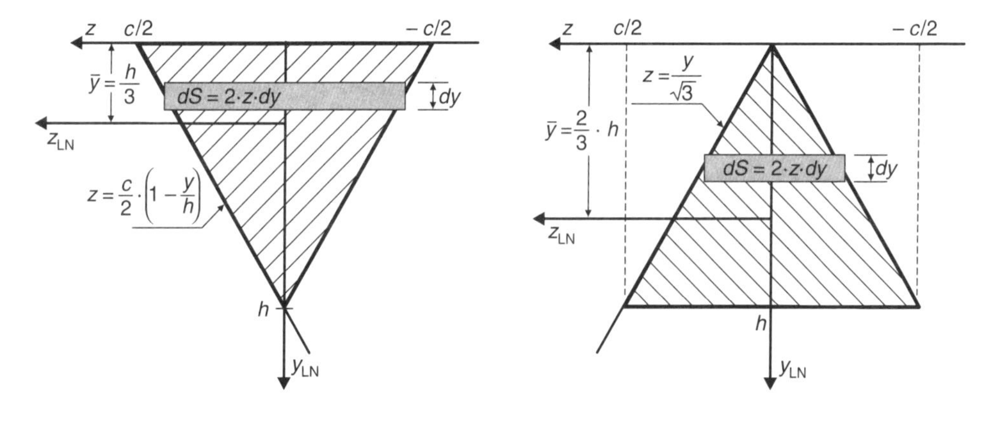

Figura B.7 Triângulo equilátero para diferentes posições.

A área é dada por:

$$S=\frac{c\cdot h}{2}=\frac{c^2\cdot\sqrt{3}}{4}\qquad \text{ou}\qquad S=\frac{c\cdot h}{2}=\frac{h^2}{\sqrt{3}} \tag{B.29}$$

Nesse caso, tem-se uma figura que não possui simetria em relação ao eixo z (horizontal), e assim pode-se adotar para os cálculos duas possíveis posições da figura, conforme mostram as Figs. B.7(a) e B.7(b).

Para ambas as posições das Figs. B.7(a) e B.7(b), devido à simetria em relação ao eixo y (vertical), este foi adotado na posição da linha de simetria e deverá coincidir com a posição da linha neutra (y_{LN}).

Para ambas as posições, vale a relação:

$$dS=2\cdot z\cdot dy \tag{B.30}$$

Cálculos para a Posição 1 [Fig. B.7(a)]

Para a posição 1 da figura, tem-se que a equação da reta que define o lado do triângulo equilátero é dada por:

$$z=\frac{c}{2}\cdot\left(1-\frac{y}{h}\right) \tag{B.31}$$

Aplicando a Eq. (B.31) na Eq. (B.30), chega-se a:

$$dS=c\cdot\left(1-\frac{y}{h}\right)\cdot dy \tag{B.32}$$

Linha neutra do triângulo na posição 1

Aplicando a Eq. (B.32) na Eq. (B.1), chega-se a:

$$\overline{y}=\frac{\int_0^h c\cdot\left(1-\frac{y}{h}\right)\cdot y\cdot dy}{\int_0^h c\cdot\left(1-\frac{y}{h}\right)\cdot dy}=\frac{\left.\frac{y^2}{2}-\frac{y^3}{3h}\right)_0^h}{\left.y-\frac{y^2}{2h}\right)_0^h}=\frac{\frac{3h^3-2h^3}{6h}}{\frac{2h^2-h^2}{2h}}=\frac{h}{3}\Rightarrow\overline{y}=\frac{h}{3} \tag{B.33}$$

Momento de inércia do triângulo na posição 1

Para o cálculo do momento de inércia com giro em relação ao eixo z [ver Fig. B.7(a)]:

$$\begin{aligned} I_Z&=\int_0^h y^2\cdot dS=\int_0^h y^2\cdot\left(c\cdot\left(1-\frac{y}{h}\right)\right)dy=\frac{c}{h}\int_0^h (h\cdot y^2-y^3)\cdot dy\\ I_Z&=\frac{c}{h}\left[\frac{h\cdot y^3}{3}-\frac{y^4}{4}\right]_0^h=\frac{c}{h}\left(\frac{h^4}{3}-\frac{h^4}{4}\right)=\frac{c\cdot h^3}{12}\end{aligned} \tag{B.34}$$

Aplicando o teorema de Steiner para o momento de inércia em relação à linha neutra, chega-se a:

$$I_{\overline{Z}}=I_Z-S\cdot\overline{y}^2=\frac{c\cdot h^3}{12}-\left(\frac{c\cdot h}{2}\right)\cdot\left(\frac{h}{3}\right)^2=\frac{c\cdot h^3}{36} \tag{B.35}$$

Momento estático do triângulo na posição 1

Para o cálculo do momento estático pelo método da integração, com movimento relativo ao eixo z:

$$M_e=\int_0^h y\cdot dS=\int_0^h y\cdot c\cdot\left(1-\frac{y}{h}\right)\cdot dy=\frac{c}{h}\int_0^h\left(y\cdot h-y^2\right)\cdot dy=\frac{c}{h}\left[\frac{h\cdot y^2}{2}-\frac{y^3}{3}\right]_0^h=\frac{c}{h}\left(\frac{h^3}{2}-\frac{h^3}{3}\right)=\frac{c\cdot h^2}{6} \quad \text{(B.36)}$$

Momento estático calculado pela equação simplificada, dada na Eq. (B.6):

$$M_e=\bar{y}\cdot S=\left(\frac{h}{3}\right)\cdot\left(\frac{h^2}{\sqrt{3}}\right)=\frac{h^3}{3\cdot\sqrt{3}} \quad \text{ou} \quad M_e=\left(\frac{h}{3}\right)\left(\frac{c\cdot h}{2}\right)=\frac{c\cdot h^2}{6} \quad \text{(B.37)}$$

Momento estático para a linha neutra:

$$M_e=\frac{I_{\bar{z}}}{\bar{y}}=\left(\frac{c\cdot h^3}{36}\right)\cdot\left(\frac{3}{h}\right)=\frac{c\cdot h^2}{12} \quad \text{(B.38)}$$

Observe que o momento estático calculado em relação ao giro no eixo z [Fig. B.7(a)], conforme mostra o resultado da Eq. (B.37), é duas vezes maior do que aquele calculado para o eixo de equilíbrio, conforme o resultado da Eq. (B.38).

Cálculos para a Posição 2 [Fig. B.7(b)]

Para a posição 2 da figura, tem-se que a equação da reta que define o lado do triângulo equilátero é dada por:

$$z=\frac{y}{\sqrt{3}} \quad \text{(B.39)}$$

aplicando a Eq. (B.39) na Eq. (B.30), chega-se a:

$$dS=2\cdot\frac{y}{\sqrt{3}}\cdot dy \quad \text{(B.40)}$$

Linha neutra do triângulo na posição 2

Aplicando a Eq. (B.40) na Eq. (B.1), chega-se a:

$$\bar{y}=\frac{\int_0^h 2\cdot\frac{y}{\sqrt{3}}\cdot y\cdot dy}{\int_0^h 2\cdot\frac{y}{\sqrt{3}}\cdot dy}=\frac{\left.\frac{y^3}{3\cdot\sqrt{3}}\right)_0^h}{\left.\frac{y^2}{2\cdot\sqrt{3}}\right)_0^h}=\frac{\frac{h^3}{3\cdot\sqrt{3}}}{\frac{h^2}{2\cdot\sqrt{3}}}=\frac{2}{3}\cdot h\Rightarrow\bar{y}=\frac{2}{3}\cdot h \quad \text{(B.41)}$$

Deve-se observar que o resultado obtido na Eq. (B.41) está coerente com o resultado obtido na Eq. (B.33), e a posição da linha neutra sobre a figura geométrica não se altera, mas apenas o eixo de referência se modifica em função da posição da geometria no plano y-z.

Momento de inércia do triângulo na posição 2

Para o cálculo do momento de inércia com giro em relação ao eixo z [ver Fig. B.7(b)]:

$$I_Z = \int_0^h y^2 \cdot dS = \int_0^h y^2\left(2 \cdot \frac{y}{\sqrt{3}}\right)dy = \frac{2}{\sqrt{3}}\int_0^h y^3 \cdot dy = \frac{2}{\sqrt{3}} \cdot \left[\frac{y^4}{4}\right]_0^h = \frac{2}{\sqrt{3}} \cdot \left[\frac{y^4}{4}\right] = \frac{h^4}{2 \cdot \sqrt{3}} \quad \text{(B.42)}$$

Aplicando a Eq. (B.28), que estabelece a relação da altura com a base do triângulo equilátero, na Eq. (B.42), chega-se a:

$$I_Z = \left(\frac{c\sqrt{3}}{2}\right) \cdot \frac{h^3}{2 \cdot \sqrt{3}} = \frac{c \cdot h^3}{4} \quad \text{(B.43)}$$

Aplicando o teorema de Steiner, para o momento de inércia em relação à linha neutra, chega-se a:

$$I_{\overline{Z}} = I_Z - S \cdot \overline{y}^2 = \frac{c \cdot h^3}{4} - \frac{c \cdot h}{2} \cdot \left(\frac{2 \cdot h}{3}\right)^2 = \frac{c \cdot h^3}{36} \quad \text{(B.44)}$$

Comparando os resultados gerados pelas Eqs. (B.34) e (B.43), para o cálculo do momento de inércia relativo ao eixo z nas posições apresentadas nas Figs. B.7(a) e B.7(b), verifica-se que o momento de inércia para a posição 2 é três vezes maior que aquele obtido para a posição 1.

Os resultados obtidos para o momento de inércia calculado na linha neutra, conforme as Eqs. (B.35) e (B.44), são iguais, uma vez que ambos se relacionam ao eixo z_{LN}.

Momento estático do triângulo na posição 2

Para o cálculo do momento estático pelo método da integração, com movimento relativo ao eixo z:

$$M_e = \int_0^h y \cdot dS = \int_0^h y \cdot 2 \cdot \frac{y}{\sqrt{3}} \cdot dy = \frac{2}{\sqrt{3}}\int_0^h y^2 \cdot dy = \frac{2}{\sqrt{3}}\left[\frac{y^3}{3}\right]_0^h = \frac{2}{\sqrt{3}}\left[\frac{h^3}{3}\right] = \frac{2}{3 \cdot \sqrt{3}} \cdot h^3 \quad \text{(B.45)}$$

Momento estático calculado pela equação simplificada, dada na Eq. (B.6):

$$M_e = \overline{y} \cdot S = \left(\frac{2 \cdot h}{3}\right) \cdot \left(\frac{h^2}{\sqrt{3}}\right) = \frac{2}{3 \cdot \sqrt{3}} \cdot h^3 \quad \text{(B.46)}$$

aplicando a Eq. (B.28), na Eq. (B.45), e (B.46), chega-se a:

$$M_e = \left(\frac{c \cdot \sqrt{3}}{2}\right) \cdot \frac{2}{3 \cdot \sqrt{3}} h^2 = \frac{c \cdot h^2}{3} \quad \text{(B.47)}$$

Momento estático para a linha neutra:

$$M_e = \frac{I_{\overline{z}}}{\overline{y}} = \left(\frac{c \cdot h^3}{36}\right) \cdot \left(\frac{3}{2 \cdot h}\right) = \frac{c \cdot h^2}{24} \quad \text{(B.48)}$$

Observe que o momento estático calculado em relação ao giro no eixo z [Fig. B.7(b)], conforme mostra o resultado da Eq. (B.47), é oito vezes maior do que aquele calculado para o eixo de equilíbrio, conforme o resultado da Eq. (B.48).

A Tabela B.1 apresenta um resumo dos resultados obtidos para as geometrias retangular, circular e triangular.

Tabela B.1 Resumo dos resultados obtidos para as propriedades geométricas de algumas figuras planas

Geometria da seção transversal	Posição da linha neutra (mm)	Momento de inércia em relação ao eixo z (mm⁴)	Momento de inércia para z_{LN} (mm⁴)	Momento estático em relação ao eixo z (mm³)		Momento estático para z_{LN} (mm³)	Momento polar de inércia (mm⁴)
	$\bar{y} = \frac{\int_S y \cdot ds}{\int_S ds}$	$I_z = \int_S y^2 \cdot dS$	$I_{\bar{z}} = I_z - S \cdot (\bar{y})^2$	$M_e = \int_S y \cdot dS$	$M_e = \bar{y} \cdot S$	$M_e = \frac{I_{\bar{z}}}{\bar{y}}$	$I_r = \int_S r^2 \cdot dS$
	$\bar{y} = \frac{h}{2}$	$I_z = \frac{b \cdot h^3}{3}$	$I_{\bar{z}} = \frac{b \cdot h^3}{12}$	$M_e = \frac{b . h^2}{2}$	$M_e = \frac{b \cdot h^2}{2}$	$M_e = \frac{a \cdot h^2}{6}$	...
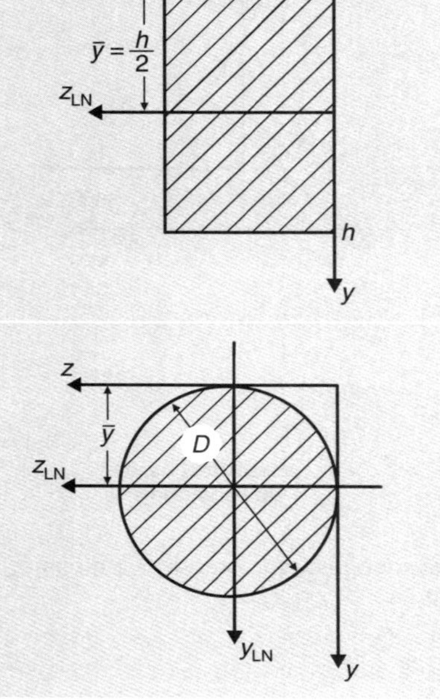	$\bar{y} = \frac{D}{2}$	...	$I_z = \frac{\pi \cdot D^4}{64}$	Para os limites de integração $(D/2; -D/2)$ $M_e = 0$	$M_e = \frac{\pi \cdot D^3}{8}$	$M_e = \frac{\pi \cdot D^3}{32}$	$I_r = \frac{\pi \cdot D^4}{32}$

(continua)

Tabela B.1 Resumo dos resultados obtidos para as propriedades geométricas de algumas figuras planas (*Continuação*)

Geometria da seção transversal	Posição da linha neutra (mm)	Momento de inércia em relação ao eixo z (mm^4)	Momento de inércia para z_{LN} (mm^4)	Momento estático em relação ao eixo z (mm^3)		Momento estático para z_{LN} (mm^3)	Momento polar de inércia (mm^4)
	$\bar{y} = \frac{\int_S y \cdot ds}{\int_S ds}$	$I_z = \int_S y^2 \cdot dS$	$I_{\bar{z}} = I_z - S \cdot (\bar{y})^2$	$M_e = \int_S y \cdot dS$	$M_e = \bar{y} \cdot S$	$M_e = \frac{I_{\bar{z}}}{\bar{y}}$	$I_r = \int_S r^2 \cdot dS$
z, $c/2$, $-c/2$, $\bar{y} = \frac{h}{3}$, LN, $z = \frac{c}{2}\left(1 - \frac{y}{h}\right)$, h	$\bar{y} = \frac{h}{3}$	$I_z = \frac{c \cdot h^3}{12}$	$I_{\bar{z}} = \frac{c \cdot h^3}{36}$	$M_e = \frac{c \cdot h^2}{6}$	$M_e = \frac{c \cdot h^2}{6}$	$M_e = \frac{c \,.\, h^2}{12}$	...
z, $c/2$, $-c/2$, $z = \frac{y}{\sqrt{3}}$, $\bar{y} = \frac{2}{3}h$, LN, h, y	$\bar{y} = \frac{2 \cdot h}{3}$	$I_z = \frac{c \cdot h^3}{4}$	$I_{\bar{z}} = \frac{c \cdot h^3}{36}$	$M_e = \frac{c \cdot h^2}{3}$	$M_e = \frac{c \cdot h^2}{3}$	$M_e = \frac{c \cdot h^2}{24}$	...

Linha neutra e momento de inércia de figuras compostas perfis "I", "T" e "U"

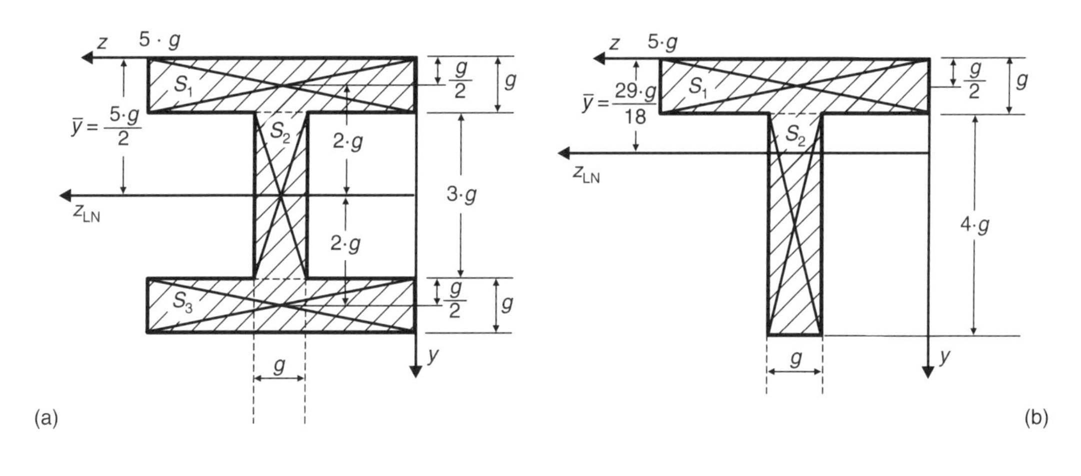

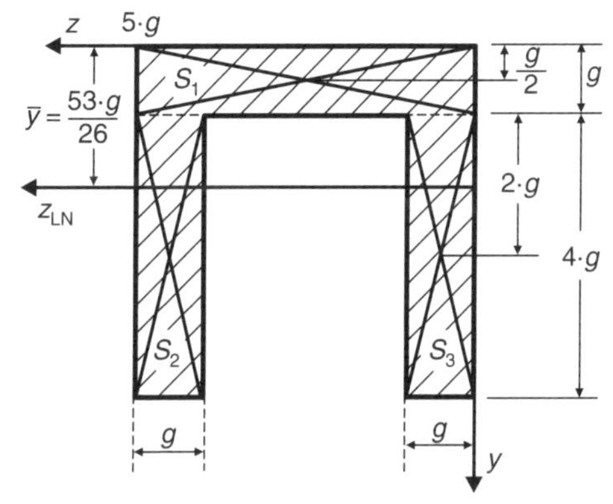

Figura B.8 Figuras compostas: (a) perfil "I", (b) perfil "T" e (c) perfil "U".

Linha neutra do perfil "I"

$$\bar{y} = \frac{\bar{y}_1 \cdot S_1 + \bar{y}_2 \cdot S_2 + \bar{y}_3 \cdot S_3}{S_1 + S_2 + S_3} = \frac{\left(g/2\right) \cdot 5 \cdot g^2 + \left(5 \cdot g/2\right) \cdot 3 \cdot g^2 + \left(9 \cdot g/2\right) \cdot 5 \cdot g^2}{5 \cdot g^2 + 3 \cdot g^2 + 5 \cdot g^2} = \frac{5}{2} \cdot g \quad \text{(B.49)}$$

Linha neutra do perfil "T"

$$\bar{y} = \frac{\bar{y}_1 \cdot S_1 + \bar{y}_2 \cdot S_2}{S_1 + S_2} = \frac{\left(g/2\right) \cdot 5 \cdot g^2 + (3 \cdot g) \cdot 4 \cdot g^2}{5 \cdot g^2 + 4 \cdot g^2} = \frac{\left(5 \cdot g^3/2\right) + (12 \cdot g^3)}{5 \cdot g^2 + 4 \cdot g^2} = \frac{29}{18} g \quad \text{(B.50)}$$

Linha neutra do perfil "U"

$$\bar{y} = \frac{\bar{y}_1 \cdot S_1 + \bar{y}_2 \cdot S_2 + \bar{y}_3 \cdot S_3}{S_1 + S_2 + S_3} = \frac{\left(g/2\right) \cdot 5 \cdot g^2 + (3 \cdot g) \cdot 4 \cdot g^2 + (3 \cdot g) \cdot 4 \cdot g^2}{5 \cdot g^2 + 4 \cdot g^2 + 4 \cdot g^2} = \frac{53}{26} \cdot g \quad \text{(B.51)}$$

Momento de inércia em torno do eixo Z_{LN} do perfil "I"

Aplicando o teorema de Steiner:

$$I_{\overline{Z}} = \sum_i \left(I_{i\overline{Z}} + S_i \cdot \overline{y}_i^2 \right)$$

$$I_{\overline{Z}} = \left(I_{S_1\overline{Z}} + S_1 \cdot \overline{y}_1^2 \right) + \left(I_{S_2\overline{Z}} + S_2 \cdot \overline{y}_2^2 \right) + \left(I_{S_3\overline{Z}} + S_3 \cdot \overline{y}_3^2 \right) \qquad \text{(B.52)}$$

$$I_{\overline{Z}} = \left(\frac{5 \cdot g^4}{12} + 5 \cdot g^2 \cdot \frac{g^2}{4} \right) + \left(\frac{27 \cdot g^4}{12} + 3 \cdot g^2 \left(\frac{5}{2} \cdot g \right)^2 \right) + \left(\frac{5 \cdot g^4}{12} + 5 \cdot g^2 \cdot \frac{81 \cdot g^2}{4} \right) = \frac{373}{3} \cdot g^4 \qquad \text{(B.53)}$$

Momento de inércia em torno do eixo Z_{LN} do perfil "T"

$$I_{\overline{Z}} = \left(\frac{5 \cdot g^4}{12} + 5 \cdot g^2 \cdot \frac{g^2}{4} \right) + \left(\frac{64 \cdot g^4}{12} + 4 \cdot g^2 \left(3 \cdot g \right)^2 \right) = 43 \cdot g^4 \qquad \text{(B.54)}$$

Momento de inércia em torno do eixo Z_{LN} do perfil "U"

$$I_{\overline{Z}} = \left(\frac{5 \cdot g^4}{12} + 5 \cdot g^2 \cdot \frac{g^2}{4} \right) + 2 \cdot \left(\frac{64 \cdot g^4}{12} + 4 \cdot g^2 \left(3 \cdot g \right)^2 \right) = \frac{253}{3} \cdot g^4 \qquad \text{(B.55)}$$

$$I_{\overline{Z}} = \left(\frac{5 \cdot g^4}{12} \right) + 2 \cdot \left(\frac{2}{3} g^4 + 5 \cdot g^2 \cdot \frac{9}{4} g^2 \right) = \left(\frac{5 \cdot g^4}{12} \right) + 2 \cdot \left(\frac{8 \cdot g^4 + 15 \cdot 9 \cdot g^4}{12} \right) = \frac{97}{4} \cdot g^4 \qquad \text{(B.56)}$$

Apêndice C

Cisalhamento na Torção de Tubos

DEDUÇÃO DA EQUAÇÃO DE CISALHAMENTO PARA TUBOS

De acordo com a Fig. C.1, tem-se que:

$$\tau_{\text{máx}} = \frac{16 \cdot Mt_{\text{máx}} \cdot D_{\text{ext}}}{\pi \left(D_{\text{ext}}^4 - D_{\text{int}}^4 \right)} \tag{C.1}$$

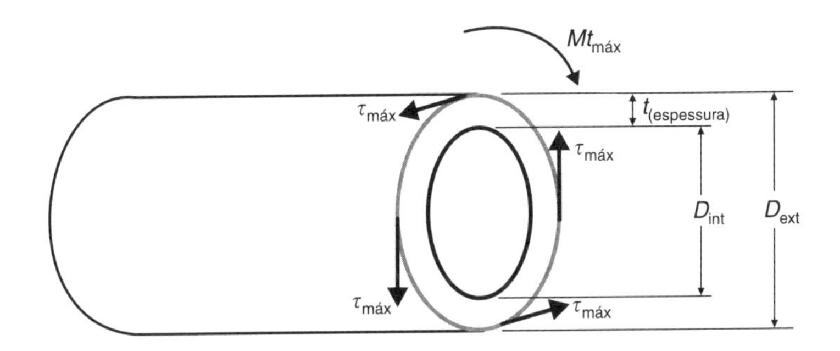

Figura C.1 Modelo de tubo para a determinação da tensão de cisalhamento.

Para o caso de tubos cuja espessura t seja menor que 10 vezes o diâmetro externo, $t < \frac{D_{\text{ext}}}{10}$, pode-se realizar a seguinte aproximação:

$$\tau_{\text{máx}} = \frac{2 \cdot Mt_{\text{máx}}}{\pi \cdot D_{\text{ext}}^2 \cdot t} \tag{C.2}$$

PROVA

Sabe-se que:

$$t = \frac{D_{\text{ext}} - D_{\text{int}}}{2} \Rightarrow D_{\text{int}} = D_{\text{ext}} - 2 \cdot t \tag{C.3}$$

Substituindo o valor do D_{int}, dado pela Eq. (C.3), na Eq. (C.1), chega-se a:

$$\tau_{\text{máx}} = \frac{16 \cdot Mt_{\text{máx}} \cdot D_{\text{ext}}}{\pi \left(D_{\text{ext}}^4 - \left(D_{\text{ext}} - 2 \cdot t \right)^4 \right)} \tag{C.4}$$

ou

$$\tau_{\text{máx}} = \frac{16 \cdot Mt_{\text{máx}} \cdot D_{\text{ext}}}{\pi \left(D_{\text{ext}}^4 - \left(\left(D_{\text{ext}} - 2 \cdot t \right)^2 \right)^2 \right)} \tag{C.5}$$

resolvendo o denominador, chega-se a:

$$\tau_{\text{máx}} = \frac{16 \cdot Mt_{\text{máx}} \cdot D_{\text{ext}}}{\pi\left(D_{\text{ext}}^4 - \left(D_{\text{ext}}^2 - 4 \cdot D_{\text{ext}} \cdot t + 4 \cdot t^2\right)^2\right)} \tag{C.6}$$

Lembrando que $t < \frac{D_{\text{ext}}}{10}$, então o termo $4 \cdot t^2$, por simplificação, pode ser eliminado da equação. Observando também que após essa eliminação pode-se colocar em evidência o D_{ext}, e assim chega-se a:

$$\tau_{\text{máx}} = \frac{16 \cdot Mt_{\text{máx}} \cdot D_{\text{ext}}}{\pi\left(D_{\text{ext}}^4 - \left(D_{\text{ext}}\left(D_{\text{ext}} - 4 \cdot t\right)\right)^2\right)} \tag{C.7}$$

Novamente resolvendo o denominador, chega-se a:

$$\tau_{\text{máx}} = \frac{16 . Mt_{\text{máx}} \cdot D_{\text{ext}}}{\pi\left(D_{\text{ext}}^4 - \left(D_{\text{ext}}^2\left(D_{\text{ext}}^2 - 8 \cdot D_{\text{ext}} \cdot t + 16 \cdot t^2\right)\right)\right)} \tag{C.8}$$

Também nesse caso o termo $16 \cdot t^2$ pode ser eliminado, já que:

$$t < \frac{D_{\text{ext}}}{10}$$

assim:

$$\tau_{\text{máx}} = \frac{16 \cdot Mt_{\text{máx}} \cdot D_{\text{ext}}}{\pi\left(D_{\text{ext}}^4 - \left(D_{\text{ext}}^2\left(D_{\text{ext}}^2 - 8 \cdot D_{\text{ext}}\right)\right)\right)} \tag{C.9}$$

Dessa forma, simplificando o denominador, chega-se a:

$$\tau_{\text{máx}} = \frac{16 \cdot Mt_{\text{máx}} \cdot D_{\text{ext}}}{\pi\left(D_{\text{ext}}^4 - \left(D_{\text{ext}}^3\left(D_{\text{ext}} - 8 \cdot t\right)\right)\right)} \tag{C.10}$$

ou

$$\tau_{\text{máx}} = \frac{16 \cdot Mt_{\text{máx}} \cdot D_{\text{ext}}}{\pi\left(D_{\text{ext}}^4 - D_{\text{ext}}^3\left(D_{\text{ext}} - 8 \cdot t\right)\right)} \tag{C.11}$$

O que implica:

$$\tau_{\text{máx}} = \frac{16 \cdot Mt_{\text{máx}} \cdot D_{\text{ext}}}{\pi\left(D_{\text{ext}}^3\left(D_{\text{ext}} - D_{\text{ext}} + 8 \cdot t\right)\right)} \Rightarrow \tau_{\text{máx}} = \frac{16 \cdot Mt_{\text{máx}} \cdot D_{\text{ext}}}{\pi\left(D_{\text{ext}}^3 \cdot 8 \cdot t\right)} \tag{C.12}$$

Na equação anterior, simplifica-se o D_{ext} do numerador pelo $D_{\text{ext}}{}^3$ do denominador e divide-se 16 por 8, chegando-se finalmente ao resultado de:

$$\tau_{\text{máx}} = \frac{2 \cdot Mt_{\text{máx}}}{\pi \cdot D_{\text{ext}}^2 \cdot t} \tag{C.13}$$

Portanto, prova-se a simplificação, lembrando que essa última equação vale para situações em que

$$t < \frac{D_{\text{ext}}}{10}.$$

Apêndice D
Tensão de Cisalhamento na Flexão

RELAÇÕES FUNDAMENTAIS

A equação geral da tensão de cisalhamento é dada por:

$$\tau = \left(\frac{Q}{I_z}\right) \cdot \frac{M_e}{Z} \tag{D.1}$$

em que a Eq. (D.1) representa a tensão de cisalhamento atuante na seção transversal do corpo de prova, como função dos parâmetros:

- Q é a força cortante para um ponto fixo no comprimento do corpo de prova em flexão. O valor máximo da força cortante depende do valor da carga aplicada e do tipo de ensaio de flexão utilizado (flexão em três pontos, flexão em quatro pontos e método engastado).
- I_z é o momento de inércia representativo à linha neutra (**LN**), e é constante para uma determinada figura geométrica, dependendo assim apenas da geometria e dimensões da seção transversal.
- z é a largura da seção transversal do corpo de prova ao longo do eixo y. Para seções quadrada ou retangular este valor é constante e igual à largura (b) da seção. Para geometrias diferentes da quadrada ou retangular, o valor de z deve variar com a distância da LN [$z = f(y)$].
- M_e é o momento estático de uma superfície plana. O momento estático deve variar com a distância da LN.

Observa-se, pelos parâmetros da equação geral do cisalhamento, que a razão da força cortante pelo momento de inércia (Q/I_Z) é constante em toda a superfície da seção transversal. A razão do momento de inércia pela largura da seção (M_e/z) em geral é dada por um polinômio que corresponde ao perfil de tensões de cisalhamento ao longo do eixo vertical de flexão.

Neste apêndice estão apresentadas algumas técnicas para a determinação do perfil de tensões de cisalhamento em algumas das principais geometrias comumente encontradas nos mais diversos componentes de teste em flexão.

INTEGRAÇÃO DA EQUAÇÃO DO MOMENTO ESTÁTICO

A equação geral do momento estático é dada por:

$$M_e = \int_S y \cdot dS \tag{D.2}$$

Geometria 01: Triângulo equilátero

Para triângulo equilátero de lado c, conforme a Fig. D.1, a relação entre a base e a altura é dada por:

$$c = \frac{2}{\sqrt{3}} \cdot h \tag{D.3}$$

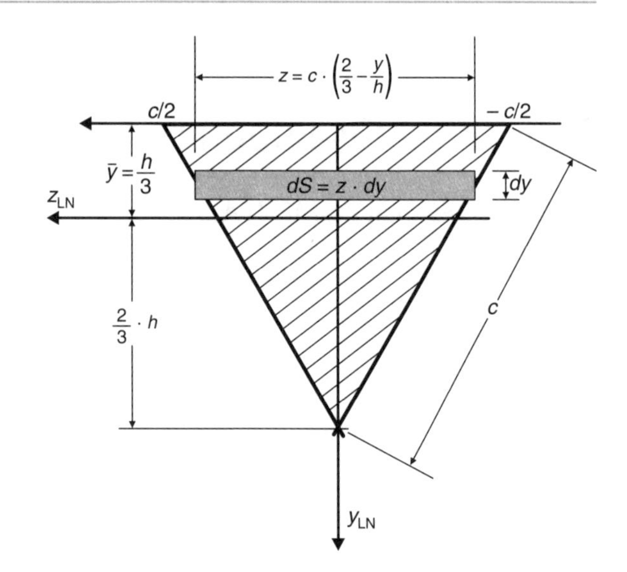

Figura D.1 Triângulo equilátero.

O comprimento do elemento de volume de espessura dy, destacado na Fig. D.1, é dado pela equação de uma reta, que pode ser escrita na forma:

$$z = c \cdot \left(\frac{2}{3} - \frac{y}{h}\right) \tag{D.4}$$

Substituindo a Eq. (D.3) na Eq. (D.4), chega-se a:

$$z = \frac{2}{3 \cdot \sqrt{3}} \cdot (2 \cdot h - 3y) \tag{D.5}$$

e sendo $dS = z \cdot dy$, então $dS = \dfrac{2}{3 \cdot \sqrt{3}}(2 \cdot h - 3 \cdot y) \cdot dy$ (D.6)

Aplicando a Eq. (D.6) na Eq. (D.2), para o cálculo do momento estático, chega-se a:

$$M_e = \int_y^{2h/3} y \cdot dS = \int_y^{2h/3} y \cdot \frac{2}{3 \cdot \sqrt{3}}(2 \cdot h - 3 \cdot y) \cdot dy = \frac{2}{3 \cdot \sqrt{3}} \cdot \left(h \cdot y^2 - y^3\right)\Big)_y^{2h/3}$$

$$M_e = \frac{2}{3 \cdot \sqrt{3}} \cdot \left[\left(\frac{4 \cdot h^3}{9} - \frac{8 \cdot h^3}{27}\right) - \left(h \cdot y^2 - y^3\right)\right] = \frac{2}{3 \cdot \sqrt{3}} \cdot \left[\left(\frac{4 \cdot h^3}{27}\right) - \left(h \cdot y^2 - y^3\right)\right] \tag{D.7}$$

$$M_e = \frac{2}{81 \cdot \sqrt{3}} \cdot \left[27 \cdot y^3 - 27 \cdot h \cdot y^2 + 4 \cdot h^3\right]$$

O momento de inércia para a seção triangular, conforme o Apêndice A, é dado por:

$$I_{\bar{Z}} = \frac{c \cdot h^3}{36} \tag{D.8}$$

Substituindo a Eq. (D.3) em (D.8), tem-se o momento de inércia em função da altura do triângulo equilátero, dado por:

$$I_{\bar{Z}} = \frac{h^4}{18 \cdot \sqrt{3}} \tag{D.9}$$

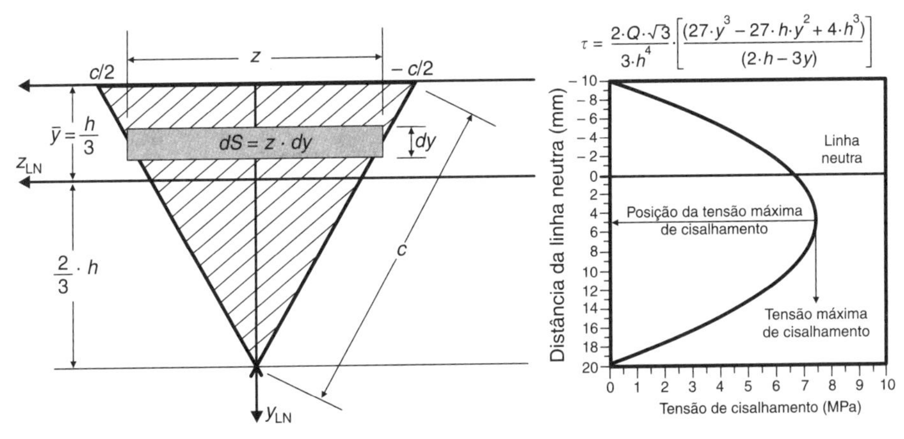

Figura D.2 Perfil de tensões de cisalhamento em uma seção triangular de área 500 mm².

Substituindo as Eqs. (D.5), (D.7) e (D.9) na equação geral da tensão de cisalhamento [Eq. (D.1)], chega-se a:

$$\tau = \frac{Q}{z \cdot I_Z} \cdot M_e = \frac{2 \cdot Q \cdot \sqrt{3}}{3 \cdot h^4} \cdot \left[\frac{(27 \cdot y^3 - 27 \cdot h \cdot y^2 + 4 \cdot h^3)}{(2 \cdot h - 3y)}\right] \qquad \text{(D.10)}$$

A Fig. D.2 mostra o perfil de tensões de cisalhamento segundo a Eq. (D.10), ao longo do eixo vertical de uma seção transversal triangular. O resultado é dado para o ensaio de flexão em três pontos com carga de 5000 N em uma seção triangular de lado $c = 34$ mm (área = 500 mm²). Observe que a tensão máxima de cisalhamento não ocorre na posição da linha neutra.

DISCRETIZAÇÃO DA EQUAÇÃO DO MOMENTO ESTÁTICO

Uma maneira prática de se determinar o perfil de tensões de cisalhamento consiste em subdividir a geometria ao longo do eixo y, utilizando-se de N retângulos de espessura dy_i e comprimento z_i, conforme mostra a Fig. D.3.

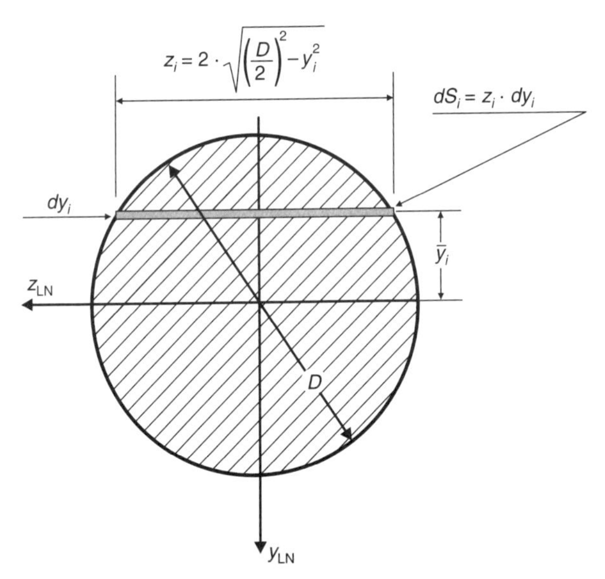

Figura D.3 Seção transversal circular.

Para tanto, é interessante observar que os elementos retangulares que formarão a figura devem estar dispostos de tal forma que uma quantidade N^{NEG} de elementos se encontrará no lado negativo do eixo y_{LN} e N^{POS} no lado positivo do eixo y_{LN}, em que $(N^{NEG} + N^{POS} = N)$.

O elemento de momento estático de cada elemento "i" é dado por:

$$dM_{e_i} = \bar{y}_i \cdot dS_i \tag{D.11}$$

em que $\bar{y}_i$ é a distância da linha neutra ao centro do elemento "i" e dS_i, a área do elemento dada por:

$$dS_i = z_i \cdot dy_i \tag{D.12}$$

O momento estático global de cada elemento "i" é dado pela soma dos elementos de momento estático do ponto "i" até N^{NEG} ou N^{POS}, dependendo da posição do somatório em relação ao eixo y_{LN}, dado por:

$$M_{e_i} = \sum_{k=i}^{N^{NEG} \text{ ou } N^{POS}} dM_{ek} \tag{D.13}$$

A tensão de cisalhamento atuante no elemento "i" é dada por:

$$\tau = \left(\frac{Q}{I_{\bar{z}}}\right) \cdot \frac{M_{e_i}}{z_i} \tag{D.14}$$

A Fig. D.4 mostra a aplicação das Eqs. (D.11), (D.12), (D.13) e (D.14), na forma de uma planilha para a solução do problema da Fig. D.3. Nessa solução, o diâmetro (D) foi dividido

i	y(mm)	$z_i = 2 \cdot \sqrt{\left(\frac{D}{2}\right)^2 - y_i^2}$	$dy_i = y_i - y_{i-1}$ (mm)	$dS_i = z_i \cdot dy_i$ (mm²)	$\bar{y}_i$	$dM_{e_i} = \bar{y}_i \cdot dS_i$	$M_{e_i} = \sum_{k=i}^{N^- \text{ ou } N^+} dM_{e_k}$	$\frac{M_{e_i}}{z_i}$	$\tau = \left(\frac{Q}{I_{\bar{z}}}\right)\frac{M_{e_i}}{z_i}$ (MPa)
−50	−12,62	0,00	0,25	0,00	-----	0,00	0,00	0,00	0,00
−49	−12,36	5,02	0,25	1,27	12,24	15,50	15,50	3,09	0,39
−48	−12,11	7,06	0,25	1,78	11,98	21,36	36,87	5,22	0,66
−47	−11,86	8,61	0,25	2,17	11,73	25,48	62,35	7,24	0,91
−46	−11,61	9,89	0,25	2,50	11,48	28,64	90,99	9,20	1,16
−45	−11,35	11,00	0,25	2,77	11,23	31,16	122,15	11,11	1,40
−44	−11,10	11,98	0,25	3,02	10,98	33,19	155,34	12,96	1,63
−43	−10,85	12,88	0,25	3,25	10,72	34,84	190,17	14,77	1,86
−42	−10,60	13,69	0,25	3,45	10,47	36,17	226,34	16,53	2,08
-	-	-	-	-	-	-	-	-	-
-	-	-	-	-	-	-	-	-	-
-	-	-	-	-	-	-	-	-	-
−4	−1,01	25,15	0,25	6,35	0,88	5,60	1.296,78	51,56	6,48
−3	−0,76	25,19	0,25	6,35	0,63	4,01	1.300,79	51,65	6,49
−2	−0,50	25,21	0,25	6,36	0,38	2,41	1.303,19	51,69	6,50
−1	−0,25	25,23	0,25	6,36	0,13	0,80	1.304,00	51,69	6,50
Linha neutra 0	0,00	25,23	0,25	6,37	0,00	0,00	1.304,00	51,68	6,50
1	0,25	25,23	0,25	6,36	0,13	0,80	1.304,00	51,69	6,50
2	0,50	25,21	0,25	6,36	0,38	2,41	1.303,19	51,69	6,50
3	0,76	25,19	0,25	6,35	0,63	4,01	1.300,79	51,65	6,49
4	1,01	25,15	0,25	6,35	0,88	5,60	1.296,78	51,56	6,48
-	-	-	-	-	-	-	-	-	-
-	-	-	-	-	-	-	-	-	-
-	-	-	-	-	-	-	-	-	-
42	10,60	13,69	0,25	3,45	10,47	36,17	226,34	16,53	2,08
43	10,85	12,88	0,25	3,25	10,72	34,84	190,17	14,77	1,86
44	11,10	11,98	0,25	3,02	10,98	33,19	155,34	12,96	1,63
45	11,35	11,00	0,25	2,77	11,23	31,16	122,15	11,11	1,40
46	11,61	9,89	0,25	2,50	11,48	28,64	90,99	9,20	1,16
47	11,86	8,61	0,25	2,17	11,73	25,48	62,35	7,24	0,91
48	12,11	7,06	0,25	1,78	11,98	21,36	36,87	5,22	0,66
49	12,36	5,02	0,25	1,27	12,24	15,50	15,50	3,09	0,39
50	12,62	0,00	0,25	0,00	----	0,00	0,00	0,00	0,00

Figura D.4 Aplicação na forma de planilha da solução discretizada da Fig. D.3.

por $N = 100$, e $N^{POS} = N^{NEG} = 50$ e $dy_i = D/100$. A seção transversal possui área de 500 mm², e a força cortante atuante é de 2500 N.

A Fig. D.5 mostra o perfil de tensões de cisalhamento atuante na seção circular da Fig. D.3, conforme o resultado apresentado pela planilha da Fig. D.4.

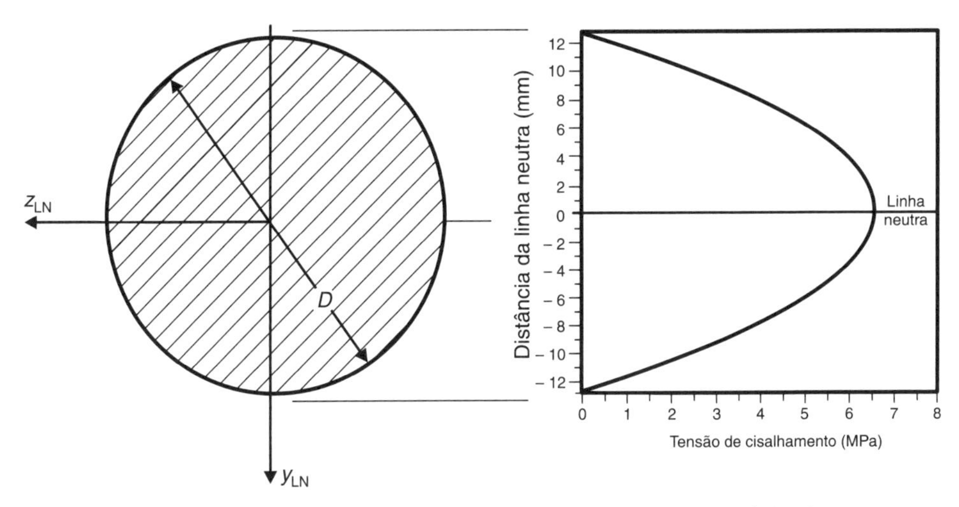

Figura D.5 Perfil de tensões de cisalhamento em seção transversal circular.

Apêndice E

Cálculo da Equação Geral da Flecha para a Flexão

DEDUÇÃO DA EQUAÇÃO GERAL DA FLECHA NO ENSAIO DE FLEXÃO

Observando-se a Fig. E.1, relativa ao ensaio de flexão em três pontos, e a Fig. E.2, tem-se que, pela relação geométrica:

$$R \cdot d\alpha = dx \qquad \text{ou} \qquad \frac{d\alpha}{dx} = \frac{1}{R} \tag{E.1}$$

e

$$d\alpha = \frac{\Delta dx}{y} \tag{E.2}$$

Pela lei de Hooke, tem-se que:

$$\sigma = E \cdot \varepsilon \Rightarrow \varepsilon = \frac{\Delta dx}{dx} \qquad \text{logo:} \qquad \frac{\Delta dx}{dx} = \frac{\sigma}{E} \tag{E.3}$$

Pelo cálculo geométrico e observando-se a Fig. C.2, tem-se que:

$$\frac{1}{R} = \frac{\left(d^2v/dx^2\right)}{\left[1 + \left(dv/dx\right)^2\right]^{3/2}} \tag{E.4}$$

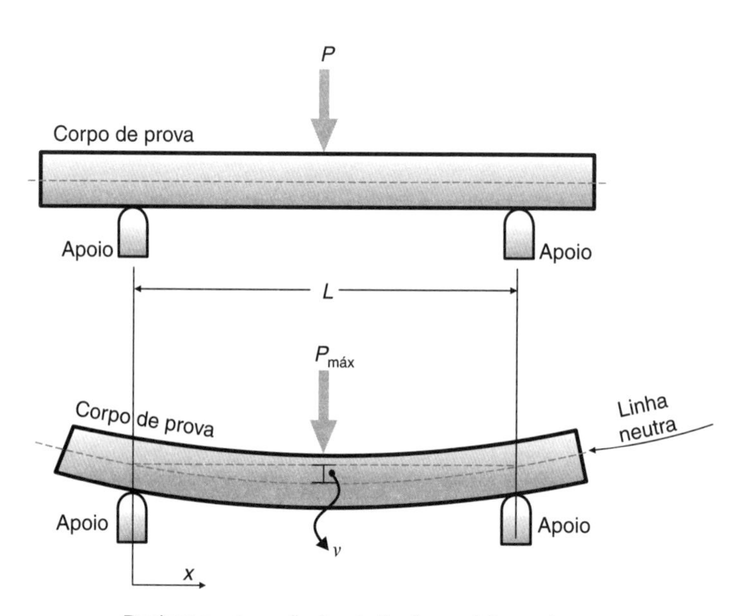

Figura E.1 Ensaio de flexão em três pontos.

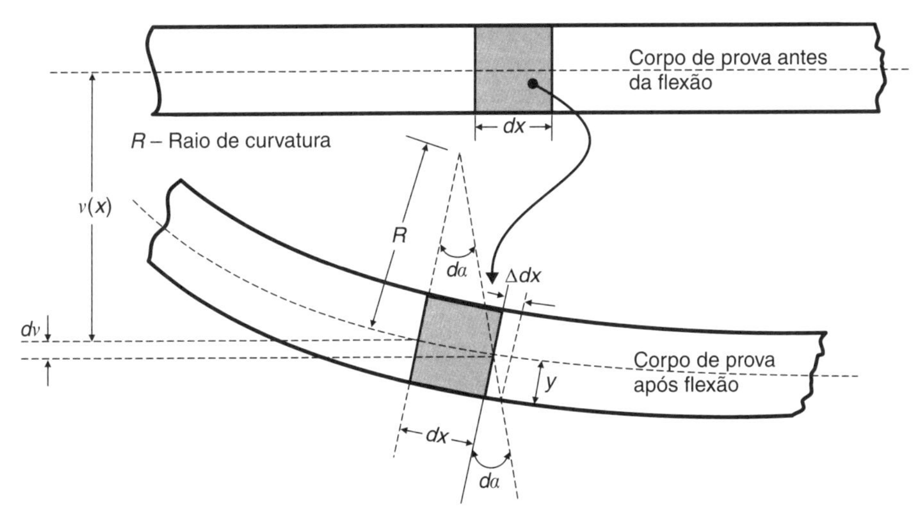

Figura E.2 Elementos de cálculo para a deflexão ou flecha no ensaio de flexão em três pontos.

Na prática ν é muito pequeno, e $\left({}^{d\nu}\!/_{dx}\right)$ deve ser ainda menor. Logo, despreza-se $\left({}^{d\nu}\!/_{dx}\right)^2$ na Eq. (E.4). Assim, tem-se que:

$$\frac{1}{R} = \frac{d^2\nu}{dx^2} \tag{E.5}$$

Então, aplicando a Eq. (E.5) na Eq. (E.1), chega-se a:

$$\frac{d\nu}{dx} = \frac{d^2\nu}{dx^2} \tag{E.6}$$

Sabendo que $\sigma = \frac{M_f}{I_Z} \cdot y$, e aplicando a Eq. (E.3), tem-se que:

$$\frac{\Delta dx}{dx} = \frac{M_f}{E \cdot I_Z} \cdot y \qquad \text{ou} \qquad \frac{\Delta dx}{y} \cdot \frac{1}{dx} = \frac{M_f}{E \cdot I_Z} \tag{E.7}$$

Aplicando a Eq. (E.2) na Eq. (E.7) e o resultado na Eq. (E.6), chega-se finalmente a:

$$\frac{d^2\nu}{dx^2} = -\frac{M_f}{E \cdot I_Z} \tag{E.8}$$

A Eq. (E.8) representa a equação diferencial da linha elástica. O sinal negativo na equação corresponde a um ajuste numérico, pois o aumento de x implica redução de $\left({}^{d\nu}\!/_{dx}\right)$. Assim $\left({}^{d^2\nu}\!/_{dx^2}\right) < 0$.

Nomenclatura

Capítulo 2 e Capítulo 3

A = área	(m^2)
b = largura	(m)
c = calor específico	(J/kg · K)
D = diâmetro	(m)
D_0 = diâmetro inicial	(m)
dL = variação infinitesimal do alongamento	(m)
E = módulo de elasticidade	(Pa)
f = frequência de oscilação	(Hz)
$f(xi)$ = densidade de probabilidade	
G = módulo de elasticidade transversal	(Pa)
h = altura	(m)
h_0 = altura inicial	(m)
h_f = altura final	(m)
K = módulo de elasticidade volumétrico	(Pa)
k = coeficiente de resistência	(Pa)
k = constante de mola	(adimensional)
L = comprimento	(m)
L_0 = comprimento inicial	(m)
L_f = comprimento final	(m)
m = massa	(kg)
m = sensibilidade à taxa de deformação	[Eq. (2.48)]
n = coeficiente de encruamento	(adimensional)
n = número de elementos da amostra	
P = carga aplicada	(N)
P = fator de correção	[Eq. (2.11)]
r = índice de anisotropia	(adimensional)
S = área da seção transversal instantânea	(m^2)
S = desvio padrão	
S_0 = área da seção transversal inicial	(m^2)
S_f = área da seção transversal final	(m^2)
t = espessura da amostra	(m)
T = temperatura	(K)
U = umidade	(%)
U_r = módulo de resiliência	(N · m/m^3)
U_t = módulo de tenacidade	(N · m/m^3)
V = volume	(m^3)
V_0 = volume inicial	(m^3)
V_L = velocidade longitudinal	(m/s)
V_T = velocidade transversal	(m/s)
$\overline{X}$ = média de valores	
x = deslocamento	(m)
xi = valor individual na amostra	
w = largura [Eq. (2.52)]	(m)

α = coeficiente de expansão térmica linear (K^{-1})
δ = alongamento específico (adimensional)
ε = deformação (adimensional)
ε_C = deformação convencional (adimensional)
ε_r = deformação real (adimensional)
ε_{rw} = deformação real na largura (adimensional)
ε_{rt} = deformação real na espessura (adimensional)
$\varepsilon_x, \varepsilon_y, \varepsilon_z$ = deformação nos eixos x, y e z
γ = deformação de cisalhamento (adimensional)
ϕ = dilatação transversal (%)
φ = coeficiente de estricção (%)
ν = coeficiente de Poisson (adimensional)
ρ = massa específica (kg/m^3)
σ = tensão (Pa)
σ_a = limite de elasticidade (Pa)
σ_c = tensão convencional (Pa)
σ_e = limite de escoamento (Pa)
σ_p = limite de proporcionalidade (Pa)
σ_r = tensão de ruptura (Pa)
σ_r = tensão real (Pa)
σ_u = limite de resistência à tração (Pa)
τ_{cis} = tensão de cisalhamento (Pa)
Δ = diferencial
ΔL = alongamento (m)
Δt = intervalo de tempo (s)

Capítulo 4

D = diâmetro do penetrador (mm)
d = comprimento da diagonal da impressão (mm)
d = diâmetro da impressão (mm)
h = profundidade da impressão (mm)
HR = dureza Rockwell
HB = dureza Brinell
HV = dureza Vickers
HK = dureza Knoop
K = dureza Bierbaum
L = média das diagonais medidas (mm)
P = carga de impressão (N)
p = profundidade (m)
S_p = área projetada (m^2)
α = constante experimental [Eq. (4.5)] (adimensional)
α = ferrita
λ = largura do risco (μm)
σ_u = limite de resistência à tração (Pa)
Δ = diferencial

Capítulo 5

b = comprimento do lado maior [Eq. (5.14)] (m)
C = constante chamada de *rigidez à torção* [Eq. (5.17)]
c = comprimento do lado menor [Eq. (5.14)] (m)
D = diâmetro de barra (m)
dF = elemento de força cisalhante (N)
dS = elemento de área (m^2)

G = módulo de elasticidade transversal	(Pa)
I = momento polar de inércia	(m^4)
l = comprimento do corpo de prova	(m)
M_t = momento de torção	(N · m)
R = distância radial do centro	(m)
r = raio variável	(m)
t = espessura da parede do tubo	(m)
α = coeficiente numérico [Eq. (5.14)]	(adimensional)
τ = tensão de cisalhamento	(Pa)
τ_e = limite de escoamento (cisalhamento)	(Pa)
τ_p = limite de proporcionalidade (cisalhamento)	(Pa)
τ_u = limite de resistência (cisalhamento)	(Pa)
$\tau_{máx}$ = tensão de cisalhamento máxima	(Pa)
γ = deformação de cisalhamento	(adimensional)
θ = ângulo de torção	(rad)
ϕ = ângulo de deslocamento superficial	(rad)

Capítulo 6

dN = elemento de carga	(Pa)
dS = elemento de área	(m^2)
b = largura	(m)
c = distância inicial do eixo da barra à fibra externa onde se deu a ruptura	(m)
E = módulo de elasticidade	(Pa)
h = altura	(m)
I_z = momento de inércia	(m^4)
L = comprimento do corpo de prova	(m)
M_e = momento estático de uma superfície	(m^3)
M_f = momento fletor	(N · m)
P = carga aplicada	(N)
$P_{máx}$ = carga máxima	(N)
Q = força cortante	(N)
S = área da seção transversal instantânea	(m^2)
U_{rf} = módulo de resiliência	($N \cdot m/m^3$)
U_{tf} = módulo de tenacidade	($N \cdot m/m^3$)
w = largura	(m)
w_0 = largura inicial	(m)
y_f = flecha máxima nesta carga	(m)
y_{LN} = distância entre a linha neutra e a superfície inferior do corpo de prova	(m)
ΔdX = elemento de deformação	(m)
α = ângulo de giro da flexão	(rad)
ε = deformação	(adimensional)
ν = translação vertical (flecha)	(m)
σ = tensão	(Pa)
σ_p = limite de proporcionalidade	(Pa)
σ_{fu} = tensão de flexão ou resistência ao dobramento	(Pa)
τ_H = tensão de cisalhamento horizontal	(Pa)
τ_V = tensão de cisalhamento vertical	(Pa)

Capítulo 7

A = constante de material [Eq. (7.3)]
B = constante de material [Eq. (7.4)]

C = constante de Larson-Miller [Eq. (7.5)]	(h)
k_1 = constante de material [Eq. (7.2)]	
m = constante de material [Eq. (7.4)]	
n_1 = constante de material [Eq. (7.2)]	
T = temperatura	(K)
t = tempo	(s)
t_r = tempo de ruptura	(s)
σ = tensão [Eq. (7.2)]	(Pa)
$\dot{\varepsilon}_m$ = taxa mínima de fluência [Eq. (7.1)]	(s^{-1})
ε_0 = deformação instantânea	(adimensional)

Capítulo 8

P = carga	(N)
t = tempo	(s)
Δt = incremento de tempo	(s)
σ = tensão	(Pa)
σ_{Rf} = limite de resistência à fadiga	(Pa)
σ_f = resistência à fadiga	(Pa)
σ_u = limite de resistência à tração	(Pa)
σ_e = limite de escoamento	(Pa)
σ_{Fm} = resistência média à fadiga	(Pa)
$\sigma_{máx}$ = tensão máxima	(Pa)
$\sigma_{mín}$ = tensão mínima	(Pa)
σ_M = tensão média	(Pa)
σ_r = faixa de variação das tensões	(Pa)
σ_a = amplitude de oscilação	(Pa)
R_f = razão de variações das tensões	(adimensional)
N = número de ciclos	
N_f = vida em fadiga	
E = módulo de elasticidade	(Pa)
h = altura	(m)
i = número de corpos de prova	
α = coeficiente de expansão térmica	(K^{-1})
T = temperatura	(°C)
k = condutividade térmica	(W/m · K)
D = diâmetro	(m)
R = raio	(m)
L = comprimento	(m)
w = largura	(m)
t = espessura	(m)

Capítulo 9

Hq = altura de queda	(m)
hr = altura de rebote	(m)
S = distância do centro do peso até a extremidade do pêndulo	(m)
α = ângulo de rebote	(rad)
β = ângulo de queda	(rad)
M = massa	
g = aceleração da gravidade	(9,8 m/s^2)
V = velocidade do pêndulo	(m/s)
E = energia absorvida	(J)

Capítulo 10

a = metade do comprimento da trinca (m)
K = fator de intensidade de tensão (MPa · $\sqrt{m}$)
E = módulo de elasticidade (Pa)
γ_s = energia superficial específica (Pa · m)
w = largura (m)
t = espessura (m)
ν = coeficiente de Poisson
ζ = força de extensão da trinca
K_c = tenacidade à fratura (MPa · $\sqrt{m}$)
σ_e = limite de escoamento (Pa)
r = distância do ponto até a ponta da trinca (m)

Capítulo 11

Db = diâmetro do *blank* (m)
Eb = espessura do *blank* (m)
Dp = diâmetro do punção (m)
Do = diâmetro inicial do *blank* (m)
Rp = raio do punção (m)
Rm = raio de canto da matriz (m)
Pa = pressão do anel de fixação (Pa)
Fp = força total do punção (N)
t = espessura (m)
σ_0 = tensão plástica média do *blank* (Pa)
μ = coeficiente de atrito
F_0 = força do anel de fixação (N)
B = esforço gasto para dobrar e endireitar o *blank*
η = eficiência do processo
w = largura (m)
R = raio (m)
θ_D = ângulo de dobramento (rad)
ε = deformação
ν = coeficiente de Poisson
n = coeficiente de encruamento
k = coeficiente de resistência (Pa)
E = módulo de elasticidade (Pa)

Capítulo 12

I_0 = intensidade inicial dos raios X
I = intensidade emergente da radiação dos raios X
x = espessura do material (m)
μ = coeficiente de absorção linear
N_0 = número de átomos iniciais existentes na amostra
N = número de átomos existentes na amostra após o tempo t
λ' = constante de decaimento radioativo
V_L = velocidade longitudinal (m/s)
V_t = velocidade transversal (m/s)
V_s = velocidade superficial (m/s)
λ = comprimento de onda (m)
ρ = massa específica (densidade) (kg/m^3)

Sistema de Unidades, Prefixos dos Múltiplos e Submúltiplos e Fatores de Conversão

SISTEMA INTERNACIONAL DE MEDIDAS

Unidades Básicas e Símbolos As unidades básicas do Sistema Internacional de Medidas são mostradas na Tabela I.

Tabela I Unidades do SI

Grandeza	Unidade	Símbolo
comprimento	metro	m
massa	quilograma	kg
tempo	segundo	s
corrente elétrica	ampère	A
temperatura	kelvin	K

Unidades Derivadas e Símbolos As unidades derivadas das unidades básicas do Sistema Internacional de Medidas são mostradas na Tabela II.

Tabela II Unidades SI derivadas

Grandeza	Unidade	Símbolo da unidade
área	metro quadrado	m^2
volume	metro cúbico	m^3
velocidade	metro por segundo	m/s
aceleração	metro por segundo ao quadrado	m/s^2
densidade	quilograma por metro cúbico	kg/m^3
volume específico	metro cúbico por quilograma	m^3/kg
frequência	hertz	Hz
força	newton	N
tensão	pascal	Pa
pressão	pascal	Pa
energia	joule	J
potência	watt	W

Tabela III Múltiplos e submúltiplos do SI

Fator pelo qual deve ser multiplicado	Prefixo	Símbolo
10^{12}	tera	T
10^{9}	giga	G
10^{6}	mega	M
10^{3}	quilo	k
10^{-2}	centi	c
10^{-3}	mili	m
10^{-6}	micro	μ
10^{-9}	nano	n
10^{-12}	pico	p

1 m = 10^{10} Å = 10^{6} μm
1 psi = 7,03 · 10^{-4} kgf/mm²
1 m² = 10^{6} mm²
1 cal = 4,185 joules
1 m³ = 10^{9} mm³
1 joule = 10^{7} ergs
1 kg = 10^{3} g
1 atm = 101325 Pa
1 pé-lbf = 1,356 joule

1 kg/m³ = 10^{-3} g/cm³
1 kgf = 9,80665 N
1 MPa = 0,102 kgf/mm²
1 MPa = 145 psi

Índice

N

P

Q

R

S

T

U

V

Pré-impressão, impressão e acabamento

grafica@editorasantuario.com.br
www.editorasantuario.com.br
Aparecida-SP

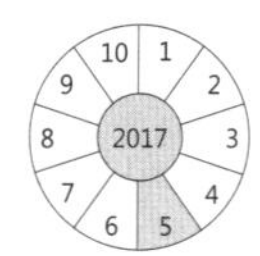